獣医眼科アトラス

太田 充治 監訳

文永堂出版

COLOR ATLAS OF VETERINARY OPHTHALMOLOGY

KIRK N. GELATT, VMD

Distinguished Professor of Comparative Ophthalmology
Department of Small Animal Clinical Sciences
University of Florida
College of Veterinary Medicine
Gainesville, Florida, USA

LIPPINCOTT WILLIAMS & WILKINS
A **Wolters Kluwer** Company
Philadelphia · Baltimore · New York · London
Buenos Aires · Hong Kong · Sydney · Tokyo

Editor: Daniel Limmer
Managing Editor: Dana Battaglia
Marketing Manager: Anne Smith
Production Editor: Christina Remsberg
Compositor: Graphic World
Printer: Quebecor World

Copyright © 2001 Lippincott Williams & Wilkins

351 West Camden Street
Baltimore, Maryland 21201-2436 USA

227 East Washington Square
Philadelphia, PA 19106

All rights reserved. This book is protected by copyright. No part of this book may be reproduced in any form or by any means, including photocopying, or utilized by any information storage and retrieval system without written permission from the copyright owner.

The publisher is not responsible (as a matter of product liability, negligence, or otherwise) for any injury resulting from any material contained herein. This publication contains information relating to general principles of medical care that should not be construed as specific instructions for individual patients. Manufacturers' product information and package inserts should be reviewed for current information, including contraindications, dosages, and precautions.
Printed in the United States of America

Library of Congress Cataloging-in-Publication Data

Gelatt, Kirk N.
 Color atlas of veterinary ophthalmology / Kirk N. Gelatt.
  p. cm.
  ISBN 0-7817-2998-X
  1. Veterinary ophthalmology—Atlases. I. Title.

2001023444

SF891.G45 2001
636.089'77—dc21

The publishers have made every effort to trace the copyright holders for borrowed material. If they have inadvertently overlooked any, they will be pleased to make the necessary arrangements at the first opportunity.

To purchase additional copies of this book, call our customer service department at **(800) 638-3030** or fax orders to **(301) 824-7390**. International customers should call **(301) 714-2324**.

Visit Lippincott Williams & Wilkins on the Internet: http://www.LWW.com. Lippincott Williams & Wilkins customer service representatives are available from 8:30 am to 6:00 pm, EST.

01 02 03 04 05
1 2 3 4 5 6 7 8 9 10

緒　言

「Veterinary Ophthalmology 3rd edition」を1999年に出版した後，我々は我々の職種の将来を担う獣医科の学生に基本的で完全なテキストを提供することに集中した．我々の努力の結果は「Essentials of Veterinary Ophthalmology」として2000年に出版された．このテキストは，入学したてのレベルの学生ならびに開業獣医師を獣医臨床眼科学に導き，その内容は小動物および大動物臨床の場においてより一般的に遭遇する疾患に集結させた．補足的な情報を得るために，各々のセクションにおける「3rd edition」の参照箇所を示した．これらの作業にはほぼ3年を要し，これで私の出版活動は少なくともしばらくの間は終わったと考えていた！

しかし，「3rd edition」と「the Essentials」の読者であり購買者である先生方から，その中の豊富で品質の良い図表に基づいた，家畜種を含めた獣医眼科学のカラーアトラスの出版を要請された．これまでの眼科カラーアトラスは，その内容は小動物に集中しており，詳細な情報を得ることに興味がある読者を導くことのできるような包括的なテキストとの関連付けもなかった．「3rd edition」と「the Essentials」が短い期間に出版されたので，この本はカラーアトラスに興味をもっていたそれらの読者にとって，臨床の場において用いることのできる，価値ある付録となりえるであろう．

このテキスト中の大多数のイラストは，新しいものである．少数のイラストは，「3rd edition」と「the Essentials」から引用した．このアトラスにおける17の章は，「3rd edition」と「the Essentials」を構成する章と同じように整理されている．疾患によって異なる眼組織の反応を図示した総合的な第1章から始め，それから犬の眼科学（第2～第11章），猫の眼科学（第12章），馬の眼科学（第13章），食用動物（第14章），その他の動物種（第15章），眼症状を伴った全身性疾患（犬，猫，馬と食用動物）（第16章），そして神経眼科学（第17章）と続けた．

各々の章において，疾患は1）先天的または発育期におけるもの，2）炎症性，3）外傷性，4）退行性，そして，5）新生物というように分類した．カラーアトラスのための解説文が病気を表す一文のみであることもしばしばある．しかしこのカラーアトラスに関しては，付加的な情報も含まれている．カラー写真のための解説文は，1）一般的な病歴，2）疾患と関連した臨床徴候と調査結果，3）疾患の除外または鑑別診断，そして4）推奨される治療と予後を含めた．さらに疾患が時間とともに，そして治療期間中，その外観がかなり変わるならば複数のイラストを用いた．

眼科診断学上，臨床医は眼組織の直接的な観察とこれらの病変の解釈に強く依存する．眼科学においてのみ，検者は複雑な器官の2～3cmを直接観察し，身体の血管構造と中枢神経系の一部を直接観察することができる．完全な眼科検査の代わりになるものはない．大多数の治療の失敗は，薬剤の選択または外科的手技に基づいたものではなく，誤診によるものである．「3rd edition」，「the Essentials」そしてこのアトラスのようなテキストによって，あなた方は臨床の実力を向上させ，結果として患者管理を向上させることができるであろう．

「Veterinary Ophthalmology 3rd edition」と「the Essentials of Veterinary Ophthalmology」の出版時からを通して，これほどの重要で沢山の写真を寄与していただいた多くの先生方に感謝する．また，比較眼科学臨床教員であるDennis Brooks, DVM. Ph.D.およびStacy Andrew, Ph.D.の2人に，そして多くの写真を収集することを手伝い，援助してくれた我々のレジデントであるHeidi Denis, DVM, Tim Cutler, MVB, MSそしてAndras Komaromy, DVMにも深謝する．そして最後に，写真の現像とスキャンに関してかけがえのない援助をしてくれたEdward O. MacKay氏には特別に謝意を表する．

Kirk N. Gelatt, VMD
2000年12月4日

監訳者序文

　近年，小動物の診療科目の中で眼科疾患の占める割合は確実に増加しつつあり，それに伴って眼科診療を専門的に行っていない診療施設においても，眼科疾患の的確な診断および治療が必要とされるようになってきた．

　また，診療の対象も犬・猫以外のエキゾチックアニマル，鳥類，さらには爬虫類といった動物にまで広がり，それらの動物種についても，かなり専門的な知識が要求されるようになっている．

　眼科診療の困難さは，その診断のプロセスにおいて，来院した時点でその動物の眼あるいは全身が呈している外観的異常をどう理解し，感覚器としての機能がどれほど損なわれているかについてもその臨床症状から間接的に予想し，それを即時に患者である動物の飼い主が理解できるように解説しなくてはいけないところであろうと考える．要するに検査結果のデータとにらめっこしている時間はないのである．

　言い換えれば，眼科疾患の多くはその主訴とペンライトや検眼鏡で観察できる異常所見のみである程度の診断が可能となり，その後に行う特殊な眼科検査はそれを確定するための追加検査となることも決して少なくはない．

　そういった意味では獣医眼科学の参考書というものは，他の診療科目のそれに比べ，掲載されているイラストや写真を参照することが多く，できるだけ大きくて鮮明な写真が豊富であるほうが好ましいといえるであろう．

　最近はデジタルカメラの普及により，特殊なレンズや光源なしでも手軽に前眼部の接写撮影ができるようになった．よって，前眼部所見の画像による記録の保存が容易にでき，診察中だけでなく，後から反復的に症例の病態を確認したり，経時的な症状の変化を比較したりすることも簡単になった．

　このカラーアトラスは我々が日常，診療する機会のある多くの動物種において（あるいは診察する機会のほとんどないであろう動物種に至るまで），それぞれの疾患について，大きく鮮明な写真を用いてその疾患の特徴的所見が解説されており，実際の診療の場においてのリファレンスとして，また記録した写真や画像を分類したり，整理したりする折のリファレンスとして大いに活用することができるであろう．

　また，このカラーアトラスは疾患の特徴を写真で示すことを目的としているため，疾患についての解説文はページによっては非常に簡潔にしか述べられていない部分もある．そのために多くの疾患において解説文の中には，この本の姉本とも言える同じく Dr. Gelatt の著書であり，世界中の臨床獣医師に広く活用されている「Veterinary Ophthalmology 3rd edition」と「Essentials of Veterinary Ophthamology」における参照箇所も明記してある．

　獣医眼科診療に興味のある先生には，診察中は診察室に，診察が終われば医局あるいは自宅にと，片時も離さず常にご自分の手の届くところにおいていただきたい 1 冊であると考える．本書ができるだけ多くの動物病院の診察室の本棚に並べられ，日々活用されれば幸甚である．

　本書の内容に関しては，できる限り自然な文調で，読者である国内の臨床獣医師あるいは獣医科学生諸兄の耳にすんなり入っていくようにと心がけた．そのため翻訳の分担は，国内の獣医眼科診療の第一線でご活躍されているばかりでなく，海外での留学経験をお持ちの先生方を中心にお願いした．ここに翻訳を担当していただいた諸先生方に感謝の意を表したい．

　最後に，本書の作製にあたっては，おおた動物病院スタッフである獣医師 伊藤 りえ，動物看護士の岡本 博子，木下 怜子および諸岡麻衣子諸氏の多大なる協力をいただいた．また，本書の出版は文

永堂出版株式会社社長 永井　富久氏，編集部 松本　晶氏，石田美佐子さんの大変なご助力によるものであり，私の努力不足から本書の発刊が当初の予定時期より大幅に遅れてしまい，特に松本氏には大変なご心労と忍耐を強いることになってしまった．そのご支援にあらためて心より深謝する次第である．

2004年初夏

おおた動物病院　太田　充治

訳者一覧

監 訳 者

太田充治（おおた動物病院）

訳　　　者（訳出順）

遠藤雅則（くにたち動物病院）………………………… 第1章〜第5章
瀧本良幸（タキモト動物病院）………………………… 第6章〜第8章
太田充治（前掲）………………………………………… 第9章〜第11章
本間功次（あおぞら動物病院）………………………………… 第12章
小林由佳子（ジェナー動物クリニック）……………… 第13章, 第14章
上岡孝子（うえおか動物病院）………………………… 第15章〜第17章

目　　次

1．臨床徴候とその解釈　1

　　図 1.1　疼痛 / 眼瞼痙攣　1
　　図 1.2　流涙症　2
　　図 1.3　結膜充血および結膜浮腫　3
　　図 1.4　毛様充血を伴う虹彩毛様体炎　4
　　図 1.5　上強膜充血　5
　　図 1.6　瞳孔の大きさ　6
　　図 1.7　瞳孔の形　7
　　図 1.8　角膜浮腫　8
　　図 1.9　角膜潰瘍　9
　　図 1.10　角膜血管新生　10
　　図 1.11　角膜色素沈着　12
　　図 1.12　角膜の瘢痕（線維化）　13
　　図 1.13　角膜変性とジストロフィー　14
　　図 1.14　急性の網膜 / 脈絡膜炎　15
　　図 1.15　慢性の網膜 / 脈絡膜炎　16

2．犬の眼窩　17

　　図 2.1　小眼球症　17
　　図 2.2　眼窩蜂巣炎　18
　　図 2.3　唾液粘液腫　19
　　図 2.4　咀嚼筋炎　20

図 2.5　眼球突出　21
図 2.6　眼窩損傷　23
図 2.7　頭蓋骨下顎骨症　24
図 2.8　腺癌　25
図 2.9　眼球摘出後の外観　27
図 2.10　眼内義眼　28
図 2.11　眼球癆　29

3．犬の眼瞼　30

図 3.1　眼瞼欠損　30
図 3.2　眼瞼癒着および新生仔眼炎　31
図 3.3　類皮腫　32
図 3.4　眼瞼縮小　33
図 3.5　巨大眼瞼　34
図 3.6　眼瞼内反症　35
図 3.7　眼瞼外反症　37
図 3.8　眼瞼内反 - 外反合併症　38
図 3.9　睫毛重生　39
図 3.10　長睫毛症　40
図 3.11　睫毛乱生　41
図 3.12　眼瞼裂傷　42
図 3.13　免疫介在性眼瞼炎　43
図 3.14　幼犬膿皮症性による眼瞼炎　44
図 3.15　膿皮性肉芽腫性眼瞼炎　45
図 3.16　マイボーム腺炎　46
図 3.17　霰粒腫　47
図 3.18　眼瞼腫瘍　48

4．犬の涙液および鼻涙器　50

図 4.1　急性乾性角結膜炎（KCS）　50
図 4.2　慢性乾性角結膜炎　51
図 4.3　KCS の治療　52
図 4.4　耳下腺管移殖の術後　53
図 4.5　鼻涙管閉塞　54
図 4.6　急性涙嚢炎　55

図 4.7　慢性涙嚢炎　56
図 4.8　鼻涙管閉塞のカテーテル挿入治療　57
図 4.9　涙嚢ヘルニア　58

5．犬の結膜および瞬膜　59

図 5.1　眼球を取り巻く瞬膜　59
図 5.2　瞬膜軟骨の外反　60
図 5.3　瞬膜腺突出　61
図 5.4　瞬膜の突出　63
図 5.5　瞬膜の腺癌　64
図 5.6　瞬膜の形質細胞腫　65
図 5.7　瞬膜下の異物　66
図 5.8　細菌性結膜炎　67
図 5.9　濾胞性結膜炎　68
図 5.10　結膜の浮腫　69
図 5.11　結膜腫瘍　70

6．犬の角膜／強膜　71

図 6.1　類皮腫　71
図 6.2　小角膜症および小眼球症　72
図 6.3　瞳孔膜遺残（PPM）　73
図 6.4　角膜びらん　74
図 6.5　角膜潰瘍　76
図 6.6　短頭種の角膜潰瘍　78
図 6.7　真菌性角膜潰瘍　80
図 6.8　色素性角膜炎　81
図 6.9　慢性表層性角膜炎　82
図 6.10　神経麻痺性角膜炎　84
図 6.11　神経障害性角膜炎　85
図 6.12　フロリダ角膜症　86
図 6.13　角膜裂傷　87
図 6.14　異物　88
図 6.15　脂質性実質性角膜ジストロフィー　89
図 6.16　点状角膜炎　90
図 6.17　角膜内皮ジストロフィー　91

図 6.18　角膜変性　93
図 6.19　角膜嚢胞　94
図 6.20　輪部黒色腫　95
図 6.21　強膜の黄疸　96
図 6.22　上強膜炎　97

7．犬の緑内障　99

図 7.1　先天緑内障　100
図 7.2　原発開放隅角緑内障（POAG）　101
図 7.3　原発閉塞隅角緑内障（PCAG）　103
図 7.4　櫛状靱帯の異形成を伴った原発閉塞隅角緑内障　106
図 7.5　水晶体の変位　109
図 7.6　続発緑内障　111
図 7.7　続発性無水晶体性緑内障　112
図 7.8　外傷性緑内障　113
図 7.9　眼内出血に続発した緑内障　114
図 7.10　メラニン細胞性緑内障　115
図 7.11　眼内新生物に関連した緑内障　116
図 7.12　前房シャントおよびレーザー毛様体光凝固術　117

8．犬の前部ぶどう膜　118

図 8.1　虹彩異色　118
図 8.2　虹彩異色　119
図 8.3　瞳孔膜遺残（PPM）　120
図 8.4　急性虹彩毛様体炎　121
図 8.5　慢性虹彩毛様体炎　123
図 8.6　ロッキー山紅斑熱（RMSF）からのぶどう膜炎　125
図 8.7　犬糸状虫（*Dirofilaria immitis*）からのぶどう膜炎　126
図 8.8　犬伝染性肝炎（ICH）からのぶどう膜炎　127
図 8.9　真菌性虹彩毛様体炎　128
図 8.10　水晶体原性虹彩毛様体炎　129
図 8.11　色素性前部ぶどう膜炎　130
図 8.12　ぶどう膜皮膚症候群（UDS）　132
図 8.13　虹彩萎縮　134
図 8.14　虹彩嚢胞　135

図 8.15　貫通性の異物　136

図 8.16　前房出血　137

図 8.17　悪性黒色腫　139

図 8.18　原発性毛様体腺癌　141

図 8.19　転移性の腺癌　142

図 8.20　ぶどう膜のリンパ腫　143

9．犬の水晶体疾患および白内障形成　144

図 9.1　小水晶体症　144

図 9.2　水晶体コロボーマ　145

図 9.3　円錐水晶体　146

図 9.4　瞳孔膜残存（PPM）　147

図 9.5　白内障および硝子体遺残物　148

図 9.6　白内障　149

図 9.7　水晶体核硬化症　150

図 9.8　白内障の成熟段階　153

図 9.9　犬種による遺伝性白内障　155

図 9.10　真性糖尿病からの白内障　158

図 9.11　虹彩毛様体炎に続発する白内障　159

図 9.12　水晶体の損傷　160

図 9.13　水晶体亜脱臼　161

図 9.14　水晶体前方脱臼　162

図 9.15　水晶体後方/硝子体内脱臼　163

10．犬の硝子体　164

図 10.1　硝子体遺残物　164

図 10.2　水晶体血管膜過形成遺残（PHTVL）/第一次硝子体過形成遺残（PHPV）　165

図 10.3　星状硝子体症　166

図 10.4　硝子体炎　167

図 10.5　硝子体出血　168

11．犬の眼底および視神経　169

図 11.1　正常な眼底のバリエーション　169

図 11.2　コリー眼異常　171

図 11.3　網膜異形成　174

図 11.4　進行性網膜萎縮（PRA）　176
図 11.5　網膜色素上皮ジストロフィー（RPED）　178
図 11.6　網膜および脈絡膜の炎症　180
図 11.7　突発性後天性網膜変性（SARD）　182
図 11.8　全身性高血圧症　183
図 11.9　網膜脂血症　184
図 11.10　過粘稠度症候群　185
図 11.11　網膜剥離　186
図 11.12　肉芽腫性髄膜脳炎（GME）　188
図 11.13　新生物　189
図 11.14　正常な視神経乳頭　190
図 11.15　小乳頭症　191
図 11.16　視神経形成不全　192
図 11.17　視神経コロボーマ　193
図 11.18　視神経乳頭浮腫　194
図 11.19　視神経炎　195
図 11.20　視神経萎縮　196

12. 猫の眼科学　197

図 12.1　小眼球症　197
図 12.2　眼球突出　198
図 12.3　眼窩フレグモーネ　199
図 12.4　眼窩内腫瘍　200
図 12.5　眼瞼形成不全　201
図 12.6　眼瞼内反症　202
図 12.7　眼瞼炎　203
図 12.8　眼瞼腫瘍　204
図 12.9　慢性鼻涙管閉塞　206
図 12.10　乾性角結膜炎（KCS）　207
図 12.11　原発性猫ヘルペスウイルス-1型（FHV-1）性結膜炎　208
図 12.12　再発性FHV-1型性結膜炎　209
図 12.13　クラミジア性結膜炎　210
図 12.14　マイコプラズマ性結膜炎　211
図 12.15　眼球癒着　212
図 12.16　猫ヘルペスウイルス-1型性潰瘍　213

図 12.17　猫ヘルペスウイルス -1 型性実質性角膜炎　214
図 12.18　角膜黒色壊死症　215
図 12.19　増殖性角結膜炎　216
図 12.20　フロリダ角膜症　217
図 12.21　急性水疱性角膜症　218
図 12.22　輪部黒色腫　219
図 12.23　虹彩異色症　220
図 12.24　瞳孔膜遺残（PPM）　221
図 12.25　猫伝染性腹膜炎（FIP）　222
図 12.26　猫白血病（FeLV）　223
図 12.27　猫免疫不全ウイルス（FIV）　225
図 12.28　トキソプラズマ症　226
図 12.29　外傷性損傷　228
図 12.30　び漫性虹彩黒色腫　229
図 12.31　虹彩黒色腫　231
図 12.32　外傷関連性肉腫　232
図 12.33　虹彩リンパ腫　233
図 12.34　先天緑内障　234
図 12.35　原発緑内障　235
図 12.36　前部ぶどう膜炎に続発した続発緑内障　236
図 12.37　水晶体脱臼　357
図 12.38　先天白内障　238
図 12.39　原発白内障　239
図 12.40　続発白内障　240
図 12.41　猫の正常な眼底所見　241
図 12.42　網膜異形成　243
図 12.43　視神経乳頭コロボーマ　244
図 12.44　タウリン欠乏性網膜症　245
図 12.45　遺伝性網膜変性　247
図 12.46　炎症：猫伝染性腹膜炎（FIP）　248
図 12.47　炎症：クリプトコッカス症　249
図 12.48　高血圧性網膜症　250
図 12.49　貧血性網膜症　252
図 12.50　眼ハエ幼虫症　253
図 12.51　網膜剥離　254

13. 馬の眼科学　255

　図 13.1　小眼球症　255
　図 13.2　斜視　256
　図 13.3　眼瞼内反症　257
　図 13.4　類皮腫　258
　図 13.5　鼻涙管閉塞　259
　図 13.6　虹彩異色　260
　図 13.7　先天緑内障と水晶体亜脱臼　261
　図 13.8　虹彩毛様体炎と前房蓄膿　262
　図 13.9　先天白内障　263
　図 13.10　視神経乳頭形成不全　264
　図 13.11　眼窩の炎症　265
　図 13.12　眼窩の外傷　266
　図 13.13　眼窩腫瘍　267
　図 13.14　眼球癆　268
　図 13.15　眼瞼の裂傷　269
　図 13.16　扁平上皮癌　270
　図 13.17　類肉腫　272
　図 13.18　鼻涙管閉塞　273
　図 13.19　結膜の炎症　274
　図 13.20　ハブロネーマ胃虫症　275
　図 13.21　角膜潰瘍　276
　図 13.22　角膜実質膿瘍　278
　図 13.23　ヘルペスウイルス性角膜炎　279
　図 13.24　虹彩脱出　280
　図 13.25　外傷性眼内出血　282
　図 13.26　急性馬再発性ぶどう膜炎（ERU）　283
　図 13.27　慢性馬再発性ぶどう膜炎（ERU）　284
　図 13.28　白内障を伴った慢性馬再発性ぶどう膜炎（ERU）　285
　図 13.29　緑内障　286
　図 13.30　白内障　288
　図 13.31　水晶体脱臼　289
　図 13.32　術後の様子－白内障手術　290
　図 13.33　正常眼底像　291

図 13.34　脈絡網膜炎　293
図 13.35　網膜剥離　294
図 13.36　視神経乳頭変性　295
図 13.37　増殖性神経症　296
図 13.38　虚血性視神経網膜症　297

14. 食用動物の眼科学　298

図 14.1　小眼球症　298
図 14.2　斜視　299
図 14.3　眼窩の腫瘍　300
図 14.4　眼瞼内反症　301
図 14.5　類皮腫　302
図 14.6　クラミジア感染による角結膜炎（羊）　303
図 14.7　マイコプラズマ感染による角結膜炎（山羊）　304
図 14.8　牛伝染性角結膜炎（IBK）　306
図 14.9　扁平上皮癌　308
図 14.10　瞳孔膜遺残（PPM）　310
図 14.11　虹彩異色－牛　311
図 14.12　遺伝性虹彩異色－豚　312
図 14.13　虹彩毛様体炎　313
図 14.14　続発緑内障－牛伝染性角結膜炎　314
図 14.15　先天白内障　315
図 14.16　前部ぶどう膜炎に続発した続発白内障　316
図 14.17　正常な眼底像（牛，羊，山羊，豚）　317
図 14.18　視神経コロボーマ　319
図 14.19　眼底の炎症　320
図 14.20　栄養性網膜変性症（羊）　321
図 14.21　ビタミン A 欠乏症（牛）　322

15. エキゾチックペットの眼科学　323

図 15.1　残留（不透明）スペクタクル（蛇）　323
図 15.2　外傷（猛禽類）　324
図 15.3　兎の鼻涙管閉塞　325
図 15.4　兎の眼瞼結膜炎　326
図 15.5　兎の眼瞼内反症　327

図 15.6　兎の結膜炎　328
図 15.7　兎の結膜過伸展　329
図 15.8　角膜潰瘍　330
図 15.9　遺伝性先天緑内障　331
図 15.10　先天白内障　332
図 15.11　*Encephalitozoan cuniculi* に続発した前部ぶどう膜炎　333
図 15.12　正常な兎の眼底　334
図 15.13　フェレットの小眼球症　335
図 15.14　フェレットの白内障　336

16. 眼症状を伴う全身疾患　337

図 16.1　アルビノに続発する小眼球症　337
図 16.2　矮小症と多発性な眼異常　338
図 16.3　水頭症　339
図 16.4　犬ジステンパー　340
図 16.5　犬伝染性肝炎　341
図 16.6　ウイルス性乳頭腫　342
図 16.7　ロッキー山紅斑熱　343
図 16.8　犬のブルセラ症（*Brucella canis*）　344
図 16.9　真菌性潰瘍　345
図 16.10　ブラストミセス症　346
図 16.11　コクシジオイデス症　347
図 16.12　ヒストプラズマ症　349
図 16.13　クリプトコッカス症　350
図 16.14　眼アスペルギルス症　351
図 16.15　トキソプラズマ症　352
図 16.16　リーシュマニア症　353
図 16.17　プロトテカ症　354
図 16.18　犬糸状虫（*Dirofilaria immitis*）　355
図 16.19　眼ハエウジ症　356
図 16.20　ニキビダニ性皮膚炎　357
図 16.21　真性糖尿病　358
図 16.22　低カルシウム血症性白内障　359
図 16.23　全身性高血圧症　360
図 16.24　高脂血症　361

図 16.25　過粘稠度　362

図 16.26　静脈輸液の過負荷　363

図 16.27　ぶどう膜皮膚症候群（UDS あるいはフォークト - 小柳 - 原田様症候群）　364

図 16.28　リンパ肉腫　366

図 16.29　猫ヘルペスウイルス（FHV-1）性結膜炎および角膜潰瘍　367

図 16.30　猫クラミジア症（*C. psittaci*）　368

図 16.31　猫伝染性腹膜炎（FIP）　369

図 16.32　猫免疫不全ウイルス（FIV）　370

図 16.33　トキソプラズマ症　371

図 16.34　猫白血病ウイルス（FeLV）　372

図 16.35　クリプトコッカス性脈絡網膜炎　373

図 16.36　猫汎白血球減少症　374

図 16.37　全身性高血圧症　375

図 16.38　仔牛の小眼球症　376

図 16.39　牛ウイルス性下痢　377

図 16.40　ぶどう膜炎－牛伝染性鼻気管炎（IBR）

図 16.41　牛血栓栓塞性髄膜脳炎　379

17. 神経 - 眼症候群　380

図 17.1　犬のホーナー症候群　380

図 17.2　猫のホーナー症候群　381

図 17.3　馬のホーナー症候群　382

図 17.4　神経麻痺性角膜炎　383

図 17.5　猫片側性の散瞳　384

図 17.6　神経性乾性角結膜炎　385

図 17.7　猫の斜視あるいは内斜視（輻輳斜視）　386

図 17.8　シャーペイの線維性斜視　387

図 17.9　外側斜視（外斜視）　388

図 17.10　馬の輻輳斜視または内斜視　389

図 17.11　牛の斜視　390

図 17.12　片側性顔面攣縮　391

図 17.13　顔面神経麻痺　392

図 17.14　ハウ症候群　393

臨床徴候とその解釈

1

　臨床獣医師として，味覚以外の情報をほとんど得るべきである．診断のため，また少なくとも異常を見つけ確認し，治療法や適切な予後を予測でき得る類症鑑別をあげられるように臨床検査や画像診断などを行わねばならない．この章では，典型的な臨床症状や観察点を要約し，病因や発生頻度について説明する．続章では，更なる異常所見の情報を記載する．

図 1.1　猫の内反症に続発した疼痛 / 眼瞼痙攣

　眼瞼外側縁と被毛が直接結膜や角膜表面に接触している．眼科疾患のある動物の多くは，臨床症状で疼痛を示す．眼瞼痙攣は三叉神経（感覚）枝，そして眼瞼を閉じる眼輪筋へ分布する顔面神経（運動）から来るものである．痛みの起源は眼球，眼瞼，結膜，角膜，虹彩そして毛様体からである．水晶体，硝子体や網膜脈絡膜には疼痛の受容器はない．

　角膜の疼痛は，プロスタグランジン，ヒスタミンやアチルコリンを放出する前部ぶどう膜から軸索性反射を介して，直接的に伝達されており，血液-房水関門の崩壊したり虹彩毛様体炎や房水フレアが生じる．それゆえ臨床家にとって眼瞼痙攣は痛みのサインであり，炎症の可能性があるため，原因を探る必要がある．本来，動物で原発性眼瞼痙攣はまれである．

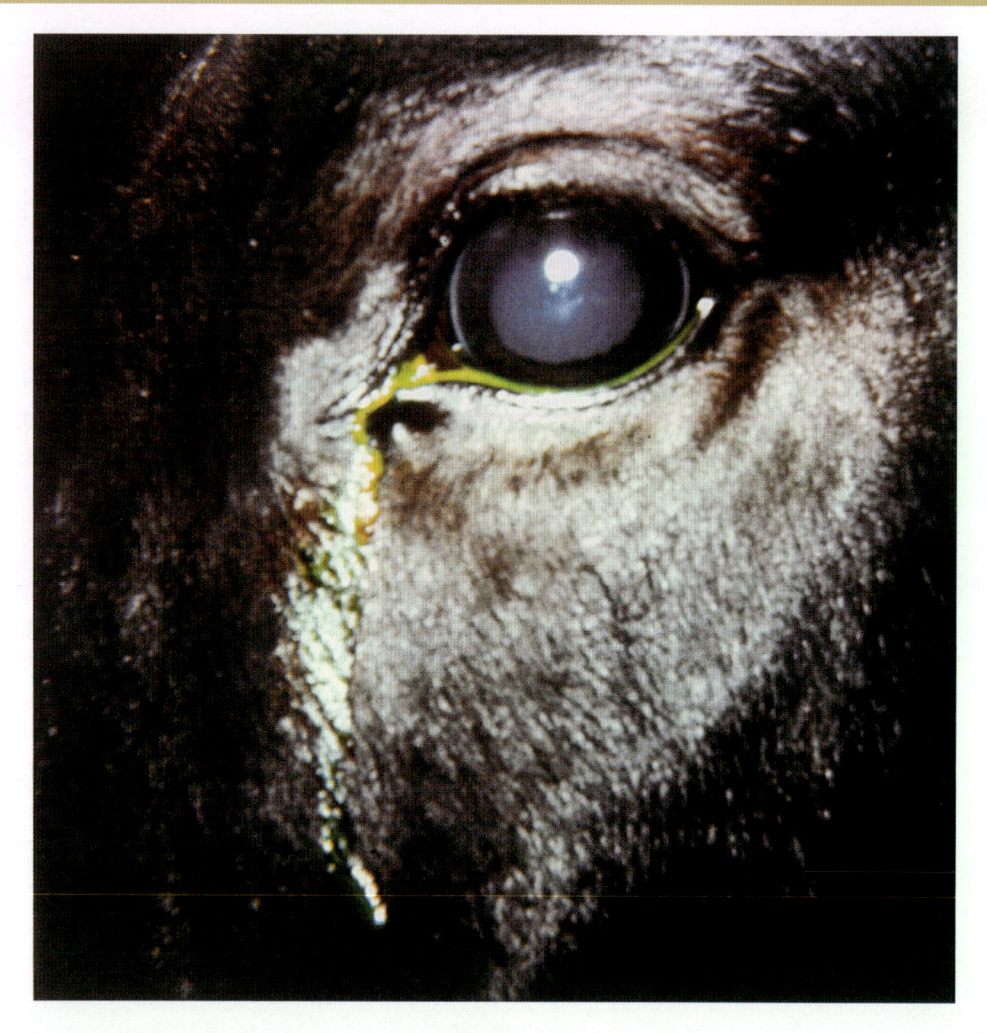

図 1.2　鼻涙管の閉塞と結膜炎による馬の流涙症

　流涙症は，疼痛由来の涙の過剰分泌である．疼痛は顔，眼窩，眼瞼，結膜，瞬膜，角膜そして前眼部の眼内組織の三叉神経の刺激による．犬の遠心神経路は，三叉神経群（眼神経枝；前部と鼻側毛様枝，上顎神経枝頬骨神経）である．求心路は，顔面神経の副交感神経節（吻部唾液核），主錐体神経が翼突口蓋へ，そして上顎神経節を介して涙腺へ達する．涙腺と瞬膜腺は，腺への血流を調節するコリン作動性自律神経と交感神経により刺激を受ける．

　涙液過剰分泌（lacrimation）は涙液量の増加である．；これに対して流涙症（epiphora）は，内眼角の鼻涙管排泄器から溢れる場合（疾患や閉塞のため）である．涙液量はシルマー・ティア・テストで臨床上評価される．

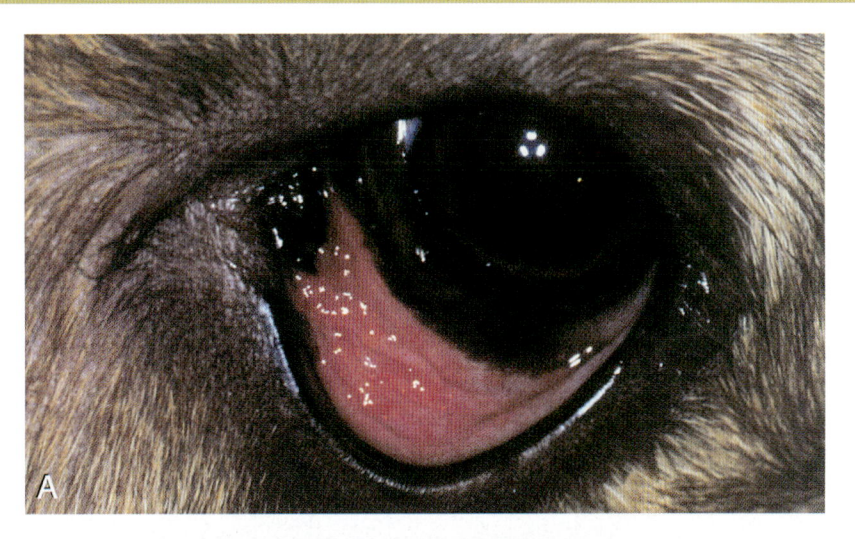

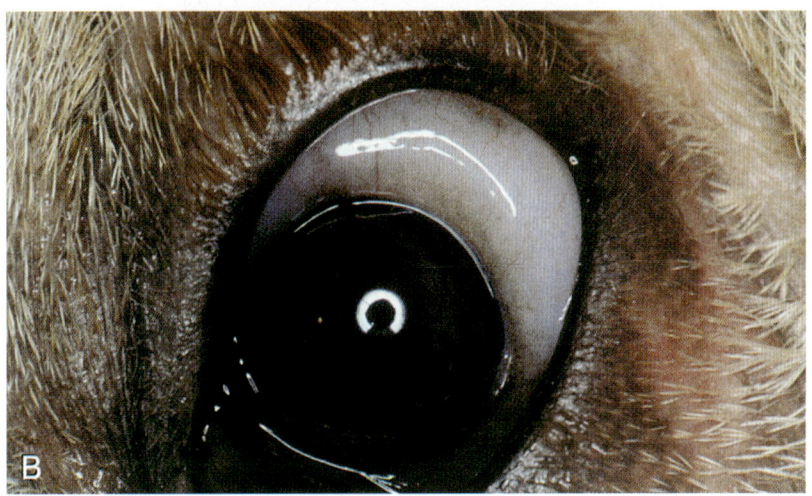

図1.3　A．結膜炎と眼瞼外反症に伴う結膜充血，特に下眼瞼結膜に著明．
　　　B．仔犬の急性アレルギー反応による結膜浮腫．

　結膜は，眼瞼，円蓋および眼球結膜部から構成され，眼瞼や眼球の動きに対応している．結膜は涙液流動性や眼球外表面の免疫防御に重要な部位でもある．最表層には，異なった免疫機能を備えた微細なリンパ濾胞が存在する．結膜の部分的な免疫反応として，結膜血管群の局所的な拡張がみられる．これらの結膜血管は径が細く，樹板状を呈しており，1〜2％のエピネフリンの点眼ですぐさま蒼白化する．また可動性で，結膜表面を触診することで容易に動く．

　結膜浮腫（chemosis）とは結膜の浮腫であり，急性の結膜疾患の症状である．眼や眼瞼の動きに対応する結膜固有層の結合配列が脆弱になるため，急速な細胞外液貯留によって結膜腫脹してしまう．

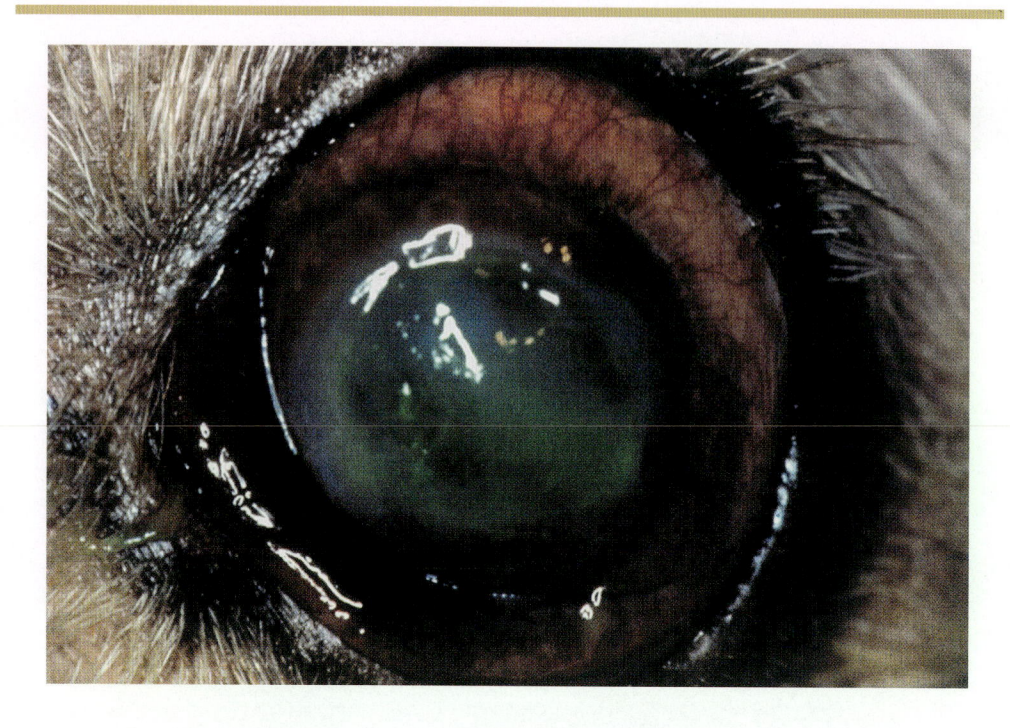

図 1.4 犬にみられた毛様充血を伴う角膜潰瘍による虹彩毛様体炎.

　毛様充血や球結膜と上強膜のび漫性充血は，虹彩や毛様体炎により起きる．毛様充血は眼内の炎症を示唆するので，臨床上，結膜充血と区別しなくてはいけない．虹彩や毛様体血管群は，強膜前部を横断する前毛様動静脈枝により供給されているため，前部ぶどう膜血管の刺激で生じる充血や滲出には前述血管群が絡んでいるのも驚くことではない．

　血管反応物質としてヒスタミン，セロトニン，プラスミン，キニン，補体やエイコサノイド（プロスタグランジンやロイコトルエン）がある．これら炎症反応の関与物質を知ることで，より特定的な治療を行いやすくなる．

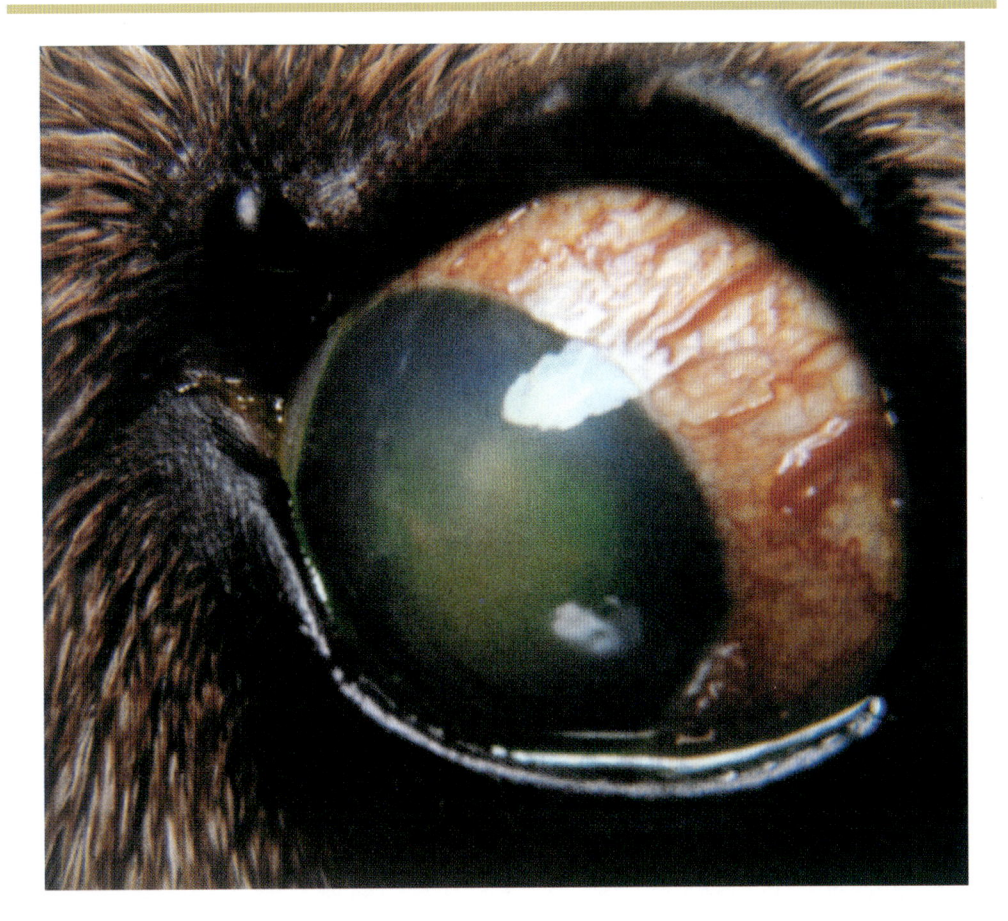

図 1.5　コッカー・スパニエルにみられた狭隅角緑内障によって起こった上強膜充血．怒張血管群は結膜の動きに影響を受けない．

　上強膜静脈の怒張は，急性や慢性の眼球内圧上昇によって生じる．深部上強膜血管群は，径が太いこと，分枝をもたないことや結膜を動かしても変化しないことで浅層の結膜血管群と区別ができる．深部上強膜血管群は，1～2％エピネフリンですぐには収縮されない〔血管収縮は数分で起きる（結膜血管群は数秒以内で生じる）〕．

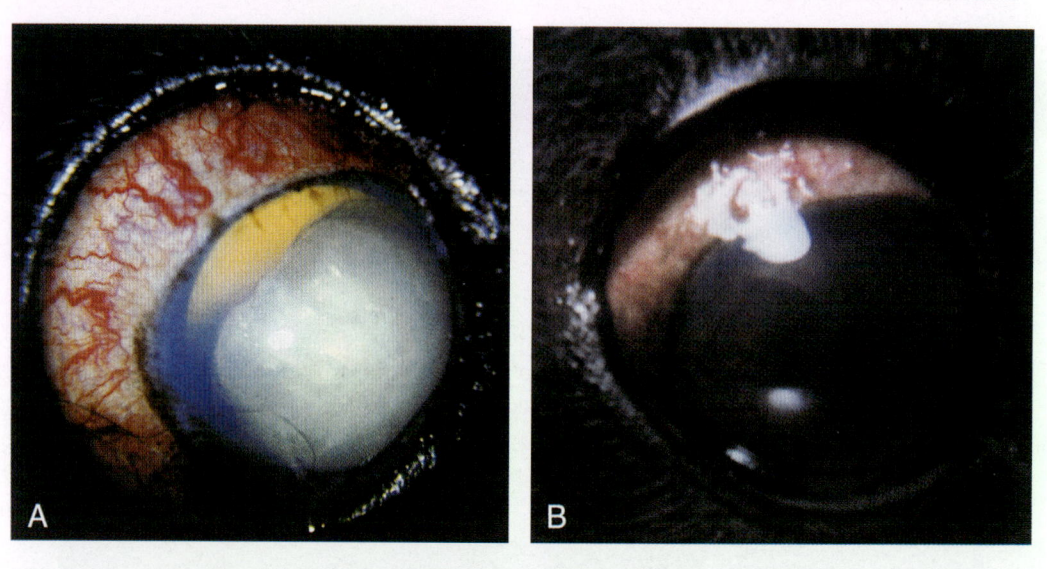

図 1.6　A．緑内障による眼内圧上昇時の瞳孔径の増大（散瞳）．
　　　　B．前部ぶどう膜炎もしくは虹彩毛様体炎時の瞳孔径の縮小（縮瞳）．

　瞳孔の大きさは，照明，興奮度や照度そして眼球への検査距離やその他の要因などにより変化する．幸運にも瞳孔の大きさは両眼ともほぼ同じであるため，検査眼の瞳孔径を比較できる．他の臨床所見に併発する小瞳孔（縮瞳）は，虹彩毛様体炎時の虹彩括約筋の刺激により生じることがある．それに対し瞳孔散大の場合は，虹彩括約筋の障害，虹彩萎縮や高眼圧（緑内障）が示唆される．瞳孔散大や散瞳は詳細に検査し，他に異常がないか調べるべきである．

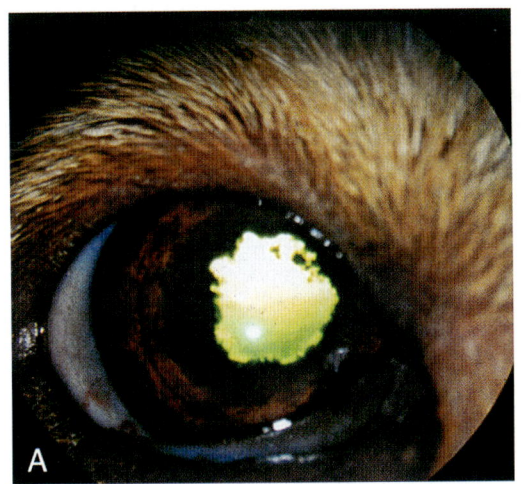

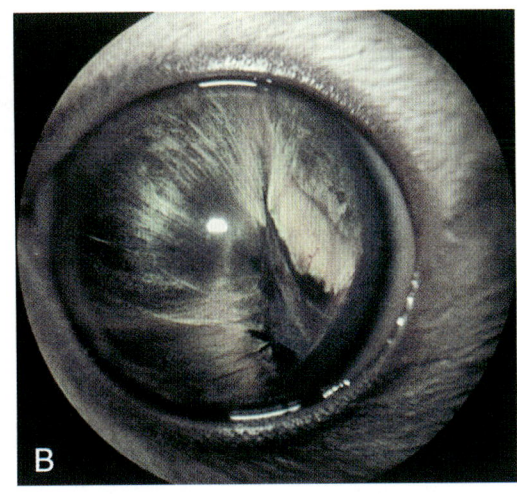

図 1.7　A．慢性前部ぶどう膜炎をもつこの犬には，虹彩裏面と水晶体表面が癒着（後癒着）しているため瞳孔形が不整である．
　B．前部ぶどう膜炎をもつこの猫では，虹彩縁が癒着（後癒着）し，眼房水虹彩流出路を完全に妨げている．膨隆虹彩と呼ぶ．

　獣医眼科専門医は，動物種によって瞳孔形状が円形，楕円形，スリット状や例えば四角状瞳孔かを把握している．異常な瞳孔形状は，先天的，もしくは異常によるものか，また後方（虹彩と水晶体）か前方（虹彩と角膜内層）の癒着かのサインである．異常には，瞳孔変位（中心がずれている瞳孔），瞳孔拡張（散瞳），コロボーマ（虹彩の穴）や多瞳孔（複数の瞳孔）などがある．
　虹彩腫脹により，虹彩が厚くなり粘稠度が増してくる．虹彩が通常の大きさか虹彩収縮（縮瞳）の状態で虹彩腫脹があれば，一時的もしくは永久的な水晶体への癒着が起こり得る．散瞳剤を使い常に虹彩を動かし，散瞳させて水晶体と接触させないことは虹彩毛様体炎の治療でもある．

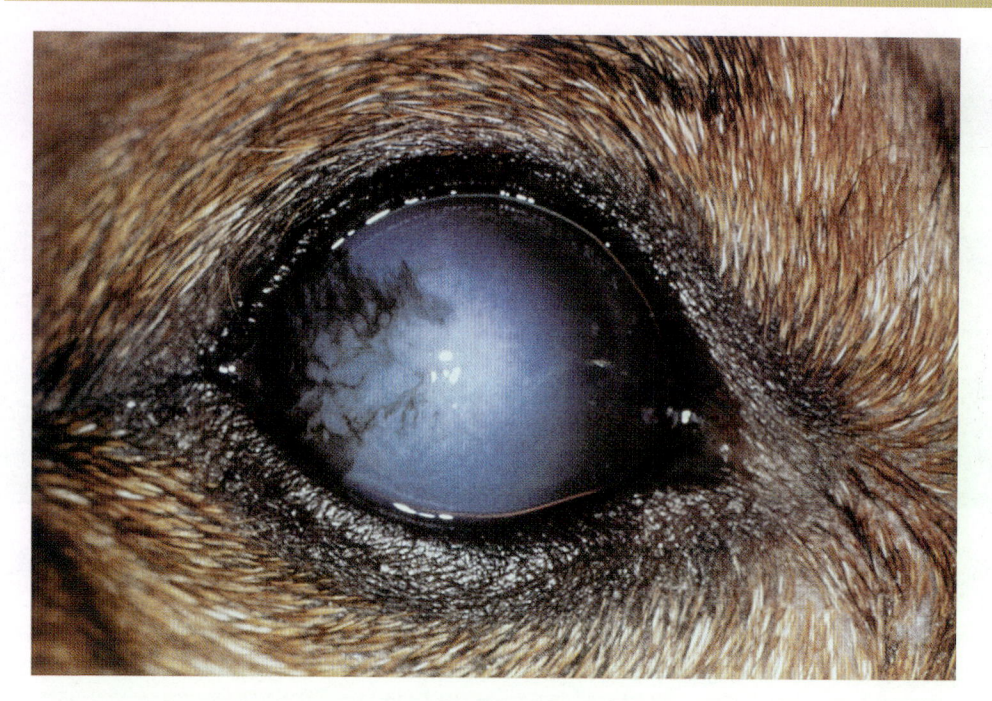

図 1.8 この老犬でみられるように，角膜浮腫は角膜内皮ジストロフィーで"内皮層ポンプ"が障害を受け，角膜実質内に液体が貯留することにより起きる．

　角膜は透過性を維持するために，やや脱水状態（角膜の腫脹減退）であるべきである．この状態は，角膜内皮層の Na^+-K^+ ポンプ依存の作用により維持されている．外科処置や虹彩毛様体炎によって内皮層にダメージが加わると，角膜内皮ポンプが障害を受け，角膜上皮や角膜基底膜直下の固有細胞層内に浮腫を起こす．角膜浮腫は，角膜固有層線維やグリコサミノグルカンの正常配列を乱すことで角膜の混濁や青色変化を起こす．角膜混濁は大部分が細胞外貯留液であるため，2～5％ NaCl やグルコースなどの高浸透圧剤などで一時的に角膜浮腫を軽減し，眼球内観察が可能となる．原発角膜内皮ジストロフィーは角膜中央部に始まる可能性が高いために，角膜浮腫は角膜中心性に起こる．

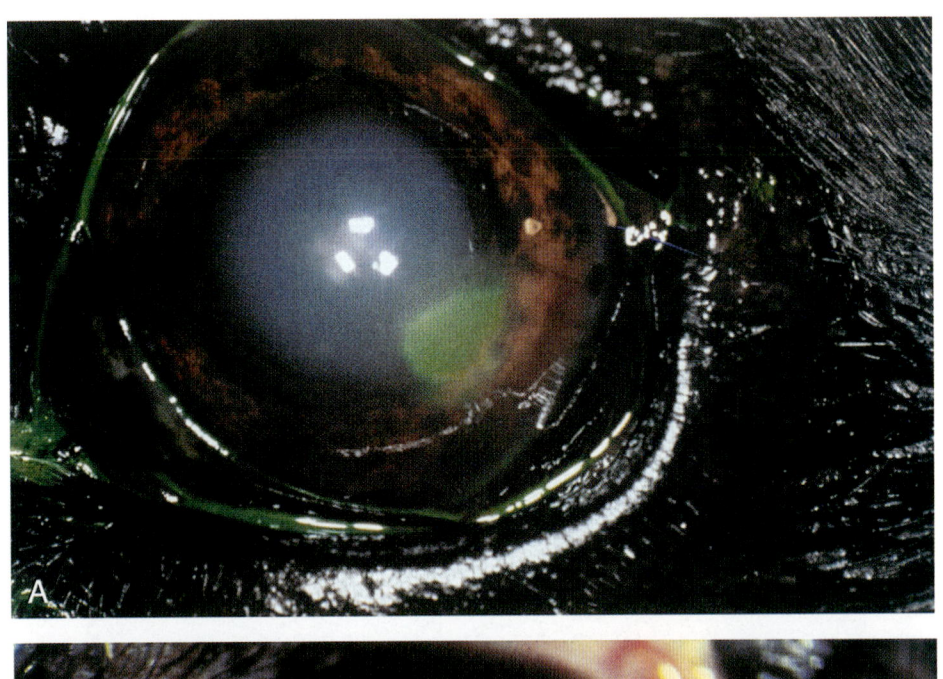

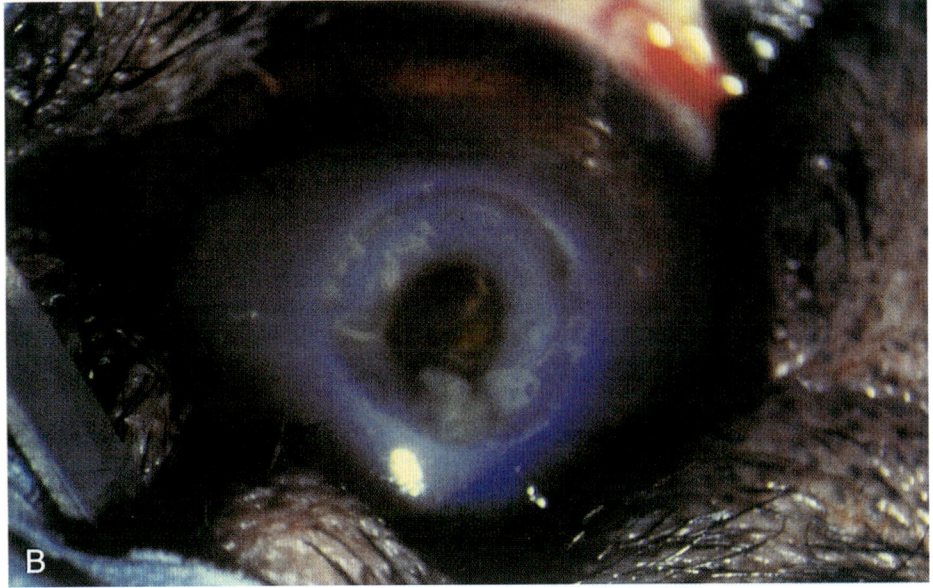

図1.9　A．ボクサーにみられたフルオレセイン染色液で染色された表層性角膜潰瘍（角膜炎）．浮腫と炎症が角膜潰瘍の周囲にあることに注目．
　B．デスメ膜の露出をみるペキニーズの深層性角膜潰瘍（デスメ膜瘤）．角膜潰瘍の周囲が灰色（角膜軟化）で，潰瘍中央部位は透明であることに注目．

　健常な角膜は完璧な透明性である．ほとんどの病的変化は，角膜の透過性に影響する．角膜上皮層の欠損や角膜固有層への炎症細胞や血管群，そして浮腫の侵襲によって角膜の透過性は低下する．

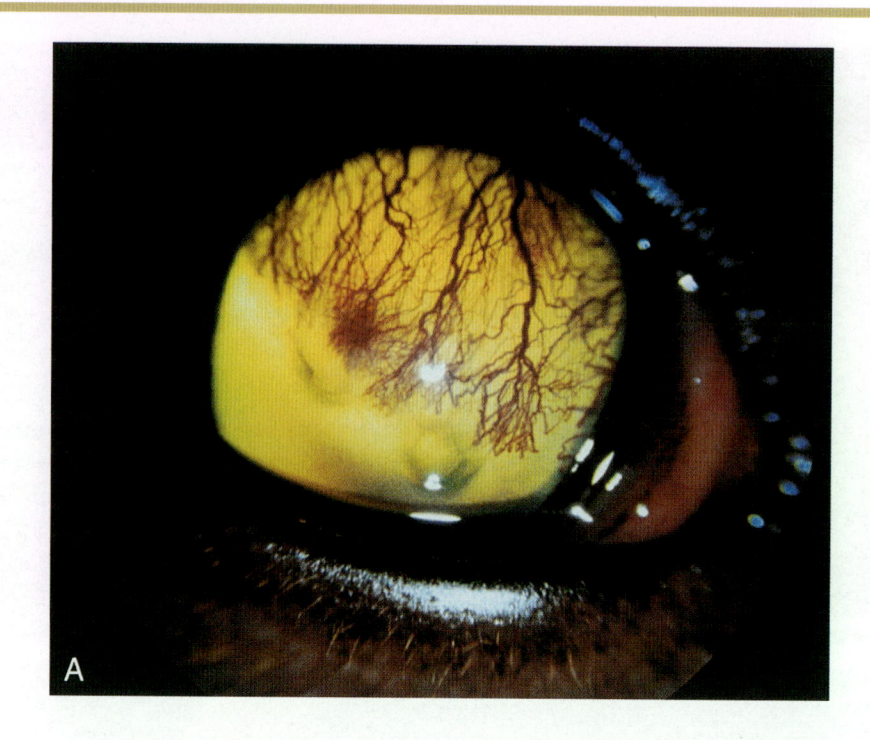

図 1.10　A．犬にみられた腹側の角膜潰瘍および慢性角結膜炎を伴う表層性角膜血管新生．

　角膜は発達完了後は無血管構造となる．角膜疾患や前部ぶどう膜炎（虹彩毛様体炎）が起こると角膜に血管が侵襲してくる．重症な症状が長引くと，さらに角膜への血管侵襲が広がってくる．これらの血管群は病変部位へと進むので，角膜で血管が集中している部位が病変部となる．

　角膜血管は表層性と深層性に分かれる．表層性の角膜血管は，輪部および結膜血管から侵入し，角膜実質表層に広がってくる．これらがみられれば角膜もしくは表層性角膜疾患が起きていることになる．それらは太さの異なった分枝をもつ太い血管群である．角膜疾患が改善することで，これらの血管群はゴースト血管として残り，他の疾患時に急激に再充血を生じる．

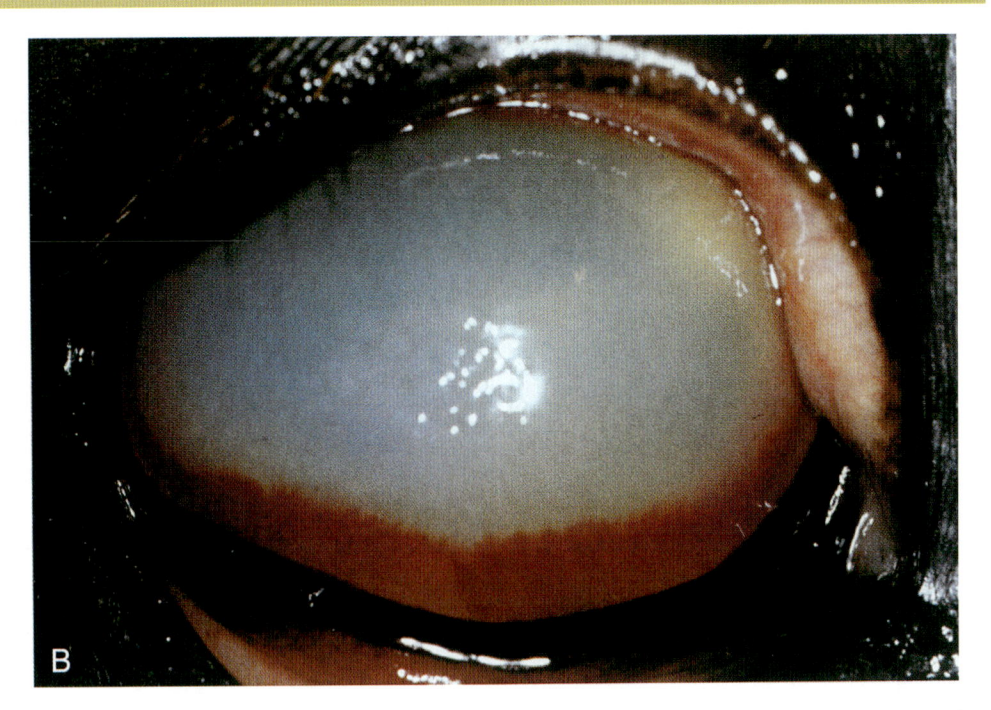

B．馬の角膜実質膿瘍（2時方向）と続発性の虹彩毛様体炎を伴う深層性角膜血管群（血管新生）．深層性角膜血管は実質の深層位置にあり，この血管の出現は虹彩や毛様体疾患のサインとなる．

　前部ぶどう膜血管系から由来の深層性角膜血管は，表層性の角膜血管よりもさらに細く前部ぶどう膜，虹彩や毛様体の炎症のサインである．深層性血管は細く（ペイントブラシ状と表現される），角膜をわずか数mm侵襲する．

　角膜血管は透過性を低下させるので，角膜血管（脈管形成）の薬物治療によるコントロールは，血管群の侵入を刺激するのか，あるいは減退させるのかが薬物研究で関心のあるところである．

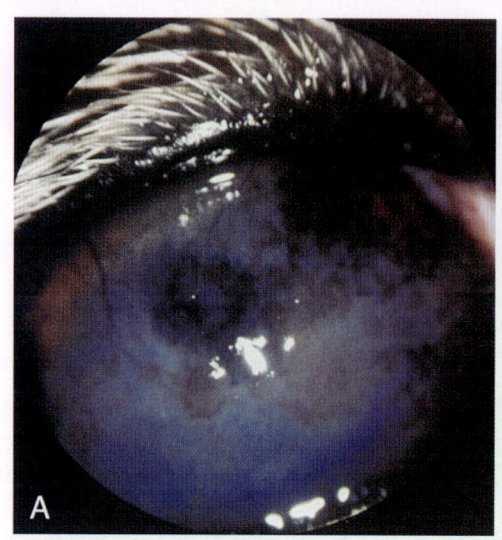

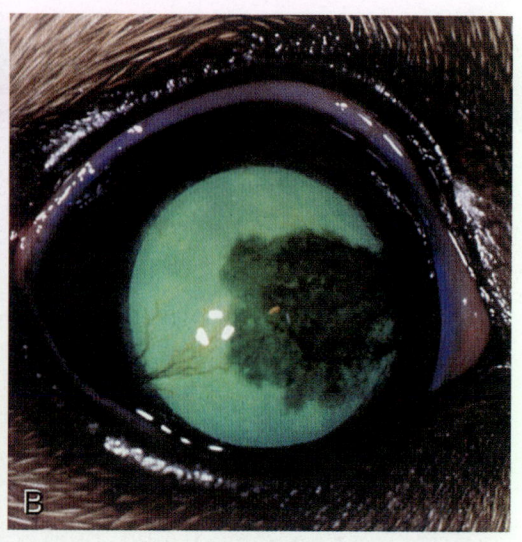

図 1.11　A．兎眼に続発した色素性角膜炎のペキニーズの進行性角膜色素沈着．新しい色素沈着が，角膜血管新生を伴い角膜中央部位に広がっている．古い色素沈着は角膜辺縁に存在している．
　　　　B．角膜色素沈着は通常角膜表層性血管群に伴っており，その位置は原因の位置をさしている．犬では上眼瞼内眼角周辺の数か所の睫毛重生が要因となる．

　他の動物種に比べて，犬は乾性角結膜炎といった慢性的な軽度の障害の反応として，角膜色素沈着が最も起きやすい．角膜色素沈着の発生源は，①表層性（上皮層内），②表層から実質中層でしばしば表層性角膜血管を伴う，および③角膜内皮性で虹彩脱出や虹彩前癒着を伴うようなものに分けられる．猫や馬においても角膜および結膜の色素沈着はみられるが，その程度は犬よりも軽度である．

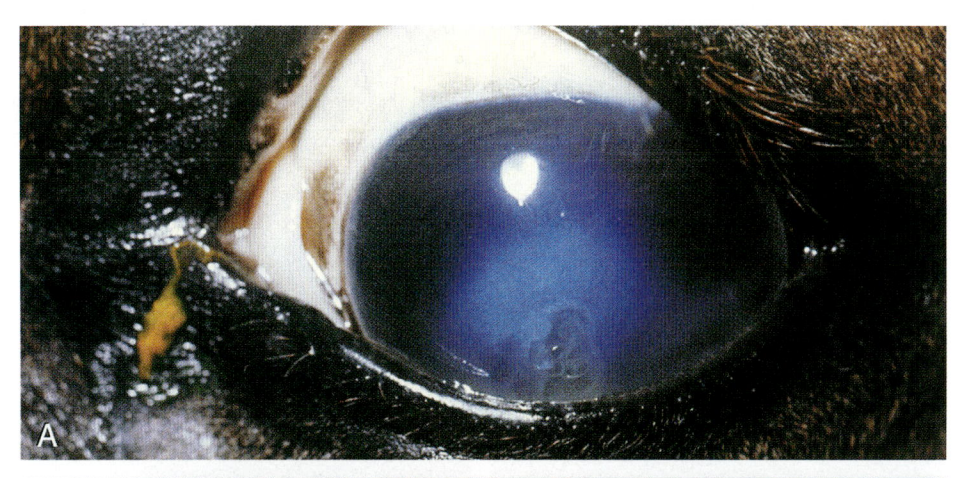

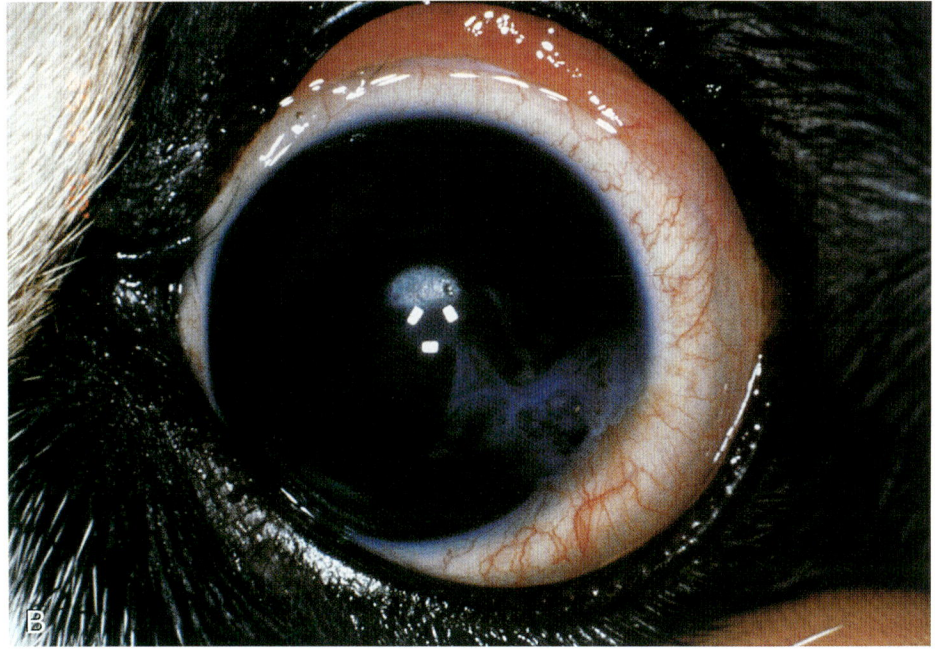

図 1.12　角膜の瘢痕（線維化）．
　A．馬にみられた角膜潰瘍後の角膜の瘢痕と水泡形成．
　B．仔犬の角膜の貫通創および水晶体裂傷後にみられた深層性の角膜の瘢痕

　一度角膜実質線維と細胞外グルコサアミノグルカン（ムコ多糖体）の間の配列と距離間が崩れると，角膜瘢痕が起きる．辺縁が不明瞭で均一な角膜浮腫に対して，辺縁が境界明瞭な白色角膜瘢痕は，角膜の浅深層を問わず起こり得る．角膜血管が散在するのは，疾患がいまだ活性の状態であり，薬物や外科的療法に反応する可能性を意味している．色素や石灰および脂質なども角膜瘢痕内に沈着する可能性がある．

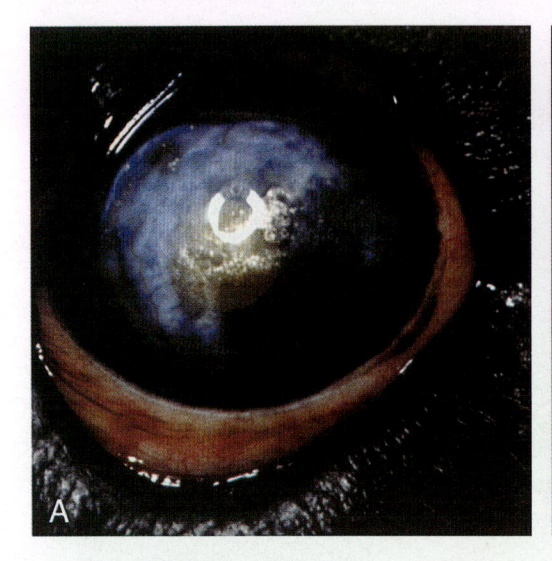

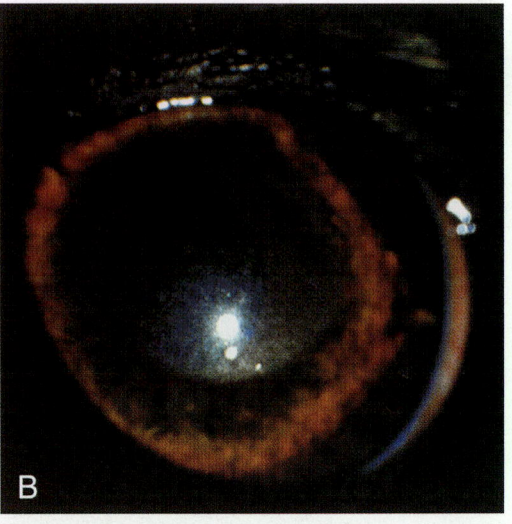

図 1.13　角膜変性とジストロフィー（脂質 / 石灰化 / 混合）.

　A．犬の角膜の脂質沈着は，多くは先天的な角膜実質ジストロフィーや，角膜および眼内の炎症により起こる変性によるものとされている．脂質沈着は，角膜実質上層の孤立性の白い混濁としてみられる．

　B．角膜のカルシウム沈着症は脂質沈着よりも発生頻度は低いが，突然起こる．カルシウム沈着は微小の白色からグレーの貯留物として角膜実質内に現れる．

　通常片側眼性で遺伝的要因はないとされる角膜変性症は，角膜血管新生を伴い，他の原発性角膜疾患を起こしていることがある．反して角膜ジストロフィーは，特定の動物種に両側性で角膜上皮，実質および内皮細胞に起き，新生血管を伴わない．犬では原発性角膜ジストロフィーが通常実質に起こる．これらはトリグリセリド（脂肪酸）やコレステロール沈着によるものである．これらの沈着は，白い結晶状物としてみられる．

　角膜変性症は角膜やその他の疾患の続発症であるため，通常片側性である．組織学的には変性症はジストロフィーとは異なり，脂質が沈着する前に過去の炎症や外傷がみられる．

　石灰化は角膜脂質やコレステロール沈着よりも頻度は低く，コリー眼異常などの小眼球症やホモ接合性マールの小眼球症，強膜コロボーマ，白内障，網膜形成不全や網膜剥離症例などにみられる．石灰化混濁はより微細で白色よりも灰色がかっており，しばしば角膜中央部位の角膜実質上層部に存在する．

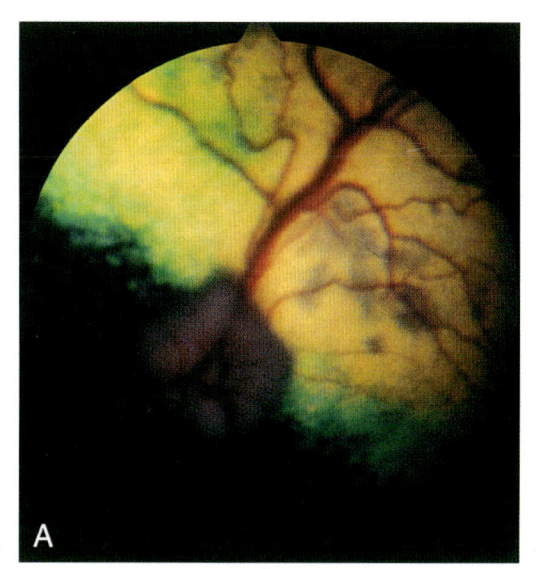

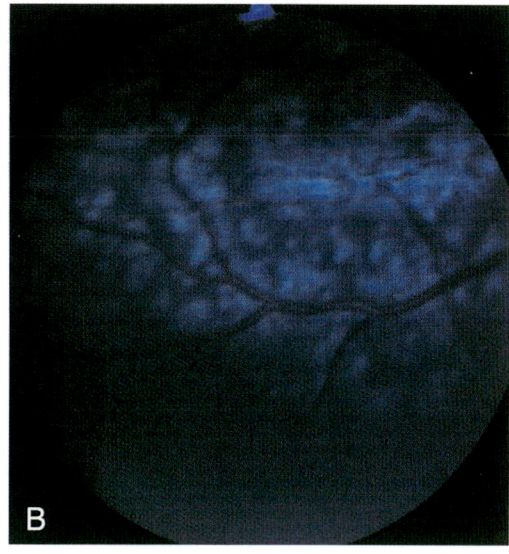

図1.14　A．急性の網膜/脈絡膜炎症により眼底タペタム層の隆起や辺縁不明瞭な半透明から白色の混濁が網膜血管の周辺に起こる．
　B．ノンタペタム領域に起きる急性の網膜/脈絡膜炎症は網膜色素上皮が黒もしくはグレーの色調のため容易に確認できる．炎症部位は辺縁不正な白色隆起として見える．

　検眼鏡で観察すると，血管および通常グレーや黒色のノンタペタム領域の網膜色素上皮以外は，網膜のほとんどに透過性がある．それ故，網膜に浮腫，炎症や出血があるときには，網膜の透過性が変化し直接観察できる．網膜のタペタム領域に浮腫や脈絡膜炎がある場合には，隆起する半透明の薄いグレーの変化として現れるが，これらの変化はノンタペタム領域病変の方が見つけやすい．

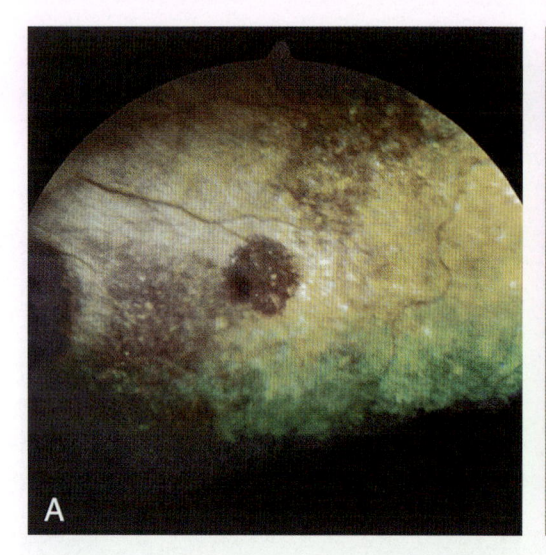

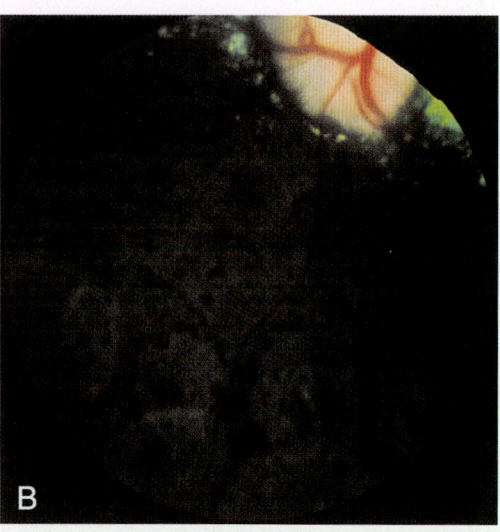

図1.15　A．タペタム領域の慢性の網膜／脈絡膜炎（もしくは網膜／脈絡膜症や網膜脈絡膜瘢痕）では，網膜やタペタム領域に部分的もしくは全層にわたる限局的な網膜やタペタム層の破壊，増殖や網膜色素上皮細胞層の移動が起きる．それらはさまざまな色素沈着と辺縁がスムースもしくは明瞭な限局的から散在的なタペタム領域反射亢進がみられる．
　　B．慢性網膜／脈絡膜炎がノンタペタム領域に網膜色素上皮細胞層のさまざまな増殖や移動を伴い，散在から限局的な灰色から白色の病変として現れる．

　慢性や末期の網膜もしくは脈絡膜疾患では，網膜は萎縮（菲薄もしくは神経膠症）変化し，タペタム領域の過剰反射部位もしくはノンタペタム領域の灰色から白色の境界明瞭な孤立部位として観察される．さらに網膜の障害が進行すると，網膜色素上皮細胞は肥厚や増殖し，タペタム領域では境界明瞭な重度の色素沈着を呈する．同様な部位が，ノンタペタム領域の同様な領域に色素の増加や過剰沈着が起こる．

犬 の 眼 窩　2

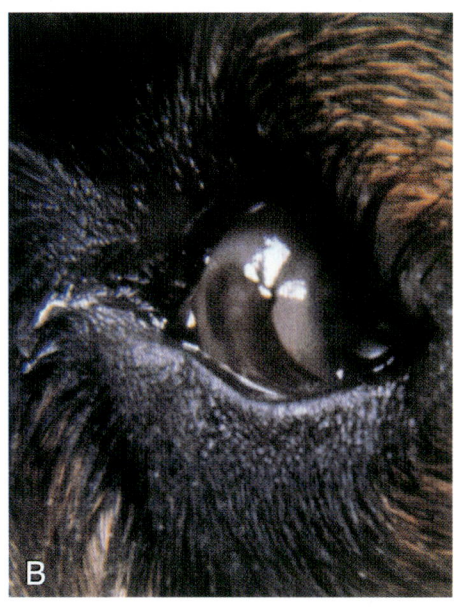

図 2.1　A．ホモ接合性のブルー・マールのオーストラリアン・シェパードの仔犬にみられた非対称性の両側性の小眼球症．
　B．ビーグルの仔犬の片側性の小眼球症．

　小眼球症は，眼球の構造は正常であるがそのサイズは異常に小さく（小眼球），一般的に眼球内の異常，特に白内障や網膜異形成などが併発している．ビーグル，秋田犬，チャウ・チャウ，キャバリア・キング・チャールズ・スパニエルやアイリッシュ・ウルフハウンドにみられる．
　この状態は開眼時期後（生後10〜14日）に片側もしくは両眼にみられる．眼瞼裂は正常なものよりも小さく瞬膜突出がさまざまな程度で観察される．角膜のサイズも正常なものよりも小さい．瞳孔対光反射は存在したりしなかったりする．白内障はミニチュア・シュナウザーでみられることがある．網膜剥離／異形成はベドリントン・テリア，ヨークシャー・テリア，ラブラドール・レトリバーやその他の犬種で存在する．オーストラリアン・シェパードといったマール種には，小眼球症，虹彩欠損，虹彩色素脱，赤道部ぶどう腫，白内障，網膜形成不全や網膜剥離が，特に白色被毛が多いものに頻繁に起こる．
　重度の小眼球症では通常視覚喪失が起こるが，軽度や中等度の小眼球症では臨床上ある程度の視覚は存在している．白内障や網膜異常が進むと視覚障害を引き起こす．治療法はない．また選り抜かれた犬種間には，遺伝性の可能性が高いとされている．

18 　犬 の 眼 窩

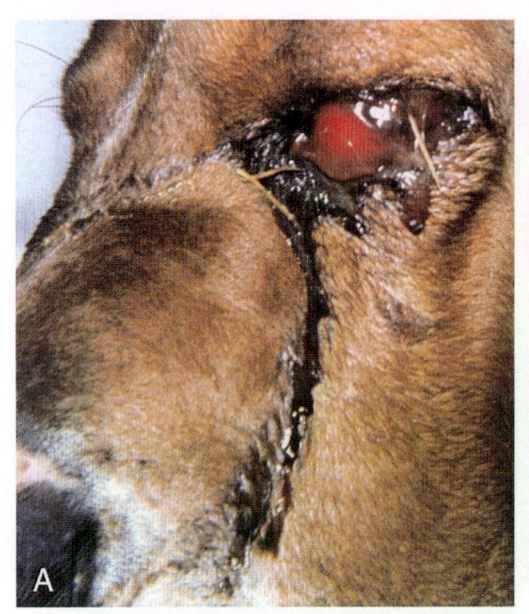

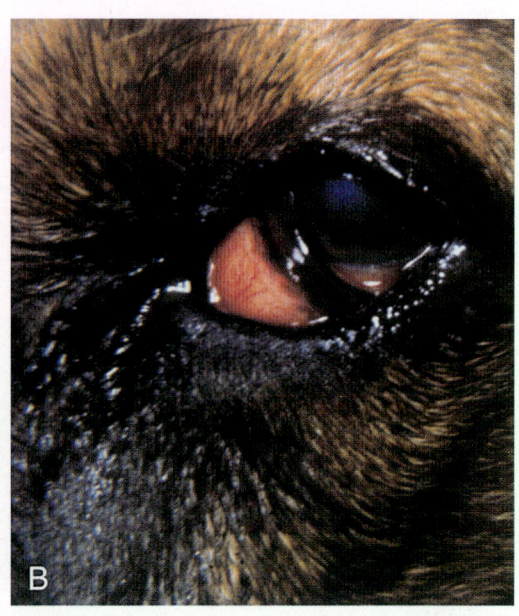

図 2.2　A．バッセット・ハウンドにみられた急性眼窩フレグモーネ．
　　B．高用量の抗生剤の全身投与，抗生剤の点眼と 1％アトロピン点眼処置で数日後には状態は改善した．

　眼窩フレグモーネはよくみられる犬の眼窩疾患で若齢期（平均 3 歳）に起きる傾向にある．季節性があり，狩猟犬で秋期に頻繁にみられる．眼窩フレグモーネは外眼筋錐体，外眼筋周辺の眼窩組織，外背側繊維と接合する眼窩組織などの感染に区別される．時には眼窩フレグモーネは慢性化し，抗生物質に対してより耐性をもち，眼窩膿瘍と呼ばれるようになる．
　病歴としては通常急性の眼瞼もしくは眼窩の肥厚が起き，疼痛，不快感，摂食困難があったり，開口したままであったり，しっかりと閉口したままとなる．一般的にみられる臨床症状としては，片側性眼窩腫脹，眼球突出，外斜視（眼窩に局在的な感染があれば），瞬膜の挙上や充血，結膜浮腫や充血そしてさまざまな粘液膿性眼脂がある．重度感染症には，角膜浮腫，縮瞳や房水フレアが起こる．通常，眼窩の触診時には痛みがある．また口を開けると非常にいやがる．好中球増加（80〜 90％）を伴う白血球値の上昇（20,000 〜 30,000）がある．
　類症鑑別として眼窩腫瘍（緩慢；生検）好酸球性筋炎・咀嚼筋炎（両疾患ともに通常両側性；生検），頬骨腺炎や嚢腫，洞や上顎歯 / 歯根の感染などがあげられる．治療として上顎最後臼歯の後方からの外科的排液や高用量の広域抗生物質の投与．局所治療として広域抗生物質点眼と散瞳剤（1 ％アトロピン）がある．眼瞼閉鎖不全や露出性角膜炎があれば，一時的な眼瞼縫合を行う．全身性抗生物質で急速に反応する場合，予後は良好である．眼球萎縮，眼球運動障害（線維化のため）や視神経萎縮などが後遺症として起こることは少ない．

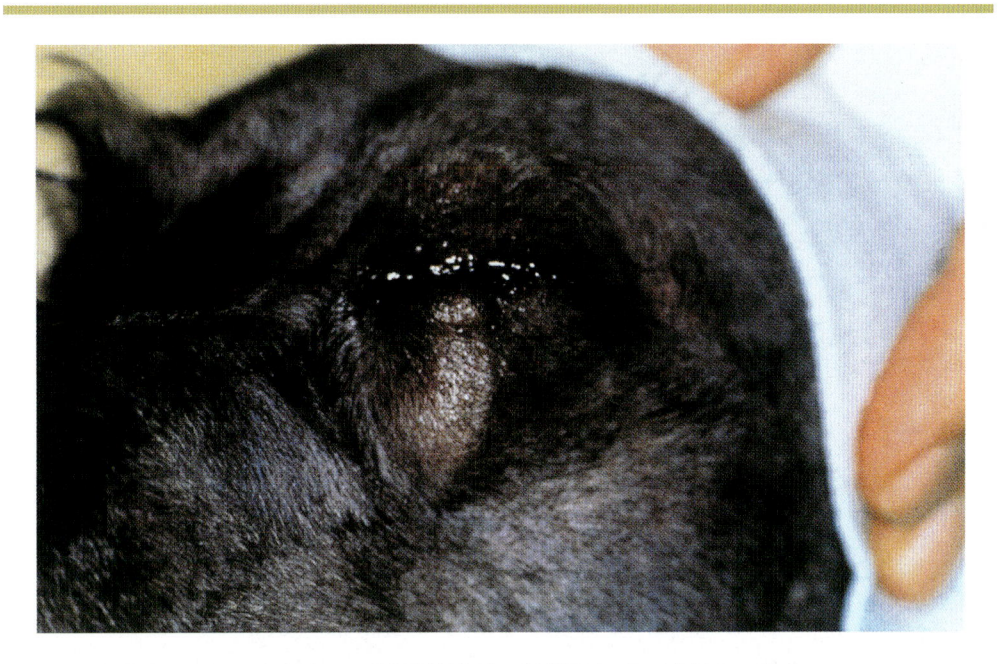

図 2.3　大型犬にみられた頬部の唾液腺粘液腫．数週間かけて進行してきた．

　唾液腺が眼窩の腹側前方に位置しているために，頬部唾液腺炎，嚢腫や粘液腫や腫瘍が犬の眼窩に起こる．眼球突出や瞬膜の突出が，粘液腫が緩慢に進行する際にみられる．波動性肥厚が外背側，内腹側もしくは腹側結膜や口腔内に起きる．口腔内検査を行おうとしても口を開けさせない．診断方法は，超音波画像診断や粘腫内容物の生検である．粘液瘤や頬骨腺の頬骨弓背側からのアプローチによる外科処置が奨励される．

　頬骨腺炎や腺癌はあまりみられない．頬骨腺腫瘍（腺腫／腺癌）は，粘液瘤と類似した臨床症状をみるが，超音波検査で鑑別できる．外科的な摘出を行う際，術中は病変辺縁の区別がつきにくい．眼窩組織の全摘出後の予後は良好である．

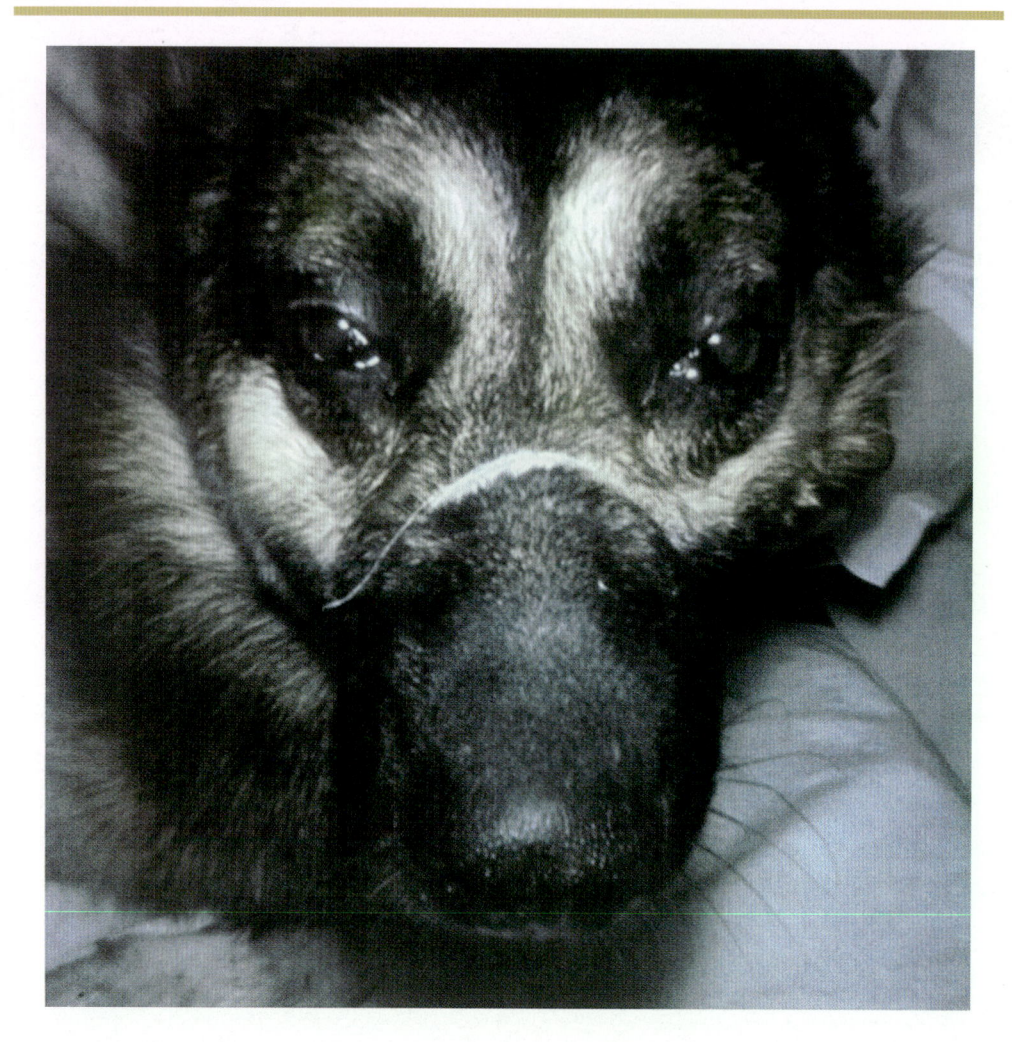

図 2.4 ジャーマン・シェパードにみられた急性咀嚼筋炎．側頭筋の腫脹は両側性の眼球突出と瞬膜挙上を起こす．

　咀嚼筋炎や好酸球性筋炎は，急性疾患として発現し，炎症を起こした筋の萎縮を起こす慢性疾患となる．側頭筋，咬筋および翼状筋などを侵襲する．免疫介在性疾患とされている．

　急性の場合には，急激な眼球突出，瞬膜挙上や側頭筋の腫脹や痛みが起こる．摂食困難や口をしっかり閉じることが早い段階からみられる．進行するにつれて炎症は落ち着いてくるが，著明な側頭筋の萎縮，眼球陥没，眼球運動障害，さまざまな頭蓋骨突起が突出する．咀嚼できず，摂食障害で体重の減少が起こる．この段階では完全に開口できない．

　診断は罹患筋の生検である．顕著な末梢好酸球型の白血球増加症と血清フォスフォキナーゼの上昇が時にみられる．急性時の治療には高用量の全身性ステロイド（免疫抑制量）を投与する．アザチオプリンも有用である．再発はよくみられるため，長期のコルチコステロイドが必要となる．

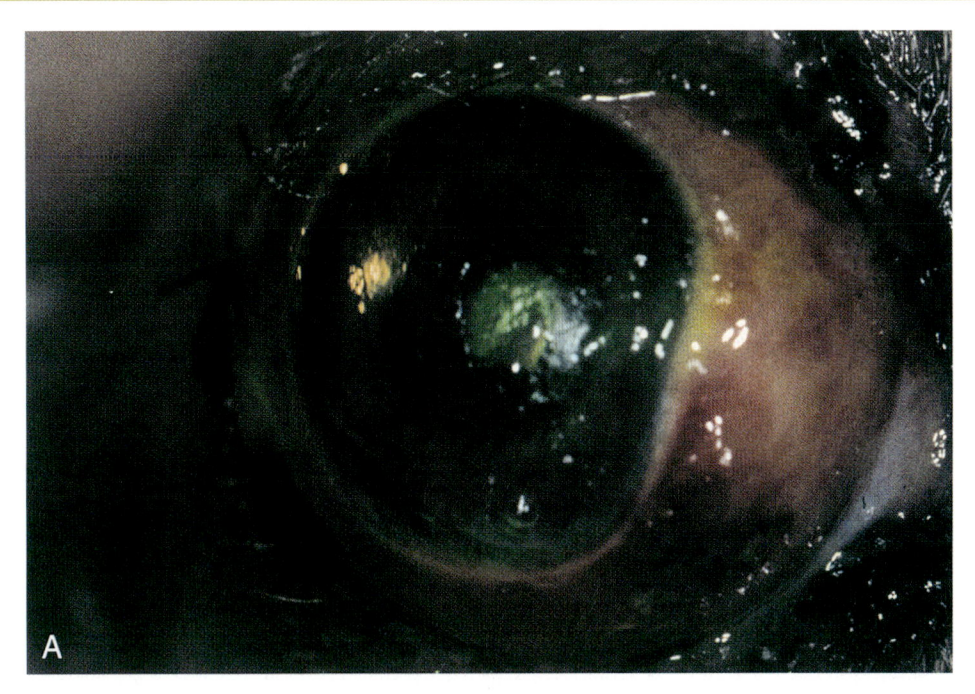

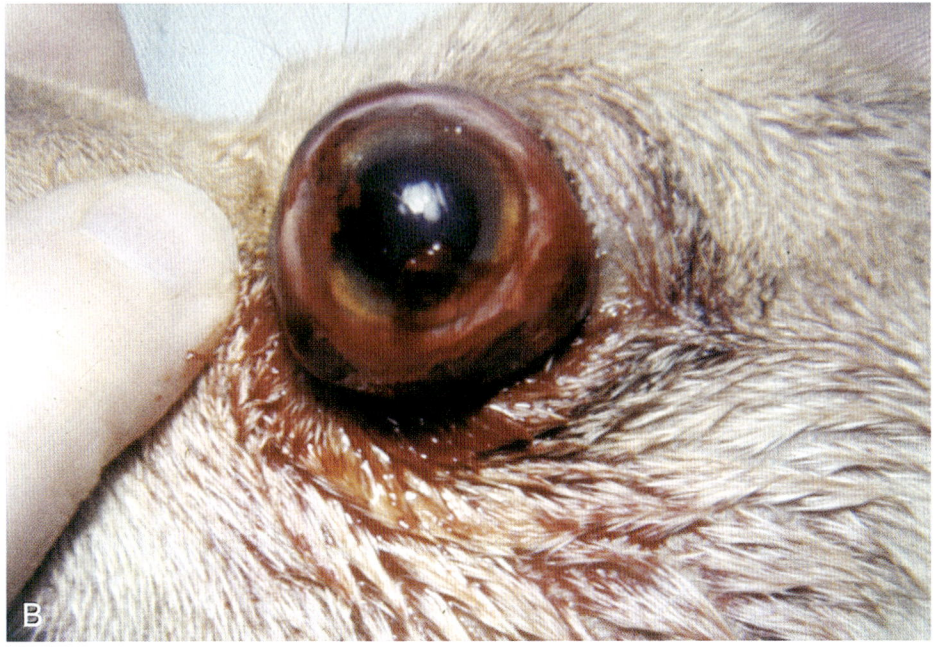

図 2.5　A．ペキニーズにみられた喧嘩による外傷性眼球突出．眼球の前方変位により瞬目できず，角膜表面が乾燥している．
　B．小型犬にみられた交通事故による重度眼球突出．球後や結膜下の出血が眼球変位を助長している．

（つづく）

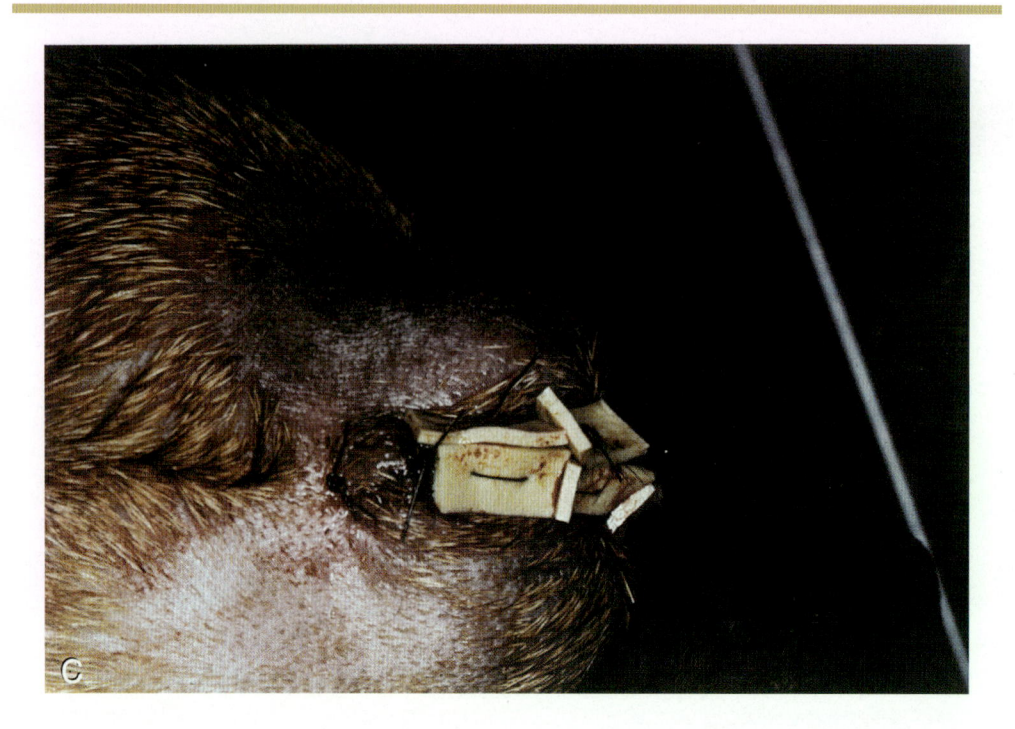

C．一時的な完全瞼板縫合術．樹脂製のバンドで，縫合による眼瞼全体への張力を緩和している．

　眼球突出や急性の眼瞼裂からの眼球逸脱は，外傷（交通事故など）で犬種を問わず起き，また短頭種では軽度の外傷（無理な保定など）でもみられる．眼瞼が角膜を覆えないほどに眼球は突出し，瞬膜突出，結膜の浮腫や充血，角膜乾燥などが起き，瞳孔径についてもさまざまな大きさとなる．眼球の変位は眼窩出血や浮腫が続く限り進行する．外傷性の眼球突出は眼科領域では緊急疾患であり，早急な眼球位置の修復が必要である．

　重度な外傷で起こるので，十分に検査すべきで，麻酔をかけられるかを熟考すべきである．その間家庭内では角膜をメープルシロップや水飴（濃縮した砂糖）もしくは人工涙液眼軟膏で保護し，角膜損傷を最小限にする．眼球は外眼角切開などを併用し眼窩内に修復し，眼瞼の3〜4か所を半分の深さで，水平マットレス縫合（ステントを用いる）を用いて瞼板の完全縫合術を行う．内科療法として局所抗生剤と1％アトロピン，全身的な抗生剤に時おりコルチコステロイドを投与する．

　時には，数本の外眼筋の裂傷や視神経断裂も起こることがある．このような場合には，眼球摘出を推奨する．視覚の予後は重症度によるが，通常は20〜50％である．続発症として外側斜筋や内側直筋の裂傷や痙攣，乾性角結膜炎や視神経萎縮などが起こる．

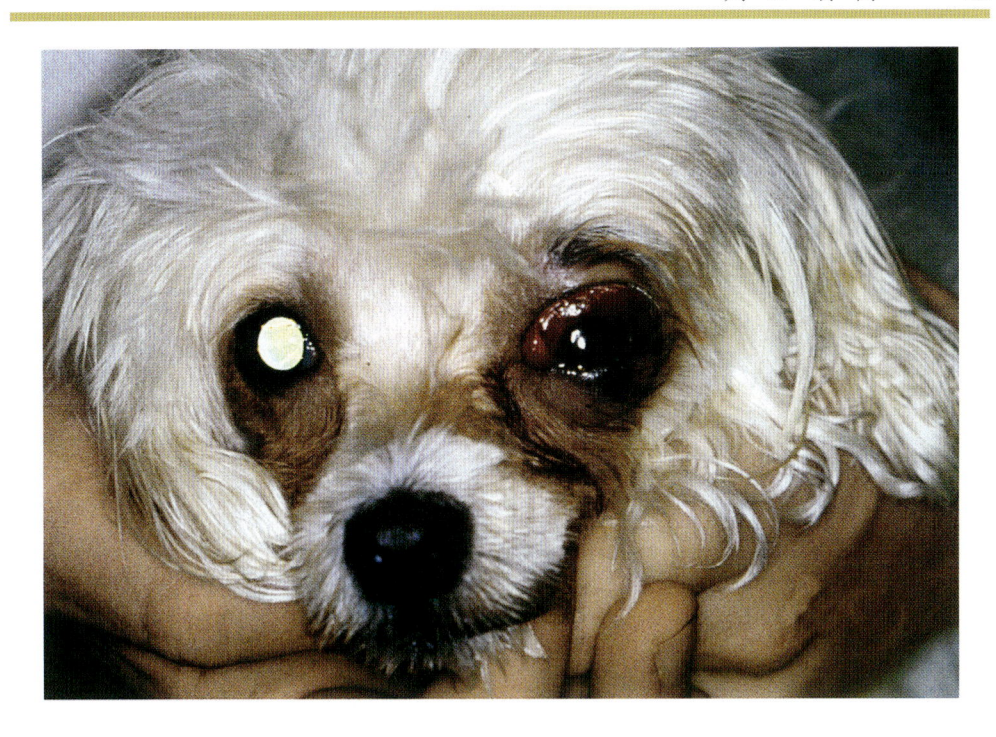

図 2.6 喧嘩で中等度の眼窩損傷を受けたミニチュア・プードル．結膜下および球後に出血が存在している．

　眼窩損傷は，眼窩出血，気腫および骨折などに区別される．眼窩出血は他の 2 疾患に比べると頻繁に起きる．眼窩内の出血はさまざまな程度の眼球突出や兎眼を起こし，結膜下や眼球内の出血が引き続いて起きることがある．頭部の X 線や超音波診断がまず画像診断として行われる．あるものでは，眼球が腫大しているだけであるのに，外傷性の眼窩出血が眼球突出に見えることもある．

　眼窩出血では，眼球の動きが制限され眼瞼反射障害が生じる．眼瞼機能障害による角膜の乾燥（兎眼）や角膜損傷を起こす．強膜損傷，網膜剥離，その他続発性の眼球疾患が起きることはまれである．治療は局所と全身的な抗生剤やコルチコステロイドを投与する．兎眼には正常な眼瞼反射が回復するまで一時的に眼板縫合術を行うとよい．予後の視覚回復は期待できない．特に眼内出血を起こしたものでは不良である．

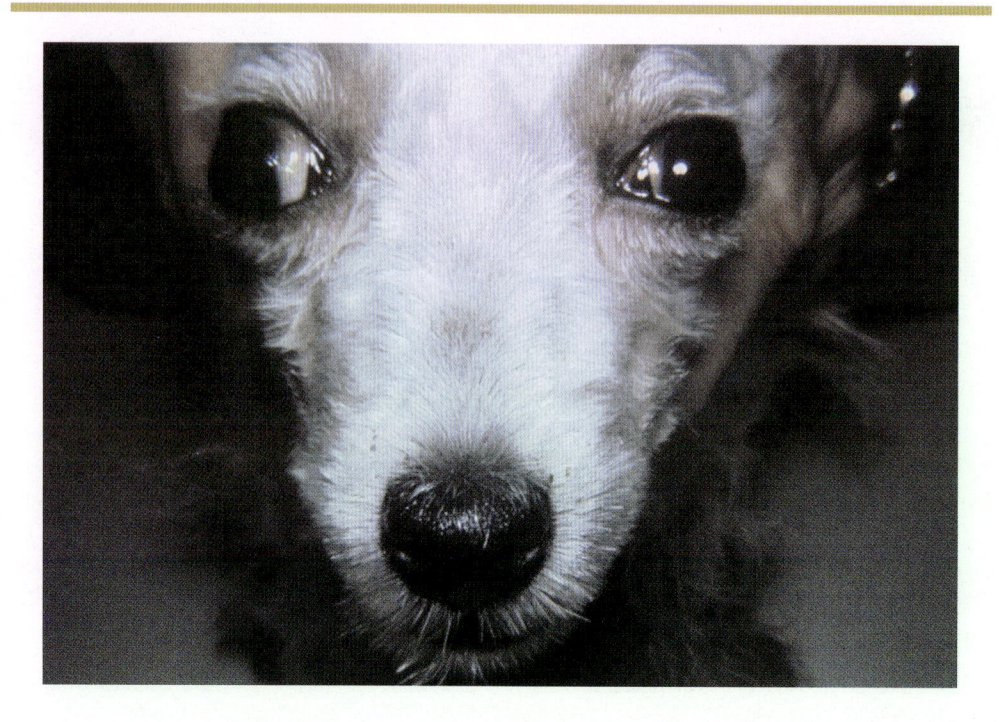

図 2.7 ホワイト・ウエスト・ハイランド・テリアの仔犬にみられた頭蓋骨下顎骨症．骨変性異常により眼球が前外側に変位している（外斜視）．

　頭蓋骨下顎骨症は，スコッティシュ・テリアやホワイト・ウエスト・ハイランド・テリアに起きる非腫瘍性の骨増殖疾患とされる．多様な眼球突出と時には眼瞼の運動障害が眼症状として起きる．診断はX線で，典型的な骨辺縁部の変形異常が側頭と下顎骨に確認される．この疾患は，側頭下顎骨関節を侵襲するために咀嚼障害を起こす．眼球自体に加療は必要とされない．

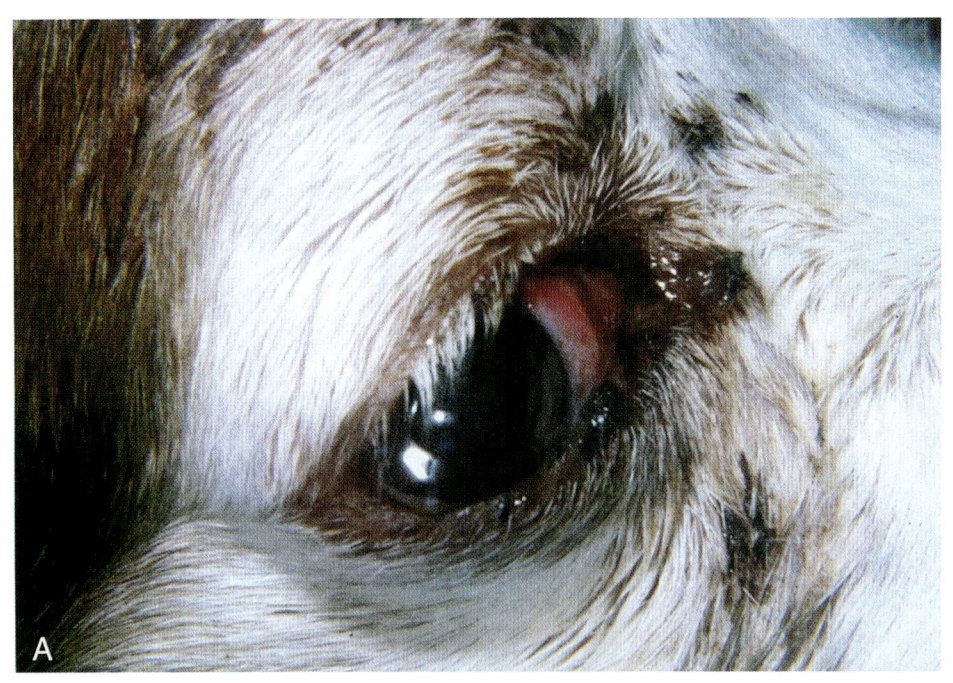

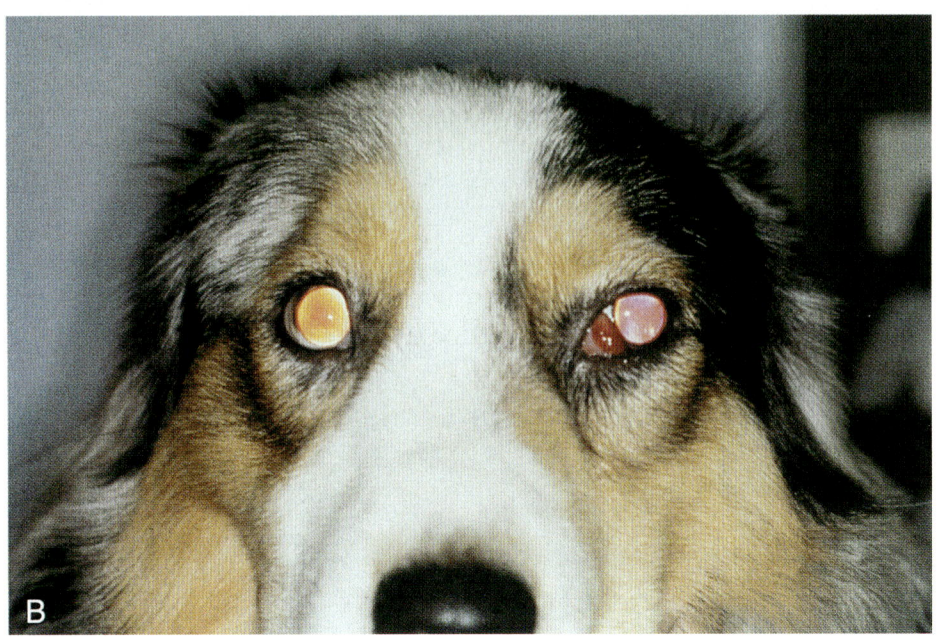

図 2.8　A．ブリタニー・スパニエルにみられた鼻腔から隆起した腺癌．眼球は突出し眼球内へ転移が内側虹彩角膜角にみられる．
　B．オーストラリアン・シェパードにみられた眼窩のリンパ肉腫．腫瘍は片側性の眼球突出と瞬膜突出を起こす．

（つづく）

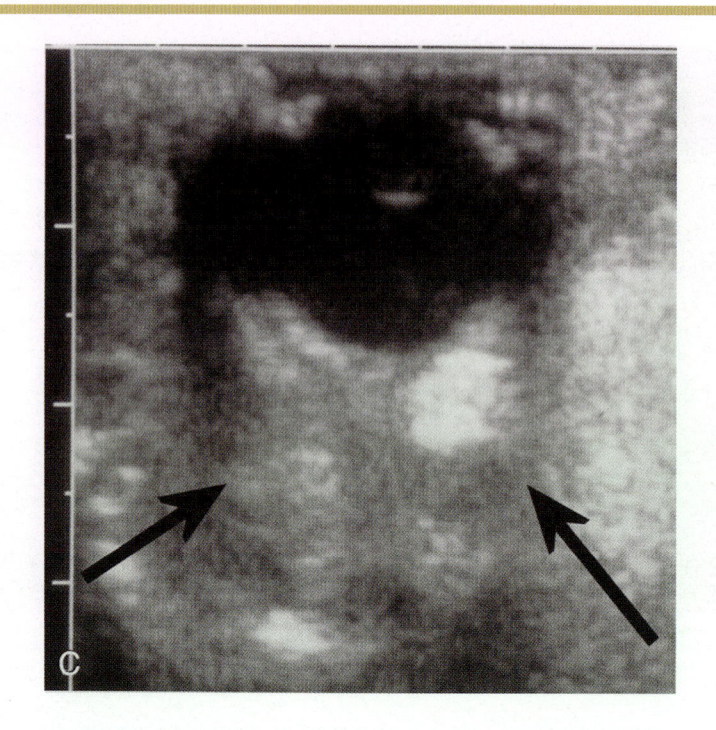

C．眼球直後の眼窩内腫瘍（矢印）のBスキャンモード超音波診断図．超音波画像はKathleen Gelatt-Nicholson のご好意による．

　犬の眼窩腫瘍は，通常老齢犬（7歳平均）で起き，眼窩組織（60〜70％），隣接部（鼻や鼻腔），全身からの転移（30〜40％）に由来する．これらの症例は時として末期腫瘍のため，予後は注意で生存期間は短い（約数か月）．
　眼窩腫瘍は初診時にはゆっくりと進行し，無疼痛性の眼球突出，瞬膜突出，浮腫，結膜の充血および後眼部のさまざまな凹みがみられる（検眼鏡観察にて）．外眼筋錐体内の眼窩腫瘍は眼球突出を呈するのみであるが，錐体外側に腫瘍がある場合には，外斜視や眼球運動障害を起こすこととなる．特に鼻腔内からの腺腫や腺癌では，多発性の粘液瘤を形成する．
　X線や超音波診断，CTやMRIそして生検などで腫瘍種を区別する．良性のものや局在しているものの予後は良いが，ほとんどの眼窩腫瘍は悪性で浸潤性である．眼球摘出と眼窩骨切除が望ましいが，多くの飼い主は術後の外観を受け入れる可能性は低い．

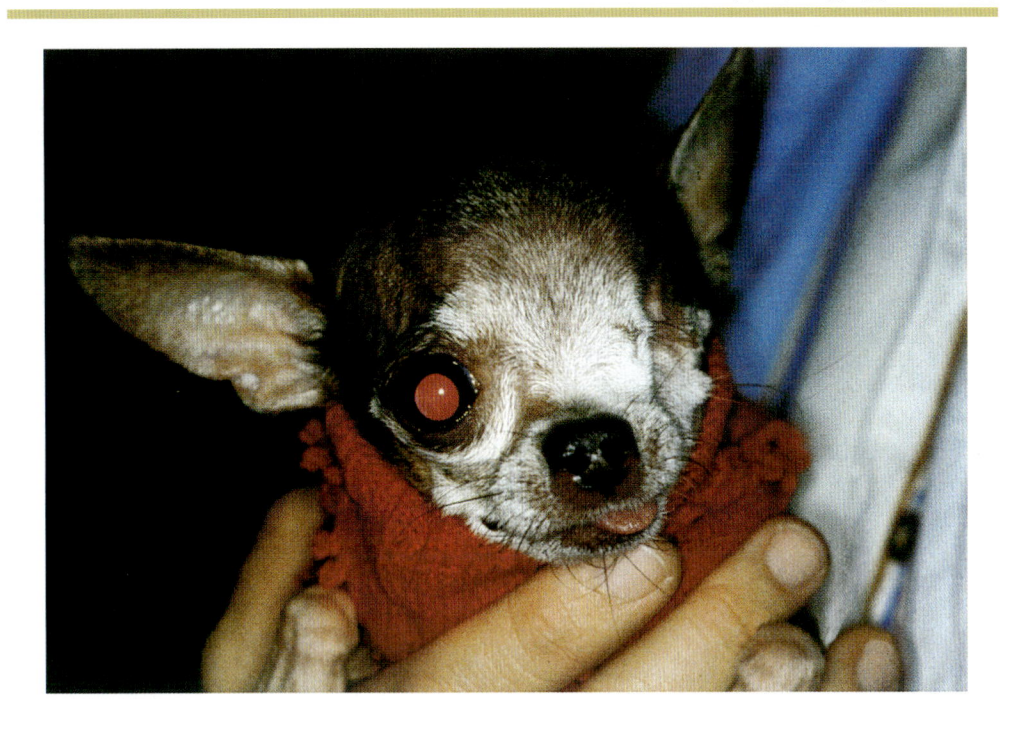

図 2.9　飼い主には，眼球摘出後の眼窩の形相について術前に説明するべきである．短毛種の犬では眼板縫合術部が永久に陥没し，外観はさらに悪くなっている．

　眼球摘出術は，疼痛を伴った緑内障末期の牛眼状態のものや先天性眼内腫瘍や疼痛を伴った眼球癆の処置で行う．眼球摘出術では，眼球以外の眼窩組織を残して眼球のみを除去し完全眼板縫合する．眼球摘出後の眼瞼の陥没は，長毛種の場合は短毛種より外観不良は目立たない．シリコンやメチルメタクリレート球を陥没軽減のために眼球摘出時に挿入する．

犬 の 眼 窩

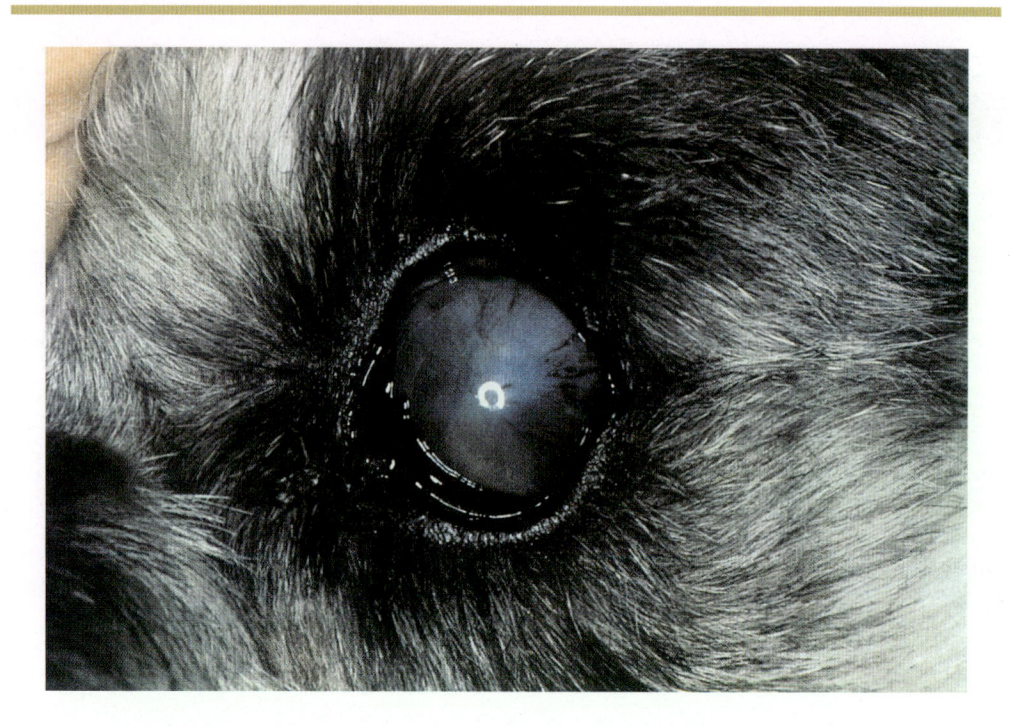

図2.10 緑内障末期のこのミニチュア・シュナウザーでみられるように，眼内義眼は，眼球を摘出しない疼痛眼球の治療として行われる．眼球の大きさは，強膜内シリコン義眼で維持され，角強膜層内に挿入することによって，義眼を毎日取り外したり，洗浄するわずらわしさがなくなる．角膜色素沈着や瘢痕が起こる．

　眼内のシリコン義眼は，（眼球内容組織を角膜と強膜のみを残して除去した）眼球に経強膜的に挿入する．この術式は，疼痛眼（緑内障性視覚消失後の）の治療に適用され，義眼を挿入することで，眼球の動きは自然で，局所や全身性の投薬を止めることができる．眼球内腫瘍や眼内感染症のある症例はこの処置は適用されない．眼房水は存在しないために，角膜血管新生や色素沈着が起きてしまう．

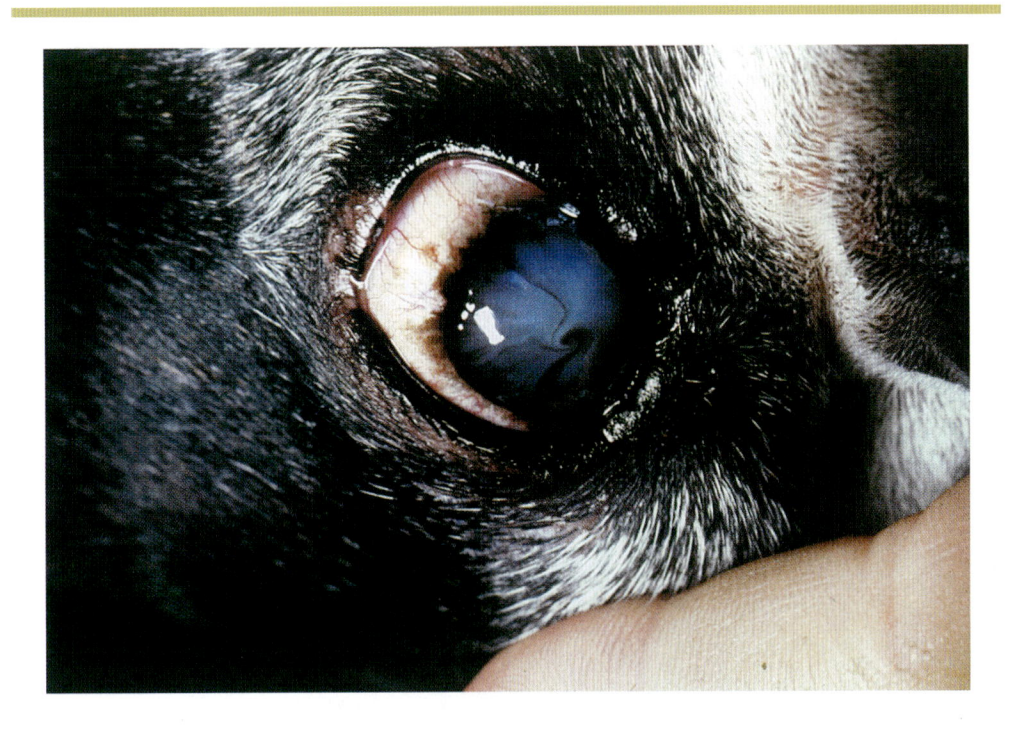

図 2.11　ボストン・テリアにみられた無水晶体性緑内障に罹患して数か月後の眼球癆．角膜浮腫と色素沈着がみられる．

　眼球癆もしくは眼球の萎縮は，眼房水を産生する毛様体に重度の障害が生じた後に起こる．角膜浮腫，白内障や網膜剥離や変性症を伴う低眼圧の眼球（眼球内圧値 5 mmHg 以下）の終焉である．原因として，原発および続発緑内障，非外傷性虹彩毛様体炎や外傷などがある．治療法はないが，シリコン眼球内義眼の経強膜挿入術（眼球がかなり萎縮する前に）があげられる．

3 犬の眼瞼

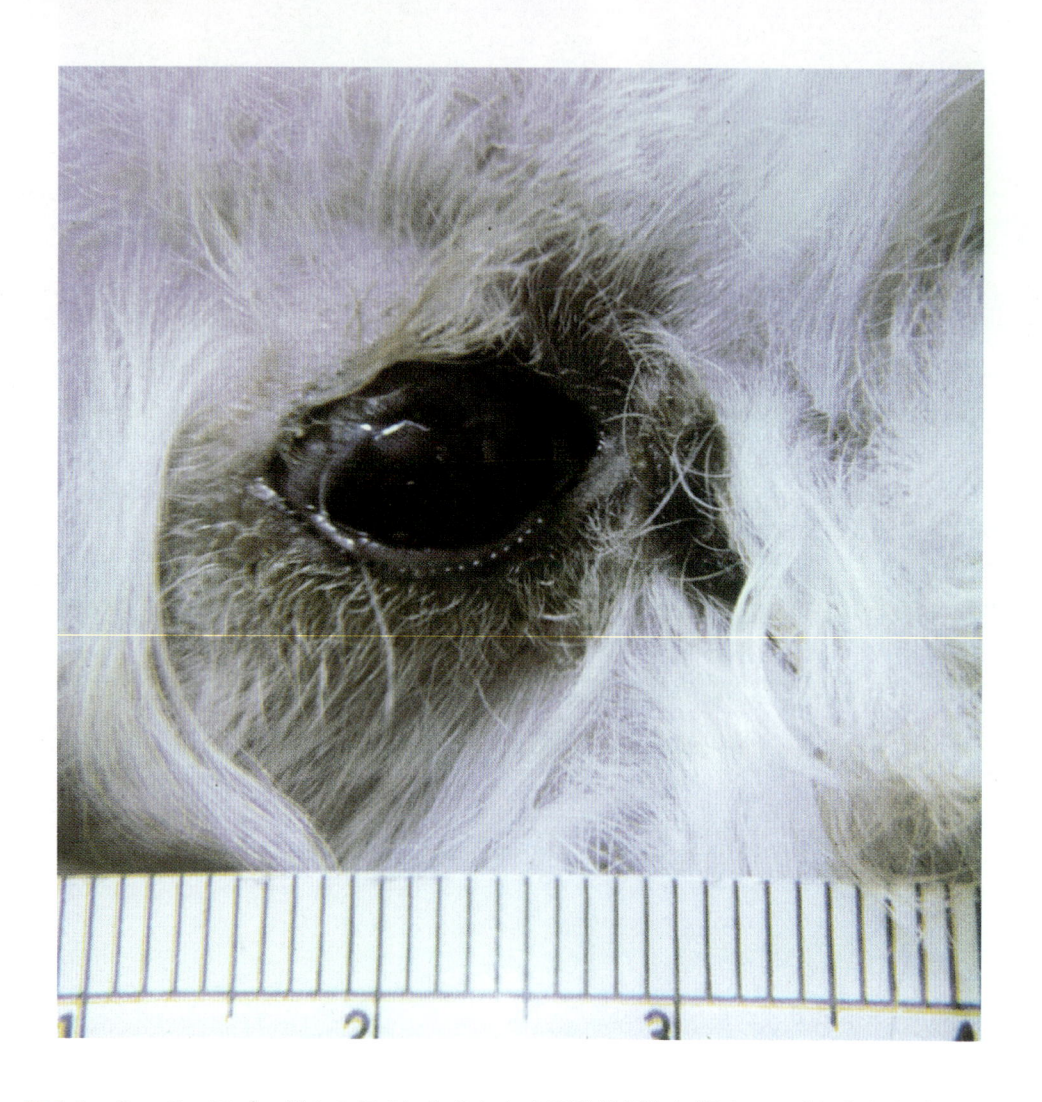

図3.1 ミニチュアプードルの仔犬にみられた上眼瞼外側部欠損症．眼瞼縁欠損部位は睫毛乱生と局所的な乾性角結膜炎となっている．

　眼瞼欠損は犬では猫同様まれに起こるが，上眼瞼外側表面の欠損（コロボーマ）がほとんどである．眼瞼縁の欠損は睫毛乱生，表層性角膜炎や刺激を起こすこととなる．これらが続くようであれば，外科的な矯正が必要となる．眼瞼欠損症の外科療法は Veterinary Ophthalmology 3rd edition pp999-1000, Fundamentals of Veterinary Ophthalmology p298 を参照のこと．

図 3.2　シェットランド・シープドッグの仔犬にみられた眼瞼癒着と新生仔眼炎．眼瞼の著明な腫脹が特徴．膿性眼脂が眼瞼癒着の内眼角開口部から漏出している．

　生後 12 ～ 14 日時点での眼瞼開口が遅れたり，不十分な症例は，時折二次的な細菌感染性角結膜炎を起こす．結膜嚢は膿性物質で膨張し，眼瞼の隙間から膿性物質が分泌しはじめる．初期の抗生剤局所点眼と眼瞼裂の外科的切開を，角膜潰瘍が生じる前に行うべきである．

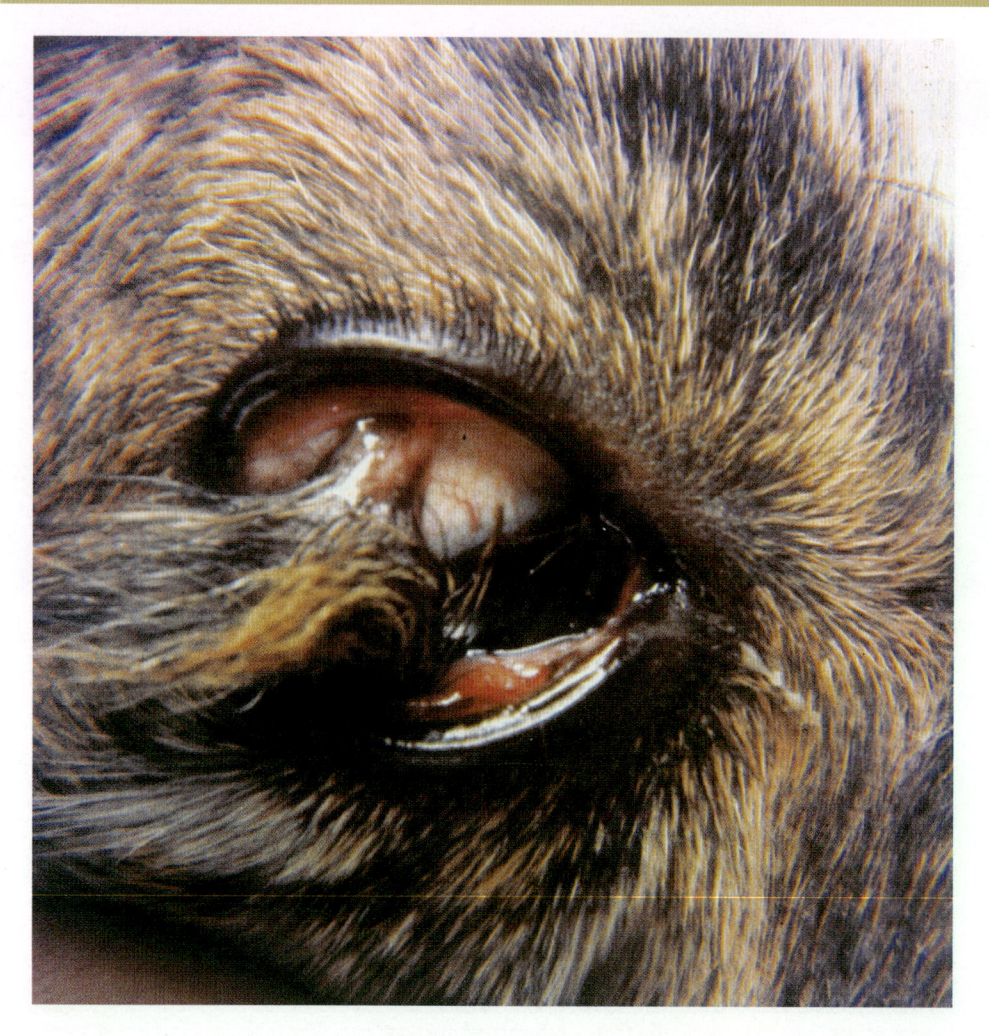

図 3.3 ケアン・テリアにみられた下眼瞼結膜の類皮腫．不快感を起こすような長い剛被毛は，治療が必要．

　類皮腫は，通常は眼瞼に影響は及ぼさず，眼球結膜や角膜輪部がよく侵襲される．ジャーマン・シェパード，セント・バーナードおよびダルメシアン種では遺伝性の可能性がある．眼瞼の類皮腫は長い粗剛被毛で覆われた局在的な眼瞼腫瘤が特徴である．組織学的には，結合組織と脂肪組織と正常な皮膚組織で構成されている．外科的に類皮腫の完全な切除と欠損部位の修復を行う．

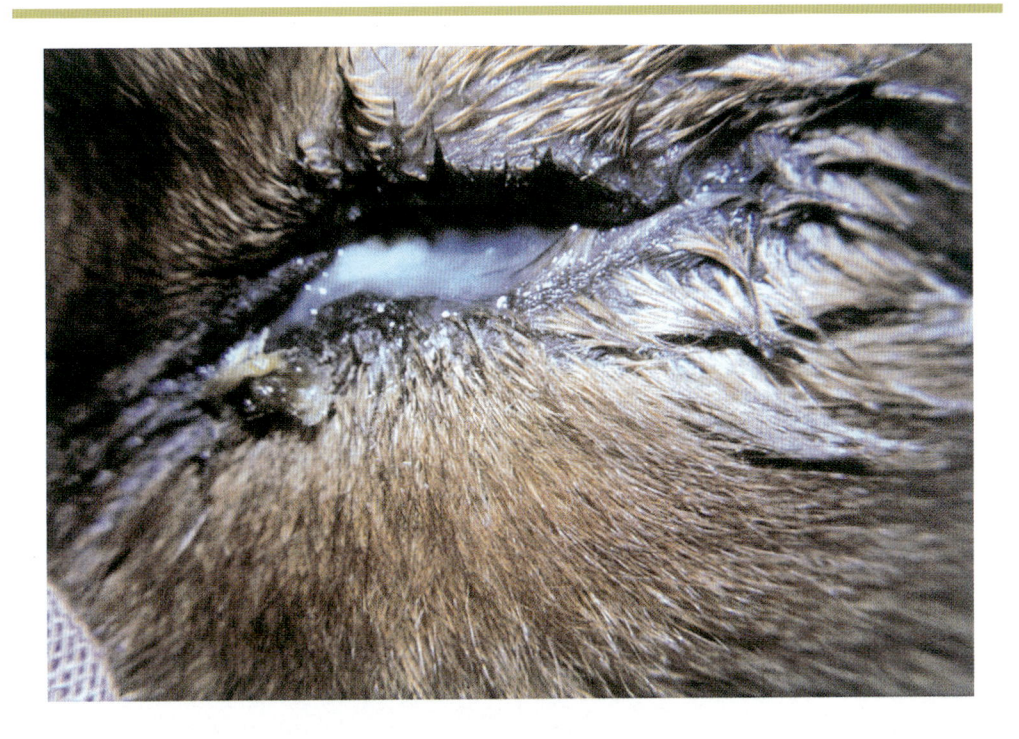

図 3.4　チャウ・チャウの仔犬にみられた眼瞼縮小もしくは眼瞼裂の短縮．眼瞼短縮では，外科的な処置が必要となるような内反症が生じる．

　眼瞼縮小，眼瞼狭窄あるいは小眼瞼裂がチャウ・チャウ，イングリッシュ・ブル・テリア，シェットランド・シープドッグやケリー・ブルー・テリアなど特定の犬種に起こる．通常は，眼球の大きさは正常であるが，時に小眼球症が存在する．眼瞼内反症は眼瞼縮小，角膜損傷や刺激を起こす．外科的な修復が必要となる．外眼角拡長切開や矢状外眼角形成術（内反症と眼瞼縮小ともに）を行う．さらなる情報は，Veterinary Ophthalmology 3rd edition pp538-539 を参照のこと．

34　犬 の 眼 瞼

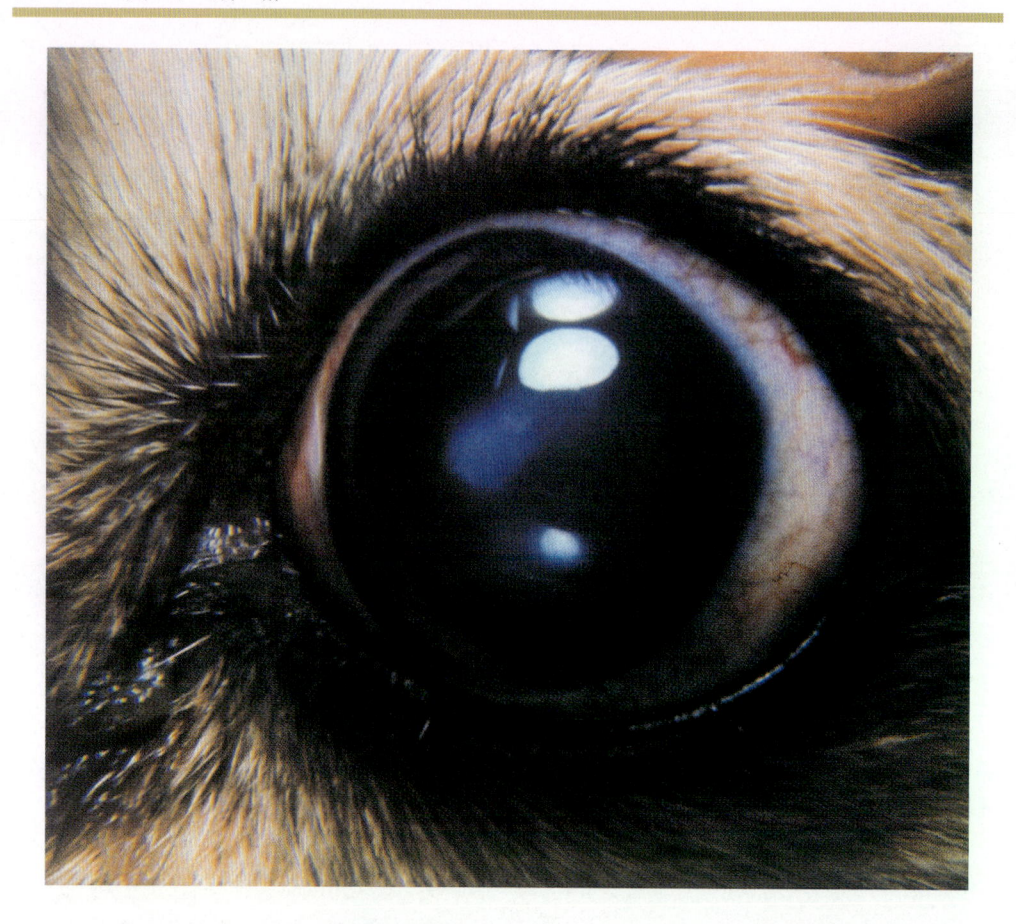

図3.5　ペキニーズにみられた眼瞼が正常よりも長いために起こった巨大眼瞼あるいは眼瞼裂過長．角膜（中央部瘢痕は以前罹患した角膜潰瘍によるもの）や結膜の露出が広範囲なために，角膜360度のほとんどが観察される．

　巨大眼瞼あるいは眼瞼裂過長は，臨床的に2つのタイプに区別される．タイプ1では短頭種で眼瞼裂過長は，鼻皺襞が浅い眼窩や短い上顎を覆っていることに関連している．このため眼球を突出させ，再発性の角膜潰瘍を起こしやすくさせている．再発性の中心性角膜潰瘍は，兎眼，不十分な瞬目，角膜中央部の感覚低下，涙膜の障害および角膜上皮の過剰なターンオーバーによるものと関係ある．タイプ2では，巨大眼瞼が大型や超大型種に起き，過長眼瞼のために，内反と外反症が同時に起きてしまう．不運にも，ある特定の犬種ではこの状態がスタンダードとされている．通常は，セント・バーナード，ブラッド・ハウンドおよびクランバー・スパニエルが罹患犬種としてあげられる．
　巨大眼瞼の治療は外科的な方法となるが，術式は犬種により変わる．短頭種では眼瞼の過長を内眼角矯正，ポケット術（Robert-Jensen法），外眼角短縮矯正術，外眼角矯正術（改良Fuch's法）およびその他外眼角矯正術（Wyman & Kaswan法）で改善する．Veterinary Ophthalmology 3rd edition pp540-542で詳細を参照のこと．大型犬種の巨大眼瞼には，眼瞼裂と眼瞼の長さを短縮させる．

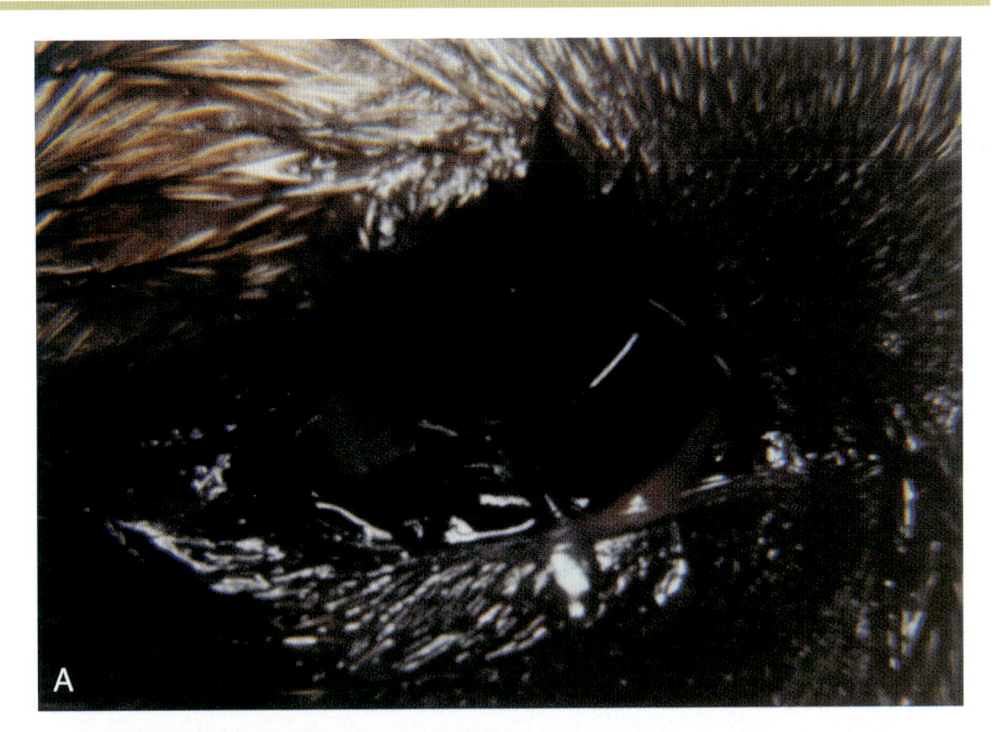

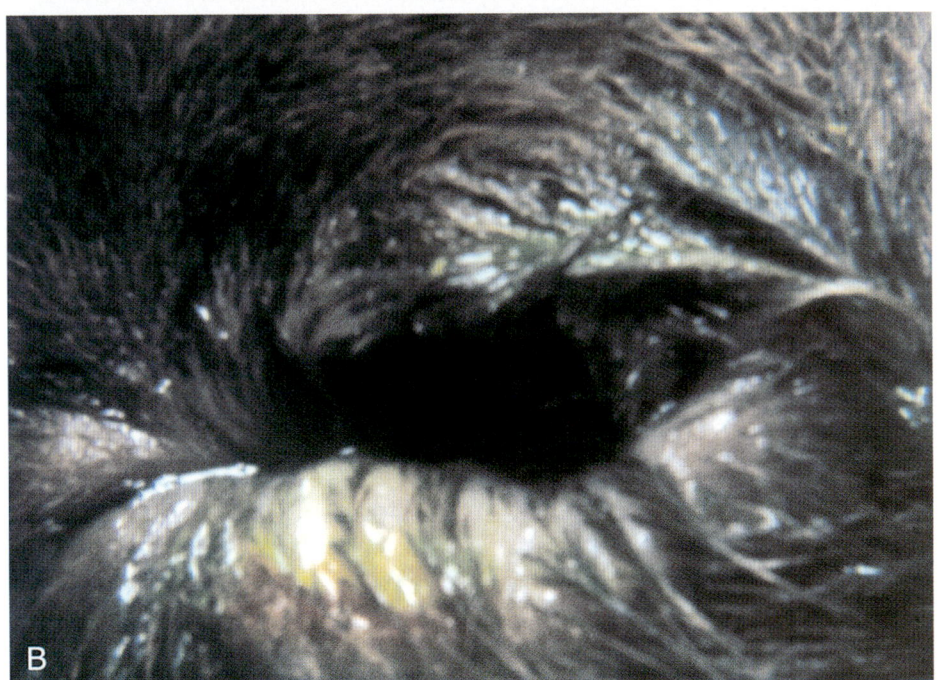

図 3.6　A．眼瞼内反症は多くの犬種で遺伝的にみられる．ノルウエジアン・エルク・ハウンドにみられた，外側と下眼瞼の内反症．
　B．チェサピーク・ベイ・レトリバーの仔犬にみられた，疼痛，眼瞼腫脹および流涙を伴う下眼瞼全体の内反症．

(つづく)

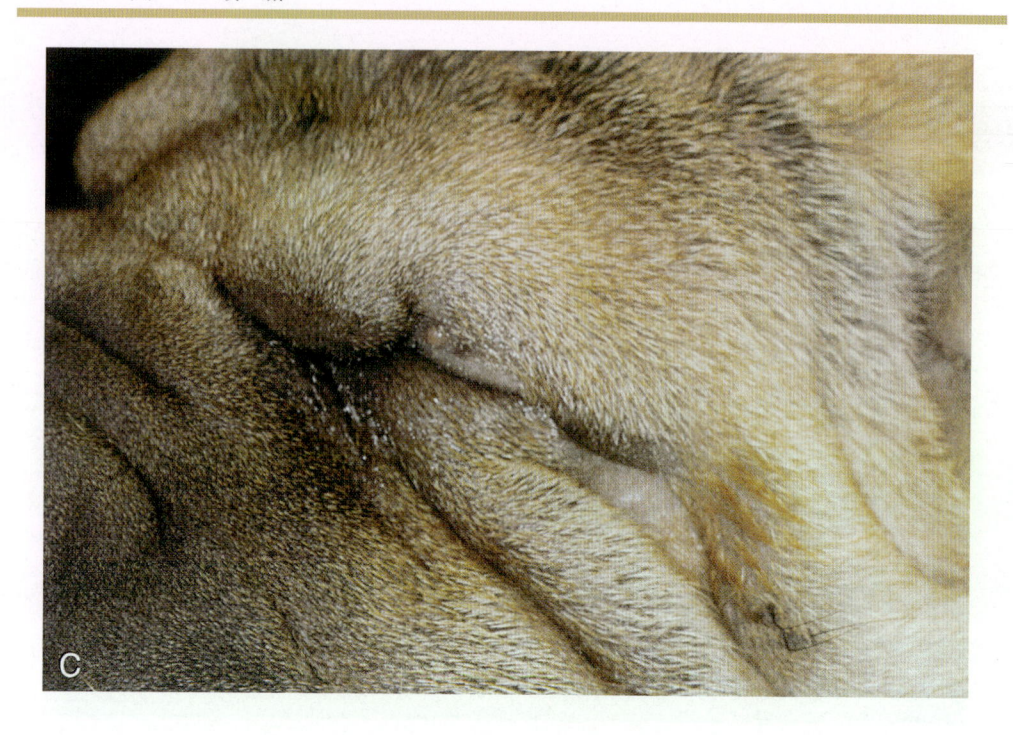

C. チャイニーズ・シャー・ペイにみられた上下眼瞼と外眼角の眼瞼内反症．外科的矯正は，顔面皺挙上法（一列もしくはそれ以上の顔面皺除去）も行う．

　眼瞼内反症は犬では一般的にみられる眼瞼疾患で，外科的な矯正が必要である．眼瞼内反症では，眼瞼縁は内方に反転し，眼球結膜や角膜に接触する．角膜もしくは結膜に接触することで刺激が起こり，患者には既存の内反症を更に悪化させる眼瞼痙攣を引き起こす．内反症で本当に危険なのは，流涙，表層性血管新生，角膜潰瘍および角膜色素沈着などの症状を呈する角膜疾患である．眼瞼内反症は幼若犬や仔犬の成長中のもの（チャイニーズ・シャー・ペイなど）にみられる，この時期に外科的矯正を行うことは，予後の予想が不可能であり，繰り返し治療が必要なことがある．

　眼瞼内反症は，劣性染色体の遺伝的な背景があると考えられているが，交配についての研究はみられていない．内反症はしばし犬種特異的なもので，チャウ・チャウ，チャイニーズ・シャー・ペイ，セント・バーナード，イングリッシュ・ブルドッグ，イングリッシュ・コッカー・スパニエルとアメリカン・コッカー・スパニエル，イングリッシュ・スプリンガー・スパニエル，ラブラドール・レトリバー，ブル・マスティフ，グレート・デン，アイリッシュ・セッター，ノルウエジアン・エルク・ハウンド，トイ・プードルおよびミニチュア・プードルにみられる．

　眼瞼内反応は上眼瞼，下眼瞼および外眼角にみられるため，外科的矯正はその変形の範囲や部位によって方法は変わってくる．眼瞼内反症の外科処置には，タッキング（幼若な仔犬，例えばシャー・ペイなど），Holtz-Celsus法，Holtz-Celsus法といった内外眼角改良術，詳細については，VY形成術やWyman外眼角矯正術などが適用される．詳細については，Veterinary Ophthalmology 3rd edition pp542-553を参照のこと．

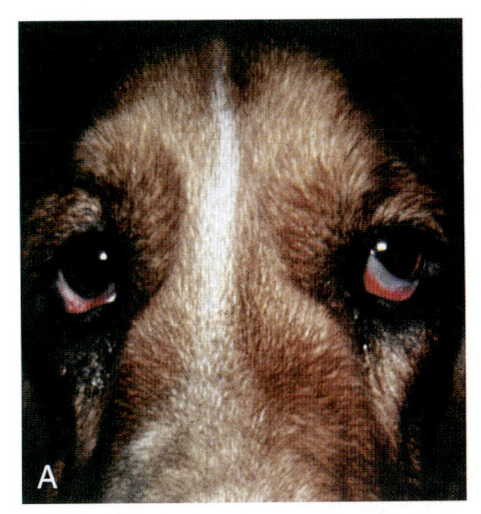

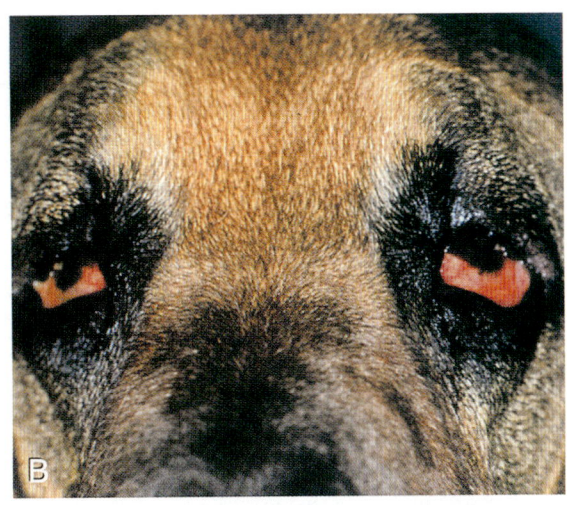

図 3.7　A．若齢のバセット・ハウンドにみられた両側性の軽度眼瞼外反症．腹側結膜の露出と瞬目障害のため慢性結膜炎が起きている．
　B．慢性の不快感と結膜炎を伴う若齢のブラッド・ハウンドにみられた重度の両側性の眼瞼外反症．

　犬では眼瞼外反症は内反症ほどは起こらないが，眼瞼縁が眼球から反離すれることで腹側結膜を露出させてしまう．眼瞼外反症は発展性で炎症，外傷，外科処置や加齢から発展もしくは二次的に起きる可能性がある．眼瞼外反症では，結膜や角膜の露出により持続性の結膜の炎症や刺激，涙液障害，流涙症および露出性角膜炎（時に角膜血管新生や色素沈着などをみる）を起こす．角膜潰瘍は眼瞼内反症でみられることがあるが，眼瞼外反症では角膜の異常は緩慢に進行するため，あまりみられることはない．

　眼瞼外反症の外科的修復は，外反症が原因となった角膜や結膜疾患が内科療法に反応しなかったり，外反症の変形が著しくなった場合に行われる．外科処置は下眼瞼短縮を目的とした外眼角の部分切除，Khunt-Hembolt 法，オリジナルや改良した Khunt-Szymanowski 法，や Wharton-Jones の VY 形成術などで行われる．さらなる情報は，Veterinary Ophthalmology 3rd edition pp548-551 を参照のこと．

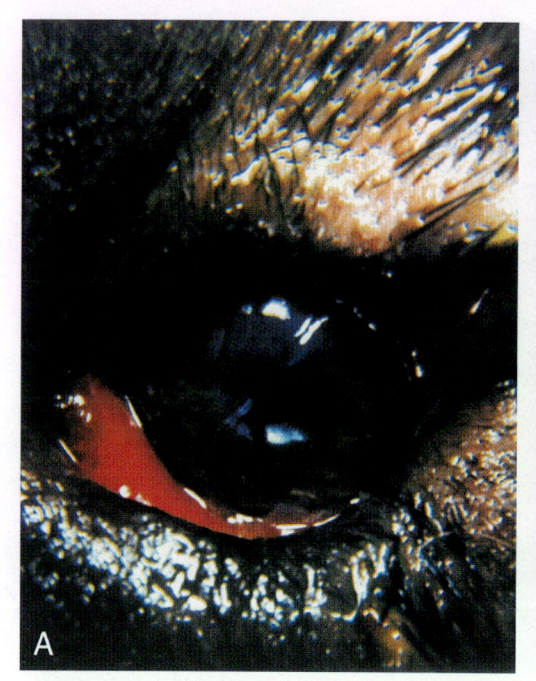

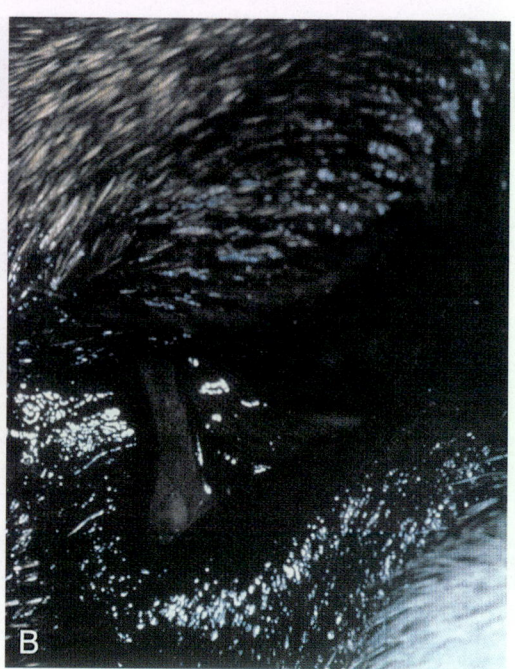

図 3.8　A．若齢のセント・バーナードにみられた，眼瞼過長を伴った眼瞼内反 - 外反合併症，角膜の露出と眼瞼による直接接触により，角膜および結膜の両疾患が生じた．外眼角の内反と不安定な状態は，外科的矯正を難しいものにする．
　　　　B．イングリッシュ・ブルドッグにみられた眼瞼内反 - 外反合併症，内外反症．上下眼瞼ともに中央部に切痕がみられる．

　眼瞼内反症と外反症の合併症は，特定の大型犬種の増加により発生率が増えつつある．特定の犬種のスタンダードには，ダイヤモンド形状の眼瞼裂，瞬膜の突出および下眼瞼の下垂が要求される．これらのスタンダードは，結果として生涯にわたっての持続性眼疾患を作りだし，時として外科処置により修復される．新しいスタンダードとしては，これら不必要な眼瞼の異常を排除するべきである．眼瞼内反 - 外反合併症をもつ犬種として，ブラッド・ハウンド，セント・バーナード，ニューファンドランド，クランバー・スパニエル，ブル・マスティフやその他の犬種があげられる．
　眼瞼内反 - 外反合併症の基本的な異常は，眼瞼が過長であったり外眼角が不安定であったりする．これらの多くの犬種で過剰な眼瞼上部の額皮膚によって変形や眼瞼異常が激しくなる．結果として顔や額部の皺挙上術や皺切除がしばしば外科処置として行われる．大型や超大型犬種の特に雄犬では，眼球陥没があるため，外科処置を行ったとしても眼球と眼瞼は接触しない．
　眼瞼内反 - 外反合併症を矯正する多くの外科的治療がある．外科療法は多種の Holz-Celsus 術と Holz-Celsus と Wyman 外眼角形成術の組合せ，Kuhnt-Szmanowski 術や最近では Bigelbach & Bedford などの方法がある．さらなる情報は，Veterinary Ophthalmology 3rd edition pp 551-555 を参照のこと．

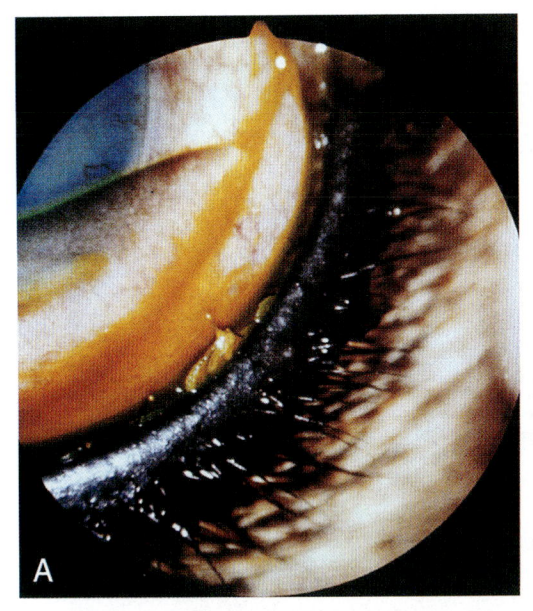

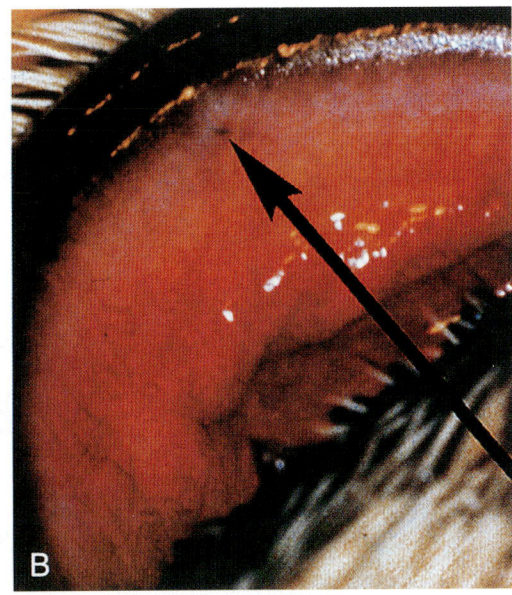

図 3.9 A．雑種犬にみられた下眼瞼から出ている多発性睫毛重生．粘液とフルオレセインが重生睫毛を覆うことで容易に見つけられる．
B．異所生睫毛（矢印）が眼瞼結膜中央から出ている．これらの睫毛は，著明な結膜充血が起こるほどかなりの刺激性をもつ．

　睫毛重生とは余計な睫毛があることである．それらはマイボーム腺や瞼板腺の開口部から生えており，腺の異形成による可能性がある．これら睫毛は短いものから長いものまた細いものから剛毛までと幅広く，結膜や角膜に接触する可能性をもつ．犬の生涯にわたって成長するが，臨床症状を現さなかったり，過剰涙液や流涙症や涙焼け（刺激など初期症状）から持続性結膜充血や結膜炎，表層性角膜血管新生から角膜潰瘍や色素沈着などの臨床症状を発現したりする．

　アメリカン・コッカー・スパニエル（おそらく 90％以上のものがもつ），イングリッシュ・コッカー・スパニエル，ロングヘアー・ダックスフンド，ブルドッグ，ペキニーズ，フラットコーテッド・レトリバー，シェットランド・シープドッグそしてトイおよびミニチュア・プードルなどがよくみられる犬種である．

　眼球に刺激や疾患をきたす睫毛重生は，毛包の除去や破壊などの治療をしなくてはならない．抜毛，電気分解法，数種の外科処置や凍結療法など多くの方法が行われている．詳細は Veterinary Ophthalmology 3rd edition pp554-556 を参照のこと．これら外科処置後の再発毛率は，10～30％であるため，組合せの治療が必要となる．

　類似した臨床症状は，通常上眼瞼中央部眼瞼結膜から異常睫毛が生える異所性睫毛により起こる．これら多発性の睫毛は角膜を直接接触するために，疼痛や眼瞼痙攣，眼瞼肥厚および角膜潰瘍を引き起こすことが考えられている．治療は，毛包の外科的切除か凍結術で行う．

図 3.10 アメリカン・コッカー・スパニエルにみられた両眼性の長睫毛症．過剰に伸びた睫毛は眼科疾患を起こさず，定期的に調髪する．

　長睫毛症は異常に伸びた睫毛である．この状態は，アメリカン・コッカー・スパニエルでよくみられ，睫毛は数センチまで伸びることがある．眼科疾患とは関係ないが，定期的な調髪を行う必要がある．

図3.11 ペキニーズにみられた鼻皺襞に続発した睫毛乱生。両鼻皺襞上部からの被毛は，角膜内側に接触し，刺激や色素性角膜炎を起こす．

　眼瞼縁が内方に反転し内反症を起こしたとき，もしくは短頭種では鼻皺襞や被毛等が結膜や角膜に接触するようなときに睫毛乱生が起こる．刺激により，過剰涙液，流涙症，眼瞼痙攣を，そして急性期には角膜潰瘍を起こし，さらに慢性角膜炎や新生血管および色素沈着を起こす．睫毛乱生が内反症に伴っている場合，改善には外科処置が必要である．ペキニーズなどの犬種でみられる顔皺襞からの睫毛乱生には，一時的な刺激除去はワセリン軟膏などで被毛を寝かせる方法があり，永久的な方法では鼻皺襞の除去である．

犬 の 眼 瞼

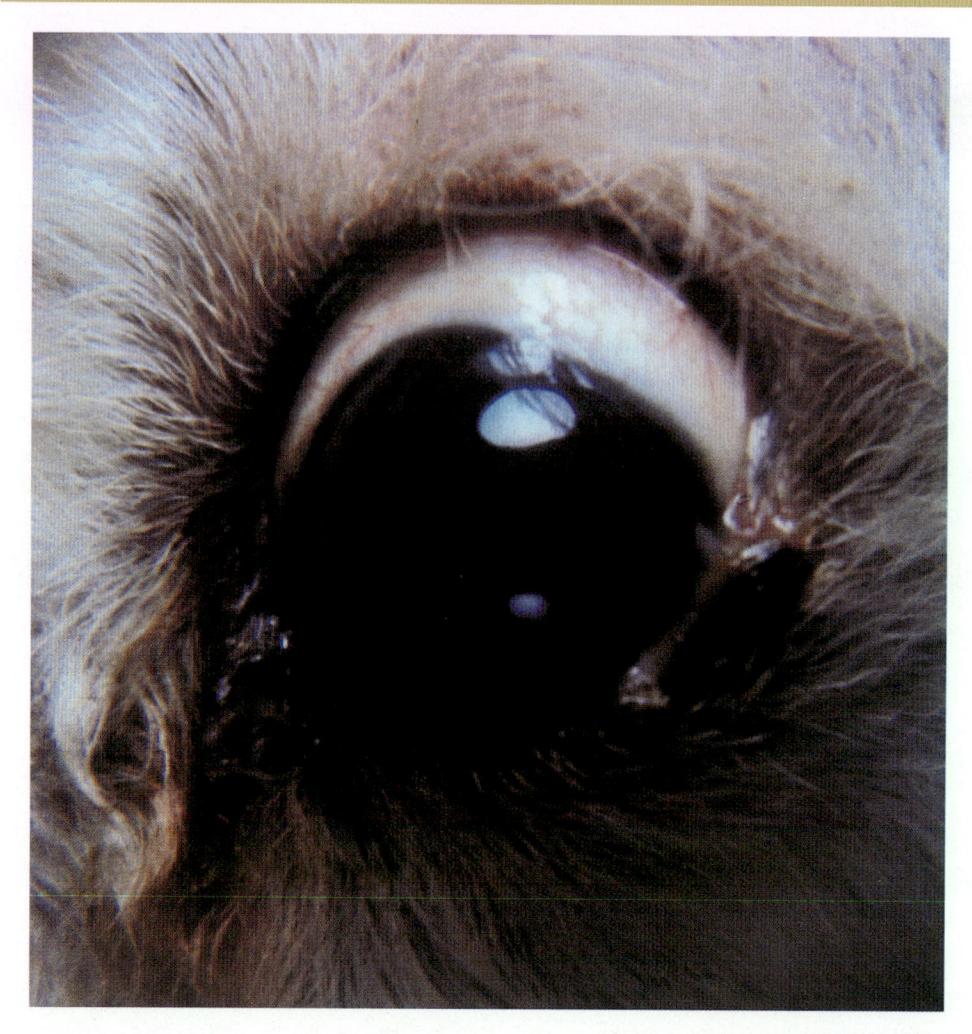

図 3.12 ミニチュア・プードルにみられたバリカンによる外側下眼瞼の眼瞼裂傷．裂傷部は慎重に合せ（除去するより良い），眼瞼を残す．

　眼瞼裂傷はリードをつける法律がなかったり，強制されない地域以外にはあまり見かけない．犬や猫の喧嘩や交通事故などが通常の原因である．眼瞼裂傷は事故直後にみられ，眼瞼（上下眼瞼）を部分的もしくは茎状水平もしくは垂直裂傷が眼瞼縁にみられる．上眼瞼の方が下眼瞼よりも受傷することが多い．

　眼瞼裂傷は詳細な眼科検査が必要である．前房出血や硝子体出血などは，角膜，角膜輪部，強膜裂傷を示唆するため，付加的な治療を必要とし，予後に有害な影響を及ぼす可能性がある．眼瞼の部分的な裂傷は，過剰に切除すべきでなく，損傷組織すべてを可能な限り正確に付け合せる．眼瞼縁の縫合は通常患部起始部分から行い，可能であれば二層縫合（皮膚 - 眼輪筋と瞼板縫合）をほとんどの症例で行うべきである．角膜付近に縫合結節を作らないため，眼瞼縁の 8 字縫合は便利な方法である．

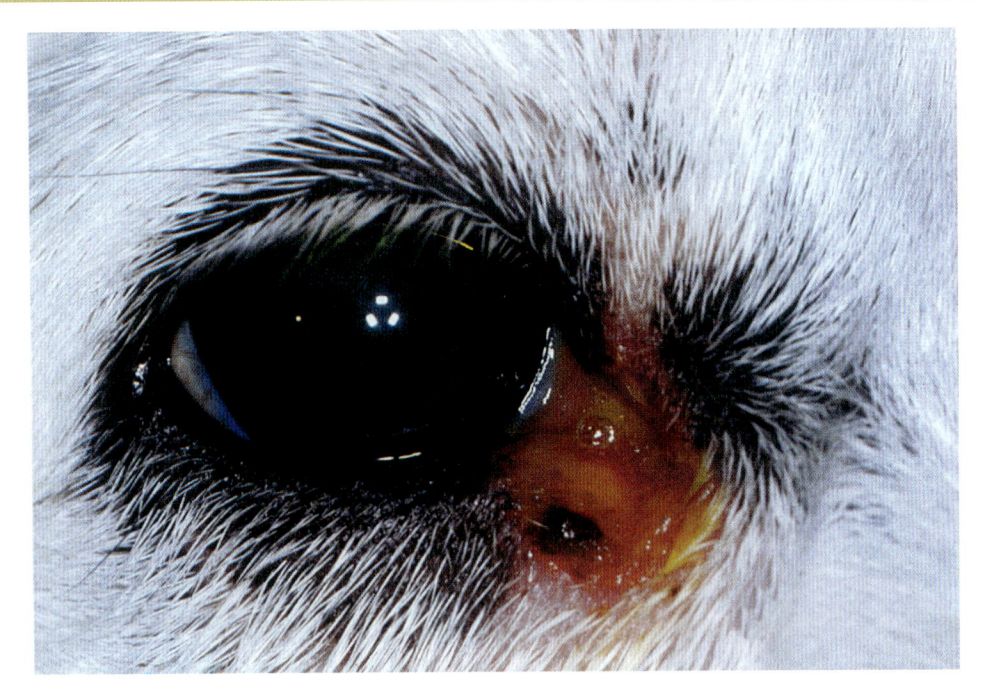

図 3.13　犬にみられた内眼角の免疫介在性眼瞼炎．局所的な眼瞼炎が観察されることに注目．

　免疫介在性眼瞼炎は，孤立した眼瞼の炎症や全身性皮膚疾患の一部としてみられる．特定な犬種（ウエスト・ハイランド・ホワイト・テリアなど）には，再発性結膜炎やアトピーを伴うアレルギー性の眼瞼炎を起こす．臨床症状は眼瞼や結膜の炎症，流涙，涙焼けや顔面瘙痒症である．原因には，点眼や全身性薬剤，環境アレルギーや食事アレルギーなどが可能性としてあげられる．治療はアレルゲンの発見と除去である．可能であれば局所もしくは全身性の抗ヒスタミンやコルチコステロイドの投与をする．

　小水胞性上皮障害の中で天疱瘡のグループには，眼瞼に潰瘍性病変もみられる．疾患の確認後には，局所および全身性のコルチコステロイドの投与を行う．

　特定の内眼角眼瞼炎がジャーマン・シェパードなどに慢性表層性角膜炎（パンヌス）を伴って起こる．さまざまなサイズの炎症性の潰瘍が片側もしくは両側の内眼角に生じる．眼瞼を覆っている被毛は，通常脱毛しているが，瘙痒はあまりない．この免疫介在性疾患のその他の臨床的な眼症状には，パンヌスもしくは瞬膜の形質細胞浸潤などがある．治療には間歇的あるいは継続的な局所抗生物質 - コルチコステロイド，通常眼軟膏が用いられる．

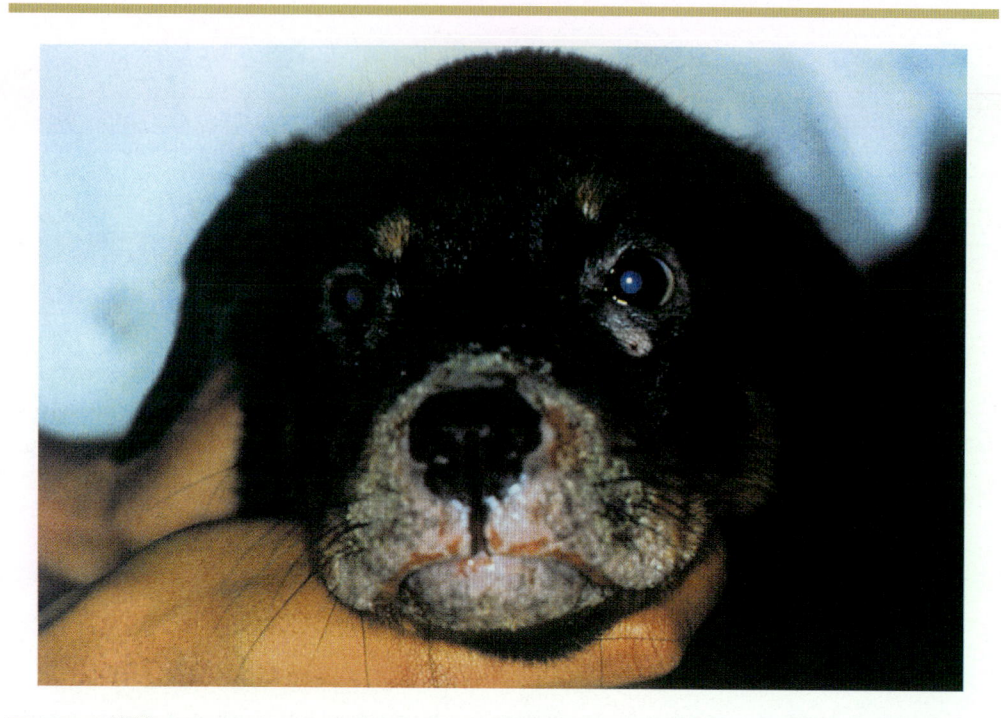

図 3.14 若齢のロットワイラーにみられた幼犬膿皮症性の眼瞼炎．多発性の局所性膿瘍が，口周囲や眼瞼などの皮膚にみられる．

　眼瞼炎は，しばしば顔を中心に起こる幼犬膿皮性もしくは幼犬化膿性に伴って起こる．さまざまな大きさの膿胞から膿瘍が眼瞼と顔面を侵襲する．かゆみと自傷にはエリザベスカラーが必要である．局所および全身性の抗生物質が適用される．

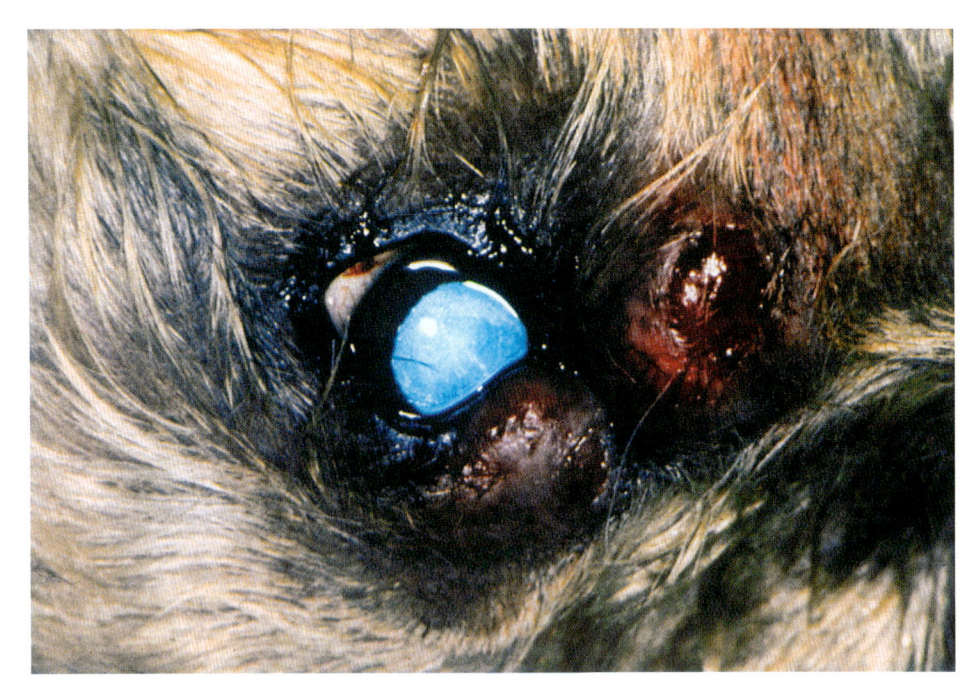

図 3.15 犬にみられた上下眼瞼の膿皮性肉芽腫性眼瞼炎．炎症を起こした眼瞼の生検によって診断を確定し，新生物の疑いを除外する．

　膿皮性肉芽腫性眼瞼炎は，上眼瞼，下眼瞼および双方の全体的な炎症が特徴である．眼瞼は著明に肥厚し，瞬目できなくなる．生検では，顕微鏡下で眼瞼皮下部に膿皮性肉芽腫形成が確認できる．ぶどう球菌属が原因で，しばし局所や全身性抗生物質耐性を起こす．病変部位への抗生剤の注入と自原性バクテリンの使用が最も効果的である．

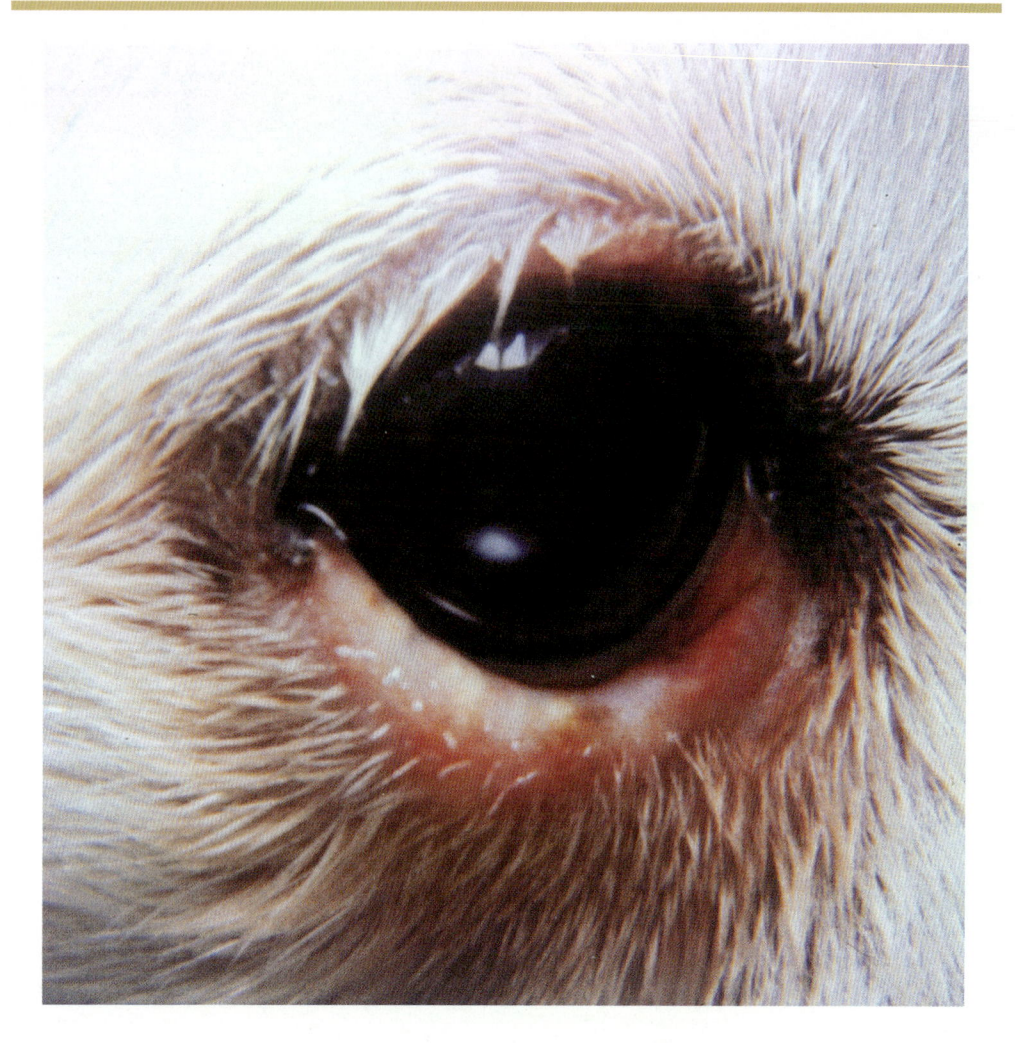

図3.16 アメリカン・コッカー・スパニエルにみられた下眼瞼マイボーム腺炎．眼瞼炎は眼瞼の表層に限局している．

　マイボーム腺炎あるいは巣状からび漫性のマイボーム腺の炎症はほとんどの場合，成犬に起きる．ぶどう球菌属や連鎖球菌属が通常関与している．マイボーム腺炎は，急性から慢性で，局所的な眼瞼腫脹がみられる．眼瞼縁を反転すれば，結膜充血や腫脹，局所の微細膿瘍が瞼板腺内に明瞭に確認できる．慢性のマイボーム腺炎は眼瞼の線維化を生じ，眼瞼内反症や外反症を引き起こす．
　急性のマイボーム腺炎の治療には，局所温パック，局所的に広域抗生剤およびしばしばコルチコステロイドを投与する．炎症が重度な場合には，抗生剤の全身投与をする．膿瘍の内容物は，瞼板腺をゆっくり押しだして管から排泄させるが，腺を潰さないようかつ近隣組織に感染を広げないように慎重に行う．
　慢性マイボーム腺炎は改善させることが難しい．瞼板腺から分泌液の培養や感受性試験で適切な抗生物質の選択を行う．

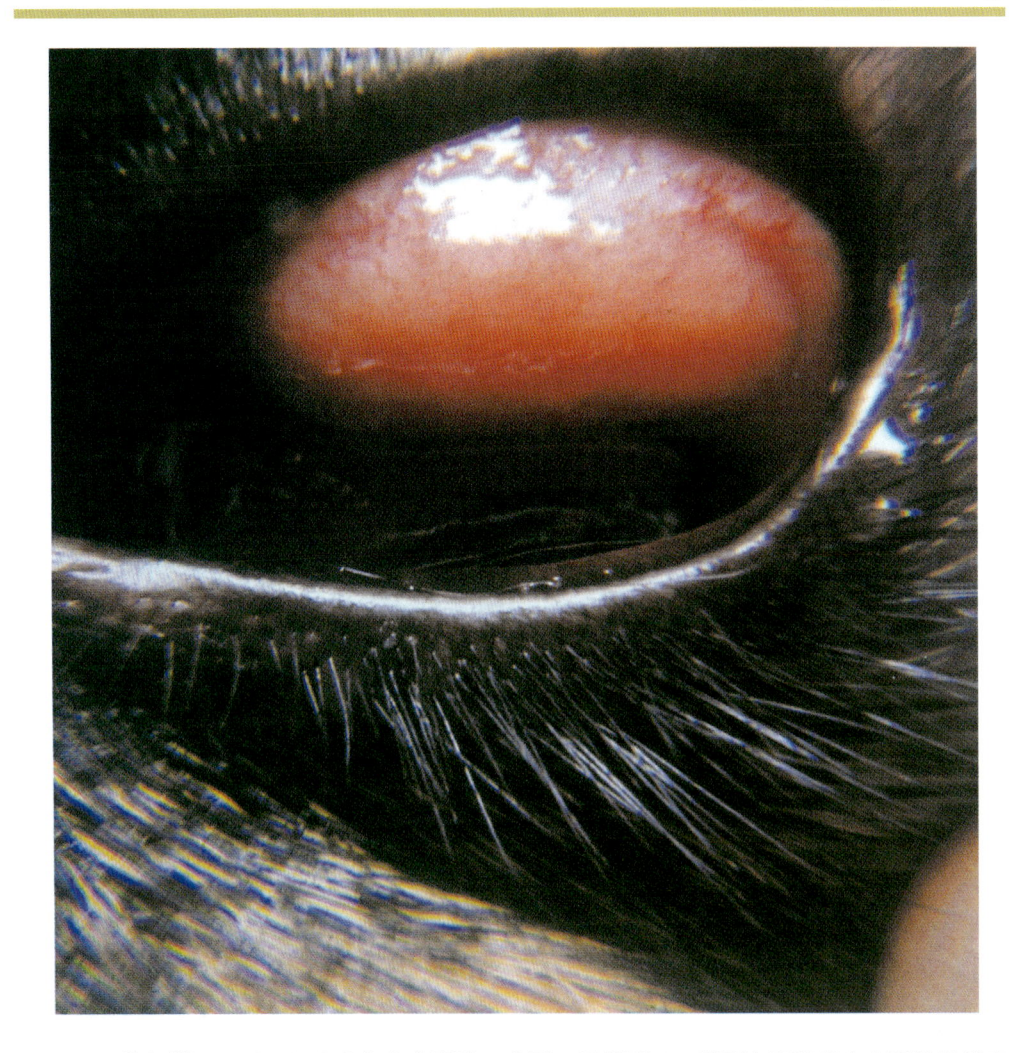

図 3.17 若年雌のコリーにみられた上眼瞼の大型の霰粒腫で，著明な眼瞼炎と上眼瞼結膜表面の腫脹を呈している．

　霰粒腫とは，急性から慢性に移行したマイボーム腺炎で，瞼板腺からの分泌物が眼瞼結膜下眼板内に停留するために生じる．細菌や瞼板腺からの分泌物によって，眼瞼結膜下の脂質や炎症細胞を含んだ膿瘍形成により肉芽腫性炎症が起きる．
　改善には罹患眼瞼結膜上に線状切開し，脂質と炎症性滲出物の掻把を行う．局所抗生剤を数日間適用する．

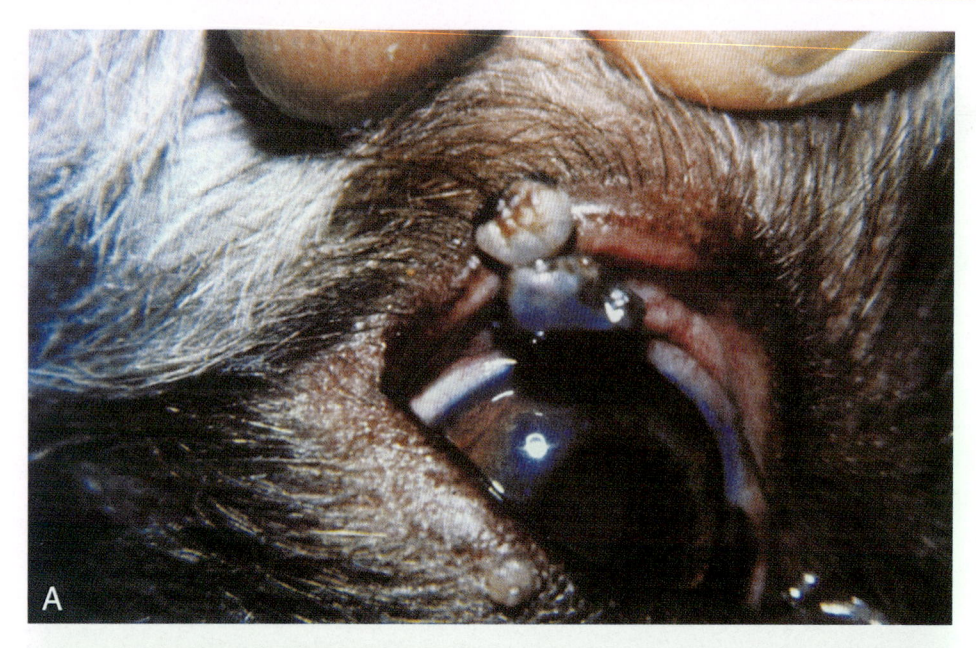

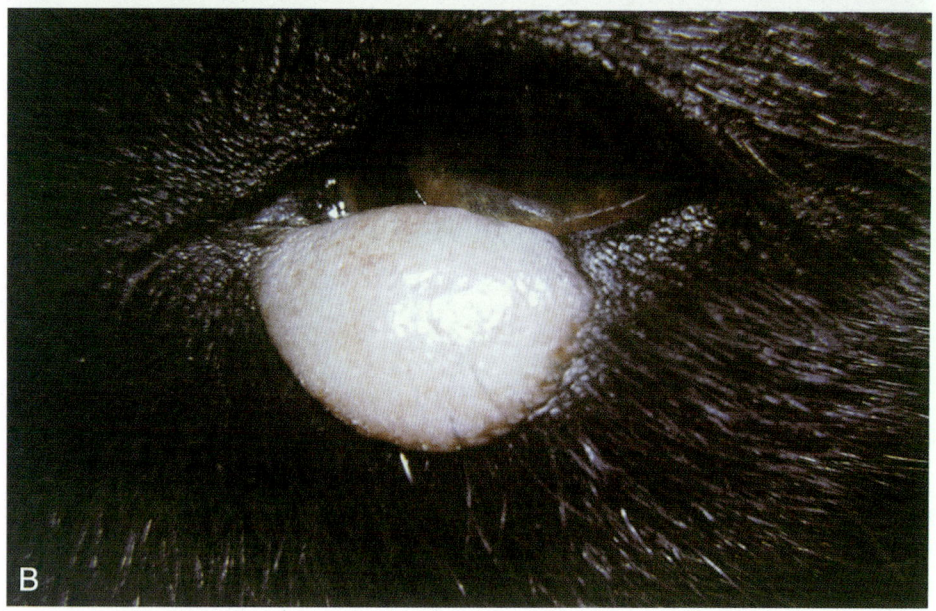

図 3.18 犬の眼瞼腫瘍の例.
　A．雑種老齢犬にみられた上眼瞼マイボーム腺の腺癌．上眼瞼を反転することで腫瘍全体が見えている.
　B．アフガンハウンドにみられた下眼瞼組織球腫．タイプを調べるため腫瘍を生検したが，その後 2 か月間で突然退行した．

（つづく）

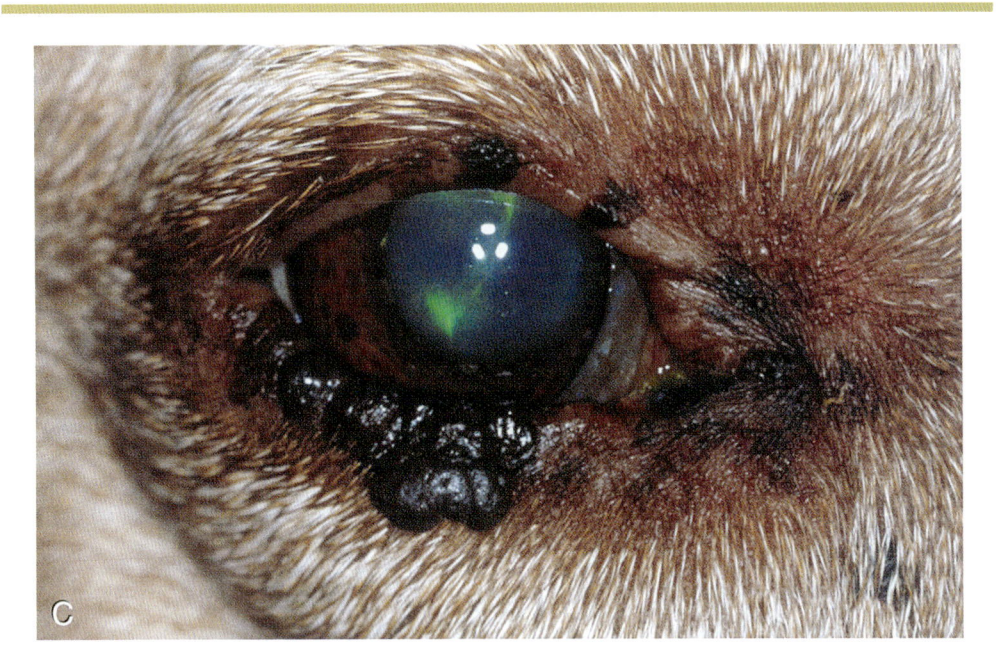

C．雑種犬にみられた下眼瞼縁の悪性メラノーマ．これらの腫瘍は，眼瞼縁から特徴的に隆起し，眼瞼縁に沿って広がる．

　眼瞼腫瘍は犬では一般的にみられ，特に7〜10歳以降の老齢犬にみられる．最も頻発する眼瞼腫瘍としてはマイボーム腺や瞼板腺の腺腫あるいは腺癌である．これら腫瘍は，眼瞼縁や眼瞼皮下に現れ，不整形で隆起した硬い腫瘤である．発生部位と大きさについては，眼瞼を裏返すことで腫瘍の大部分全貌を直接観察できる．

　その他の発生度の低い腫瘍の中には，乳頭腫，良性および悪性のメラノーマ，組織球腫，肥満細胞腫，そして基底細胞や扁平上皮癌などがある．大部分の犬の眼瞼腫瘍は組織学的には悪性であるが，外科切除後の再発は低く，局所転移などは報告されていない．メラノーマは有色素の眼瞼縁から隆起し，眼瞼中に侵襲していく．眼瞼内腫瘍で瞼板腺に関連のないものには肥満細胞癌もしくは結節性筋膜炎（局所炎症性腫瘤）があり，診断のためにバイオプシーをすすめる．

　若齢犬では，組織球腫が急激に拡がる可能性があり，ほんの数週間たって急激に退行する．しかしながら，この腫瘍は老齢犬では悪性であるため，正常な部位を含め広範囲に切除すべきである．口腔内の乳頭腫症は，ウイルス介在性の腫瘍で仔犬や若齢犬にみられ，眼瞼にも侵襲する．数週間で突如として退行する．角膜に刺激がある場合には切除を考える．

　眼瞼腫瘍の外科処置は，腫瘍が角膜や結膜に刺激，眼瞼痙攣や流涙などを起こしているときに行うべきである．外科処置は，腫瘍が小さい場合や眼瞼欠損部の修復のための眼瞼矯正術を行う必要がなければ容易と考えられる．限局的な眼瞼腫瘤には，楔状（四面）もしくはV字切除で行い，二層縫合で閉創する．数種の眼瞼形成術が，眼瞼の長さの1/3以上の切除時に適用．さらなる情報には，Veterinary Ophthalmology 3rd edition pp561-567を参照のこと．

4 犬の涙液および鼻涙器

　涙液と鼻涙器の疾患は犬によくみられ，通常良好に治療される．涙液の欠乏や乾性角結膜炎は犬で最も多く起きる慢性結膜炎の型である．シルマー・ティア・テストを通常の眼科検査に取り入れることにより，この疾患を臨床上高い確率で見つけることができる．鼻涙管排泄付属器疾患は，流涙症や正常なレベルの涙液が内眼角へ流れ出ることが特徴である．反して流涙，涙液分泌量の増加は，痛みにより起きるが，通常鼻涙管の部分もしくは完全閉塞のためではない．

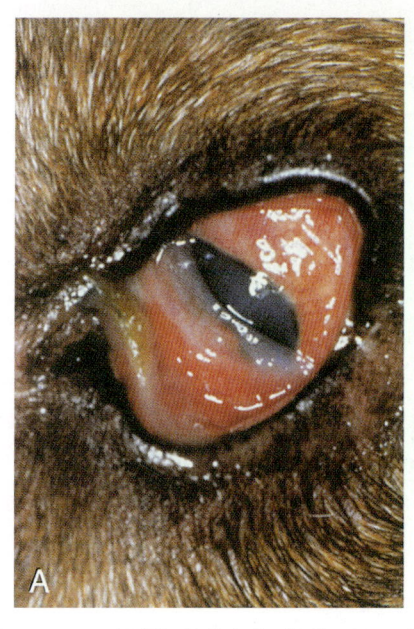

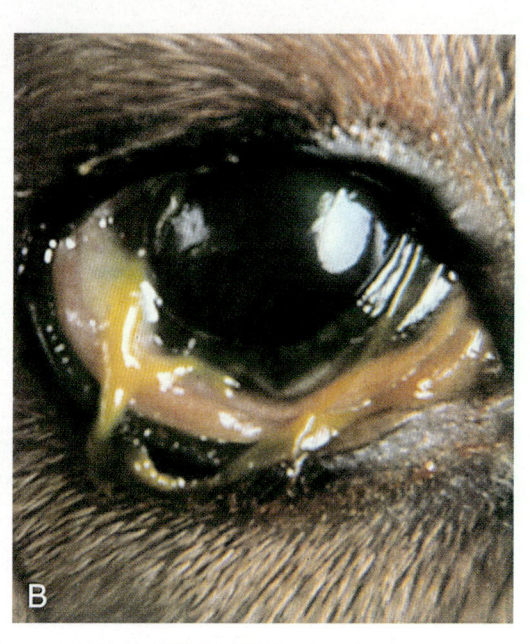

図4.1　A．仔犬にみられた犬ジステンパーによる急性乾性角結膜炎（KCS）．
　　　　B．テリア雑種犬にみられた急性乾性角結膜炎．角膜の光沢の消失と結膜から多量の粘液膿性眼脂がみられる．

　急性の乾性角結膜炎（KCS：chronic keratoconjunctivitis sicca）はまれに起き，しばしば角膜潰瘍の症状により見落としてしまう．角膜潰瘍は疼痛を伴い流涙するため，角膜潰瘍時に正常から低い数値のシルマー・ティア・テストを示すものは，KCSの予備軍と考えるべきである．例えばジステンパーに伴うような急性のKCSでは，急速な角膜軟化を伴う中心性潰瘍は，（外科処置を行わねば）12～24時間以内でデスメ膜瘤や虹彩突出に発展する．
　治療は人工涙液，広域スペクトラム抗生剤，トロピカミド（虹彩炎ではアトロピンは涙液低下を起こすために使用を避ける），シクロスポリンAを用い，必要であれば角膜潰瘍には結膜被弁術を行う．

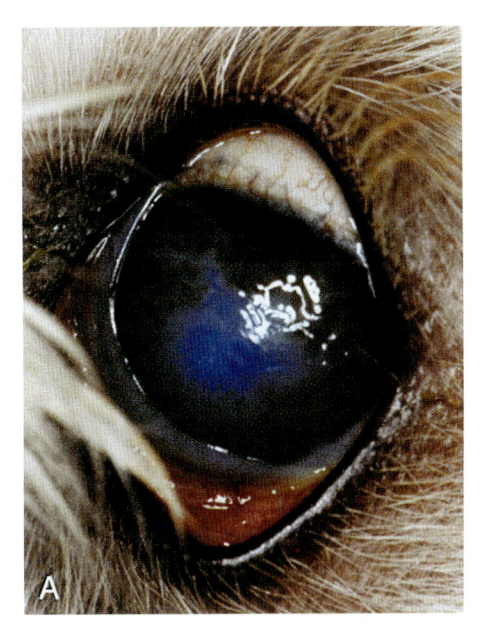

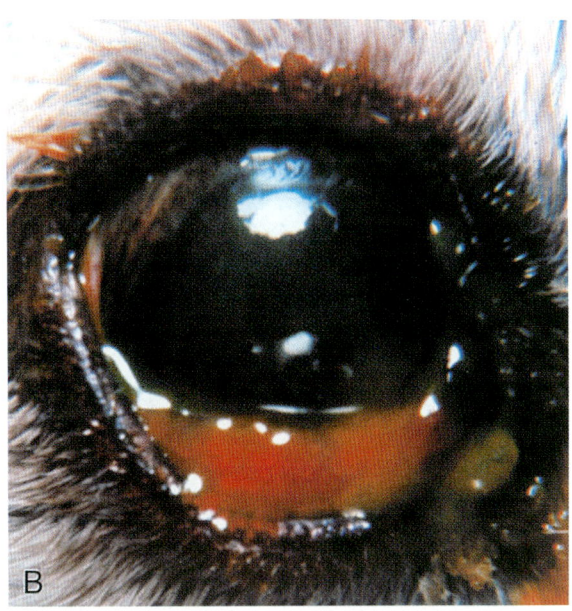

図 4.2　A．ウエスト・ハイランド・テリアにみられた先天的な慢性の乾性角結膜炎（KCS）．B．コッカー・スパニエルにみられた数か月にわたる慢性 KCS．角膜の光沢の欠如と粘液膿性の結膜分泌物に注目．

　慢性の乾性角結膜炎は犬によくみられ，ある特定の犬種にはその発生は多い．例えばキャバリア・キング・チャールズ・スパニエル，イングリッシュ・ブルドッグ，ラサアプソ，シーズー，ウエスト・ハイランド・ホワイト・テリア，パグ，ブラッドハウンドやアメリカン・コッカー・スパニエルなどである．慢性 KCS の他の原因には，免疫介在性の涙腺炎，薬物（主にサルファ剤），X 線，神経学的，外科的，外傷，チェリーアイあるいは瞬膜腺突出の病歴および全身性疾患がある．
　早期には慢性 KCS は点眼の抗生剤に反応するが，治療を行わないと数週間後に再発してしまう結膜炎として現れる．シクロスポリン A の局所投与で反応が得られる可能性が高いので，この疾患の早期診断にシルマー・ティア・テストを行うことが必要である．限局性の眼瞼痙攣や眼瞼肥厚が起きる．慢性的に涙液分泌量が低いものは，結膜や角膜に進行性の変化が起きる．結膜は充血，浮腫しばしし色素沈着を起こす．粘稠性の高い頑固な膿粘性分泌物がみられる．角膜に血管侵入や色素沈着がみられ，進行性の視覚障害を起こす．表面の乾燥と上皮のびらんのために角膜および結膜上の眼瞼は動きが悪くなる．

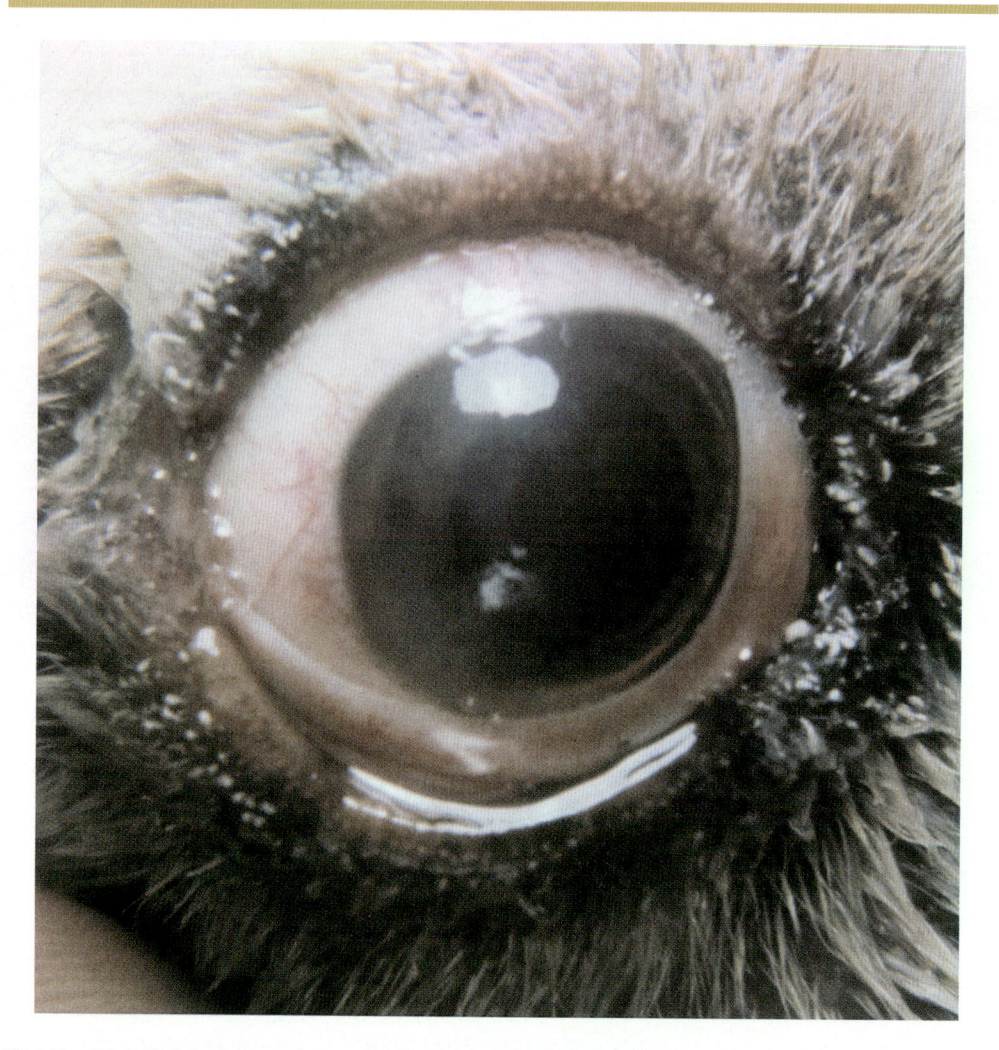

図 4.3 アメリカン・コッカー・スパニエルにおける数週間のシクロスポリン A 点眼後の KCS 治療成功例．角膜は光沢を取り戻しているが，結膜はまだ炎症を呈している．

　臨床的に慢性 KCS を管理するには，患者を検査するたびにシルマー・ティア・テストを行う必要性がある．初めのシルマー・テストの数値が低いほど，予後は不良でシクロスポリンの反応も悪い．幸運にも 80％以上の慢性 KCS 症例がシクロスポリン A に反応する，またこの局所点眼薬は生涯ではないが，長期の投薬を必要とする．抗生剤とコルチコステロイドは，局所的に点眼し，二次的な細菌性結膜炎を最小限にする．乾燥した角膜は潰瘍を起こす恐れがあるため，コルチコステロイドの頻回点眼やより強力なステロイド剤の使用は，注意して適用すべきである．涙液レベルが改善されないときは，経口ピロカルピン（2％ピロカルピンを 5kg に対し 1 滴）を付加もしくはシクロスポリン A から変更する．

　効果的な涙液形成と代用涙液療法によって，角膜や結膜表面の光沢が戻ってくる．角膜の色素沈着と血管侵入は数か月かけて徐々に改善していく．結膜分泌物の改善の特徴として，多量の，高濃度の頑固な粘性状から漿液へと変化していく．涙液が正常化すると結膜炎は鎮静化してくる．

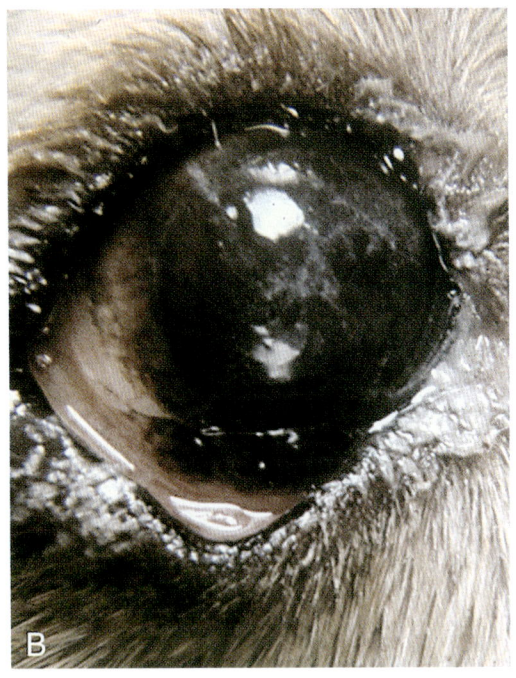

図 4.4　A．内科療法に反応しなかった慢性 KCS 症例の雌のミニチュア・シュナウザーの両側耳下腺管移植数か月後の外観．
　B．耳下腺管移植の術後後遺症のほとんどは，角膜や結膜表面を刺激するミネラルの沈着である．

　不幸にも慢性 KCS をもつ犬では，シクロスポリン A の点眼やピロカルピンの経口療法が反応しないものもある．耳下腺管移植はこれらの症例に適用される．耳下腺とその管は，術前に 1％アトロピン（苦みのあるものなど）の点眼をし，唾液が上顎最後臼歯直後の乳頭から分泌するのを観察する．
　この方法では，口腔か側方からのアプローチで行い，耳下腺管を皮下トンネルから眼へと移動させる．耳下腺乳頭は，腹外側結膜嚢に 3 糸以上を縫合する．
　耳下腺移植の成功率は 80〜90％である．術中操作（管の損傷やよじれ），線維化や唾液腺に正常な分泌機能がないもの，乳頭の結膜嚢での陥没，涙石による閉塞や激しい疼痛を伴う角膜と結膜表面のミネラル沈着形成などが失敗である．1〜2％エチレンジアミン四酢酸（EDTA）眼軟膏と洗眼液での治療が有効なこともある．

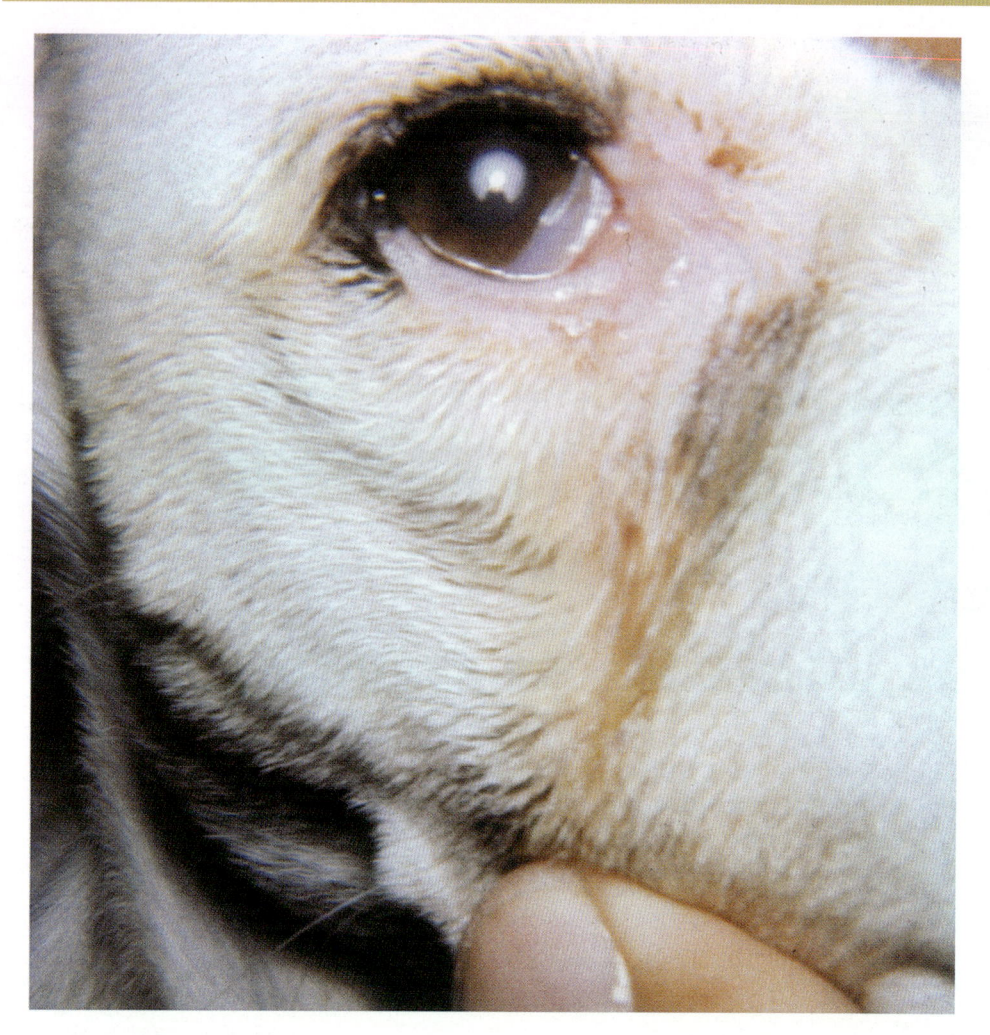

図 4.5 この雑種犬では流涙症，もしくは正常な涙液分泌で鼻涙管付属器の閉塞が慢性の結膜炎に伴ってみられる．

　正常なレベルの涙液の内眼角や眼瞼炎（眼瞼内反，外反および術後の欠損）からの排出を流涙症（epiphora）という．急性の流涙症は，トイおよびミニチュア犬種によくみられる慢性流涙症のように眼角や眼瞼を湿潤し，二次的な眼瞼炎や褐色の色素沈着が被毛にみられる．おそらく涙焼けは涙，皮膚そして細菌の関与があるとされているが，詳細な機序については報告がない．

　トイやミニチュア犬種の慢性流涙症に対する治療は，我々にとって挑戦である．抗生物質の全身投与や局所点眼で多岐にわたる成功例が報告されている．医科用過酸化水素水（2〜2.5％）が病変部の脱色するものに使われる．白墨が患部の乾燥と白色化に使われ，抗菌作用も示唆される．下眼瞼内側の内反症の矯正や下涙点からの涙液吸収を改善する外科処置が推奨されている．さらなる情報のために，Veterinary Ophthalmology 3rd edition pp557-578 を参照のこと．

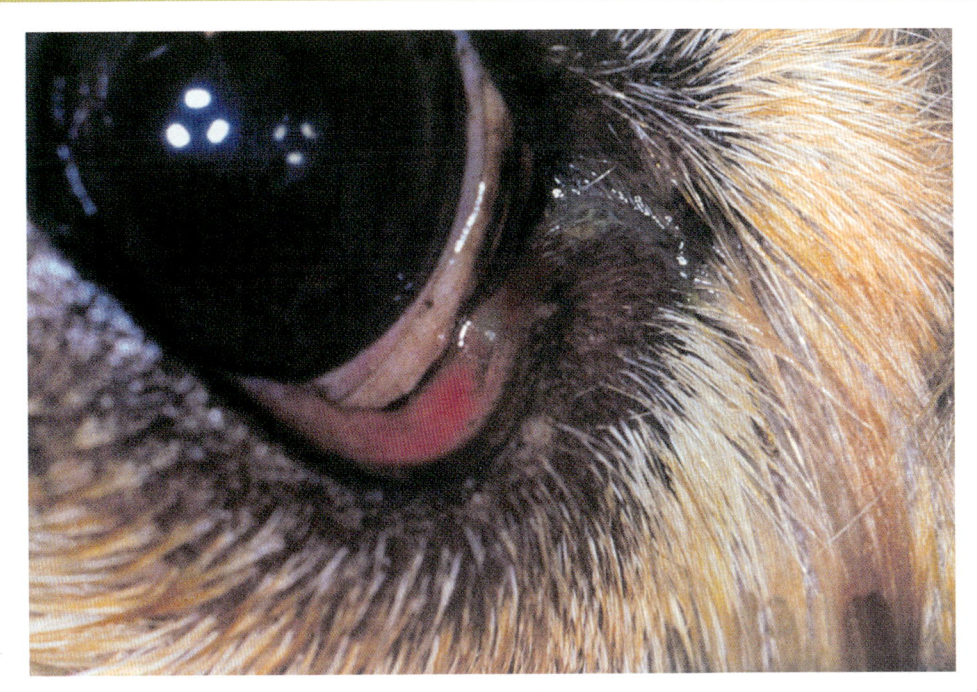

図 4.6　犬にみられた内眼角の疼痛を伴った腫脹と下涙点閉塞を起こしている急性の涙嚢炎．

　急性涙嚢炎は犬ではあまり起こらないが，細菌感染や閉塞，また下涙点から涙嚢に侵入し停留する異物が関連している．症状には，中程度の結膜炎や内眼角腫脹などがある．鼻涙管洗浄は上涙点から行い，炎症性老廃物（時には例えば植物の種のような異物）を排出する．さらに鼻涙管洗浄を行い，鼻涙嚢内の分泌物すべてを洗浄する必要がある．そして洗浄中は，下涙点に圧を加えて押さえ鼻までの全体の涙管を開通（開口）させる．治療には局所および全身性の抗生物質の投与やコルチコステロイドの点眼を行い，炎症が残っている間，また再度涙管が開通するまで涙管洗浄を行う．

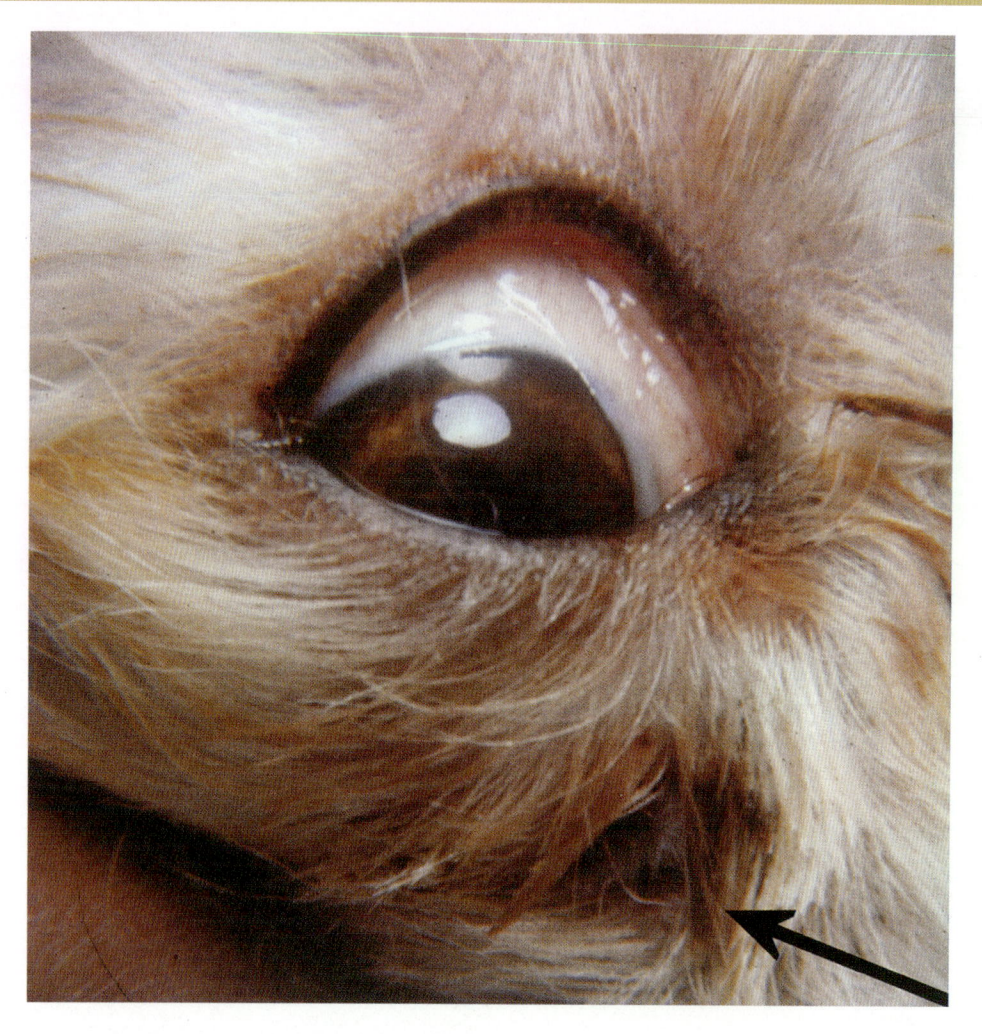

図4.7 慢性涙嚢炎によって結膜炎，鼻涙管閉塞そして内眼角下部の涙嚢からの排泄瘻孔（矢印）がこのミニチュア・プードルにみられる．

　慢性涙嚢炎では，急性期が続くことで膿瘍化した鼻涙嚢が内眼角の皮膚表面に到達する瘻を形成する．鼻涙管洗浄によって，さまざまな炎症性老廃物が最初の洗浄の後で対側の涙点から流出し，瘻管から灌流液が射出する．それから瘻部上に圧をかけ，涙管洗浄を行い鼻涙管（涙嚢から下部）の再度通過（開口）性を試みる．鼻涙管全体の開口すれば，瘻孔は通常治癒していく．治療は抗生剤の局所および全身投与それにコルチコステロイドの点眼である．鼻涙管洗浄で涙管の開口性が維持できなければ，単線ナイロン縫合糸や小型シリコンチューブを数週間留置しておく．

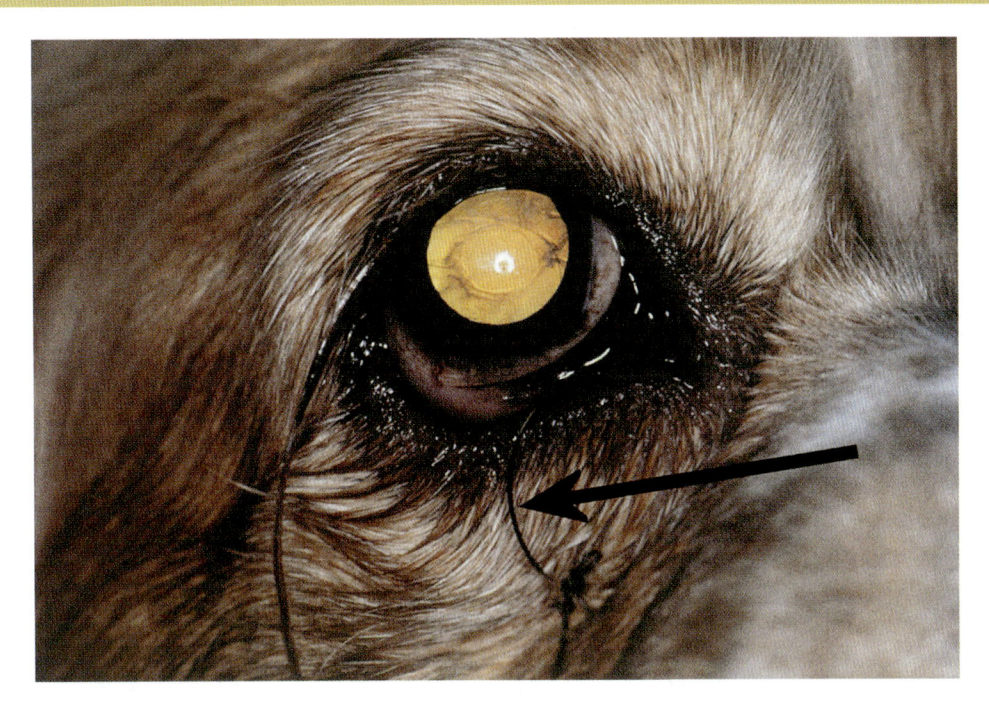

図 4.8　下眼瞼内眼角部にシリコンチューブを縫合し，鼻涙管閉塞のカテーテル挿入治療中のアメリカン・コッカー・スパニエル．

　持続性鼻涙管閉塞は 2-0 単線ナイロン糸もしくは小径シリコンチューブを使ってのカテーテル挿入によって治療する．鎮静や短時間全身麻酔下で，上涙点もしくは下涙点から 2-0 単線モノフィラメント管を注意深く涙管全体に通す．カテーテルの両端は内眼角と鼻腔側部に単純結節縫合する．カテーテル挿入している間は，開通性の維持，感染治療，線維化や狭窄予防のため局所抗生剤とコルチコステロイドを点眼する．

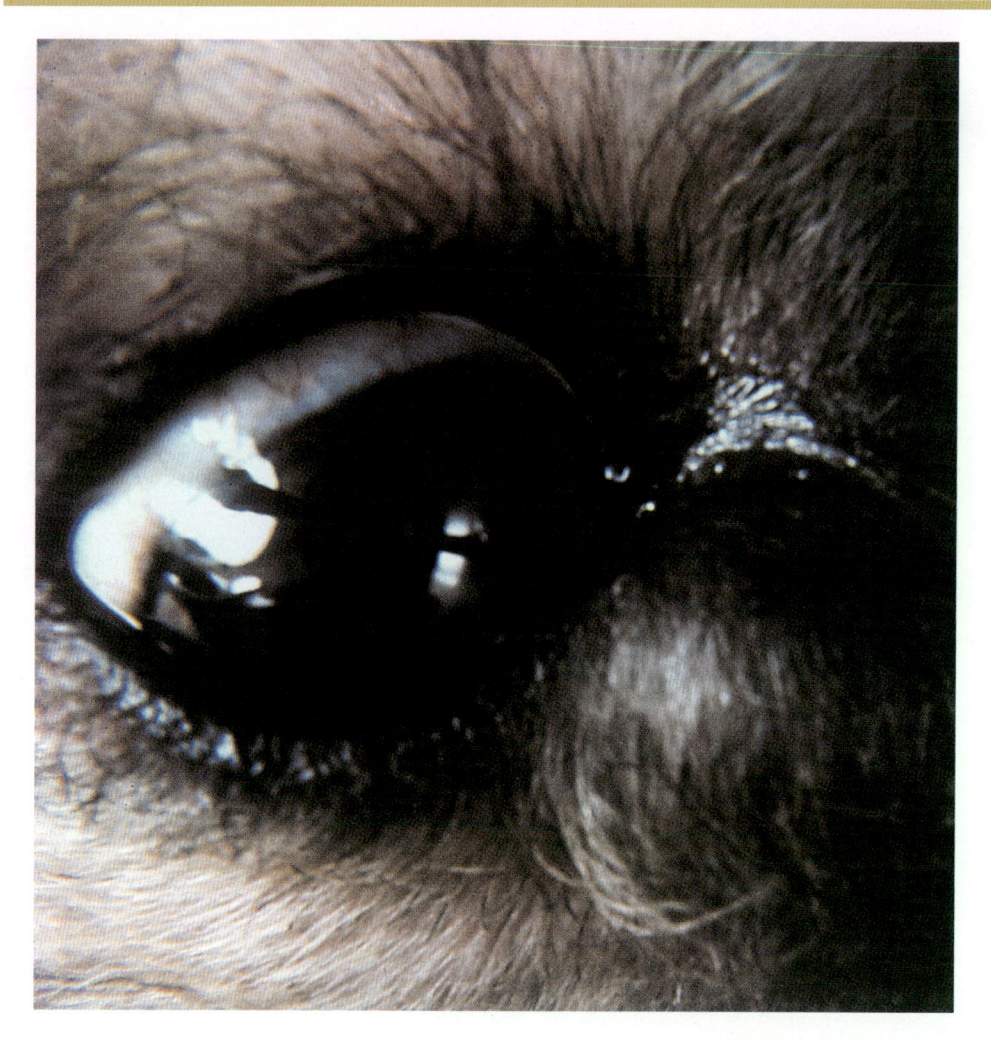

図4.9 若齢のペキニーズにみられた涙嚢ヘルニア．下涙点からの鼻涙管洗浄を行うと一時的に囊胞は膨隆する．

　涙嚢ヘルニアは鼻涙管の囊胞構造で，犬に起こることはまれである．涙嚢ヘルニアは造影剤と涙嚢鼻腔吻合造影で証明される．さらに特殊な涙嚢ヘルニアは，涙嚢を侵襲する囊胞化である．涙嚢ヘルニアは，内眼角に認められる水疱状隆起である．痛みはなく大きさは定期的に変化する．上涙点から鼻涙管洗浄すると，一時的に囊胞の大きさが変わる．涙嚢鼻腔吻合造影では，鼻涙嚢と囊胞はつながっている．涙嚢ヘルニアの治療は，囊胞の切開と鼻涙嚢壁の欠損部位を縫合することである．

犬の結膜および瞬膜

5

　犬の結膜および瞬膜の疾患は日常的なもので，容易に診断される．結膜および瞬膜の検査は肉眼的に行うが，時には拡大鏡を使用する．先天的なものや外傷によるものはまれであるが炎症疾患はよくみられ，しばしば眼瞼，涙，鼻涙管排泄付属器やその他の原因から二次的に起こる．チェリーアイもしくは瞬膜腺の炎症および突出は若年の犬にはよくみられる．これらの症例は，局所の抗生剤やコルチコステロイドには反応せず，腺を瞬膜に埋め込ませる数種の外科処置の方法が開発されている．眼瞼を侵襲する腫瘍より，結膜や瞬膜に発生する腫瘍の発生率は低いが，それらは予後不良で悪性度は高い．ほとんどの結膜腫瘍は，広範囲に切除することが要求され，再発しがちである．涙腺を浸潤する瞬膜の腫瘍は悪性である．

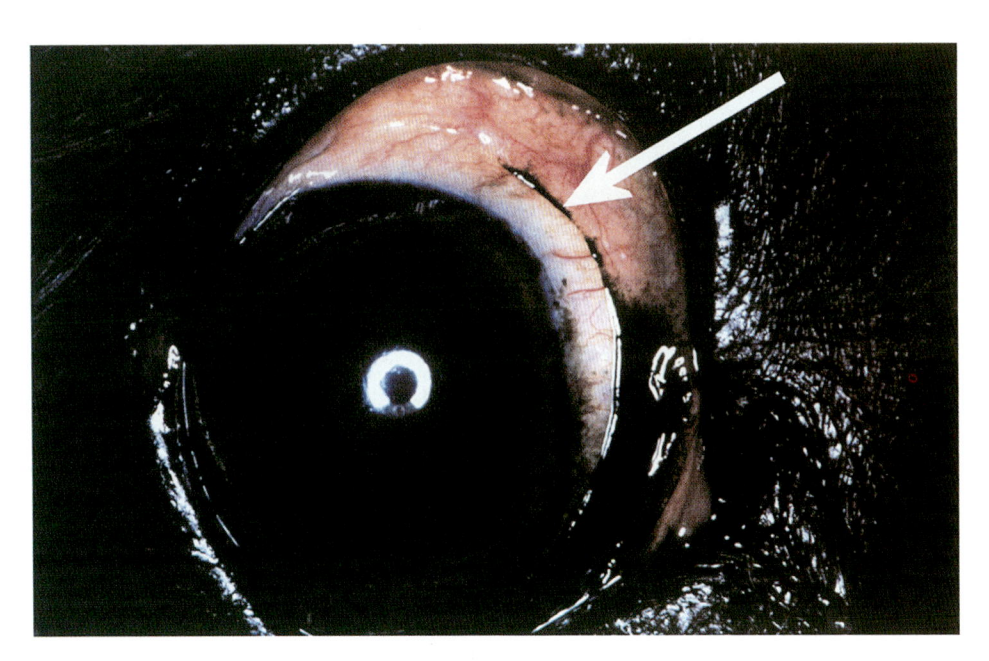

図 5.1　アメリカン・コッカー・スパニエルにみられた眼球を取り巻く瞬膜．色素沈着した結膜粘膜が瞬膜辺縁の外側にみられる（矢印）．

　結膜の付属器である瞬膜は角膜上を背外側に能動運動する．時に粘膜は，瞬膜の上下端から現れる．これら粘膜は，色素が沈着しており，数mmまで眼球結膜中央に沿って続くものもある．症状はないが，伸展すると瞬膜の動きが妨げられる．この所見はアメリカン・コッカー・スパニエルによくみられる．

60　犬の結膜および瞬膜

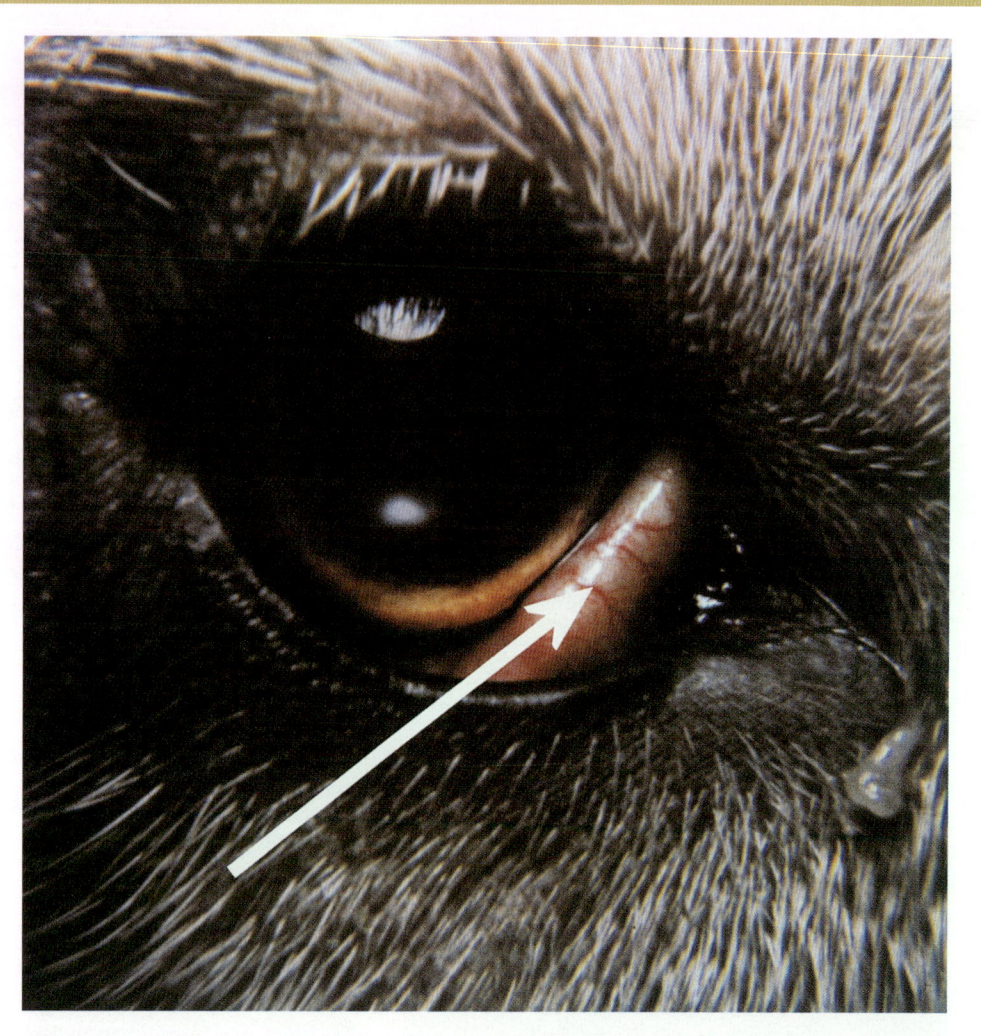

図5.2　ジャーマン・シェパードの仔犬にみられた瞬膜軟骨の外反．瞬膜辺縁の色素沈着部はみられず，折れ曲がった（外反した）軟骨が露出していることに注目（矢印）．

　瞬膜の外反，あるいはあまりみられないが内反転が，ジャーマン・ショートヘアード・ポインター，セント・バーナード，グレート・デンやニューファンドランドなどの大型もしくは超大型犬種に原発性に起こる．はじめの症状は流涙，限局性の眼瞼炎や内眼角や瞬膜表面にピンク色の腫瘤隆起などがみられる．詳細な検査によって瞬膜辺縁の反転がみられ，無色素の眼瞼結膜（深部）側の瞬膜表面が露出していることが分かる．曲部位もしくはU字状の軟骨を瞬膜辺縁下部の軟骨伸展部直下で外科的に除去する．手術は，変形している直上部の結膜面から小切開を施し，切開部は縫合しなくてもよい．処置直後の様相は，正常な瞬膜となる．瞬膜を正常な位置に修復した数日後に，時おり瞬膜縁が変形することがある．瞬膜縁の外科的除去はすすめられない．

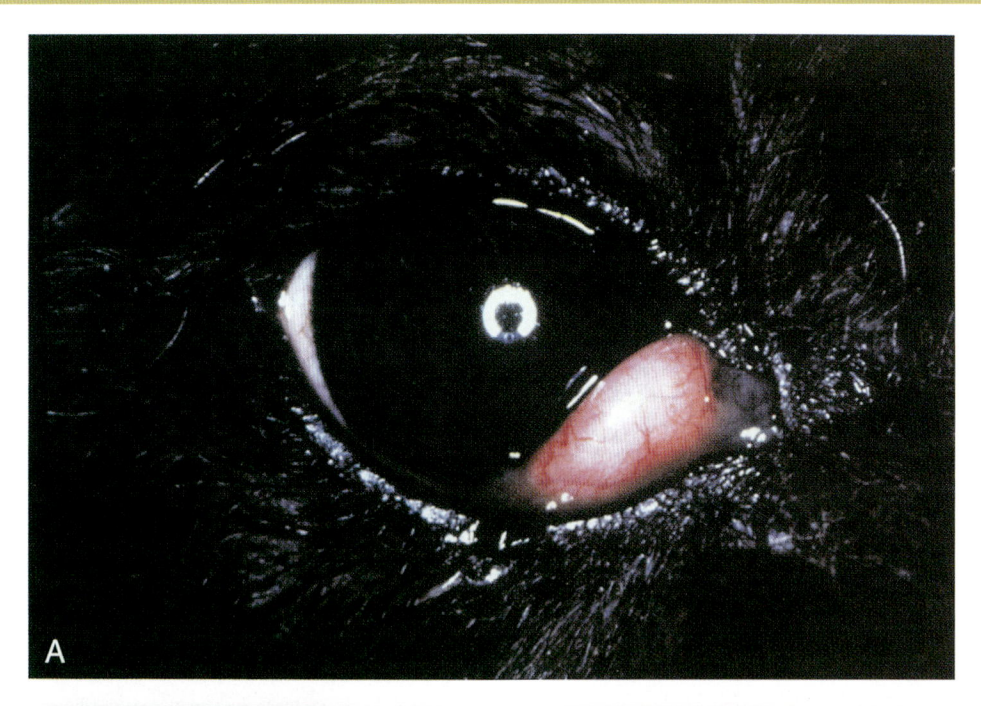

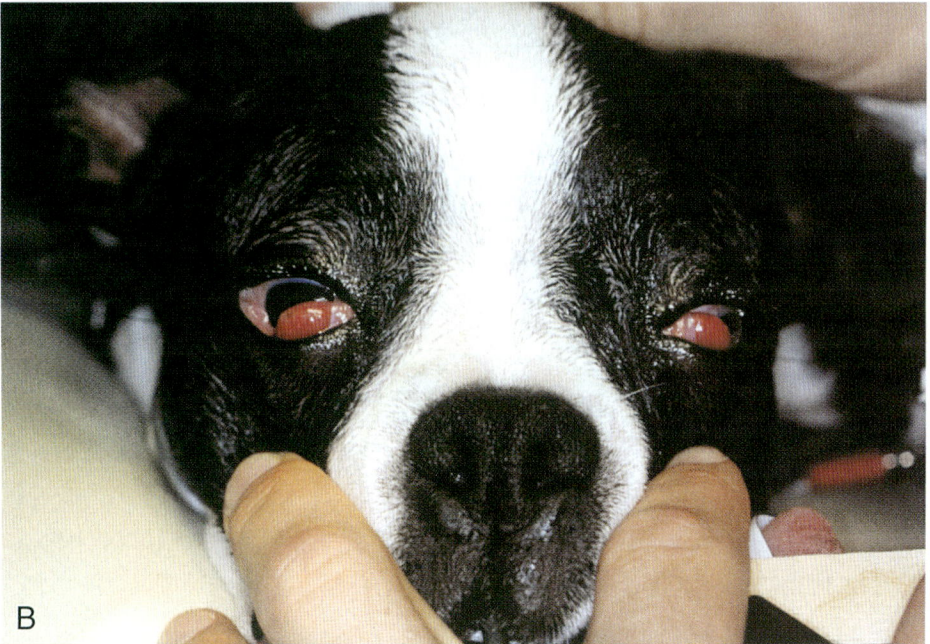

図 5.3　A．テリア雑種の仔犬にみられた瞬膜腺突出．瞬膜の裏面と腺の腹側が観察できる．
B．ボストン・テリアの仔犬にみられた両側性の瞬膜腺突出．

（つづく）

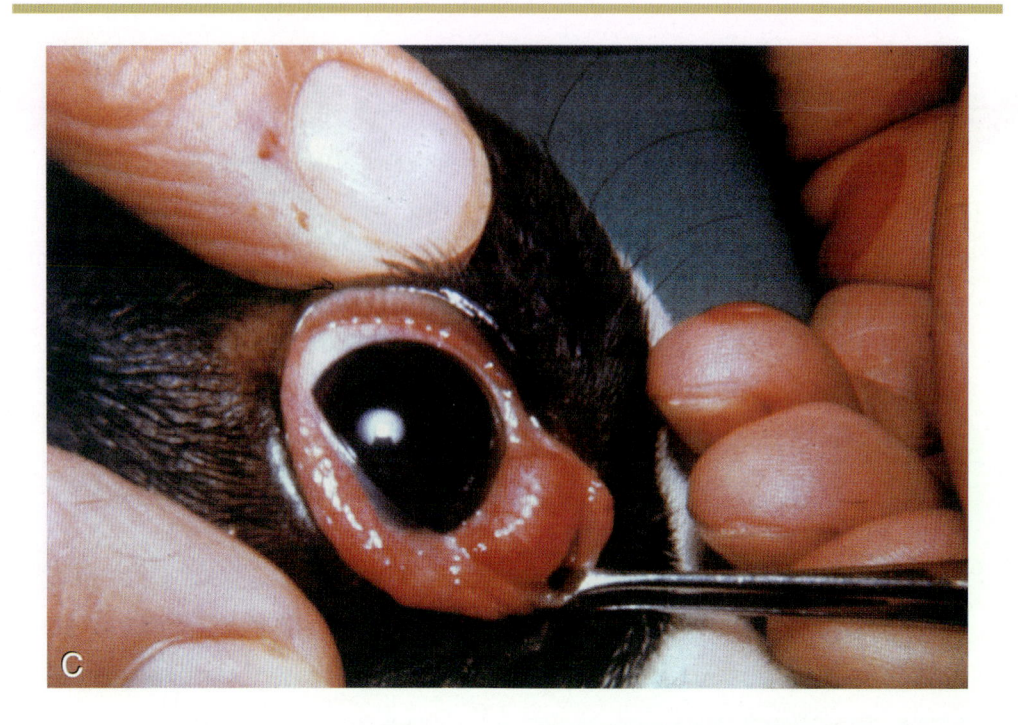

C. 6か月齢のボストン・テリアにみられた突出した瞬膜腺を拇指鉗子（thumb forcep）でさらに露出した.

　チェリーアイ，あるいは瞬膜腺の炎症および突出は，1歳齢以下の犬に起こる疾患で，ある特定の犬種（アメリカン・コッカー・スパニエル，ボストン・テリア，ミニチュア・シュナウザーやイングリッシュ・ブルドッグなど）によく発症する．この疾患をもつ同犬種のなかには，乾性角結膜炎を素因とするものがある．チェリーアイの原因は明らかにされていない．

　局所のコルチコステロイドや抗生剤などの薬剤治療に反応しない突然の瞬膜腺突出を伴う再発性の瞬膜炎が病歴である．詳細な検査で瞬膜表面は正常であっても，瞬膜を鉗子で引き出すと，炎症が全体に広がり瞬膜腺が逸脱し，瞬膜縁越しの突出がみられる．

　チェリーアイの外科矯正は，腺の逸脱したものに行う．数種類の外科処置（ポケット法，埋没術，前後方でのアンカーリング法など）がある．各々に利点があり限界がある．さらなる情報は，Veterinary Ophthalmology 3rd edition pp610-614, Fundamentals of Veterinary Ophthalmology pp115-120を参照のこと．再発は外科修復後に起こり，これらの症例は後に乾性角結膜炎になる素因がある．

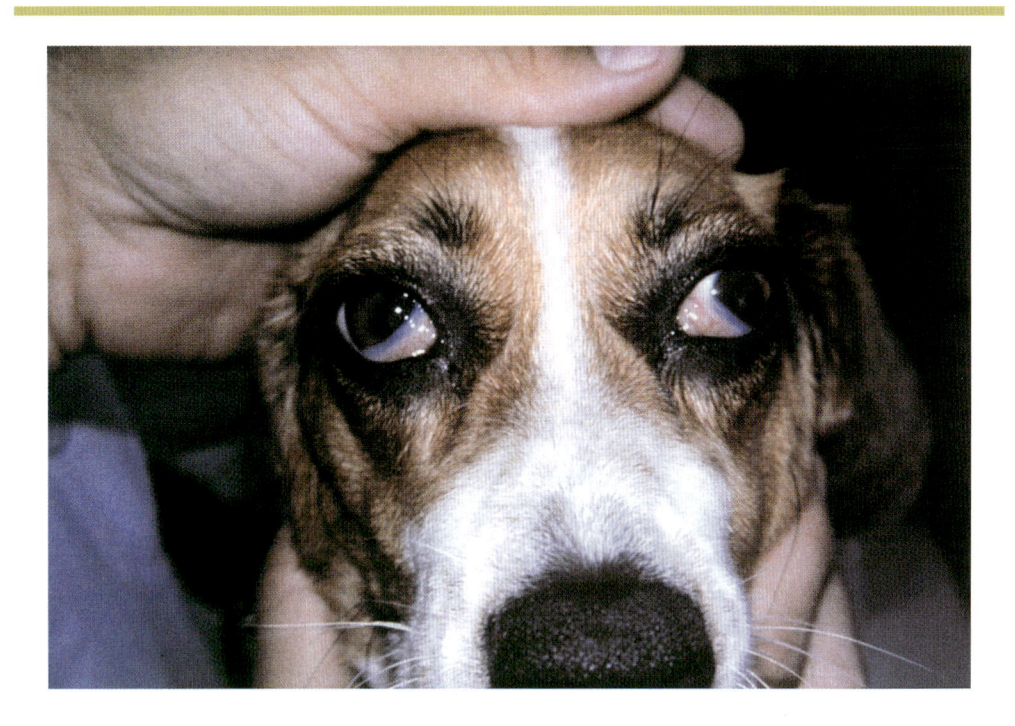

図 5.4　若年ビーグルにみられた両側の遊離縁に色素を伴っていない瞬膜の突出．原因は不明である．

　瞬膜の全体の挙上はまれに起き，持続性結膜炎と流涙症を伴うことがある．突出は原発性（仮定疾患は不明）や，二次的な小眼球症や無眼球症，眼窩占拠性疾患，ホーナー症候群，破傷風およびその他疾患により生じる．

　瞬膜全体の除去は，このような状態では必要ないが，眼科疾患や視覚障害があれば，瞬膜の中央部位を切除するが，そのため瞬膜は全体の 1/3 〜 1/2 まで小さくなる．

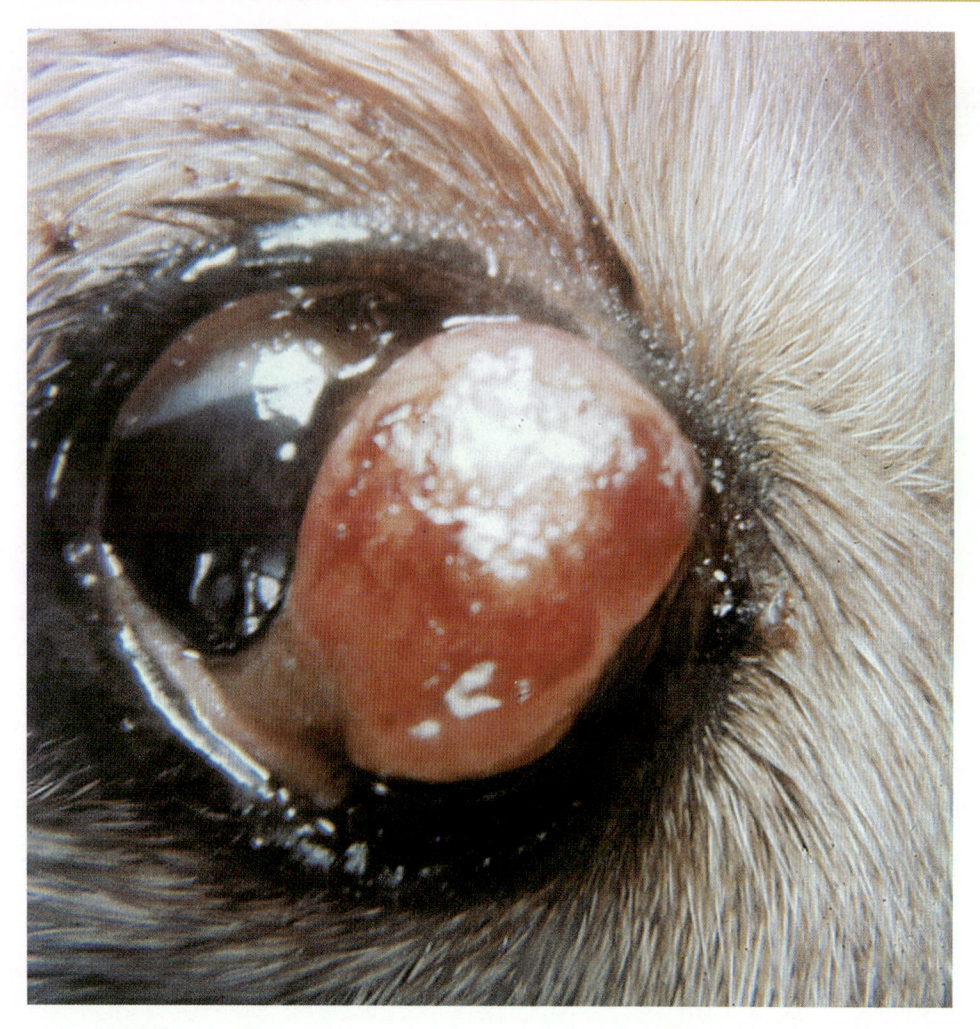

図 5.5　10 歳のアメリカン・コッカー・スパニエルにみられた瞬膜腺の腺癌．露出する腺の表面も炎症を起こしている．

　瞬膜の腫瘍はまれで，大部分は老齢犬に起こる．最も普通な腫瘍のタイプは，瞬膜腺の腺癌である．その他の腫瘍には，悪性メラノーマ，扁平上皮癌，血管腫，乳頭腫やリンパ肉腫がある．これらの腫瘍はすべて悪性で，瞬膜の全摘出が必要になることもしばしば．ある研究では，47 例の瞬膜腫瘍のうち，摘出後 8 症例に再発があった．

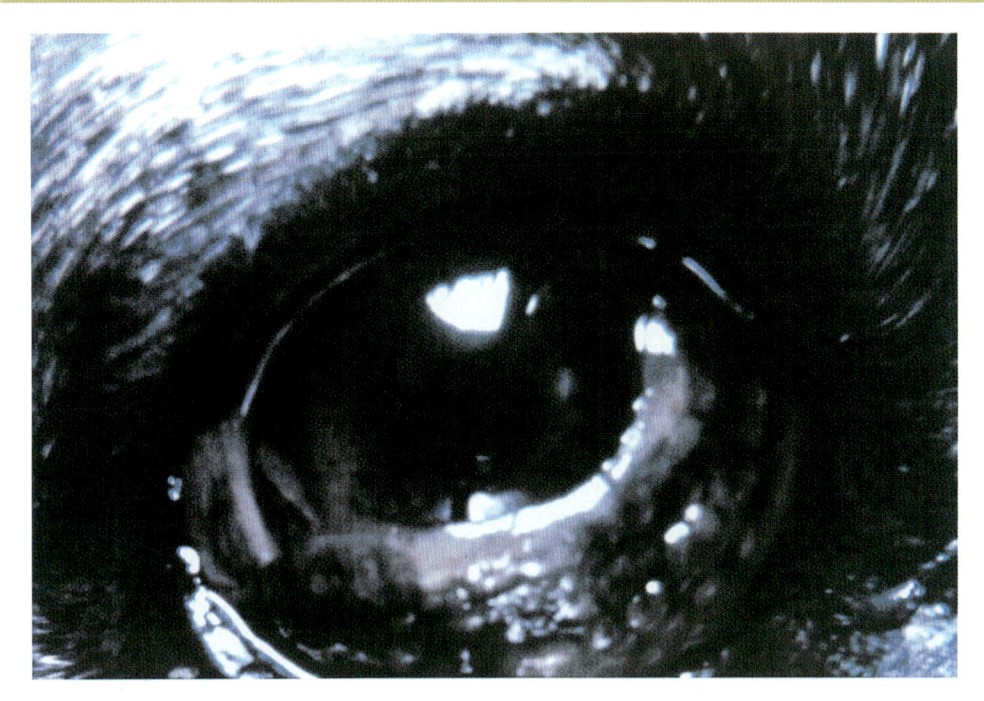

図 5.6　ジャーマン・シェパードにみられた瞬膜の形質細胞腫．炎症を起こした瞬膜は，肥厚し突出し辺縁の色素脱がみられる．

　形質細胞腫もしくは瞬膜への形質細胞の浸潤がまれに起き，そのほとんどが慢性表層性角膜炎（パンヌス）や内眼角びらんなどの免疫介在性眼科疾患を起こしやすい素因をもつ犬種にみられる．これらの犬種にはジャーマン・シェパード，ベルジアン・シープドッグ，ボルゾイ，ドーベルマン・ピンシャーやイングリッシュ・スプリンガー・スパニエルなどが含まれる．

　初期症状には，辺縁の色素脱を起こした瞬膜の挙上や肥厚である．検査によって肥厚し部分的に隆起した瞬膜や無数の濾胞で侵襲された表面などが明らかになる．バイオプシーでは形質細胞やリンパ球がみられる．治療は長期のシクロスポリン点眼と，局所，結膜下そして全身投与のコルチコステロイドである．

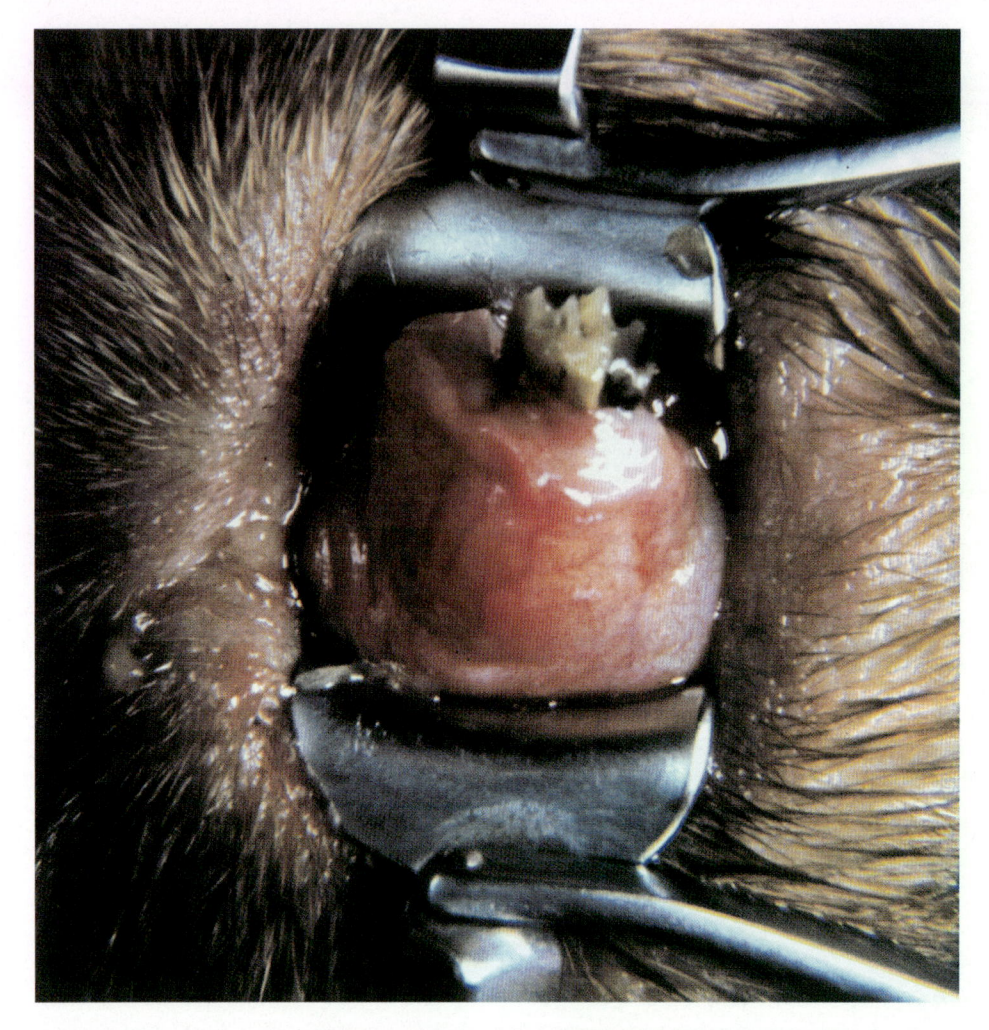

図 5.7 ビーグルにみられた瞬膜下の異物．異物全体が確認される前に全身麻酔を導入し，眼科検査した．

　異物（通常は植物）は瞬膜の結膜嚢深くに停留している．初期症状には流涙，内眼角の肥厚，さまざまな程度の眼瞼痙攣，挙上して充血した瞬膜や腹側内眼角の難治性角膜潰瘍がある．

　点眼麻酔下での検査では，鉗子による挙上と注意深い瞬膜裏面の結膜嚢深部の詳細な検査によって1つあるいはそれ以上の異物が見つかる．繊細な鉗子にてこれら異物を除去し，生理的食塩水などでしっかりと洗浄する．角膜潰瘍の治療は抗生剤の点眼だが，必要であれば1％のアトロピンも使用する．

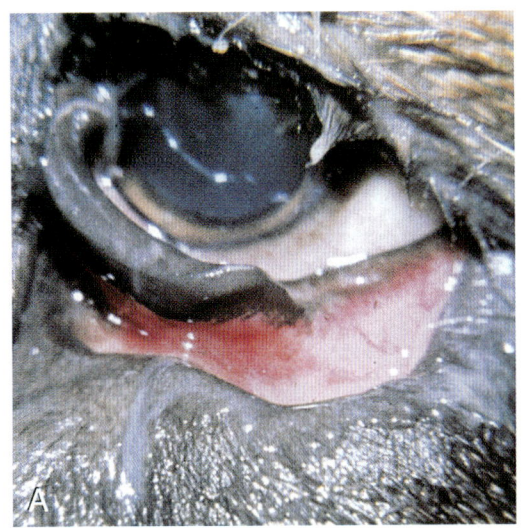

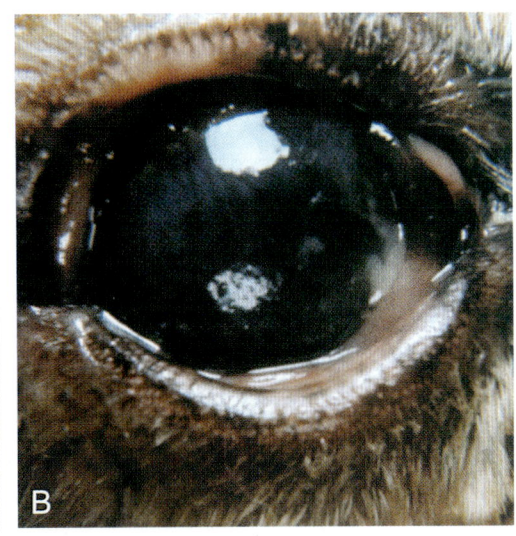

図 5.8　A. このセント・バーナードの仔犬には瞬膜の欠損と下眼瞼の外反症がみられる．細菌性結膜炎はしばしば眼瞼変形に続発する．
　B. 犬にみられた涙液低下に続発した細菌性結膜炎．

　ほとんどの結膜炎は眼瞼，涙，鼻涙器や他の眼科疾患からの二次的なものである．原発性の感染性結膜炎は犬ではまれである．細菌性結膜炎は限局性の眼瞼痙攣，眼瞼浮腫，さまざまな粘液膿性眼脂，結膜充血や肥厚などが特徴である．よく検出される細菌には，ぶどう球菌や連鎖球菌などが分離され，局所抗生物質を選択するのに抗生剤感受性が非常に重要なものとなる．
　細胞検査は，持続性もしくは再発性の結膜炎時に行う．広域抗生物質が使用される．ほとんどの細菌性結膜炎は二次的で，結膜炎の完全な治療は素因の除去にある．

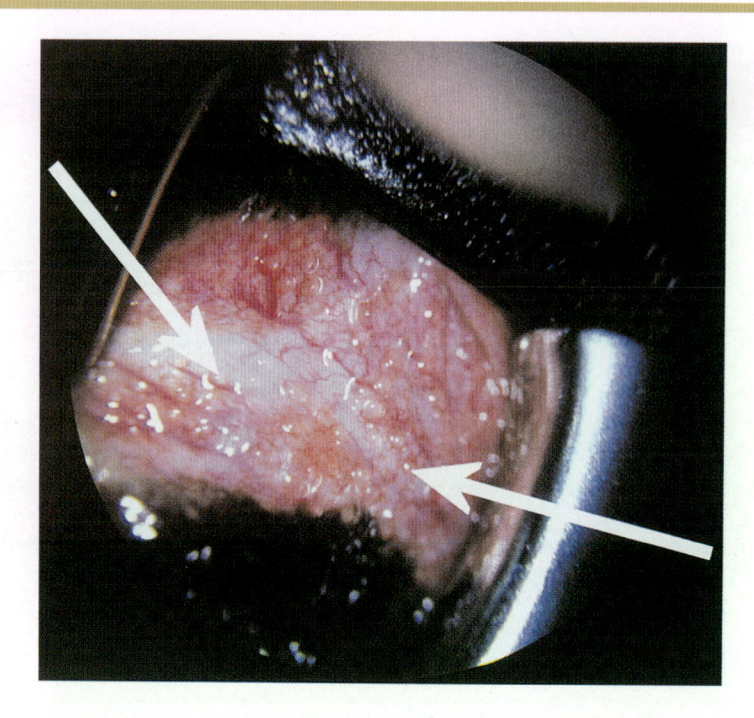

図 5.9 瞬膜や結膜表面に形成する濾胞と慢性炎症が特徴の濾胞性結膜炎．無数の濾胞（矢印）が瞬膜の前面に存在する．

　濾胞性結膜炎は，通常慢性炎症としばしばアレルギー性結膜炎のサインである．病歴としては流涙，さまざまな眼瞼腫脹，瘙痒，結膜充血や肥厚そして持続的な漿液の眼脂などがある．アレルギー性結膜炎は，しばしば季節性である（夏と秋）．

　検査で透過性のある 1mm 大の濾胞が球結膜や瞬膜表面中に無数に広がる．結膜の細胞検査では，形質細胞，リンパ球や好酸球などが検出される．治療には抗生剤やコルチコステロイドの点眼がある．持続性の濾胞の除去には，滅菌乾燥ガーゼを用いる．硫酸銅結晶やメス刃での処置はかなり損傷を与えてしまうため，すすめられない．

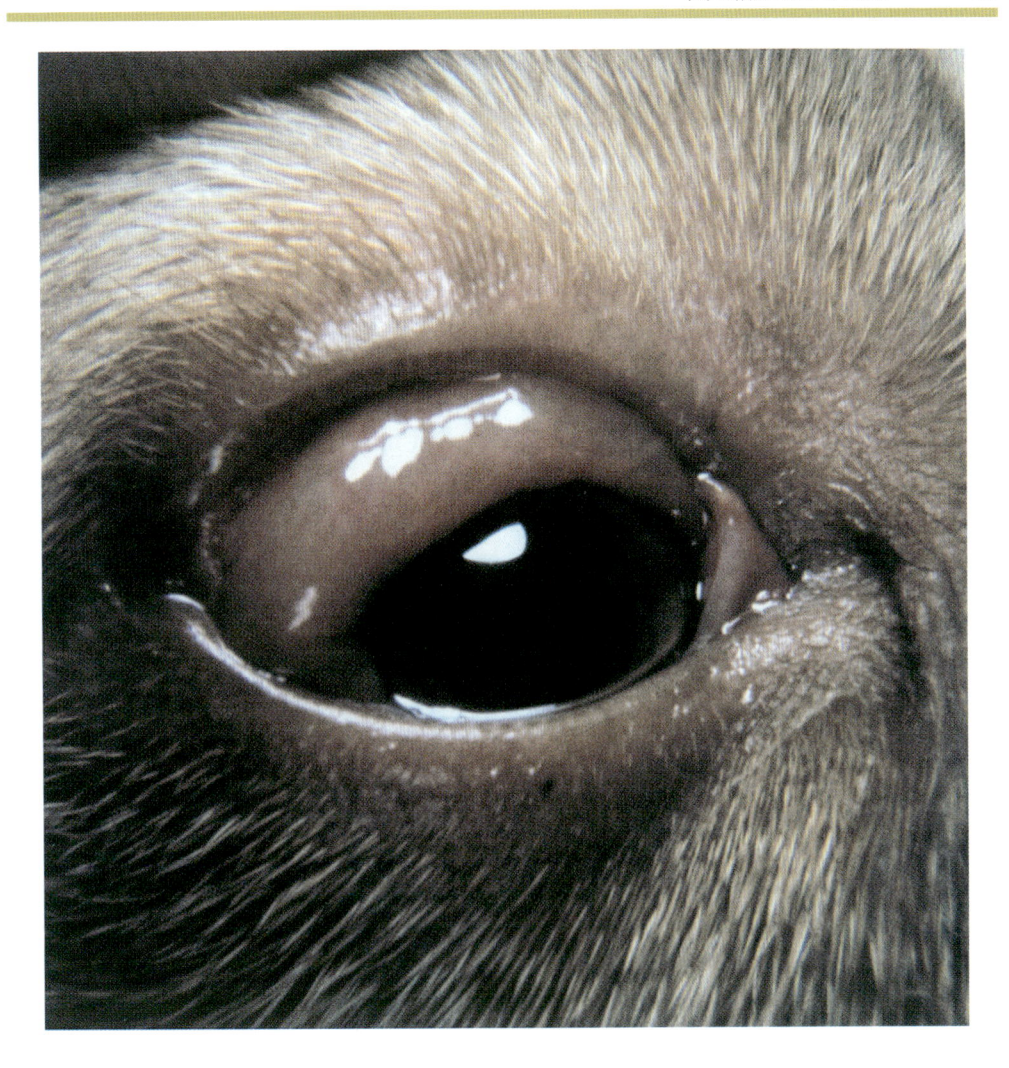

図 5.10　結膜に対しての急性反応による結膜の浮腫．著明な結膜肥厚に注目．

　アレルギー，点眼，虫による刺し傷もしくは結膜への毒素などの急性傷害により，配列のルーズな結膜固有層内に漿液の貯留を起こす．

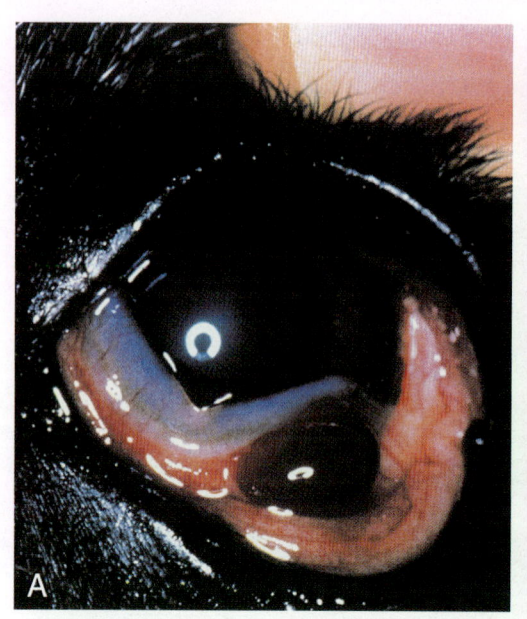

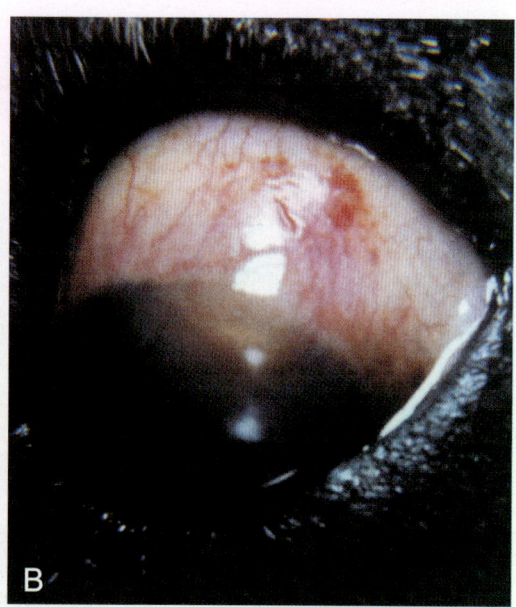

図 5.11　A．瞬膜前面の結膜の血管腫．豊富な血管侵入と赤色の様相は腫瘍が血管由来であることを示唆する．
　　　　B．アメリカン・コッカー・スパニエルにみられた背外側輪部の扁平上皮癌．腫瘍は3か月間で成長している．

　結膜腫瘍は眼瞼のものよりも悪性度が高い．小型のものは再発の低さを示すものではない．原発性結膜腫瘍には，メラノーマ，扁平上皮癌，肥満細胞腫，乳頭腫，血管腫，血管肉腫，角化血管腫，リンパ肉腫および組織球腫などが含まれる．結節性肉芽腫性上強膜炎と結節性筋膜炎は，結膜を侵襲するために臨床上腫瘍と間違えやすい．治療は広範囲切除そして結膜欠損部を修復する．切除部の組織検査は行うべきである．さらなる情報は，Veterinary Ophthalmology 3rd edition pp623-624 を参照のこと．

犬の角膜 / 強膜

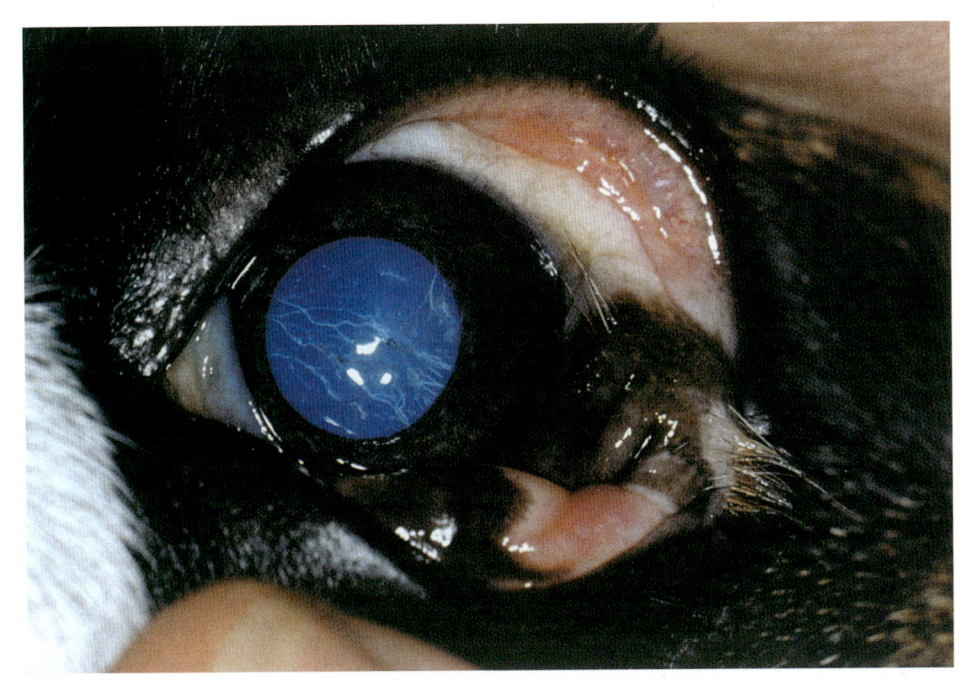

6

図 6.1 イングリッシュ・ブルドッグの仔犬にみられた外側球結膜上の類皮腫．腫瘤には色素沈着がみられ，長く不快な毛で覆われている．

　類皮腫はまれに仔犬に発生し，片側あるいは両側に起こる．ダックスフンド，ダルメシアン，ドーベルマン・ピンシャー，ジャーマン・シェパードおよびセント・バーナードなどの特定の犬種では遺伝することもある．分離腫とも呼ばれるように，組織学的には眼瞼のあらゆる組織や軟骨までもが含まれる．

　類皮腫は離乳期あるいはその直後に，眼の刺激や眼から長い不快な毛が突出しているという主訴で上診される．検査を行うと，球結膜や眼瞼縁の外側にさまざまな大きさの腫瘤が存在しているのが観察される．限局性の色素沈着がみられることもあるが，通常は数本の長く不快な毛がその表面から生えており，眼瞼裂の中に突出している．治療は，病変部の切除であるが，類皮腫が角膜の表面にまで広がっている場合は角膜表層切除術が必要である．切除が不完全であると再発がみられる．

図 6.2 ボストン・テリアの仔犬にみられた片側性の小角膜症および小眼球症．反対側の眼球は先天緑内障のため拡大している．

　小角膜症は小眼球症やその他の眼異常を伴う．好発犬種にはオーストラリアン・シェパード（マール遺伝子をホモにもつ），コリー，ミニチュアおよびトイ・プードル，オールド・イングリッシュ・シープドッグおよびセント・バーナードがあげられる．眼瞼裂の縮小，瞬膜の突出および部分的にしか眼球が見えないなどの臨床病歴を示す．

　検査を行うと，角膜径が小さい（水平方向の直径が 12 mm 以下；ただし犬では年齢や犬種によって異なり，猫では情報がない），角膜の中央にミネラルの沈着が起こることがある，他の眼異常がみられるなどの所見が存在する．視覚はわずかか，あるいは存在しない（小眼球症では）．治療法はない．

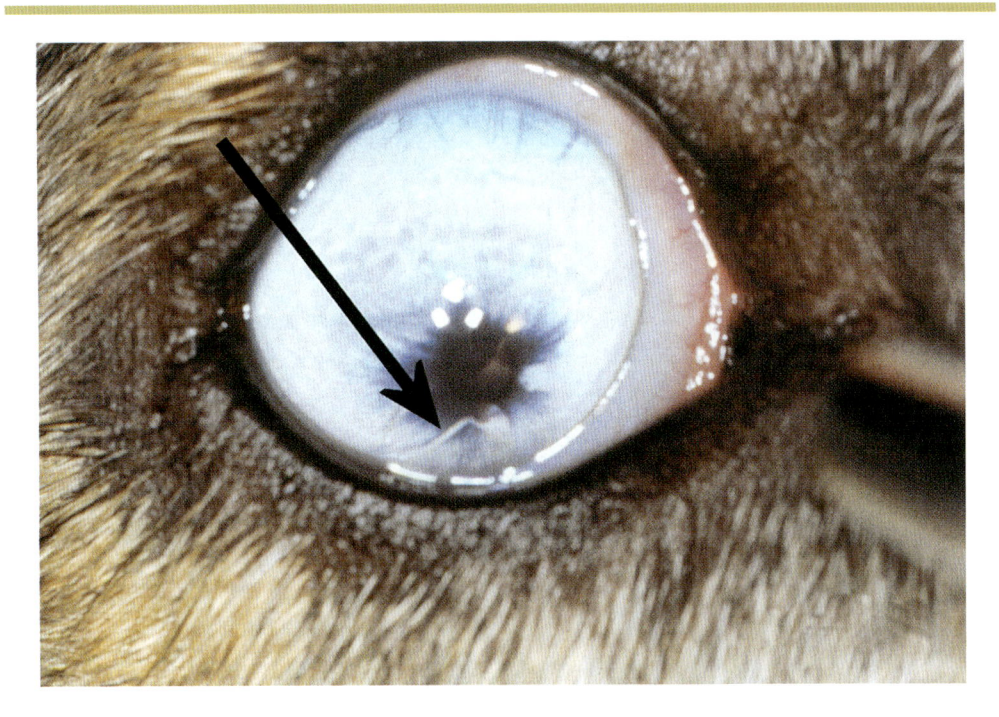

図 6.3　オーストラリアン・シェパードにみられた瞳孔膜遺残（PPM）．腹側の虹彩巻縮輪から角膜後面に伸び，局所的に濃い角膜混濁（矢印）を生じさせている．マール遺伝子をホモにもつ犬は小眼球症やその他の眼異常を併せもつ．

　角膜混濁と瞳孔膜異残（PPM：persistent pupillary membranes）は仔犬にはよくみられる角膜と虹彩の異常の1つである．瞳孔は妊娠の最後の1/3の期間に形成され，生後4〜8週間にかけても発達が継続されることがある．もし瞳孔の形成が不完全であったり遅延した場合には，虹彩巻縮輪あるいは小虹彩動脈輪から起こった遺残物が虹彩の他の部位，角膜の後面あるいは水晶体前嚢まで伸びていることがある．少なくとも42犬種がPPMに罹患したと報告されている．バゼンジーは，遺伝することが調べられた唯一の犬種である．

　検査を行うと，白色あるいは色素を帯びたひも状の組織が虹彩巻縮輪の表面から突出している場合もあるし，虹彩の他の部位，角膜の後面あるいは水晶体の前嚢に連絡している場合もある．角膜の混濁している部位では内皮やデスメ膜が欠損しており，角膜の深部に存在する円形から卵円形の混濁として観察され，時には色素を含んでいる．水晶体の混濁は水晶体前嚢および前皮質の外側に限局して存在している．時に，これらの混濁がPPMの付着を伴わないで存在することがあるが，それ以前に萎縮してしまっているのである．治療の必要はない．さらなる情報のために，Veterinary Ophthalmology 3rd edition pp639-640,pp756-758, Fundamentals of Veterinary Ophthalmology pp200-201を参照のこと．

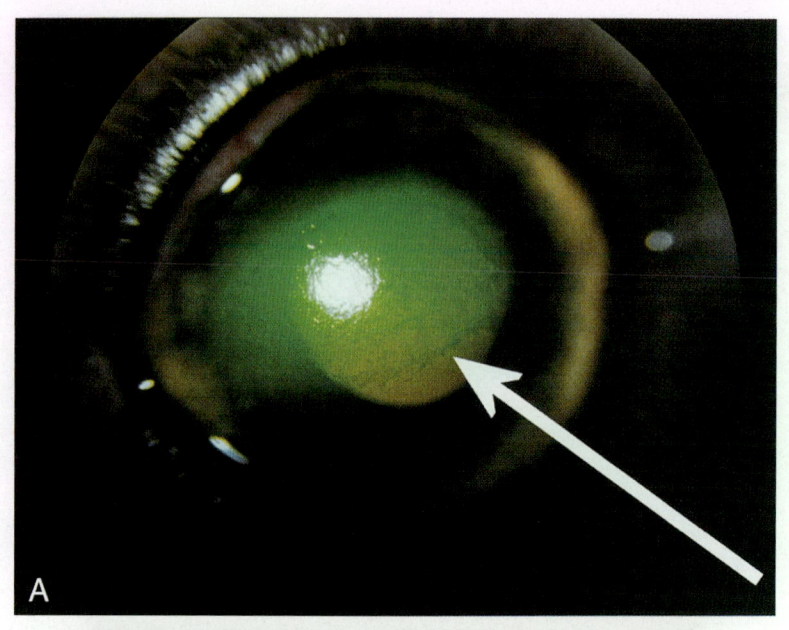

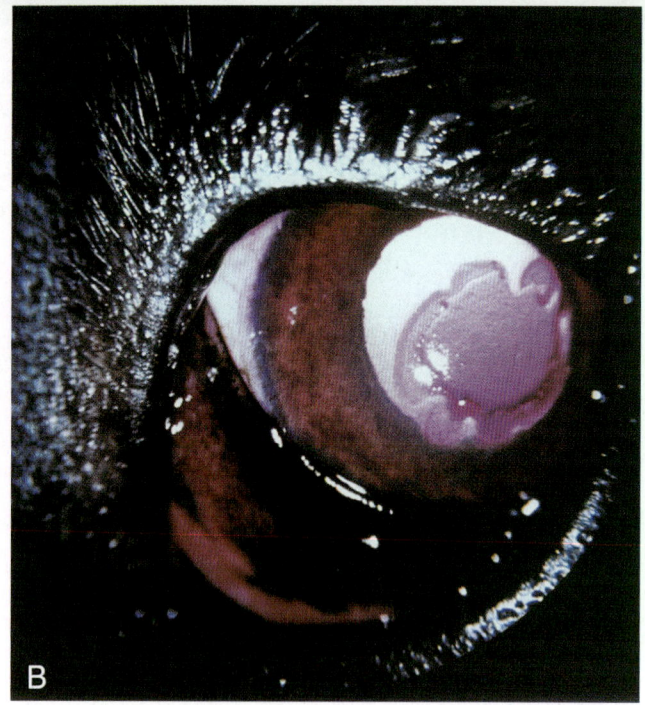

図6.4　A．このボクサーでみられるように，角膜びらんをフルオレセインで染色すると，上皮のルーズな「弁」が，びらんの腹側縁に付着していることが分かる．
　B．また別の角膜びらんをローズベンガルの点眼で染色すると，びらんの基底部と欠損部を取り囲んでいる遊離した上皮の両方が染色されているのが分かる．

（つづく）

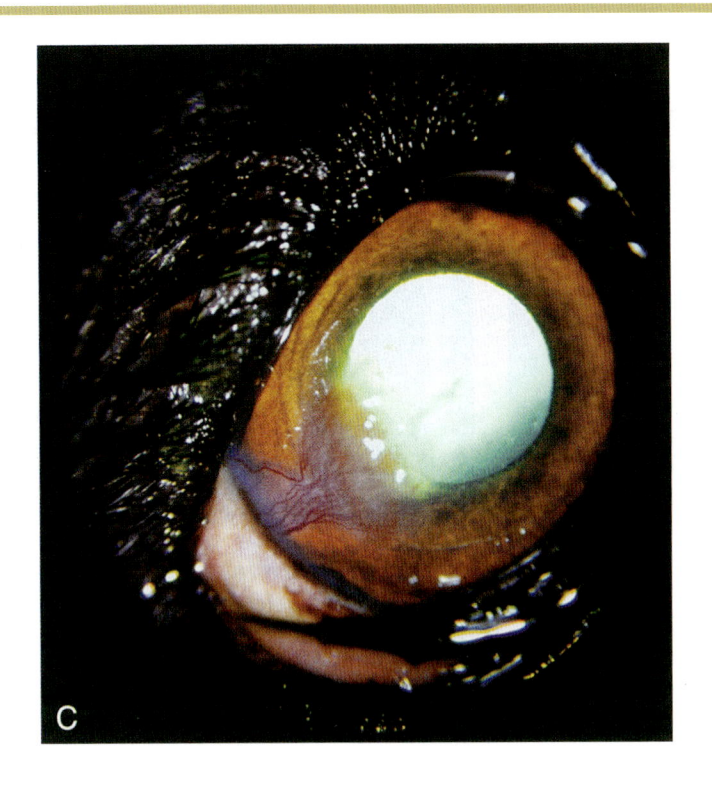

C．角膜びらんのこの犬では，鼻側から血管の新生を伴って潰瘍の治癒がすでに始まっている．

　角膜びらん，再発性びらん，持続性上皮びらん，ボクサー潰瘍，無痛性潰瘍，難治性潰瘍あるいは蚕食性潰瘍という病名はすべて，犬にみられる治癒が遅く再発する表層性の角膜潰瘍の臨床症状を表現する同義語である．少なくとも24犬種がこれらの潰瘍に罹患する．角膜上皮とその基底膜が異常で，それがびらんと治癒（接着）期間の延長の原因と思われる．罹患した犬のほとんどは中年齢（5～7歳）である．病歴には眼瞼痙攣，重度の流涙および外傷が時々あげられるが，異物が関係していることもある．

　罹患した角膜を検査すると，一部から全域に渡って角膜上皮の裂け目（フルオレセインで縁取られたり，ローズベンガルで染色される）を伴った浅い角膜潰瘍（フルオレセインの点眼で染色される）が認められる．時に結膜充血，房水フレアおよび軽度の続発性毛様体炎も存在する．

　治療は，点眼麻酔下でルーズな上皮を乾いた綿棒で除去することである．希釈したポビドン・ヨード液を用いての化学的なデブライドメントも利用できるが，フェノールあるいはヨード・チンキのような強力な化合物を用いることは推奨されない．難治性の症例において，欠損した上皮の角膜実質への接着や治癒を促進させるためには格子状角膜切開術が利用される．同じ側や反対側の眼に潰瘍が再発することもある．さらなる情報のために，Veterinary Ophthalmology 3rd edition pp640-646を参照のこと．

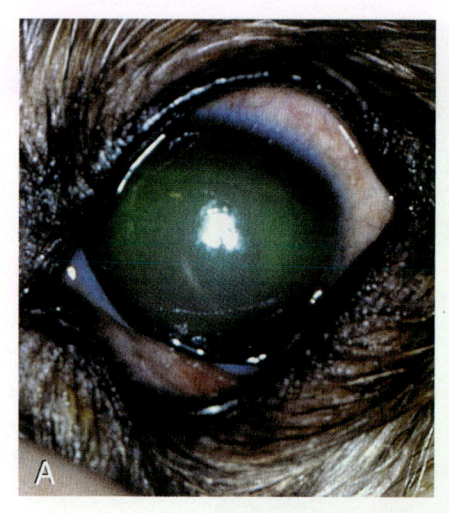

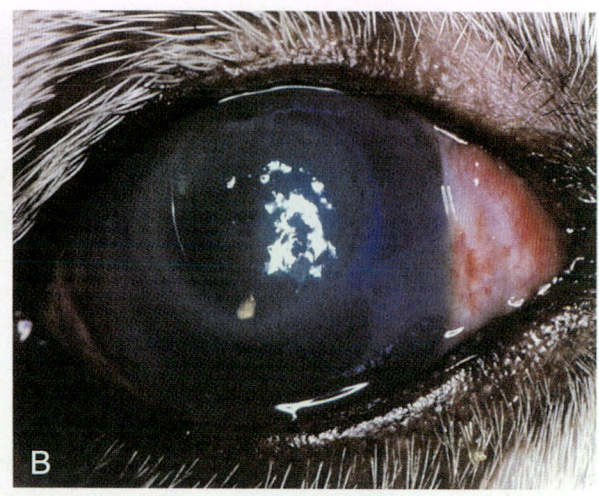

図 6.5　A．フルオレセインの点眼で染色した，大型で表層性の犬の角膜潰瘍．この眼は乾性角結膜炎にコルチコステロイドの点眼治療を行った後に角膜潰瘍へと進行した．
　　　　B．角膜実質の中層にまで及ぶ犬の角膜中央部の外傷性潰瘍．灰色で浮腫状の潰瘍縁は脆弱である．

　角膜潰瘍の特徴は角膜上皮の喪失（臨床的には点眼したフルオレセインが残留することで明らかになる）である．角膜潰瘍は犬では一般的で，そのほとんどは内科療法に，時には外科療法に反応する．犬の角膜潰瘍は細菌性で角膜潰瘍から頻繁に分離される細菌は結膜円蓋に存在する普通のぶどう球菌と連鎖球菌である．ウイルス性の角膜潰瘍は犬では報告されておらず，真菌性の角膜潰瘍もまれのようである（角膜異物あるいは免疫抑制されているかのどちらかに関連している）．

　角膜潰瘍は，外傷，シャンプー，猫の引っ掻き傷，露出（拡大した眼球，瞬目の障害あるいは角膜の感覚の障害を伴って），乾性角結膜炎およびその他の原因の後に発生することがある．オーナーが観察するのは眼瞼痙攣，眼瞼の腫脹，流涙，結膜充血および時に角膜混濁などが急に始まることである．眼瞼痙攣をなくしたり軽くするために点眼麻酔を行って検査すると，角膜潰瘍が角膜内に不規則な円形から卵円形の欠損部として観察される．球結膜上にフルオレセインを点眼して角膜上に拡散させると，その結果染色液が潰瘍に取り込まれる．

（つづく）

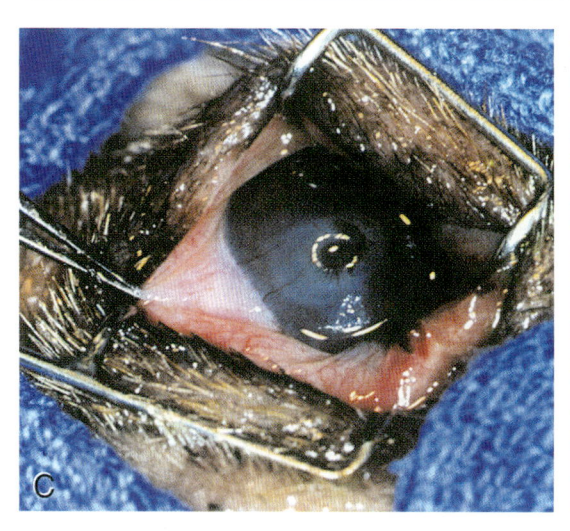

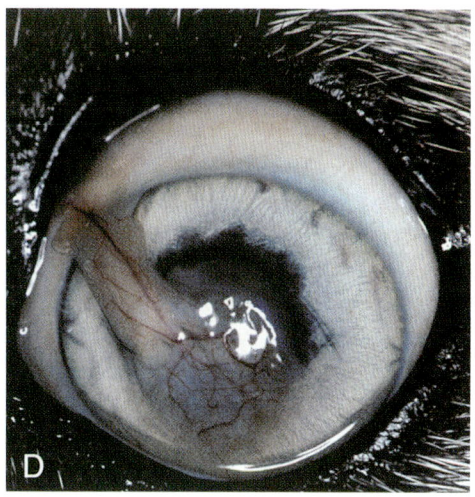

C. 角膜中央に起こったデスメ膜瘤は角膜浮腫の輪で囲まれている．デスメ膜瘤は透明でわずかに突出している．
D. 9週間前に球結膜を移植して治療したデスメ膜瘤の外観．

フルオレセインは急速に実質内に拡散するため，観察と染色性の記録は点眼後速やかに行うべきである．

角膜潰瘍はその大きさも深さも進行するかもしれないし（時には治療の有無に関わらず），浅い潰瘍から実質深部の潰瘍，デスメ膜瘤，角膜穿孔あるいは虹彩脱へと変化するかもしれない．フルオレセインの点眼，適切な光源および拡大鏡は角膜潰瘍の診断と監視に有用である．

内科的治療には，広域スペクトラムの抗生物質の点眼，自家血清および1％アトロピンの（散瞳を維持するのにちょうどよいように）1日4～8回の点眼などがある．外科的治療には結膜弁移植がある．その他の外科治療には，組織接着剤，瞬膜弁，瞼板縫合がある．予後は良好だが，角膜にいくらか瘢痕が残りがちである（特に深い角膜潰瘍であった場合）．治癒と角膜実質の回復には数週間が必要であろう．

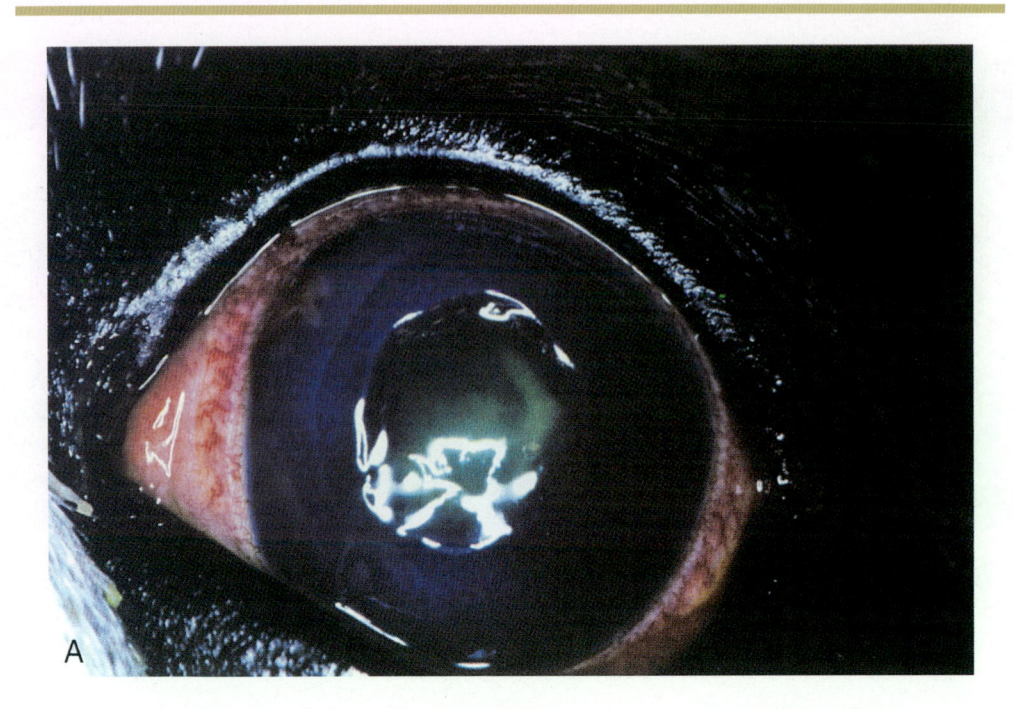

図6.6　A．この短頭犬種では深い中心性角膜潰瘍がフルオレセインの点眼で染色されており，潰瘍底にまだ実質が残っていることを示唆している．

　短頭犬種は中心性角膜潰瘍になりやすく，実質深部にまで進行したり再発しやすい．これらの犬種で角膜潰瘍が起こる要因には，角膜の露出，兎眼，角膜中央部の知覚の低下，鼻皺襞の睫毛乱生，睫毛重生，不適当な瞬目回数，角膜中央部の薄い涙液膜および角膜中央部の上皮のターンオーバーの増加などがある．

　病歴としては，流涙，眼瞼痙攣，眼瞼の腫脹，結膜充血および角膜の混濁などがある．詳しく検査を行うと，角膜の中央あるいは中央付近にフルオレセインで染色される角膜潰瘍が認められる．角膜実質は灰色がかり，不規則で，もろい（軟化）ように見える．潰瘍内に角膜実質がなくなると，デスメ膜瘤が生じる（フルオレセインで染色すると潰瘍の壁面が輪状に染まり，底部が染まらないのが特徴である）．

（つづく）

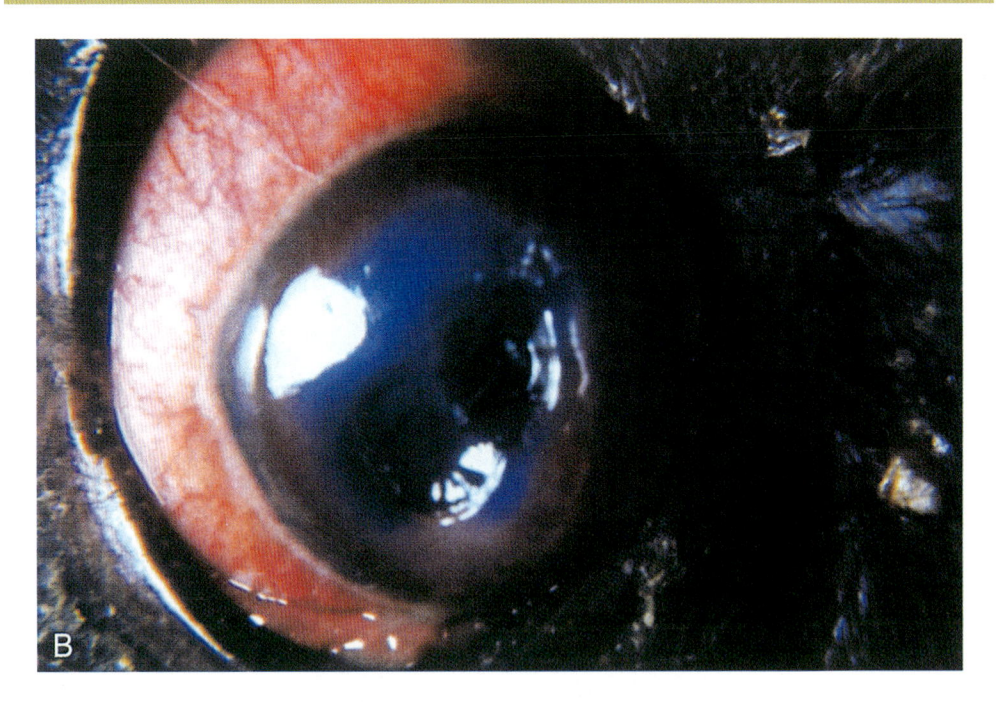

B．その一部に中心性デスメ膜瘤のある深い角膜潰瘍をもつペキニーズ．角膜の血管新生が潰瘍を完全に取り囲んでいる．

　薄いデスメ膜瘤が破裂すると急速に虹彩脱に進行する．軽度から重度の毛様体炎も併発することがある．

　短頭犬種の角膜潰瘍の治療としては，広域スペクトラムの抗生物質の点眼，自家血清および続発性毛様体炎のための1％アトロピンの限られた使用などがある（アトロピンの点眼は涙液の生産を50％にまで減少させる）．これらの潰瘍が進行（より大きくあるいはより深く）すると，外科的処置（結膜弁の移植）が推奨される．さらなる情報のために，Veterinary Ophthalmology 3rd edition pp646-648,pp678-689, Fundamentals of Veterinary Ophthalmology pp136-138を参照のこと．

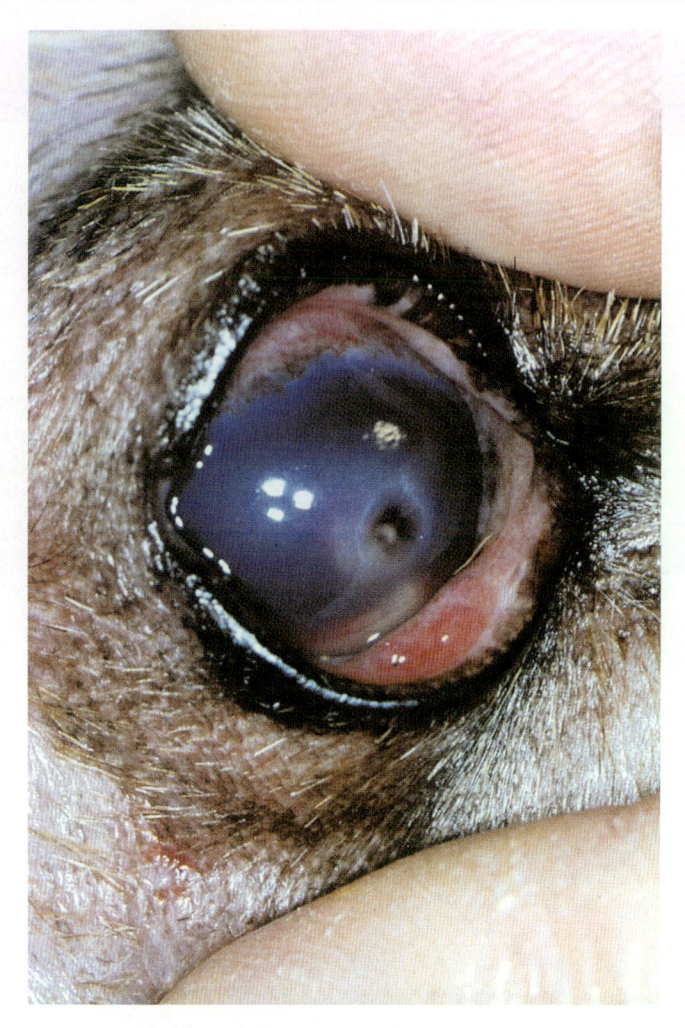

図6.7 犬にみられた真菌性角膜潰瘍および重症の角膜炎および虹彩毛様体炎．潰瘍の底部および辺縁には真菌の菌体が含まれている．

　馬と比較すると犬の真菌性角膜炎はまれである．ほとんどの犬の真菌性角膜炎の例で角膜内に異物が存在している．*Candida albicans* および *Aspergillus* sp. が関連している．角膜の外傷および集中的に抗生物質の点眼治療（および全身投与）を行ったにもかかわらず持続する角膜潰瘍 が病歴としてあげられる．

　臨床的な外観は角膜潰瘍を示すが，真菌の菌体を証明するには，角膜の細胞診あるいは生検が必要と思われる．菌体を分離するには培養を行う．抗生物質および抗真菌剤（natamycin）の点眼および結膜弁の移植を治療として行う．予後は良好である．

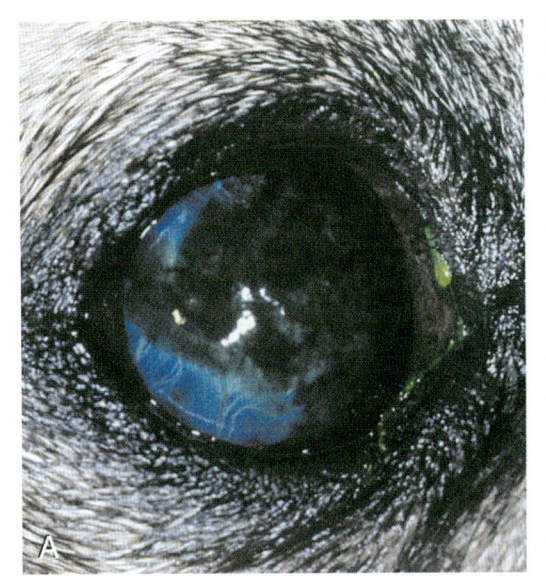

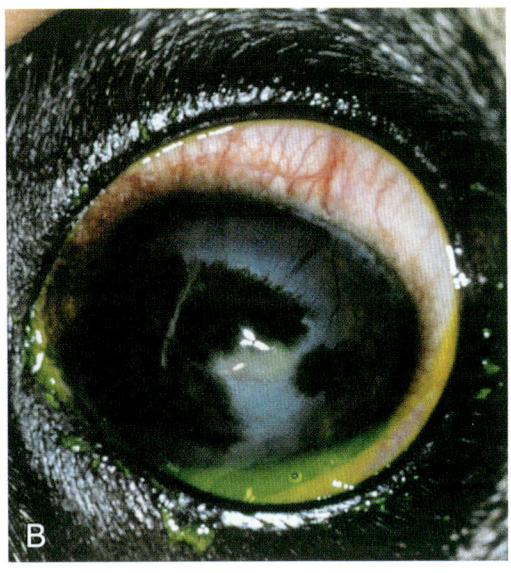

図 6.8　A．パグにみられた下眼瞼内側の眼瞼内反症と軽度の乾性角結膜炎に続発した，色素性角膜炎．角膜表層のほとんどに色素沈着が起こっている．
　　　　B．治癒後の角膜潰瘍と乾性角結膜炎に続発したび漫性の色素性角膜炎．

　色素性角膜炎は犬では一般にみられ，例えばボストン・テリア，ラサ・アプソ，ペキニーズ，パグおよびシー・ズーのような特定の犬種に好発する．角膜への色素沈着は，程度の軽い角膜への刺激が慢性的に継続することに反応して起こる（通常は睫毛乱生，鼻皺襞の睫毛乱生および睫毛重生）．広範な角膜の色素沈着を起こすもう1つの原因は慢性の乾性角結膜炎である．さまざまな程度の眼刺激，流涙症，結膜充血および角膜周辺部に侵入する赤色から黒色がかった組織などが，病歴としてあげられる．角膜に色素沈着が起こっているその部位が時には原因を示している（例えば鼻皺襞の睫毛乱生）．

　色素性角膜炎は角膜の広い範囲がおかされる前に治療を行うのが最も良い．刺激の原因を除去し（しばしば外科処置による），角膜の色素沈着のある程度は（すべてではない）コルチコステロイドの点眼あるいは（涙液量を増やすための）シクロスポリンの点眼を用いて減らすことができるであろう．角膜の色素を減少させるための角膜表層切除術は，術後に角膜に再び色素沈着が起こるため成功しない．

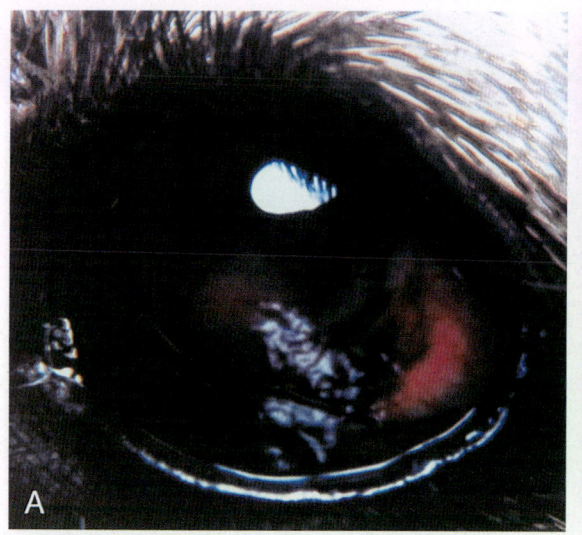

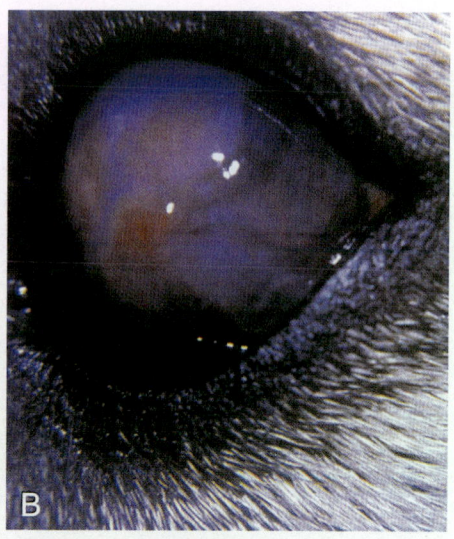

図6.9 A．初期の慢性表層性角膜炎あるいはパンヌスはこの3歳齢のジャーマン・シェパードに示すように，外側角膜が炎症性細胞，角膜表層の血管新生および炎症性の組織によっておかされるのが特徴である．

B．ジャーマン・シェパードにみられた進行した慢性表層性角膜炎．病状がより進行していることを示唆する角膜の部分的な色素沈着に注目．

慢性表層性角膜炎あるいはパンヌスは，ジャーマン・シェパード，オーストラリアン・シェパード，グレー・ハウンド，ベルジアン・シープドッグ，ベルジアン・タービュレンおよびその他の犬種にみられる免疫介在性の角膜疾患である．この疾患は両側性で進行し，コントロールできなければ盲目を引き起こす．角膜の外側面および角膜輪部から始まって角膜を横断するように広がって行く進行性の角膜混濁という病歴である．

慢性表層性角膜炎は以下の臨床ステージに区分することができる．①初期－表層性角膜炎が外側および時に内側の角膜輪部から始まる．角膜浮腫，表層性の血管新生および角膜炎が角膜外側で起こる．②進行期－コントロールされていない表層性角膜炎は角膜を横切って進行し，中心性の浮腫および血管新生を伴い，赤い肉芽組織の様相を呈し，外側の角膜輪部には色素が沈着する（それゆえ「パンヌス」と称される）．

(つづく)

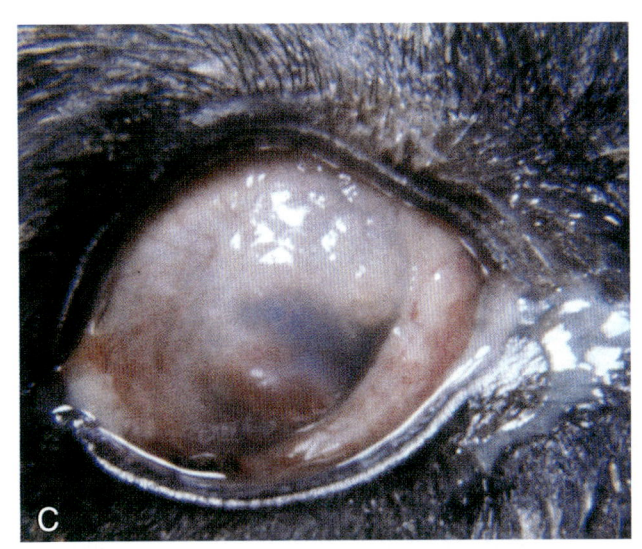

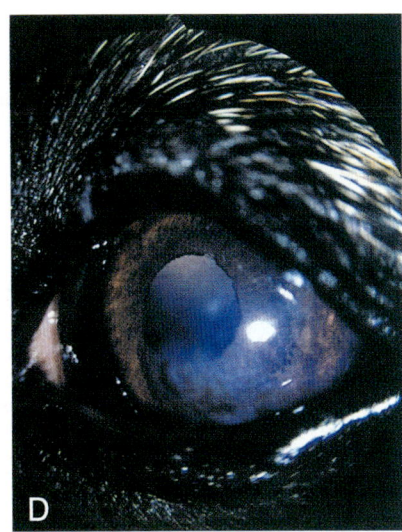

C. 別のジャーマン・シェパードの雌にみられた「丸石パンヌス」．角膜全域に起こっている著しい炎症像に注目．

D. 慢性表層性角膜炎の眼に数年間コルチコステロイドの点眼を行っているジャーマン・シェパード．色素沈着と瘢痕が外側の角膜にいくらか残っているが，角膜の中央部（視覚）は透明である．

③「丸石パンヌス」―角膜炎の急速な進行が特徴であり，局所的に盛り上がった赤い病変部が角膜を横断するように分布して見える（それゆえ「丸石パンヌス」と称される）．④活性を失った，あるいは内科的にコントロールされたパンヌス―角膜に残ったいくつかの瘢痕と色素沈着の遺残がしばしば外側の角膜炎にみられるのが特徴である．

慢性表層性角膜炎の治療は，犬の年齢，太陽光やその他の刺激源への暴露および高度（海抜4000フィート以上）の影響を受ける．内科的治療としてはコルチコステロイド等の点眼（0.1％デキサメサゾン，1％プレドニゾロンあるいは0.2～2％のシクロスポリン）を効果が現れるまで（1日あたり1～数回）行う．β線の照射および角膜表層切除術は難治性の症例に利用してもよい．さらなる情報のために，Veterinary Ophthalmology 3rd edition pp649-652, Fundamentals of Veterinary Ophthalmology pp139-142を参考のこと．

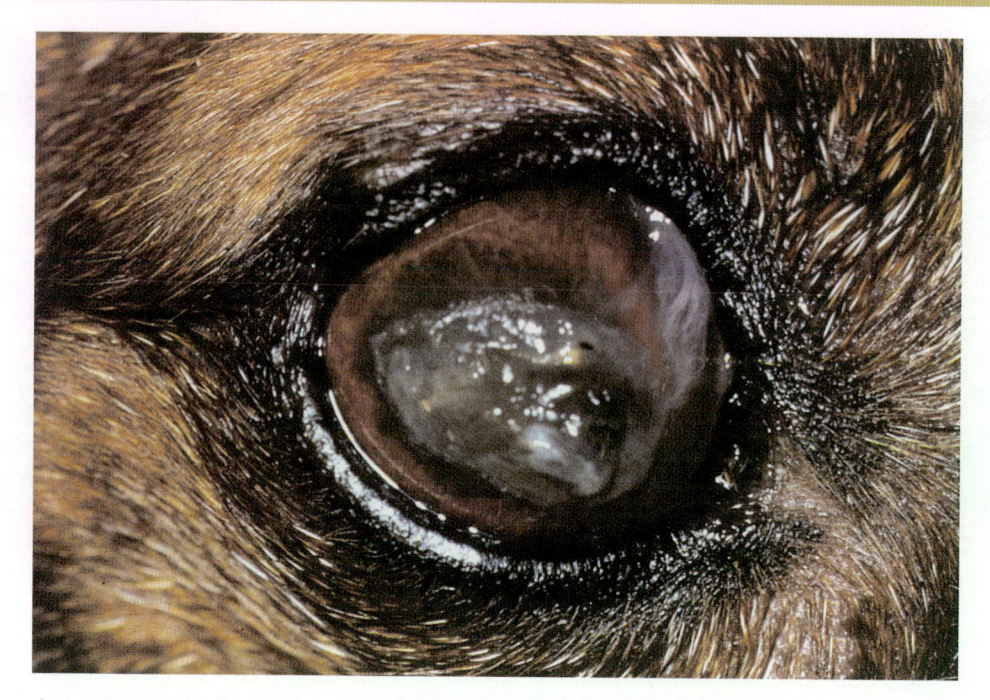

図 6.10　顔面神経の神経支配と瞬目反射を失った犬にみられた神経麻痺性角膜炎．角膜中央が軟化している．

　神経麻痺性角膜炎では，顔面神経の機能が一時的あるいは継続的に喪失し，その結果として防御のための瞬目反射が損なわれるか消失する．顔面神経の機能不全は眼球を越えて広く影響を及ぼし，上眼瞼や下眼瞼の下垂，流涎，呼吸時の鼻孔の動きの欠如および耳の運動の欠如を起こす場合もある．シルマー・ティア・テストなどで測定した涙液の産生は正常，増加あるいはやや低下であろう．涙液産生量が減少している場合には，顔面神経の起始部（より中枢側の病変）で副交感神経線維にも障害が及んでいることを示している．

　抗生物質の点眼，人工涙液および涙腺を直接刺激するためのピロカルピンの経口投与（10kgの犬に対して2％の眼科用ピロカルピン1～2滴を食事によく混ぜて，1日1～2回与える）などの治療が行われる．瞼板縫合（部分的，一時的あるいは永久的のいずれか）も適応となる．

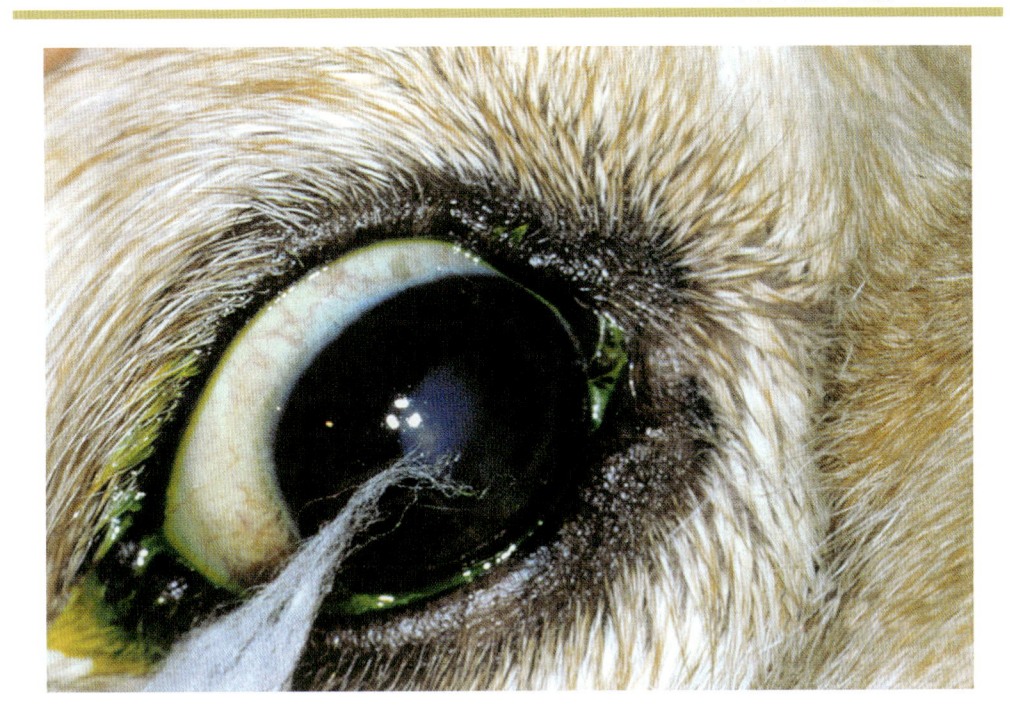

図 6.11　犬の三叉頭蓋神経の機能の喪失に続発した神経障害性角膜炎．角膜に触れても瞬目が起こらないことから分かるように，角膜の知覚が喪失している．

　神経障害性角膜炎では，三叉（第5）頭蓋神経の眼分枝の病変のために，角膜の知覚が減弱あるいは喪失している．瞬目反射はあるものの，先を尖らせた綿花やCochet & Bonnetの角膜知覚計試験を行うと角膜の知覚が正常よりも低下していたり，喪失している．涙液の産生は正常だが，眼の表面に涙液が分布していない．治療は神経麻痺性角膜炎と同じである．

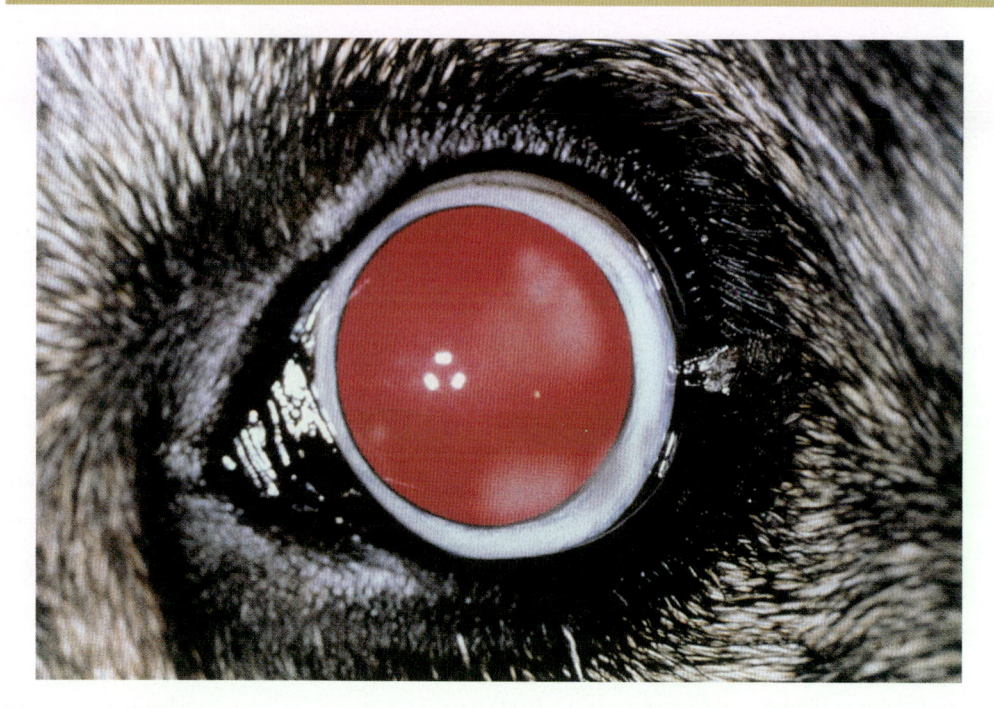

図 6.12　3 歳齢のシベリアン・ハスキーにみられたフロリダ角膜症．角膜斑が実質前層内に局在し，炎症反応を起こさない程度に刺激性をもつ．

　1 つあるいはそれ以上の角膜実質前層の混濁を特徴とする，独特の角膜疾患がフロリダおよびその他の熱帯地域で発生する．屋外飼育の犬のほうが罹患しやすい．通常，オーナーは角膜の混濁に気付き，獣医師の治療を求める．

　混濁（その中央がより濃い）は角膜実質の前層あるいは中層内に局在し，表層性の血管新生を欠く．炎症あるいは刺激の徴候はない．可能性のある原因は，抗酸菌あるいはマイコバクテリウムである．抗生物質およびコルチコステロイドの点眼は奏効しない．

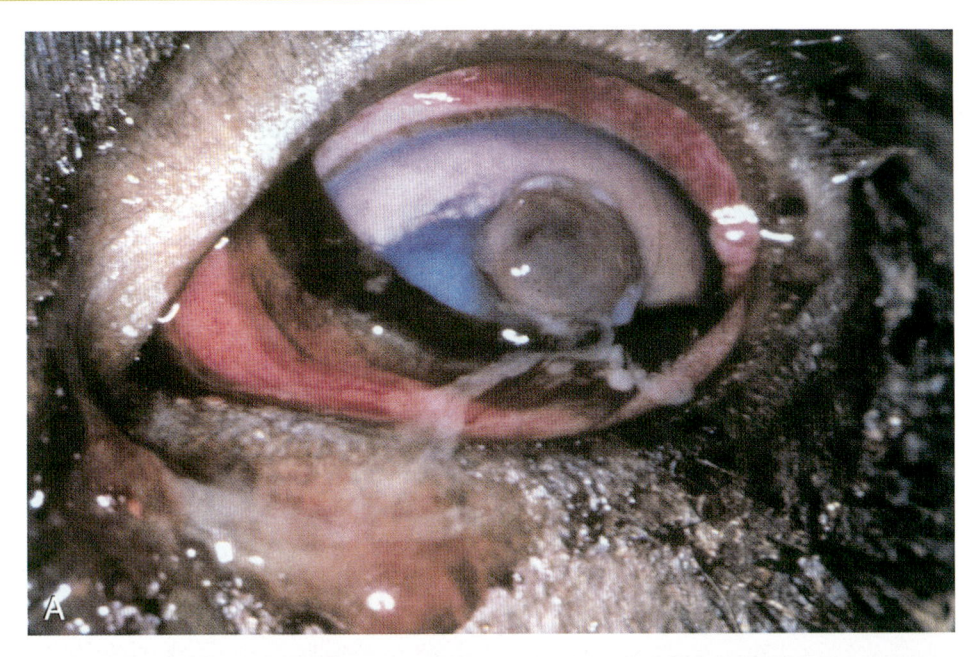

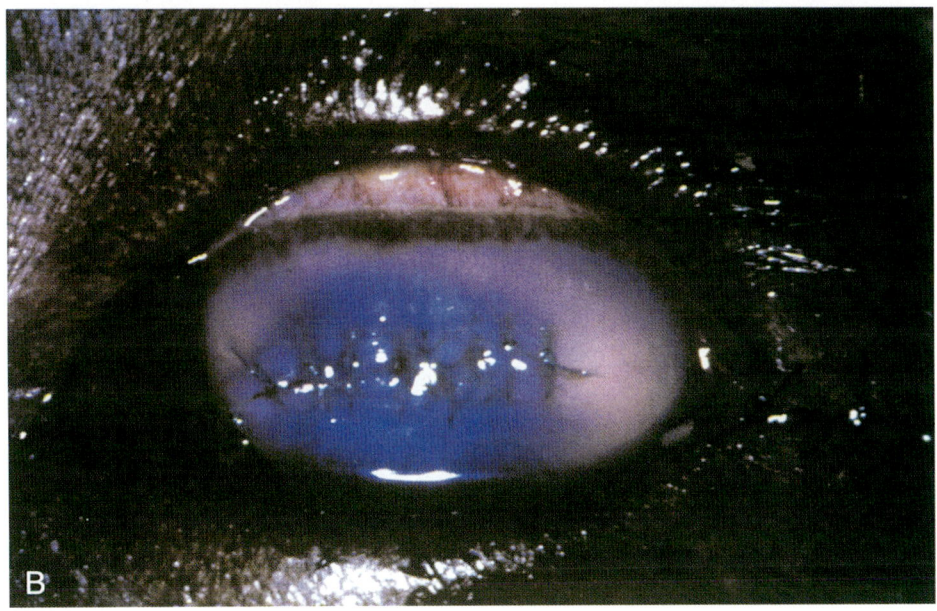

図 6.13　A．犬にみられた虹彩脱出に至った急性，全層性および中央部の角膜穿孔の外観．
　　　　B．虹彩を元の位置に戻し，吸収糸で断続的に縫合して角膜の傷を合わせた術後の外観．

　角膜の穿孔は犬ではまれであるが，時に若齢犬で起こる．猫の引っ掻き傷が一般的な原因で，特に1歳未満の若齢犬に多い．角膜穿孔は急性から慢性，部分的から全層性，中央，中央近辺あるいは輪部，そして合併症（虹彩脱出，水晶体あるいは硝子体の喪失）を伴っていることもある．角膜の完全な状態が保たれていないときは創面を合わせることが推奨される．さらなる情報のために，Veterinary Ophthalmology 3rd edition pp689-691 を参照のこと．

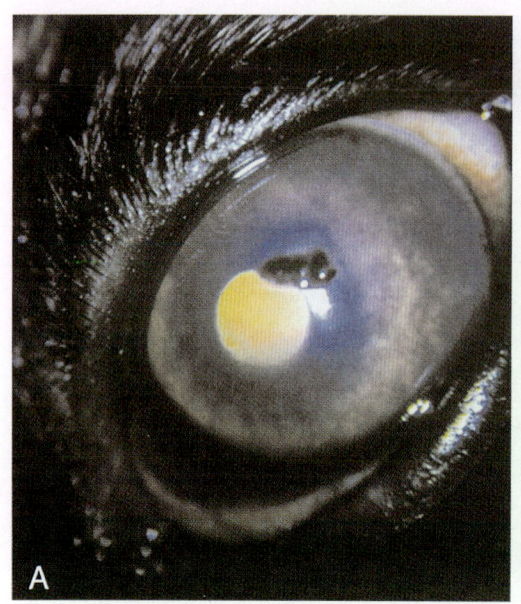

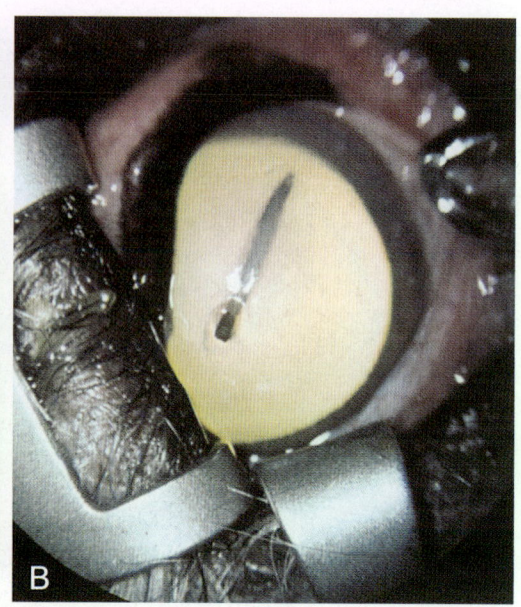

図6.14　A．犬にみられた表層角膜に付着した小さな有機的な異物．有機的な異物は強い炎症反応を引き起こす．
　B．犬にみられた刺入性の角膜異物（木のトゲ）．異物の一部は角膜上皮の前方に突出し，また一部は角膜後面を越えて前房内に存在する．

　角膜の異物は犬ではまれであるが，猟犬ではより一般的にみられる．角膜の異物は通常，（金属やガラスよりむしろ）植物由来の物質で，それゆえ，刺激性および感染の可能性をもち，除去する必要がある．眼瞼痙攣，流涙，眼瞼の浮腫および瘙痒などの症状が突然始まるという病歴である．
　眼科学的検査には点眼麻酔および沈静化が必要である．摘出を始めようとする前に角膜内の異物の大きさと深さを見極めておかなければならない．角膜の異物が表層性であれば拇指鉗子を使ったり，殺菌洗浄液を強く流すことで容易に除去することができる．異物が角膜内にしっかりと埋まっている場合には，すべてを除去するには表層性角膜切除が必要であろう．角膜を貫通し一部が前房内に入っている異物を取り除くには，前房内への操作が必要である．角膜および水晶体前嚢に刺入している異物の場合，異物を除去，縫合による角膜の傷の修復および（水晶体起因性ぶどう膜炎が起こる前に）水晶体の摘出が必要である．さらなる情報のために，Veterinary Ophthalmology 3rd edition pp654-655,pp689-691を参照のこと．

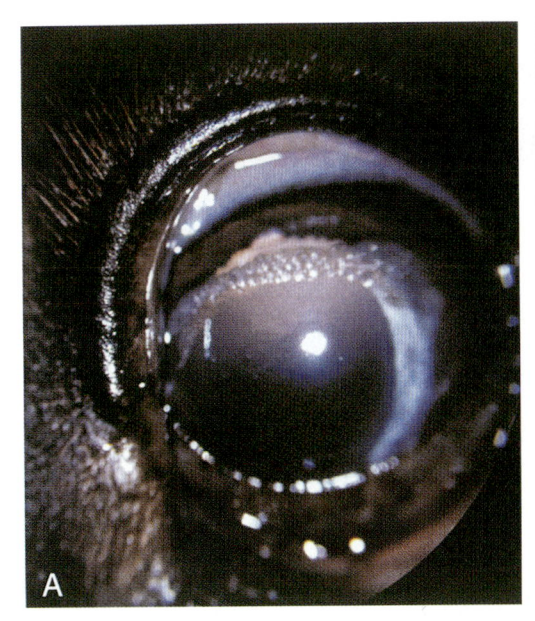

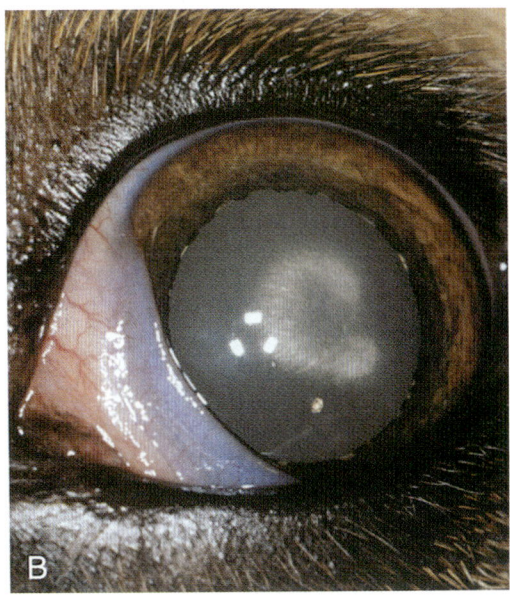

図 6.15　A．犬にみられた脂質性実質性角膜ジストロフィー．脂質の沈着が，角膜実質の異なった層内に白色の混濁として観察される．
　B．ビーグルにみられた角膜中央部に発生した遺伝性の脂質性実質性角膜ジストロフィー．

　角膜ジストロフィーは犬では一般的で，約30犬種が発症の素因をもつ．角膜ジストロフィーは①上皮および基底膜（再発性あるいは難治性の角膜びらん），②実質性および③内皮性に発生するものに区分される．ジストロフィーは両眼性で，特定の犬種にみられ，炎症を欠き，しばしば実質がおかされ，進行すれども盲目になることはまれであるなどの理由から角膜変性症とは異なっている．

　ペットのオーナーは通常は角膜中央部の混濁には気付くが，疼痛の徴候には気付かない．混濁は実質の前層内の灰色から白色の結晶のように見えるが，進行すると実質内のあらゆる層に混濁が発生する．混濁の大きさと深度はさまざまである．実質性ジストロフィーでは，角膜の中央部からその辺縁にトリグリセライドおよびコレステロールの沈着を起こす．視覚の障害が起こらなければ，表層角膜切除による治療の必要はない．

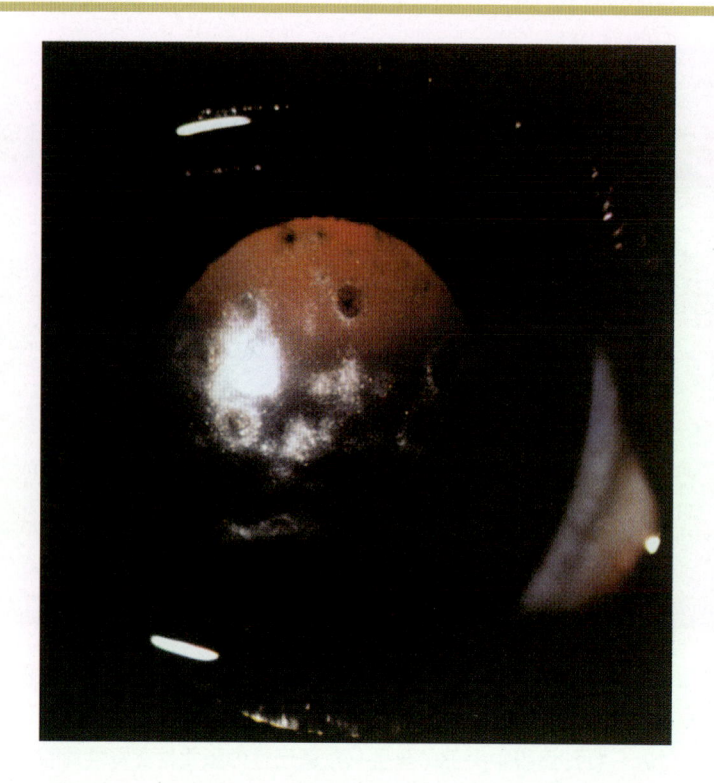

図 6.16 炎症を起こしているような多発性の上皮性および実質性混濁はシェットランド・シープドッグの点状角膜炎の特徴である．写真は小谷忠生氏のご好意による．

　点状角膜炎はシェットランド・シープドッグおよびロングヘアード・ダックスフンドにみられるまれなタイプの角膜ジストロフィーあるいは免疫介在性角膜炎と考えられる．病歴としては眼瞼痙攣，流涙および結膜充血で，若い（2歳齢）犬であることなどである．

　検査を行うと，角膜全域に渡って上皮および実質前層をおかしているごくわずかから多数の点状の角膜病変が認められる．病変は中央部がへこみ，フルオレセインの点眼で染色される．角膜に血管新生が起こる場合もある．治療はコルチコステロイドあるいはシクロスポリンの点眼である．

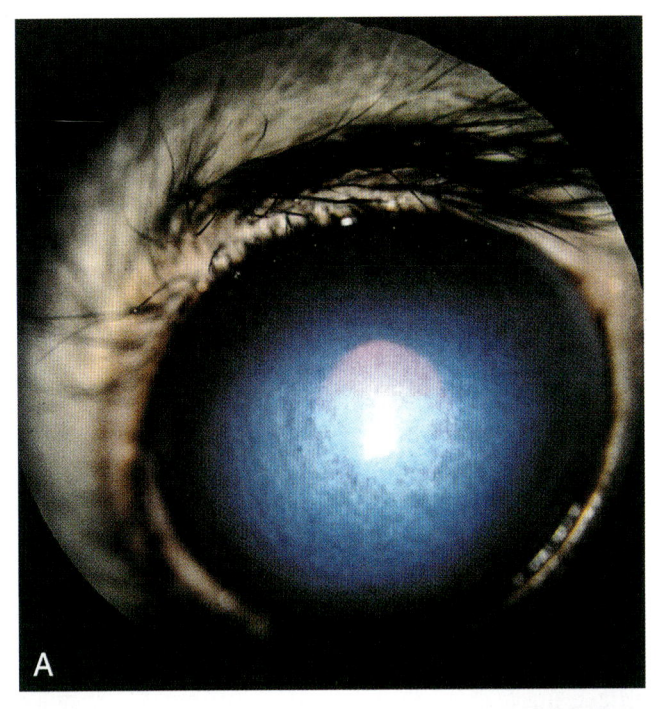

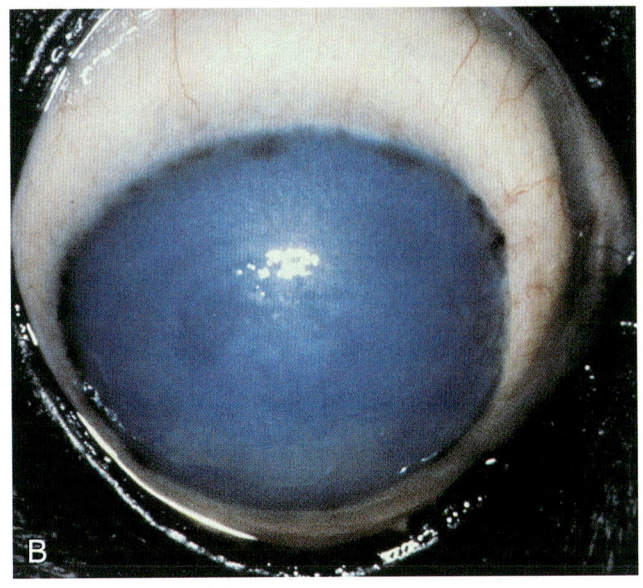

図 6.17　A．10 歳齢のボストン・テリアにみられた初期の角膜内皮ジストロフィー．進行性の角膜浮腫が中央から始まり，次第に周辺に広がって行く．
　B．ボストン・テリアにみられた進行した角膜内皮ジストロフィー．浮腫は角膜全体をおかし，盲目を起こし，ついには再発性の水疱を形成する．

（つづく）

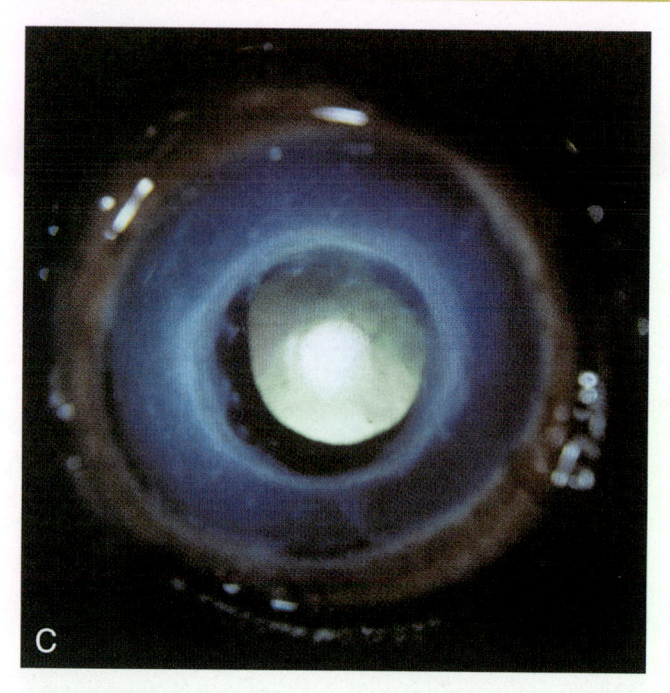

C. 全層角膜移植による病変部の治療から5か月後の眼の外観．中央部の移植した角膜は透明なままで犬の視覚を維持している．

　角膜内皮の変性症は，中年齢のボストン・テリア，ダックスフンドおよびチワワの特に雌に多く発生する．病歴は痛みや刺激を伴わない進行性の角膜浮腫のみである．

　検査を行うと，角膜内皮ジストロフィーの初期例では，中央部の角膜は浮腫状であるが周辺部は透明である．初期には角膜への色素沈着や表層性の血管新生は存在せず，他の部分は正常である．病気が進行するに従って，視覚を障害したり盲目にさえなるほど角膜は完全に浮腫状になっていく．浮腫状になった上皮の表層内に水疱が形成されると，疼痛を伴い，流涙，結膜充血，角膜の血管新生および瘙痒などの症状が現れる．

　初期の症例に対する治療は，高浸透圧液（5％ NaCl 溶液あるいは軟膏，40％ぶどう糖液あるいは100％の無水グリセリン）を用いて一時的に角膜の浮腫をとることであるが，この薬剤が刺激になることもある．進行した症例に対する外科的治療には，熱凝固による角膜形成術，薄く剥がした球結膜を角膜全域に永久的に移植する，あるいは全層角膜移植術などがある．さらなる情報のために，Veterinary Ophthalmology 3rd edition pp660-662,pp692-698, Fundamentals of Veterinary Ophthalmology pp145-148 を参照のこと．

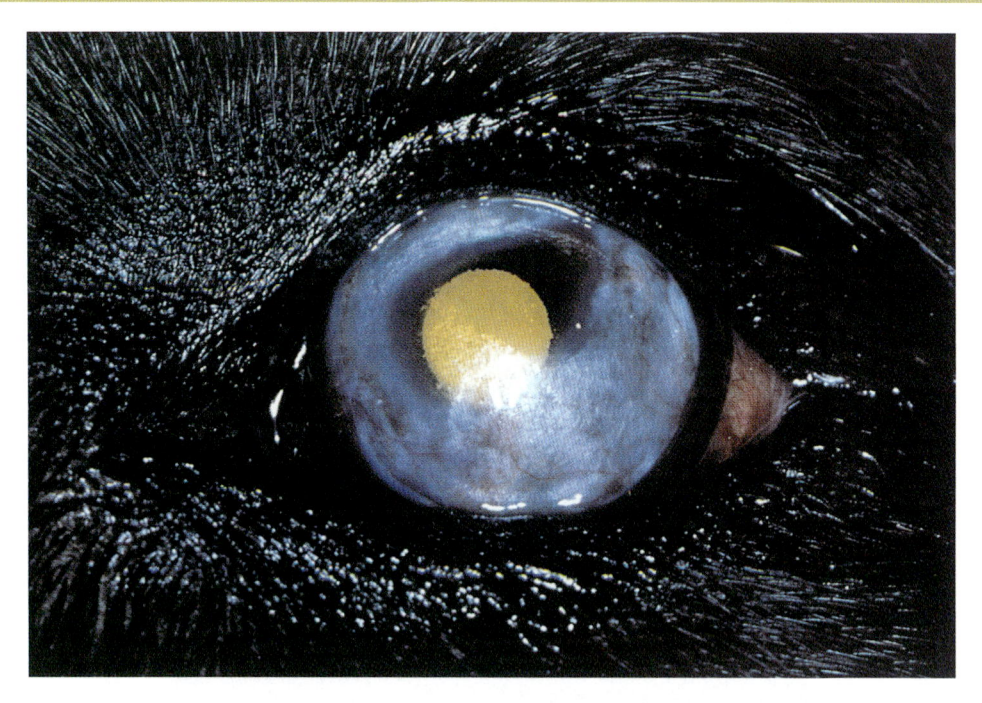

図 6.18 ロットワイラーの雌にみられた甲状腺機能低下症および全乳を含む食事に関連した角膜変性症.中央の角膜に変性症がないことおよび表層性の血管新生があることに注目.

　角膜変性症はある種の角膜ジストロフィーと臨床上同じように見えるが,重要な違いが存在する.変性症は片眼性で,その他の眼疾患や全身疾患に続発し,しばしば血管新生および部分的な色素沈着が起こり,犬種による発症傾向がない.ジャーマン・シェパードにみられる脂質性角膜症は高リポ蛋白血症および甲状腺機能低下症に関連している.

　病歴は,以前に眼球あるいは角膜に炎症,外傷,あるいは手術を受けていることである.トリグリセライドおよびコレステロールの沈着している角膜病変には,灰色から白色の結晶状の混濁,表層性の血管新生および色素沈着が存在する.疼痛およびその他の刺激症状は通常はかなり以前に治まっている.角膜病変に対する治療は必要ないが,全身疾患に対する治療は必要かもしれない.

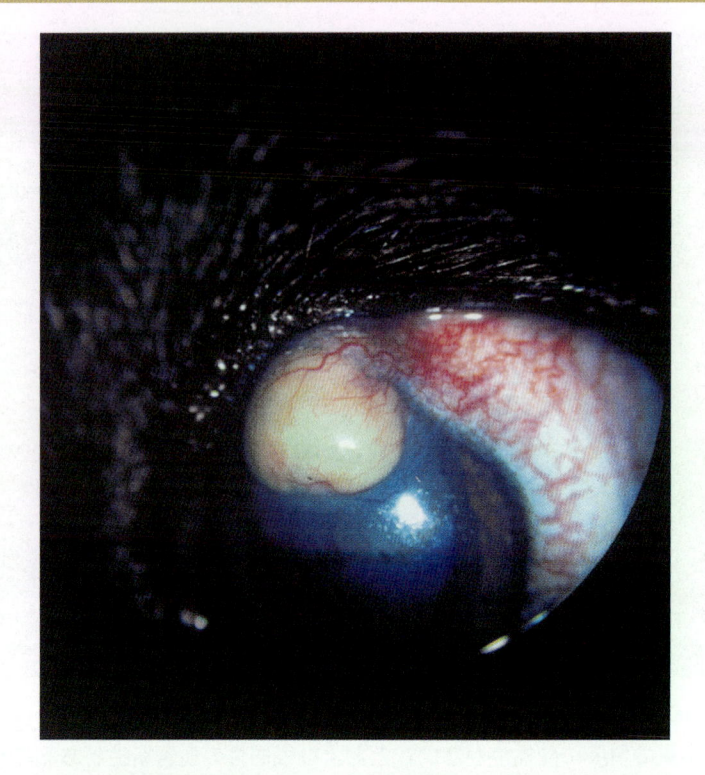

図6.19 犬にみられた角膜潰瘍の後に発生した角膜嚢胞．不透明な嚢胞が角膜表面から隆起しており，表層性の血管が含まれている．

　身体にできる他の嚢胞と同様に，角膜嚢胞は上皮から隆起し，透明から淡い黄色の液体を含んでいる．角膜嚢胞は犬ではまれであるが，角膜の外傷，潰瘍あるいは手術の後に起こることがある．これらの嚢胞は片側性で，いったん形成されると消えないことが多い．

　検査を行うと，単独に隆起した透明から白色あるいは淡い黄色の病変が観察でき，吸引すると角化していない扁平な上皮細胞をわずかに含む透明な液体が得られる．

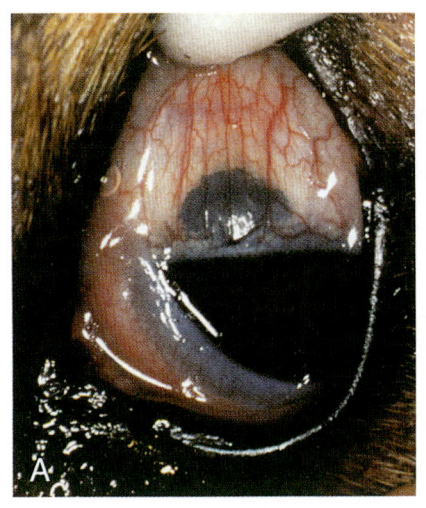

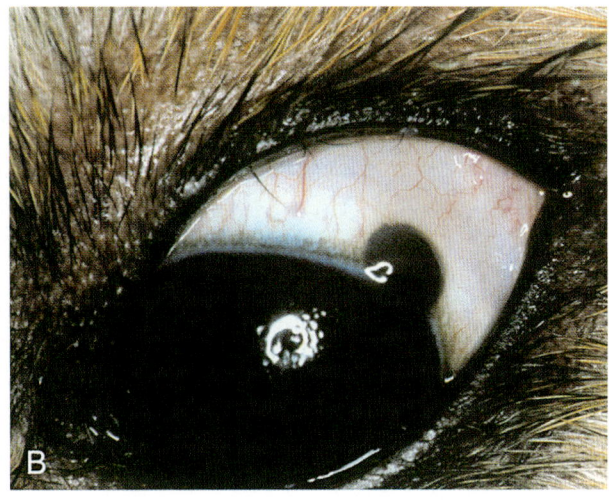

図 6.20　A．ジャーマン・シェパードにみられた背側強膜および結膜下組織に発生した角膜輪部の黒色腫．腫瘍は背側の球結膜の下で輪部強膜の中に存在する．
　B．犬の背外側強膜に発生した角膜輪部の黒色腫．腫瘍は角膜内に約 2mm 侵入している．

　角膜輪部あるいは眼球上に起こる黒色腫は，中年齢の犬に原発し，ジャーマン・シェパードに好発するようである．背外側の角膜輪部に最もよく発生する．もっと若齢（2〜4歳）の犬では，これらの腫瘍は急速に成長し，局所浸潤する．黒色腫には色素性のことも無色素性のこともあるため，病歴としては角膜輪部で成長する黒色あるいはピンク色の小さな腫瘤があげられる．

　検査を行うと，平滑な円形から卵円形の色素が沈着した腫瘤が球結膜の下および角膜上に広がっているのが認められる．腫瘍の境界および深度を確認するためには隅角検査および超音波検査は重要な診断の助けとなる．これらの腫瘍は表層性であるが，時に強膜の深層にまで浸潤することがある．

　診断に関する見解は腫瘍の成長速度および患犬の年齢によってさまざまである．治療には，姑息的なもの，局部切除，局部切除と結膜弁の移植，Nd：YAG レーザー，半導体レーザーおよび時に眼内に浸潤するものでは眼球摘出術がある．

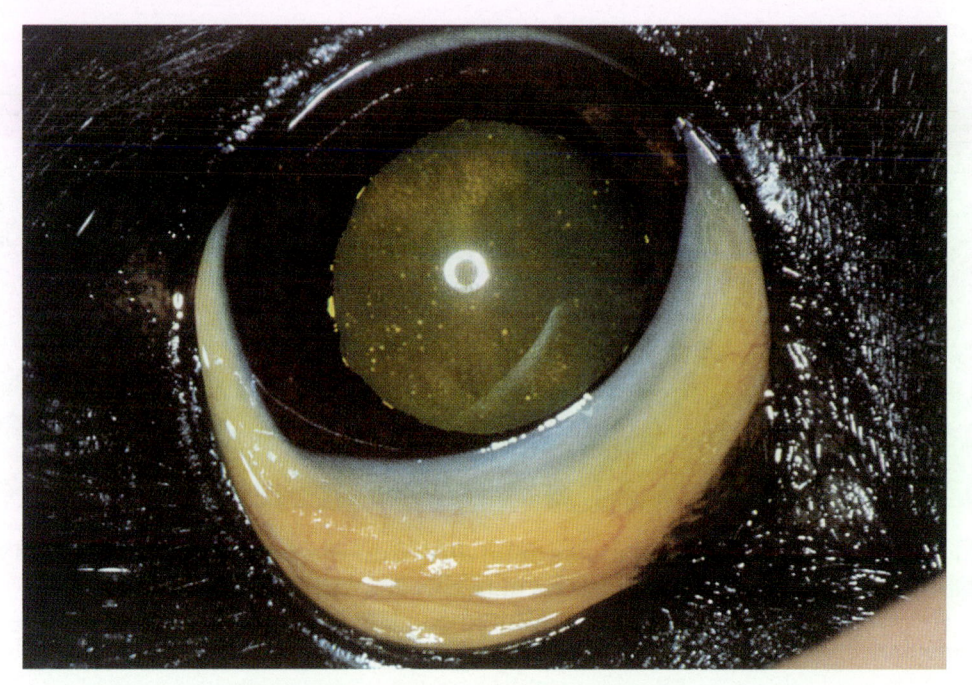

図 6.21 犬にみられた強膜の黄疸．結膜および強膜の組織が黄色く変色している．

強膜に黄色い変色を起こさせることのできる黄疸は犬ではまれである．
しかしながら，肝疾患でビリルビンの上昇した犬では，このような臨床徴候を示すこともある．

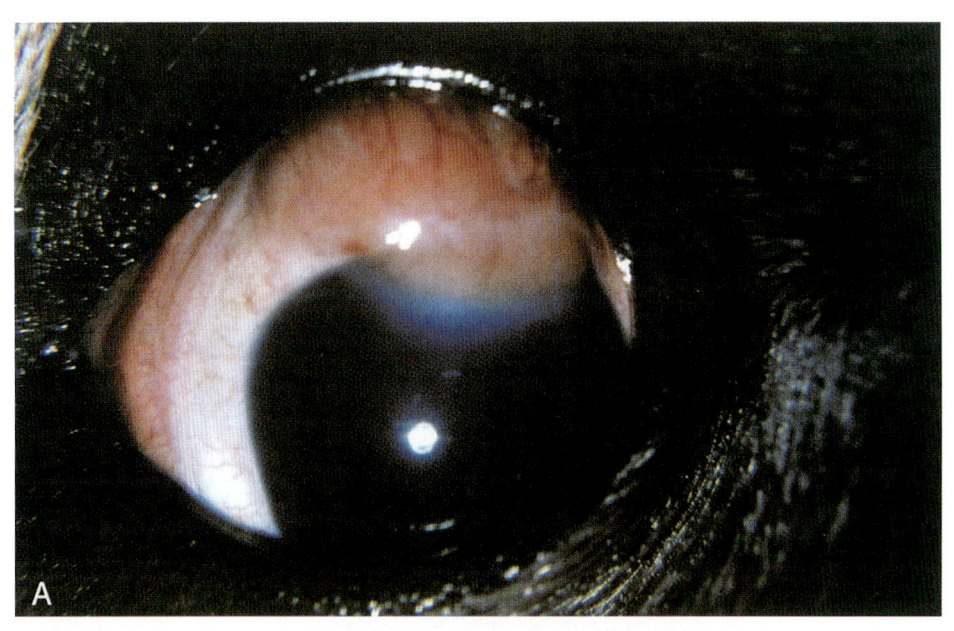

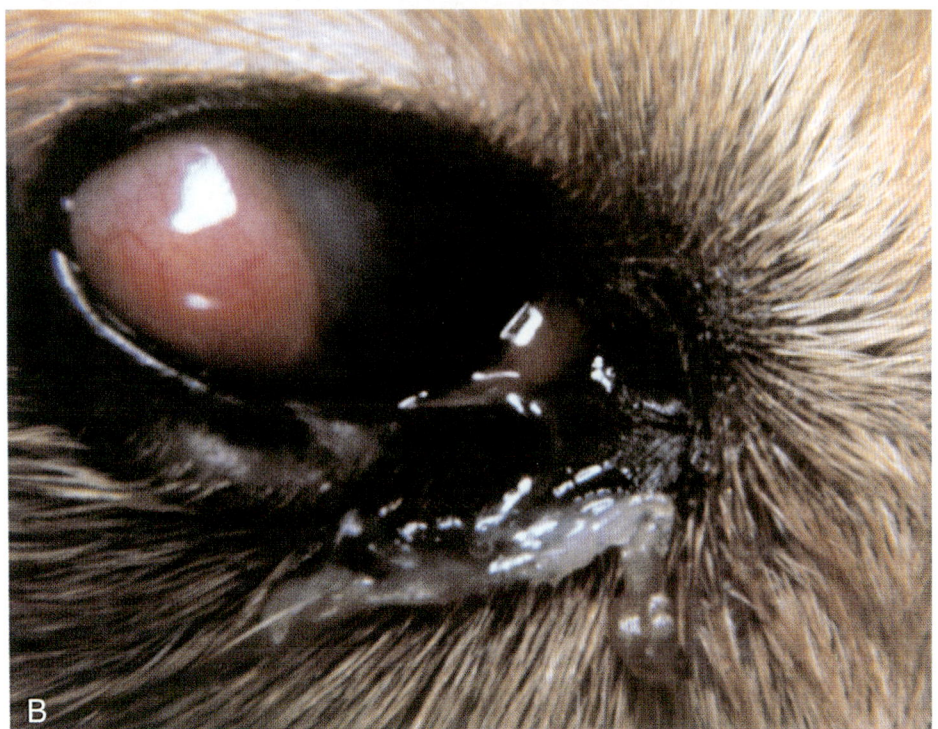

図 6.22　A．ボストン・テリアにみられた背側上強膜の組織球腫．腫瘤は角膜上にも広がっている．
　B．コリーにみられた増殖性角結膜炎．両眼が同様におかされている．

（つづく）

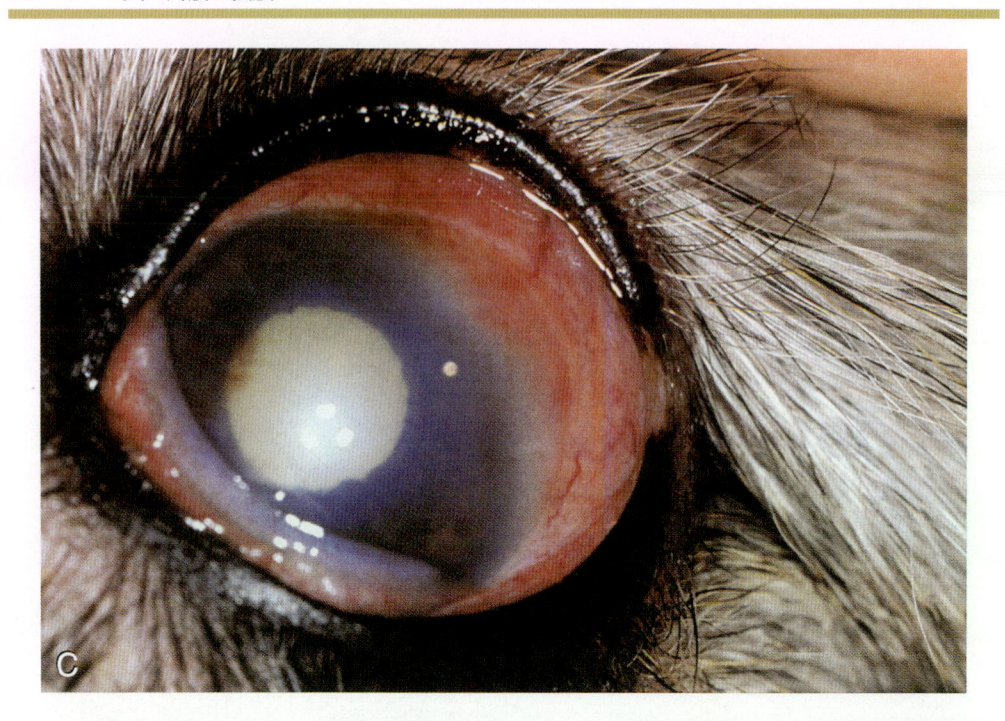

C．強膜全域がおかされ，虹彩毛様体炎を伴ったテリア系の雑種犬の結節性肉芽腫性強膜炎（NGE）．

　この分類で臨床的に統合される疾患には，結節性筋膜炎，線維組織球腫，増殖性角結膜炎，角膜輪部肉芽腫，偽腫瘍およびコリー肉芽腫が含まれる．結節性筋膜炎は瞬膜および眼瞼の皮下組織がおかされることもあり，レチクリン線維の形成を伴った線維芽細胞の増殖が特徴である．角結膜組織球腫には，組織球，線維細胞，形質細胞およびリンパ球が含まれる．コリーおよびシェットランド・シープドッグの増殖性角結膜炎は瞬膜，眼瞼，結膜および角膜に発生し，両側性のこともある．

　典型的には，病歴には，さまざまな刺激症状のいずれか，眼瞼痙攣および上強膜組織および隣接する角膜に発生した隆起性のピンク色の腫瘤があげられる．検査を行うと，固着性のある白色からピンク色の腫瘤が球結膜の下で限局性に角膜上に広がっているのが観察できる．隅角検査および超音波検査が腫瘤の境界および深さを確認するのに用いられる．治療には，コルチコステロイドの点眼および全身投与，局所切除，アザチオプリンの経口投与およびテトラサイクリンとナイアシンアミドの併用がある．さらなる情報のために，Veterinary Ophthalmology 3rd edition pp665-668, Fundamentals of Veterinary Ophthalmology pp153-154 を参照のこと．

犬の緑内障　7

　犬の緑内障は眼内圧（IOP）を上昇させ，視神経の障害を惹起し，網膜の神経節細胞を消失させる一群の疾患からなる．緑内障は①原発性（開放および閉塞隅角緑内障），②続発性および③先天性に区分される．原発緑内障は約 45 犬種にみられ，最も一般的なタイプである．続発緑内障でみられる眼圧の上昇は水晶体の変位（水晶体脱臼）に起因することが多い．先天緑内障は最もまれな緑内障である．異常な房水流出路や時には他の眼異常をもった若齢の仔犬が罹患する．犬の緑内障を臨床的に管理する上で大切な診断の助けになるのが眼圧測定（圧平式が推奨される），隅角検査（前房内の角膜と虹彩の隅角を検査する）および眼底検査などである．緑内障に対する内科的および外科的治療を行うにあたっては，根底にある流出障害が進行し，「安全」な IOP を維持することが次第に困難になり，費用もかかるようになってくることを予見しなければならない．

　原発性の開放隅角および閉塞隅角緑内障の外科的治療は手術（レーザー毛様体光凝固および前房シャント）と内科的治療〔縮瞳剤，βブロッカー，α作動薬（ブリモニジン），炭酸脱水素酵素阻害剤（全身および局所投与），プロスタグランジン，マンニトールの静脈内投与（急性緑内障）およびコルチコステロイド（しばしば虹彩毛様体炎が存在する）〕を組み合わせて実施する．

図7.1 ボストンテリアの仔犬にみられた先天緑内障．眼球は拡大し，角膜は露出のために潰瘍を起こしている．眼内の検査は超音波検査によってのみ行われた．先天緑内障は片方の眼球が拡大している外貌の若齢の仔犬にみられる．異常な房水の流出経路が存在するため両眼ともに注意深く評価すべきである．それには隅角検査が重要である．

　診察を行うと，巨大眼球症（牛眼）がみられ，瞳孔は散大し，上強膜の可視域が拡大し，水晶体脱臼がしばしば認められる．仔犬の強膜は高度に弾力性に富むが，網膜や視神経の変性はどんどんひどくなる．
　視力が回復し，眼球のサイズが減少するかどうか観察するために短期間の内科的療法を行うことが推奨される．拡大した眼球，兎眼および露出性角膜炎を併発している場合には眼球摘出が必要である．対眼に対して，縮瞳剤やβ遮断薬を用いてIOPを低下させるような予防的治療も推奨される．

犬の緑内障　101

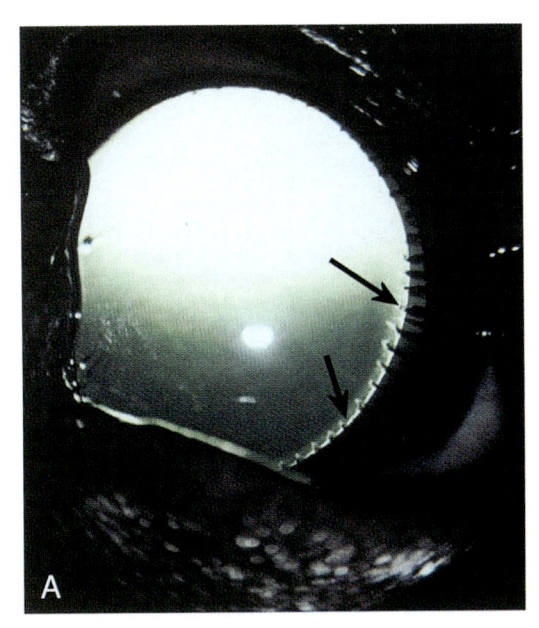

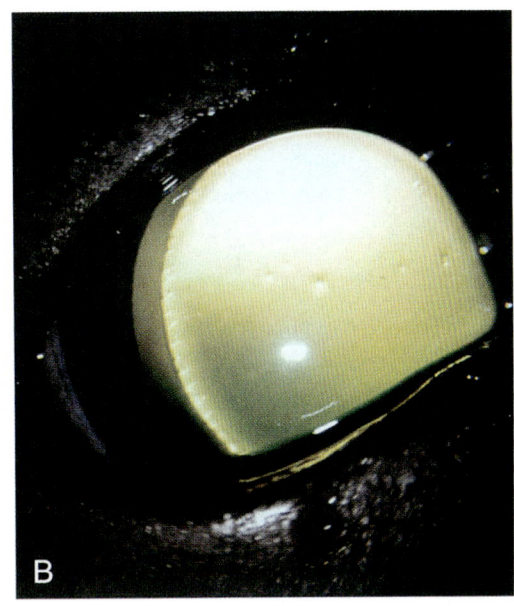

図7.2　原発開放隅角緑内障（POAG）.
　A．ビーグルのPOAGにおいて眼球の拡大は緩徐である．眼球のわずかな拡張に伴い，毛様小体へ緊張が増加したために引き伸ばされた毛様突起（矢印）が周辺に付着した水晶体の辺縁部が見えるようになる．
　B．POAGが進行するに伴って，眼球の拡大も継続し，次第に水晶体の亜脱臼も起こってくる．水晶体のない瞳孔領域にある無水晶体コーヌスに注目．

　原発開放隅角緑内障（POAG：primary open angle glaucoma）は数種類の犬種にみられるが，ビーグルにおいて詳しく研究されている．ビーグルではPOAGは常染色体性劣性形質として遺伝する．
　このタイプの緑内障の病歴の長さは数か月〜2,3年にまで及ぶ広い幅をもつ．ほとんどのPOAGは数か月〜2,3年の間，わずかな散瞳や上強膜静脈のうっ血以外に症状がみられない．ひとたびIOPが30mm Hgを越えると進行性の散瞳，眼球の拡大，水晶体の亜脱臼および隅角の狭小化から閉塞に至る．
　眼科学的検査の結果は緑内障の進行段階によって大きく変化する．犬の年齢が1〜3歳の初期の段階では，IOPが20〜25mm Hgでその日内変動が8〜10mm Hgを越える以外は，眼は正常な外観を呈する．隅角検査を行うと，隅角および毛様体裂が開放し，外観上は正常であるのが分かる．緑内障の臨床徴候は，例えばIOPが30〜40mm Hg，散瞳，上強膜静脈のうっ血，軽度の角膜浮腫，軽度の巨大眼球症，水晶体脱臼および隅角の開放あるいは閉塞という所見として発現してくる．眼底検査では視神経や網膜の何らかの初期変性が認められるかもしれない．

（つづく）

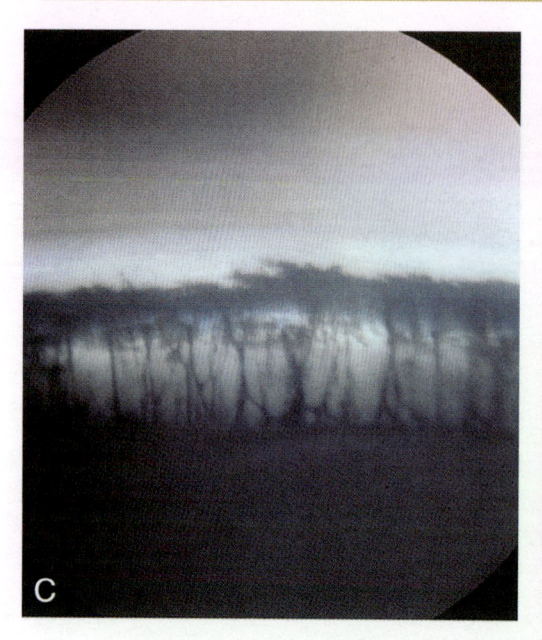

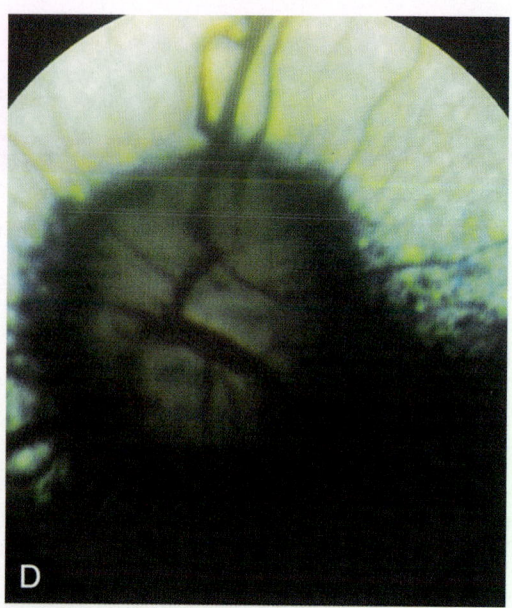

C. 隅角検査では，虹彩角膜角および毛様体裂の開口部が開き，異常所見はみられない．しかしながら巨大眼球症に進行すると虹彩角膜角も毛様体裂も結果的に閉鎖してしまう．

D. ビーグルの緩やかに進行したPOAGでみられた視神経の変性．平坦化した視神経乳頭，ミエリンの喪失および「あらわになった」篩板に注目．網膜の小血管の数も減少している．

3〜6歳齢の犬の進行した緑内障では，これらの臨床徴候が進行する．大きくなった眼球は持続性の散瞳やより濃い角膜の浮腫や条痕を伴って大きくなる．瞳孔は光に反応できなくなる．水晶体は亜脱臼を起こす．水晶体は前房あるいは硝子体内に完全に変位し，白内障となることは一般的である．視神経および網膜の変性は進行し，視覚は喪失する．

POAGの治療は診断したステージに基づいて行うが，閉塞隅角緑内障に比べて治療に対する反応は良い．さらなる情報のために，Fundamentals of Veterinary Ophthalmology pp172-174, pp190-196, Veterinary Ophthalmology 3rd edition pp718-722, pp733-749 を参照のこと．

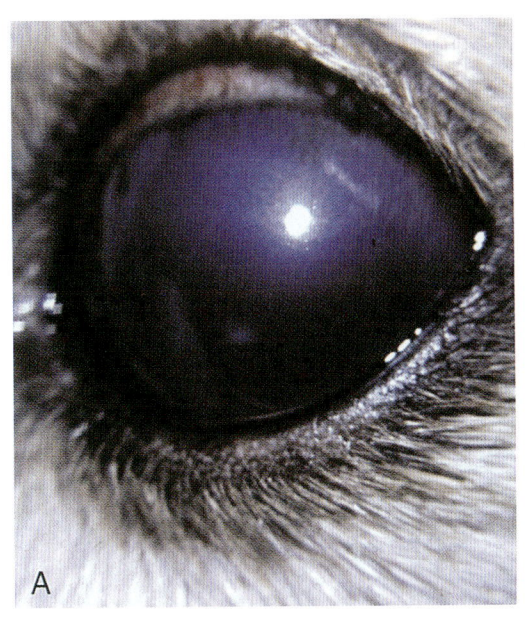

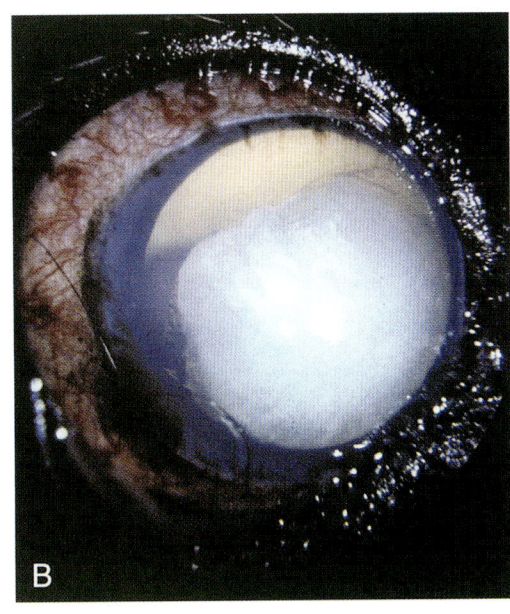

図 7.3　原発閉塞隅角緑内障（PCAG）．

　A．アメリカン・コッカー・スパニエルにみられた急性うっ血性 PCAG．角膜浮腫，散大した瞳孔および上強膜のうっ血に注目．眼圧は 66mm Hg である．

　B．アメリカン・コッカー・スパニエルにみられた進行した PCAG．拡大した眼球，明瞭にうっ血した上強膜の血管，散瞳および白内障になって前房内に脱臼した水晶体に注目．

　原発閉塞隅角緑内障（PCAG：primary closed angle glaucoma）は，アメリカン・コッカー・スパニエル，サモエドおよびチャウ・チャウである程度詳しく調べられている．これらの緑内障は原発緑内障の中では最も頻繁にみられるタイプであり，少なくとも 11 の犬種で報告されている．この疾患は最終的には両眼に発生する．

　オーナーが観察した PCAG の所見には，散瞳，角膜浮腫，上強膜のうっ血，おそらくは眼や頭の知覚過敏などの症状が自己限定的に連続して発症するというものもある．これらの症状がみられる期間には IOP も上昇し，数時間以内に正常な値に戻っているものと考えられる．しかしながら，結局は高眼圧が持続し，患犬は獣医師のもとに連れて来られる．隅角検査を行うと，虹彩角膜角は狭くなっ

（つづく）

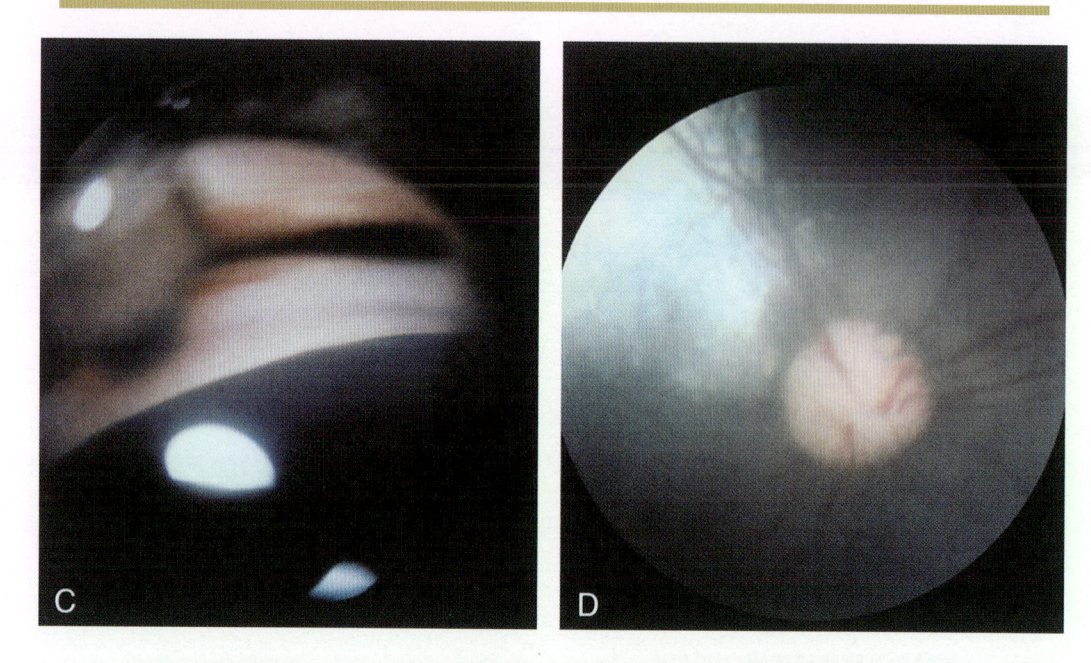

C．PCAGの隅角所見；房水の流出装置全体が虹彩根部に隠れて観察できない．
D．眼内圧が70mm HgのPCAG症例の眼底像．軽度の乳頭浮腫とすべての網膜血管の狭細化が認められる．

ているかあるいは閉塞しており，まだ無症状の反対眼も虹彩角膜角が狭くなっていると思われる．

不幸なことに，この種の緑内障は慢性PCAGとして上診される場合もある．進行したPCAGの症状には，盲目，固定し散大した瞳孔，上強膜血管のうっ血，軽度～重度の巨大眼球症，角膜混濁および条痕，水晶体脱臼，白内障，硝子体の変性および液化，視神経乳頭および網膜の変性などがある．時に，網膜変性症が視神経乳頭の周辺にくさび状にみられる場合がある．タペタム領域で網膜が萎縮す

（つづく）

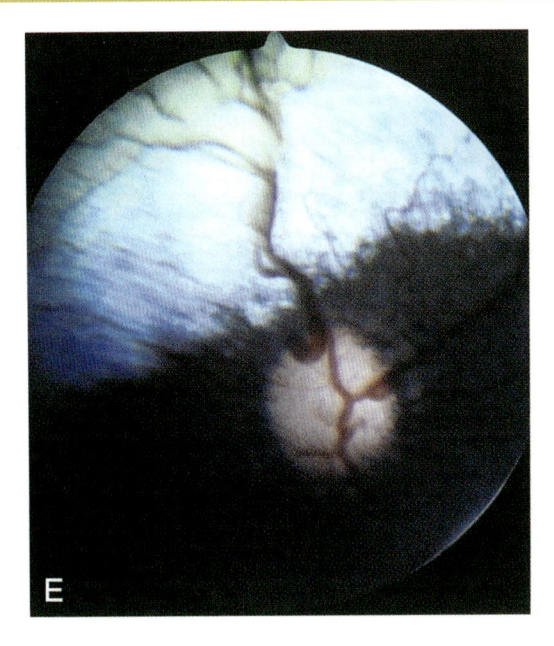

E．視神経乳頭の変性が進行したPCAG症例の眼底像．乳頭は大きさが減少し，ミエリンが喪失しており，網膜血管の数も減少し，太い主動脈と静脈のみが残っている．

ると，さまざまな色素沈着が起こり大部分の網膜血管を欠く反射亢進部位として観察される．

　治療は，病期と投薬後のIOPの降下状態に基づいて行う．内科的治療には，縮瞳剤，β遮断薬，α作動薬（ブリモニジン），炭酸脱水酵素阻害薬（全身および局所），プロスタグランジン，マンニトールの静脈内投与（急性緑内障）およびコルチコステロイド（しばしば虹彩毛様体炎が併発）がある．レーザー毛様体光凝固および前房シャントが現在推奨される外科手術である．無症状の眼に対して縮瞳剤あるいはβ遮断薬を用いて予防的治療を実施すると数か月〜2年半の期間，緑内障の発症を遅らせることができるかもしれない．さらなる情報のために，Fundamentals of Veterinary Ophthalmology pp175-177, pp190-196, Veterinary Ophthalmology 3rd edition pp722-723, pp733-749を参照のこと．

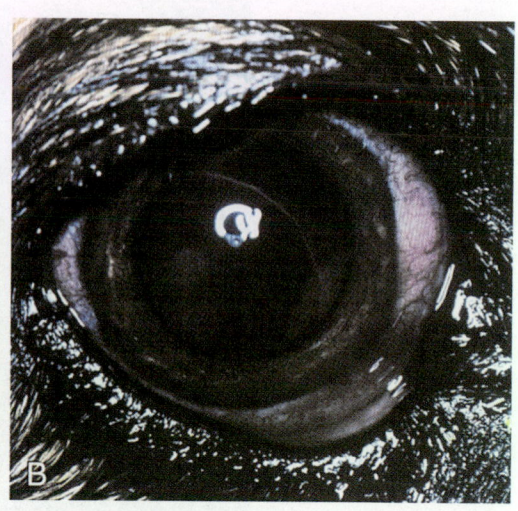

図 7.4 櫛状靱帯の異形成を伴った原発閉塞隅角緑内障（PCAG）．

A．バセット・ハウンドの櫛状靱帯の異形成を伴った PCAG では最終的に両眼がおかされる．この犬では片方の目が進行した緑内障で，対眼は初期の緑内障である（両眼性で程度の異なる散瞳状態であることに注目）．

B．バセット・ハウンドの緑内障眼ではしばしば虹彩毛様体炎が併発する．炎症の原因は突き止められていないが，患眼の眼圧の内科的コントロールをはなはだ複雑にしている．結膜の充血（毛様充血）および瞳孔内に視認できる水晶体の亜脱臼に注目．

　櫛状靱帯の異形成（固着した中胚葉の異残あるいは隅角の異形成）を伴った PCAG はバセット・ハウンドの緑内障に分類される．好発犬種はブービエ・デ・フランドル，フラット・コーテッド・レトリバー，グレート・デン（イギリス）などである．この異常が高眼圧の発生にどのくらい影響を与えるかは，おかされている房水流出経路の程度に関係しているものと思われる．すなわち重度におかされている眼だけが緑内障に進行するのであろう．これらの固着した櫛状靱帯の下にも虹彩角膜角の異常は存在すると思われる．

（つづく）

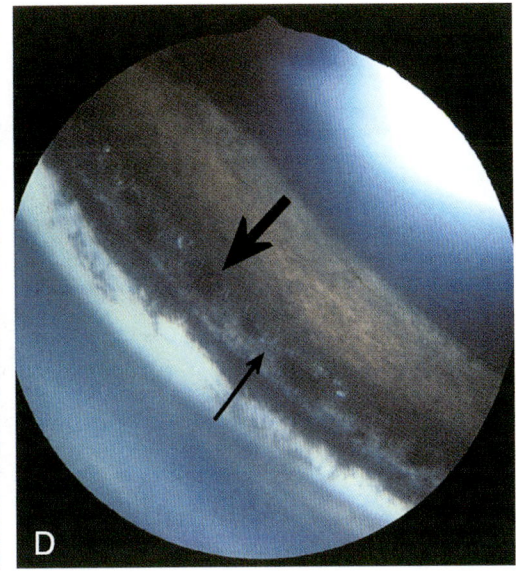

C．バセット・ハウンドにみられた進行した緑内障．水晶体の著しい変位によってできた大きな無水晶体コーヌスが瞳孔内に観察されることに注目．

D．PCAGおよび櫛状靱帯の異形成のバセット・ハウンドの隅角検査像．櫛状靱帯の遺残小帯（小矢印）および不規則な卵円形から円形の「流出孔」（大矢印）に注目．

無症状の眼における固着した櫛状靱帯の臨床的あるいは組織病理学的な重要性は分かっていない．

　櫛状靱帯の異形成を伴ったPCAGはバセット・ハウンドではしばしば虹彩毛様体炎を伴った急性で高眼圧の緑内障のようである．時には結膜の発赤や角膜の浮腫が自己限定的に繰り返し起こるという病歴を示すこともある．発症初期の臨床徴候には，眼瞼痙攣，眼瞼の腫脹，巨大眼球症，毛様充血，上強膜のうっ血，び漫性の角膜浮腫，わずかに散大あるいは正常な大きさの瞳孔，水晶体の亜脱臼およびさまざまな程度の視神経乳頭と網膜の変性などがある．房水フレアがみられることもある．隅角検査を行うと，短くて太い櫛状靱帯，開口の制限された毛様体裂および毛様体裂につながる「流出孔」をもった広範囲にわたる充実性の色素帯を伴った狭隅角であるか，あるいは閉塞隅角であることが分かる．

(つづく)

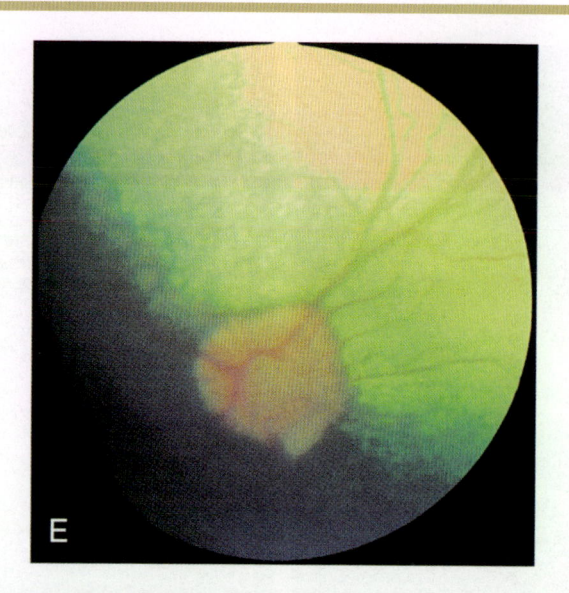

E．櫛状靱帯の異形成を伴った初期の PCAG のバセット・ハウンドの眼底像．視神経乳頭の陥凹あるいは中央部の陥没およびそのすぐ背側に網膜変性症が存在する．

　この緑内障が進行すると，眼球は大きくなるであろう．その他の臨床所見は初期に示したのと同じであるが，より重篤になる．浮腫状の角膜に隅角鏡を当てて観察することが可能であれば，隅角が閉塞しているのが分かるであろう．

　櫛状靱帯の異形成を伴ったバセット・ハウンドの PCAG に対する治療は緑内障と虹彩毛様体炎が併発しているため困難である．PCAG と同様の内科療法および手術を実施する．

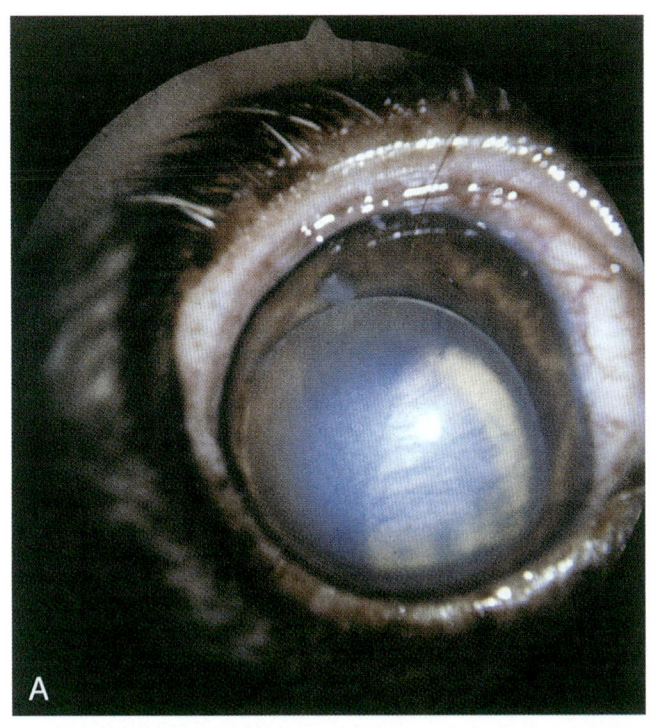

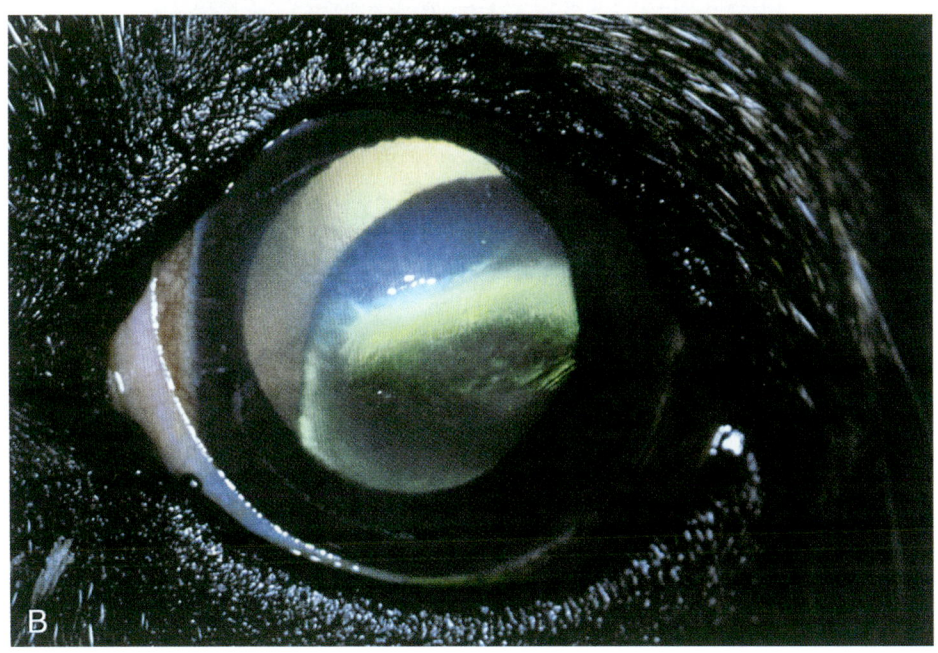

図7.5　A．ブリタニー・スパニエルにみられた水晶体の前方脱臼あるいは前房内への変位．虹彩および卵円形の瞳孔が不明瞭で，水晶体の後方に存在するのに注目．
　B．犬にみられた水晶体亜脱臼．水晶体は部分的に硝子体窩の中に存在するが，しばしば傾く．鼻側の大きな無水晶体コーヌスに注目．

（つづく）

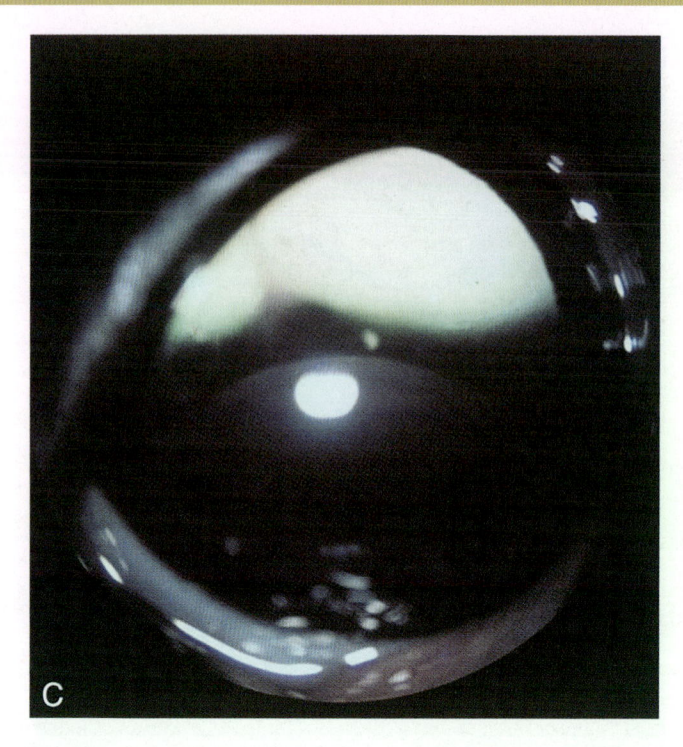

C．進行した緑内障の犬にみられた硝子体内への水晶体脱臼．水晶体は腹側網膜上に横たわり，眼球の運動とともに可動性がある．

　水晶体の変位あるいは水晶体脱臼は犬で最もよくみられる続発緑内障の型である．テリア種（ジャック・ラッセル・テリア，ワイヤーヘアード・フォックス・テリア，スムースヘアード・フォックス・テリア，シーリハム・テリアなど）によく発症するが，ボーダー・コリーおよびチベタン・テリアでも遺伝する．走査型電子顕微鏡で観察すると水晶体小帯が異常である犬種もいる．

　水晶体の変位は亜脱臼（硝子体窩内），前房内への脱臼（硝子体がまだ付着した状態）あるいは後方の硝子体内への変位（腹側網膜上に横たわる）によって起こる．患眼は無症状のこともあれば繰り返し高眼圧の「攻撃（アタック）」（結膜の発赤，角膜浮腫，散瞳および一時的な視覚の喪失）にさらされることもある．

　水晶体の変位がIOPに及ぼす影響はその位置によってさまざまである．水晶体の前方脱臼では，水晶体と付着した硝子体が房水の瞳孔を通る流れを妨げて瞳孔ブロックを起こすためIOPは上昇する．虹彩角膜角の閉塞を伴った知覚過敏な膨隆虹彩も起こる．水晶体亜脱臼のIOPに及ぼす影響はさまざまで，水晶体振盪および虹彩振盪が部分的に緩んだ水晶体による瞳孔ブロックの原因となることもあり，軽度の虹彩毛様体炎も存在することもある．硝子体が，毛様体小帯が裂けてできた無水晶体部分を通って瞳孔や前房内に侵入することもある．水晶体が，硝子体内あるいは後方に脱臼すると，硝子体の前面が裂けて，水晶体は腹側の眼底上に倒れてしまう．水晶体が前房や硝子体腔を移動したり，硝子体が前房内に変位したり，さまざまな程度の虹彩毛様体炎が起こる結果として眼圧が上昇する．

　現在までの報告や経験から，早期に水晶体を摘出する（凍結摘出あるいは水晶体乳化術による）ことが最も良い結果をもたらし，視力を長く温存できると考えられる．術後のIOPの上昇には，視覚を維持するための緑内障治療がしばしば必要となる．さらなる情報のために，Fundamentals of Veterinary Ophthalmology pp183-185,pp251-252, Veterinary Ophthalmology 3rd edition pp726-727,pp848-849 を参照のこと．

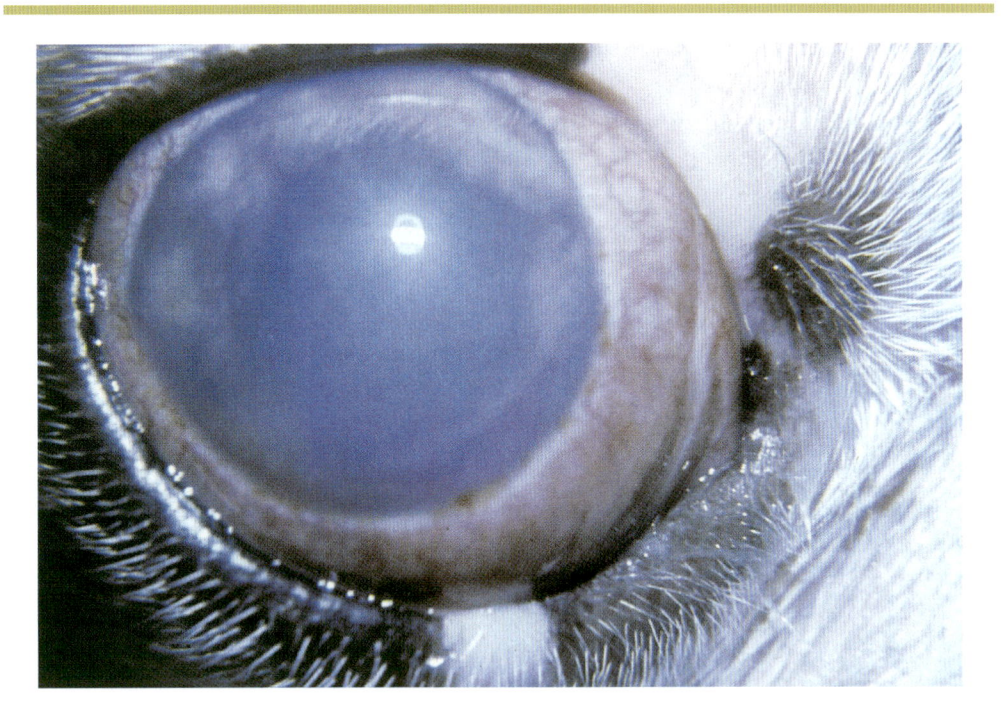

図 7.6 犬の前部ぶどう膜炎とリンパ腫に続発した緑内障．拡大した眼球，角膜浮腫および腫脹した虹彩に注目．炎症細胞および腫瘍細胞によって虹彩角膜角が閉塞した結果，緑内障になった．

　前部ぶどう膜炎が起こると，炎症を起こした「粘着性のある」虹彩が水晶体，角膜あるいは房水が流出する隅角に癒着することで炎症細胞，蛋白質およびデブリスなどが発生したり，瞳孔を閉塞させてしまう結果，眼圧や房水の流れに影響を与えることがある．このタイプの続発緑内障には，以下に示す慢性ぶどう膜炎が当てはまる．例えば，角膜穿孔，全身疾患，ぶどう膜皮膚症候群（フォークト‐小柳‐原田症候群）およびゴールデン・レトリバーの慢性ぶどう膜炎／ぶどう膜嚢胞症候群である．

　病歴は数週間にわたる前部ぶどう膜炎である．臨床徴候としては前部ぶどう膜炎と緑内障の両方の徴候がみられる．すなわち，刺激症状，眼瞼痙攣，流涙，角膜深部の血管新生，結膜充血と上強膜のうっ血，角膜浮腫，正常から散大し，（後癒着のために）しばしば不整な瞳孔，水晶体前囊の表面の色素斑，房水フレアおよび上昇したIOPである．

　治療はコルチコステロイドの局所および全身投与，非ステロイド性消炎剤（前部ぶどう膜炎に対して）およびIOPを低下させる薬剤からなる．予後は要注意である．

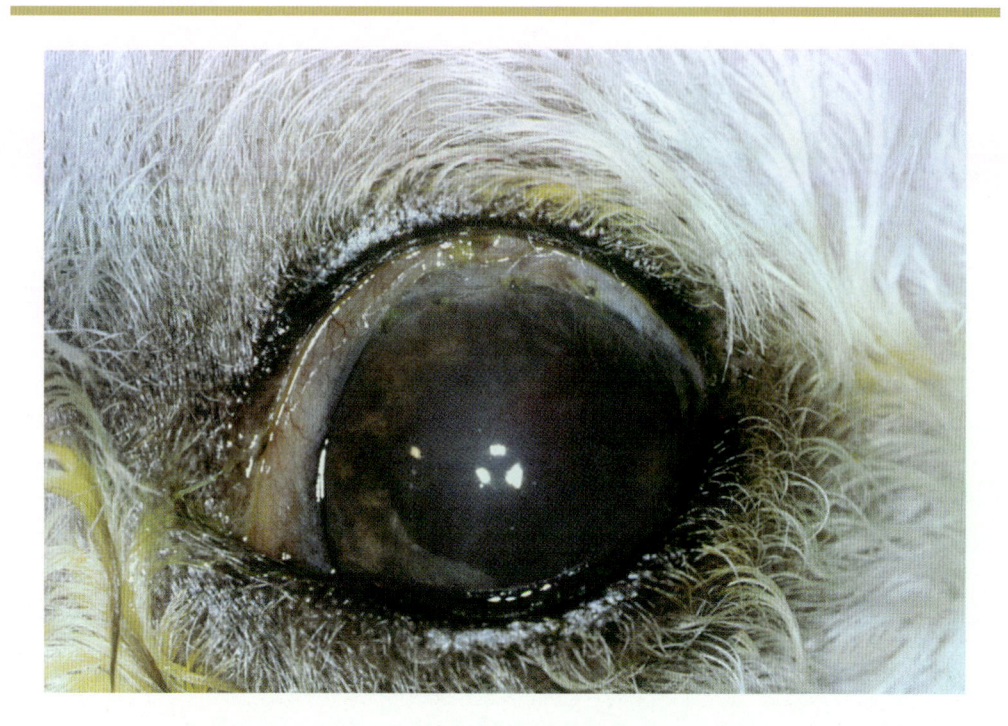

図 7.7　犬の白内障手術後にみられた続発性無水晶体性緑内障．眼球の拡大，角膜浮腫，虹彩の腫脹，不整で固定された瞳孔，瞳孔膜形成および眼内出血に注目．白内障の水晶体超音波乳化吸引術の数か月後に虹彩角膜角および毛様体裂が徐々に閉塞した結果，起こった緑内障である．

　犬の白内障の手術が一般的になるにつれて，無水晶体性の続発緑内障はより頻繁にみられるようになりつつある．白内障手術後の緑内障の発生率はまだ調査中ではあるが，おそらく 5 ～ 15％の幅であると考えられる．緑内障は，以下に示すことが原因となり，その結果起こる．①水晶体嚢，炎症性デブリスおよび硝子体の小片によって生じた瞳孔ブロックおよび膨隆虹彩．また瞳孔が小さいことも影響を及ぼしそうである．②術後の前部ぶどう膜炎のために生じた虹彩周辺部の前癒着および前虹彩血管膜の形成に引き続いて起こる虹彩角膜角からの房水の流出障害．瞳孔ブロックを起こした緑内障に限ってみられるのが悪性緑内障あるいは房水の誤った方向への流入である．そのために硝子体が瞳孔および前房内に押し込まれ，房水がさらに硝子体腔内へと導かれる．

　数週間～数か月前に白内障の手術を受けていることが病歴のひとつである．検査所見は，瞳孔ブロックと膨隆虹彩，あるいは隅角の閉塞があるかどうかによってさまざまな結果を示す．視覚は障害されているか盲目であるかのどちらかである．瞳孔ブロックおよび膨隆虹彩症候群を伴った場合，臨床徴候としては流涙，眼瞼痙攣，結膜充血，角膜浮腫，浅前房および水晶体嚢と炎症性デブリスで塞がった針穴ほどの小さな瞳孔が認められる．眼圧計で測定した IOP は低値を示す．眼の超音波検査が推奨される．

　隅角閉塞症候群を伴った場合も臨床徴候は同じであるが，瞳孔は正常か散大し，前房も正常より深く（無水晶体眼），IOP は上昇する．隅角検査は，この疾患においては重要な診断の手助けとなる．治療は前部ぶどう膜炎と続発緑内障の両方に対して行う．さらなる情報のために，Fundamentals of Veterinary phthalmology pp185-186，Veterinary Ophthalmology 3rd edition pp728-730 を参照のこと．

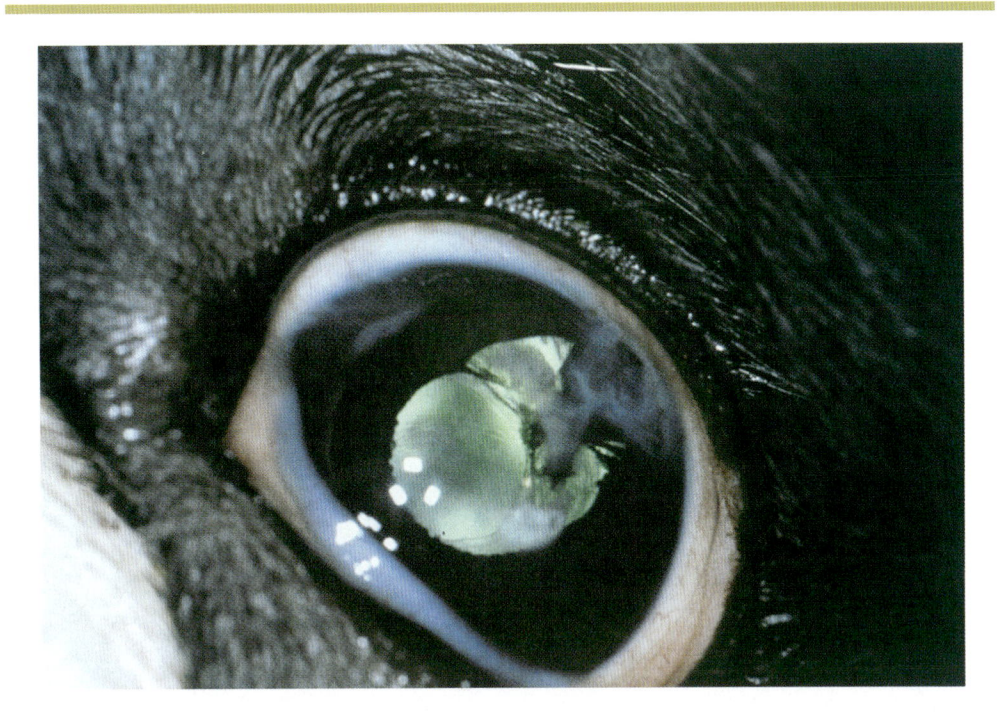

図7.8 犬の角膜裂傷と前部ぶどう膜炎に続発した外傷性緑内障．角膜の瘢痕および前癒着（虹彩と角膜が接着）に注目．ひとたびぶどう膜炎が内科的にコントロールできると，緑内障も治まった．

　外傷性緑内障は，人に比べ犬ではまれである．外傷は鈍性のことも貫通性のこともある．結果的に前部ぶどう膜炎が生じるため，犬の眼の反応は高眼圧よりも眼球癆（眼球の萎縮）になる．

　病歴は，最近眼に外傷を受けた（鈍性あるいは深部に達する傷）ということである．このタイプの続発緑内障を引き起こす小さな外傷の一例に，猫に引っ掻かれてできた深部に達する角膜の傷とその結果起こる重度の前部ぶどう膜炎がある．治療は前部ぶどう膜炎と高眼圧の両方に対して行う．

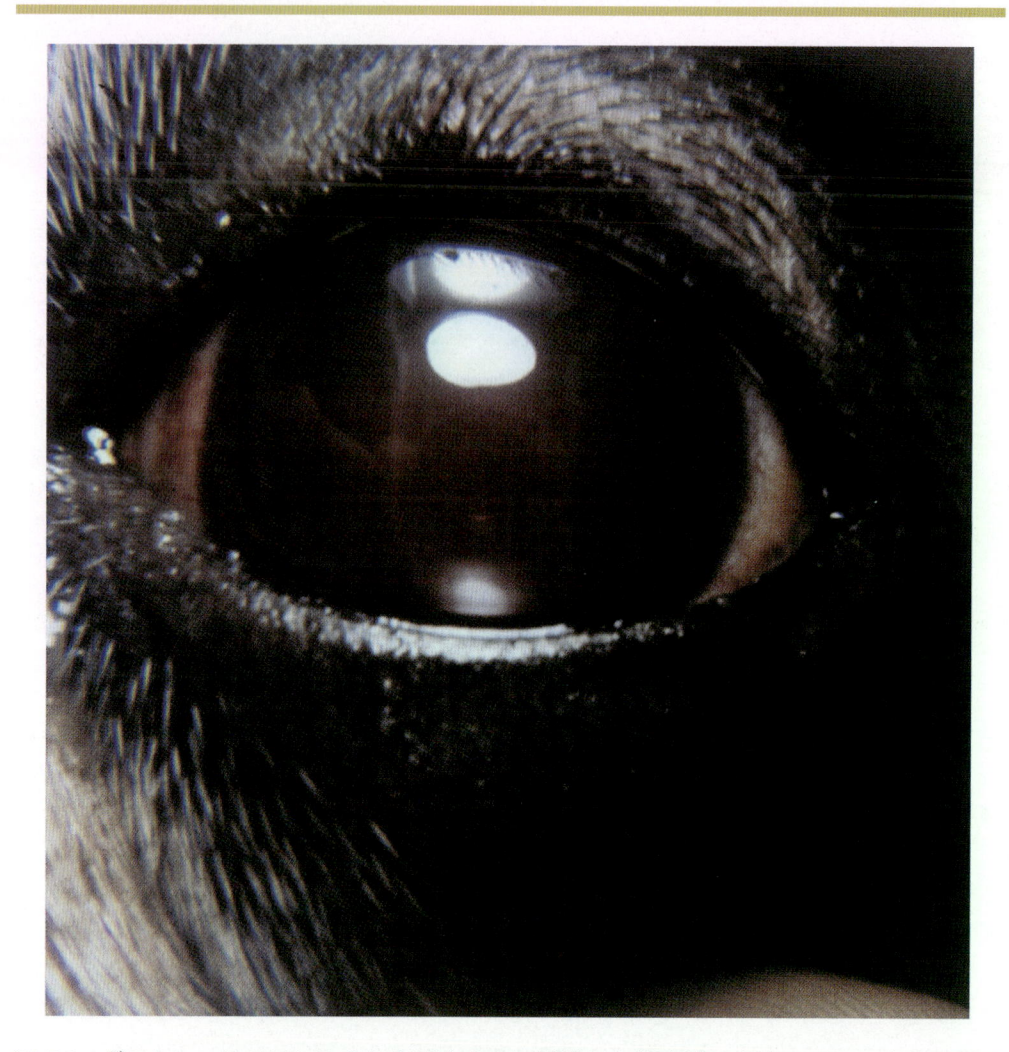

図 7.9　ボストン・テリアにみられた眼内出血に続発した緑内障．出血の原因は大きな網膜裂孔を伴った全網膜剥離である．

　出血に続発した緑内障は犬ではまれであり，その後も眼内出血が繰り返し再発する．外傷と同様に，眼内出血に対する犬の反応は，高眼圧よりもむしろ眼球癆（眼球の萎縮）となることがしばしばである．裂孔原性網膜剥離に続発した緑内障眼に眼内出血が起こることもある．眼内出血があると深部の眼構造を視覚的に探査することが不可能であるため，超音波検査が有用な診断手技となる．治療には IOP を減少させる薬物を用いる．TPA（組織由来プラスミノーゲン・アクチベーター 25 μg）を前房内注射すれば一時的ではあるが，前房出血を透明にすることができる．視覚の回復についての予後は悪い．

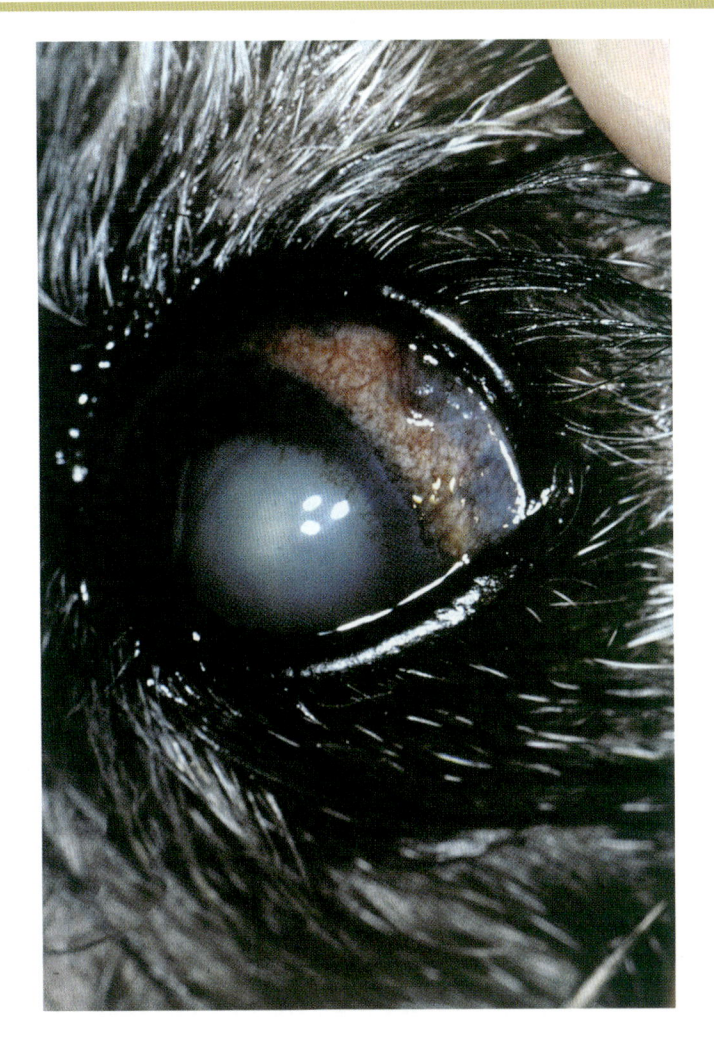

図 7.10　ケアン・テリアにみられた色素細胞の増殖と房水の流出経路の変化に関連したメラニン細胞性続発緑内障．結膜の血管の充血，瞳孔の散大，成熟白内障および球結膜下の色素に注目．

　色素性あるいはメラニン細胞性緑内障は中年のケアン・テリアに発生する．濾過隅角，上強膜および結膜下組織，眼底のタペタム領域および視神経内に色素沈着の目立つ領域が発達する．メラニン細胞がこのように集まることで，房水の流出が妨げられ，その結果として遅発性の慢性緑内障が起こると考えられる．

　眼科検査では，上強膜のうっ血，軽度から中程度の牛眼，瞳孔の散大，眼全体に散在する色素沈着領域などが観察できる．隅角検査では，濾過隅角内にび漫性の色素沈着が認められる．治療としてはIOPを低下させる薬物治療とろ過手術を行う．さらなる情報のために，Fundamentals of Veterinary Ophthalmology p188，Veterinary Ophthalmology 3rd edition pp731-732 を参照のこと．

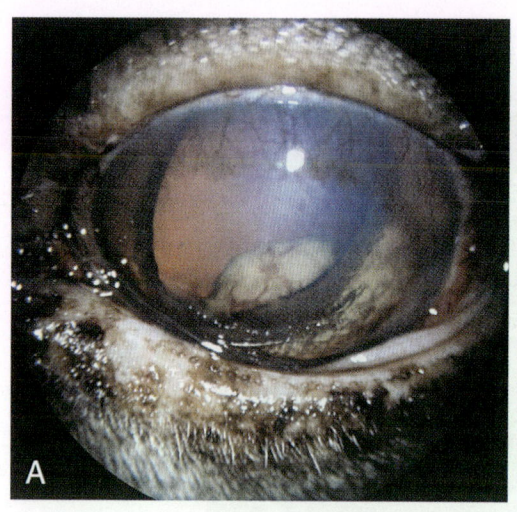

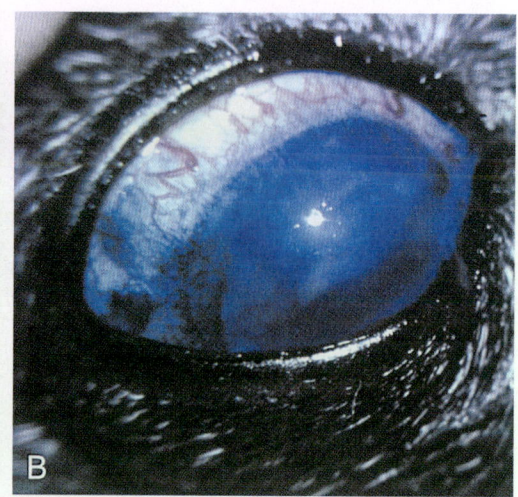

図7.11　A．犬の原発性毛様体腺癌に関連した続発緑内障．色素をもたない腫瘤が瞳孔内に存在する．
　　　　B．犬の原発性前部ぶどう膜黒色腫に関連した続発緑内障．黒褐色の腫瘤が虹彩の外側に発生している．眼内出血も併発している．

　眼内に新生物が発生すると，原発性あるいは続発性に関わらず，卵円形の腫瘤，持続性のぶどう膜炎，再発性あるいは持続性の眼内出血あるいは緑内障などの症状がみられることがある．前部ぶどう膜の黒色腫および毛様体の腺腫あるいは腺癌は犬の原発性の眼内腫瘍の中では最もよく発生する腫瘍である．

　病歴としては晩発性の牛眼，上強膜のうっ血，持続性の炎症あるいは眼内出血があげられる．眼科検査を行うと，色素沈着を起こしているかあるいは起こしていない腫瘤が虹彩あるいは毛様体から（瞳孔内あるいは虹彩根部に）隆起しているのを観察することができる．炎症（腫瘍の壊死に関連）や出血の徴候も認められるであろう．隅角検査による流出路の探査および超音波検査による眼球全体の検査は重要である．ひとたび緑内障が起これば，治療は眼球摘出である．

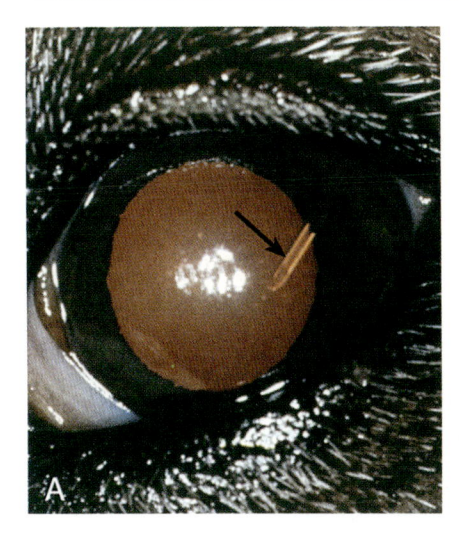

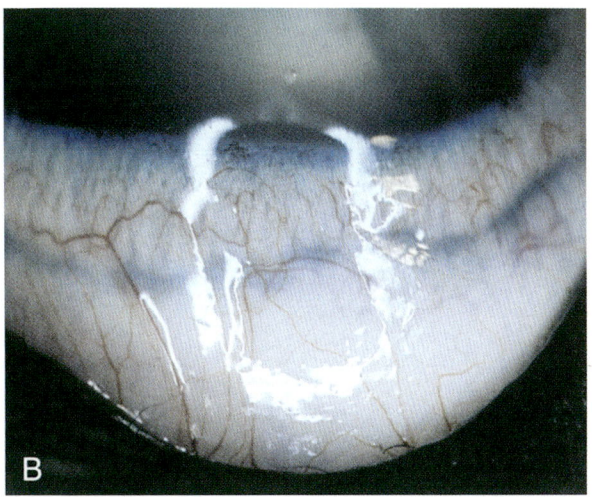

図 7.12　A．前房シャントを用いた原発閉塞隅角緑内障の治療．前房内には，背外側の角膜輪部を通って眼球の後方のスペースへと房水を導くためのシリコン製の排液チューブ（矢印）が見える．
　B．犬の原発閉塞性緑内障の治療にレーザー毛様体光凝固術を使ったときの強膜に及ぼす影響．角膜輪部の約3mm後方に，レーザーによる「ヤケド」が不規則な列になっているのに注目．

　緑内障の治療には数種類の外科的手技が用いられる．それらの手技は，房水の流出量を増加させるためのものと房水の産生量を減少させるためのものに分けられる．一般に用いられる手技は，前房シャント（流出を増加）とレーザー毛様体光凝固術（産生量を減少）である．

　前房シャントは角膜輪部の10〜12mm後方に設置するが，インプラント周囲の線維化が失敗を引き起こすことがある．前房内に入れたチューブが，障害を受けている流出路を迂回させて，房水をインプラントの上強膜部分へと導く．線維化がインプラントの周囲で起こるが，これは房水に含まれる成分によって刺激されて起こると思われる．房水はインプラントを覆う線維性の嚢内の毛細血管から吸収される．

　レーザー毛様体光凝固術では，プローブは角膜輪部から数mm後方の位置で，球結膜および強膜をはさんで毛様体の方向を向ける．レーザー毛様体光凝固術を用いると，ぶどう膜色素の放出，一時的な出血および毛様体炎が結果として起こる．レーザー毛様体光凝固術は，視覚の維持よりもIOPのコントロールに用いるほうが，成功率が良い．さらなる情報のために，Fundamentals of Veterinary Ophthalmology pp193-196, Veterinary Ophthalmology 3rd edition pp738-748を参照のこと．

8 犬の前部ぶどう膜

図 8.1 シベリアン・ハスキーにみられた虹彩異色．多くの純血犬種で片眼あるいは両眼の虹彩が青くなる．

　虹彩異色は，1つの虹彩内あるいは左右の虹彩間で複数の色彩を示す．多くの犬種で片方の目が完全に青い虹彩であることが容認されているが，その他の犬種では登録を拒絶される．中にはシベリアン・ハスキーのように，両眼の虹彩が青くなる犬種もいる．ダルメシアンのような特定の犬種では，青い虹彩は難聴および心臓の欠陥を伴っていた．青い虹彩をしている眼の眼底は検眼鏡で観察したノンタペタム領域に限って色素を持たない準アルビノであることが多い．タペタム領域は通常は存在し，黄緑色の三角形の領域として観察されるが，時に存在しない場合もある．

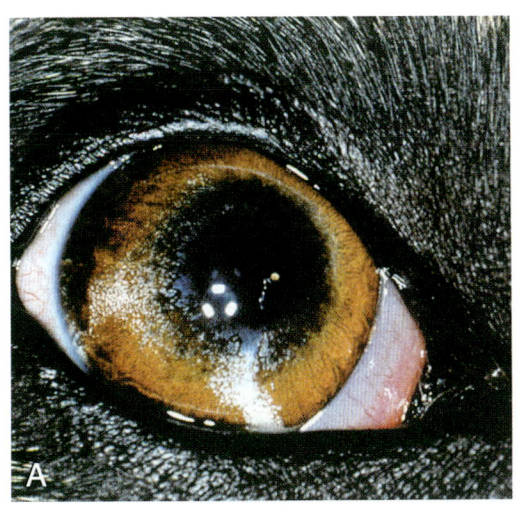

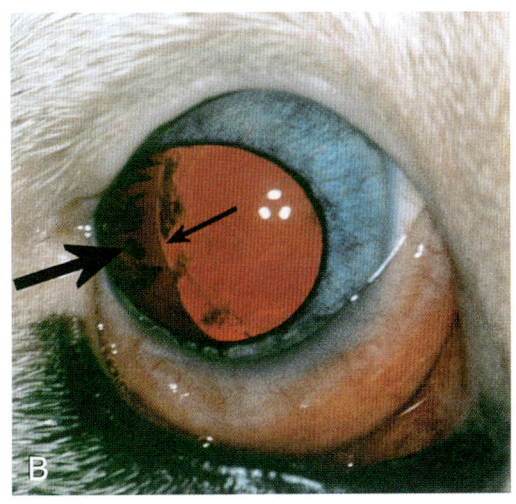

図 8.2　A．虹彩異色は犬のマール素因にも関連する．褐色，青色および白色の組合せが一般的である．
　B．虹彩異色は，マール遺伝子をホモに持つ（過度の白色の）犬の小眼球症およびその他の眼異常にも関連する．このグレート・デンの仔犬にみられる外側赤道部の瞳孔奇形，毛様体ぶどう腫（大矢印）および水晶体コロボーマ（小矢印）に注目．

　虹彩異色は，多くの犬種でマール遺伝子および被毛の色彩に関連する．マール遺伝子をヘテロに持つ犬（Mm）では，虹彩異色は完全に青色か，一部には褐色でごくわずかに青色と白色が混じって見える．これらの犬の眼底は，全体的に色素が沈着，準アルビノでタペタム領域を持つもしくは持たない，あるいはノンタペタム領域は色素が沈着もしくは過剰沈着でタペタム領域は正常もしくは著しく減少している．

　マール素因を持つ犬種では，マール遺伝子をホモに持つと，過剰に白い被毛を持った仔犬に虹彩異色とともに複数の眼異常が発生する．ここで発生する眼異常とは，小眼球症，瞳孔の大きさと形状の異常，局所的な虹彩の低形成とコロボーマ，皮質白内障，赤道部のぶどう腫，網膜異形成および網膜剥離である．虹彩の色は青色であるが，時に黄色あるいは淡い褐色である．眼底は，ノンタペタム領域にはわずかに色素が沈着し，タペタム領域は黄緑色かあるいは存在しない準アルビノである．

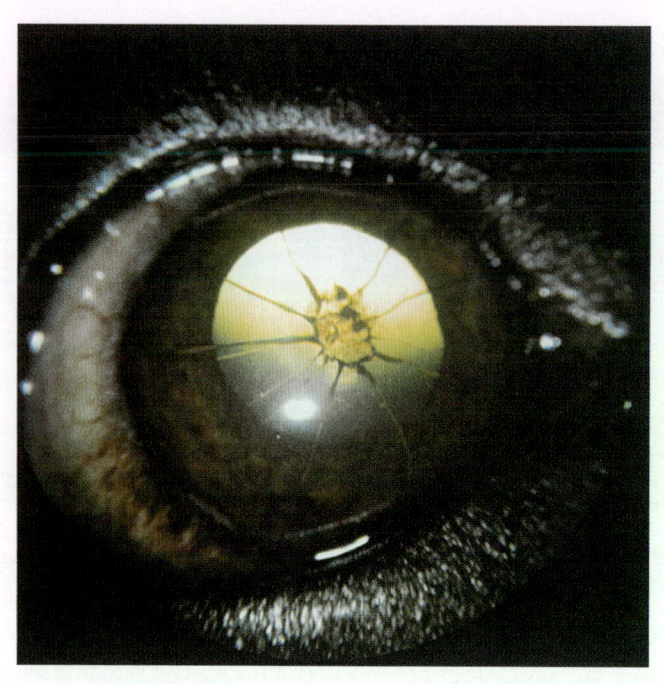

図8.3　雑種犬にみられた瞳孔膜遺残（PPM）および続発軸性前嚢白内障．PPMの基底部が虹彩の前表面にあることに注目．

　瞳孔膜遺残（PPM：persistent pupillary membranes）は最も頻繁にみられる犬の前部ぶどう膜の先天性異常である．瞳孔の形成は妊娠中の最後の3分の1の期間に起こるが，生後12〜14日目に仔犬の眼科検査を行うと，しばしば瞳孔に「房」が遺残している．4か月目まで，あるいは眼が完成しているのにPPMが残っている場合には異常であると考えられる．

　PPMは虹彩前面の捲縮輪部分から発生するが，ここは虹彩の小動脈輪の領域でもある．PPMはさまざまな太さの線維から色素を持った帯のように見えるが，虹彩の別の場所，角膜の後面あるいは水晶体の前嚢などに付着している．角膜および水晶体に付着していると，それぞれさまざまな大きさの角膜後面の混濁および前嚢白内障を引き起こす．虹彩の他の部位につながるPPMは瞳孔の形状の異常および不規則な散瞳を引き起こすことがある．PPMによる角膜および水晶体の混濁の進行はあまり起こらない．治療は必要ない．さらなる情報のために，Veterinary Ophthalmology 3rd edition pp755-759, Essentials of Veterinary Ophthalmology pp198-200を参照のこと．

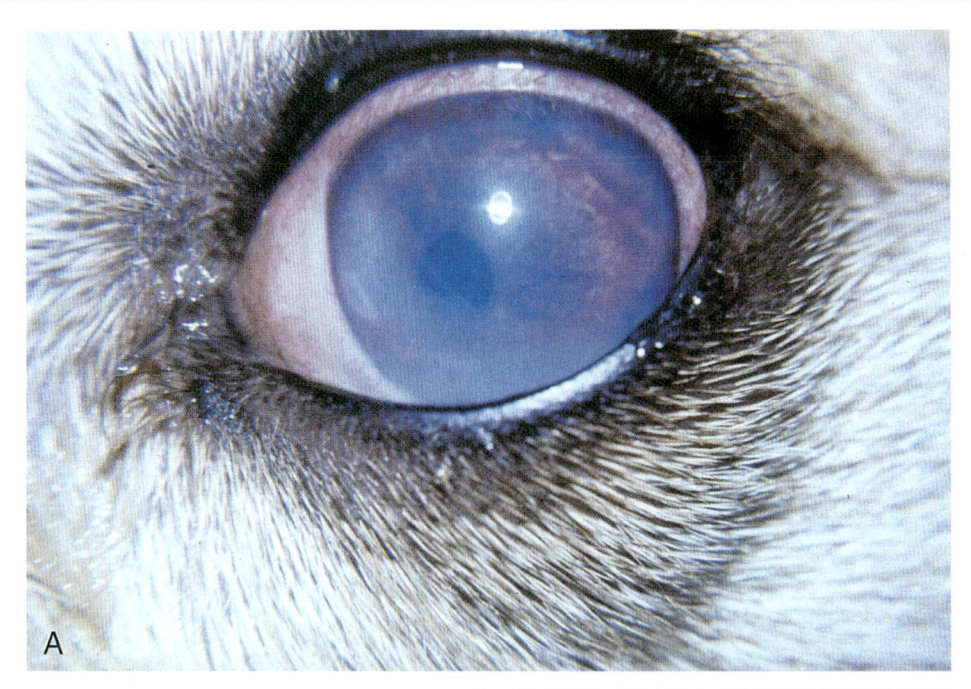

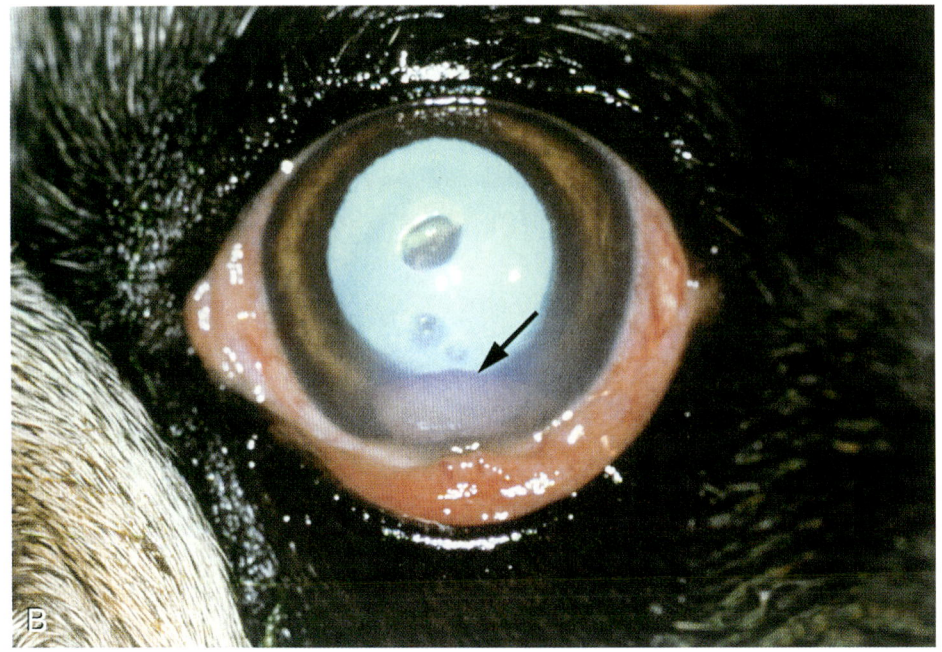

図 8.4　A．発症から 24 時間以内の犬の急性虹彩毛様体炎．結膜充血，縮瞳および角膜浮腫に注目．
　B．犬にみられた中心性の深い角膜潰瘍に続発した急性虹彩毛様体炎．腫脹した虹彩，前房蓄膿（矢印）および房水フレアに注目．瞳孔は散大している．

（つづく）

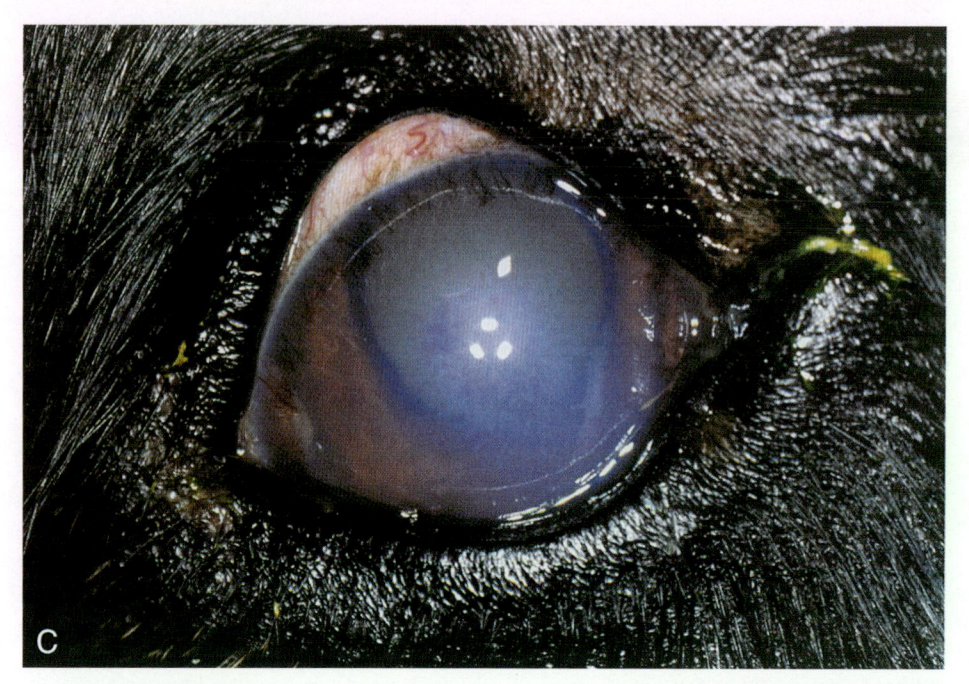

C．全身性組織球症のバーニーズ・マウンテン・ドッグにみられた虹彩毛様体炎．虹彩の著しい炎症および角膜浮腫に注目．

　炎症は，最も頻繁にみられる犬の前部ぶどう膜の疾患群である．これらの炎症（前部ぶどう膜炎あるいは虹彩毛様体炎）は感染，外傷，腫瘍，中毒，代謝あるいは自己免疫などが原因となる．臨床上の問題を解くカギは，他の眼科疾患に関連した虹彩毛様体炎と全身疾患に続発した虹彩毛様体炎（しばしば両眼がおかされる）とを鑑別することである．さらに，同時に後部ぶどう膜および脈絡膜がおかされていれば，汎ぶどう膜炎およびより重篤な疾患の存在を示している．

　急性ぶどう膜炎の臨床徴候には，羞明，流涙，眼瞼痙攣，眼瞼の浮腫，および「赤目」があげられる．眼科検査を行うと，房水フレア，毛様充血，結膜充血，さまざまな程度の角膜浮腫，縮瞳，虹彩の腫脹，角膜深層への血管新生，前房蓄膿，前房出血，角膜後面沈着物および眼圧の低下が認められる．両眼がおかされた場合には全身疾患が推測され，全血球測定，一般生化学検査，尿検査および胸部と腹部のX線検査を初めに行うべきである．

　急性虹彩毛様体炎の治療および予後は，その原因および治療に対する反応次第である．治療は，推測される原因に対して行うとともに，前部ぶどう膜炎に対する非特異的な治療も行う．瞳孔を散大させることは，虹彩後癒着および白内障の形成の機会を減らし，血液-房水関門を安定化させ，虹彩および毛様体の筋肉の痙攣に関連した痛みを減少させるために重要である．（散瞳の程度に）変化をもたらすにはアトロピン（1％）が推奨されるが，涙液の生産を減少させるため過剰に点眼すべきではない．コルチコステロイドの点眼，全身投与および結膜下注射および非ステロイド製剤の点眼および全身投与などの消炎剤を用いると，ぶどう膜の炎症，縮瞳および疼痛が減少する．抗生物質の点眼や全身投与および抗真菌剤の全身投与などのその他の治療も，感染性の疾患が推測される場合には使用できるであろう．さらなる情報のために，Veterinary Ophthalmology 3rd edition pp759-771, Essentials of Veterinary Ophthalmology pp210-215 を参照のこと．

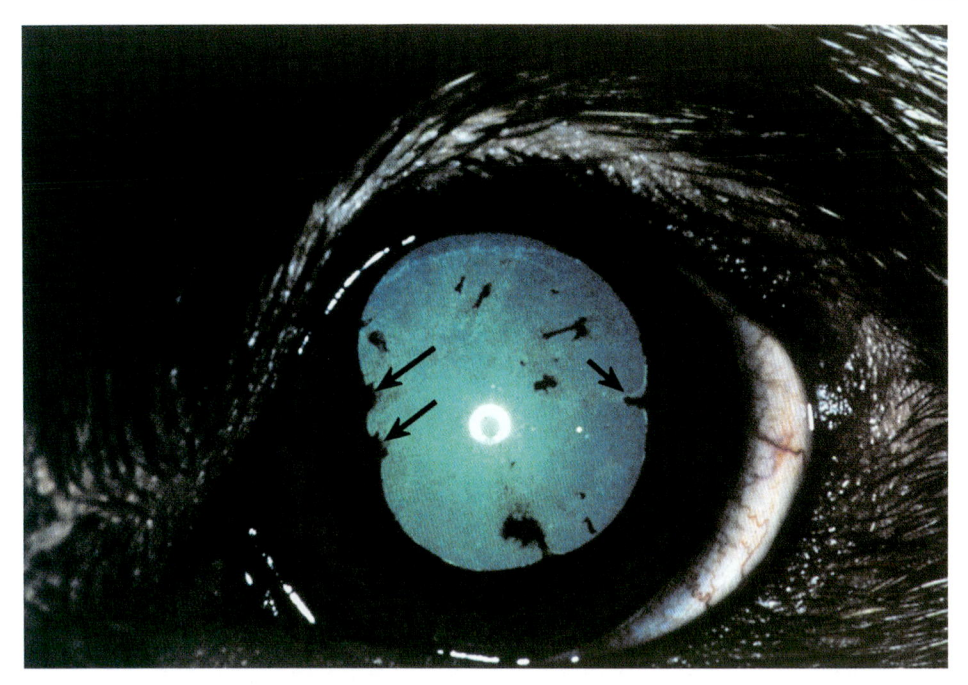

図 8.5 秋田犬のぶどう膜皮膚症候群に関連した慢性虹彩毛様体炎．暗調な虹彩，虹彩後癒着（矢印）および水晶体前囊に付着した虹彩の房に注目．

　前部ぶどう膜の慢性炎症は急性炎症に比べ発生は少ないが，臨床の現場では増加しつつある．慢性虹彩毛様体炎は，主に癒着と房水の変化を起こしたりするが，続発緑内障（虹彩角膜角の閉鎖と周辺部の虹彩前癒着の形成あるいは瞳孔の閉塞／環状の虹彩後癒着／膨隆虹彩）および皮質白内障（虹彩後癒着の形成による）などの重い合併症を併発させる原因になる．

　病歴は，集中的かつ長期的な治療に対しても部分的にしか反応しない前部ぶどう膜炎の遷延である．犬の慢性ぶどう膜炎の一般的な原因は，白内障の形成（白内障の過熟化），真菌感染（ブラストミセス症，クリプトコッカス症およびコクシジオイデス症），ぶどう膜皮膚症候群（主に極地犬），ゴールデン・レトリバーのぶどう膜炎と緑内障，そして新生物である．

　慢性ぶどう膜炎の眼を眼科学的に検査すると，急性虹彩毛様体炎，虹彩後癒着の形成，不規則で固定した瞳孔，水晶体前囊への虹彩の付着，白内障の形成，虹彩の部分的な脱色あるいは色素沈着，ぶどう膜の外反（瞳孔領の虹彩がゆがんで，虹彩後面から色素小節が見える），眼圧の低下，眼球瘻（眼球の萎縮）および緑内障が観察される．炎症性の膜が瞳孔を横切ったり，水晶体前囊に付着したり，（虹彩前線維血管膜として）虹彩表面に広がったりすることがある．瞳孔の閉鎖〔環状に（360度）後癒着が起こるため〕および膨隆虹彩の形成が続発緑内障を引き起こすことがある．

　慢性ぶどう膜炎には全身的な内科療法が必要であるが，可能であれば病気の原因の究明も必要である．基本的な診断の手順には，全血球計算，一般生化学検査，尿検査および胸部と腹部のX線検査があげられる．リンパ節の吸引，生検および血清検査などの追加検査も必要と思われる．

（つづく）

治療の目的は前部ぶどう膜の炎症を減らし，虹彩後癒着を防ぐために瞳孔を開かせて動くようにし，炎症を起こしている原因を排除することである．瞳孔の散大は，虹彩後癒着および白内障の形成の機会を減らすため，血液房水関門を安定化させるため，および虹彩および毛様体の筋肉の痙攣に関連した痛みを和らげるために重要である．（散瞳の程度に）変化をもたらすにはアトロピン（1％）が推奨されるが，涙液の生産を減少させるため過剰に点眼すべきではない．コルチコステロイドの点眼，全身投与および結膜下注射および非ステロイド製剤の点眼および全身投与などの消炎剤を用いると，ぶどう膜の炎症，縮瞳および疼痛が減少する．アザチオプリンのような免疫抑制剤が特定の疾患では必要であろう．抗生物質の点眼や全身投与および抗真菌剤の全身投与のようなその他の治療法も，感染症が疑われるときには使用してもよいであろう．さらなる情報のために，Veterinary Ophthalmology 3rd edition pp764-771，Essentials of Veterinary Ophthalmology pp202-209 を参照のこと．

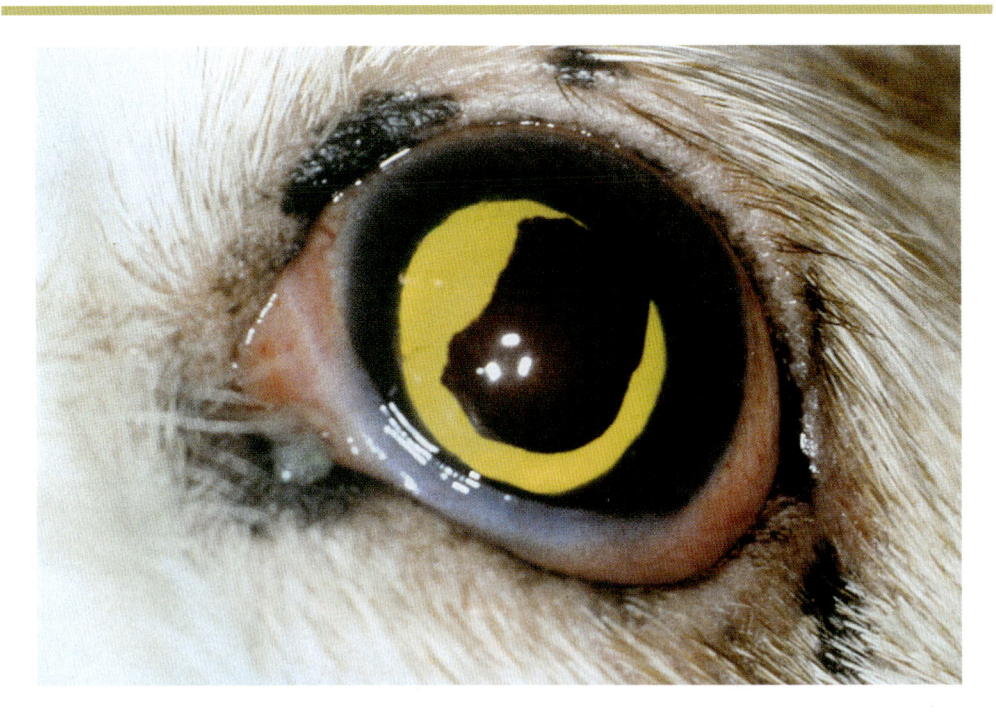

図 8.6 ロッキー山紅斑熱（RMSF）は猟犬に眼内出血を起こすことがある．結膜充血，虹彩の腫脹および前房出血（前房内の凝固した出血）に注目．

　ロッキー山紅斑熱（RMSF：rocky mountain spotted fever）は *Rickettsia rickettsii* によって起こり，*Dermacentor Andersoni*，*D. valiabilis*，*Amblyomma americanum* などのダニに媒介される．血管炎および血小板減少症が起こり，臨床的には多臓器にび漫性の出血がみられる．出血および炎症は，結膜，前部および後部ぶどう膜，網膜（図 16.7）および視神経乳頭に発生する．感染から約 2〜3 週間後にぶどう膜炎が起こると思われる．血清検査，特にペア血清で検査を行うと有用であるが，高価である．MRSF の治療法は *R. rickettsii* に対するテトラサイクリンの全身投与であり，前部ぶどう膜炎に対しては散瞳剤およびコルチコステロイドが効果的である．

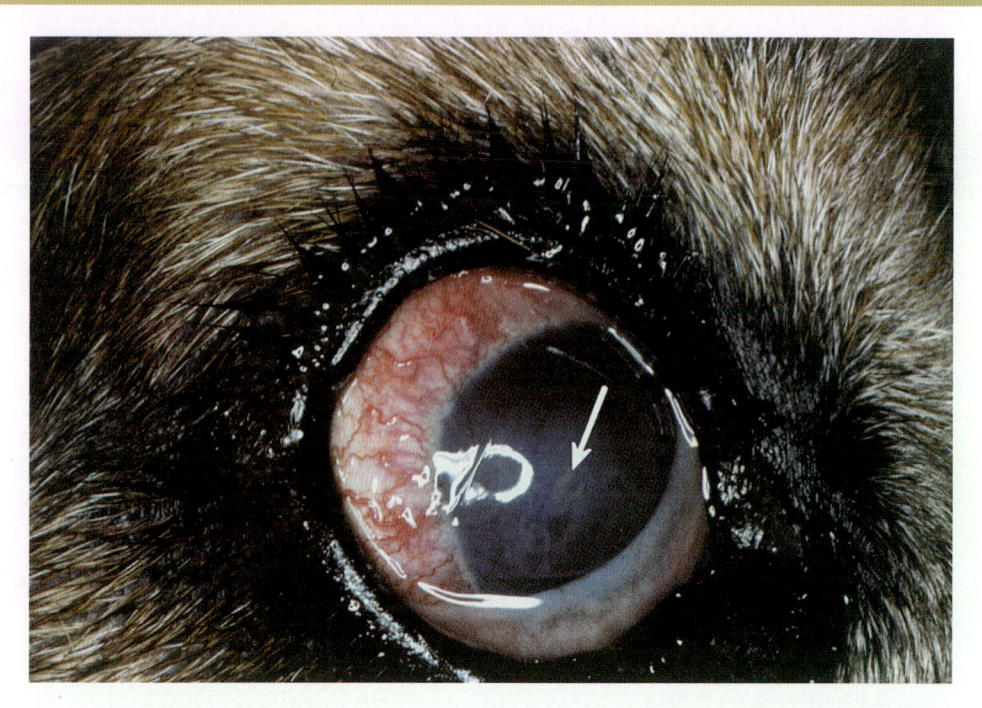

図 8.7 犬の前房内の犬糸状虫（*Dirofilaria immitis*）．寄生虫（矢印）は動く透明な虫として観察される．結膜の充血，瞬膜の突出および角膜浮腫を伴った著しい虹彩毛様体炎に注目．

　D. immitis の未成熟幼虫（第 4 期）は，北米の犬では最もよくみられる眼内の寄生虫である．犬糸状虫の長期的予防が一般的になるに従って，現在この寄生虫がぶどう膜炎を起こすことはまれである．屋外飼育の犬で，犬糸状虫の予防を行っておらず，片側性の「赤い」眼という病歴である．

　眼科検査を行うと，前部ぶどう膜炎，著しいが時に局所的な角膜混濁，房水フレアあるいは明瞭なフィブリン，縮瞳，虹彩の腫脹および前房内の透明で動いている寄生虫（図 16.18）という徴候が認められる．検査の間，光にさらすと，寄生虫は瞳孔を通って消えてしまい，後房あるいは硝子体の中にまで侵入してしまうことがある．

　治療としては，角膜輪部から前房内に小さな切開を行い，そこから生きている寄生虫をそのままの状態で外科的に摘出し，散瞳剤および消炎剤（コルチコステロイドおよび非ステロイド製剤）を用いて内科的に前部ぶどう膜炎の治療を行う．角膜浮腫および傷跡がそのまま残るかもしれない．

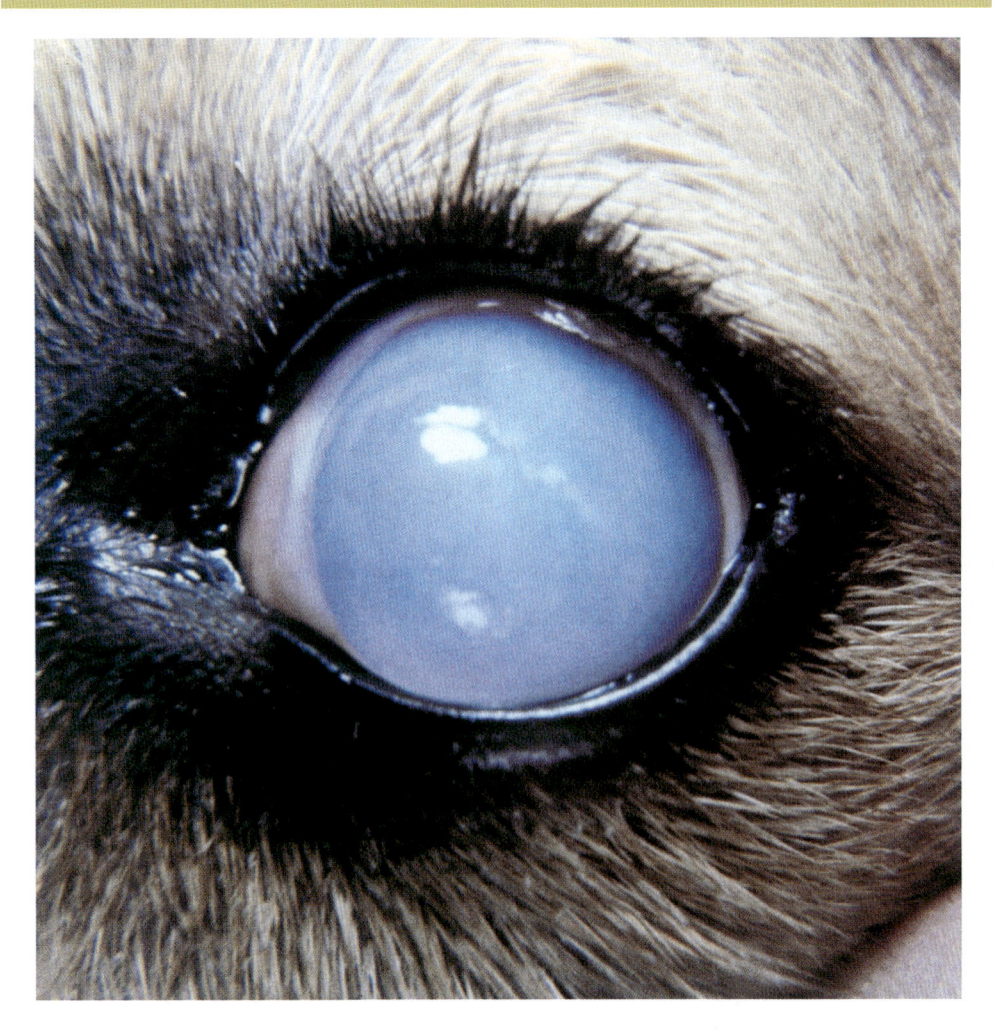

図 8.8 犬伝染性肝炎（ICH）に続発した前部ぶどう膜炎では，角膜内皮内にウイルス粒子がとどまるためひどい角膜浮腫が起こる．

犬伝染性肝炎（ICH：infectious canine hepatitis）は，1960年代～1970年代にかけて重度の角膜浮腫を起こす前部ぶどう膜炎の一般的な原因であった．この疾患は，最初は仔犬が罹患した．自然発症した場合，この疾患は感染した動物の約20％に眼病変を起こすが，この20年間でICHによる前部ぶどう膜炎を引き起こした最も大きな原因はワクチン〔イヌアデノウイルス1型（CAV-1）が使われていた〕であった．1980年代になって新しいワクチンが普及しアデノウイルス2型（CAV-2）が使われるようになると，この眼疾患はみられなくなった．

自然感染が起きて約2～4週間後（回復期）およびCAV-1のワクチン接種から約1～3週間後に前部ぶどう膜炎が発症する．前部ぶどう膜の炎症および角膜浮腫は免疫複合体によるアルサス反応の結果起こる．最初のウイルス血症の後，ウイルスは前房および角膜内皮細胞の中にとどまる．局所的な免疫反応は1～3週間後に前眼部内で発症し，特に角膜内皮が傷害を受ける．

このタイプの前部ぶどう膜炎で最も目立つ点は，治癒しないであろう重篤な角膜浮腫である．この症状は両眼に起こる場合もある（10～30％）．罹患した動物のうち少数は持続性の角膜浮腫，続発緑内障および眼球癆という結果に終わる．治療は前部ぶどう膜炎に対して行う．

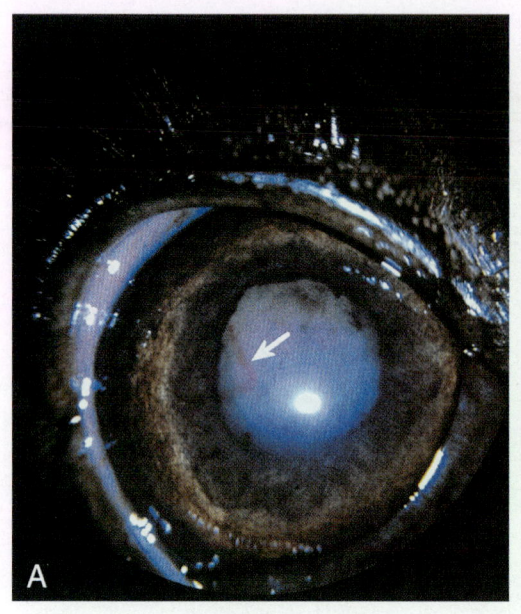

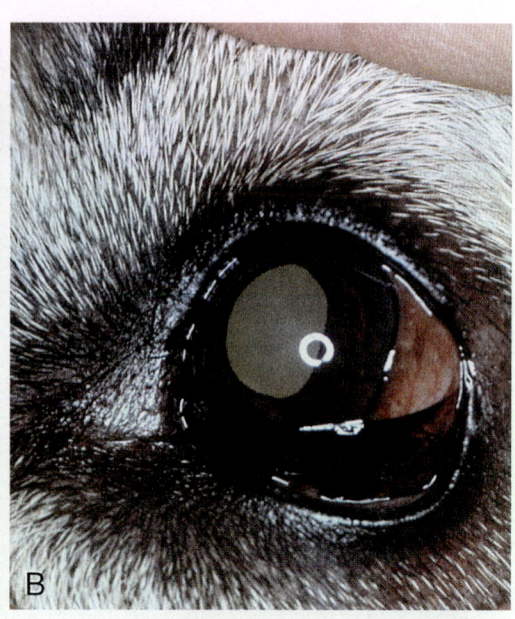

図8.9 A．犬にみられた，*Blastomyces dermatitis* によって起きた真菌性虹彩毛様体炎および後部の脈絡膜網膜炎．腫脹した虹彩，不整な瞳孔および滲出性網膜剥離（矢印）に注目．
B．若齢のジャーマン・シェパードにみられた真菌性虹彩毛様体炎および後部の脈絡膜網膜炎．黄白色の眼底反射（白色瞳孔）は炎症性細胞（硝子体炎）および *Aspergillus* sp. の菌体の浸潤によって起きている．

　真菌症は，しばしばアメリカの犬の前部ぶどう膜炎の原因になり，その分布には多少地理的要因も加わる．アメリカの南西部ではコクシジオイデス症（*Coccidioides immitis*）が好発し，大河の流域（ミシシッピー川やテネシー川）ではブラストミセス症（*B. dermatitis*）が好発する．クリプトコッカス症（*Cryptococcus neoformans*）は広く分布している．全身症状を呈している犬もいるであろう．コクシジオイデス症およびブラストミセス症では，菌体は呼吸器官を通って体内に侵入し，血行を介してぶどう膜組織に到達する．クリプトコッカス症では中枢神経系がおかされるが，CNSから浸潤して視神経乳頭および網膜に到達する．アスペルギルスは主にジャーマン・シェパードに感染する．

　ブラストミセスは初めに視覚を喪失するか，あるいは「赤い」眼を呈するかどちらかのようである．しばしば両眼に発生し，全身性ブラストミセス症の犬の約50％に眼病変が現れるようである．前部ぶどう膜炎（30～50％）と後部ぶどう膜炎（22～43％）の両方が起こる可能性があり，汎ぶどう膜炎も26～72％の患者に起こり，予後は最悪である．滲出性網膜剥離が後部ぶどう膜炎に伴って起こり，盲目となる．

　著しい房水フレアと前房蓄膿を伴った重度の前部ぶどう膜炎が臨床徴候の1つである．虹彩後癒着および白内障も起こりそうである．硝子体の炎症性デブリスもよくみられ，診断のために吸引することもできる．後部ぶどう膜炎および脈絡膜網膜炎の結果，局所的な肉芽腫の形成，網膜出血および網膜剥離が起こる．

　ブラストミセス症に対する治療は，高価でかつ長期的である．後眼部の炎症および網膜剥離は，治療に対する反応および視力の回復について予後が悪い．イトラコナゾールの経口投与，アンフォテリシンの静脈内投与およびケトコナゾールの経口投与などが長期間投与する抗真菌薬である．さらなる情報のために，Veterinary Ophthalmology 3rd edition pp1412-1413, Essentials of Veterinary Ophthalmology pp212-213を参照のこと．

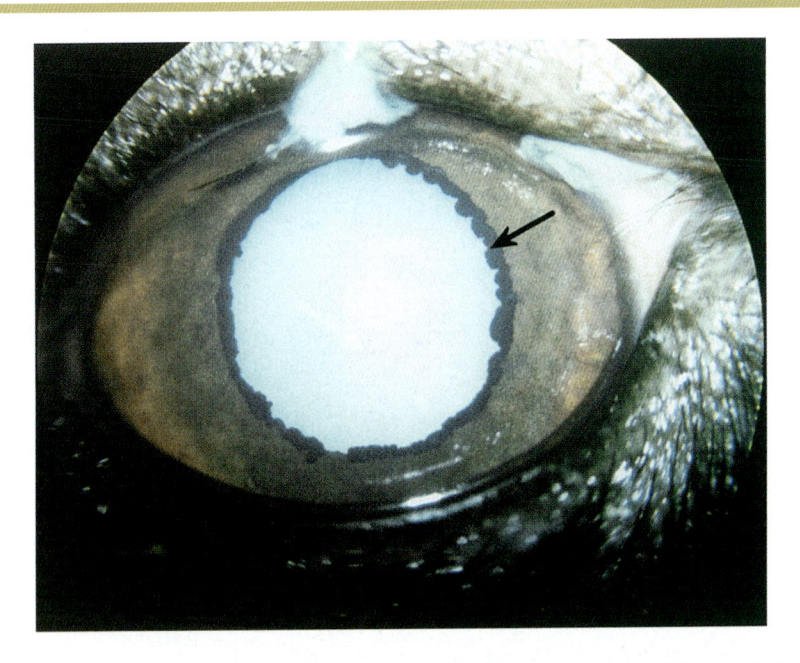

図8.10 アメリカン・コッカー・スパニエルにみられた水晶体原性虹彩毛様体炎および白内障. 慢性的なぶどう膜の炎症の結果, 瞳孔内にはぶどう膜あるいは虹彩色素上皮が外反している（矢印）.

　水晶体原性ぶどう膜炎（LIU：lens-induced uveitis）は犬ではよくみられ，すべての白内障眼，特に過熟期にまで進行した白内障眼に存在する．圧平式の眼圧計あるいは蛍光光度計測法のどちらかを用いて行った臨床的な研究に，白内障形成のほとんどすべてのステージ（初発，未熟，成熟および過熟）において明らかに眼圧が低く，血液房水関門に欠陥があること（傷のない水晶体前嚢を通して水晶体物質が拡散し，その結果 LIU が起こること）を示唆しているものがある．

　LIU は臨床的に2つの病態で発生する．すなわち，水晶体融解性ぶどう膜炎は白内障の過熟に関連しており，組織学的には炎症細胞はリンパ球および形質細胞である．LIU のもう1つは水晶体融解性ぶどう膜炎に比べてまれであるが，水晶体前嚢の亀裂に関連している（貫通性の猫の引っ掻き傷で嚢の亀裂が起こった若齢の犬でみられる）．

　臨床徴候は白内障の形成および急性から慢性のぶどう膜炎である．最も好発する犬種は遺伝性あるいは原発白内障が好発する犬種である．急性期の症状は眼瞼痙攣，流涙，羞明および結膜充血である．眼科検査では，結膜充血，毛様充血，縮瞳，さまざまな程度の房水フレアから明瞭なフィブリン，1％トロピカミド点眼後の緩慢で不完全な散瞳および低眼圧などが認められる．白内障の発育段階はさまざまだが，通常は過熟期である．

　LIU には継続的な監視および点眼治療（および全身的治療）を断続的あるいは連続して行うことが必要である．消炎剤（1.0％プレドニゾロン，0.1％デキサメサゾンあるいは非ステロイド製剤）および散瞳剤（1％トロピカミドあるいは1％アトロピン）が点眼療法に用いられる．犬において, LIU は白内障の手術前に内科的に管理されていなければならないし，手術の成功率を低くするかもしれない．白内障の手術を行うことのできない LIU に対しては，定期的な検査および内科療法が終生必要である．

犬の前部ぶどう膜

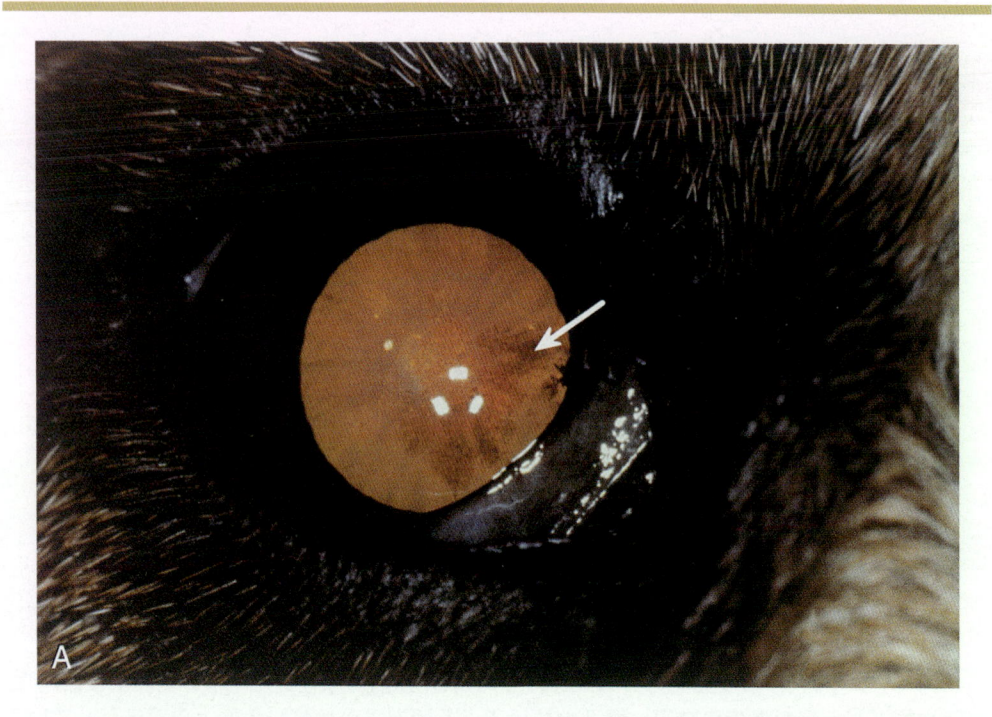

図 8.11　A．ゴールデン・レトリバーにみられた色素性前部ぶどう膜炎および緑内障は近年報告された疾患である．この疾患では，水晶体前嚢の表面に色素斑が見える（矢印）という特徴を持つ前部ぶどう膜炎が初めに起こる．

　前部ぶどう膜嚢胞（色素性ぶどう膜炎の新しいタイプ）および続発緑内障症候群がゴールデン・レトリバーで発生するが，これは全身性疾患とは関連しない．罹患する犬のほとんどは高齢（平均年齢8歳）である．この疾患は，水晶体前嚢の表面にしばしば放射状に色素が沈着する慢性の前部ぶどう膜炎という特徴を持つ．

　おそらく，これらのメラニン沈着物は虹彩の後面あるいは毛様体のどちらかに由来している．病気の経過が進むと，前部ぶどう膜嚢胞が発達し，緑内障が発生する原因となる．虹彩の後癒着が起こるとともに白内障も発生し，約50％の犬に続発緑内障が起こる．

　持続的で長期にわたる眼の刺激および前部ぶどう膜炎が臨床病歴のひとつである．虹彩毛様体炎も長期にわたり持続する．

（つづく）

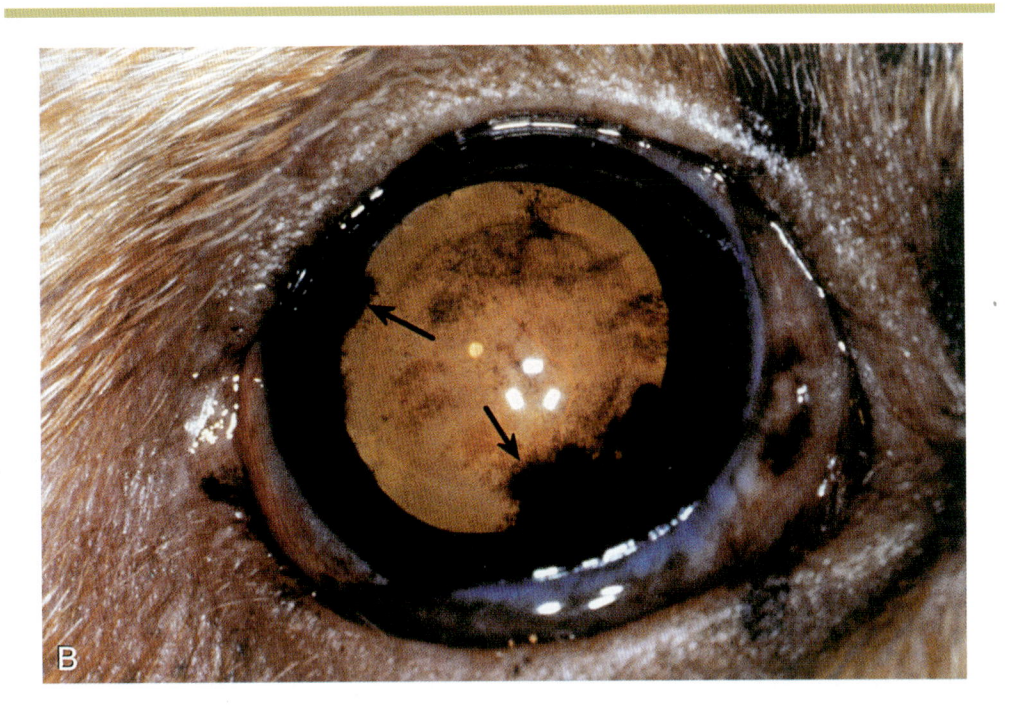

B．ゴールデン・レトリバーの色素性ぶどう膜炎が進行すると，後癒着（矢印）の形成が始まり，結果的に白内障が発生する．写真は John S. Sapienza のご好意による．

　色素性の沈着物は水晶体前嚢上に散在し，これが診断の材料になる．房水フレアおよび炎症膜の形成が起こり，しばしば緑内障の開始へと進行する．病気の進行に伴い，虹彩後癒着の形成もよくみられるようになり，白内障の発生を引き起こす．病気の進行に伴って続発緑内障も発生するが，これは線維柱帯網の中に色素が詰まったり，周辺部に前癒着が起こったり，虹彩根部が前方に移動したりする（おそらくぶどう膜嚢胞による）ことに続発していると思われる．

　この症状は慢性虹彩毛様体炎であり，消炎剤の点眼，全身投与および散瞳治療に抵抗性を示すようになり，さらに悪化して続発性の白内障および緑内障に至る．結果，長期的な視覚に関する予後は悪い．

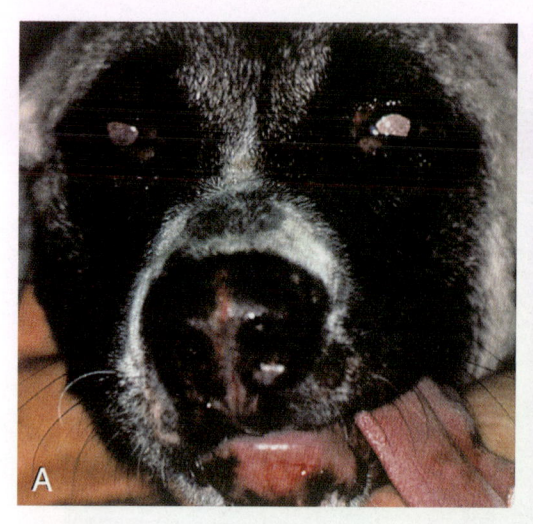

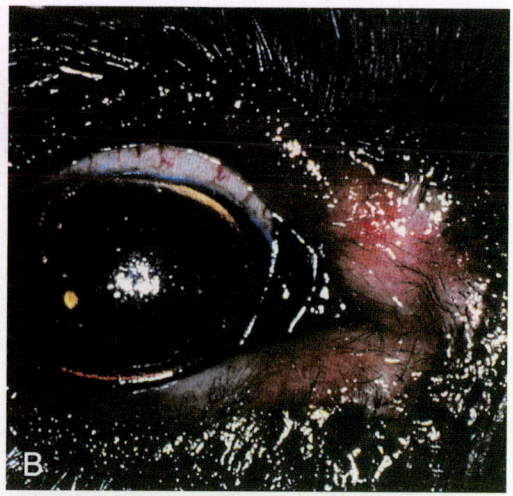

図 8.12 A．ぶどう膜皮膚症候群（UDS）は身体および眼の色素の沈着している組織をおかす．この秋田犬では，部分的に色素の消失した炎症部位は口唇，鼻，眼瞼および虹彩である．
B．同じ犬を拡大して見ると，色素の消失およびび漫性の眼瞼炎が両方の眼瞼に起こっているのが分かる．

　ぶどう膜皮膚症候群（UDS：uveodermatologic syndrome）あるいはフォークト‐小柳‐原田（VKH）症候群は極地犬に原発する．最も好発する犬種には，秋田，シベリアン・ハスキー，サモエドおよびシェットランド・シープ・ドッグがあげられる．罹患する犬は普通は若齢（平均年齢は3歳）で，次第に両眼がおかされる．皮膚病変が先に発生することもあれば，眼病変の後に発生することもある．組織病理学的には，眼および皮膚内のメラニン細胞が免疫介在性に破壊されることが示唆される．

　臨床的には，皮膚病変はびらん，炎症，そして鼻鏡，口唇，陰嚢，パッドおよび眼瞼（特に辺縁）の色素沈着の喪失である．眼科検査では，色素の喪失を伴った著しい眼瞼炎，虹彩の色素の喪失を伴った持続性の前部ぶどう膜炎，虹彩後癒着および続発白内障の発生，水晶体前嚢上の色素斑，後部の脈絡膜炎，ノンタペタム眼底の色素沈着の喪失，網膜剥離および続発緑内障（周辺部の虹彩前癒着および虹彩角膜角の閉鎖あるいは360度にわたる環状の後癒着および膨隆虹彩のいずれかによる）が認められる．

（つづく）

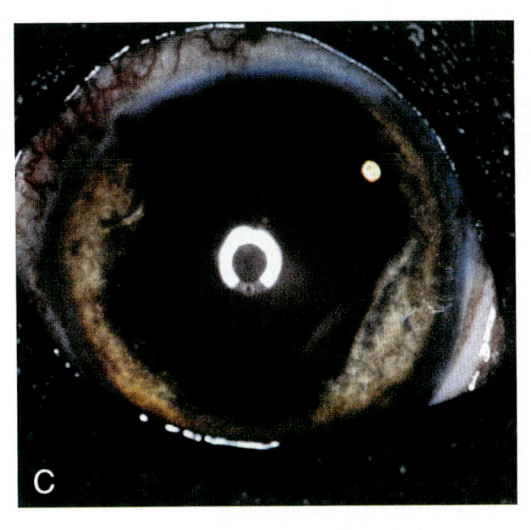

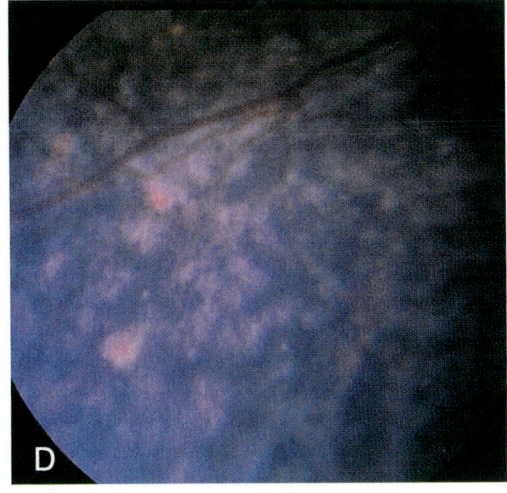

C．別のUDSの犬では慢性虹彩毛様体炎の結果，より薄い褐色の虹彩（色素細胞が破壊されているため），虹彩後癒着および続発緑内障が生じた．上強膜のうっ血およびわずかに拡大した眼球に注目．
　D．USDに伴い，ノンタペタム眼底の色素沈着にも変化が起こる．脈絡膜網膜炎および色素の消失に注目．

　この疾患の予後は要注意であり，長期的な視覚に関しては予後は不良である．ぶどう膜皮膚症候群の治療は困難であり，眼および皮膚のメラニンの免疫介在性の破壊を停止させることを目的に行う．コルチコステロイドの点眼および全身投与と散瞳剤の併用が汎ぶどう膜炎に対してある程度の好結果を招くとして使用される．免疫抑制剤であるアザチオプリン（Imuran, Burroughs Wellcome, Research Triangle Park, NC）は，より好ましい結果を招くと思われるが，血小板数，全血球計算，および肝酵素の監視が必要となる．さらなる情報のために，Veterinary Ophthalmology 3rd edition pp774-775, Essentials of Veterinary Ophthalmology pp213-215 を参照のこと．

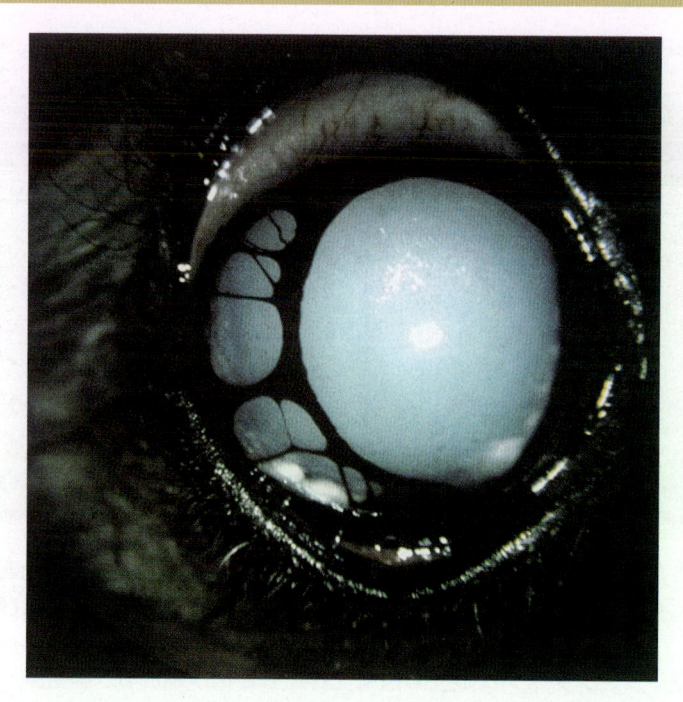

図 8.13　ミニチュア・プードルにみられた進行した老年性の虹彩萎縮．外側の虹彩の大部分が萎縮しているが，虹彩括約筋領域は萎縮していないことに注目．濃縮した成熟白内障も存在する．

　老年性の虹彩萎縮は老齢犬においては一般的で，トイおよびミニチュア・プードルやチワワではより好発するようである．瞳孔の異常，色彩の変化および全層性の孔が虹彩に発生する．虹彩の組織が喪失するために，褐色の虹彩の色がより薄い色に変化していくが，もし萎縮が広がって虹彩後面の色素層に及ぶと，虹彩は黒褐色から黒色を呈するようになるであろう．老年性の虹彩萎縮は普通，二次的な問題（例えば緑内障）を起こすことはない．

　トイおよびミニチュア・プードルでは老年性の虹彩萎縮によって瞳孔縁および虹彩括約筋がおかされる．その結果，瞳孔はわずかに散大し，その縁は扇形を呈するようになる．もし縮瞳が抑制されたり欠如すれば，犬は照明や日光に過敏になり避けるようになるであろう．

　老年性の虹彩萎縮は虹彩の実質をもおかすことがあり，その結果，水晶体の辺縁部を直接観察することができるような全層性の孔が開いてしまうこともある．瞳孔の対光反射の障害，光に対する感受性の増加およびさまざまな程度の散瞳などがしばしば認められる．老年性虹彩萎縮に対する治療法はない．

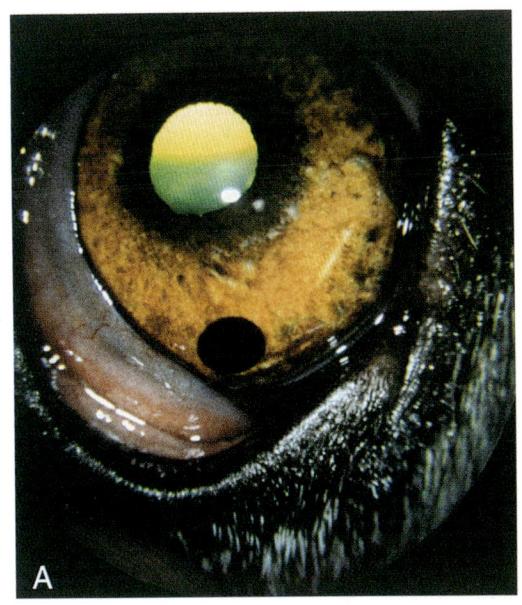

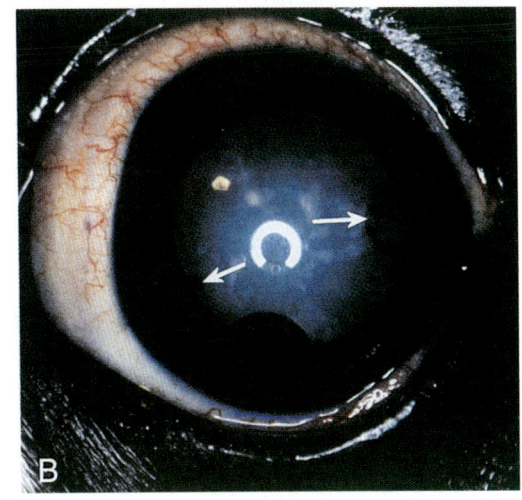

図8.14　A．犬にみられた前房内の色素沈着した虹彩囊胞．この囊胞は可動性で，色素沈着が強く，球状で光を透過する．
　B．ボストン・テリアにみられた腹側の前房内にある色素沈着した虹彩囊胞．さらに2個の囊胞が瞳孔内（矢印）に見えており，虹彩の後面に付着したままである．

　ぶどう膜の囊胞は虹彩の後面から発生する場合もあれば（黒色囊胞），毛様体から発生する場合もある（褐色あるいは光を透過する囊胞）．これらの囊胞はしばしば老齢犬に発生し，炎症および外傷が示唆される原因である．ゴールデン・レトリバーはぶどう膜囊胞を好発する．虹彩囊胞は固定されていたり，浮遊性および可動性があったりする平滑で色素の沈着した腫瘤のようである．それらの囊胞は，非常に明るい焦点を絞った照明を用いると光を透過し，前部ぶどう膜の黒色腫と鑑別することができる．虹彩囊胞に治療の必要はないが，数が非常に多ければ，前房から吸引したり，非侵襲性のレーザー光凝固を行って収縮させてしまうことも可能である．

　毛様体囊胞はより重要で，少なくともゴールデン・レトリバーおよびグレート・デンにおいては持続性の前部ぶどう膜炎とそれに続発した白内障および緑内障に関連して発生する可能性がある．組織学的には，毛様体囊胞はしばしば毛様突起に付着し，PAS陽性の物質で満たされている．毛様体囊胞内のこの物質の意義は分かっていない．

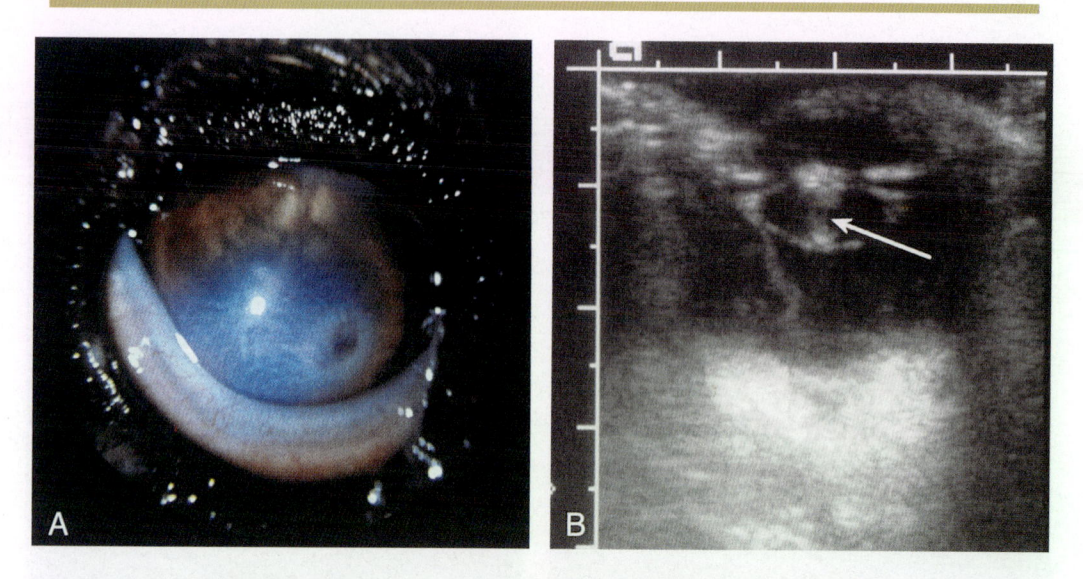

図 8.15　A．犬の角膜，水晶体および前眼部を横断した貫通性の眼内の鉛の弾丸．弾丸の進入口は角膜の中央近くである．
　B．弾丸の進路（矢印）および硝子体内出血の超音波画像．超音波画像は Kathleen Gelatte-Nicholson のご好意による．

　角膜を貫通し前房，虹彩および水晶体に進入した異物は眼に重篤な損傷を引き起こし，真の眼科的な緊急事態と考えることができる．異物の組成は重要であり，銅，鉄および有機的な異物は除去する必要がある．鉛の銃弾は目から取り出す必要はないと思われる．もし水晶体前嚢を異物が貫通していれば，超音波乳化吸引術を用いて水晶体の嚢の内容を除去する事が推奨される．処置が遅れると，内科的にコントロールが困難なぶどう膜炎，続発緑内障，眼球癆および盲目となる可能性が高まるであろう．

　病歴としては，外傷，眼痛と刺激症状の急な発生，眼瞼の腫脹，瞬膜の突出と炎症および結膜の充血と腫脹のうち1つがあげられる．角膜，前房あるいはもっと眼の深部に1つかそれ以上の数の異物が存在することもある．受傷直後は眼の透光体はかなり透明で異物および損傷を受けた眼組織を直接探査することが可能である．しかしながら，数時間〜数日のうちに続発性の炎症，角膜浮腫および前部ぶどう膜炎が重度となり，眼科検査を妨げる．超音波検査（非金属性異物に対して）およびX線検査（金属性異物に対して）がさらに情報を提供してくれる．いったん，異物が前眼部に進入すると，外科的に摘出することが必要である（鉛の弾丸およびガラスを除く）．

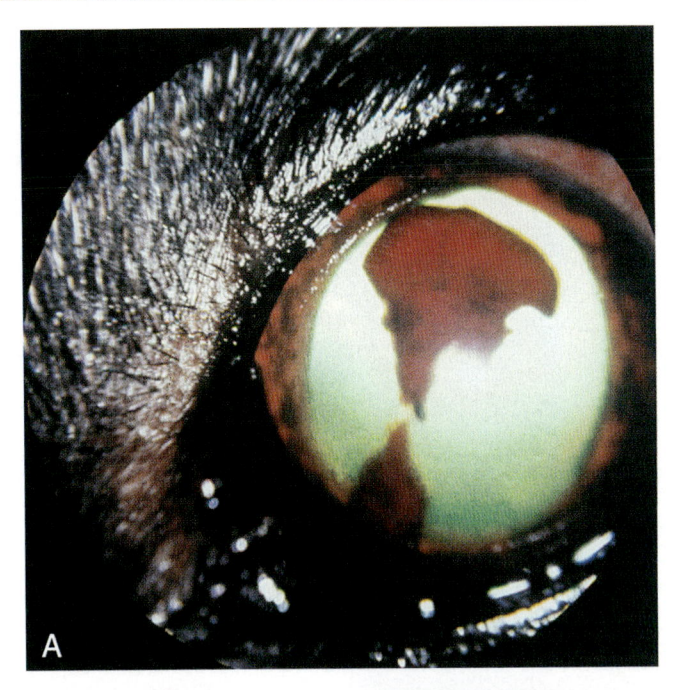

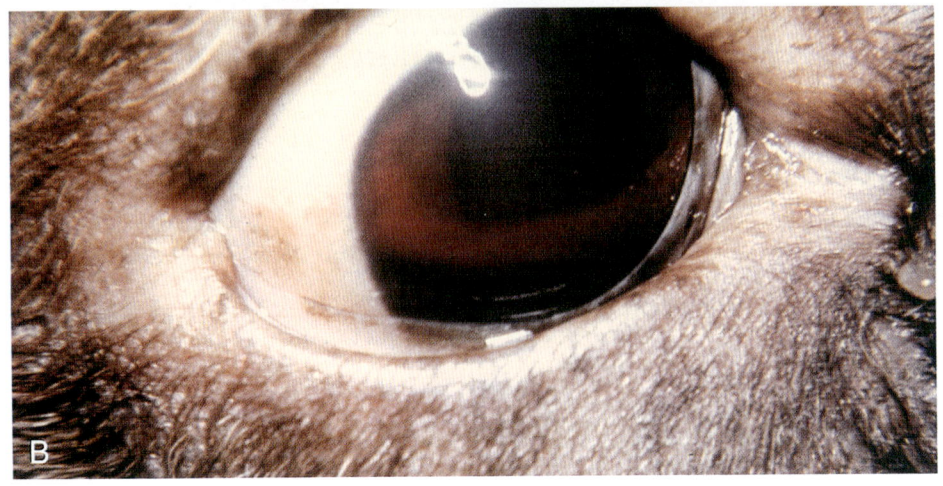

図8.16　A．犬にみられた外傷後の前房出血．眼内出血は止まり，凝固している．
B．チェサピーク・ベイ・レトリバーにみられた転移性の脈絡膜血管肉腫に伴った再発性の前房出血．腹側の前房内に沈殿している異なった層（および色調）の血液に注目．

　前房出血は犬ではしばしば認められるが，先天性異常，ぶどう膜炎，外傷，新生物，全身性高血圧，慢性緑内障と牛眼，網膜剥離および血管異常（血液凝固と血小板の異常および高粘稠度症候群）などのいくつかの原因の結果発症する．前房内の出血は虹彩および毛様体の血管から起こる．しかしながら，前房出血は時に，網膜や脈絡膜の血管から硝子体内へと起こった出血が次第に前房内へと移動し，その結果起こることもある．

（つづく）

138　犬の前部ぶどう膜

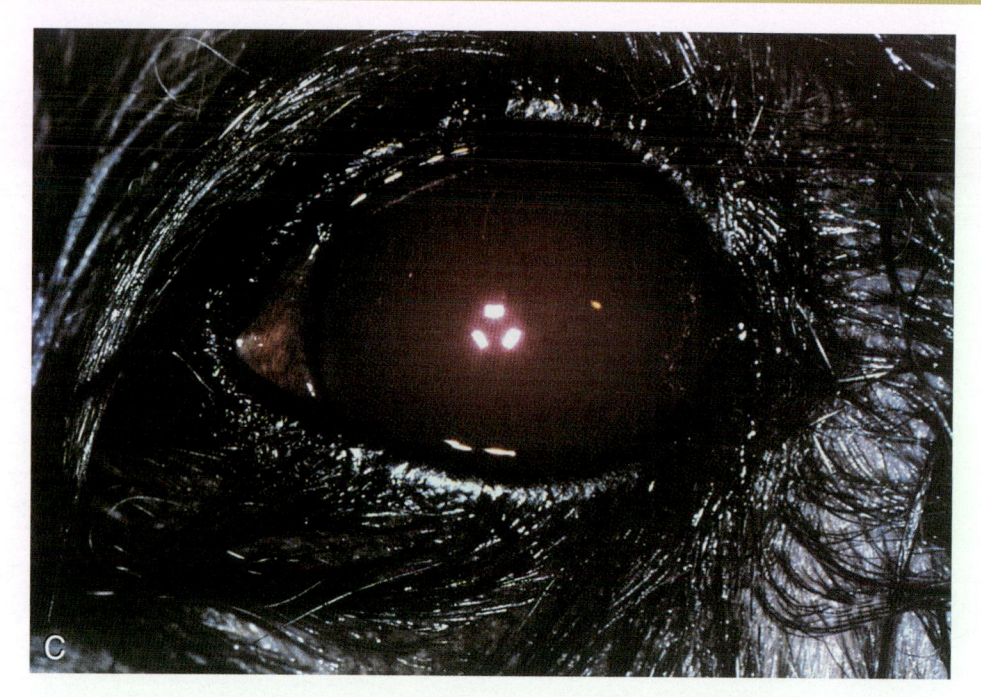

C．犬にみられた網膜剥離に続発した前房出血．おそらく，網膜の血管から硝子体内に出血し，出血が前房内に流入したと思われる．網膜剥離は超音波検査で発見した．

　臨床病歴は前房出血の原因によってさまざまである．仔犬では，コリー眼異常あるいは硝子体網膜異形成のような先天性の眼異常の結果，完全網膜剥離が起こり，前房出血の外観を呈するようになる．鈍性あるいは穿孔性の物体による外傷から前房出血が起こることもある．高齢犬の持続性あるいは再発性の前房出血は眼内腫瘍あるいは全身性高血圧のシグナルかもしれない．

　前房出血の外観は，眼内出血の発生部位および原因についての手がかりとなる．前房を満たした凝固していない血液からなる前房出血は，血液凝固や血小板の異常および網膜剥離に続発した持続性あるいは再発性の眼内出血であることを示す．数層の異なった色調の凝固した血液からなる前房出血（上層は赤色で底層は紫色）では，再発性の出血を示唆する．前房内の局所的な凝血部位は，しばしば外傷および虹彩毛様体炎の結果であり，出血のもともとの発生部位の解答を示している．

　直接的な観察によって，眼内の組織を適切に検査することができない場合，超音波検査がより深部の眼組織の検索に推奨される．もしも出血が眼圧上昇の原因でなければ，前房出血の治療は犬ではめったに行われない．前房内の血液は（溶血よりもむしろ）完全な赤血球のまま房水の流出経路から出て行くと信じられている．25〜50μgの組織由来プラスミノーゲン活性化因子（Activase-Genentech, San Francisco, CA）を前房内注射すると，10〜14日以内の期間で血餅を溶解することができるであろう．さらなる情報のために，Veterinary Ophthalmology 3rd edition pp779-781, Essentials of Veterinary Ophthalmology pp221-222 を参照のこと．

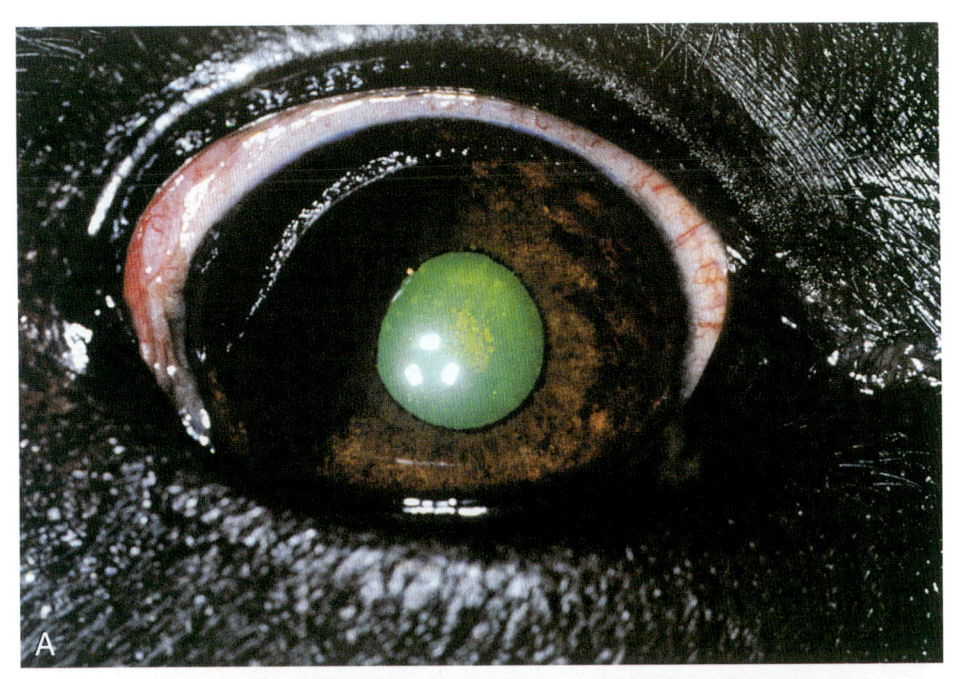

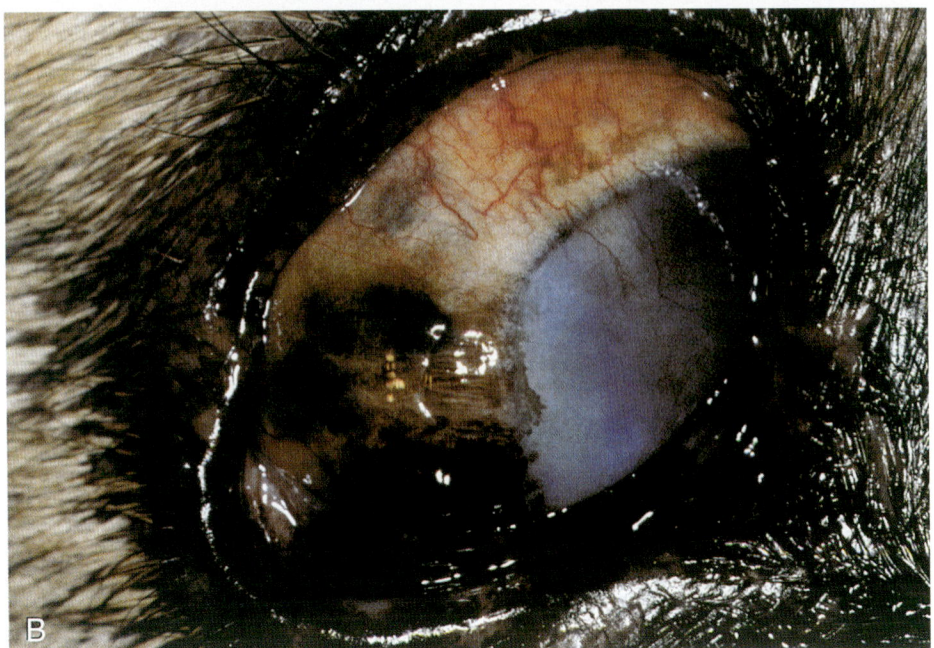

図 8.17　A．犬にみられた前部ぶどう膜の黒色腫．色素の沈着した腫瘤が，虹彩の背内側4分の1をおかしている．
　B．犬にみられた毛様体の悪性黒色腫．色素の沈着した腫瘤が続発緑内障を起こし，輪部強膜を越え，外側の結膜下組織内にまで拡大している．

（つづく）

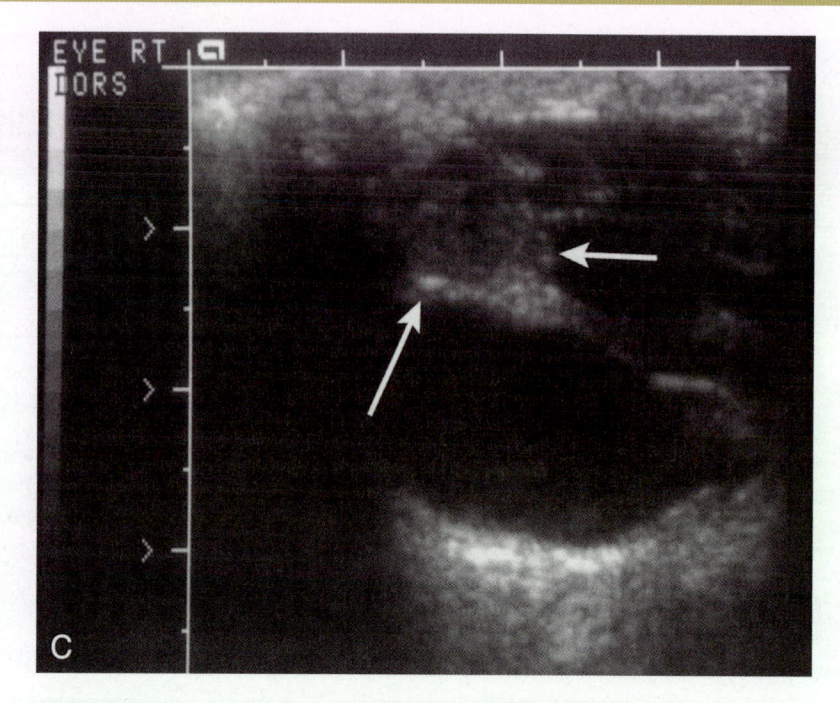

C．毛様体黒色腫（矢印）の超音波検査画像．超音波画像は Kathleen Gelatte-Nicholson のご好意による．

　犬において，黒色腫は最も頻度の高い，色素沈着を起こした眼内腫瘍であり，高齢犬（10歳以上）で特に発生頻度の高い傾向がある．ジャーマン・シェパード，ボクサー，最近ではラブラドール・レトリバーで，前部ぶどう膜の黒色腫のより高い発症傾向があると報告されている．これらの前部ぶどう膜の腫瘍は眼を破壊し，前房出血，虹彩毛様体炎，水晶体亜脱臼，緑内障および網膜剥離を引き起こすが，転移はまれである（5％以下）．組織学的検査によると，悪性黒色腫はこれらの腫瘍のうち少数（5〜10％）であるが，この区分の臨床的な意味はまだ分かっていない．

　オーナーの認知している病歴は，眼の色の変化あるいは眼球の炎症または拡大である．検査を行うと，虹彩表面，前房隅角あるいは瞳孔領から拡大する色素の沈着した（無色素性黒色腫はまれである）腫瘤が認められる．同時に，眼内出血，低眼圧を伴った虹彩毛様体炎，眼球の拡大（眼圧上昇を伴った牛眼）が起こりやすい．超音波検査および隅角検査のような他の診断手技を用いると，腫瘤の性状および境界についてのさらなる情報を得ることができるであろう．全血球計算，一般生化学検査，尿検査および胸部と腹部のX線検査は病態を把握するための基本であると考えられる．眼球摘出が通常行われる治療法ではあるが，転移する確率は低いため，腫瘍の中には半導体レーザーによる光凝固を単回あるいは繰り返し行って上手く治療できるものもあった．

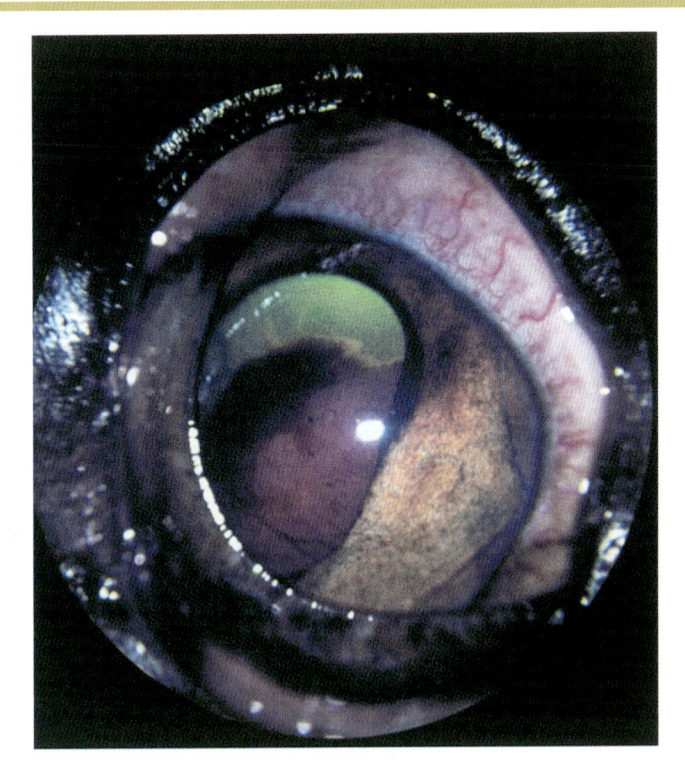

図 8.18 犬にみられた原発性毛様体腺癌. 歪んだ瞳孔内の色素が沈着していない腫瘤に注目. 出血部位は腫瘤の背側面である.

　毛様体腺腫および腺癌は犬の原発性眼内腫瘍の中で，2番目に多くみられる腫瘍である．ジャーマン・シェパードおよびアメリカン・コッカー・スパニエルに発症傾向があると思われる．高齢の犬が通常はおかされる（平均年齢8歳）．その大多数は毛様体の無色素上皮から発生するため，臨床的には白色からピンク色の腫瘍に見える．転移率は低いようである．

　オーナーは通常，目の色の変化に気付く．さもなければ腫瘤は前房出血，前部ぶどう膜炎あるいは続発緑内障を引き起こすことがある．検査を行うと，瞳孔あるいは虹彩基部のどちらかから前房内に拡大してくる白色からピンク色の腫瘤を観察することができる．また，時にその表面に血管が見えることがある．隅角検査および超音波検査の両方を用いると，腫瘍の大きさおよび境界についてのさらなる情報を得ることができるであろう．全血球計算，一般生化学検査，尿検査および胸部と腹部のX線検査は重要な手術前の考察材料となる．眼球摘出が推奨される治療法である．

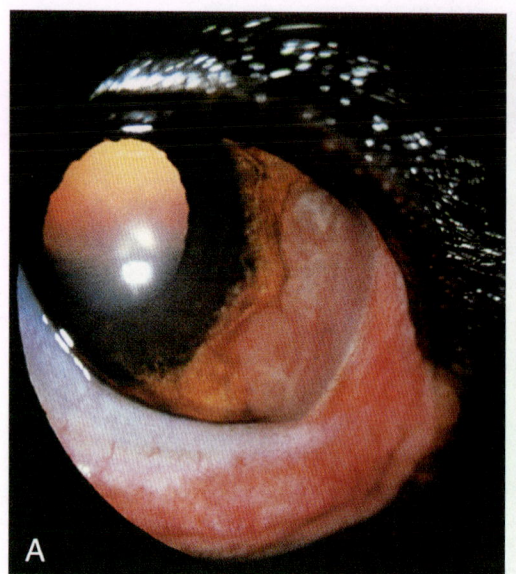

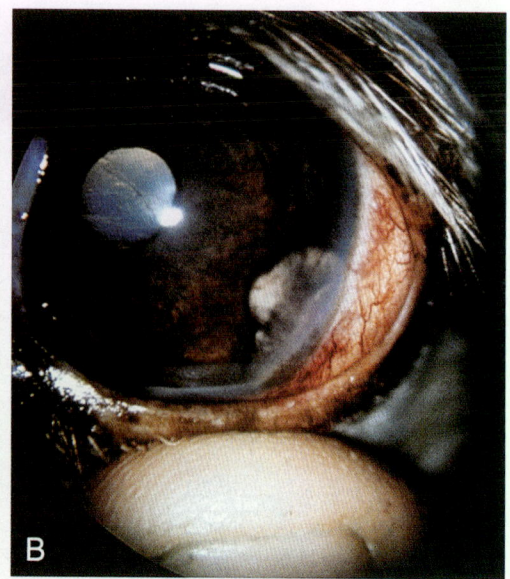

図 8.19　A. 犬でみられた，虹彩の下から前方に向かい，前房内にまで広がった転移性の毛様体腺癌．原発性の腫瘍は乳腺の腺癌であった．
　B. 犬の虹彩根部に発生した転移性の毛様体腺癌．原発性の腫瘍は球後組織にまでも波及している鼻の腺癌であった．

　犬の前部ぶどう膜は転移性腫瘍が発生するにはまれな部位である．これらの腫瘍のほとんどは血行性に前部ぶどう膜に転移するが，副鼻腔および鼻腔のような隣接する器官から直接浸潤することもある．最も頻度の高い転移性腫瘍は血管肉腫と可移植性性器肉腫である．その他の転移性腺癌は，乳腺，膀胱，甲状腺，副腎，鼻腔，腎臓および膵臓のような遠隔器官より発生する．
　オーナーは通常は，眼の色の変化，前部ぶどう膜炎の徴候，前房出血，緑内障あるいは網膜剥離に続発した盲目に気を留める．腫瘍には色素沈着が起こらず，虹彩の表面に，瞳孔あるいは虹彩の根部を通って前房内に広がっているのが観察できる．隅角検査および超音波検査を行うと，腫瘍の大きさおよび境界についての情報をさらに得ることができる．転移性腫瘍であるという診断が確定したならば，定期的な観察，化学療法あるいは安楽死のいずれかが可能性のある選択肢である．

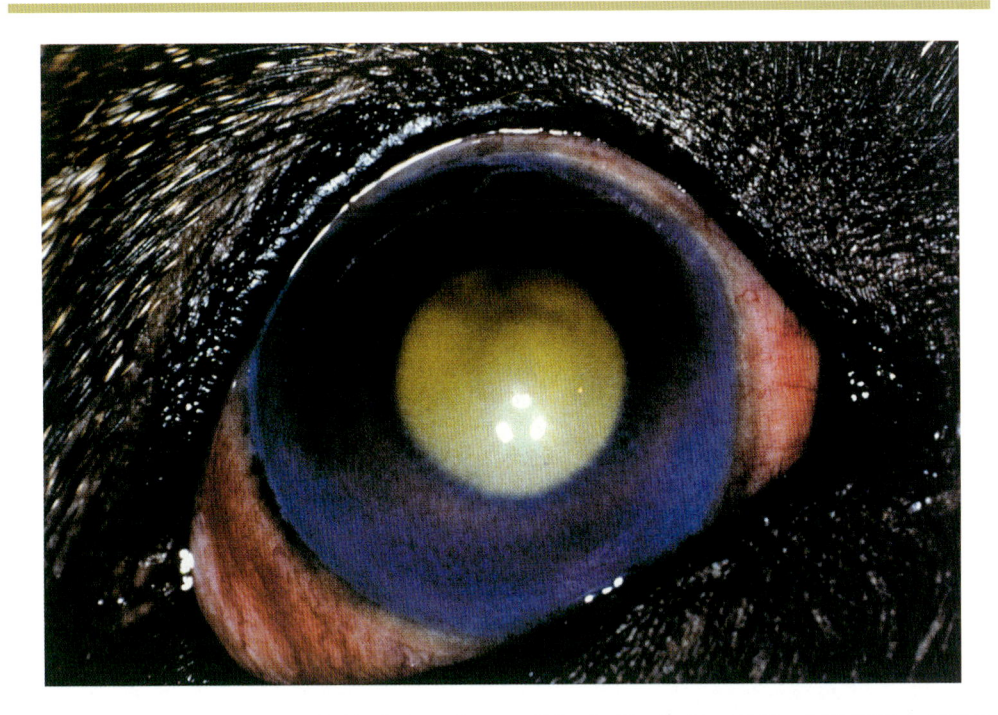

図 8.20　犬にみられた虹彩毛様体炎およびリンパ腫．虹彩周辺部の環状の細胞浸潤，ぶどう膜の外反を伴った虹彩の腫脹および炎症性細胞と腫瘍細胞による硝子体混濁に注目．

　前部ぶどう膜のリンパ腫は，犬において最も頻繁にみられる続発性の眼内腫瘍である．全身性のリンパ腫の犬の約 33〜37％が眼に病変を持ち，しばしば両眼性である．前房蓄膿あるいは前房出血のどちらかを伴った前部ぶどう膜炎は，最もよくみられる異常所見である．間質性角膜炎，結膜の浸潤と腫瘤，網膜内および網膜下出血および続発緑内障などがその他の臨床徴候である．間質性角膜炎は，腫瘍性リンパ球が密に集まってできる輪部から 1〜2mm の環状の白い帯として観察できるであろう．虹彩はび漫性あるいは局所的に，リンパ球性あるいはより高頻度に発生するリンパ芽球性リンパ肉腫のどちらかを伴って腫大する．さらなる情報のために，Veterinary Ophthalmology 3rd edition pp786-787，Essentials of Veterinary Ophthalmology pp224-225 を参照のこと．

9 犬の水晶体疾患および白内障形成

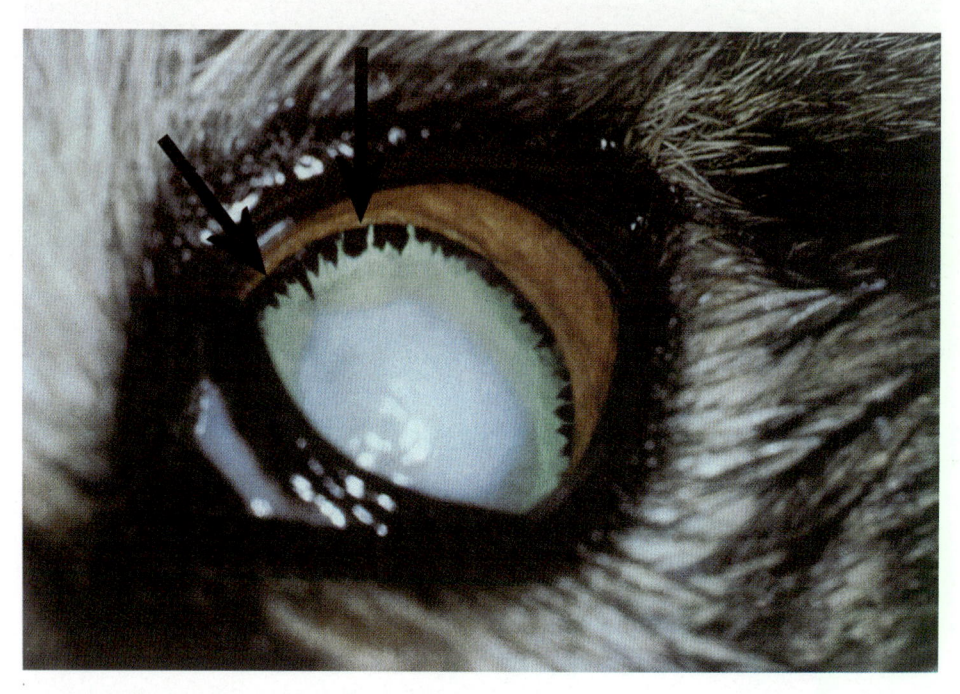

図9.1 犬の小水晶体症．水晶体周囲は通常より小さく，伸張した毛様体突起（矢印）が水晶体赤道部を囲んでいることに注目．完全な過熟白内障も存在している．

　小水晶体症は正常よりも小さい水晶体で，おそらく報告されているより高頻度にみられるであろう．小水晶体症は，すべてではないにしても，小眼球症のような眼球において最もよくみられる．先天白内障もまた，小水晶体症眼においてみられる．ミニチュア・シュナウザーにおける先天白内障の研究で，超音波検査による眼球径の計測が，成長期および成熟した犬の正常および白内障眼について行われた．結果は大多数の白内障をもつ眼がより小さいことを示し（正常な成犬の眼球の前後の直径の測定値は21〜22mm），白内障となった水晶体はそれに対してサイズが小さかった．ホモ接合性のマールカラーの犬や遺伝性の網膜異形成や網膜剥離をもつ犬種のような多発性眼異常をもつ犬においては小水晶体症がしばしば存在する．
　罹患した水晶体の検査では，周囲の長さの減少または（前後の）厚みの減少という形で正常な水晶体よりも小さいことが判明するであろう．超音波検査法（a-スキャンモード）による寸法は，水晶体の前後の長さ（視軸方向の長さ）を計る最も正確な（生体での）臨床的手段である．その他の水晶体関連の異常としては，瞳孔膜遺残，硝子体遺残物の残存（水晶体血管膜過形成遺残−PHTVL，第一次硝子体過形成遺残−PHPV），そして円錐水晶体／球状円錐水晶体といったものが存在するかもしれない．小水晶体症の水晶体に白内障がみられる場合，混濁の大きさは変化がないままか，あるいは影響を受けた水晶体の領域によっては進行するかもしれない．臨床上，若干の視覚が存在するならば治療の対象にはならない．

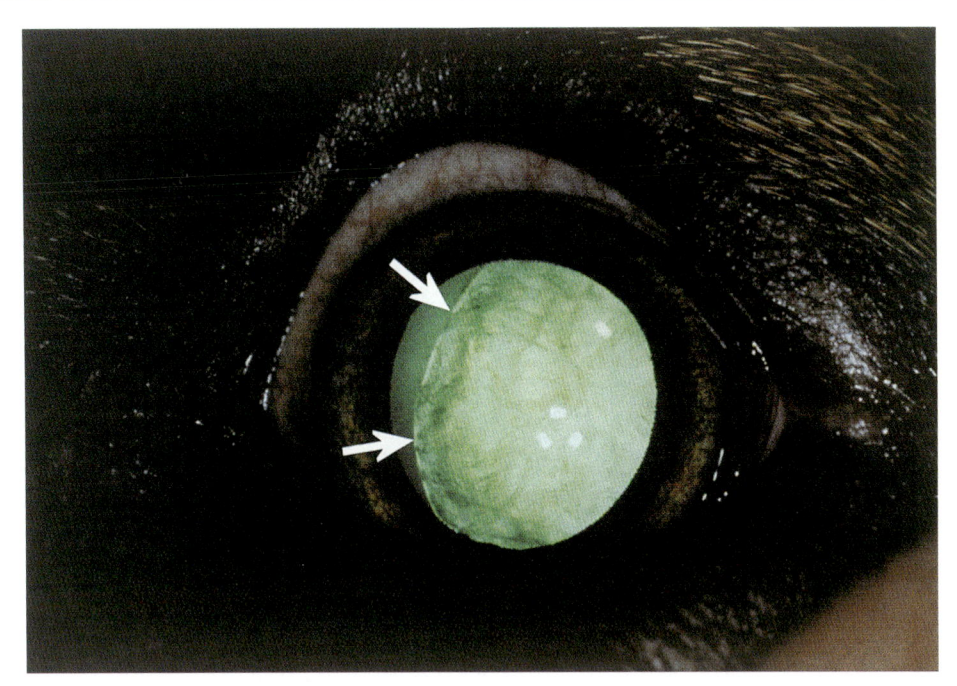

図9.2　仔犬にみられた水晶体コロボーマ．欠損（矢印）は，毛様小帯の付着を欠いた平らになった部位である．不完全で未熟な白内障も存在している．

　犬の水晶体コロボーマは珍しく，臨床的には水晶体赤道部のノッチまたは凹みとして現れる．それらは典型的（6時の位置）かもしれないし，そうでない（他のすべての位置）かもしれない．水晶体コロボーマは毛様小帯の局所的な欠損に直接関連し，毛様体と虹彩の欠損症に伴うようである．白内障が存在するかもしれない．臨床上の視覚があれば治療は必要ない．

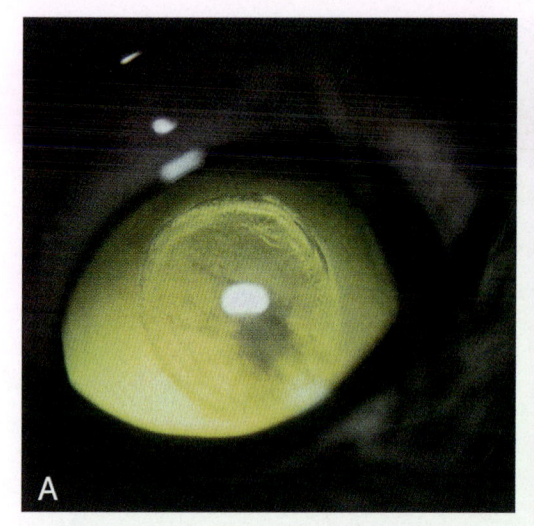

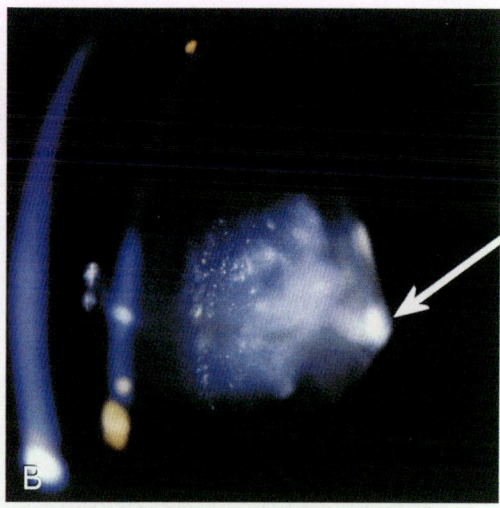

図9.3 A．オールド・イングリッシュ・シープドッグの仔犬にみられた円錐水晶体．孤立した巣状の白内障が，水晶体後皮質および後嚢にみられる．
B．ミニチュア・シュナウザーの白内障（核および後皮質）における後部円錐水晶体のスリットランプ検査所見．水晶体尾側の後方への突出は，前部硝子体に伸びている（矢印）．

　円錐水晶体および球状円錐水晶体においては，水晶体の前方あるいは後方表面が円錐であったり（円錐状の），より全体的に（球状に）突出したりする．後部円錐水晶体は，先天白内障（ミニチュア・シュナウザーにおける遺伝性の先天白内障）や，硝子体の遺残物の残存（PHTVL または PHPV）に伴って最も頻繁にみられる．

　後部円錐水晶体の臨床上の外観は，前後方向に見る所見では，水晶体後部および後嚢の円形でしばしば白内障をもった後方への陥凹としてみられる．スリットランプ検査法やある角度からの照明での観察によって，水晶体後極の前部硝子体への突出を確認することができる．水晶体が白内障になっているならば，超音波検査法を用いて後部円錐水晶体を発見できるであろう．

　手術のための先天白内障の評価において，水晶体後部に異常がないか特に注意しなくてはいけない．後部円錐水晶体は，薄くて弱い後極部の水晶体後嚢および前部硝子体の異常の可能性を示唆するので，これらの眼における白内障手術は更なる危険性を意味する．

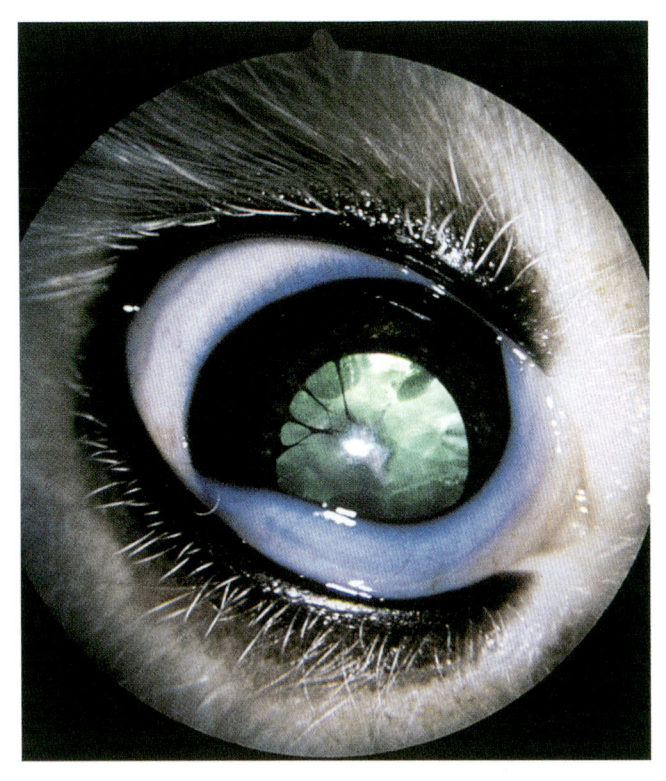

図 9.4 オールド・イングリッシュ・シープドッグの仔犬にみられた瞳孔膜遺残（PPM）. 虹彩前面の虹彩捲縮輪領域から伸びた 4 本の PPM は，水晶体前嚢上に付着し，白内障形成を引き起こしている．更なる白内障形成が水晶体皮質でみられる．

　犬の前部ぶどう膜についての第 8 章で記したように，瞳孔膜残存（PPM：persistent pupillary membranes）は犬において最も頻繁にみられるような前部ぶどう膜の異常である．それらは瞳孔の異常な成長であって，虹彩の前部表面（虹彩捲縮輪）から生じる．このことから瞳孔あるいは虹彩の後部表面の水晶体への付着を意味し，過去または現在の虹彩毛様体炎の存在を示唆する虹彩後癒着と PPM を鑑別する．

　PPM は虹彩捲縮輪域から水晶体前嚢，角膜後面または隣接した虹彩捲縮輪域に伸びている．水晶体前嚢に伸びた PPM は，細い灰色から白色の線維として見えるものから，より太い色素沈着した組織の帯として見えるものもあるであろう．それらしばしば血管を含み，縮瞳または散瞳に起因する牽引またはレーザーや外科的な切開によってさまざまな程度の出血が起こる可能性がある．PPM に続発する前嚢あるいは嚢下白内障は，ほとんどの場合進行しない．これらの白内障が小さくて巣状ならば，臨床的な視覚に対する影響はほとんどないであろう．もし白内障がより大きく，混濁が強く，瞳孔領内に存在する場合には，（特に日中に）視覚に悪影響がでるであろう．これらの患者においては，長期の薬剤による散瞳または白内障手術が有益かもしれない．

図9.5　ラブラドール・レトリバーの仔犬にみられた硝子体血管遺残．赤い硝子体血管（矢印）と後皮質および後囊における白内障に注目．

　硝子体遺残物の残存（PHPV/PHTVL）は，仔犬においてまれにみられる疾患であって，片眼性または両眼性に起こる．本症は，ドーベルマン・ピンシャーとスタッフォードシャー・ブル・テリアにおいて調査されている．その他の好発犬種は，ブービエ・デ・フランドルとスタンダード・シュナウザーである．

　硝子体遺残物の残存は，視神経乳頭から水晶体後囊まで伸びる血管を伴った後極白内障といった単独の異常によって特徴づけられる．白内障はサイズと密度において限局しており，検眼鏡検査による眼底全体の検査は可能である．治療は定期的な検診であり，あるいは昼間若干の視覚障害が起こるならば，1％のアトロピンを週2～3回，犬が混濁の周りから見ることができるように散瞳を提供するために点眼する．

　ドーベルマン・ピンシャーでの本疾患はより重症で，PPM，水晶体後囊の異常を伴った続発白内障，後部円錐水晶体および網膜異形成を含むその他の発生異常を伴う．結果として，この品種での白内障手術は危険でその成功率は低くなる．

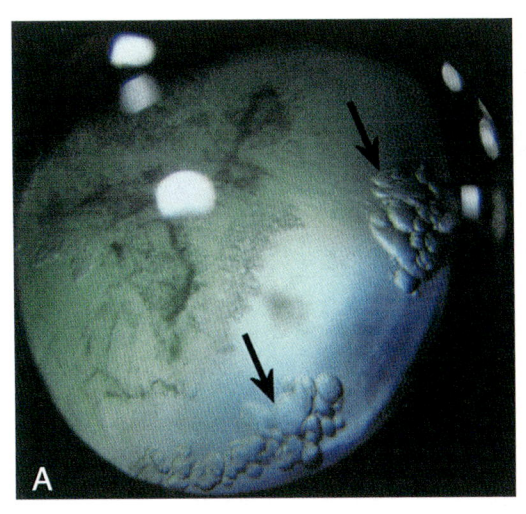

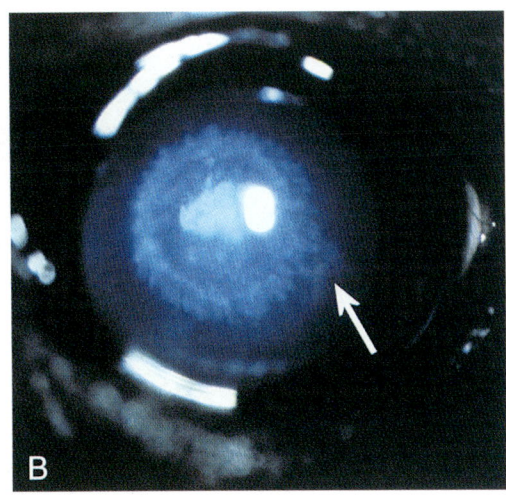

図 9.6　A．まず白内障形成は水晶体の領域内の水晶体空胞（矢印）の形成から始まる．これらの空胞は徐々に大きくなり，「水隙（water cleft）」をつくる．
　B．2 歳齢のミニチュア・シュナウザーにみられた広範囲な白内障形成．白内障形成は水晶体核に集中しているが，皮質（矢印）にも広がっている．

　白内障は，水晶体またはその囊の混濁として定義される．白内障は犬においてはしばしばみられ，純血犬種での盲目の主要な原因である．白内障は，いくつかの方法による分類の組合せを用いて臨床的に分類される．これらには，年齢による分類（先天性，成人性，老年性），水晶体内での部位による分類（前囊，前皮質，核，後皮質，後囊，さらに極，軸，縫線，層間，赤道部），成熟度による分類（初発，未熟，成熟，過熟（モルガーニ）），原因による分類（遺伝性，外傷性，中毒性，代謝性，炎症性），そしてその外観による分類（スパイク状，楔状，車軸状，ひまわり状，星状，点状および粉状）がある．

　不運なことに犬の水晶体はスリットランプ検査法を用いても必ずしも光学的に完全な透明には見えず，2, 3 の水晶体混濁は存在することがあり，これを白内障形成と区別しなければならない．これらの変化には，前後皮質および核（成人，胎生および胚芽期）の間の不連続な領域や前後の水晶体縫線，ミッテンドルフ斑（水晶体後囊上の後部硝子体の遺残物）とフォクトの弓状線（クローケー管前面の円形の線）が含まれる．

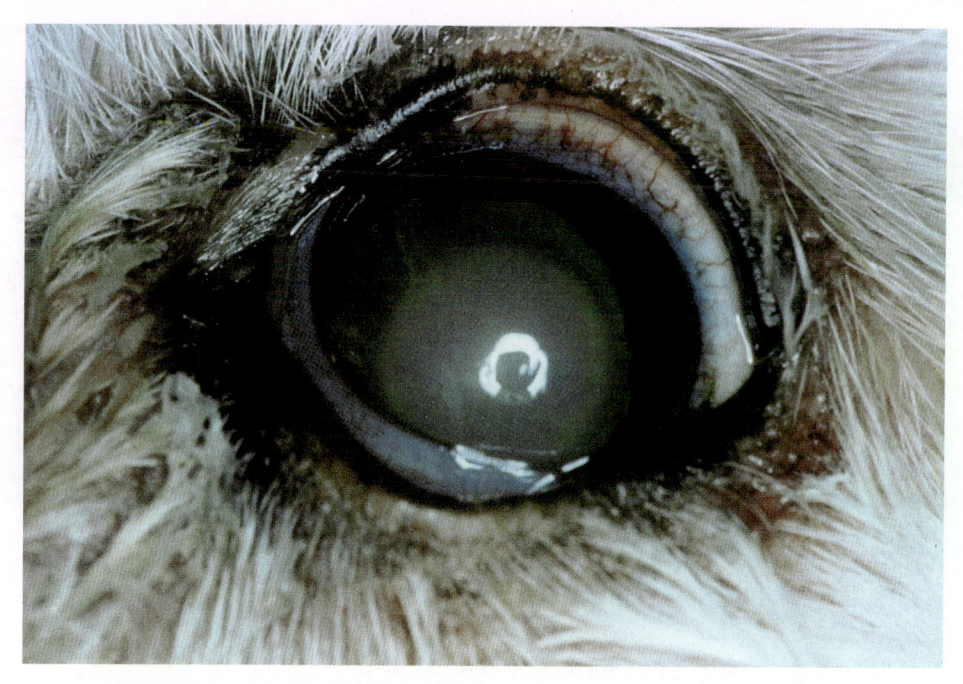

図 9.7 10 歳齢の犬にみられた水晶体核硬化症．灰色の半透明の領域は水晶体硬化症と認められる．また皮質白内障形成も始まっている．

　水晶体核硬化症は，水晶体の正常な加齢変化（すなわち中心部の水晶体線維の凝固）であって，白内障形成と混同されるかもしれない．それは臨床上，視覚障害を起さない．水晶体の中央部または核は灰色から青っぽい色（光散乱に起因する）に見えるが，直像あるいは倒像検眼鏡による眼底の観察は障害されない．高齢犬では時々，核硬化症のために直像検眼鏡検査による眼底所見がぼやけることもある．

　遺伝性白内障はおよそ 20 の犬種で証明されており，その他の 75 の犬種においては白内障の素因をもっていると思われる．遺伝性のタイプにおいては，両眼の水晶体が白内障を発症しても，白内障形成の程度は両眼間でやや異なるであろう．遺伝性が証明されている 20 ほどの犬種において，遺伝形質，発症年齢，白内障の特徴（水晶体での部位；進行），およびその他の眼疾患の合併が確立されてきた．残りの 75 の犬種の多くについて，さらなる情報が最終的には出されるであろう（表 9-1 と表 9-2）．

表 9.1

犬の遺伝性白内障

犬　種	遺伝様式	発症年齢
アフガン・ハウンド	常染色体劣性（の疑い）	先天性〜2歳齢
アメリカン・コッカー・スパニエル	常染色体劣性（の疑い）	先天性および若年性（1.5〜7歳齢）
ビーグル	不完全優性	先天性〜4か月齢
ボストン・テリア	常染色体劣性	先天性〜4か月齢
チェサピーク・ベイ・レトリバー	不完全優性（の疑い）	6か月〜7歳齢
キャバリア・キング・チャールズ・スパニエル	不　明	先天性
ジャーマン・シェパード	優　性	先天性〜2歳齢
ゴールデン・レトリバー	優　性	先天性および成犬
アイリッシュ・セッター	不　明	4.5か月〜2歳齢
ラブラドール・レトリバー	優　性	若年性
ラブラドール・レトリバー	不　明	先天性
ミニチュア・プードル	常染色体劣性	若年性
ミニチュア・シュナウザー	常染色体劣性	先天性
オールド・イングリッシュ・シープドッグ	常染色体劣性	先天性
レッド・コッカー・スパニエル	不　明	先天性
シベリアン・ハスキー	劣性（の疑い）	4〜18か月齢
スタッフォードシャー・ブル・テリア	常染色体劣性	4か月齢
スタンダード・プードル	常染色体劣性	先天性〜2歳齢
トイ・プードル	常染色体劣性	若年性
ウェルシュ・コーギー	劣性（の疑い）	先天性〜2歳齢
ウェルシュ・スプリンガー	常染色体劣性	先天性〜8週齢
ウエスト・ハイランド・ホワイト・テリア	常染色体劣性（の疑い）	先天性〜6歳齢

表 9.2

犬の遺伝性白内障の特徴

犬 種	特 徴	進 行	眼合併症
アフガン・ハウンド	赤道部皮質の空胞形成	急 速	な し
アメリカン・コッカー・スパニエル	先天性 - 核および皮質	中等度	な し
	若年性 - 後軸	緩 徐	な し
ビーグル	後軸からび慢性に	中等度	な し
ボストン・テリア	核	緩 徐	な し
チェサピーク・ベイ・レトリバー	核および皮質	さまざま	な し
キャバリア・キング・チャールズ	核および後皮質	不 明	後部円錐水晶体
ジャーマン・シェパード	皮質	緩 徐	な し
ゴールデン・レトリバー	ホモ接合体 - 皮質および核にび慢性に	進行性	な し
	ヘテロ接合体 - 後軸の後嚢下に三角形に	非進行性	な し
アイリッシュ・セッター	皮質	急 速	な し
ラブラドール・レトリバー	皮質	中等度から急速	網膜異形成（?）
ミニチュア・プードル	皮質	中等度から急速	PRA, なし
ミニチュア・シュナウザー	後嚢下および核	さまざま	小眼球症
オールド・イングリッシュ・シープドッグ	皮質および核	中等度から急速	多発性異常
シベリアン・ハスキー	後嚢下および赤道部	緩 徐	な し
スタッフォードシャー・ブル・テリア	核	緩 徐	な し
スタンダード・プードル	赤道部皮質	中等度	な し
トイ・プードル	皮 質	中等度	PRA
ウェルシュ・コーギー	後嚢下あるいは赤道部	緩 徐	な し

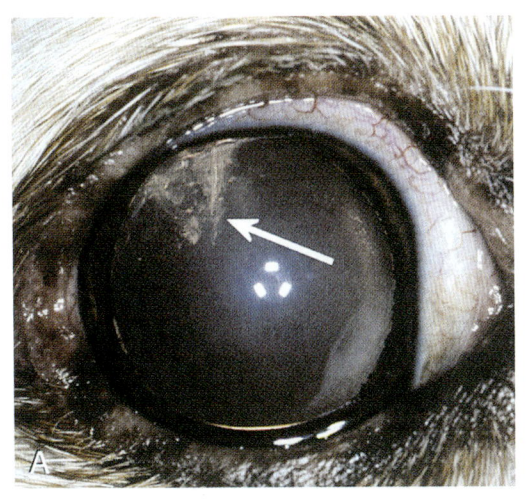

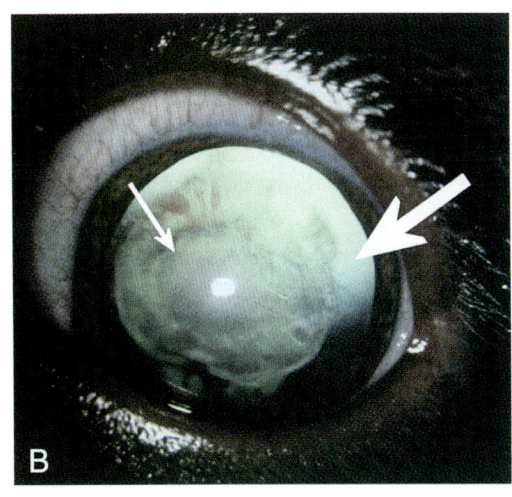

図 9.8 白内障形成は，成熟の段階によって分類することができる．
　A．初発白内障：白内障形成はちょうど始まったばかり（矢印）で，水晶体の限定された領域にみられる．タペタムの反射および視覚は正常である．
　B．未熟白内障：正常な領域（大きい矢印）と白内障の領域（小さい矢印）の両方が存在する．タペタムの反射と視覚は正常である．

　白内障の成熟段階による分類は，それが臨床所見と視覚に及ぼす影響に幾分相関するので有用な方法である．初発，未熟，成熟，そして過熟といった異なる段階に分けられる．初発型では，水晶体の小さい部分だけが含まれ（10〜15％），タペタム反射は正常で，視覚は損なわれず，眼底の観察は容易である．未熟白内障では正常な領域と白内障の領域の両方が混在し，タペタム反射は観察でき，臨床的視覚は正常または幾分弱くなるが，散瞳することによって改善される．眼底は水晶体の透明な領域を通して観察できる．また，水晶体は膨化することもある（膨隆白内障）．成熟白内障では，水晶体全体が白内障になり，水晶体は膨化することもある．タペタム反射は欠如し，眼底の検眼鏡による観察は不可能となる．過熟白内障では，水晶体はその容積が減り，水晶体前嚢は不規則でしわが寄り，タペタム反射は欠如し，検眼鏡検査において眼底は観察不可能である．

（つづく）

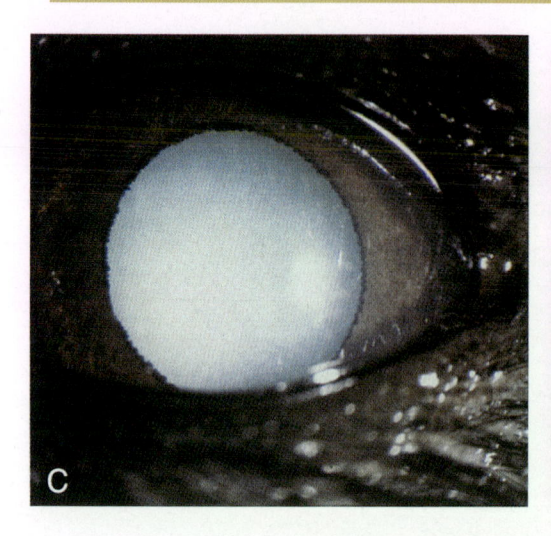

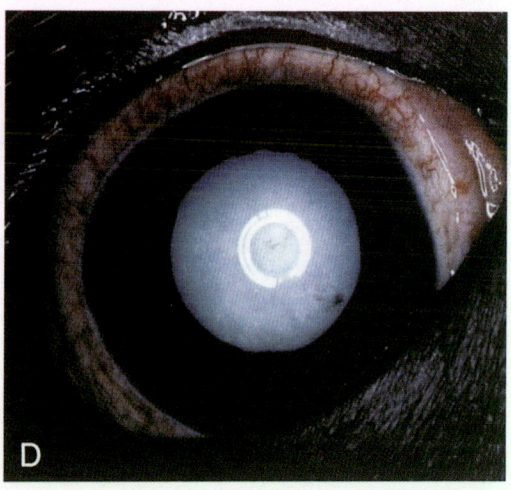

C．成熟白内障：水晶体全体が白内障となり，膨化する場合がある（膨隆白内障）．タペタム反射および視覚は消失している．

D．過熟白内障：水晶体全体が白内障となるが，水晶体容積は減少する．水晶体の前面は不規則であり，ほとんど凸面となっていない．タペタム反射および視覚は消失している．しばしば水晶体原性虹彩毛様体炎が存在する．虹彩毛様体炎を示唆する結膜充血（毛様体の紅潮）に注目．

　これまでの経験と研究から，治療の選択の余地のある白内障患者は，成熟あるいは過熟白内障よりもむしろ未熟白内障の犬であることが分かっている．残念なことに，犬において水晶体原性ぶどう膜炎（LIU）は，白内障形成（および無傷の水晶体前嚢を通しての水晶体物質の漏出）の間に発症する．そして，LIUのある眼や成熟および過熟白内障の犬における手術では，白内障手術の成功率は低くなり，合併症の発症する危険度は高くなる．

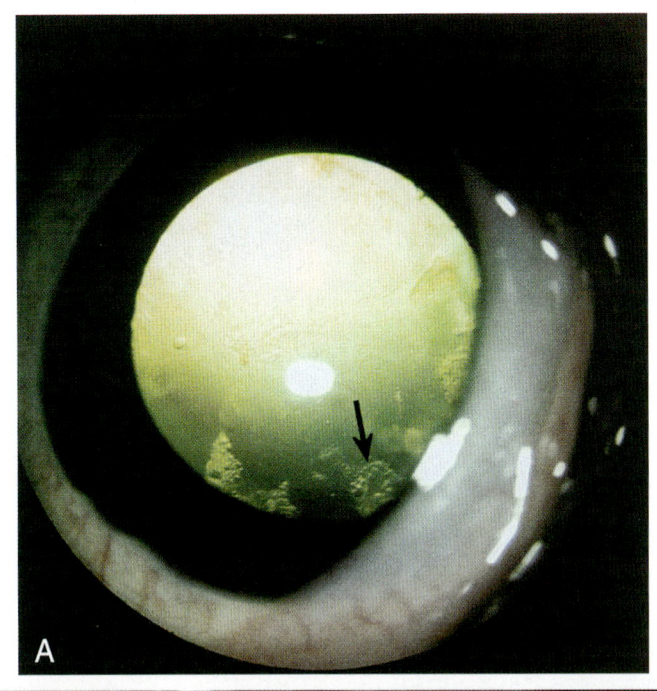

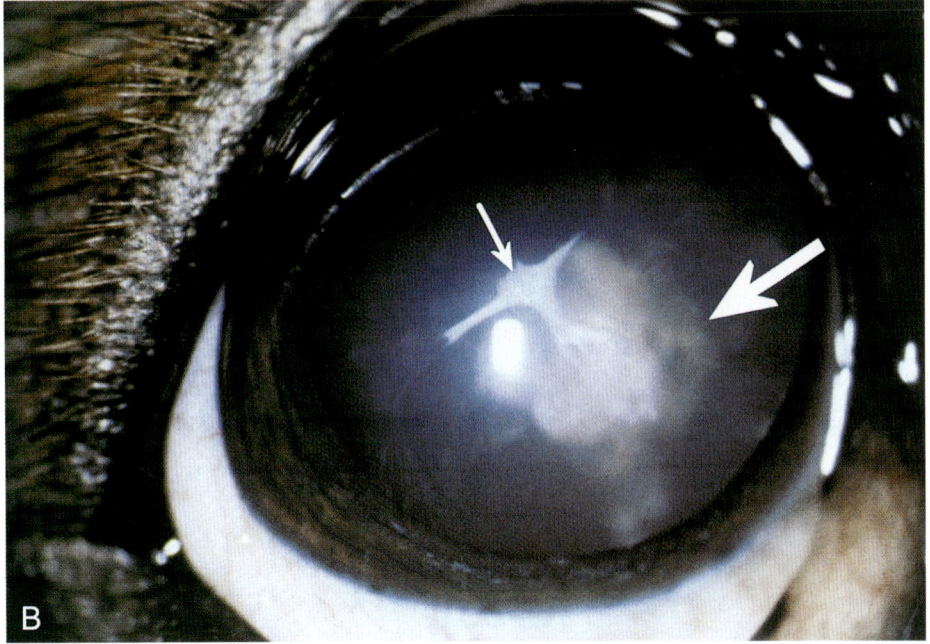

図9.9 A．初期の白内障形成．2歳のアフガン・ハウンドにみられた空胞の存在．白内障発生の最初の徴候は，水晶体赤道部（矢印）にみられる．
B．コッカー・スパニエルにみられた前（小矢印）および後（大矢印）皮質における白内障形成．

（つづく）

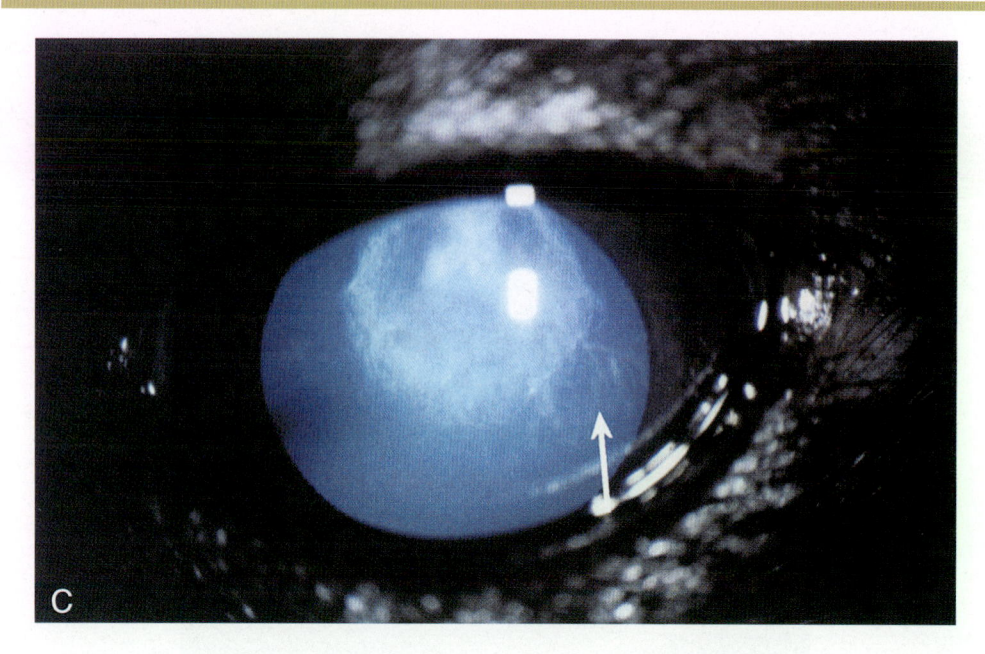

C．ミニチュア・シュナウザーにおける主に核にみられる白内障形成．いくらかの初発性の皮質白内障形成も始まっている（矢印）．

　遺伝性白内障の確定診断において，定期的な検眼によってその最も早期の段階で白内障を発見でき，これらの変化をモニターすることができる．実際，白内障の最初の発生部位によって，多くの品種において遺伝性白内障を確定決定することができる．

　例えば，アフガン・ハウンドとスタンダード・プードルにおいて，最初に白内障形成の発見できる部位は，水晶体赤道部である．アメリカン・コッカー・スパニエルにおいては，水晶体前および後皮質の混濁は遺伝性白内障を示唆する．

　ミニチュア・シュナウザーの遺伝性先天白内障では，最初の白内障形成は水晶体核内にみられる．皮質の混濁はさまざまで，白内障の進行はあり得る．ボストン・テリアは，遺伝性白内障の2つの型をもつ．それは幼犬における核白内障と成犬における赤道部白内障である．

（つづく）

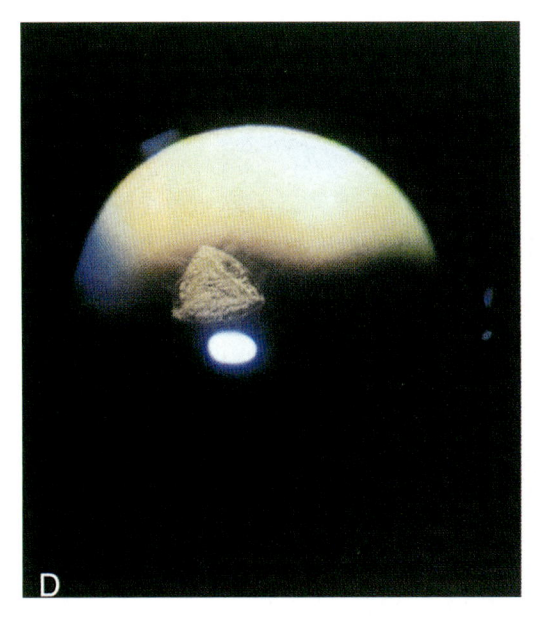

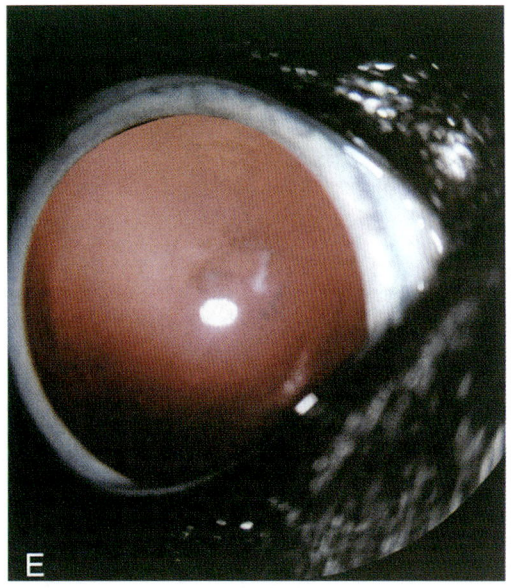

D．ラブラドール・レトリバーにおける後極部の白内障形成．この白内障は通常，かなりの範囲にまでは進行せず，視覚障害も起こさない．

E．シベリアン・ハスキーにおける後皮質白内障形成．白内障の進行の程度はさまざまで，緩徐である．

　成熟したゴールデンおよびラブラドール・レトリバーは，類似した白内障を発症する．第1のタイプは後極の非進行性の白内障（犬は，白内障に関してヘテロであるかもしれない）で，第2のタイプは皮質全体における進行性の白内障（犬は，白内障に関してホモであるかもしれない）である．ゴールデン・レトリバーも先天白内障を発症する．ゴールデン・レトリバーとラブラドール・レトリバーにみられる成人白内障は，常染色体優性遺伝としてみられる．シベリアン・ハスキーにおいて，白内障は最初の1～3年で発症する．白内障形成は後皮質において始まり，進行の程度はさまざまである．

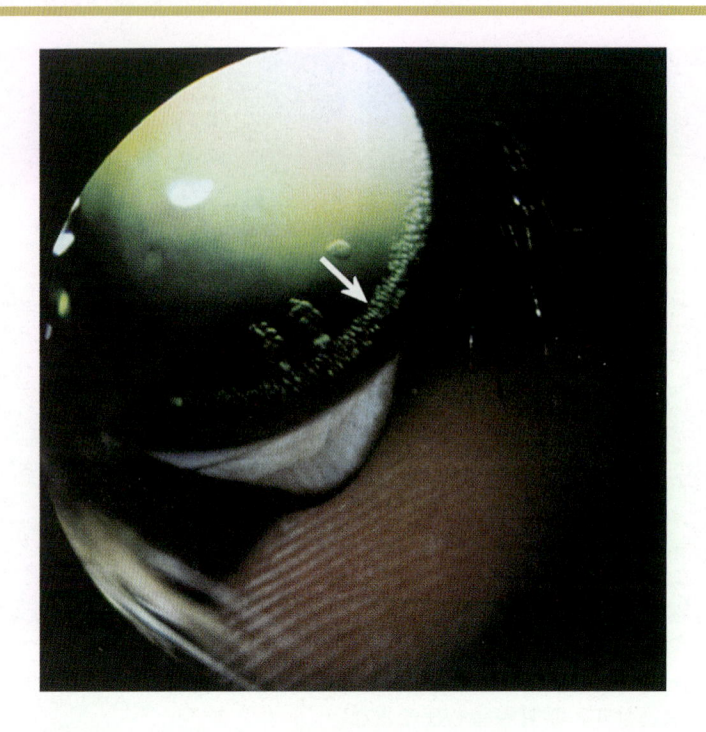

図 9.10　真性糖尿病では，早期には水晶体赤道部に変化が起こり，それは赤道部の空胞形成（矢印）として現れる．

　真性糖尿病は，犬の代謝性白内障の最も多い原因である．一旦真性糖尿病と診断され，インスリン治療が始まるならば，ほぼ 50〜70％の犬で 6〜12 か月以内に白内障を発症する．白内障形成は水晶体がぶどう糖を十分なレベルに代謝することができないことに関連があり，その結果細胞内ソルビトールの蓄積が起こる．ソルビトールは，最終的には水晶体線維内の浸透圧のバランスを変えて，線維の膨張，断裂および死滅を引き起こす．犬の年齢と血中グルコースレベルは，白内障の始まりと進行に影響する．

　糖尿病白内障形成の最も初期の徴候は，水晶体赤道部における空胞の発生である．白内障は皮質を含めて急速に進行し，未熟および成熟白内障となる．水晶体の膨張は，これらの 2 つの進行した段階の白内障において特徴的にみられる．糖尿病の犬の白内障手術は，原発性あるいは遺伝性白内障と同様の成功率である．

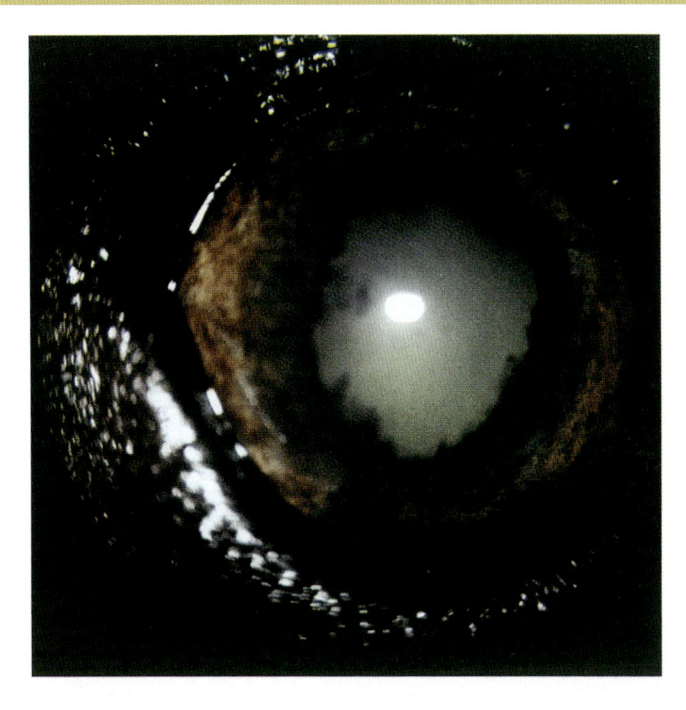

図 9.11　白内障は虹彩毛様体炎に続発して，虹彩後癒着の形成や眼房水の組成の大きな変化，そして前虹彩および瞳孔膜の形成から発症する可能性がある．瞳孔不整，虹彩後癒着と完全な成熟白内障に注目．

　虹彩毛様体炎に続発する白内障は，犬での続発白内障においてよくみられる病態である．これらの白内障はしばしば虹彩後癒着や炎症性の膜組織と関係しており，水晶体前嚢表面に色素沈着した虹彩組織（虹彩後癒着からの剥離した虹彩組織）の沈着を起こす場合がある．虹彩毛様体炎は，外傷，細菌，真菌，原虫，寄生虫，免疫介在性疾患，および新生物に起因する．

　これらの白内障は白内障手術の対象となる場合があるが，前部ぶどう膜炎の原因を最初に解決しなければいけない．眼底が観察できないならば，網膜電位図検査と超音波検査は後眼部の検査のために必要となる．

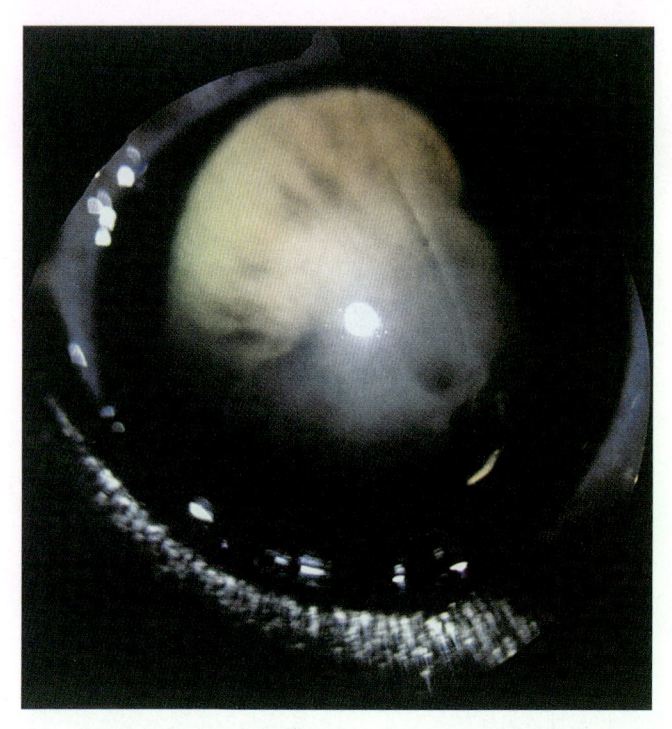

図9.12 穿孔あるいは鈍性の水晶体の損傷によって，白内障形成が起こり得る．この犬において，未熟で不完全な皮質白内障は，鈍性外傷，虹彩毛様体炎および瞳孔不正を引き起こすような虹彩後癒着の形成の後に発症した．

　水晶体の損傷は，眼球への穿孔創あるいは鈍性外傷に続発することがある．水晶体の穿孔創は最も一般的で，猫の引っ掻き傷やショットガンからの小弾丸またはシカ狩弾が原因となる．猫の引っ掻き傷による水晶体前嚢の裂傷は，1歳未満の仔犬で最も一般にみられる．裂傷は通常角膜輪部付近にみられ，角膜の傷は自己閉鎖する．瞳孔を散瞳させて水晶体前嚢を慎重に調べる．水晶体嚢の裂傷が1.5mmより長い場合は，緊急の（水晶体乳化法を使った）水晶体切除術の対象となる．十分な照明といくらかの拡大によって，裂傷や嚢の裂け目を通して水晶体物質がすでに押し出されていることを簡単に見つけることができる．

　（水晶体摘出よりも）薬物療法を行うことは，最終的な結果として眼球癆や末期の緑内障を治療しなければならないほど水晶体原性ぶどう膜炎が頑固になるので推薦されない．

　ショットガンの銃弾（鳥打ち用散弾／シカ狩弾）が角膜を穿孔した場合，角膜の損傷は自己閉鎖し，わずかに黄褐色か茶色の巣状の落ち込みとして見える．水晶体は慎重に調べられなければならず，もし穿孔していれば，（水晶体乳化吸引法による）水晶体摘出が推薦される．眼球内出血は，前房内および硝子体内の両方ともよくみられる．治療は前部ぶどう膜炎または汎ぶどう膜炎に準じる．

図 9.13　水晶体亜脱臼あるいは部分的な毛様小帯の瞳孔への付着の損失により，水晶体は不安定になり，時には傾いたり，瞳孔の一部を塞いだりする結果になる．残りの水晶体を欠いた瞳孔は，「無水晶体コーヌス」（矢印）と呼ばれる．

　水晶体脱臼あるいは変位は，前方，亜脱臼および後部（硝子体内）に分けられる．水晶体を適所に保つための毛様小帯は，異常な発育，変性，外傷，断裂またはそれらの組み合わせによって弱くなったり，離断したりする．水晶体脱臼はテリア種で最もよくみられ，スムースヘアド・フォックス・テリア，ワイアヘアド・フォックス・テリア，シーリアム・テリア，ジャック・ラッセル・テリア，そしてテリア種ではない犬種，例えばボーダー・コリー，シェパードおよびチベタン・テリア（テリア種でないとされている）において遺伝性が実証されている．水晶体脱臼の大きな合併症は，続発緑内障である．この状態においては経験的に初期の水晶体の除去が最高の治療であることが示唆されるが，水晶体除去後に続発緑内障および網膜剥離が起こる可能性がある．

　水晶体亜脱臼において，水晶体への毛様小帯の付着は輪状または四半部にわたり欠損し，水晶体がない瞳孔領に無水晶体コーヌスがみられる．同じ領域において硝子体はしばしば変質し，白い不規則な線維として見え，瞳孔や時には前眼房に突出する．虹彩振盪（虹彩の震動），水晶体動揺（水晶体の振動），水晶体の傾きおよび不規則な前房深度などがその他の臨床徴候としてみられる．続発緑内障は，不安定な水晶体，前眼房に脱出した硝子体，虹彩毛様体炎あるいはこれらの組み合わせによって断続的に瞳孔ブロックが起こることで発症する場合がある．

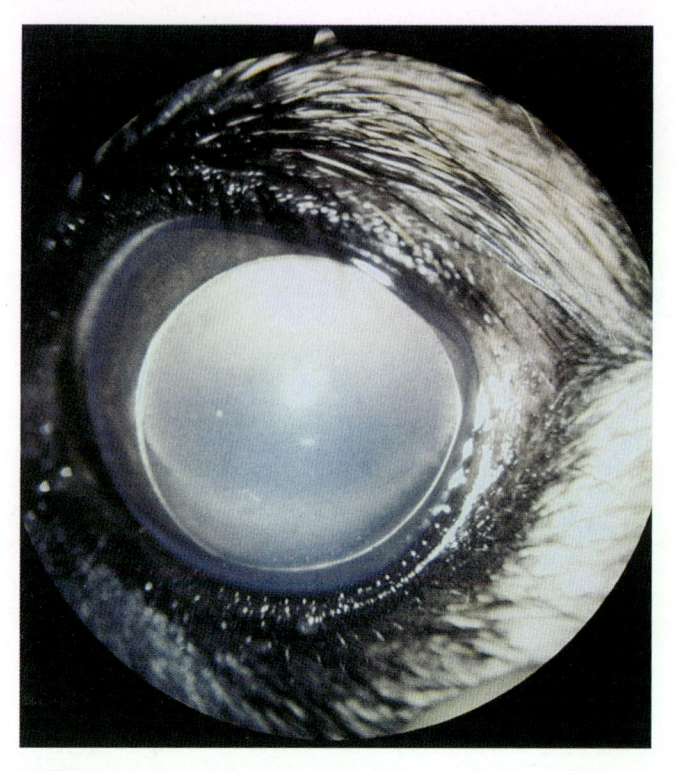

図9.14 水晶体前方脱臼ではこのスムース・フォックス・テリアの場合のように，すべての毛様小帯の付着が離断し，水晶体は前眼房に移動する．前部硝子体はまだ水晶体後嚢に付着しているので，瞳孔ブロックによる続発緑内障が起こり得る．

　水晶体前方脱臼では，水晶体赤道部への毛様小帯の付着はすべて失われており，水晶体は前眼房内に移動する．残念なことに硝子体の前面は水晶体後嚢に付着しており，瞳孔領を通過する眼房水の流出を妨げる．結果として即時に続発的な膨隆虹彩が発現し，前房内の水晶体によって瞳孔は部分的に遮蔽される．眼房水が硝子体に流入して，硝子体の瞳孔および前房内への移動を悪化させることによって，別のタイプの続発緑内障が発症する場合がある（悪性緑内障または房水異所流出性緑内障）．
　臨床症状は，眼の刺激性，眼瞼痙攣，結膜の充血およびさまざまな程度の角膜浮腫である．瞳孔が部分的にゆがんでいるか，水晶体で隠れているということを除いては，前房内の透明な水晶体は見逃されることがよくある．角膜浮腫は，この診断をより難しくする．水晶体が白内障であれば，水晶体前方脱臼の発見は容易にできる．

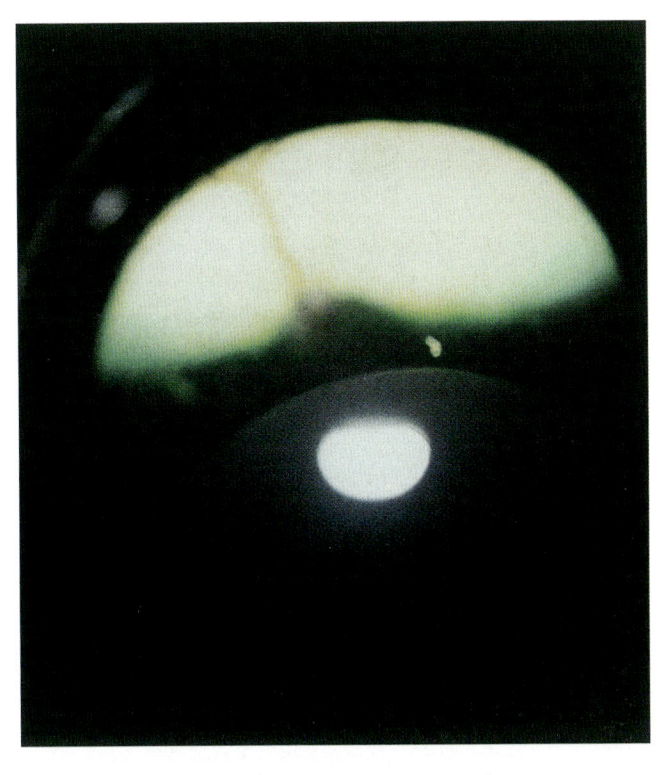

図 9.15 水晶体後方あるいは硝子体内脱臼では毛様小帯付着のすべてが離断し，硝子体の前面は瞳孔を越える．しばしば水晶体は硝子体底にあって，可動性である．

　水晶体における毛様小帯の付着がなくなり，前部硝子体膜あるいはその前面が破れたとき，水晶体後方脱臼または硝子体内脱臼が起こる．硝子体は変性（シネレシス）し，不安定な水晶体が腹側の網膜上にブラブラと横たわるようになる．硝子体の損失と液化のため，水晶体が硝子体ものの中に留まるので，急性の続発緑内障が発症する可能性は低い．網膜剥離と前房内への水晶体の移動が，その他の合併症である．

10 犬の硝子体

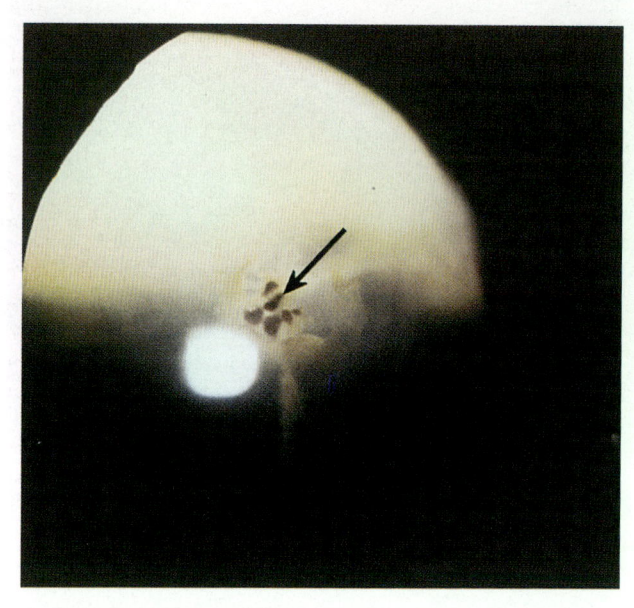

図10.1 若い仔犬にみられた硝子体遺残物（矢印）．水晶体の後極部にみられるこれらの硝子体遺残物は機能性の血管を含む．

　硝子体遺残物は，出生前に水晶体後部に血液供給をしていた硝子体血管が遺残したものである．出生前の眼球の発達の後半に，硝子体血管の萎縮が起こる．硝子体血管が広範囲でない限り，硝子体の遺残物は視覚障害を伴わない．

　ここでは硝子体の遺残物を，水晶体後囊における視軸上の小さい線維の遺残と，視神経乳頭から水晶体後囊へ伸びる微細であるが機能をもった硝子体血管を伴った水晶体後皮質および後囊におけるもっと大きな視軸上の白内障に分類した．前者において臨床的外観は，生後2年の間にサイズと濃度において軽減する可能性のある，非進行性の小さく濃い，円～卵円形の混濁である．

　後者において硝子体血管遺残は，水晶体後囊および後皮質におけるさまざまな程度の水晶体の混濁を伴った，同部位内における著明な赤い血管としてみられる．中心性白内障が大きくなければ，直接の視診と検眼鏡検査によって視神経乳頭からレンズ後面まで伸びている線維の帯状組織や明らかに赤い血管を観察することができる．

　これらの白内障は進行の可能性は低いので，白内障手術はめったに施行されない．白内障手術が試みられるならば，水晶体後囊の欠損と開存した硝子体血管からの出血が，術中よくみられる合併症として起こり得る．視覚障害が昼間または明るい照明下で明白であるならば，1％アトロピンを週2～3回点眼することによって，犬は水晶体の混濁部の周辺から見えるようになり，適度な臨床視覚を得ることができる可能性がある．

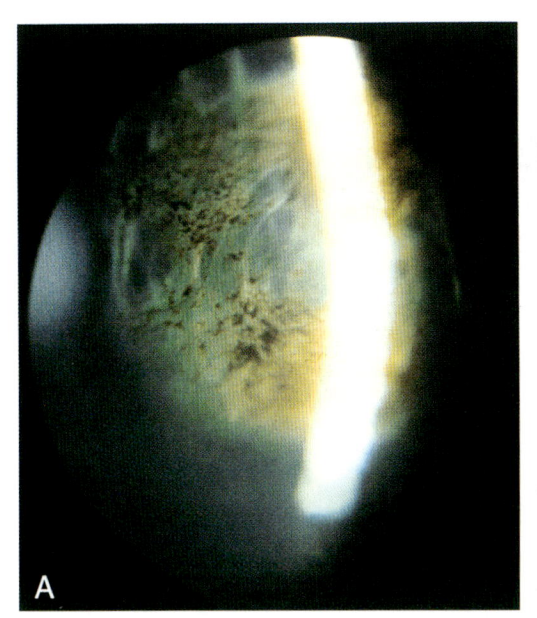

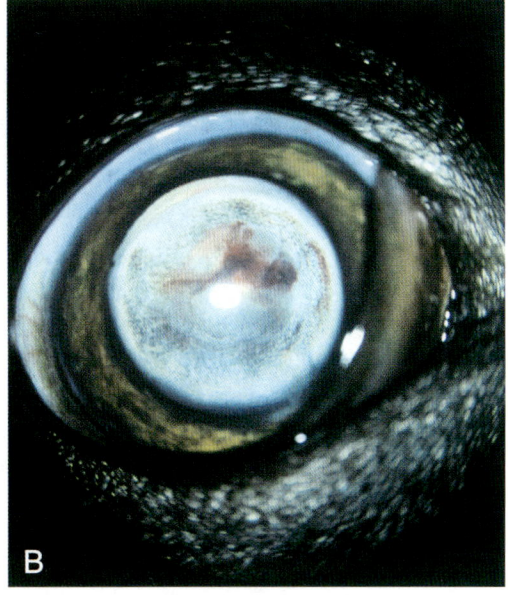

図 10.2　A．ドーベルマン・ピンシャーにみられた水晶体血管膜過形成遺残（PHTVL：persistent hyperplastic tunica vasculosa lentis）または第一次硝子体過形成遺残（PHPV：persistent hyperplastic primary vitreous）．水晶体嚢の上の色素沈着した点に注目．
　B．ドーベルマンにみられた水晶体内出血を伴った後皮質白内障．写真は Frans Stadest の好意による．

　この状態は犬で散発的に起こり，ほとんどが片側性である．しかし，ドーベルマン・ピンシャーやスタッフォードシャー・ブル・テリアのような若干の品種では，本疾患は遺伝性で両眼に影響を及ぼす．遺伝性の症候群では，後嚢における 2，3 の軸方向の維管束の点から，水晶体内および水晶体後部の色素沈着（A），出血（B），水晶体欠損，小水晶体症または球状水晶体症，白内障形成および小眼球症といった重度の症状を示す．これらの犬種では，白内障手術は眼内出血，後嚢欠損，硝子体損失および網膜剥離の合併症の可能性があるので，通常は行わない．罹患犬は繁殖用として用いてはいけない．さらなる情報のために，Veterinary Ophthalmology 3rd edition pp 860-864, Essentials of Veterinary Ophthalmology pp 255-256 を参照のこと．

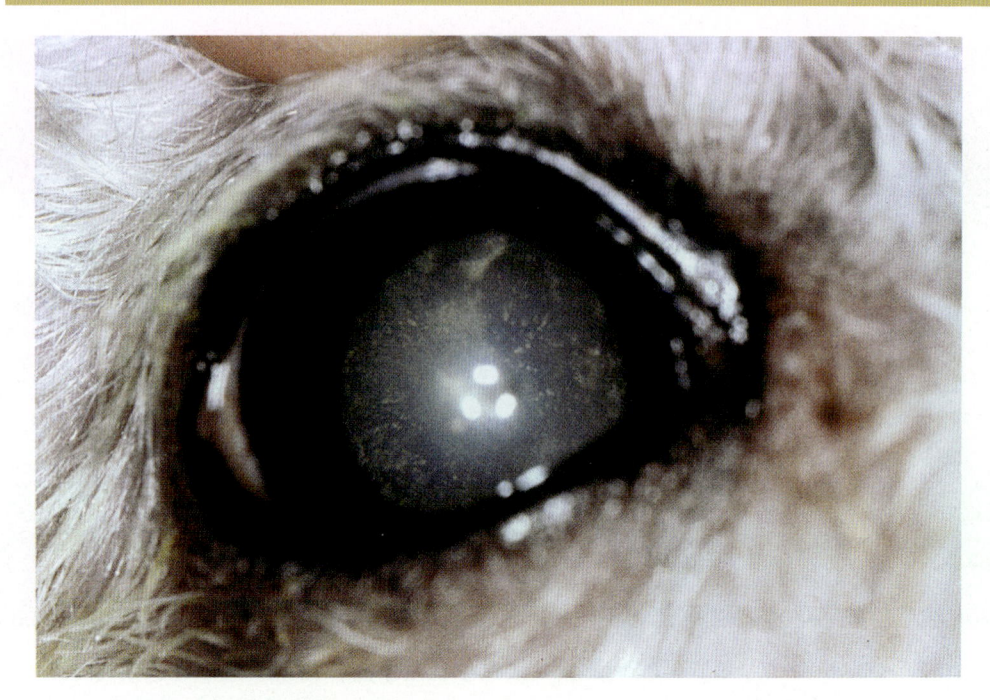

図 10.3 老齢犬にみられた星状硝子体症．多数の白色から黄色の微細な混濁物が前部硝子体内に浮遊していることに注目．

　星状硝子体症は，硝子体の退行性変化の別の型である．星状硝子体症では，円形から卵円形の白色から灰色の浮遊物（星状体）がゲル状化した硝子体内に浮遊している．これらの物体はカルシウムとリン脂質からなる．星状硝子体症は視覚障害を起こさないが，一部の犬においては星状体の数が何百にもなる場合がある．本症には治療がない．

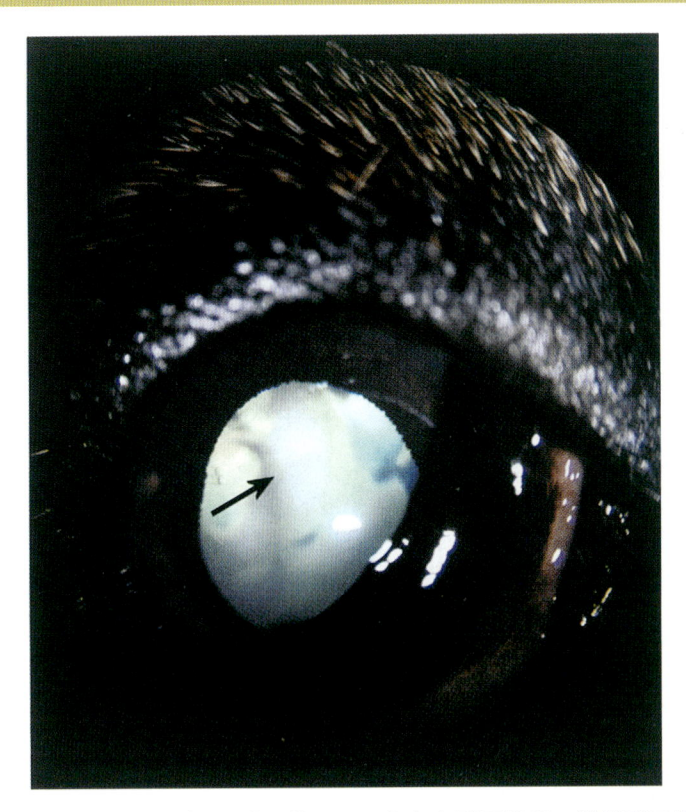

図10.4　犬の全身性アスペルギルス症に伴ってみられた硝子体炎．前部硝子体内の炎症性産物（矢印）に注目．

　硝子体炎は，隣接した毛様体扁平部の炎症（周辺部ぶどう膜炎）や網膜および脈絡膜の炎症（網脈絡膜炎および脈絡網膜炎）からの炎症性細胞の浸潤や，視神経乳頭の炎症（視神経炎または視神経乳頭炎）に続発したり，時には新生物に伴ってみられる．炎症性細胞はすべてのタイプを含む場合があり，肉芽腫の形成が起こる場合がある．硝子体は通常透明であるので，炎症性細胞の浸潤は炎症を起こした領域に隣接して明白な浮遊物を産生することがしばしばみられる．

　硝子体炎の検査には，その前方部分への（スリットランプ検査法を用いた）斜照法と拡大，および後面の観察ための検眼鏡検査あるいはルービレンズを用いたスリットランプ検査法が用いられる．硝子体の穿刺術は，液化した硝子体や炎症性デブリスを吸引するのに用いられる場合がある（皮下注射針の挿入は，周辺部網膜の穿孔を避けるために毛様体扁平部から行う）．吸引物は顕微鏡で炎症性および腫瘍細胞がないか調べ，培養して抗生物質の感受性を決定することができる．超音波検査法（b-モードスキャン）もまた，特に角膜または水晶体が不透明で直接の観察が不可能な場合に硝子体を調べるのに用いられる．

　硝子体炎は，臨床的には隣接した組織（最も頻繁には網膜と脈絡膜）の炎症に関連してみられる．炎症性（真菌症に伴ってみられる）あるいは腫瘍細胞からなる浮遊物は，ゲル化した硝子体内に浮遊する灰色から白色の浮遊物としてみられる．時間の経過とともに，硝子体の局所領域は液化の経過をたどる場合があり，これらの浮遊物はより多くの運動性を示す．治療は原発性疾患に向けられる．硝子体内の炎症性細胞が消失するのには，数週間を要する．

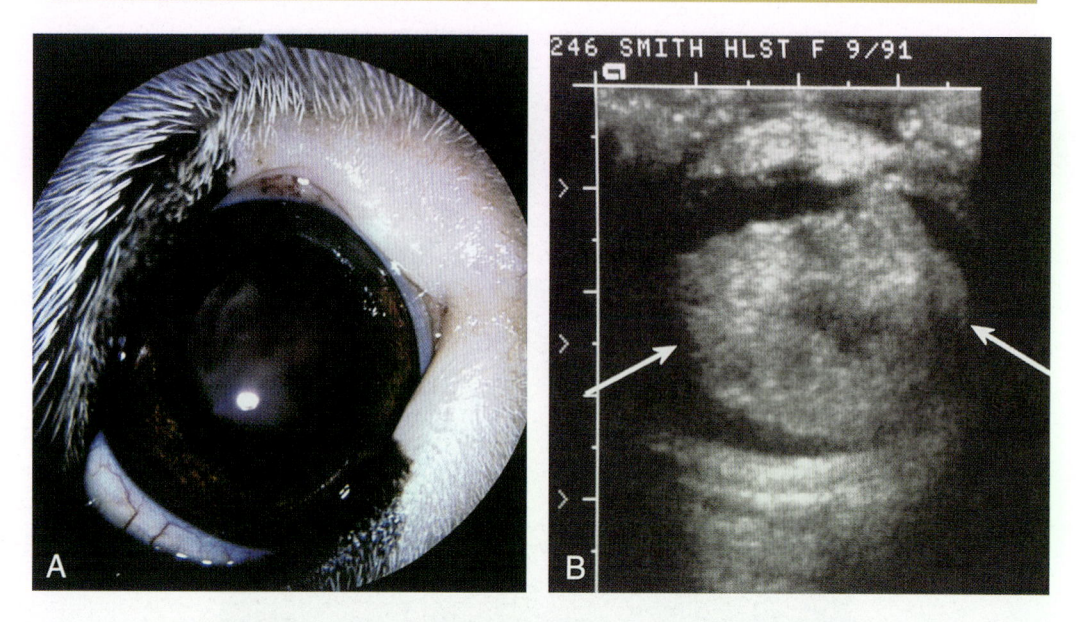

図 10.5　A．犬の後眼部を銃弾が貫通した後に起こった硝子体出血．硝子体の背内側に浮遊している硝子出血に注目．
　B．犬の頭部外傷に続発した硝子体内出血（矢印）の超音波検査所見．超音波写真はKathleen Gelatt-Nicholson の好意による．

　硝子体の出血は，先天性眼疾患（コリー眼異常や網膜異形成のような），鈍性および鋭性外傷，原発および転移性眼内腫瘍，全身性高血圧症，血液凝固異常に続発する場合があり，ビーグルにおいては自然発生的にみられる場合がある．出血はゲル状硝子体内に浮遊したり，凝血塊になったり，後部硝子体と網膜前部の間に起こる場合がある（「竜骨船」出血）．

　硝子体の出血の検診は瞳孔を散大させ，照明と拡大（スリットランプ検査法）や直像および倒像検眼鏡検査および超音波検査法によって行われる．可能ならば，出血の原因を確認し，治療はこの原因に対して行う．

　赤血球が変性した後にマクロファージによって取り除かれるので，出血が硝子体からなくなるまでには数週間を要求する場合がある．硝子体内出血には有効な治療法はない．硝子体の出血の後遺症には，硝子体シネレシスおよびフィブリンやフィブリン膜と牽引帯の形成がある．

犬の眼底および視神経　11

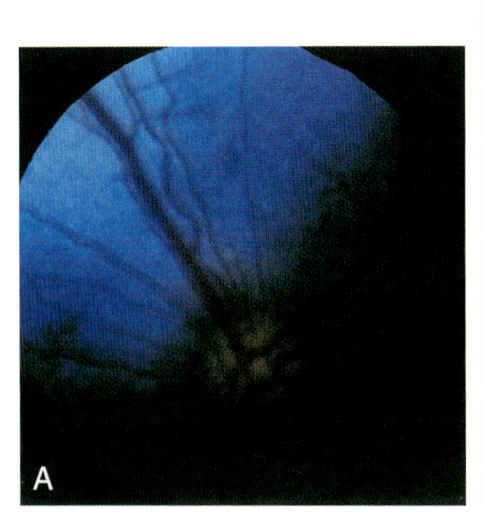

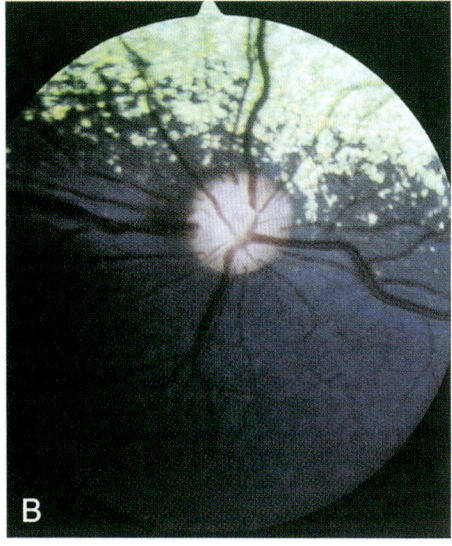

図 11.1　250 種類近くの犬種と被毛色の外見的な違いによって，正常な眼底と視神経乳頭または円板にはかなりの正常なバリエーションがある．

A．10 週齢の仔犬の眼底．タペタム領域の眼底は青く，眼の発育が終了する（およそ 16 週目）までこの色調は変化する．

B．犬の最も一般的な眼底．背側の三角形のタペタム領域は黄緑色で，ノンタペタム領域は暗褐色であるかほとんど黒に近い．視神経乳頭はタペタムとノンタペタムの境界部，あるいはそのやや下方に位置し，網膜血管は視神経乳頭表面およびその辺縁から出る．

　犬の眼底にはかなりのバリエーションがあり，それはしばしば検眼鏡検査を学び，同時に眼底疾患を診断しようとする初心者を混乱させる．青い虹彩（虹彩異色）をもつ犬種とマール種で多色性の虹彩（茶，青および白）をもつ犬種は，異なった眼底をしていることがあるが正常である．犬の眼底はタペタム領域，ノンタペタム領域，視神経乳頭と網膜血管に分類される．

　タペタムは生後 16 週の間は発達し，その変化はタペタムの色の変化として現れる（黒か灰色からラベンダー色あるいは紫になり，それから青くなって，黄橙色あるいは黄‐青‐緑のアダルトカラーになる）．タペタム領域は眼底の上方の領域で三角形に近い形をしており，照明の少ない条件下での視覚を援助すると考えられている．タペタム領域での網膜色素上皮はその細胞質内のメラニンが制限されている．マール種の被毛およびトイ種においては，タペタム領域は極端に狭く，多数のタペタムの「島」としてみられるか，あるいはタペタムを欠いているかもしれない．

（つづく）

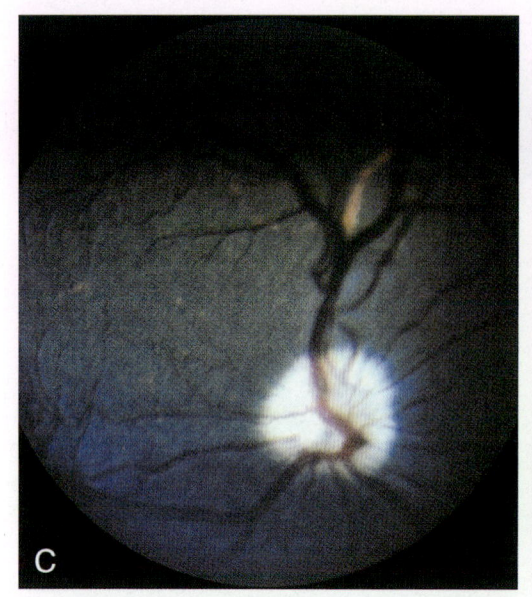

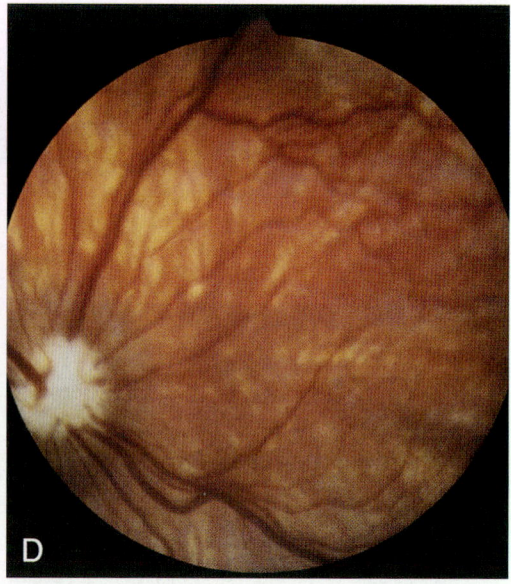

C．完全に色素沈着し，タペタム領域が全く観察されない成熟したボストンテリアにおける眼底．

D．虹彩異色のある準アルビノ種の犬の眼底．タペタム領域は観察できない．時々，いくらかの色素沈着が眼底の腹側で存在する．色素沈着不足のため，深い脈絡膜の血管がはっきりみることができる．

ノンタペタム眼底は暗褐色〜黒色で，それは網膜色素上皮内のメラニン顆粒によって引き出される．虹彩異色が存在するとき，ノンタペタム眼底は軽く着色しているだけであるか，部分的に着色しているだけで，より深い脈絡膜の血管が見えるか（「紋理」ノンタペタム眼底と呼ばれる），色素沈着がみられない（白い強膜を背景としてより深い脈絡膜の血管が見える）．ノンタペタム領域とタペタム領域間の接合部はしばしば明白な線でなく，ノンタペタム領域の色素沈着が段階的に減少し，タペタム領域の厚みと色が増えていくように見える．タペタム領域内で，視神経乳頭よりわずかに側頭部（外側）の背側よりに「網膜中心野」（錐体の豊富な領域）がある．

視神経乳頭（「乳頭」または「視神経円板」と呼ばれる）は，ノンタペタム領域内か，ノンタペタム領域内またはその接合部に位置する．視神経乳頭がタペタム領域内にある場合，それはしばしば色素のリングに囲まれている．その表面は有髄で，その表面，特に周辺から網膜主動静脈が発生する．ピンク〜白色の視神経乳頭の形は，円形〜卵円形，さらに非常に不規則なものまでさまざまである．出生前の硝子体組織の萎縮によって形成された中心陥没（生理的陥凹）がしばしば存在する．

犬の眼底の脈管構造は完全な血管性で，15〜20本の動脈（主に視神経乳頭周辺から発生する）と，3〜4本の主動脈および静脈からなる．動脈はより淡い赤であるのに対して，遊離酸素を除去された血液を運んでいる静脈はより濃い赤である．視神経乳頭の表面上には部分的から完全な静脈輪が時おりみられる．

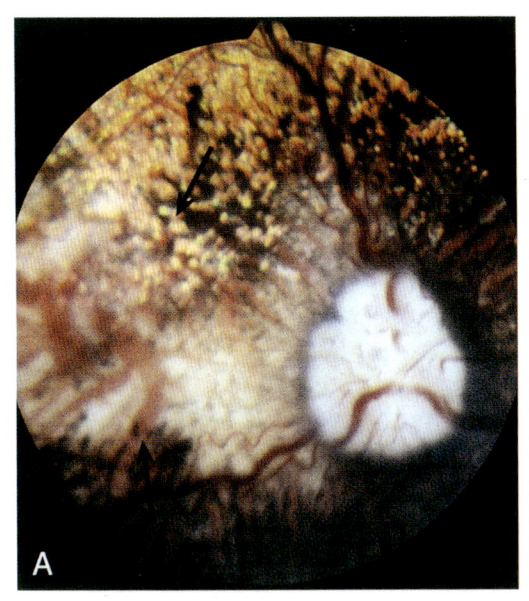

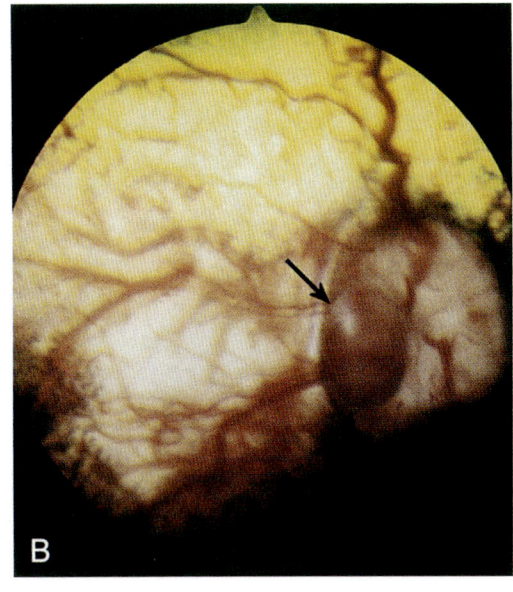

図11.2 コリー眼異常
　A．コリー眼異常の基本的異常は，視神経乳頭外側の巣状の脈絡膜形成不全（矢印）である．
　B．視神経コロボーマ（矢印）といったより重度の障害が脈絡膜形成不全のコリーの10〜20%に影響を及ぼす．

　コリー眼異常は犬において最も古く，最もよく調査された後眼部異常である．1960年代と1970年代初期にこの異常は，後部強膜拡張症や後部ぶどう腫とも呼ばれていた．この欠損は，常染色体劣性遺伝されている；視神経欠損（視神経コロボーマまたは「小窩」）は，常染色体優性対立遺伝として遺伝する場合がある．最近，スウェーデンにおいて遺伝形質の様式についての研究が試みられた．

　本症は，ラフあるいはスムース・コリー（80〜90%），シェットランド・シープドッグ（アメリカでの5%〜イギリスでの60%），ボーダー・コリー（＜5%），オーストラリアン・シェパード（＜5%）とランカシャ・テリア（非コリー品種）にみられる．

　検眼鏡検査によって，眼底疾患を正常，「go normal」および罹患に分類した．「go normals」とは，幼犬のころに色素沈着した小さい巣状の脈絡膜形成不全があり，（これらの犬は罹患犬として扱われるが）現在は正常にみえる成犬である．コリー眼異常は，眼底検査上，血管の蛇行，視神経乳頭外側の巣状脈絡膜形成不全（100%），後部コロボーマ（乳頭であるか乳頭周囲のぶどう腫または「小窩」）（10〜20%），網膜剥離（5%）および眼内出血に分類される．

（つづく）

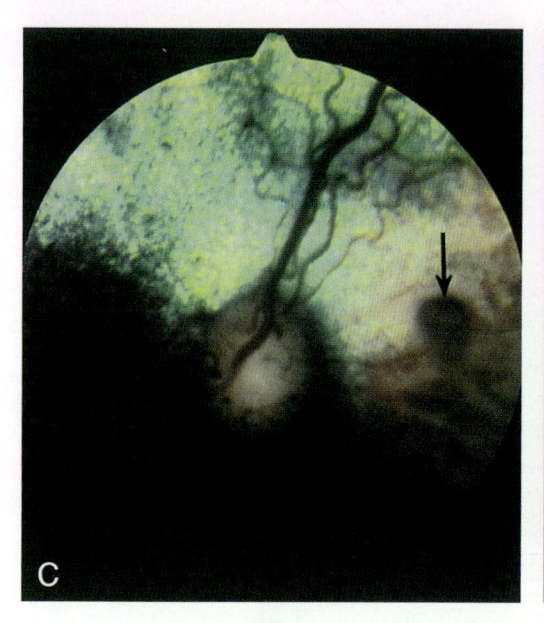

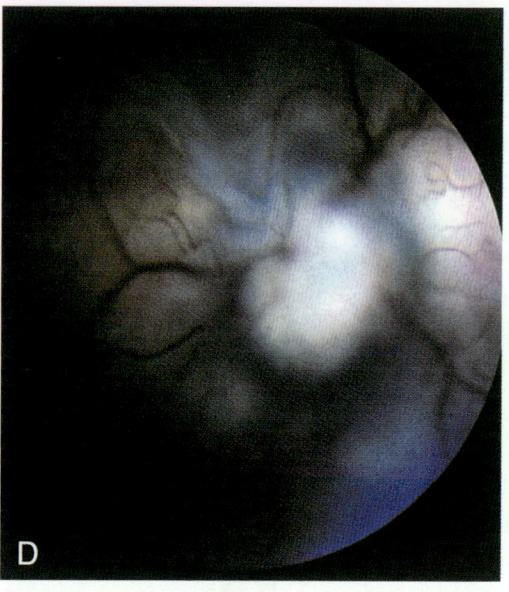

C．コロボーマ（矢印）はまた視神経乳頭の近くに，しかしそれとは別の場所に起こる場合がある．巣状の脈絡膜形成不全領域に注目．

D．網膜剝離は，罹患したコリーの2～5％において視神経乳頭の近くでみられ，さらに多くは視神経乳頭コロボーマを伴う．剝離して浮腫状の網膜は，視神経乳頭の前方へ突き出ている．

虫状の線または網膜の皺も眼底にみられる場合があるが，コリー眼異常や強膜と内側の網膜間の発育の不均衡とは無関係のようである．それらは成長の過程で吸収（あるいは消失）される．それらは網膜内の灰色～白色の不規則な線として観察される．

過去約30年間は，軽度の罹患犬（脈絡膜形成不全のみ）は繁殖に用い，より重度の罹患犬（コロボーマやぶどう腫）は繁殖させないことを推奨してきた．

（つづく）

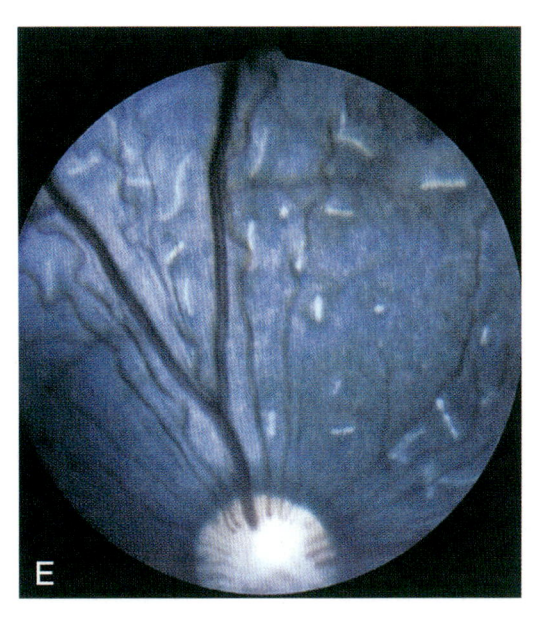

E．虫状の線は，若いコリー仔犬において時おり観察される．これらの線は，網膜と外側の脈絡膜および強膜の間での成長の不均衡を表す．それらは，数週以上かかって消失する．

多くの進歩的なコリーのブリーダーは，現在この品種から疾患を排除することを最終的なゴールとして，正常な眼のコリー（多くはキャリアである）を繁殖させている．この障害にかかった他の犬種では，罹患した犬は不妊処置をされなければならず，罹患した仔犬の両親は再び繁殖に使われてはいけない．

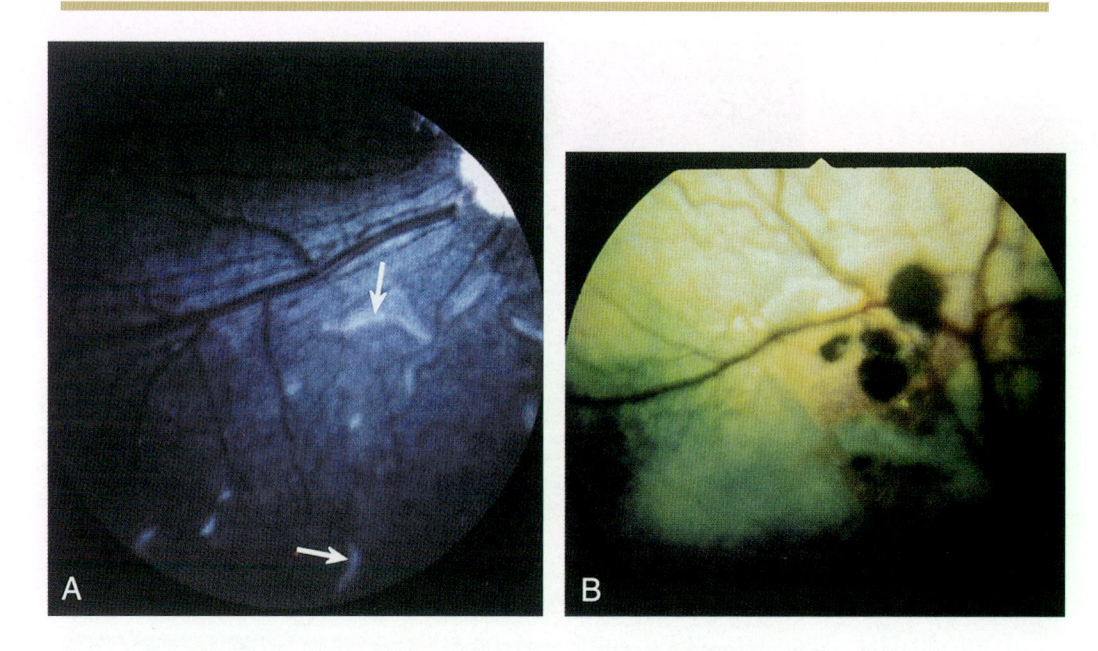

図11.3 網膜異形成は特定の種類でいくつかの異なった表現型で起こり，視覚を損なうこともある．
　A．アメリカン・コッカー・スパニエルにみられた巣状網膜形成異常．色素沈着のない領域（矢印）がノンタペタム領域にみられる．
　B．ラブラドール・レトリバーにみられた地図状網膜異形成．異形成領域は視神経乳頭の背側で，反射亢進と色素沈着領域を含み，過去の脈絡網膜炎の痕跡と混同されるかもしれない．

　多くの犬種の網膜異形成はアメリカやその他の地域で増加しているようで，誠実な純粋犬種の繁殖家および飼育家の関心も増えている．網膜異形成の原因には，遺伝性，ウイルス性（ヘルペスウイルス），紫外線照射，特定の薬，ビタミンA欠乏症および子宮内の外傷があげられる．検眼鏡的にこの疾患は，①巣状または多巣性，②地図状，そして最も重度の③網膜剥離を伴った全網膜異形成に分類される．
　巣状または多巣性網膜異形成を発症する犬種には，アメリカン・コッカー・スパニエル，ビーグル，ラブラドール・レトリバー，ロットワイラーおよびヨークシャー・テリアがあげられる．網膜異形成のこの型は，臨床視覚障害を起こさない．タペタムにもノンタペタム領域にも発症する．タペタム領域において，病変は反射が亢進したり，色素沈着した「X」または「Y」あるいは不規則な線状領域として現れ，視神経乳頭の背側に最もよくみられる．ノンタペタム領域では，病変部は灰色～白である．
　地図状網膜異形成を発症する犬種は，キャバリア・キング・チャールズ・スパニエル，イングリッシュ・スプリンガー・スパニエルおよびラブラドール・レトリバーがあげられる．

（つづく）

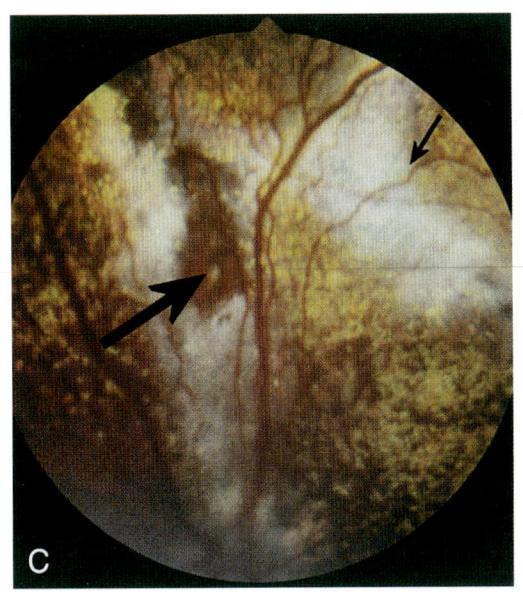

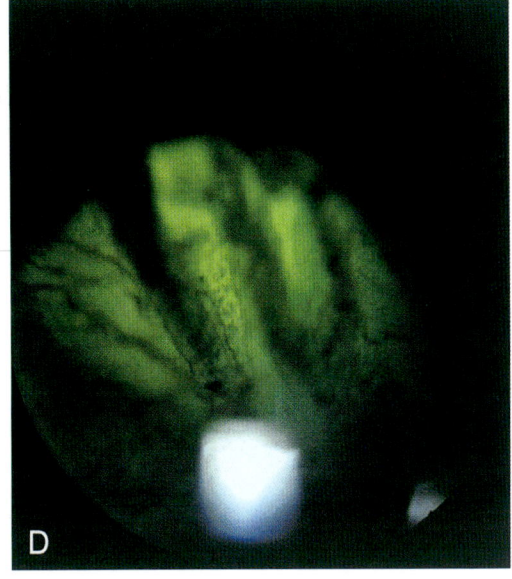

C. イングリッシュ・スプリンガー・スパニエルにみられた地図状網膜異形成．異形成は視神経乳頭の背側のタペタム領域に位置し，反射亢進領域（小矢印）と色素沈着領域（大矢印）をもつ．

D. ベドリントン・テリアにみられた全体的な網膜異形成．すべての網膜が影響を受け，完全な網膜剥離（または網膜付着不全）が起こっている．網膜剥離の前部が水晶体の直後にあることに注目．

罹患した犬は，臨床上正常な視覚をもつかもしれないし，視覚障害あるいは盲目を示すかもしれない．視覚障害を呈する犬は，眼振，小眼球症，眼内出血，白内障形成および網膜剥離を呈することもある．軽症の犬ではタペタム領域の中央部で巣状の網膜異形成領域を示すことが最も多く，そしてそれは検眼鏡検査によって，さまざまな程度の濃い色素沈着を伴った大きな反射亢進および反射低下領域として現れる．網膜血管は，病変部では狭細化することもある．治療法はなく，罹患した犬は繁殖に用いてはいけない．

網膜剥離（または付着不全）を伴った全体的な網膜異形成は，以下の犬種にみられる．ベドリントン・テリア，秋田犬，チャウ・チャウ，ドーベルマン・ピンシャー，ラブラドール・レトリバー，シーリアム・テリアおよびサモエド．これらの仔犬は，内斜視，小眼瞼裂，散瞳，小眼球症，瞬膜突出，回旋眼振，視覚喪失および眼内出血を示す．

眼科検査により，小眼球症，白内障形成，前房出血，硝子体出血と網膜剥離が明らかになる．ラブラドール・レトリバーとサモエド（これらの犬種はこの疾患においてより重症型となる）では，骨格の異常を示すこともある．罹患犬および罹患した仔犬の両親は繁殖に用いるべきではない．

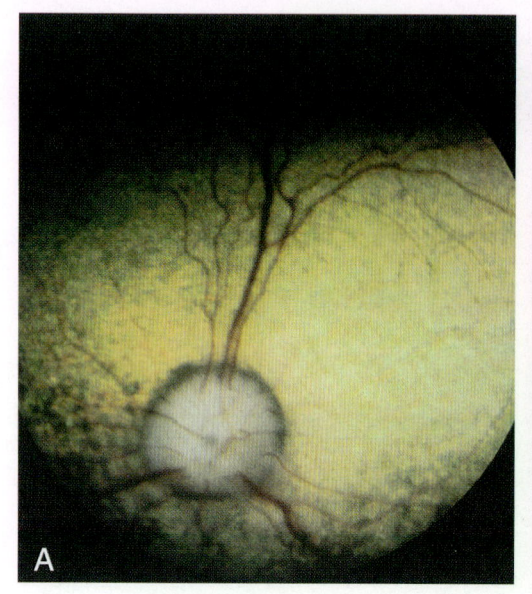

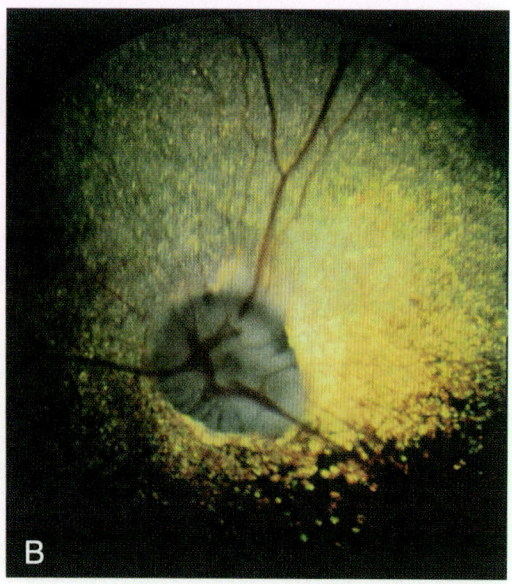

図 11.4 進行性網膜萎縮（PRA）の眼底像は罹患した犬の犬種が異なっても同様の所見を呈するが，疾患のステージによって異なる．
　A．4歳齢のミニチュア・プードルにみられた初期のPRA．網膜血管の数と直径の減少，およびタペタム領域の斑点に注目．
　B．3歳齢のアメリカン・コッカー・スパニエルにみられた中等度に進行したPRA．網膜血管の更なる減少，タペタムの反射亢進および初期の視神経乳頭の変性に注目．

　進行性網膜萎縮（PRA：progressive retinal atrophy）は犬における盲目の主な原因で，罹患した犬は視覚障害が徐々に進行し，最終的には盲目となる．PRAは色素性網膜炎として1911年にゴードン・セッターで最初に報告され，現在約50の犬種に対して影響を及ぼす．PRAは光受容体（杆体および錐体）に影響を及ぼして，発育の間に起こるもの（杆体/錐体異形成）と，生涯のもっと遅い時期に起こるもの（杆体および錐体の完全な発育後の杆体/錐体変性）に分けられてきた．これらの2つの（網膜像および超微形態学的研究に基づく）分類も，発症時期を予測する助けになる．このように，杆体/錐体異形成のタイプはより若い動物が罹患し，変性性の杆体/錐体疾患はより年配の犬にみられる．実験的な研究によって，視覚障害の臨床徴候が進行する前に網膜電図を数か月～数年連続的に記録することによって疾患を発見するできることが分かっている．

　現在まで調査されている犬種としては，網膜光受容体異形成ではアラスカン・マラミュート（錐体のみ），ベルジアン・シェパード，コリー，アイリッシュ・セッター，ミニチュア・シュナウザーおよびノルウェジアン・エルク・ハウンド（2つのタイプ）が，杆体/錐体変性では秋田犬，アメリカン・コッカー・スパニエル，イングリッシュ・コッカー・スパニエル，ラブラドール・レトリバー，ミニチュア・ロングヘアド・ダックスフンド，パピヨン，ポルトガル・ウォーター・ドッグ，シベリアン・ハスキー，チベタン・スパニエル，チベタン・テリアそしてトイおよびミニチュア・プードルがあげられる．

　PRAの両タイプにおける病歴は夜間の視覚障害および夜盲で，それは昼盲そして全盲へ進行する．これらの視覚障害の進行速度は異なるが，杆体/錐体異形成グループでは通常より急速に進行する．続発白内障は起こるかもしれないが，いくぶんか種特異性がある．トイおよびミニチュア・プードルにおけるPRAでは，しばしば続発白内障がみられる．

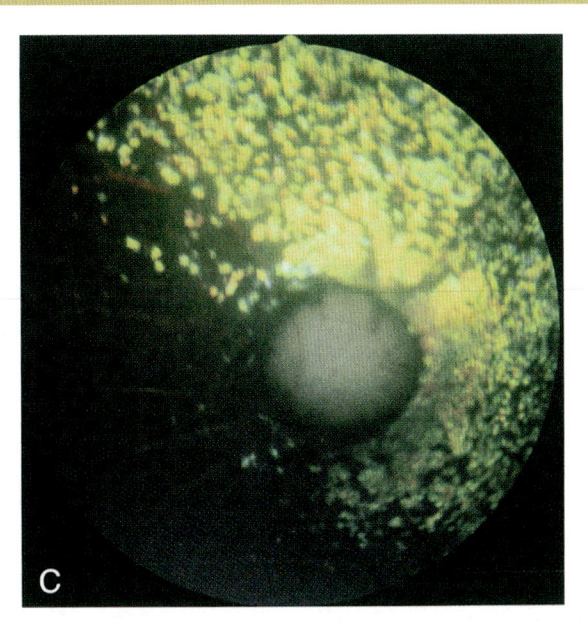

C．6歳のミニチュア・プードルにみられた進行したPRA．タペタムの反射亢進，網膜血管の喪失，ノンタペタム領域での色素沈着の減少と視神経の変性が存在する．

PRAにおける検眼鏡所見は異なった犬種間でもかなり一貫している．最も初期の変化はタペタム領域に現れ，最初に周辺部眼底における反射の変化（灰色がかった退色）によって特徴づけられる．この領域における末梢性網膜血管のわずかな狭細化も起こる．犬はこの段階で夜間の視覚異常も抱えている．本疾患の中等度に進行した段階ではタペタム領域の色調の変化や血管の狭細化は全体的になる．タペタム反射は亢進し，ノンタペタム領域の色素沈着は若干減少する．視神経乳頭の変化が起こり，ミエリンの減少（神経頭は円形になる）と血管の狭細化（網膜動脈および静脈の数と直径の減少）がみられる．この段階では犬は完全な夜盲を示し，昼間の視覚異常も出始める．進行した段階のPRAにおける検眼鏡的な変化は，タペタム反射亢進，残存血管の直径の減少を伴う網膜血管の消退，ノンタペタム領域における色素沈着の減少である．視神経乳頭は進行した視神経萎縮を呈し，乳頭直径の縮小，色素沈着，ミエリンの消失および乳頭上には直径の減少した血管がほんの少し残るのみとなる．

PRAには治療法がない．罹患した動物とその両親は繁殖に用いるべきではない．PRAは常染色体劣性遺伝性疾患（主に雄が罹患する性別関連性疾患であるシベリアン・ハスキーを除いて）であるので，Canine Eye Registry Foundation（CERF）のスクリーニングによって認められた罹患犬の淘汰が，特定の犬種での本疾患の発生頻度を減らすのに最も重要なステップであると思われる．遺伝子あるいはマーカーテストは，特定の犬種のために開発されて，キャリアを確認して淘汰するのに有効かもしれない．さらなる情報のために，Veterinary Ophthalmology 3rd edition pp 887-903, Essentials of Veterinary Ophthalmology pp 268-276 を参照のこと．

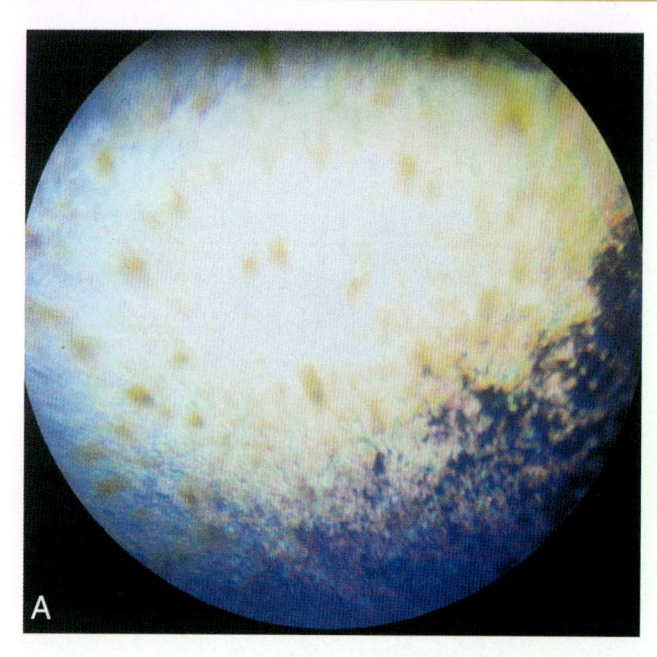

図11.5 網膜色素上皮ジストロフィー（RPED）は進行性網膜萎縮より一般的でなく，最初に網膜色素上皮がおかされ，二次的に杆体および錐体光受容体（そして視覚）に影響が及ぶ．PRAと同様に，RPEDの検眼鏡所見は疾患の段階に伴って変化する．

　A．初期のRPEDは，タペタム領域における巣状の茶色〜黒色の斑点の発現によって特徴づけられる．このときに，犬は視覚障害を示すかもしれないし，示さないかもしれない．

　網膜色素上皮ジストロフィー（RPED：retinal pigment epithelial dystrophy）はかつて中心性進行性網膜萎縮と呼ばれていたが，網膜の外側の光受容体は初期には正常に見えるものの，網膜色素上皮（RPE：retinal pigment epithelium）は異常であることから，PRAとは異なったものであることが分かった．RPEDは，ラブラドール・レトリバーおよびゴールデン・レトリバー，ブリアード，ボーダー・コリー，ラフおよびスムース・コリー，シェットランド・シープドッグ，イングリッシュ・コッカー・スパニエル，イングリッシュ・スプリンガー・スパニエル，チェサピーク・ベイ・レトリバーと他の犬種において報告されてきた．1970年代になされた研究に基づいて，RPEDはラブラドール・レトリバーにおける遺伝性疾患として報告された．しかしより最近の研究では，ある犬種（ブリアードとイングリッシュ・コッカー・スパニエル）においてビタミンEがこの疾患に関連している可能性が示唆された．そして，食餌の水準と肝臓を含んだ代謝障害は原発疾患であるかもしれない．罹患したブリアードは，高脂血症および低レベルのビタミンEおよびタウリンを示す．

　病歴はさまざまである．視覚障害はさまざまで，初期の段階で検眼鏡検査によってRPEDを早期に診断できるかもしれない．使役犬は静止したものに対して視覚障害を示し，動くものに対しては正常な視覚をもつであろう．

（つづく）

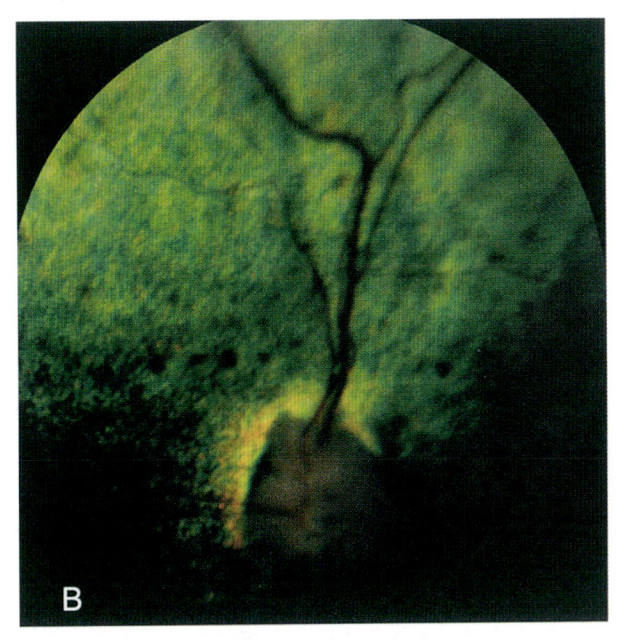

B．RPEDが進行すると，タペタム領域での色素斑は結合し，明らかでなくなる．タペタム反射亢進，網膜血管の数と直径の減少そして視神経変性があとに続く．

視覚は日中よりも夜に良いかもしれない．続発白内障は，疾患の後期には発生し得るであろう．

　検眼鏡検査において，タペタム領域中に散らばる茶色～金色の不規則な大きさと形の斑点を見つけることによって診断する．これらの茶色の病巣（リポフスシンで満たされた肥大して過形成した網膜色素上皮であると考えられる）は，最終的にはすべてのタペタム領域を含むようにサイズが増加する．各々の茶色の病巣周辺で反射亢進が起こることもある．最終的にはかなりのRPEは失われ，全体的な反射亢進が起こる（進行したPRAの場合のように）．ノンタペタム領域のRPEにおいても，巣状の色素の損失および増加といった同様の変化がみられる．視神経変性といった変化は，疾患の後期に起こる．

　スウェーデンにおいてブリアードでの類似した疾患は，「静止夜盲」（若干の進行が数年で起こるかもしれないが）と呼ばれていた．罹患した仔犬は夜盲および眼振を呈する．検眼鏡検査によって，白～灰色の斑点の発育を伴った微妙なタペタムの色調の変化が起こる．アメリカではこの疾患は最初「脂質性網膜症」と呼ばれていた．さらなる情報のために，Veterinary Ophthalmology 3ird edition pp 903-908，Essentials of Vetennary Ophthalmology pp 276-278 を参照のこと．

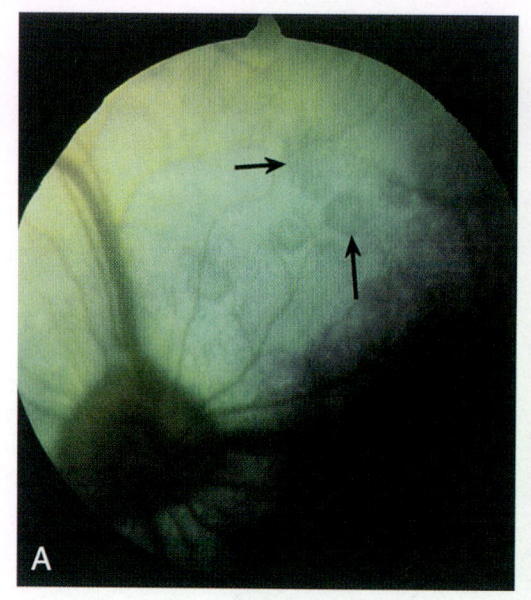

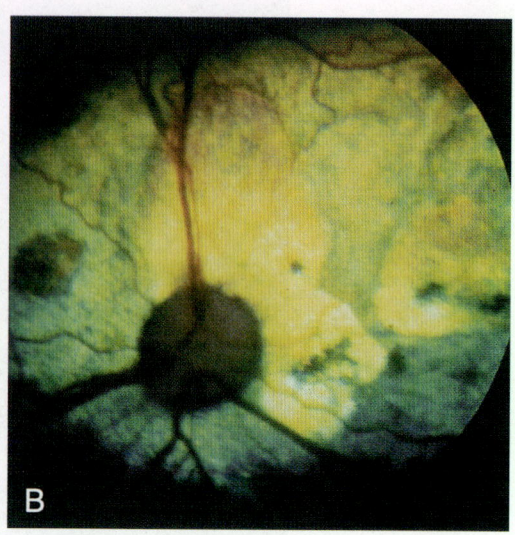

図11.6 網膜と脈絡膜の炎症は，刺激している有機体およびその炎症のプロセスの段階によって異なる（急性，亜急性，慢性および変性性）．（図1.14AとB，図1.15AとBも参照）

A．若い犬にみられた犬ジステンパーに随伴した急性網脈絡膜炎．タペタム領域（矢印）において，隆起した半透明の領域に注目．

B．犬にみられたタペタム領域における慢性脈絡網膜炎あるいは脈絡網膜症．罹患領域において反射の亢進（網膜の損失／菲薄化）あるいは色素沈着がみられることに注目．罹患領域には網膜の血管構造の消退もみられる．

　網膜と脈絡膜の炎症は犬において一般的であるが，すべての網膜がおかされるか，剥離するか，あるいは視神経がおかされるまで視覚障害の明らかな徴候を示さない．脈絡網膜炎の大多数の原因は全身性疾患である．両眼がしばしば罹患している．脈絡網膜炎の原因はウイルス性，リケッチア性，真菌性，細菌性，原虫性，寄生虫性および免役介在性に分類される．罹患した犬は，眼科疾患（例えば前部ぶどう膜炎，緑内障，乾性角結膜炎など）または全身疾患の臨床症状も示す．

　眼科的診断法は疾患によって異なるが，検眼鏡検査，超音波検査，硝子体穿刺（培養／細胞学）および一般的な医学的精密検査（CBC，臨床化学，尿検査および胸部と腹部のX線写真）があげられる．さらなる診断的検査はこれらの結果に基づいて提案される．

　脈絡網膜炎の検眼鏡検査所見は，タペタムとノンタペタム領域では違うし，期間（急性か慢性か）によっても変化する．その血管構造を除いて，通常感覚神経あるいは内部の網膜は完全に透明であるが，活動期あるいは急性の炎症にかかると半透明から不透明になる．これらの網膜の変化は，感覚神経網膜の後方の組織（タペタム領域（黄緑色‑オレンジ色）かノンタペタム眼底（網膜の色素上皮中の茶～黒い色素沈着）か）によって異なる．

（つづく）

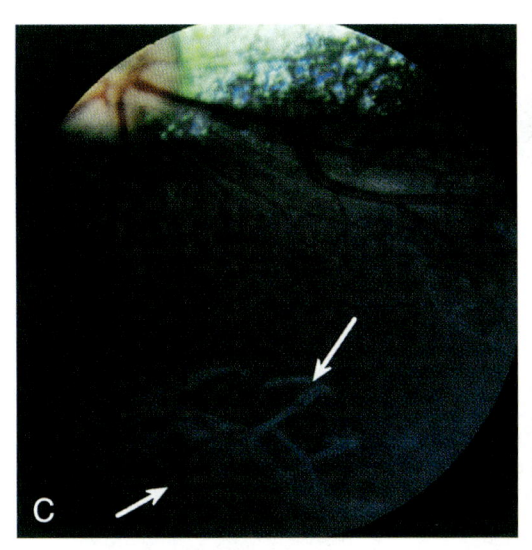

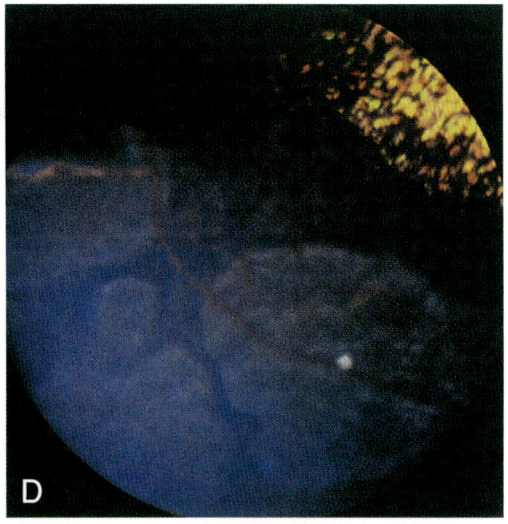

C．ハエ幼虫の移動と関連した活動期の脈絡網膜炎（双翅目；後部眼ハエ幼虫症）．この寄生虫の移動した経路を示唆する巣状の白い炎症性領域（矢印）に注目．

D．犬にみられた数か月前のジステンパー感染を示唆する非活動性（治癒した）脈絡網膜炎または脈絡網膜症．色素沈着が減少し，色素増殖に囲まれた限界明瞭な領域が散在する．

タペタム領域での急性脈絡網膜炎では，炎症を起こした領域はぼやけた辺縁をもった不規則なサイズと形の隆起した半透明から不透明の領域としてみられる．検眼鏡の光線が明るいと，これらの領域は被覆され，見逃がされるかもしれない．それゆえに，タペタム領域では正常な照明と光量を落とした照明による検眼鏡検査が推薦される．慢性化したあるいは不活発な（治癒した）炎症では，炎症を起こした領域に網膜変性が起こることがあり，それは限界明瞭な不規則形の領域で，時に巣状の血管の狭細化がみられたり，巣状の反射亢進領域およびさまざまな色素沈着領域としてみられる．

ノンタペタム領域の急性炎症においては，急性あるいは活動期の脈絡網膜炎の変化はより発見しやすい．より深い暗い色素沈着と対比して，活動中であるか急性の脈絡網膜炎の領域は，白〜灰色に隆起した不規則な大きさと形をしたぼやけた辺縁をもつ領域としてみられる．しばしばこれらの炎症を起こした領域の中央部は，半透明の周辺と比較してほとんど不透明である．慢性化あるいは治癒（不活化）すると，病変部は限界明瞭な色素沈着の損失または増加した領域としてみられ，局所的な血管の減少も起こり得る．

治療は考えられる原因に対して行われる．ひどく炎症を起こした領域には，しばしば巣状脈絡網膜変性が起こる．滲出性網膜剥離が起こると，重度の網膜変性が起こり，長期にわたり視覚が障害されるかもしれない．さらなる情報のために，Veterinary Ophthalmology 3rd edition pp 910-919, Essentials of Veterinary Ophthalmology pp 278-280 を参照のこと．

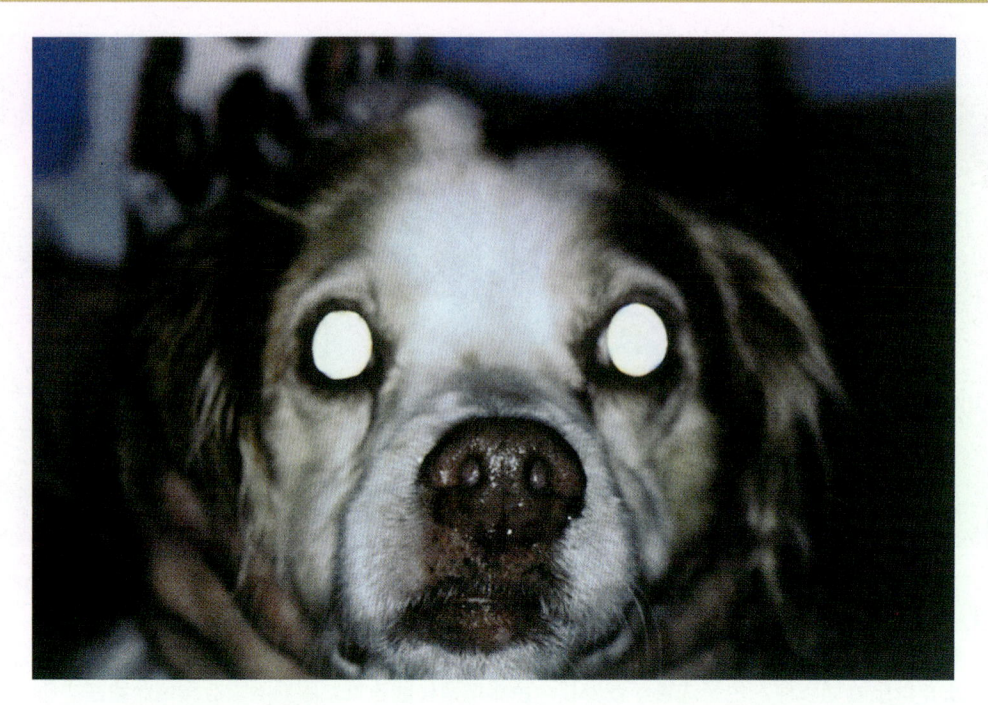

図 11.7 突発性後天性網膜変性（SARD）は，突然の盲目，散瞳して固定された瞳孔，正常な眼底および網膜電図の消失に特徴付けられる．

　突発性後天性網膜変性（SARD：sudden acquired retinal degeneration）は犬におけるまれな疾患であって，突然で永久的な視覚の損失によって特徴づけられる．本疾患は中毒性あるいは代謝性網膜症とも呼ばれている．発病の徴候は数日から1〜2週間で，散大して反応のない瞳孔および視覚障害（日中および夜間）が進行する．すべての犬種が罹患し，罹患犬のほとんどは中年である．いくつかの例では同時に肝臓障害（血清アルカリホスファターゼ，血清アミノトランスフェラーゼ，血清コレステロールおよび血清ビリルビン値の上昇）と副腎皮質機能亢進症を示す．

　急性に盲目となった患者の検眼鏡検査では眼底は正常に見えるが，網膜電図検査は全体的な網膜外側（光受容体）の障害を示す．4〜6週間以内に検眼鏡検査によって全体的な網膜変性が確認できる．治療は高容量のコルチコステロイドの全身投与を含めて，不成功に終わっている．

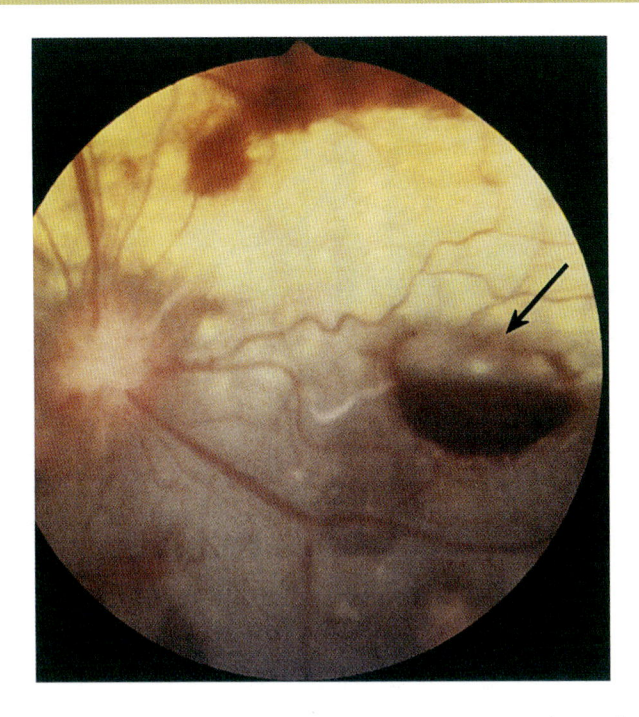

図 11.8 犬における全身性高血圧症は，眼内出血，網膜出血およびさまざまな程度の網膜剥離によって特徴づけられる．視神経乳頭の近くに位置する網膜前の出血（「竜骨船」出血と呼ばれる；矢印）．

　全身性高血圧症は犬においては珍しいが，老齢猫においてはより頻繁にみられる．病歴と臨床徴候は類似しており，同時に腎臓や甲状腺の問題が起こっていることがよくある．ドップラー法による平均動脈血圧の測定は，本症の診断および血圧を長期的に下げる治療の成功をモニターするために重要である．犬は，前房出血を示すかもしれない．
　最初の徴候は，前眼房および硝子体内の出血，網膜剥離（脈絡膜の滲出から）と網膜の出血〔硝子体後部と網膜の内境界膜の間（竜骨船形）；視覚神経線維層（炎形）；網膜内（離散的な円形）；そして網膜下（不明瞭な，よどんだ赤く広がった形）〕である．網膜はしばしば部分的から完全に剥離する．

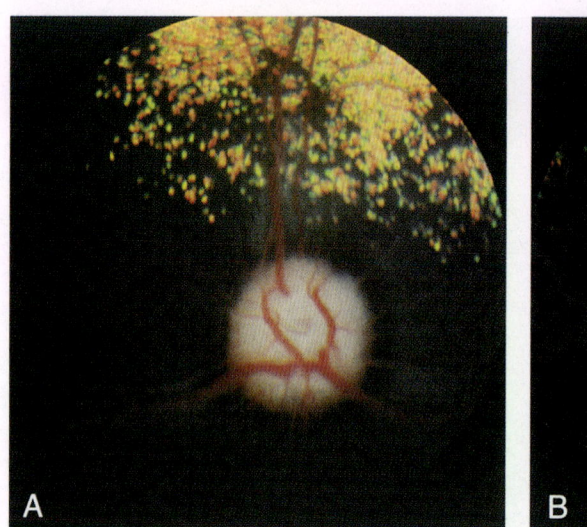

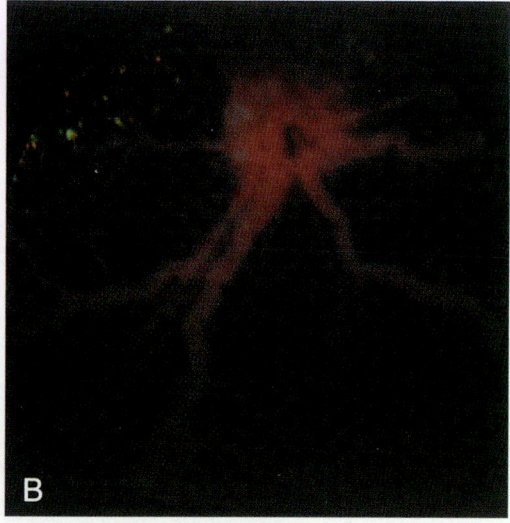

図 11.9　犬にみられた網膜脂血症．網膜血管はオレンジ〜ピンク色に見える．
　A．犬の網膜脂血症における視神経乳頭およびタペタム領域の様子．
　B．別の犬にみられたノンタペタム領域内の網膜脂血症の様子．

　高脂血症または高リポ蛋白血症は，膵炎，甲状腺機能低下症，真性糖尿病，副腎皮質機能亢進症および腎・肝臓疾患と関連する．血清中トリグリセリドおよびコレステロール値が上昇すると，結膜や網膜の血管は乳白色がかったピンクの色に見える．血液 - 房水関門の変化で，この脂質は前眼房に流入することもある（房水フレアや前房蓄膿と混同するかもしれない）．
　検眼鏡検査によって，網膜血管はピンク色に見える．これらの変化はノンタペタム領域で最も認識しやすい．これらの変化は全身性疾患を示唆するので，全身的な治療行為が必要になる．

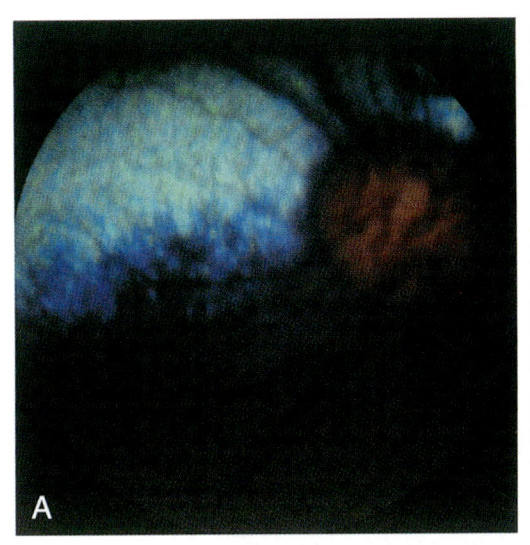

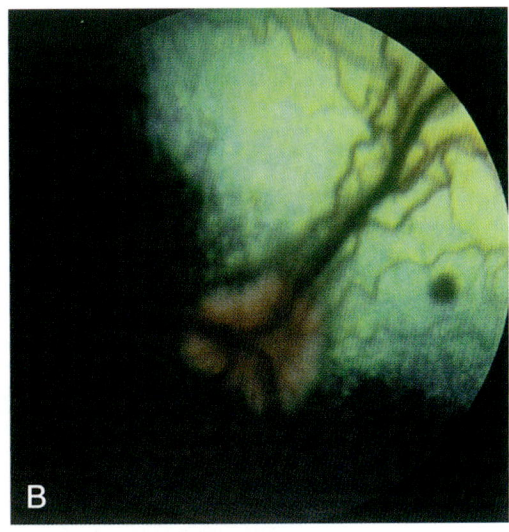

図 11.10　A．多発性心奇形に罹患した仔犬にみられた過粘稠度症候群．網膜の血管系のすべてが膨張し，うっ血していることに注目．視神経乳頭も充血している．
　　　　　B．マクログロブリン血症（IgM 骨髄腫）に罹患した犬にみられた過粘稠度症候群．拡張してうっ血した網膜血管と斑状網膜出血が 1 か所みられることに注目．

　過粘稠度症候群では，大きい分子（例えば IgM または重合 IgA，そしてまれに IgG）のレベルが上がり，そしてそれは血液の粘稠度を増して循環障害を起こす．原因にはしばしば悪性のもの（リンパ腫，慢性リンパ球性白血病，形質細胞腫または多発性骨髄腫）が含まれる．罹患した犬は前房出血，視覚障害または盲目（網膜剥離に関連した），続発緑内障を示すかもしれない．あるいは全身的な身体検査の中の眼底検査によって，病的な眼底が明らかになる．

　検眼鏡検査によって，血行障害や循環不全（例えば拡張して蛇行した網膜血管，網膜出血，網膜血管内の血流の「ボックスカー」様外観，乳頭浮腫と網膜剥離）が明らかになる．治療法は基礎疾患に対して行われる．さらなる情報のために，Veterinary Ophthalmology 3rd edition pp 922-924 を参照のこと．

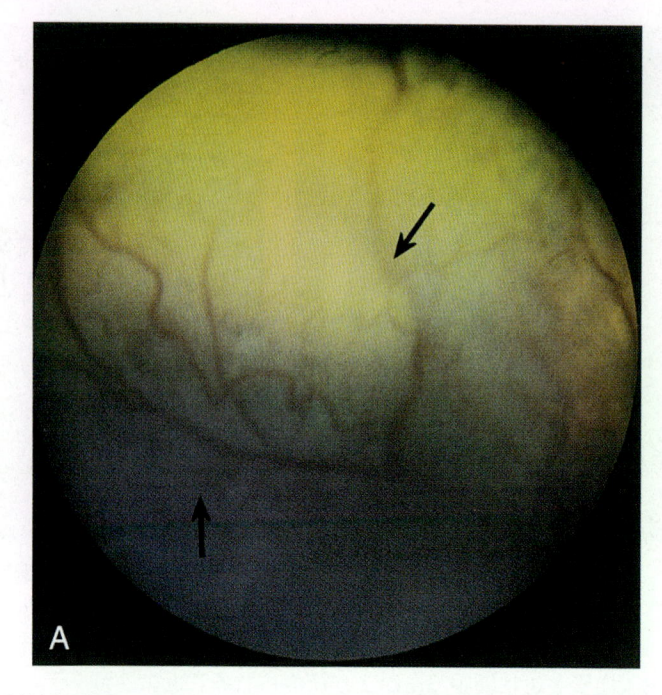

図 11.11　A．脈絡網膜炎に罹患した犬にみられた網膜剥離．剥離した網膜が持ち上がって，半透明であることに注目（矢印）．

　網膜剥離は，臨床的に非裂孔性（網膜の裂け目や穴のない）および裂孔性（網膜の裂け目や穴の存在する）に分けられる．非裂孔性網膜剥離は，硝子体内出血や脈絡膜および網膜の炎症に伴ってみられる．特定の原因としては，多くの品種における先天的なコリー眼異常と網膜異形成，シー・ズーのような特定の犬種にみられる自然発生的なもの，脈絡網膜炎，鈍性外傷，過粘稠度症候群，眼内新生物，緑内障およびそのその他の疾患があげられる．

（つづく）

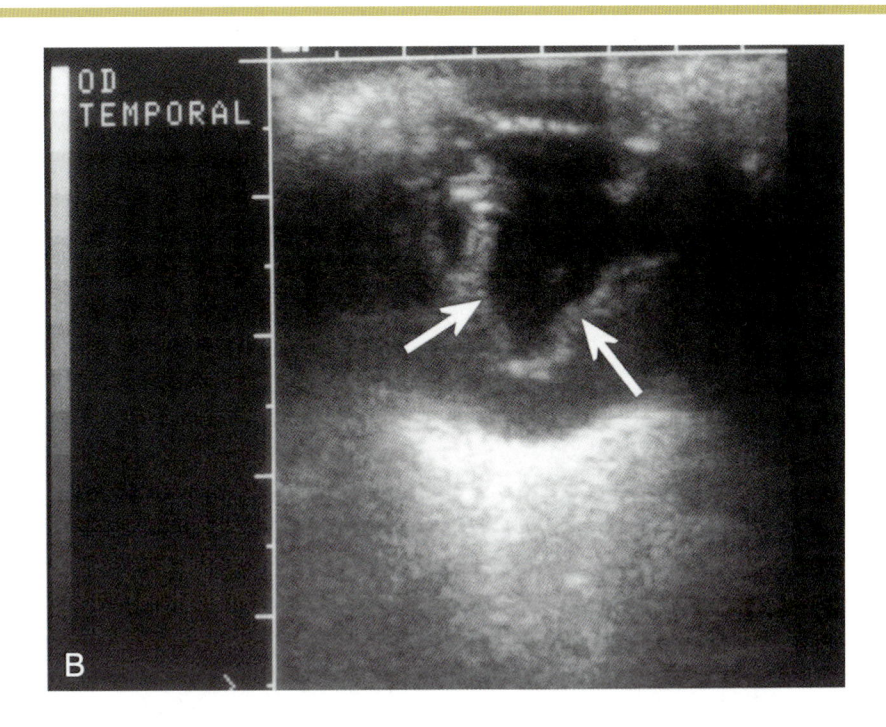

B．犬における網膜剥離の超音波検査所見（矢印）．写真は Kathleen Gelatt-Nicholson の好意による．

　裂孔原性網膜剥離は，網膜の破れ目〔穴，馬蹄形の穴（裂け目は通常硝子体あるいは炎症性膜および牽引に伴う）や穿孔性眼外傷に続いて起こる大きな裂け目（90 度以上の）〕，白内障手術（超音波乳化吸引術）および（水晶体脱臼時の）水晶体嚢内摘出術に伴ってみられる．

　網膜剥離の治療は犬ではいまだに初歩的なものであるが，重要な進歩はあった．網膜剥離手術，レーザー光凝固，眼内ガスおよびシリコーンオイル眼内注入は有効な治療法である．さらなる情報のために，Veterinary Ophthalmology 3rd edition pp935-980，Essentials of Veterinary Ophthalmology pp285-287 を参照のこと．

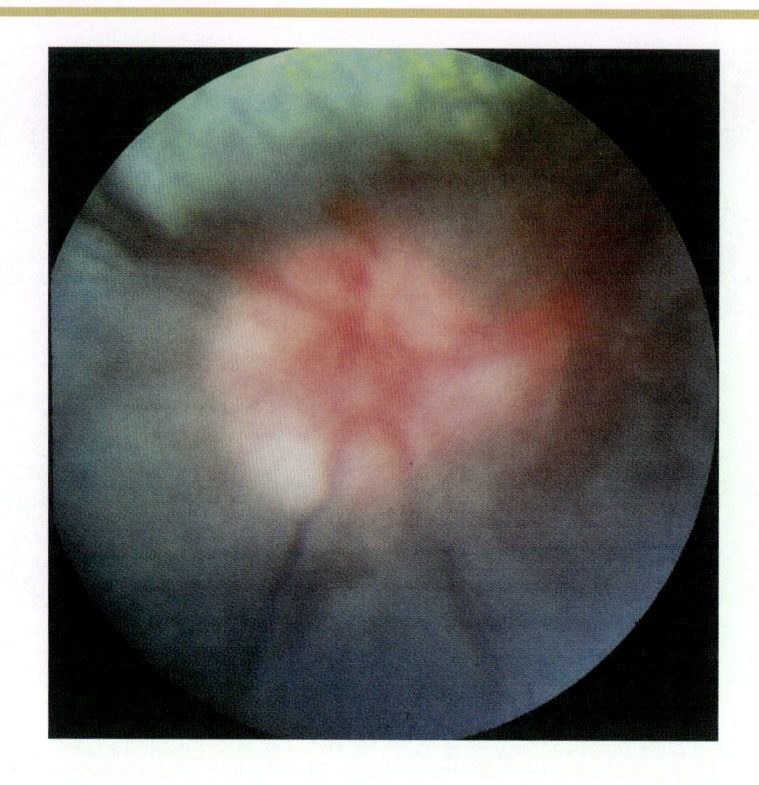

図11.12 肉芽腫性髄膜脳炎（GME）は，犬においては視神経炎と多発性の視神経乳頭および網膜出血に特徴づけられる．炎症を起こした視神経乳頭は，後部硝子体に突き出す．

　肉芽腫性髄膜脳炎（GME：granulomatous meningoencephalitis）は，中枢神経系と眼における原因不明の非化膿性疾患である．この状態は炎症性あるいは肉芽腫性細網症，さらには腫瘍性細網症とも呼ばれていた．それは細網内皮系の増殖と，中枢神経系血管および後眼部と前部ぶどう膜血管へのリンパ球浸潤とによって組織学的に特徴づけられる．

　眼症状は中枢神経系疾患の発症と関連して変化する．眼症状としては，前眼部の炎症と後眼部の炎症がみられる．滲出性網膜剥離と視神経炎の結果，視覚障害や盲目を示す．検眼鏡検査によって，視神経炎，網膜炎および巣状網膜剥離の存在が確認できる．網膜炎は両眼性であって，タペタムおよびノンタペタム領域に散在する不規則な形と大きさをもつ限界不明瞭な急性の隆起した領域からなる．診断は中枢神経系の穿刺を行い，ラボラトリーの分析で脳脊髄液中の蛋白レベルの増加と未分化単核細胞の増加を伴う髄液細胞増加症を確認することによる．

　治療は初めに高いレベルの全身性コルチコステロイドから開始し，一旦臨床徴候が解消したならば，全身性コルチコステロイドを維持量にする．治療への反応は，検眼鏡検査によって，活動性の網膜炎が非活動性になるか，あるいは非進行性の状態に転換することによってモニターすることができる．さらなる情報のために，Veterinary Ophthalmology 3rd edition pp925-926，pp1437-1438を参照のこと．

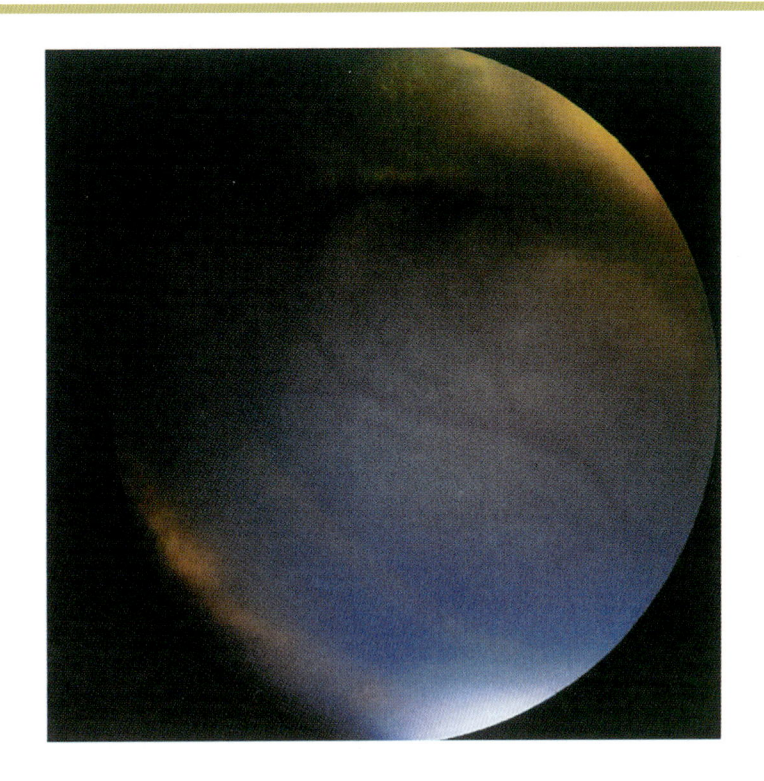

図 11.13 脈絡膜および網膜における後部の原発性および転移性新生物は珍しい．この犬では原発性脈絡膜黒色腫は，眼底検査で診断された．大きい網膜血管がマスの前面を横切っている．

　眼底または後眼部における腫瘍形成は，犬では珍しい．犬での大多数の原発性および転移性眼内腫瘍は，網膜や脈絡膜よりむしろ前部ぶどう膜に影響を及ぼす．最も頻繁な後眼部原発性新生物は，脈絡膜の黒色腫である．

　臨床徴候の発現は遅く，臨床的視覚が障害されたり，前眼部に浸潤すると（緑内障，前房出血またはぶどう膜炎の発展），目立った臨床徴候を引き起こす．

　もし（他の眼疾患，ルーチンな眼検診，あるいは全身的な身体検査において）早く発見できるならば，不規則に隆起した色素沈着したマスが眼底内に存在する．網膜血管はマスの上に見え，時に網膜剥離が腫瘍の辺縁で明瞭にみられる．完全な医学的精密検査の後，推薦される治療は眼球摘出である．

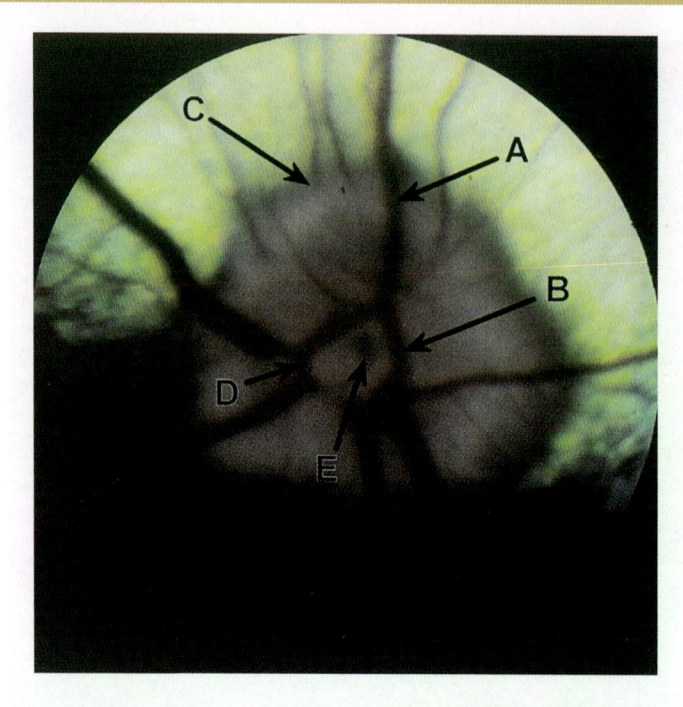

図 11.14 タペタム領域とノンタペタム領域の接合部に存在し，有髄化された表面からなる正常な犬の視神経乳頭（視神経円板，乳頭）．太い主要な網膜血管はその中心のから現れている（A）；不定型な中心静脈輪（B）；その周辺から現れている小さい網膜細動脈および静脈（C）；中心の生理的陥凹（D），そして後部硝子体血管の痕跡（ベルグマイスター乳頭；E）．

　視神経乳頭は，薄くなった強膜（強膜篩状板）を通過した網膜神経節細胞の軸索の出口である．視神経乳頭（「乳頭」または「視神経円板」とも呼ばれる）は，眼底のタペタム領域内やノンタペタム領域内，あるいはその接合部に位置する．視神経乳頭がタペタム領域内に存在する場合，それは色素のリングに囲まれている．その表面は有髄神経線維で，その表面，特に辺縁部から主要な網膜動脈および静脈が生じる．白色～ピンク色をした乳頭の形は，円形，卵円形から非常に不規則なものまでさまざまである．硝子体組織の出生前の退化によりできた中央部の陥没（生理的陥凹）が存在する．

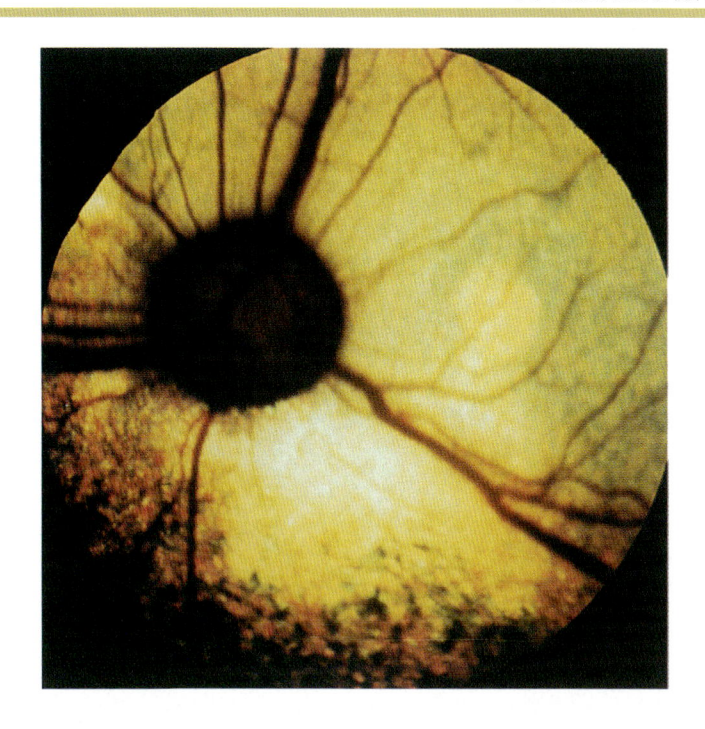

図 11.15　ベルジアン・タービュレンの明らかに正常な臨床的視覚をもつ片眼にみられた小乳頭症で，視神経乳頭は小さい．この乳頭はタペタム領域内にであって，完全な色素沈着した辺縁（輪）をもつ．

　小乳頭症は，正常な視神経乳頭より小さいが，臨床的視覚と瞳孔の対光反射は正常なものを示す．視神経軸索（ミエリンを含む）やその他の組織が減少しているかどうかは分かっていない．本疾患は，ベルジアン・シープドッグやベルジアン・タービュレン（この2品種は頻繁に罹患する），ダックスフンド，ミニチュア・シュナウザー，アイリッシュ・ウルフハウンドなどを含んだいくつかの犬種で起こる．検眼鏡検査において，正常よりも小さな視神経乳頭がみられるが，その他の眼底異常が認められない．さらなる情報のために，Veterinary Ophthalmology 3ird edition pp987-988, Essentials of Veterinary Ophthalmology pp287-289 を参照のこと．

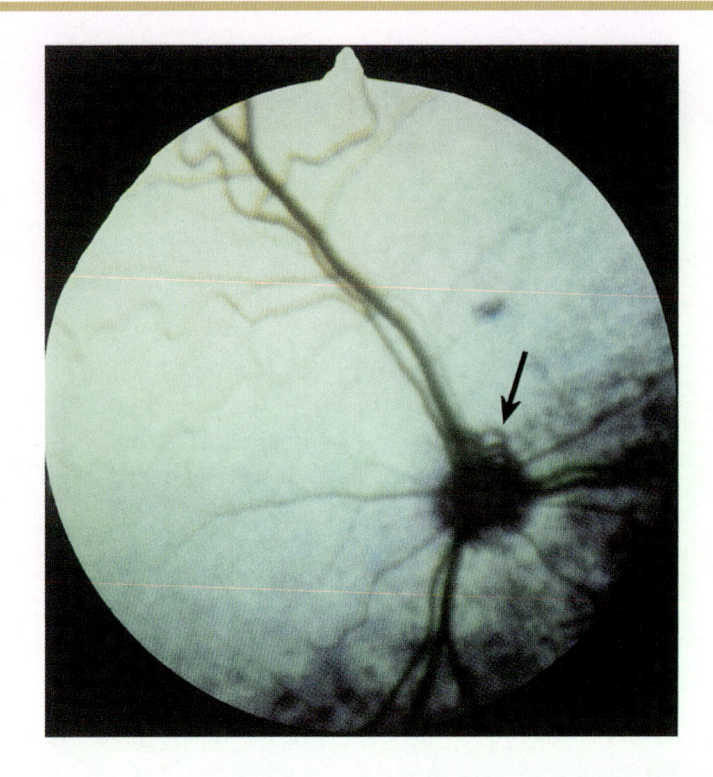

図11.16 ジャーマン・シェパードの仔犬にみられた視神経形成不全．仔犬は散瞳と無反応な瞳孔を示し，盲目である．視神経乳頭は小さく，その背側の表面上に網膜動脈のループ（矢印）をもつ点に注目．

　視神経形成不全は，犬でまれにみられ，片側性にも両眼性にもみられる．それはトイおよびミニチュア・プードルにおいて遺伝性である場合がある．罹患した眼は，網膜神経節細胞軸索の数が減少している．疾患が片側性ならば，対眼あるいは同眼が重大な眼病に罹るまで視覚障害または盲目には気が付かないかもしれない．

　安静時の瞳孔のサイズは正常である（対立している眼から調節されて）ことも，散瞳する（両眼性視神経形成不全で）こともある．瞳孔の直接対光反射は消失している．検眼鏡検査によって，小さくかろうじて見つけられる程度の視神経乳頭が観察される．網膜血管は存在するが，動脈と静脈の数は減少する場合がある．治療法はない．

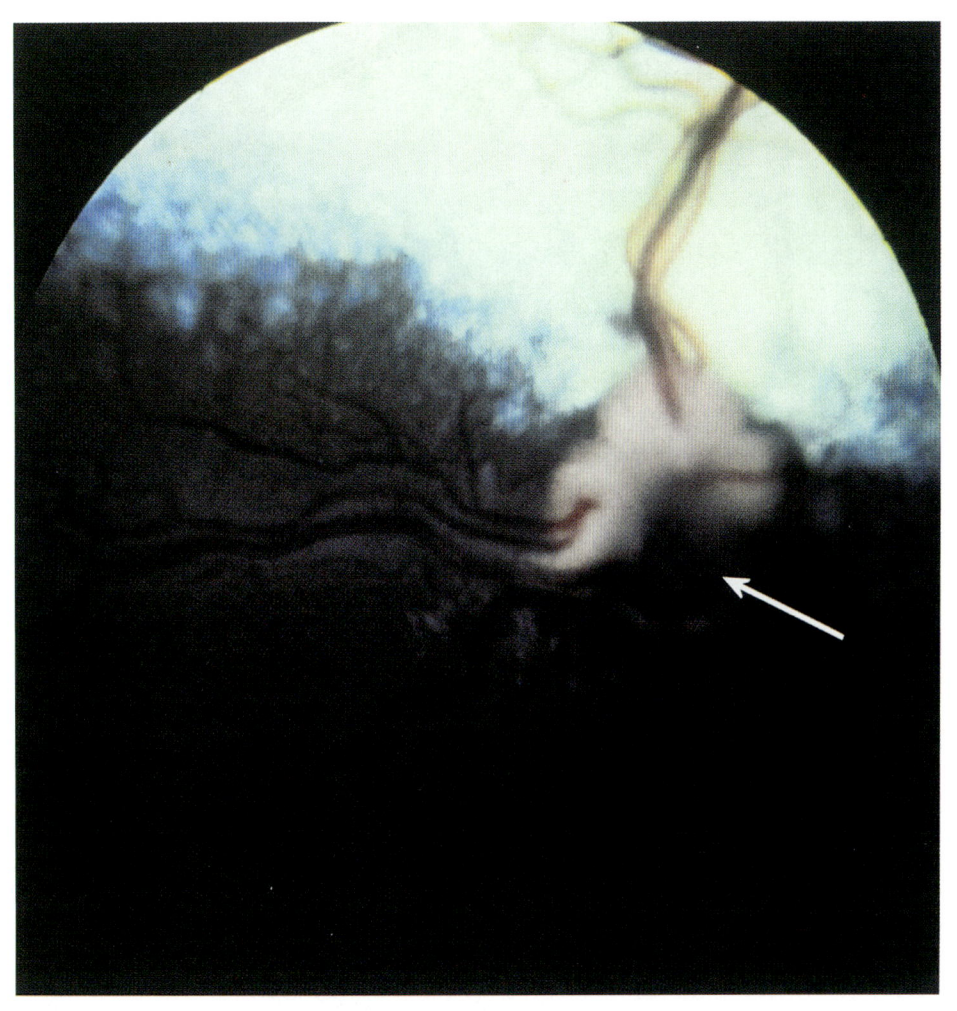

図 11.17 ビーグルにみられた視神経コロボーマ．典型的な（6時の位置の）コロボーマが視神経乳頭の腹側（矢印）にみられること注目．

　視神経コロボーマは，典型的なもの（6時の位置の）と典型的ではないもの（他の場所の）に分けれられる．視神経コロボーマが散発的に，そしてさらに片側性に起こる場合があるが，それらはコリー眼異常症候群の一部として最も多くみられる．それゆえに，それらはラフおよびスムース・コリー，シェットランド・シープドッグ，ボーダー・コリー，オーストラリアン・シープドッグおよびランカシャ・テリアに最もよくみられる．

　視神経コロボーマは検眼鏡検査によって，視神経頭内またはにそれに隣接した陥凹または「小窩」としてみられる．それらのサイズ，形および深さはさまざまで，視神経乳頭の表面のほぼすべてに及ぶこともある．その領域の土台となる神経膠や強膜篩状板が個体によって異なるため，深さについては不規則である．コリーにおいて，視神経乳頭コロボーマは脈絡膜形成不全と関連しており，硝子体や網膜剥離の素因を作る網膜下のスペースに通じている場合がある．さらなる情報のために，Veterinary Ophthalmology 3ird edition pp988, Essentials of Veterinary Ophthalmology pp289 を参照のこと．

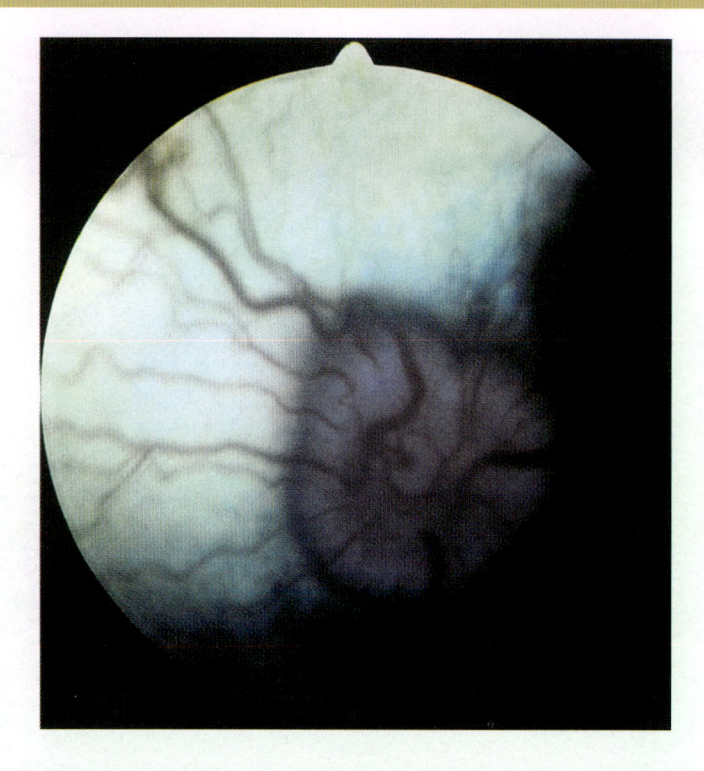

図 11.18 犬の眼窩新生物と関連している視神経乳頭浮腫．隆起した視神経乳頭は，後部硝子体内および隣接した網膜より上にわずかに突出している．

　人において，乳頭浮腫は脳脊髄圧の上昇の指標となるが，これは犬にとって真実ではない．犬において視神経乳頭浮腫は，眼窩内および頭蓋内腫瘍形成，あるいは眼窩内占拠病変と関連している．視神経乳頭の過度のミエリン形成は，視神経乳頭浮腫と混同される場合がある（偽視神経乳頭浮腫）．視覚と瞳孔の対光反射は共に正常である．検眼鏡検査によって，視神経乳頭浮腫は視神経乳頭の突出と静脈のうっ血として観察されるが，あらゆる出血も示さない．長引く視神経乳頭浮腫は，視神経萎縮を引き起こす場合がある．

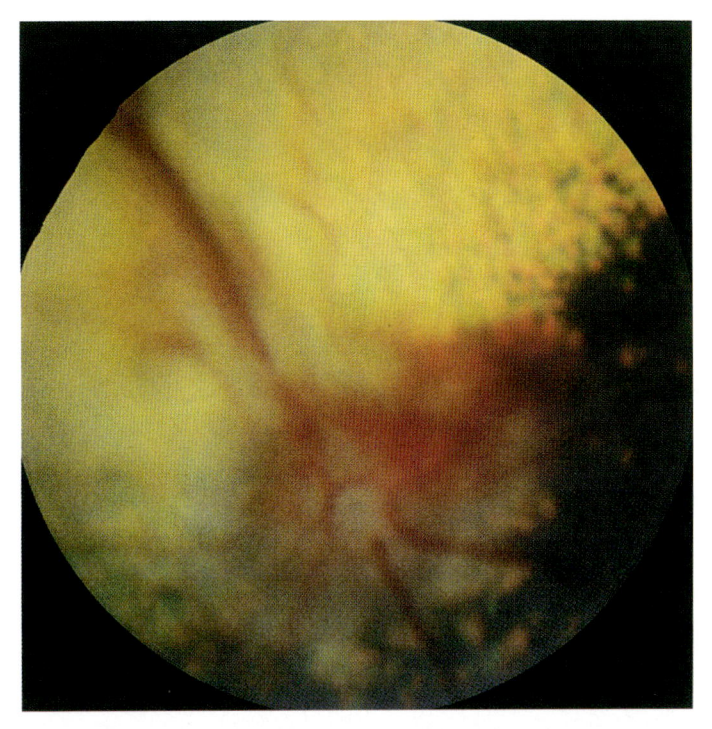

図11.19　犬におけるジステンパー感染に続発した視神経炎．炎症は隣接した網膜にも広がって（視神経網膜炎），複数の網膜および視神経乳頭出血を生じている．

　視神経炎は，片側性または両眼性に起こり，ウイルス，真菌，原虫，寄生虫感染，外傷，細網内皮症，中毒およびその他の原因によって起こる．両眼性視神経炎では盲目となり，散瞳して固定された瞳孔を示す．検眼鏡検査によって，隆起した浮腫状の視神経乳頭，不鮮明な辺縁，乳頭周囲の出血，静脈のうっ血が明らかになり，炎症性細胞は視神経の前方の硝子体中に浮遊する．

　視神経炎患者には，完全な身体および医学的精密検査が必要である．あらゆる試みによってその原因を確認して，適切な治療を提供しなければならない．視神経炎における全身性コルチコステロイドの投与は，あらゆる治療法の一部となるだろう．さらなる情報のために，Veterinary Ophthalmology 3rd edition pp 989-991，Essentials of Veterinary Ophthalmology　pp 291-293 を参照のこと．

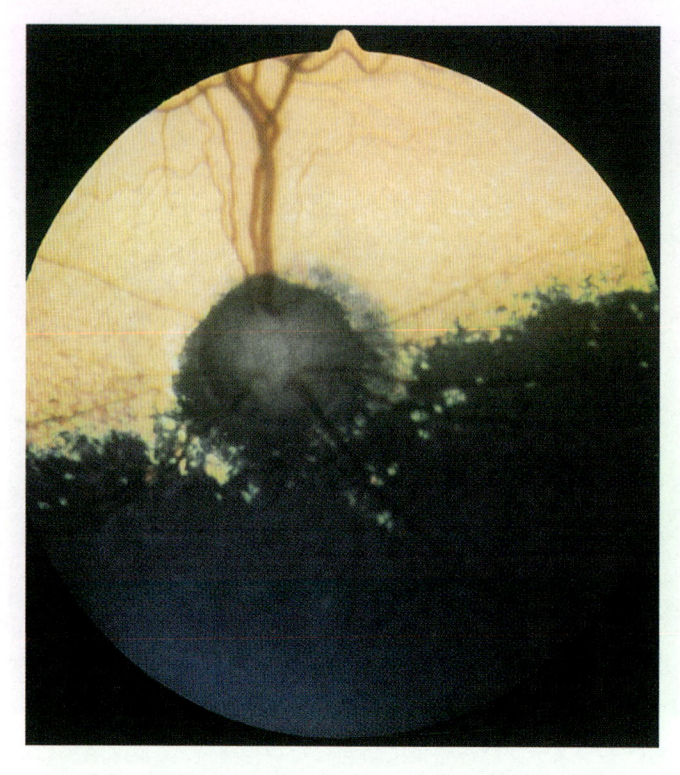

図 11.20 繰り返し発生する視神経炎の後に続発した視神経萎縮．萎縮した乳頭は，サイズが小さくなり，陥凹して部分的に色素沈着している．

　視神経萎縮は，外傷，頑固で慢性的な炎症，肉芽腫性髄膜脳炎および原発または続発緑内障に続いて起こる．瞳孔の対光反射と視覚は損なわれる場合がある．その他の眼疾患が存在する場合もある．

　検眼鏡検査によって視神経の変性は，正常より小さな，圧迫された，時には乳頭表面の血管の狭細化を伴った色素沈着した乳頭として観察される．乳頭に隣接した三日月形のタペタムの反射亢進領域やノンタペタム領域における同様の形の色素の消退した領域がみられることもある．

　治療は通常成功しないが，高用量の全身性コルチコステロイドの投与が試みられることもある．ステロイド反応性の視神経炎は犬で起こる場合があり，視神経乳頭萎縮が最終的な結果として生じる．

猫の眼科学 12

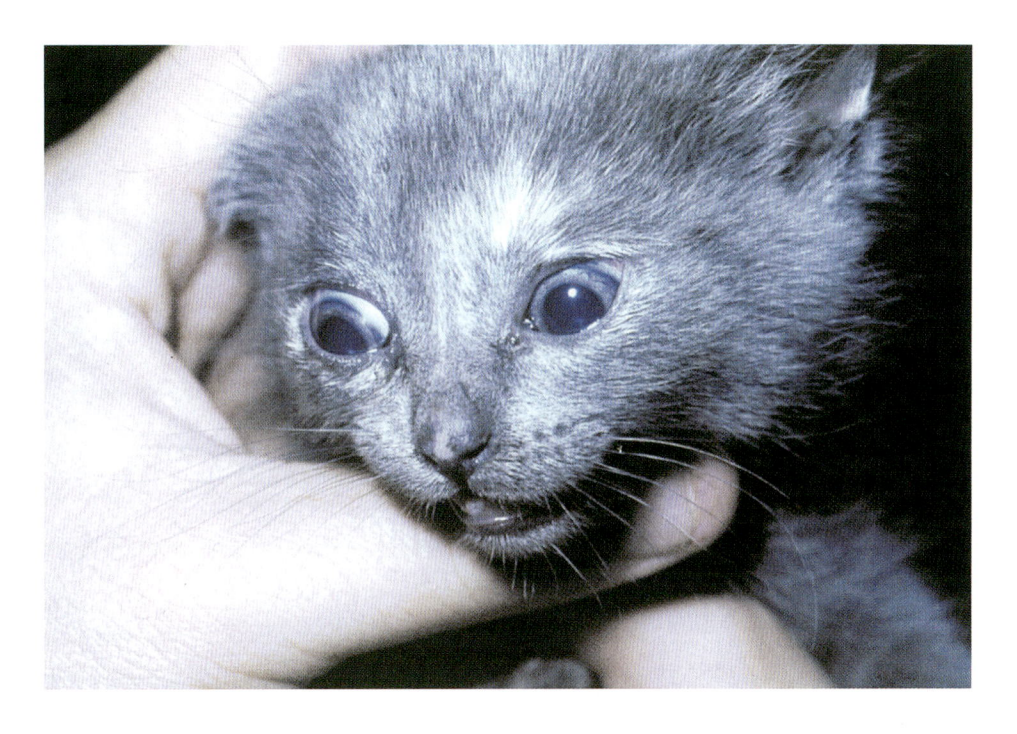

図 12.1 仔猫の両眼に生じた小眼球症．小眼球症では，眼瞼内に上強膜の露出が認められる．

　小眼球症は，仔猫におけるまれな疾患であり，その眼球はしばしば他の多様な先天性眼異常を伴う．アメリカン・ショートヘアーやペルシャ種に発生しやすい．先天白内障がしばしば存在する．白内障の進行が進むまでは視力は存在する．治療法はない．

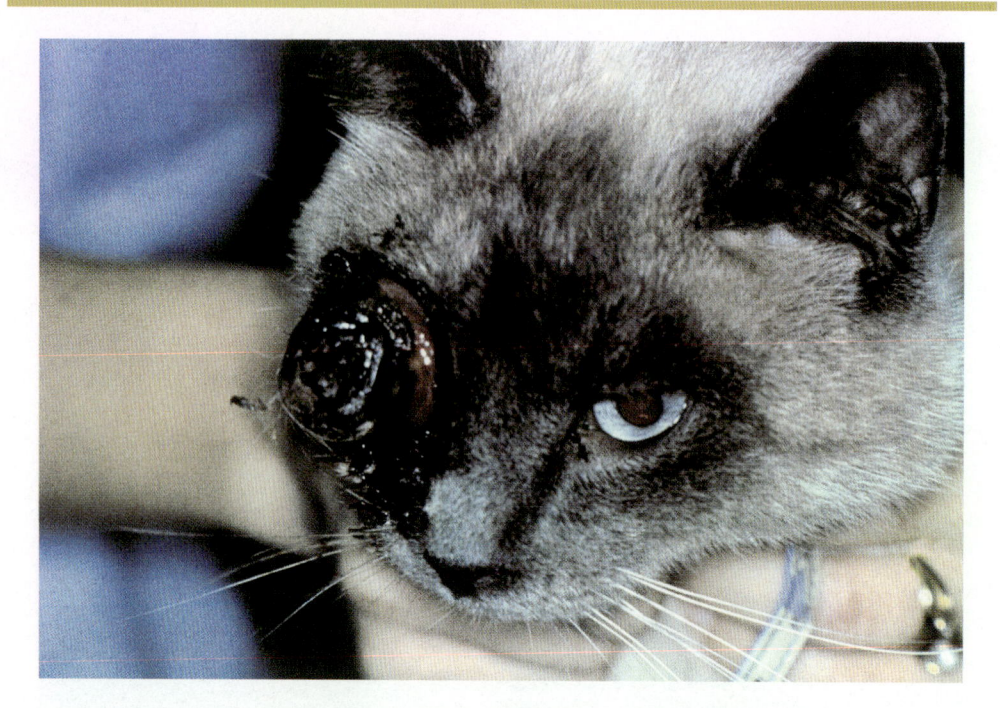

図 12.2 猫にみられた数時間経過した著しい眼球突出．角膜が保護されなかったため，乾燥して干からびている．

　眼球突出，または眼窩からの眼球の外傷性脱出は，猫で重篤な疾患となる．それは重度の頭部外傷に関連しており，しばしば下顎骨結合部の骨折を伴っている．ひとたび眼球が眼瞼裂を超えて正常な位置から脱出すると，眼窩内の出血が起こり，眼球突出の状態となる．角膜は急速に乾燥壊死に陥り，角膜穿孔が生じやすくなる．眼球の牽引と炎症のため，視神経の（さらには視交叉まで及ぶ）損傷が併発する．

　眼球の元の位置への整復と短期間の完全な瞼板縫合術が，即座に施行されるべきである．猫では視覚回復の見込みは低い．

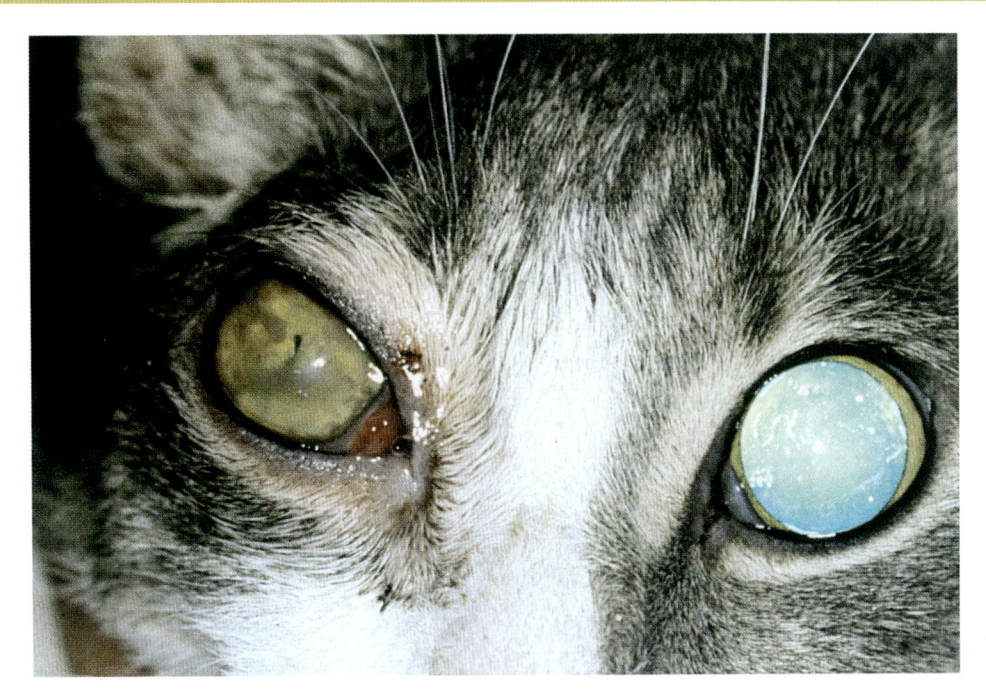

図 12.3 猫にみられた眼窩フレグモーネ．眼球突出，眼瞼腫脹，続発性虹彩毛様体炎（縮瞳）が認められる．

　猫の眼窩の炎症性疾患の臨床徴候と治療法は，犬のそれに準じる．猫では眼窩のスペースが比較的制限されているため，眼窩の炎症は急速に瞬膜の突出や結膜充血，限局性の眼窩部位の疼痛，わずかな眼球突出などを引き起こす．細菌性および真菌性（*Penicillium* sp）の両病原菌が分離されている．治療法は犬と同様に行う．

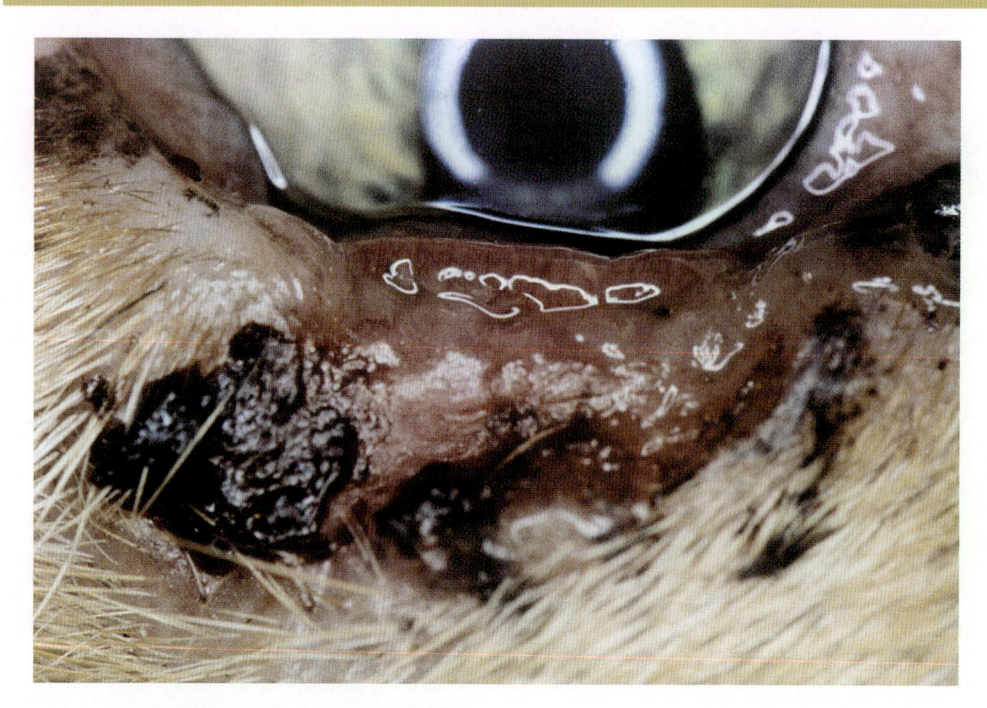

図 12.4　眼窩内腫瘍は，この写真の猫のように，その多くが眼瞼や結膜から発生し，その後眼窩内をおかす扁平上皮癌である．

　眼窩内腫瘍は，猫では犬ほど多くはみられない．しかしそのおよそ90％が悪性であり，そのうちの約60％が扁平上皮癌である．ほとんどの腫瘍は，結膜，瞬膜，眼瞼などから発生し，眼窩へ浸潤する．眼窩のリンパ肉腫は，片眼性あるいは両眼性に発生する．

図 12.5　眼瞼形成不全は，猫で最も多く遭遇する先天性の眼瞼欠損症の1つである．この若い猫では眼瞼形成不全が両上眼瞼の外側に認められる．眼瞼縁の欠損と睫毛乱生が角膜と結膜を刺激するため，外科的整復が必要である．

　仔猫の眼瞼形成不全，または眼瞼コロボーマはまれな疾患であり，片眼もしくは両眼の眼瞼に発生する．眼瞼コロボーマは，通常，上眼瞼の外側方に認められる．眼瞼縁と結膜（瞼結膜および結膜円蓋）は，多くの例で消失している．消失している部位の断端が球結膜と角膜に接触するため，局所的な炎症が起こる．

　眼瞼形成不全は，しばしばそれ以外の眼球の先天性異常を併発しているサインでもあり，虹彩欠損（瞳孔膜遺残；虹彩コロボーマ），白内障，視神経乳頭コロボーマが包含される．臨床的な視覚は正常である．遺伝性，もしくは子宮内でのウイルス感染が，その原因として示唆されている．

　下眼瞼からの皮筋の有茎移植による眼瞼修復術が，現在最も汎用されている外科治療である．さらなる情報のために，Veterinary Ophthalmology 3rd edition pp997-1000, Essentials of Veterinary Ophthalmology pp295-298 を参照のこと．

図12.6 もう1つのよくみられる先天性の眼瞼欠損症は眼瞼内反症，あるいは眼瞼縁の内方変位である．この猫では，眼瞼内反症のため眼瞼と角膜の接触が起こり，眼瞼痙攣を呈している．

　眼瞼裂の構造上の異常（例えば眼瞼内反症や外反症）は，猫ではまれであり，眼瞼内反症についてはペルシャ種や他の短頭種の猫でみられやすい．瘢痕性の眼瞼内反症は，眼瞼の手術，眼瞼の裂傷，長期間の眼瞼炎などに引き続いて起こる．いったん眼瞼縁の皮膚が角膜や結膜に接触すると，眼瞼痙攣が発症して，さらに内反症が激しくなる．治療法は，「Hotz-Celsus」法による外科療法を施行する．術後は満足できるものとなる．

猫の眼科学 203

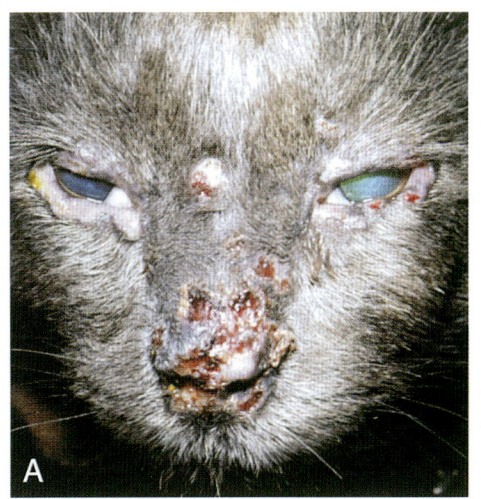

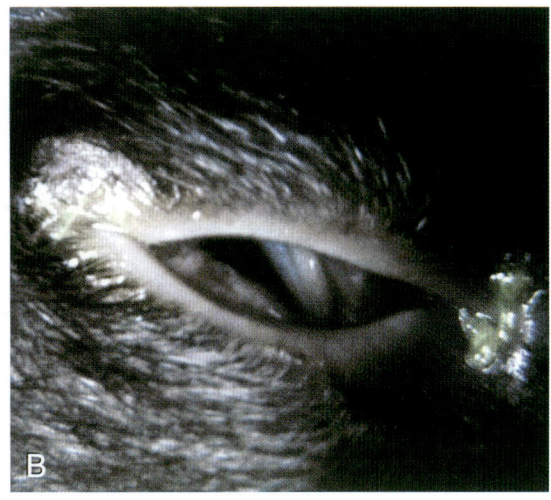

図12.7　A．毛包虫症に起因した仔猫の眼瞼炎．多巣性の病変部(鼻,額,眼瞼など)がみられる．
　　　　B．*Notoedres cati* による猫疥癬から続発した仔猫の眼瞼炎．これらの病変は非常に瘙痒性が強い．

　猫において，眼瞼炎は原発性に眼瞼の皮膚をおかすが，局所的および深い部位（例えばマイボーム腺）をおかすことはまれである．猫の眼瞼炎の原因は，以下のものに大別される．①局所的な毛包虫症（*Demodex cati* や学名のない Demodex 種）．眼瞼の所見は，眼周囲部の脱毛や紅斑，瘙痒を伴う鱗屑などである．皮膚掻爬検査にて，ダニの存在を確認し，ロテノン（Woodwinol）軟膏で治療する．② *Microsporum canis*，*M. gypseum*，*Trichphyton mentagrophytes* などによる皮膚糸状菌症または白癬．眼瞼の所見は，毛包炎を伴う円形〜卵円形の脱毛である．診断は皮膚掻爬検査および培養である．治療はミコナゾール，クロトリマゾール，またはチアベンダゾールの全身投与を行う．③ *Notoedres cati* による猫の疥癬は，伝染性と瘙痒性の高い眼瞼の皮膚炎である．所見は，当初は耳介より始まり，その後急速に眼瞼，顔面，頚部へと広がる．診断は皮膚掻爬検査によりダニ虫体を確認し，dips（ライムサルファーやマラチオン）により治療する．④ハエ蛆症，またはハエ幼虫症（*Cuterebra* sp.）．ハエ幼虫が皮膚や皮下組織に瘻管を通じて侵入し，局所に炎症を引き起こす．治療は，拡大した瘻管開口部から幼虫をそのまま摘出する．⑤さらに，眼瞼炎は免疫介在性疾患（尋常性天疱瘡，紅斑性天疱瘡，全身性紅斑性狼瘡）にも関係している．

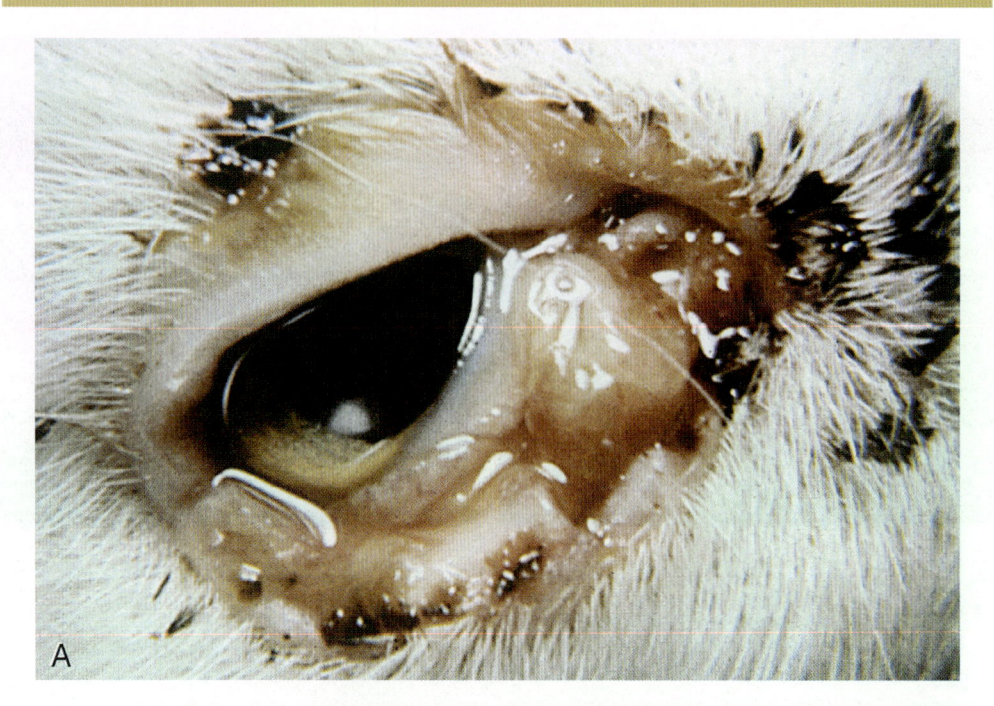

図 12.8 A．老齢猫にみられた眼瞼の扁平上皮癌．腫瘍が下眼瞼全域および内眼角に浸潤している．バイオプシーにて確定診断した後に広範な外科的切除，放射線療法，凍結療法などを試みる．

　眼瞼腫瘍は老齢猫で多く認められ，全体の猫の腫瘍の2%を占める．犬と比較して，猫の眼瞼腫瘍は非常に悪性で局所浸潤が強いので，しばしば広範な外科治療と他の療法のコンビネーション（広範囲の外科的除去，凍結療法，放射線療法，またはこれらの併用）が必要となる．最も多くみられる眼瞼腫瘍としては，扁平上皮癌（36〜65%），線維肉腫（8%），リンパ肉腫（11%），腺癌（7〜8%）があげられる．

　扁平上皮癌は，眼瞼腫瘍のうちのおよそ3分の2に認められ，老齢で被毛の色の薄い猫や白色の猫に起こる．病変部位は潰瘍性〜増殖性であり，眼瞼縁および瞬膜の前面に最も発生しやすい．局所侵襲の後に癌が転移する．

（つづく）

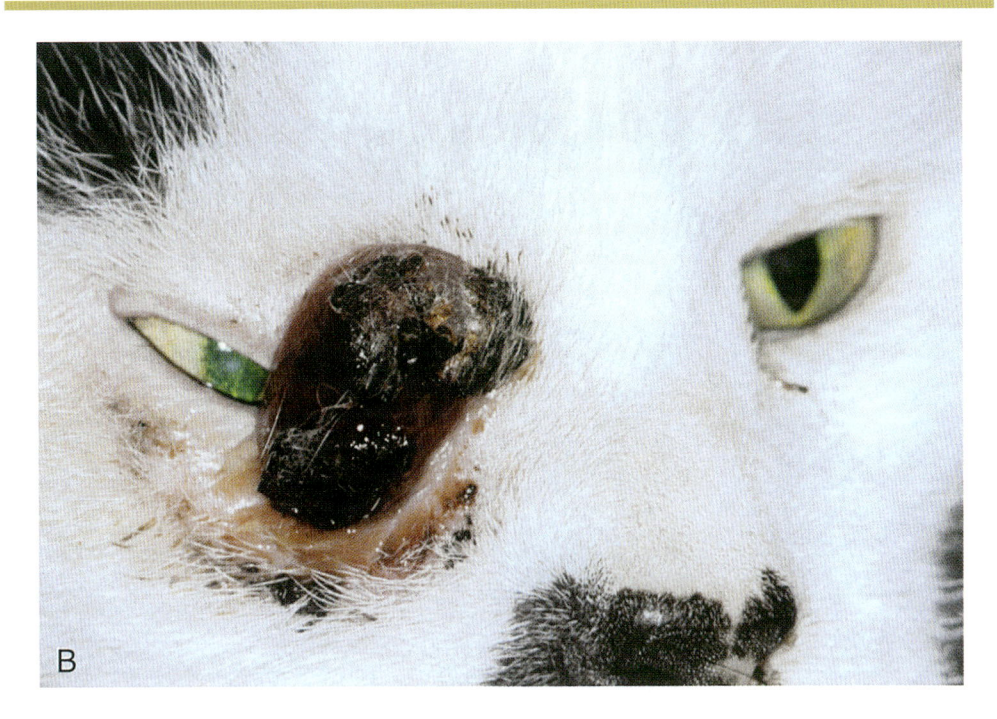

B．猫の内眼角に発生した線維肉腫．バイオプシーの後，眼瞼形成術を実施する．

　治療はグラフトを用いた外科療法，遠隔照射療法，近接照射療法，凍結療法，温熱療法，またはこれらの併用療法がある．

　線維肉腫はもう1つのよくみられる眼瞼腫瘍であり，小結節病巣の腫瘍が皮下組織に潰瘍状に発生する．若い猫の多中心型線維肉腫は，猫肉腫ウイルス（FeSV：feline sarcoma virus）が原因となる．これらの猫は FeLV 陽性であるため，長期的には予後不良である．

　リンパ肉腫は眼瞼腫瘍のおよそ 10％を占め，おそらくは両眼性である．これらの腫瘍は，皮下組織もしくは瞼結膜直下に存在するであろう．

　さらなる情報のために，Veterinary Ophthalmology 3rd edition pp1991-1992, Essentials of Veterinary Ophthalmology pp299-301 を参照のこと．

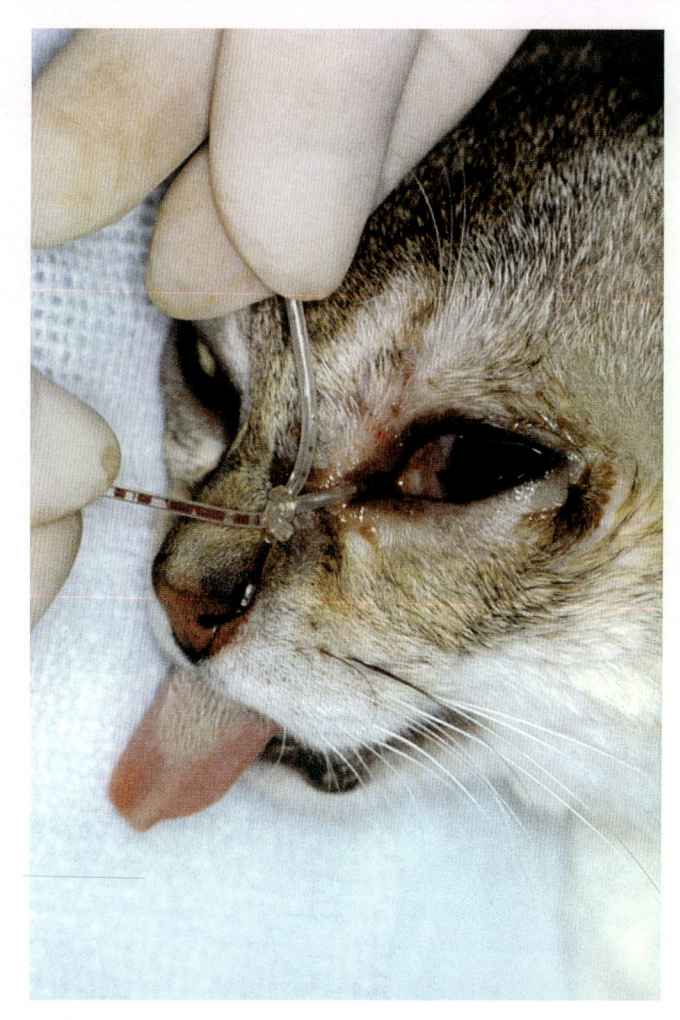

図 12.9 結膜鼻涙管吻合術によって治療された，猫の慢性鼻涙管閉塞．新しく作成した導管から鼻道へシリコーンチューブを通し，数週間内眼角に留置した．

　流涙症は猫ではまれであるが，いくつかの原因が考えられる．短頭種（ペルシャやヒマラヤン種）においては，下眼瞼内側の内反症や，涙点の疾患に関連しており，外科的に治療される．

図 12.10 猫にみられた初期の乾性角結膜炎（KCS）．角膜は乾燥し，中央表層部に角膜瘢痕と血管新生が認められる．内眼角にわずかに結膜の滲出物もみられる．

　乾性角結膜炎（KCS：keratoconjunctivitis sicca）は猫ではまれな疾患であるが，猫ヘルペスウイルス感染に起因した慢性瞼結膜炎と関連があると考えられている．シルマー・ティア・テストでは，犬に比べて猫の方が涙液量がやや少ない．KCS と診断される涙液量は，1分間に0〜2mmである．猫のKCSの臨床症状は，犬と比較するとわずかであり，結膜および瞬膜の充血，緩やかで散漫な血管新生を伴う表層角膜炎などを示すが，角膜や結膜の色素沈着はほとんどみられない．角膜潰瘍は認められないが（フルオレセイン染色陰性），ローズベンガル染色では散在性に陽性を示す（角膜上皮変性を起こした微細な病巣の散在）．

　治療法は，人工涙液点眼，抗生物質，そして食事によく混ぜたピロカルピンなどを使用する．涙液産生を刺激するシクロスポリン点眼療法の効果は，猫では確立されていない（猫ヘルペスウイルス-FHV-1 の存在を考慮しなければならないため）．さらなる情報のために，Veterinary Ophthalmology 3rd edition pp1003-1004，Essentials of Veterinary Ophthalmology pp300-302 を参照のこと．

図12.11 仔猫にみられた原発性猫ヘルペスウイルス-1型（FHV-1）性結膜炎．両眼性に多量の結膜滲出物がみられる．

　原発性猫ヘルペスウイルス-1型（FHV-1：feline herpesvirus-1）は，飼い猫，野生猫を問わず世界に広く偏在する．飼い猫の80％以上が，成猫になるまでにFHV-1型ウイルスに暴露されると見積もられている．原発性のウイルス感染により，猫の結膜と呼吸器に感染が起こり，しばしば二次性の細菌感染によって病状が複雑化，長期化する．12～14日齢以内の仔猫では，正常に閉じている眼瞼の結膜内でFHV-1感染が進行する新生仔眼炎を起こす．

　さらに日数の経過した仔猫（離乳時）では，FHV-1は呼吸器症状を伴う急性の漿液性～粘液膿性結膜炎を起こす．結膜は充血を帯びるが，浮腫は認められない．ローズベンガル染色を行うと，角膜に微細な樹枝状の潰瘍が発見できることもある．治療は，抗生物質点眼（テトラサイクリン，クロラムフェニコール，エリスロマイシン），および全身的な補助療法である．合併症として，瞼球癒着を起こすことがある．

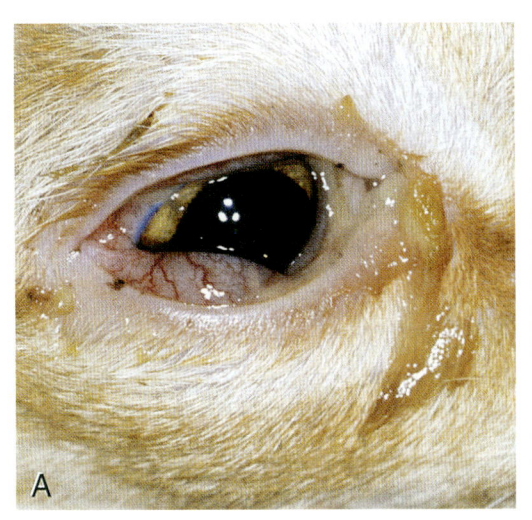

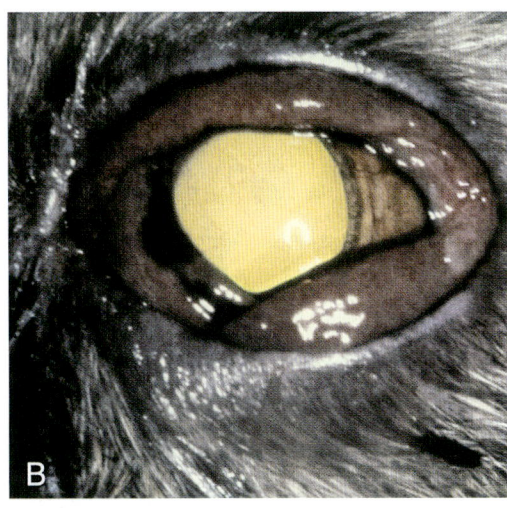

図 12.12　A．成猫にみられた再発性 FHV-1 型性結膜炎．下眼瞼に結膜の浮腫を伴う結膜炎が認められる．
　　　　　B．成猫にみられた重度の再発性 FHV-1 型性結膜炎．上眼瞼および下眼瞼結膜の両方に充血と浮腫が認められる．

　原発性 FHV-1 感染から回復した後，およそ 80％の猫は潜在性の FHV-1 キャリアとなる．これらのうちの約 45％の猫でウイルスが突発性に活性化し，無症候性のキャリアもしくは眼疾患の再燃を起こす．したがって，多くの成猫において眼の FHV-1 感染症は再発性である．ストレス，新しいペットの参入，引越し，または他の疾患（例えば FeLV や FIV）などが引き金となりウイルスの放出を起こす．

　臨床症状は，断続的な眼瞼痙攣，結膜充血，漿液様の結膜滲出物がみられる．研究機関内での診断的な検査が，確定診断のために時おり実施されている．よく行われる検査は免疫蛍光抗体法であるが，ポリメラーゼ連鎖反応（PCR：polymerase chain reaction）試験が最も感受性の高い検査法である．抗生物質の点眼療法（テトラサイクリン，クロラムフェニコール，エリスロマイシン）が推奨されている．L-リジン（100 ～ 250mg/day）の経口投与は，再発性 FHV-1 感染による重篤な症状を予防したり軽減させたりする効果があるとして推奨されている．さらなる情報のために，Veterinary Ophthalmology 3rd edition pp1004-1008，Essentials of Veterinary Ophthalmology pp302-306 を参照のこと．

図 12.13 仔猫にみられたクラミジア性結膜炎．結膜炎は穏やかで，内眼角にわずかに乾性の結膜滲出物が存在する．

　Chlamydia psittaci は，仔猫に肺炎や結膜炎を起こす原因となる．呼吸器感染は軽度である．結膜炎は，結膜充血，結膜浮腫，漿液性から後に粘液膿性眼脂を特徴とする．はじめは片眼のみがしばしばおかされ，続いて両眼がおかされる．慢性感染では濾胞が結膜表面に形成される．急性感染の細胞診では，結膜上皮細胞に細胞質内封入体が認められる．治療は，テトラサイクリン，クロラムフェニコール，エリスロマイシンの点眼を行う．

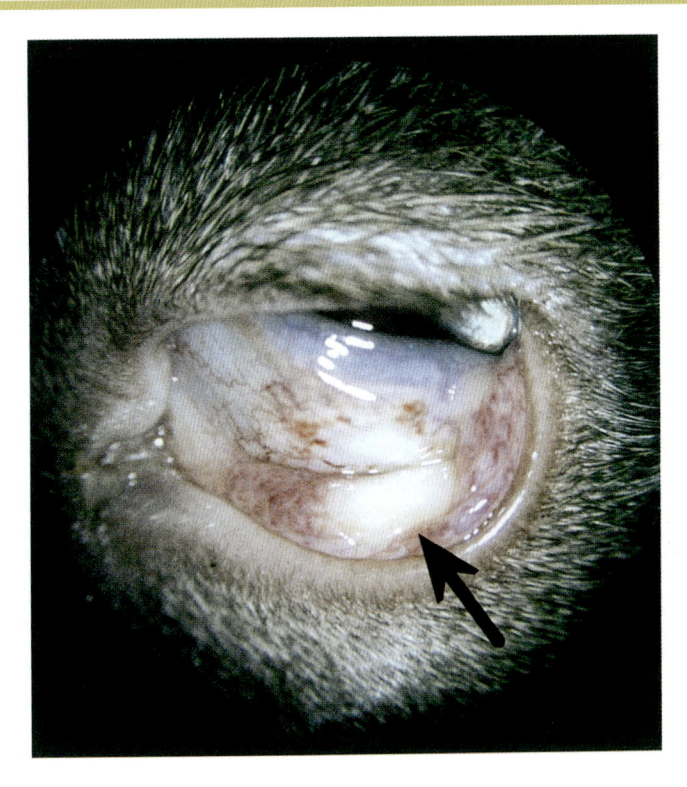

図12.14 成猫にみられたマイコプラズマ性結膜炎．下眼瞼結膜に，著しい結膜充血と腫脹，そして偽膜形成（矢印）がみられる．

　マイコプラズマ（*Mycoplasma Felis* および *M. gatae*）もまた，猫で片眼性もしくは両眼性に結膜炎を引き起こす．結膜炎は，流涙，結膜濾胞，結膜浮腫，そして偽膜形成（分厚い白色のプラーク）を特徴とする．細胞診では細胞質内封入体が確認できるかもしれない．治療は，テトラサイクリン，クロラムフェニコール，エリスロマイシンの点眼である．さらなる情報のために，Veterinary Ophthalmology 3rd edition p1009，Essentials of Veterinary Ophthalmology p307 を参照のこと．

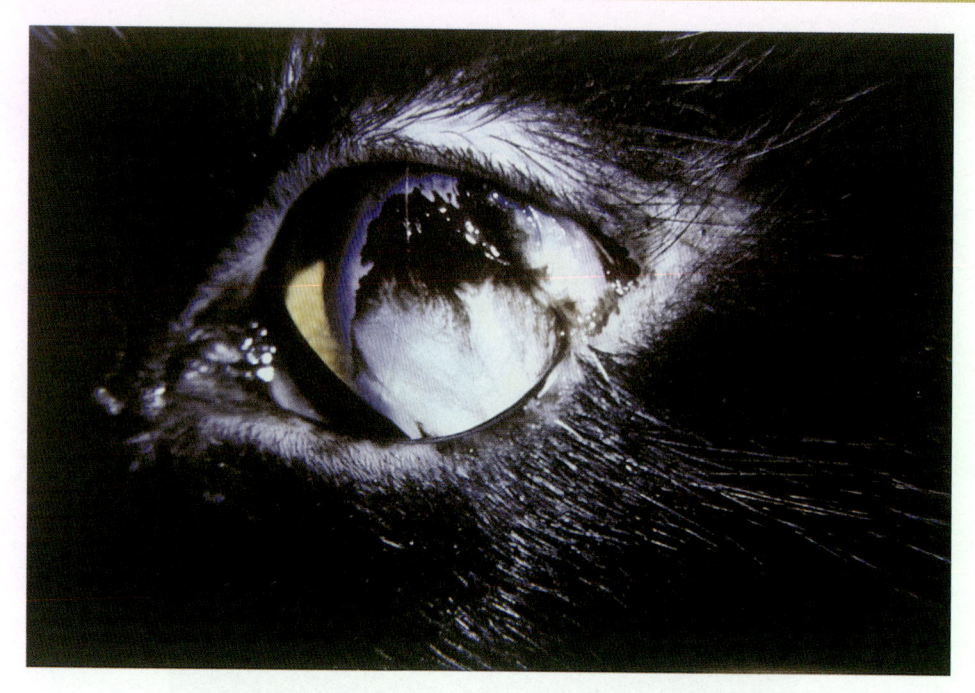

図12.15 FHV-1 に起因した猫の瞼球癒着．癒着した結膜が角膜表面のおよそ 1/2 を覆っている．

　瞼球癒着は結膜同士の癒着もしくは結膜と角膜の癒着である．若い猫に最も多く認められ，急性または再発性の FHV-1 型結膜炎に関連して生じる．瞼球癒着は，結膜が角膜に癒着する程度によりその様相はさまざまである．眼瞼の可動性と結膜円蓋の深さもまたその様相を複雑化する．この状態を治療するためには外科的手技が利用されるが，再発性 FHV-1 型結膜炎により瞼球癒着の病状が繰り返されるかもしれない．

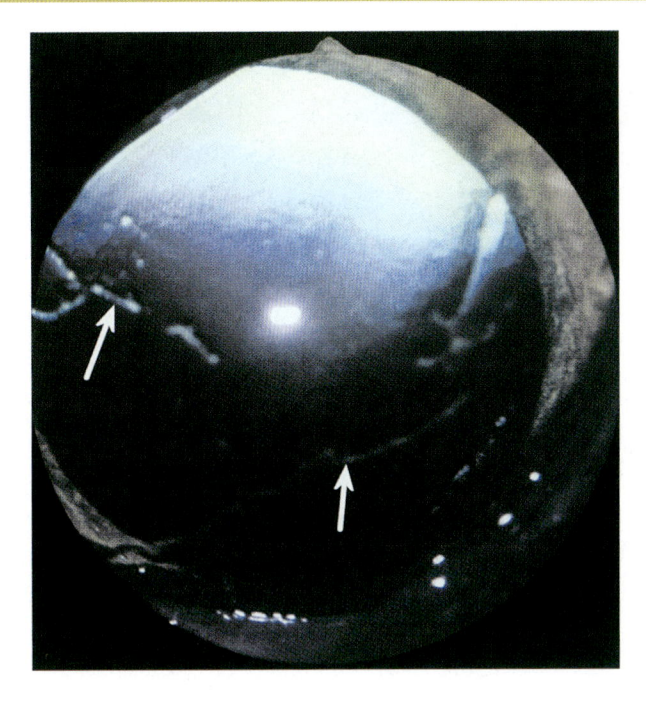

図 12.16　FHV-1 はまた，猫で角膜潰瘍を引き起こす可能性がある．樹枝状の角膜潰瘍（矢印）および微細な潰瘍の不規則な分布が認められる．

　FHV-1 は，一次性には結膜に感染を起こすが，角膜も時おり侵襲される．猫のウイルスはまた，限局性のウイルスの複製によって角膜上皮に影響を与える．その結果，角膜に微細な潰瘍が形成され，フルオレセイン染色ではほとんど染色されないがローズベンガル染色で潰瘍がはっきりと染色される．

　治療は，抗ウイルス剤点眼（イドクスウリジン，アデニンアラビノシド，トリフルオロチミジンなど），および抗生物質である．L-リジン（100 ～ 250mg/day）の経口投与は，再発性 FHV-1 感染による重篤な症状を予防したり軽減させたりする効果があるとして推奨されている．さらなる情報のために，Veterinary Ophthalmology 3rd edition pp1011-1013，Essentials of Veterinary Ophthalmology pp309-311 を参照のこと．

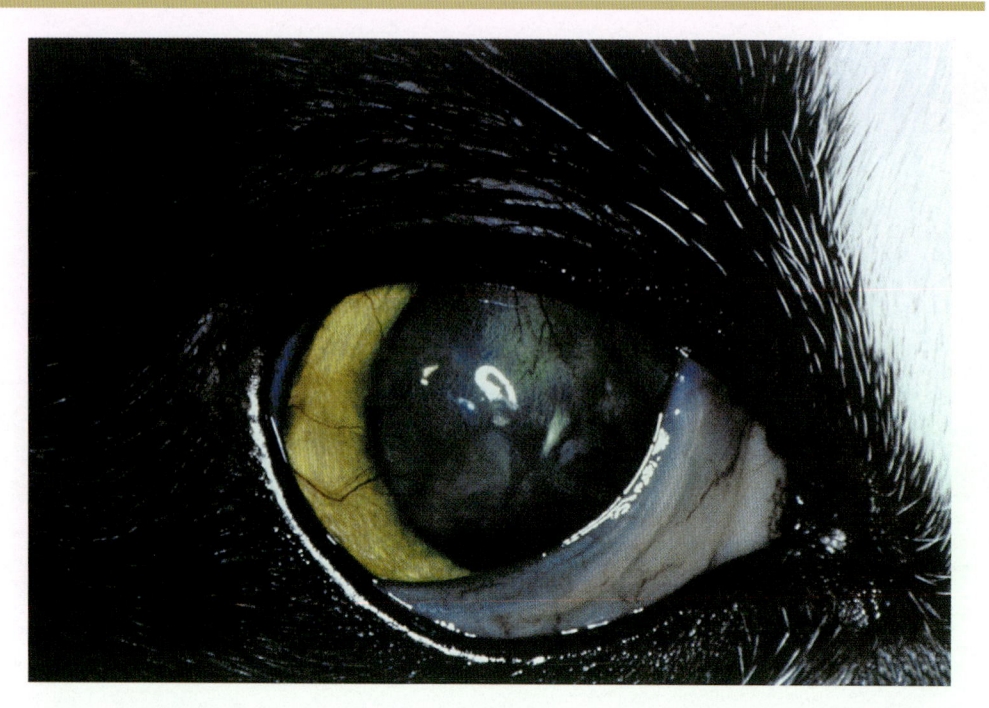

図 12.17 3 歳齢の猫にみられた FHV-1 実質性角膜炎．表層の血管新生を伴う角膜実質の浮腫と瘢痕がみられる．

　猫のヘルペスウイルスによる角膜炎は，角膜実質を侵襲する場合もある．研究によれば，ウイルスが局所の免疫反応の抑制を引き起こし，角膜実質へ侵入することが示唆されている．実験的な研究において，コルチコステロイド点眼によって実質性角膜炎の発生を高めることが分かっている．臨床所見は，急性または慢性の不規則な表層性の角膜潰瘍，角膜浮腫と細胞浸潤，表層の血管新生，角膜線維症などが認められる．最終的には，重度な角膜の瘢痕が起こり，視力を障害する．治療は，抗ウイルス剤（イドクスウリジン，アデニンアラビノサイト，トリフルオロチミジンなど）および抗生物質の点眼である．L-リジン（100～250mg/day）の経口投与は，再発性 FHV-1 感染による症状の悪化を予防したり減少させたりする効果があるとして推奨されている．さらなる情報のために，Veterinary Ophthalmology 3rd edition pp1011-1013, Essentials of Veterinary Ophthalmology pp309-311 を参照のこと．

猫の眼科学 215

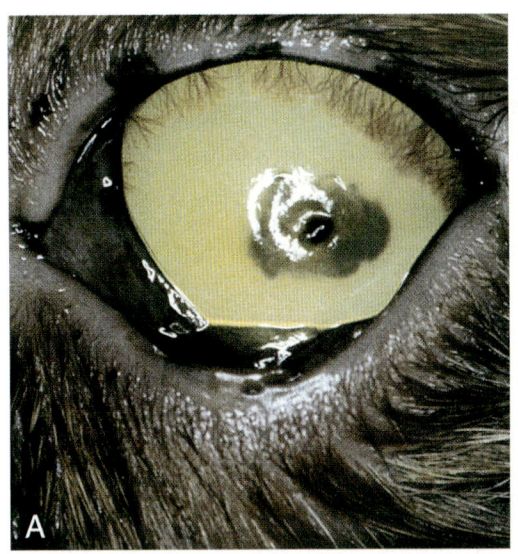

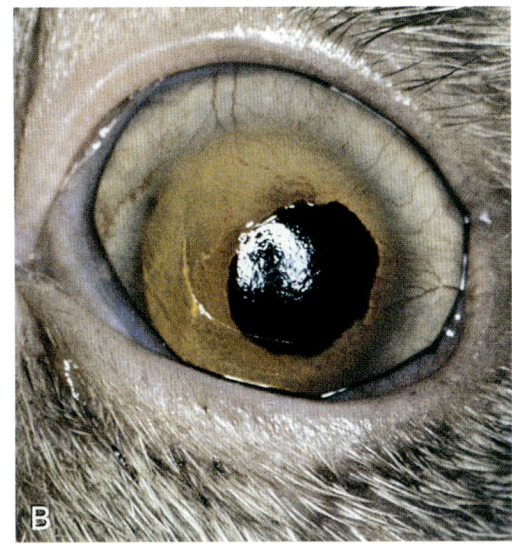

図 12.18 角膜黒色壊死症は猫に特徴的であり，いろいろな原因が考えられている．最新の報告によれば，この疾患の原因は FHV-1 である．
A．若い猫にみられた角膜黒色壊死症と角膜潰瘍．潰瘍の基部に黒色のプラークが認められる．
B．若い猫にみられたさらに大きな角膜黒色壊死症．中央の黒色の壊死部と，それを取り囲むように限局性に表層の角膜血管新生が認められる．

　角膜黒色壊死症にはさまざまな同義語があり，角膜の黒色斑，黒色角膜炎，角膜のミイラ変性，限局性角膜変性などと呼ばれる．病変部位は，中央またはやや中央よりに存在する角膜実質（コラーゲンおよび線維芽細胞）の限局的な変性，こげ茶色の親和性の色素の集積，さまざまな病変周囲の炎症反応などで成り立っている．この疾患は，あらゆる年齢層の猫で片眼または両眼性に発症するが，特にペルシャ，ヒマラヤン，バーミーズ種に発症する傾向がある．原因は未だ明確でないが，症例の 55〜73％において FHV-1 ウイルスが検出されている．

　角膜黒色壊死症は，その形状，サイズ，深さは変化に富んでおり，その色調は茶〜黒色の所見を呈する．角膜血管新生と炎症がその周囲を取り囲む．病変部が非常に濃いので，スリットランプで検眼しても，正確に角膜実質の侵襲の深さを判断することは難しい．時には，黒色壊死部が角膜実質の全層に及び，デスメ膜にまで到達していることもある．

　いくつかの治療様式が推奨されており，①自然の脱落を待つ；②角膜表層切除術；③瞼結膜被弁を用いた角膜表層切除術；④角結膜被弁を用いた角膜表層切除術などがある．再発は起こる可能性があり，外科的切除が不完全な場合は，特にそうである．さらなる情報のために，Veterinary Ophthalmology 3rd edition pp1013-1016, Essentials of Veterinary Ophthalmology pp311-313 を参照のこと．

図12.19 4歳齢の猫にみられた増殖性（好酸性）角結膜炎．角膜輪部と角膜内に黄白色のマス（矢印）がみられる．

　増殖性角結膜炎は猫に特異的にみられ，単一または多様な炎症性のマスが輪部に生じることを特徴とする．結膜，角膜，瞬膜も罹患することがある．皮膚科的には，好酸球性疾患の症候は認められない．原因は解明されていないが，ポリメラーゼ連鎖反応試験（PCR）の結果，少なくとも76％の症例でFHV-1陽性が認められている．

　臨床的には，結膜充血，単一あるいはそれ以上の灰～白色の輪部のマスまたはプラーク，角膜実質の細胞浸潤，血管新生などがみられる．上外側，もしくは外側の角膜輪部に最も多く発生する．推奨される治療法は，コルチコステロイドの点眼（1％プレドニゾロン，もしくは0.1％デキサメサゾン）である．さらなる情報のために，Veterinary Ophthalmology 3rd edition p1016, Essentials of Veterinary Ophthalmology pp313-314 を参照のこと．

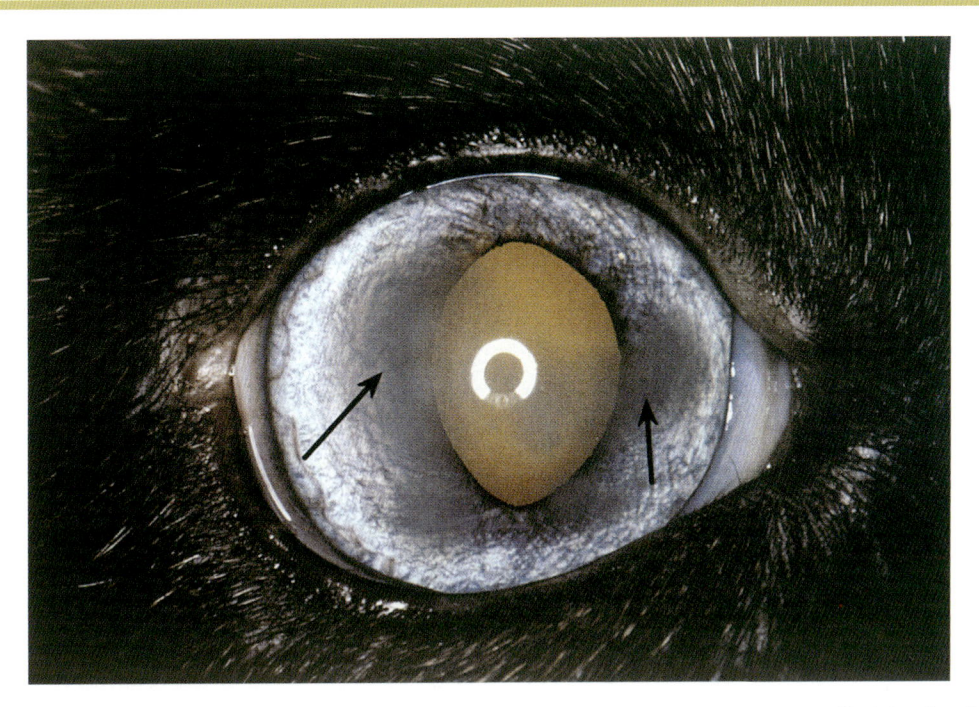

図12.20 3歳齢の猫にみられたフロリダ角膜症．角膜表層にある実質の混濁（矢印）が，全く炎症反応を引き起こしていないことに注目．

　フロリダ角膜症，または"フロリダ・スポット"は，フロリダ地方とカリブ地方でみられる疾患である．この疾患は，犬，猫ともに起こり，角膜実質内に灰〜白色の局所的な混濁として認められる．表層の角膜血管新生や炎症反応はみられない．混濁は片眼性または両眼性に認められる．症状の発現後は，角膜混濁は非進行性であることもしばしばある．原因は不明であるが，ライノスポリジウムやマイコバクテリウムが疑われている．治療法は，もし必要であれば角膜表層切除術を行う．

図 12.21　若い猫にみられた急性水疱性角膜症. 角膜浮腫が角膜の下側1/2に形成されている.

　急性水疱性角膜症は，最近になって若い猫で報告がみられるようになった疾患で，重度の角膜浮腫および前部ぶどう膜炎（ただし全身性疾患はない）からなる．この疾患の原因は不明で，角膜穿孔にまで進展することもある．治療法は，角膜潰瘍に対して角膜移植を行うか，眼球の摘出かを選択する．さらなる情報のために，Veterinary Ophthalmology 3rd edition p1017, Essentials of Veterinary Ophthalmology pp314 を参照のこと.

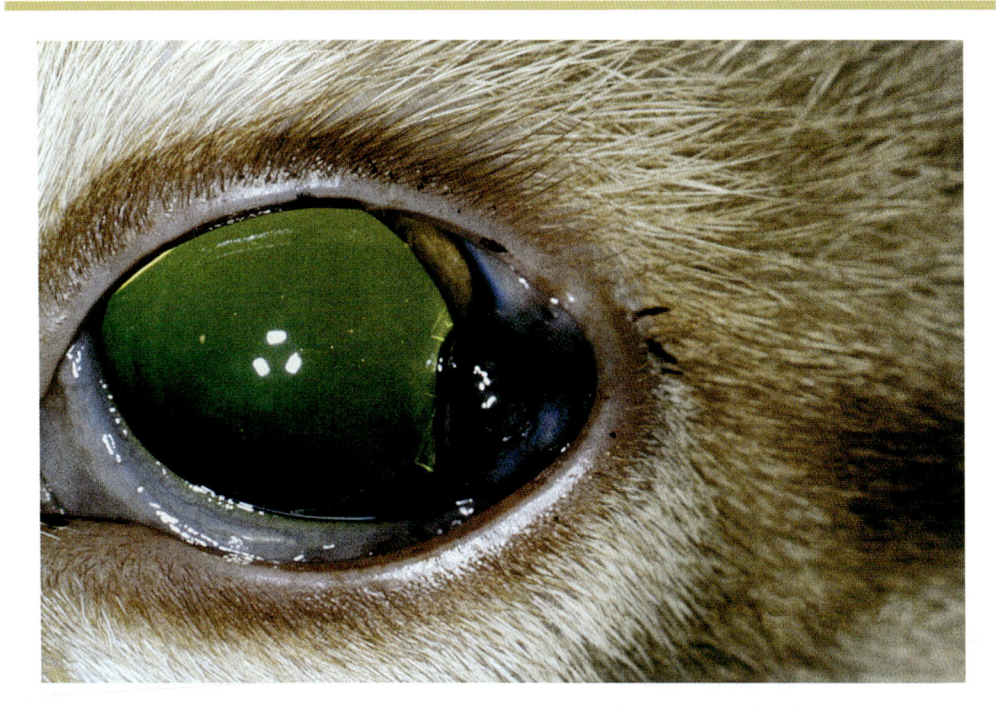

図 12.22 猫にみられた角膜輪部の黒色腫．外眼角側の色素をもつ腫瘤が，角膜および輪部に固着している．

　角膜および結膜の腫瘍は，猫ではまれである．瞬膜の腫瘍は，腺癌，線維肉腫，そして最も多いのがリンパ肉腫である．角膜輪部の黒色腫は犬同様，猫にも生じる．結膜に最も多くみられる腫瘍は，扁平上皮癌とリンパ肉腫である．

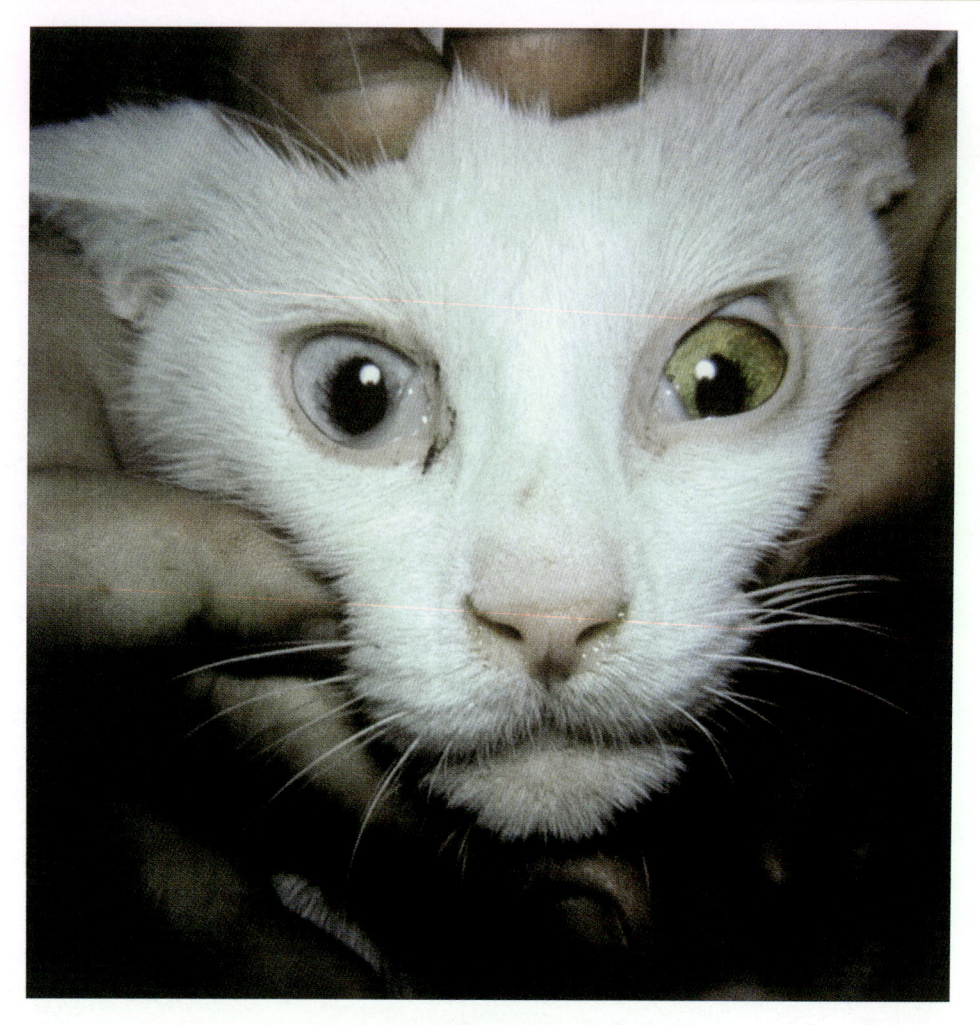

図12.23 白色の猫にみられた虹彩異色．両眼の虹彩が青色の猫では，しばしば聴覚障害をもっている．

　虹彩異色は，原発性にシャム，ヒマラヤン種，白色の猫（片眼または両眼性）にみられる．虹彩異色は，内斜視，立体視の希薄，眼球振盪などに関連した状態を備えているためシャム種で調査されてきた．白色猫では，虹彩異色は難聴と関係が深い（蝸牛骨の変化と蝸牛迷路の膜変化による）．

　シャム種での青色の虹彩は，主要な網膜路が通過するルートの異常と大脳蓋と四丘体前丘の交叉する付近のすべての結合に関連して生じる．内斜視は，空間的に調和の取れた両眼の視覚情報を処理する能力が制限されることにより生じる．内斜視はまた，視交叉での外側線維の広範な交叉抑制と，機能的な神経外側野がより前方に変位して位置する視覚の意識障害による結果である．推奨される治療法はない．さらなる情報のために，Veterinary Ophthalmology 3rd edition pp1018-1019, Essentials of Veterinary Ophthalmology pp315-316 を参照のこと．

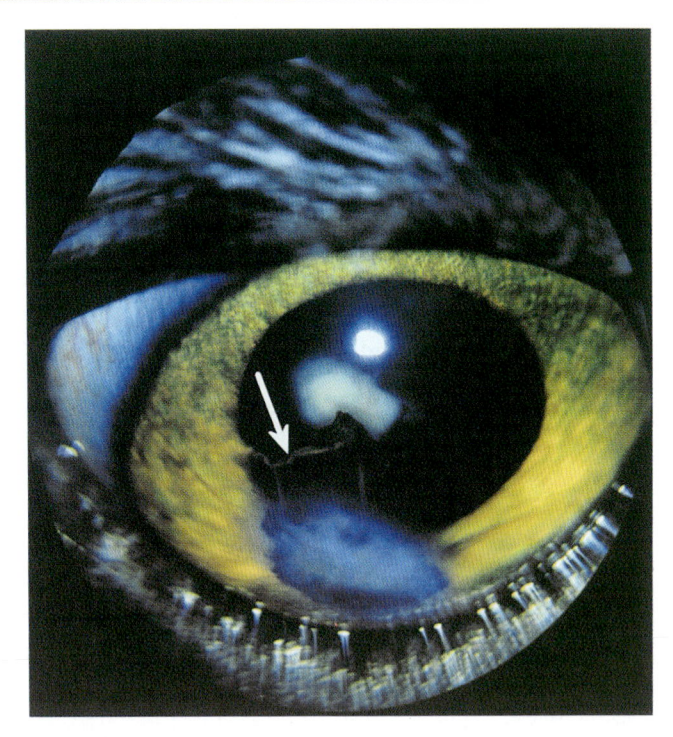

図 12.24　仔猫の瞳孔膜遺残（PPM, 矢印）．PPMにより角膜後面の混濁と，水晶体前嚢の白内障が引き起こされている．

　猫の瞳孔膜遺残（PPM：persistent pupillary membranes）はまれな疾患であり，片眼または両眼性に起こる．他の動物種と同様，遺残物は虹彩捲縮輪から起こり，虹彩や角膜後面，水晶体前嚢など他の部位に伸展する．瞳孔膜遺残に罹患しやすい猫の品種の報告はない．治療法はない．

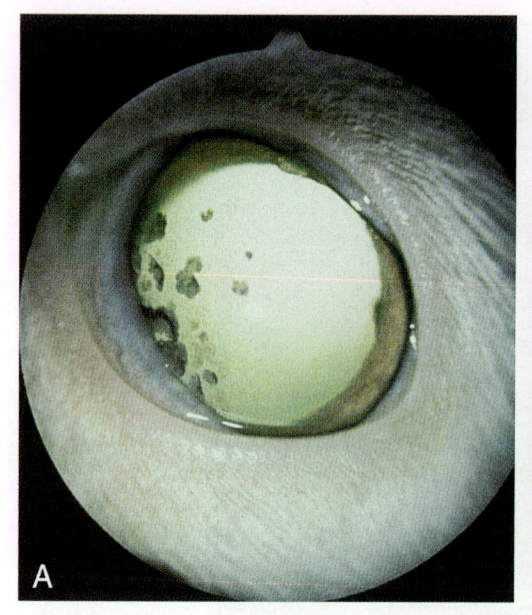

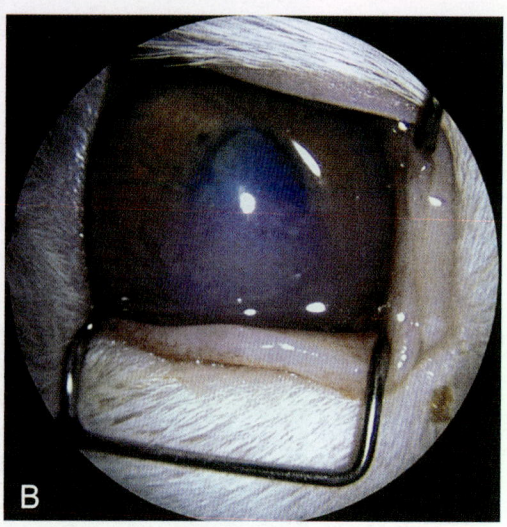

図12.25　A．猫伝染性腹膜炎に罹患した若い猫の角膜後面沈着物を伴う前部ぶどう膜炎．眼房水の細胞診で赤血球，フィブリン，好中球，マクロファージが認められた．
　B．数週間後の同猫の眼所見．汎ぶどう膜炎により前房蓄膿および眼内炎が進行し，眼底検査は不可能となっている．

　前部ぶどう膜炎や虹彩毛様体炎をもつ猫の大多数（30〜70％）は全身性疾患をもっており（犬との比較で），これら全身性疾患のうちで最も重要で生命を脅かす疾患は，猫伝染性腹膜炎（FIP），猫白血病（FeLV），猫免疫不全症候群（FIV）である．これらの虹彩毛様体炎が起こって初めて飼い主はその異常に気がつき，獣医師のもとを訪れる．したがって，猫の虹彩毛様体炎の場合は完全な全身の身体検査と，少なくともFeLV，FIVを含めた血清学的な検査を行うことが推奨されている．
　コロナウイルスが原因で起こるFIPは，慢性かつ進行性の食欲不振，元気消失，体重減少，変動する発熱，さまざまな程度の腹膜や胸膜への影響，衰弱などを引き起こす．眼病変はその病期の過程の初期，または後期のいずれにおいても発生する．
　FIPは，前眼部および後眼部すべての眼器官に，膿性肉芽腫性の感染を引き起こす．虹彩毛様体炎は，初期は穏やかであるが非常に滲出性に富む．角膜後面沈着物（KPs：keratic precipitates）と前房蓄膿は，多量のフィブリン，血球，炎症細胞を包含する．虹彩後癒着が急速に進行する．網脈絡膜炎の存在は，前眼部の炎症産物によって覆い隠され，癒着して狭小化した瞳孔を通して確認することは難しい．したがって，限局性の炎症から全眼の炎症に転化した時点が網脈絡膜炎の発生を現す．血管周囲の白血球の集合と，時おりみられる出血が，網膜血管に沿って出現することもある．ぶどう膜炎が激化し，眼内炎や全眼球炎に至る．
　コロナウイルスは，多種のウイルスと交叉反応を起こす傾向にあるため，FIPウイルス検査は単なる指標としてだけに使用される．高蛋白血症（多クローン性免疫グロブリン血症）が，罹患猫の50〜70％に認められる．眼房水の細胞診では，フィブリンや血球，好中球，単球などがみられる．全身性に臨床症状が進行した後の生存期間は，12か月以内である．さらなる情報のために，Veterinary Ophthalmology 3rd edition pp1020-1023, Essentials of Veterinary Ophthalmology pp316-319を参照のこと．

猫の眼科学 223

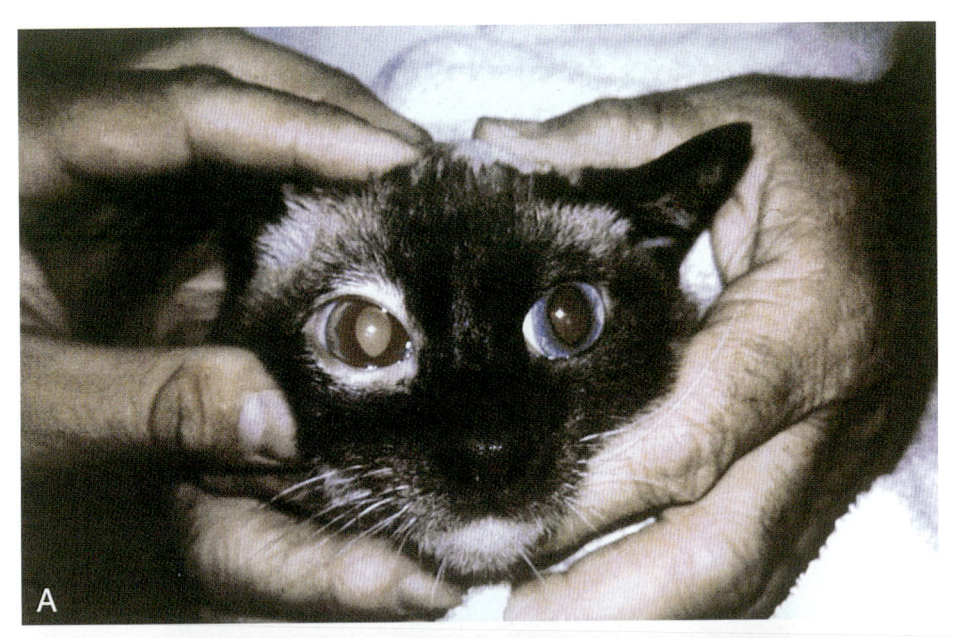

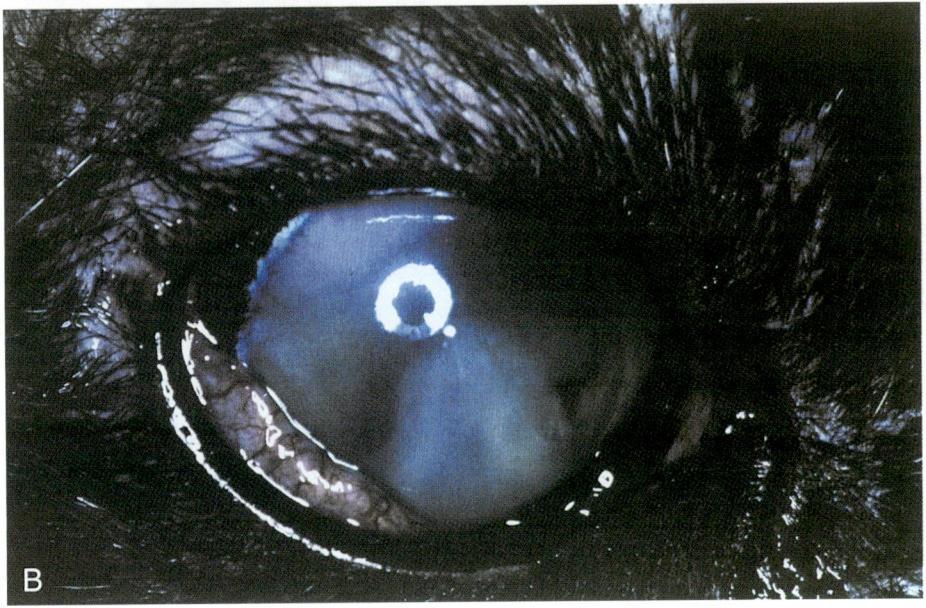

図 12.26 猫白血病（FeLV）は，眼窩のすべておよび眼球を侵襲し，炎症と非癒合性のマス，またはその両方の病状を引き起こす．

A．FeLV に罹患したシャムの虹彩の色の変化（青色から茶色）．茶色の虹彩の眼底反射が黄色に見えるのは，硝子体に炎症細胞と腫瘍細胞が浸潤したためである．

B．FeLV に罹患した猫の前部ぶどう膜炎と前房蓄膿．充血した結膜と腫脹した虹彩にも注目．

（つづく）

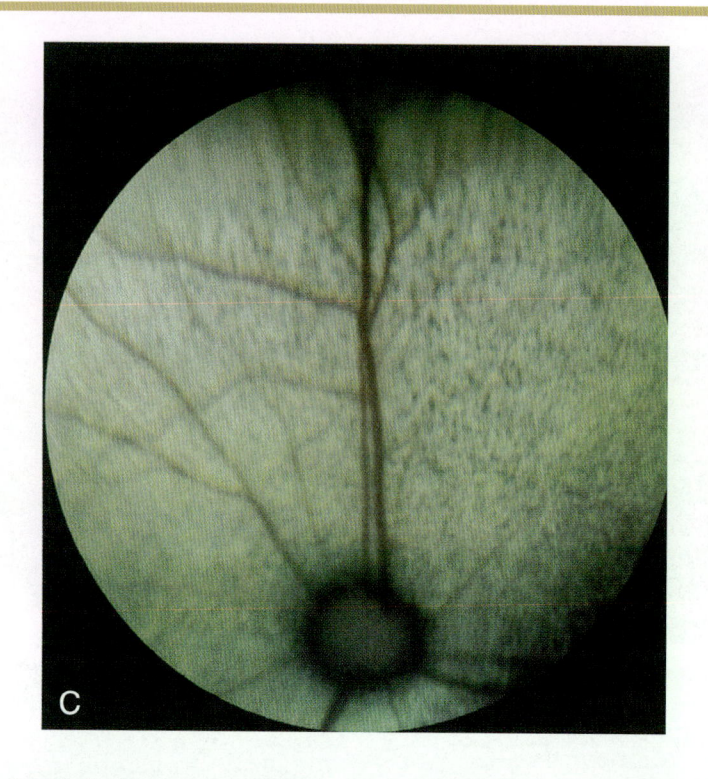

C．FeLV に罹患した猫にみられた網膜症．タペタム眼底にある茶色の多量の点状物は，網脈絡膜炎か，腫瘍細胞の浸潤のいずれかである．

　猫白血病（FeLV：feline leukemia）は，眼球および眼窩全域の組織に侵襲し，その臨床症状は慢性で永続的な炎症からはっきりした腫瘍病変まで，非常に変化に富む．FeLV に関連した臨床的な病変は，眼窩腫瘍，眼瞼の皮下織と結膜下織の腫瘍，前部ぶどう膜炎，前部ぶどう膜の腫瘍，続発緑内障，網脈絡膜炎，網膜剥離などがある．

　虹彩毛様体炎の特徴は，虹彩の腫脹，房水フレアからの角膜後面沈着物や前房蓄膿，虹彩表面の血管の膨隆，虹彩の灰白色の結節などである．虹彩毛様体炎が進行するにつれて，虹彩後癒着，白内障，続発緑内障が出現するようになる．FeLV に続発した腫瘍は，虹彩と前眼房に多様な大きさの白～ピンクのマスとして出現することがある．

　診断は，FeLV 抗体価，骨髄バイオプシー，リンパ節バイオプシー，または直接眼内のマスのバイオプシーにより行う．眼房水の細胞診では主にリンパ球と，時にプラズマ細胞がみられる．異型性の悪性リンパ球がみられることはまれである．眼病変の治療は，散瞳剤（1％アトロピン眼軟膏），ステロイド剤の点眼，およびコルチコステロイドの全身的な投与である．さらなる情報のために，Veterinary Ophthalmology 3rd edition pp1020-1023, Essentials of Veterinary Ophthalmology pp316-319 を参照のこと．また，図 16.34A,B も参照．

図12.27　5歳齢の猫にみられた猫免疫不全ウイルス（FIV）に起因した汎ぶどう膜炎．水晶体前嚢にみられる色素の沈着物（小矢印）は慢性的な虹彩毛様体炎の存在を示しており，水晶体後嚢にみられる炎症細胞の沈着物（大矢印）は，周辺部ぶどう膜炎（毛様体後部の炎症）を示している．

　猫免疫不全ウイルス（FIV：feline immune-deficiency virus）もまた，猫のぶどう膜を侵襲し，慢性の前部ぶどう膜炎を起こす．臨床所見は，虹彩の腫脹，房水フレア，虹彩の灰色の結節，水晶体前嚢と前部硝子体への炎症性細胞の沈着（周辺部ぶどう膜炎），虹彩後癒着，続発白内障と緑内障の出現などを認める．診断はELISA法により行い，ウイルスに暴露されてから2週間経た後のFIV抗体を検出する．眼房水の細胞診および眼球摘出後の病理検査では，主にリンパ球とプラズマ細胞からなる炎症細胞が認められる．治療は散瞳剤（1％アトロピン眼軟膏），コルチコステロイドの点眼，そして症例によってはコルチコステロイドの全身投与を行うこともある．図16.32A，Bも参照．

図 12.28　A．若い猫にみられたトキソプラズマ性慢性汎ぶどう膜炎．虹彩実質に明瞭な灰色の結節（矢印）がみられる．

　トキソプラズマ症は，猫で網膜血管炎を伴った前部ぶどう膜炎，および後部ぶどう膜炎を起こす主要な原因となる．前部ぶどう膜炎の病態はさまざまであるが，他の慢性感染症に伴うぶどう膜炎と同様に灰色の結節が虹彩内に現れる．網膜剥離に伴って，しばしば網脈絡膜炎と網膜出血が起こる．慢性の症例では続発白内障と緑内障が起こることもある．

　診断はペア血清サンプルを用いて行い，1：256 以上の抗体価は陽性と考えるべきである．

(つづく)

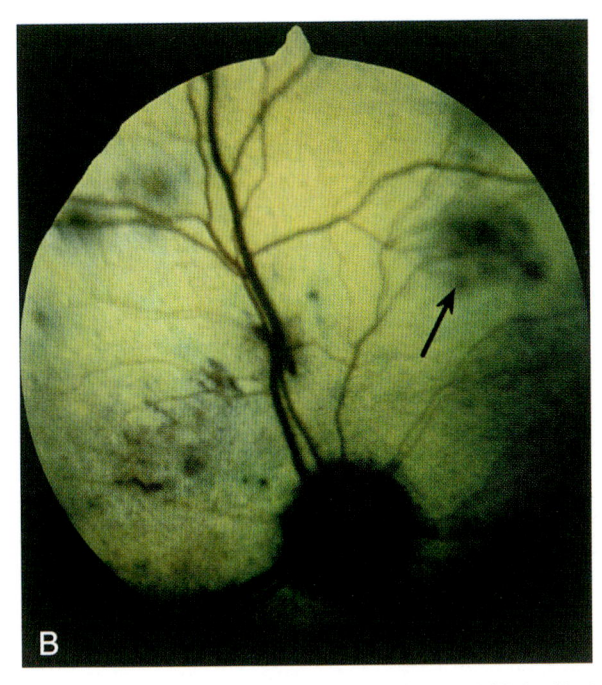

B. 猫の *Toxoplasma gondii* に起因した限局性肉芽腫性網脈絡膜炎（矢印）.

他には，PCR テスト（B1 遺伝子）を行い，*Toxoplasma gondii* 特異免疫グロブリン M と G（血清および房水のサンプル）を検出する．治療は，散瞳剤の点眼（1％アトロピン眼軟膏），クリンダマイシンの経口投与（日量 25mg/kg を 2 分服），そして時にはコルチコステロイドの全身投与を行う．さらなる情報のためには，Veterinary Ophthalmology 3rd edition pp1020-1023, Essentials of Veterinary Ophthalmology pp316-319 を参照のこと．また，図 16.33 も参照のこと．

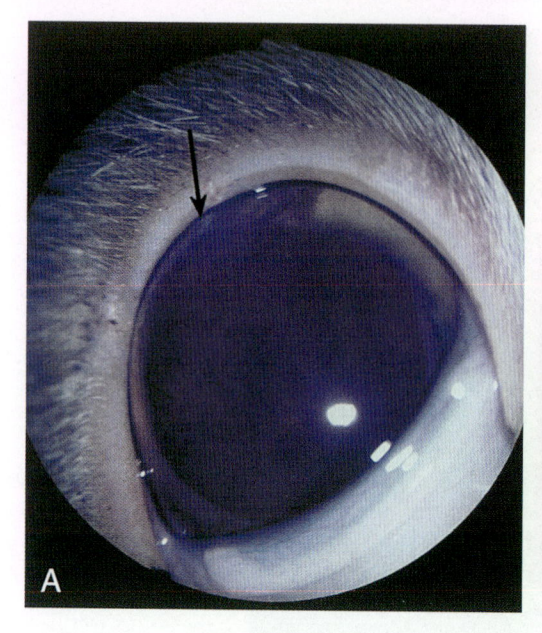

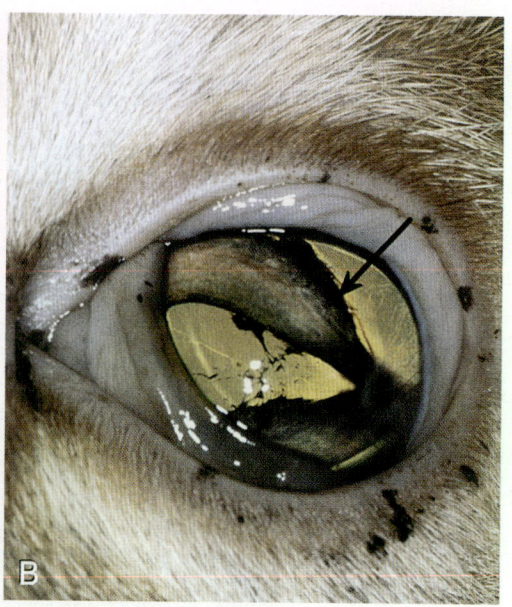

図12.29　A．在来短毛猫の雄にみられた外傷性の虹彩毛様体炎と前房出血．眼球の角膜輪部にBB弾が貫通した（矢印）．
　B．猫にみられた外傷性の虹彩毛様体炎（矢印）．上外側1/4で，その基部から虹彩が裂開している．

　鈍性，または貫通性の外傷は，どちらも前部ぶどう膜炎の原因となり，しばしば眼内出血（前房出血および硝子体内出血）を併発する．猫の爪による貫通性外傷は角膜の裂開を招き，時には水晶体前嚢の裂傷を起こす．もしも水晶体前嚢の裂孔から水晶体物質が流出していれば，慢性の水晶体原性ぶどう膜炎の発症を阻止するために水晶体を摘出しなければならない．さもなければ，ぶどう膜炎により眼球癆や続発緑内障が起こるであろう．

　異物の貫通，例えばサボテンの棘，エアガンやショットガンの弾などは，角膜を通過して水晶体前嚢，虹彩，さらにはより深い眼球組織を損傷することがある．もしも虹彩の裂傷が起これば，出血と炎症が起こる．有機物や鉄製の異物は摘出されなければならないが，一方，鉛や草類の異物は眼内組織反応によって耐え得るかもしれない．予後は外傷の程度と治療の反応によってさまざまである．処置として，可能な限り外科的に摘出を試み，散瞳剤（1％アトロピン眼軟膏）と抗生物質の点眼および全身投与，コルチコステロイドの投与などを行う．さらなる情報のために，Veterinary Ophthalmology 3rd edition p1024，Essentials of Veterinary Ophthalmology pp320-321を参照のこと．

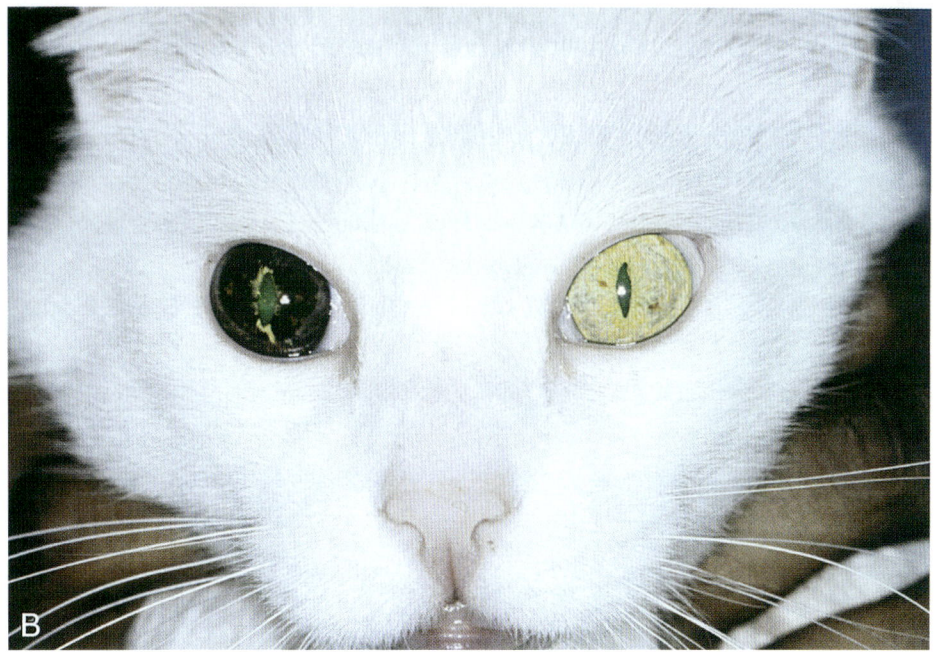

図 12.30 び漫性虹彩黒色腫は猫では特異的であり，虹彩の前面から生じる．
　A．猫のび漫性黒色腫の初期．右眼の虹彩は部分的（約 50%）に色素が沈着しているが，左眼は正常である．
　B．白色の猫のび漫性虹彩黒色腫．右眼の虹彩にはほぼ完全に色素沈着が起こっており，左眼の虹彩には疑わしい色素の斑点が少数みられる．

（つづく）

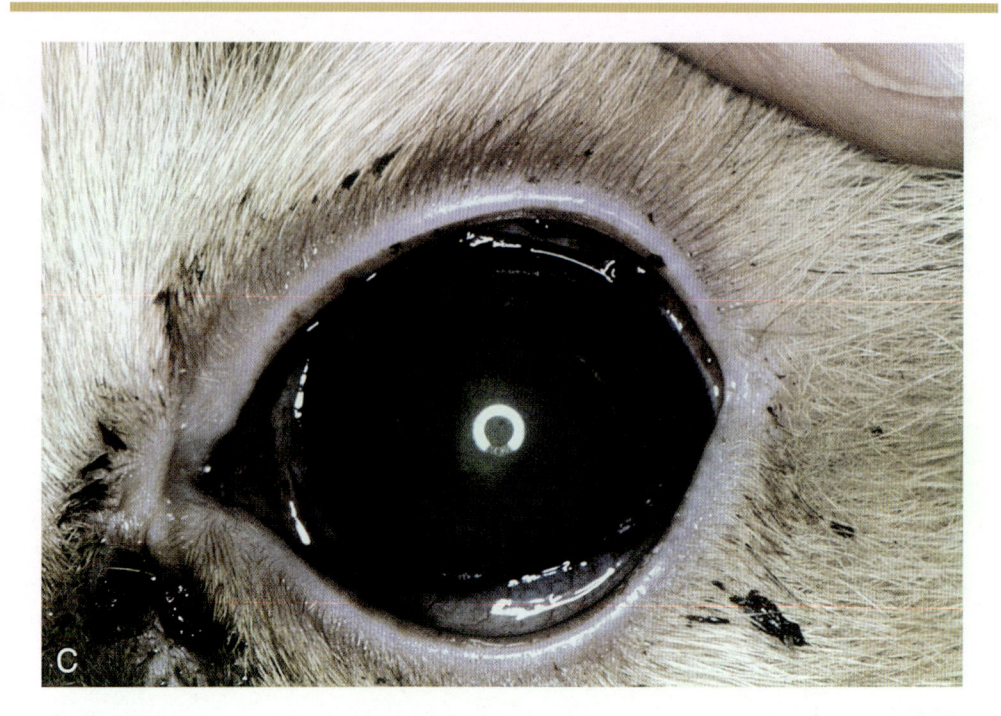

C．10歳齢の猫にみられたび漫性虹彩黒色腫の初期．虹彩のほぼ全域を腫瘍が占領し，瞳孔径が変形している．

　び漫性虹彩黒色腫は猫で最も多くみられる色素原性の眼内腫瘍であり，猫に特異的に生じる．この腫瘍の特徴は，10歳齢以上の高齢猫の虹彩表面に，進行性の色素沈着が起こることである．この色素沈着が進行する期間はさまざまで，数か月〜数年にも及ぶ．色素は層をなして厚くなり，瞳孔の形や大きさ，動きを変化させる．増殖した腫瘍が房水流出路に入り込んで緑内障が生じ，さらに毛様体に侵入することで眼球後部をおかす．転移は犬と比較して非常に高率に起こり（犬では5％の転移率に対し，猫では最高60％の転移率），肝臓や肺をおかす（眼球摘出後，遅くとも1〜3年で転移する）．
　び漫性虹彩黒色腫の進行はさまざまであるため，眼球摘出の最もよい時期を決定することは難しい．いったん虹彩の肥厚や瞳孔の異常がみられたら，直ちに眼球摘出を行うことが望ましい．さらなる情報のために，Veterinary Ophthalmology 3rd edition pp1026-1027, Essentials of Veterinary Ophthalmology pp323-324 を参照のこと．

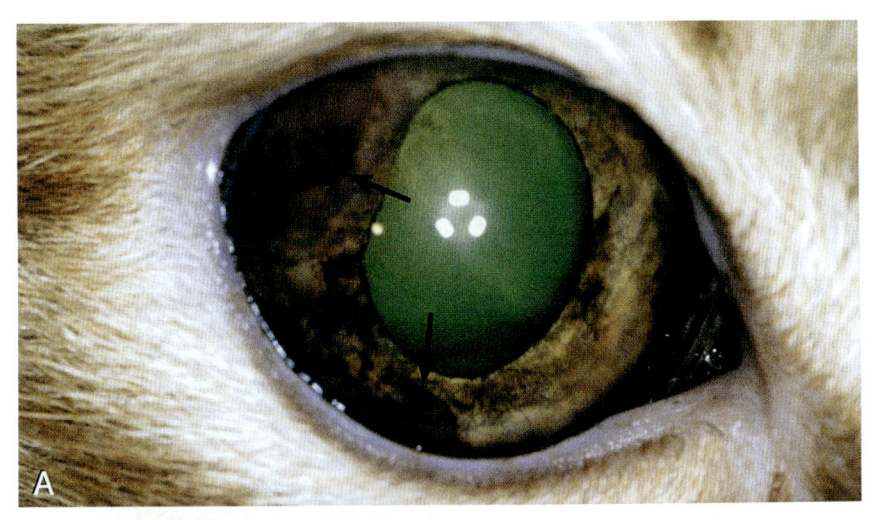

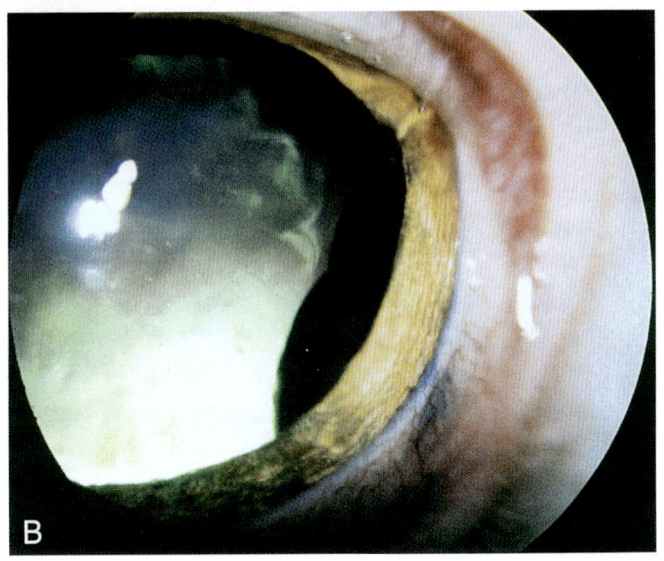

図 12.31　A．猫にみられた無色素性の前部ぶどう膜黒色腫（矢印）．腫瘍が毛様体から虹彩直下を通り，前房内に拡大している．
　B．毛様体に発生した色素性毛様体腺癌．黒色の腫瘤が瞳孔から突出しているのが確認できる．

　前部ぶどう膜黒色腫のいくつかは，臨床的および組織学的に犬のそれと類似している．これらの腫瘍は，瞳孔と虹彩を通して，隅角と毛様突起の中に突き出た灰色～黒色の腫瘤（無色素性メラノーマ）として現れる．臨床徴候は，眼の色調の変化（腫瘍の存在による），虹彩毛様体炎，前房出血，牛眼（続発緑内障），そして失明である．治療は眼球摘出である．

　猫の原発性毛様体腺腫 / 腺癌はまれである．そのほとんどは，毛様体ひだ部を起源とする無色素性の腫瘍である．これらの腫瘍は瞳孔内に腫瘍塊として現れ，ゆっくりと成長し，しばしば続発緑内障を引き起こす．推奨される治療は眼球摘出である．

猫の眼科学

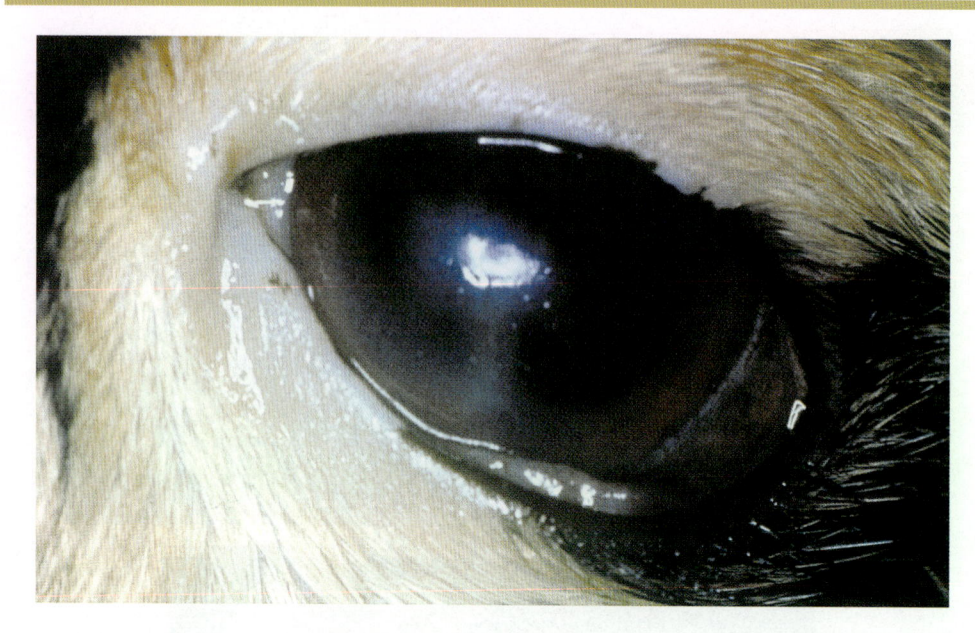

図 12.32 老齢猫にみられた外傷に関連した肉腫．腫瘍が眼球の大部分に浸透し，眼内出血を引き起こした．

　外傷関連性肉腫は，猫の眼内腫瘍の中で 2 番目に多い疾患で，猫に特異的に生じる．この腫瘍は，以前に外傷の病歴（受傷後平均 5 年）をもった眼に生じ，中年齢以降の猫にみられる．発症の危険因子は，水晶体の損傷，慢性ぶどう膜炎，眼内手術，そして末期の緑内障を治療するゲンタマイシン注入による毛様体破壊である．臨床所見は，慢性ぶどう膜炎，眼内出血，緑内障，そして前房内や硝子体に単一から複数みられる白色〜ピンクの腫瘤塊である．軟骨や骨の形成が腫瘍内に生じることもあるため，X 線検査および超音波検査は診断的価値があるかもしれない．眼球の早期の摘出や内容除去術が推奨される．長期的な生存の予後は厳しい．さらなる情報のために，Veterinary Ophthalmology 3rd edition p1027，Essentials of Veterinary Ophthalmology p324 を参照のこと．

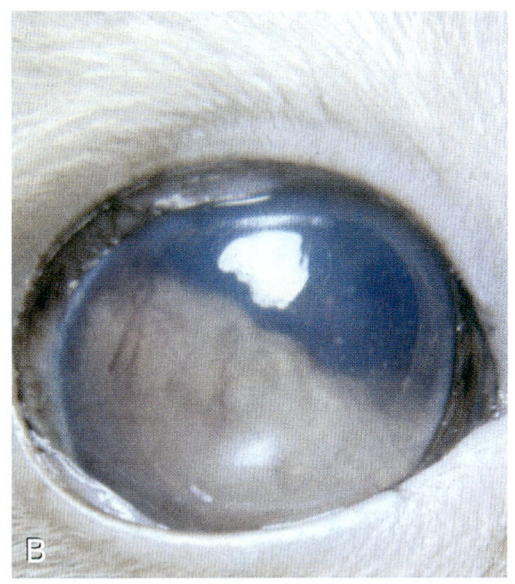

図12.33　A．4歳齢の猫にみられた虹彩リンパ腫．隆起したピンクの腫瘤が虹彩背側を侵襲している．
　　　　　B．若い猫にみられたリンパ肉腫．大きな無色素性腫瘤が前房内に認められる．腫瘍の表面に血管がみられる．

　全身性のリンパ腫またはリンパ肉腫は，猫で最もよくみられる続発性腫瘍であり，眼内炎や眼内の腫瘤，続発緑内障，網膜剥離などを起こす．転移を起こす腫瘍は犬ほど多くはないが，最も多く報告されている転移性腫瘍は，扁平上皮癌である．
　罹患猫の中で，あるものは最初の臨床徴候は眼だけに限定され，眼の色調の変化や異常な瞳孔の形（D字型，または逆D字型）など多岐にわたる．またある猫では，前房内に房水フレアを伴った前部ぶどう膜炎，角膜後面沈着物，前房蓄膿，虹彩のピンク～白色の腫瘤を認める．腫瘍や炎症細胞が，房水の流出路を閉塞することによる続発緑内障が，合併症としてしばしば起こる．コルチコステロイド点眼による治療は，一時的に前部ぶどう膜炎の進行や前眼部の腫瘤の増大を抑制するかもしれない．

図 12.34 仔猫にみられた片眼の先天緑内障．伸張，拡大した眼球に注目．

　さまざまな病態の緑内障が猫にも起こるが，猫の緑内障についての情報は犬に比較して非常に少ない．房水流出路の先天性異常で起こる先天緑内障は，仔猫ではまれである．通常片眼のみがおかされ，急速な眼球の伸張，拡大が認められる．治療はほとんど効を奏さない．角膜の露出が急速に進行するため，眼球摘出術が実施される．

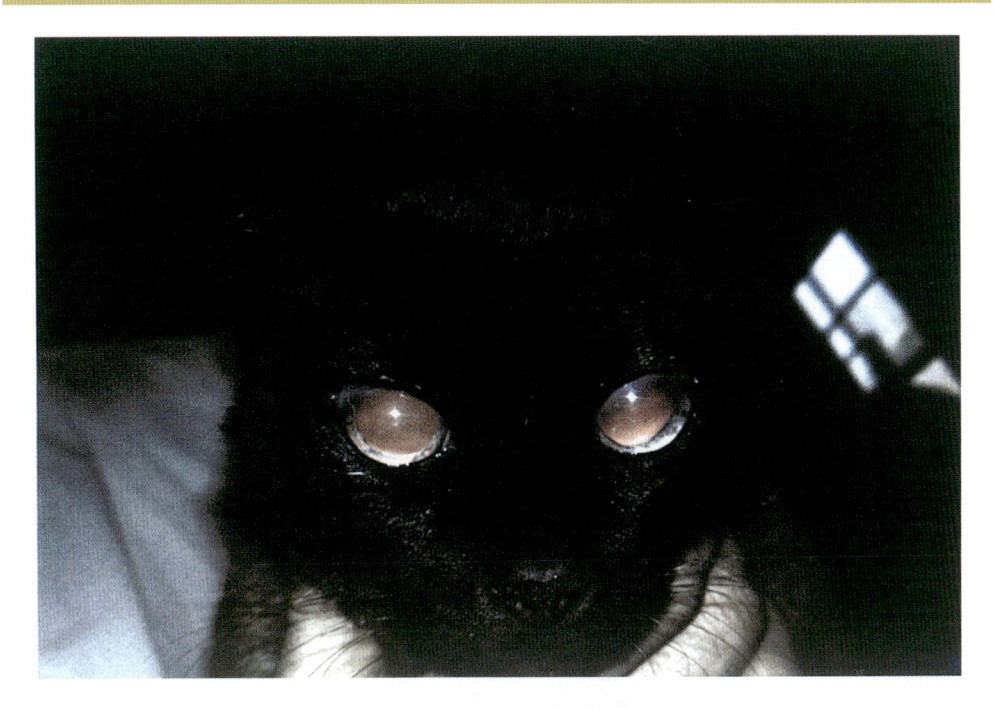

図 12.35 原発緑内障は猫ではまれであるが,シャム種で最も多く認められている.この5歳齢の猫の両眼は,進行性の虹彩萎縮と開放隅角緑内障であった.

　原発緑内障は猫ではまれに生じ,シャム種にみられる傾向がある.臨床症状は犬のそれと類似している(例;瞳孔散大,角膜浮腫,結膜充血と血管怒張(眼瞼で隠される),伸張した眼球,水晶体脱臼).虹彩実質の萎縮も生じる.網膜と視神経の変性が起こり,最終的には失明に至る.猫の眼圧測定には,圧平式眼圧計がすすめられる.猫の原発緑内障の治療は,犬よりも困難である.なぜなら治療のほとんどを点眼に頼らざるを得ないからである.炭酸脱水酵素阻害剤を長期にわたり全身投与することに,猫は耐えられない.さらなる情報のために,Veterinary Ophthalmology 3rd edition pp1028-1031, Essentials of Veterinary Ophthalmology pp326-328 を参照のこと.

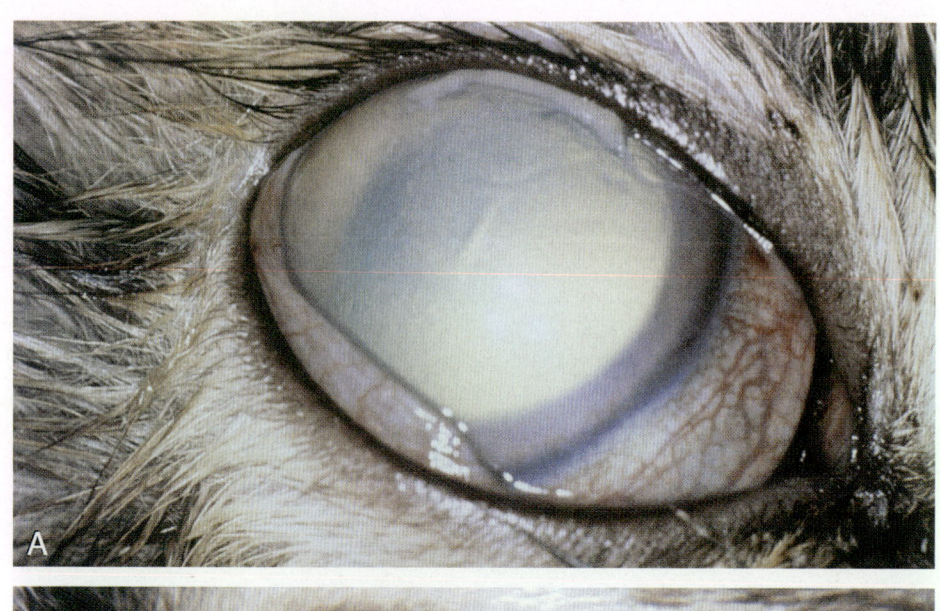

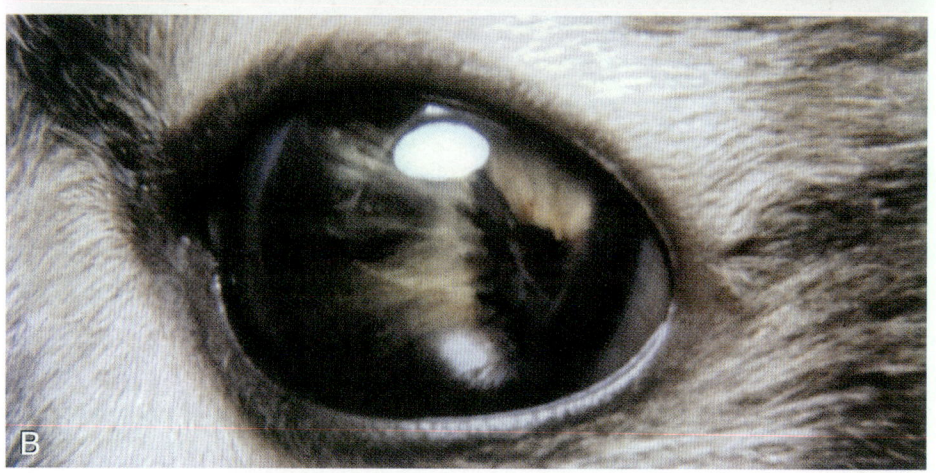

図12.36 前部ぶどう膜炎に続発する続発緑内障は，猫に最も多い緑内障のタイプである．
　A．猫のFIV感染症による前部ぶどう膜炎と続発緑内障．わずかに伸張した眼球，上強膜充血，角膜浮腫，虹彩腫脹が認められる．
　B．猫の慢性前部ぶどう膜炎に続発した膨隆虹彩．瞳孔は確認できず，虹彩の前方変位により前房が虹彩で満たされている．

　前部ぶどう膜炎に関連した続発緑内障は，猫の緑内障で最も多くみられる．慢性前部ぶどう膜炎を引き起こす感染性疾患，例えば猫免疫不全ウイルス（FIV），猫白血病ウイルス（FeLV），トキソプラズマ症などが最も関連している．臨床症状は，これらの感染症による前部ぶどう膜炎と緑内障であり，虹彩表面の血管の明瞭化，多様な角膜浮腫，虹彩後癒着や白内障の形成，固着し縮瞳した瞳孔，水晶体脱臼などを認める．治療はコルチコステロイドの点眼および全身投与を行って虹彩毛様体炎を沈静化し，さらにはβブロッカーの点眼や炭酸脱水酵素阻害剤を用いて眼内圧上昇を防ぐことである．前部ぶどう膜炎と続発緑内障の長期的なコントロールが難しいため，予後はあまり期待できない．

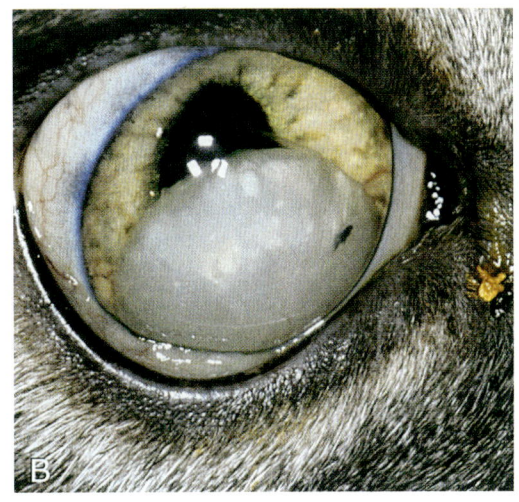

図 12.37　A．猫にみられた水晶体前房内脱臼．前眼房内にある水晶体が角膜浮腫を引き起こしている．
B．老齢の猫にみられた過熟白内障の水晶体前房内脱臼．白内障となった水晶体が，瞳孔と虹彩の前方に存在する．

　老齢の猫（10歳齢以上）において，原発性の水晶体脱臼が緑内障や前部ぶどう膜炎の存在なしに起こることがある．臨床的な病歴は，虹彩の色の変化（水晶体が前方へ脱臼したため，虹彩と瞳孔を覆い隠すことによる），または散瞳（およびタペタム反射の亢進）である．おそらくは，前部ぶどう膜炎や房水流出路へのダメージにより，経時的に続発緑内障が起こるかもしれない．前房内に水晶体があるため，経時的に角膜浮腫が生じ，また角膜内皮に直接のダメージを与える．原発性水晶体脱臼では，水晶体の摘出（凍結手術法による）が選択され，広汎なダメージが残る前に摘出することにより最もうまく治療できる．
　他の緑内障のタイプと比較して，眼球が伸張するタイプの緑内障（牛眼）では，二次的な水晶体脱臼がしばしば起こる．水晶体赤道部において，毛様小帯が入る付近での小体の牽引と断裂が原因で，水晶体と毛様小帯の付着が消失する．その結果水晶体が移動するが，多くは亜脱臼もしくは前房内へ脱臼する．亜脱臼では，虹彩振盪または水晶体振盪，水晶体の傾斜，三日月形の無水晶体コーヌスが臨床的にみられる．多くの猫の緑内障は続発症であるため，ぶどう膜炎，虹彩後癒着，虹彩組織残渣の水晶体前嚢への付着，そして皮質白内障なども発見される．視力のある眼では，脱臼した水晶体の摘出を行うことで，視力を保ち，前部ぶどう膜炎や眼内圧の内科的なコントロールを容易にすることができる．さらなる情報のために，Veterinary Ophthalmology 3rd edition pp1028-1034，Essentials of Veterinary Ophthalmology pp326-330 を参照のこと．

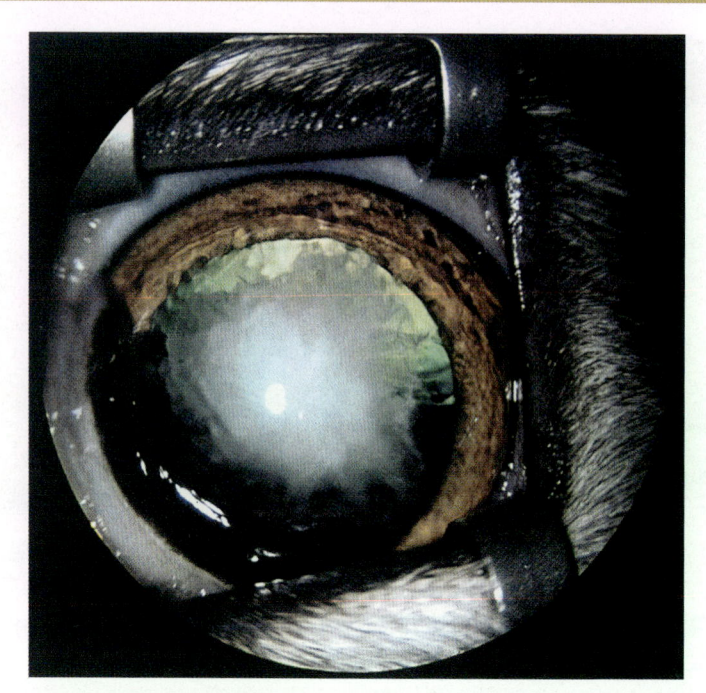

図 12.38　仔猫にみられた先天過熟白内障．両眼性に認められた．

　仔猫の先天白内障は非常にまれであるが，その多くは複数の眼内異常を伴っている．猫の種としては，ペルシャ，バーミヤン，アメリカンショートヘアーなどに発生する．治療は超音波乳化吸引術による白内障の摘出である．

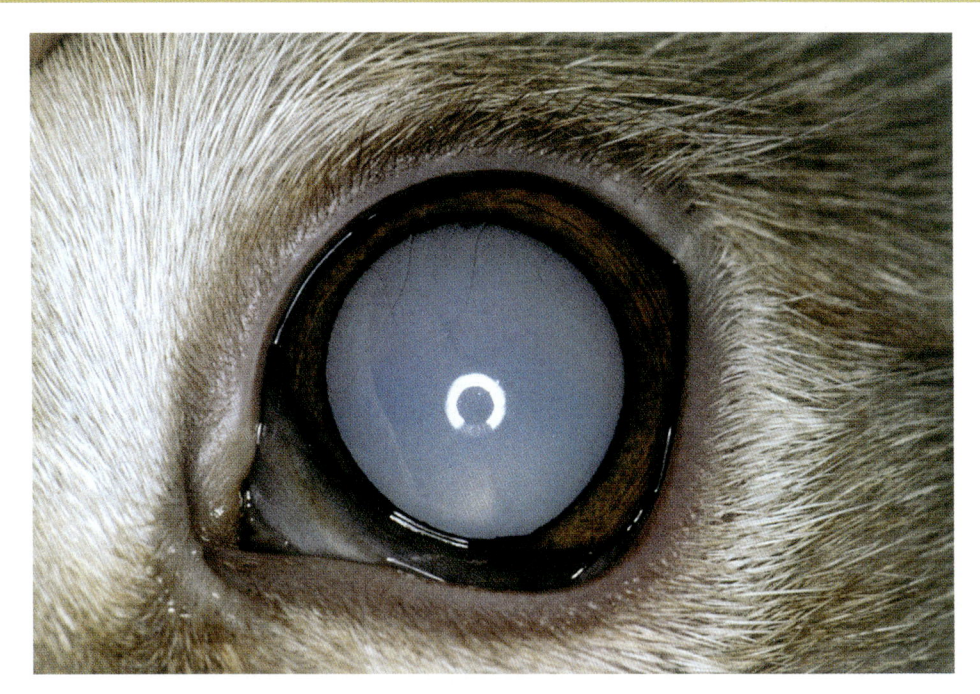

図 12.39 猫の原発成熟白内障．両眼性に認められた．

　猫では，原発性または遺伝性白内障はまれであり，最近の報告ではすべて先天性のものである．しかしながら両眼性に発生する白内障は，その原因が明らかでない場合には白内障手術のための再評価はめったに行われていない．

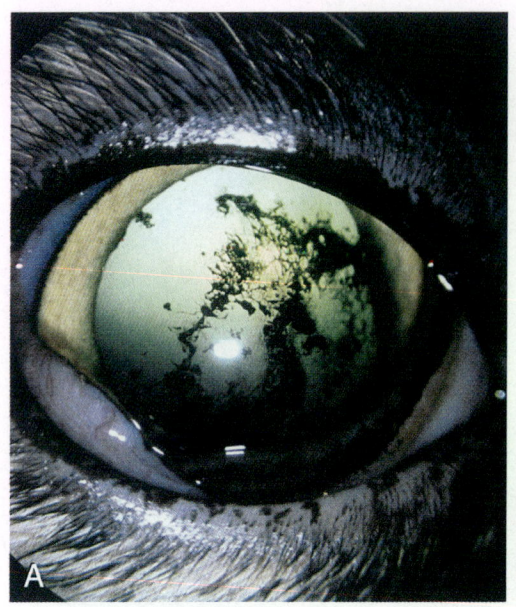

図12.40　A．猫にみられた慢性虹彩毛様体炎に続発した白内障．水晶体前嚢に，後方の虹彩の色素残渣が付着している．
　B．猫にみられた白内障形成と慢性虹彩毛様体炎．水晶体前嚢に見える色素性組織（小矢印）と，水晶体白内障形成領域（大矢印）．

　前部ぶどう膜炎に続発する白内障は，臨床で見かける最も多いタイプの白内障であり，慢性ぶどう膜炎に伴って最も多く生じる．それゆえ，ぶどう膜炎の徴候〔さまざまな程度の角膜浮腫，不整形な瞳孔（後癒着による），水晶体前嚢に付着した虹彩組織の沈着物，虹彩表面や瞳孔および水晶体前嚢への炎症性の膜，皮質白内障の形成〕が存在する．圧平式眼圧測定により，眼圧の低下（10mm Hg以下）を認める．前部ぶどう膜炎はまた，水晶体へのチン小帯の付着を弱める一因ともなり，水晶体の亜脱臼がみられることもある．これらの白内障は，前部ぶどう膜炎の内科的なコントロールの下において水晶体摘出が選択され，視力回復の可能性は十分にある．

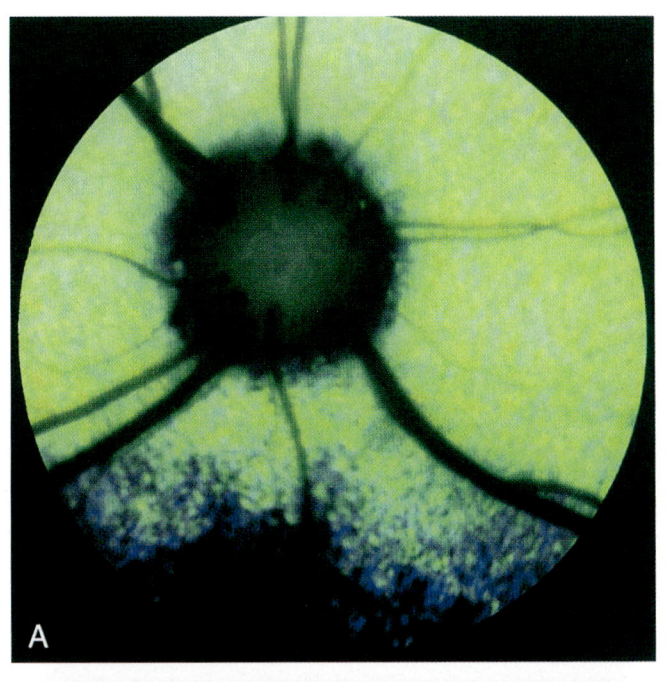

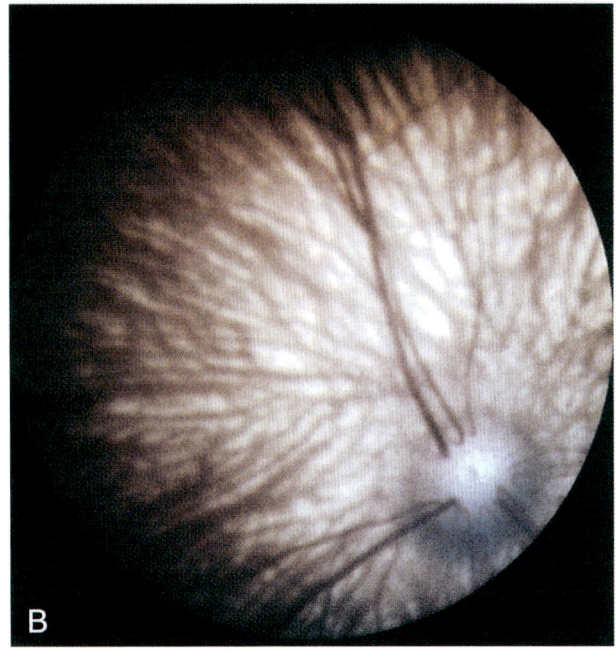

図12.41　A．アメリカンショートヘアーの正常な眼底所見．タペタム領域にある円形の視神経乳頭，周囲を取り囲む色素，数本の網膜主動脈および静脈が見える．
　B．青色の虹彩をもつ猫の正常な眼底所見．眼底にタペタム領域は存在せず，限局性の色素のみがみられる（準アルビノ眼底）．

（つづく）

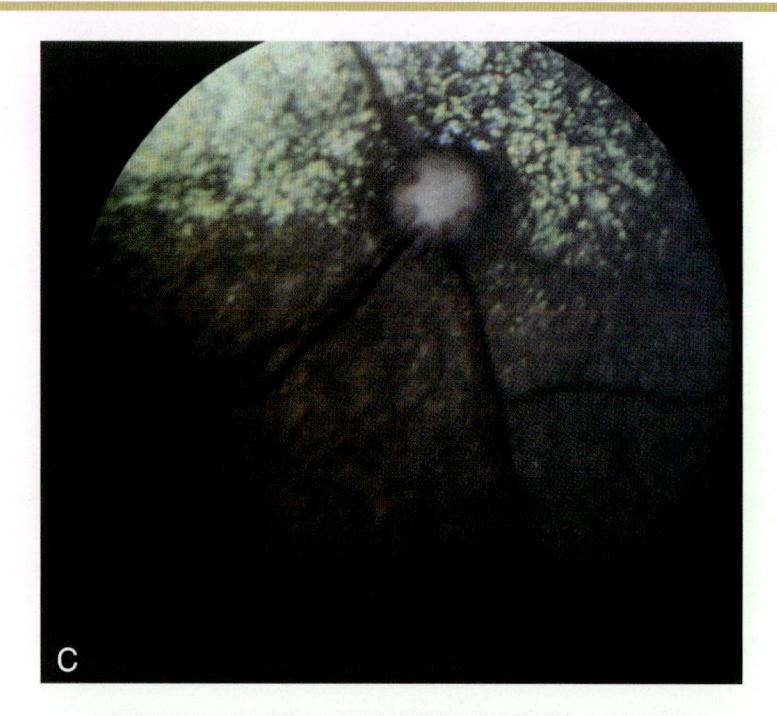

C．猫の正常な眼底所見．ノンタペタム領域の色素が減少し，より深部の強膜血管が局所にみられる．

　猫の正常な眼底は，タペタム領域（犬よりもさらに反射亢進している），ノンタペタム領域（茶～黒色），網膜の血管構造〔3本ずつの網膜主動脈と静脈，視神経乳頭（タペタム領域に存在する）〕に大別される．タペタム領域の色調は，仔猫の時期にはさまざまな色で発達し，やがて16週齢までには成猫の色調となる．一般的なタペタムの色調は黄緑色もしくは黄燈色である．一方，特に青色の虹彩をもつ猫のようなタペタムのない猫は，眼底全体がアルビノに近い色調である．視神経の外側3mmの位置には，「中心野」があり，錐体の特に多い領域である．

　ノンタペタム領域の色調は，網膜色素上皮細胞内の色素であり，茶～黒色である．白色または明るい色調の被毛をもつ猫では，ノンタペタム領域の色素はより明るく，時には深部の強膜血管が部分的にみられる（「紋理」ノンタペタム）．視神経は円形でわずかに陥没しており，比較的滑らかで，ミエリン鞘はなく，周囲縁は色素で取り囲まれている．猫の網膜血管系は，血管供給が直接網膜全体に行きわたる構造であり，3対またはそれ以上の網膜主動脈および静脈が存在して視神経乳頭の周辺に広がる．

猫の眼科学　243

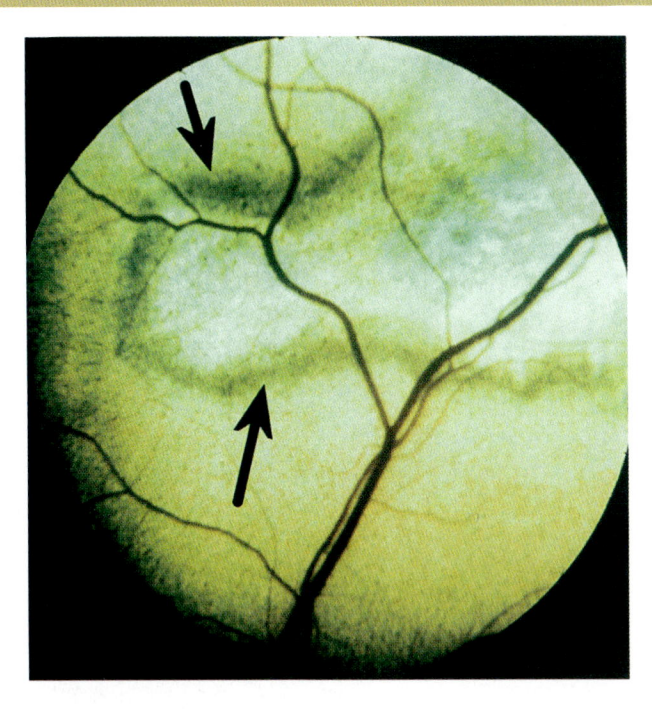

図 12.42　猫汎白血球減少症の子宮内感染に続発した仔猫の網膜異形成．網膜異形成の領域がタペタム眼底内の視神経乳頭の上方にあり，限局性の反射亢進と色素沈着がみられる（写真は Alan MacMillan のご好意による）．

　仔猫の網膜異形成はまれな疾患である．網膜異形成と視神経乳頭のコロボーマは眼瞼の発育不全に関連して生じる．網膜異形成はまた，胎仔の眼の発達過程に汎白血球減少症ウイルスや猫白血病ウイルス（FeLV）の子宮内感染によっても発生することがある．網膜異形成は，乳頭直上部の眼底の中心に最も多く生じ，さまざまな色素増殖とタペタム反射亢進の限局性の領域として現れる．

図12.43 眼瞼形成不全症をもつ仔猫にみられた，視神経乳頭コロボーマ．視神経乳頭は不正形で白く，陥没している．

　仔猫の視神経乳頭コロボーマはまれな疾患であり，眼瞼形成不全に伴って起こる複数の眼異常と関連している．臨床的な視力は正常と思われる．視神経乳頭は拡大し，その中央は陥没している．

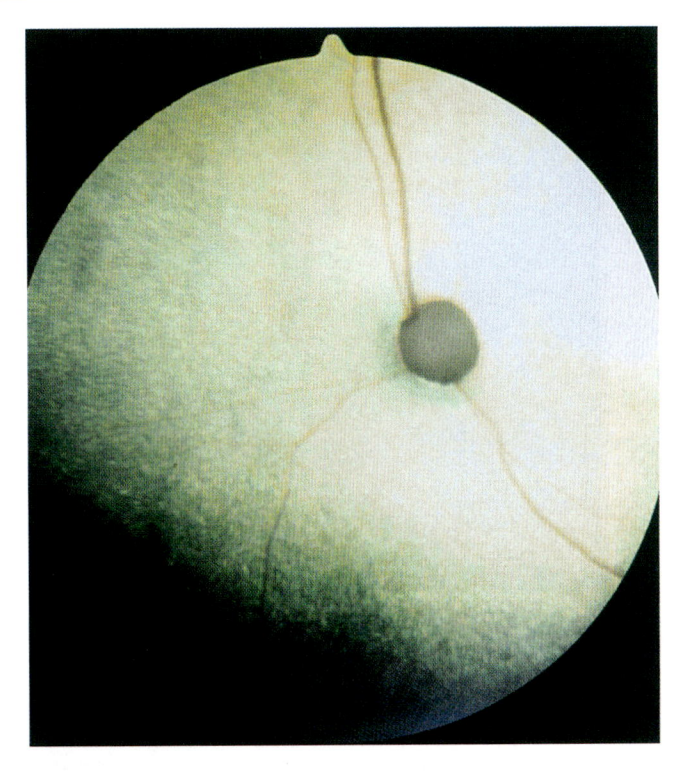

図 12.45 アビシニアン種にみられた遺伝性網膜変性．網膜変性が進行して，タペタム反射の亢進および網膜血管の消失がみられる．

　猫では2つのタイプの遺伝性網膜変性があり，両タイプともアビシニアン種に発生する．1つ目は，4週齢までの仔猫でみられる杆体錐体異形成（散瞳と眼球振盪）であり，これは常染色体優性遺伝である．最初の眼底所見の変化は，罹患した仔猫が8〜12週齢になった頃に現れ，タペタムの反射亢進，ノンタペタム領域の色素減少，網膜血管の狭細化と消失が認められる．

　もう1つのタイプは，アビシニアン種の常染色体劣性遺伝の杆体錐体変性である．これは1〜2歳で発症し，遺伝子は常染色体の劣性形質に存在する．眼底所見は，前述の杆体錐体異形成と同様である．さらなる情報のために，Veterinary Ophthalmology 3rd edition pp1036-1039，Essentials of Veterinary Ophthalmology pp332-333 を参照のこと．

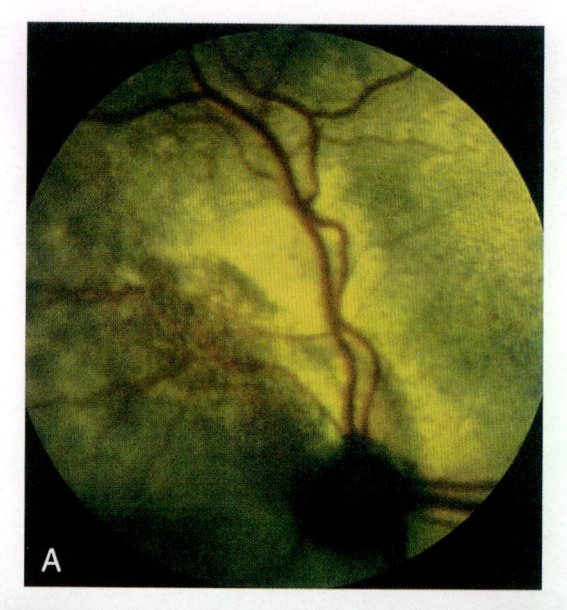

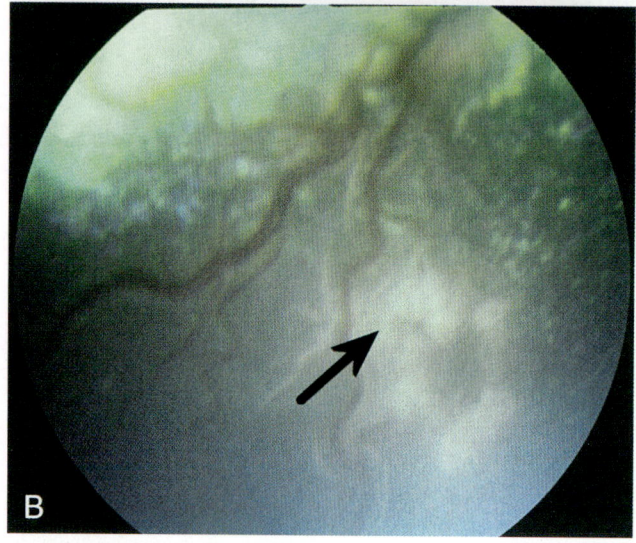

図 12.46　A．猫伝染性腹膜炎（FIP）に罹患した猫にみられた網脈絡膜炎．広汎な炎症によるタペタムの色調の変化に注目．
　B．FIP に罹患した猫にみられた網脈絡膜炎．ノンタペタム領域内の網膜炎と血管付近の炎症像に注目．

　猫の脈絡膜と網膜の炎症は，伝染性疾患で最も多く認められる．猫伝染性腹膜炎（FIP：feline infectious peritonitis）は膿性肉芽腫性汎ぶどう膜炎，網膜炎，視神経炎を引き起こす．最初の来院は前部ぶどう膜炎によるところであるが，眼底検査によってこの診断を下す一助となる．初期のステージでは，FIP は血管付近の白血球浸潤，限局性の網脈絡膜炎を起こし，最終的には広汎な網脈絡膜炎が生じる．網膜脈絡膜からの滲出物が拡散し，結果的に滲出性網膜剥離を引き起こす．

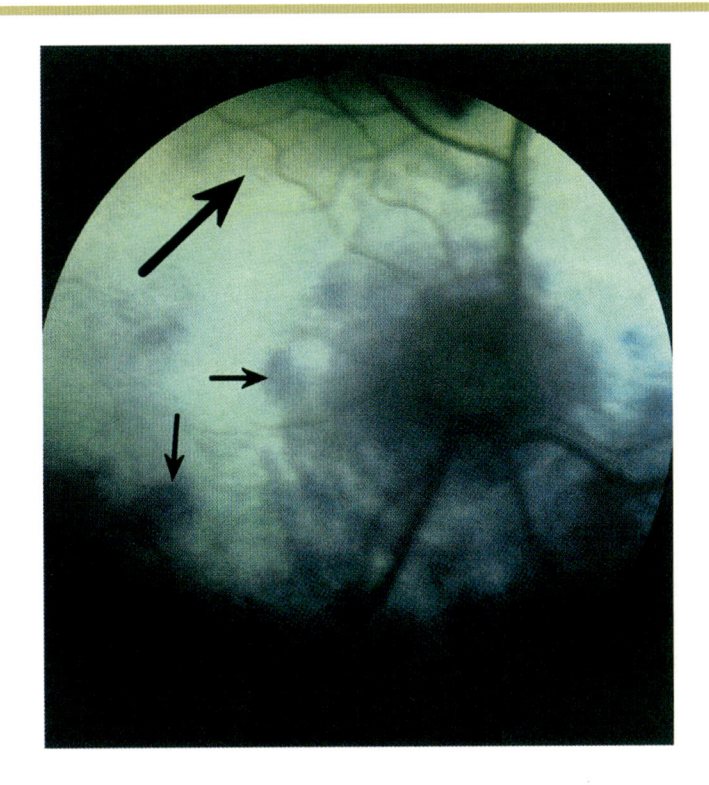

図 12.47 クリプトコッカス症の猫にみられた網脈絡膜炎．眼底のタペタム領域と視神経乳頭内に，数か所の肉芽腫様の網脈絡膜炎（小矢印）が認められる．視神経乳頭の上方に，滲出性網膜剥離（大矢印）が存在する．

Cryptococcus neoformans（CNS）は，猫では最も多い真菌症であり，鼻や鼻腔内の肉芽腫形成に最も多く関連している．それはまた，猫の視神経や網膜をおかすが，これは CNS によるクリプトコッカス感染の延長であることが明らかとなっている．失明と散瞳が最初の臨床徴候であり，さらに他の CNS 症状へと進行していく．眼底所見では，多巣性の網脈絡膜炎，巨大な網膜の肉芽腫形成，そして滲出性網膜剥離が起こる．治療にはコストがかかり，予後も悪く，視神経乳頭を含んだ疾患のため視力回復の可能性は低い．

図 12.48　A．猫の高血圧性網膜症は，しばしば眼内出血を主訴として来院する．前部ぶどう膜炎が存在しない前房内に出血塊がみられる．

　高血圧性網膜症は，老齢猫（10歳齢以上）でしばしばみられ，最も多い主訴は眼内出血（前房出血および硝子体内出血），散瞳および失明（網膜剥離による）である．高血圧症の原因には，原発性のものや他の疾患に関連したもの，例えば心臓肥大，腎不全，甲状腺機能亢進症などがある．眼底所見は，網膜および脈絡膜の血管異常である．平均の動脈血圧は，160 〜 170mmHg を超えている．

（つづく）

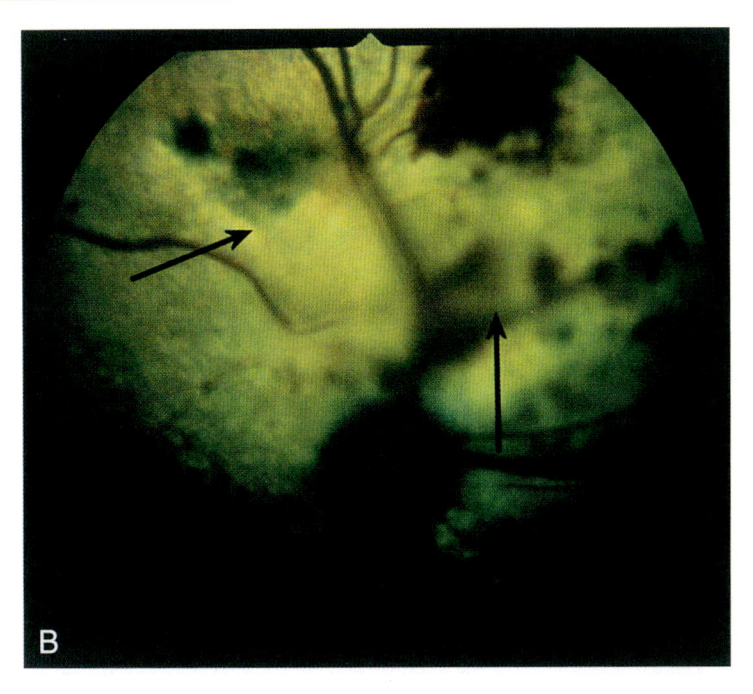

B．全身性高血圧症をもった猫にみられた，網膜出血および局所的な網膜剥離（矢印）．

　眼科的な異常所見は，前房出血，出血に続発する緑内障，硝子体内出血，網膜血管の蛇行，網膜付近や網膜内の出血，網膜剥離（限局性，多巣性，全剥離）である．視力回復の予後は病状の持続期間，眼内異常の程度（網膜剥離の期間とその大きさ，網膜出血の量と範囲），そして内科療法の反応の速さに依存する．アムロジピンの経口投与が最も効果的な内科療法である．さらなる情報のために，Veterinary Ophthalmology 3rd edition pp1039-1041, Essentials of Veterinary Ophthalmology pp333-335 を参照のこと．

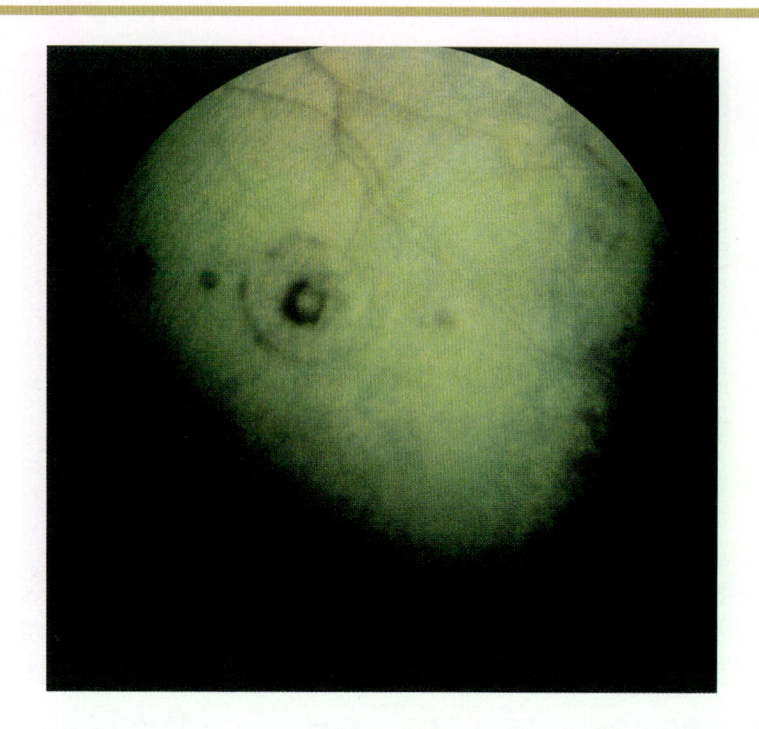

図12.49 リンパ腫をもつ猫にみられた貧血性網膜症.タペタム眼底内に局所的な網膜出血がみられる.

　猫の網膜血管は,貧血に対し感受性が高い.おそらくは貧血から起こる低酸素症(ヘモグロビン値5g/dL以下)によって,毛細血管還流を維持するために代償性の細静脈拡張が起こり,さらに毛細血管の脆弱性の増加が加わることで網膜出血がみられるのであろう.同時に起こる血小板減少症(しばしばFeLVに関連している)がさらに出血を悪化させる.罹患猫は,無症候性であるにもかかわらず激しい貧血が認められる.タペタム領域およびノンタペタム領域に等しく障害がみられ,網膜の異なる部位(前層,神経層,内層)をおかす網膜内出血が認められる.

図 12.50 猫のノンタペタム眼底にみられた眼ハエ幼虫症．網膜内に寄生虫の迷入によって色素の消失した道ができている．

　眼内の眼ハエ幼虫症は，前眼部と後眼部の眼組織をおかし，その原因は Diptera larva の迷入による．罹患動物は無症候性であり，検眼鏡検査により発見される．

　眼底検査にて，迷入によってできた複雑な網目模様や曲がりくねった線状の道が，タペタム領域およびノンタペタム領域の眼底に認められる．さまざまな程度の網膜および硝子体内出血が起こる．ノンタペタム領域での色素の脱落と沈着，またタペタム領域での反射性の亢進と色素の沈着によって治癒の転機を取る．眼底検査において，移動する幼虫の一部がこれまでに確認されてきた．治療は，反応性の網膜炎および網脈絡膜炎のための全身性コルチコステロイドの使用であるが，後眼部内に生息する寄生虫を殺滅することは避けるべきである．

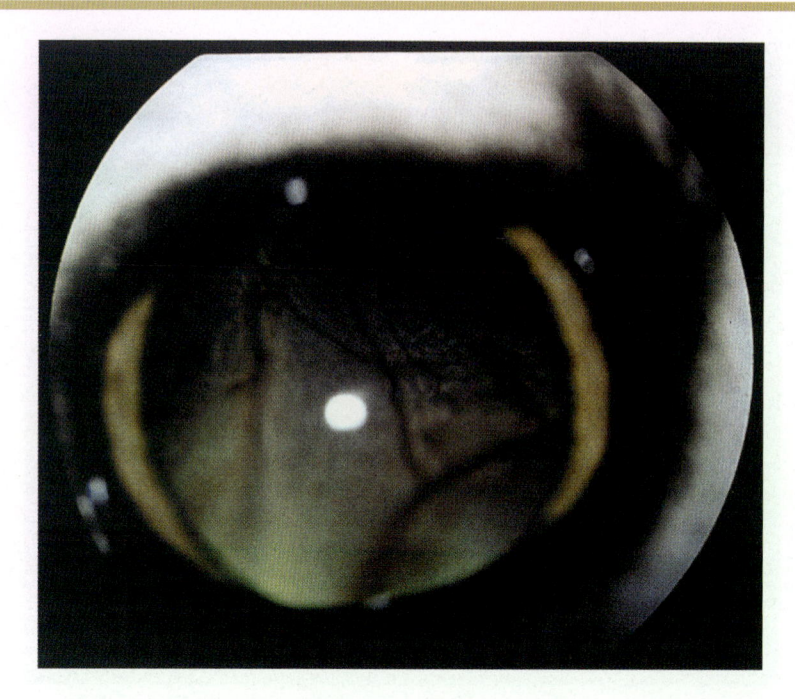

図 12.51 リンパ腫から続発した猫の網膜剥離．網膜が全剥離し，水晶体の後面にみられる．

　網膜剥離は臨床的に非裂孔性および裂孔性（孔または裂孔に関連した剥離）とに大別される．猫では大部分の網膜剥離は非裂孔性であり，その多くは滲出性剥離で，網脈絡膜炎（真菌感染，トキソプラズマ症，ヒストプラズマ症，FIP），リンパ腫（FeLV），高血圧症，過粘稠度症候群，エチレングリコール中毒，眼内腫瘍などが関与する．猫ではほとんどの滲出性網膜剥離が全身性疾患と関連したものであるため，罹患した猫は完全な眼科検査とともに，全身の身体検査，CBC，生化学検査，尿分析，FeLV および FIV 検査，胸部と腹部の X 線検査が要求される．原因となる疾患を解決することが網膜の再接着には必須である．長期間に及ぶ広範囲な網膜剥離は，さまざまな程度の網膜変性という結果に終わる．

馬の眼科学 13

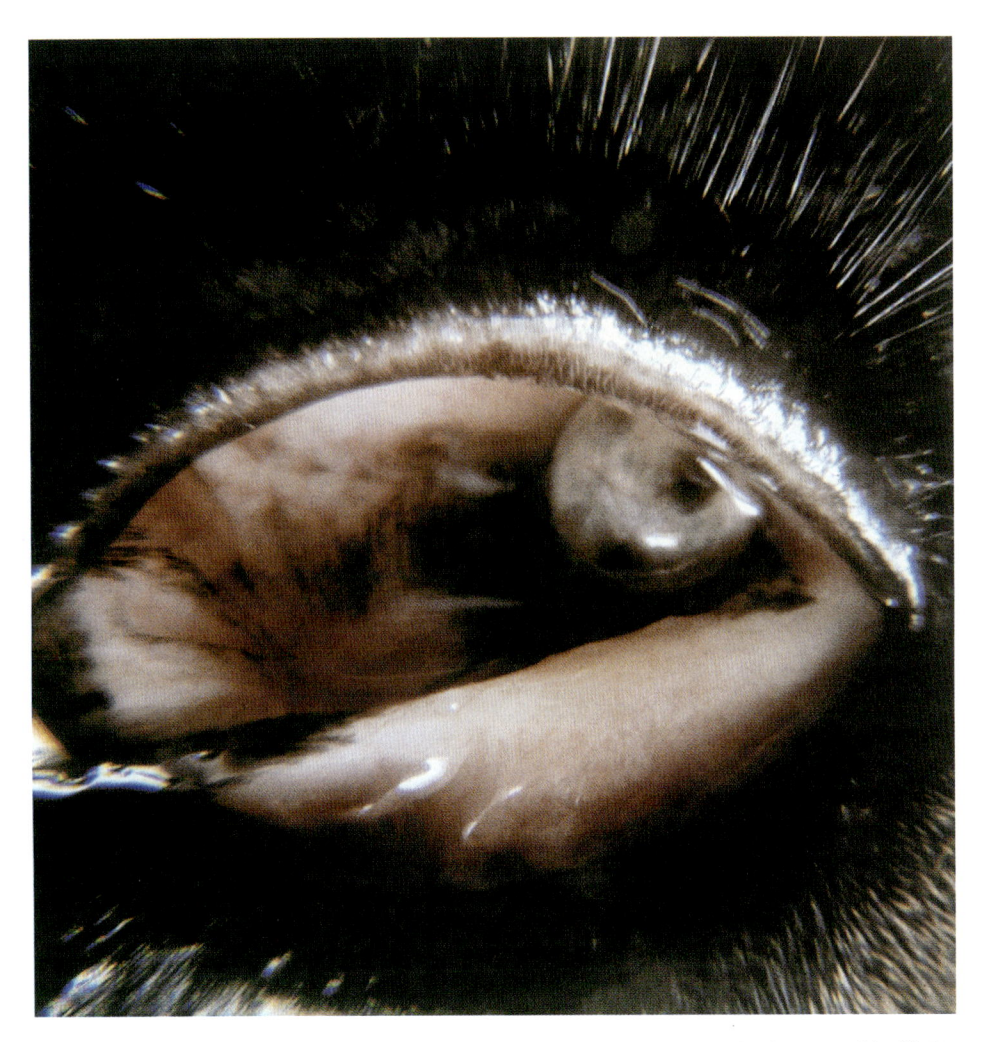

図 13.1 1歳未満の仔馬にみられた重篤な小眼球症．組織学的には，すべての眼球組織がこの小さい眼球の中に含まれている．

　小眼球症は，仔馬において最もよくみられる先天的な眼疾患の1つで，同時に先天的な白内障を伴ってみられることが多い．小眼球症は片眼性の場合も両眼性の場合もあるが，サラブレッド種に好発する傾向がある．症状は眼瞼裂の縮小，瞬膜の突出，正常眼より小さい眼として観察される．正常より小さい眼球と併発しているその他の眼異常が原因で，視覚は正常より低下している．通常治療は実施しない．

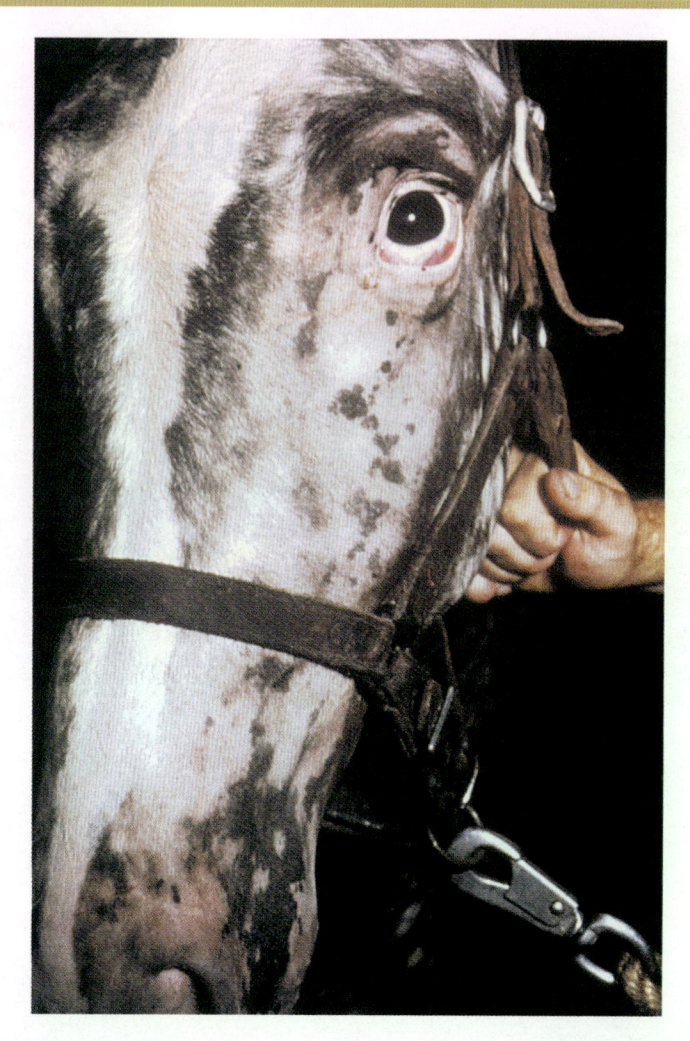

図 13.2　1歳のアパローサ種の馬にみられた斜視．写真では，内背側偏位の斜視が観察される．斜視が原因で起こる臨床上の症状は，歩行時によくつまずくことである．

　斜視は，眼球が正常位から偏位している症状をいう．1歳未満のアパローサ種において斜視はよくみられる．夜盲を伴って起こることもある．この斜視の場合，眼球は上転したり（上斜視），内背側偏位であったり，内転したり（内斜視）する．両眼性の斜視の場合，仔馬は頭部を斜視側に傾けることもある．歩様時のつまずきは斜視の際よくみられる臨床症状である．斜視に伴って夜盲がみられることがあるが，夜盲の診断の際，視覚の低下は，明かりを暗くしてみると簡単に確かめることができる．このとき，検眼鏡を用いた眼底の観察において眼底像では異常は認められない．仔馬において原発性の斜視の治療は，総腱輪下部から起こり強膜に付着する直筋のうち斜視の原因となっている直筋を筋後転術もしくは筋短縮術などの術式を用いて外科的に処置することである．

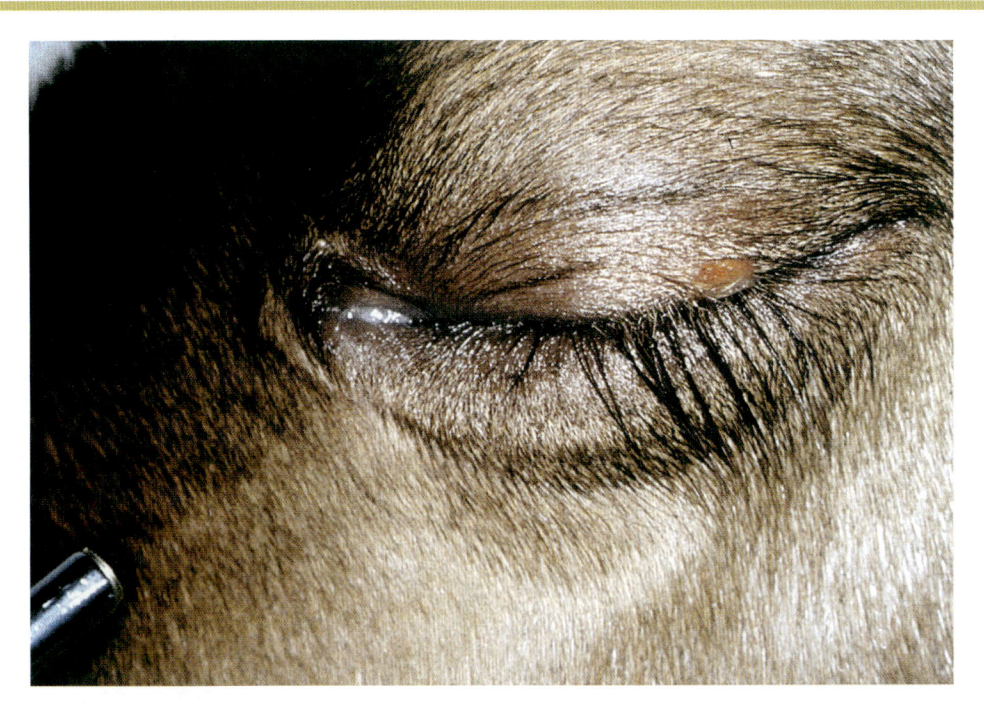

図13.3　1歳未満のサラブレッド種の仔馬にみられた眼瞼内反症．続発性の眼瞼痙攣が，眼瞼の異常をさらに悪化させている．

　先天性の眼瞼内反症もしくは眼瞼縁の反転は，仔馬においてはまれにしか起こらない異常である．たいていの場合，眼瞼内反は下眼瞼に起こる．小眼球症，脱水，早産や成長不良，眼瞼の外傷は，眼瞼内反症の原因となり得る．症状は，流涙，眼瞼痙攣，眼瞼縁の反転，結膜炎で，場合によっては角膜潰瘍も起こり得る．この場合は治療が必要となる．さらなる情報のために，Veterinary Ophthalmology 3rd edition pp1055，Essentials of Veterinary Ophthalmology pp339-340 を参照のこと．

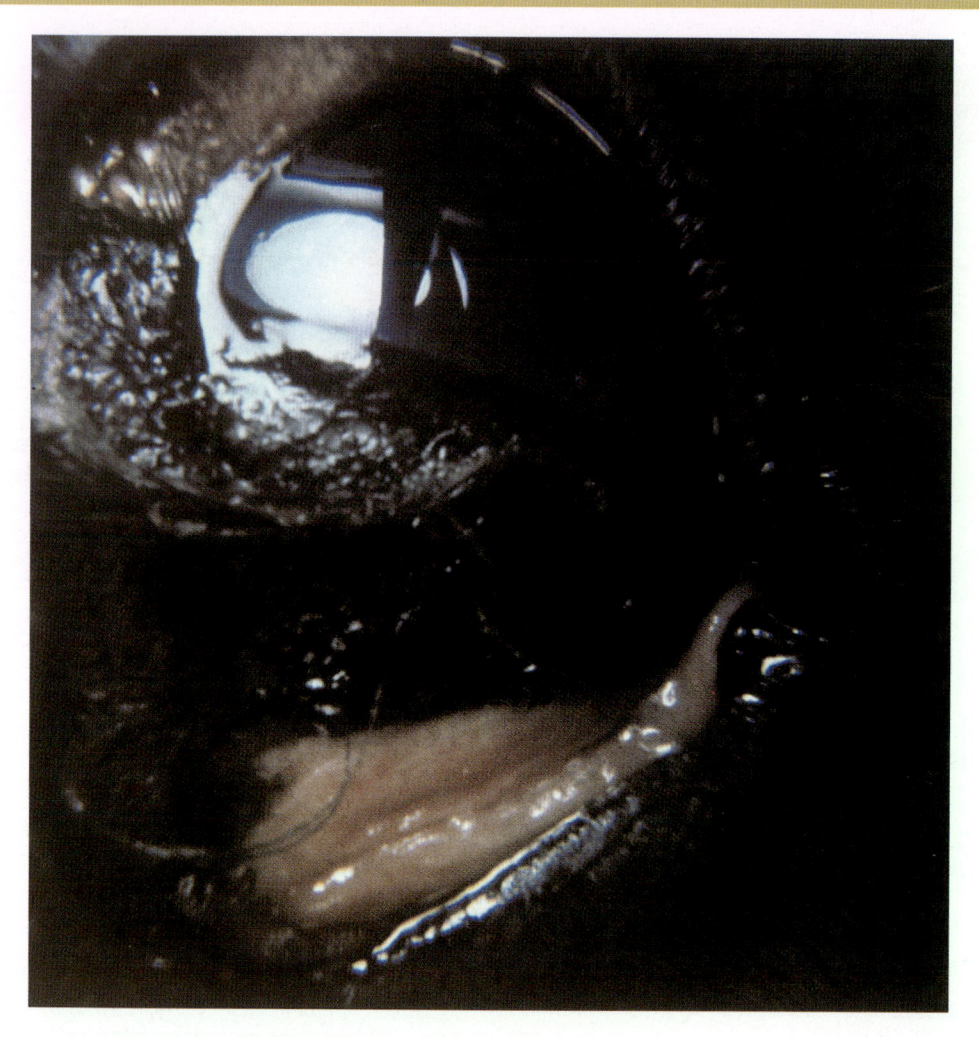

図 13.4 色素沈着した類皮腫が仔馬の角膜から腹側の結膜をおかしている．長い毛が類皮腫の表面から生えていることに注目．

　類皮腫や組織奇形の1つである分離腫は，仔馬の眼瞼，結膜，瞬膜，角膜にみられることがある．角膜や輪部球結膜が好発部位である．類皮腫は，隆起して色素沈着した毛に覆われた腫瘤としてみられる．（輪部由来のメラノーマと区別がつきにくいこともある）．治療は外科的切除である．表層角膜切除術後の瘢痕は，他の動物よりも起こりやすい．

馬の眼科学 259

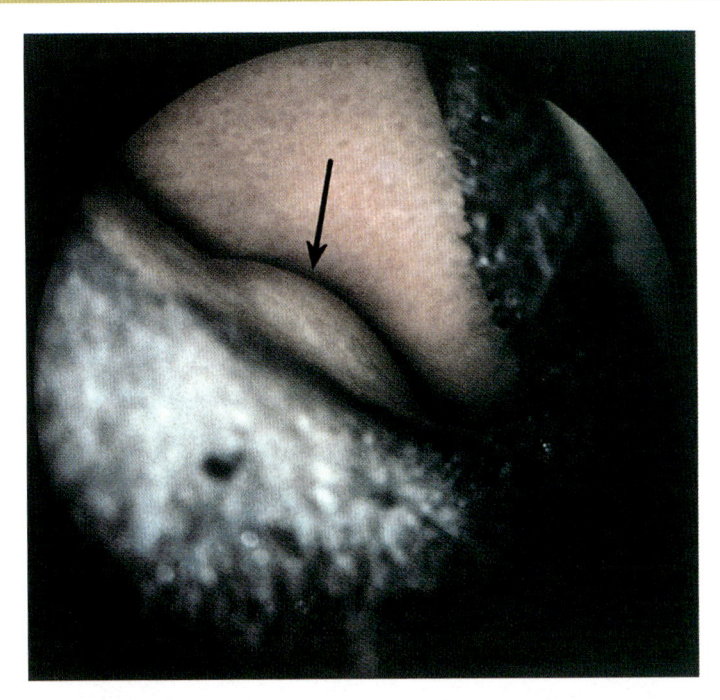

図 13.5　仔馬の鼻涙管閉塞．鼻涙管の下方の開口部である鼻孔の少し尾側の鼻腔の部位が矢印のように腫脹してみられる．

　鼻涙管機構は，上下涙点という2つの穴から始まり，続く涙小管が顔面骨の中を通り鼻腔内の鼻孔に近い皮膚粘膜結合部に開口する（開口部は簡単に見つけることはできる）．鼻涙管閉塞は，鼻涙管の末端の開口部が閉塞していることで起こる．臨床症状は，慢性的な結膜炎（一時的には抗生物質の点眼治療に反応する）と慢性的な流涙．フルオレセインを点眼しても鼻孔からの流出がみられないとき，鼻孔を注意深く観察すると鼻涙管の鼻側開口部が開口していないことがある．

　上または下の涙点から鼻涙管洗浄をすると閉塞している開口部付近に洗浄液が溜まり，開口部は腫脹する．治療は，外科的に閉塞部を開口させることである．さらなる情報のために，Veterinary Ophthalmology 3rd edition pp1056，Essentials of Veterinary Ophthalmology pp340 を参照のこと．

260　馬の眼科学

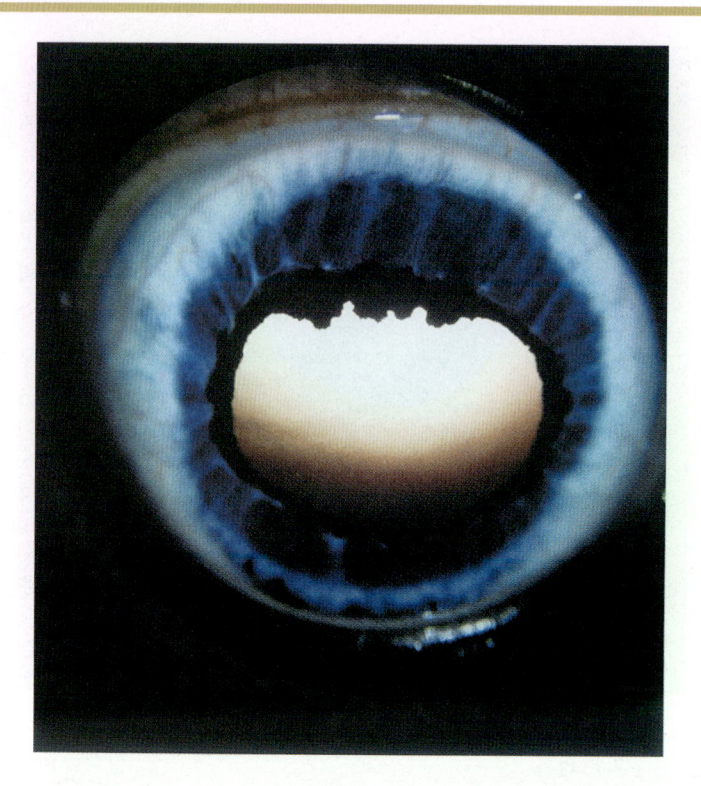

図13.6　アパローサ種の仔馬にみられた虹彩異色．虹彩の周辺部は白色，中心部は青色である．

　サラブレッド種，ベルジアン種，クオーター・ホースにおける無虹彩症や瞳孔膜遺残を含めても虹彩の先天性疾患は仔馬ではまれである．虹彩異色では，虹彩の色は青色，青色と白色，茶色，青色，白色などのいくつかの色の組み合わせとして観察される．虹彩異色は片眼性のことも両眼性のこともある．青色と白色の虹彩に黒色の虹彩顆粒をもつ眼を「ウォール・アイ」，白色の虹彩に黒色の虹彩顆粒をもつ眼を「チャイナ・アイ」と呼ぶ．虹彩異色は，体毛の色と関係がある．アパローサ種においては，灰色，白色，パロミノ（たてがみと尾が銀白色その他はクリーム色），斑点のある馬や栗毛色の馬でみられることが知られている．

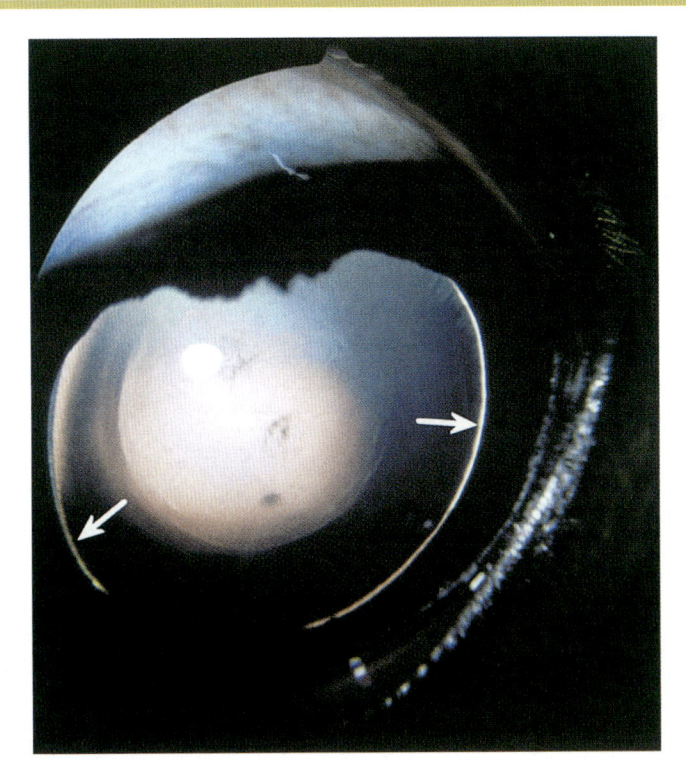

図13.7　仔馬にみられた先天緑内障とそれに伴う水晶体の亜脱臼．瞳孔内に矢印で示す水晶体の辺縁がみられる．

　仔馬において先天緑内障の発症はまれである．先天緑内障は多くの場合，前房隅角の形成異常が原因で眼房水の流出路が障害されることによって起こる．臨床症状は，牛眼（眼球が拡張した状態），散瞳，角膜浮腫，水晶体脱臼，視神経乳頭や網膜の変性として現れる．眼圧計で眼内圧を測ることができる．治療は試みないことが多いが，眼内圧を下げる点眼薬やレーザーで毛様体の一部を凝固破壊し，房水産生を減少させるレーザー毛様体光凝固術がある．さらなる情報のために，Veterinary Ophthalmology 3rd edition pp1062-1063，Essentials of Veterinary Ophthalmology pp343を参照のこと．

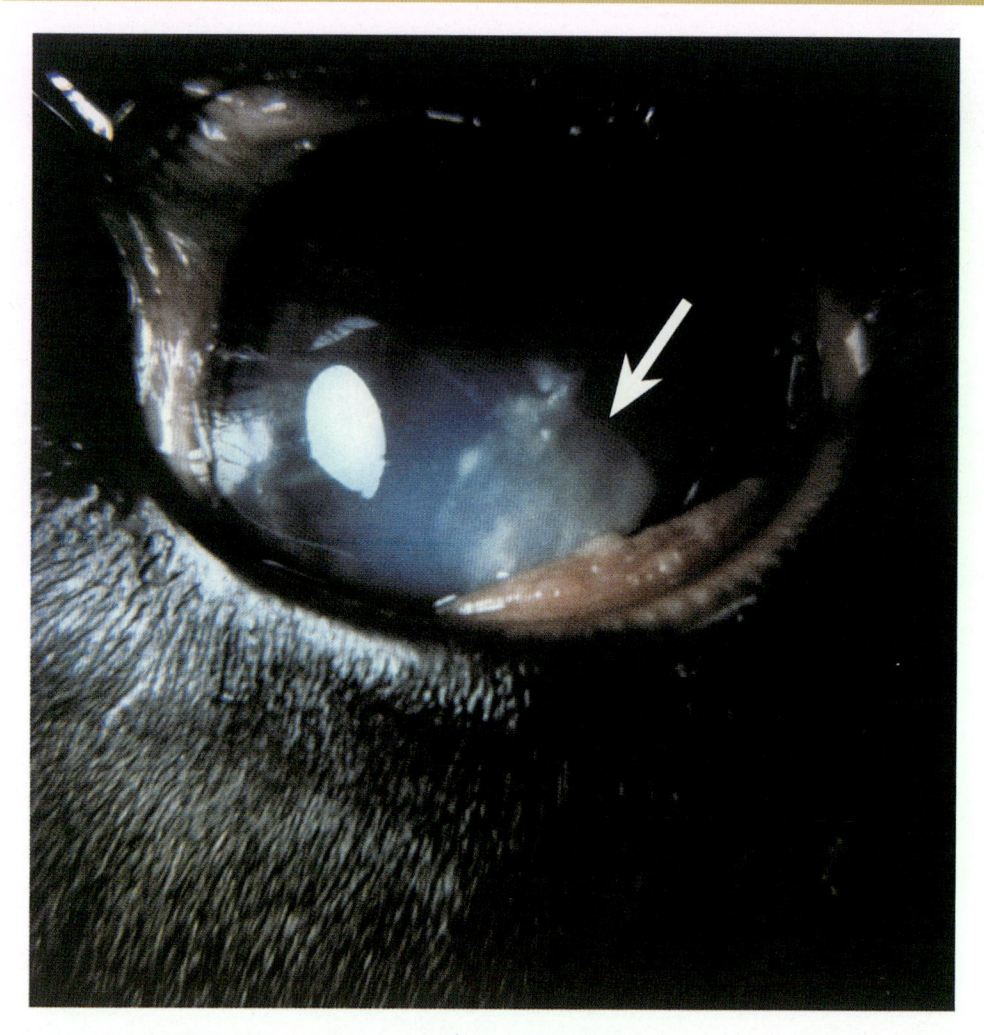

図 13.8 仔馬の *Salmonella* 感染による菌血症により続発性に起きた虹彩毛様体炎と前房蓄膿（矢印）．この例では *Salmonella* の菌体が前房水より培養された．

　仔馬において虹彩毛様体炎は角膜潰瘍などの他の眼疾病や全身性疾患の続発症として起こることが多い．虹彩毛様体炎を起こす全身性疾患の原因としては，*Salmonella* sp, *Rhodococcus equi*, *Escherichia coli*, *Streptococcus equi*, *Actinobacillus equuli*, adenovirus 感染や馬ウイルス性動脈炎がある．虹彩毛様体炎は多くの場合両側性で，臨床症状としては流涙，眼瞼痙攣，羞明を伴う．眼科学的所見には眼瞼の腫脹，角膜浮腫，結膜充血，毛様充血，前房フレア，前房蓄膿，前房出血や縮瞳などが起こる．前房内のフィブリンや虹彩との接触によって水晶体は虹彩後癒着が起こりその結果，続発的に白内障が起こる．診断には，全身的な身体検査，血液検査，血液生化学検査，胸部 X 線検査が必要である．治療は，全身的な抗生物質の投与および虹彩毛様体炎に対する処置（抗生物質点眼液，散瞳薬，局所および全身性の非ステロイド性抗炎症剤）である．

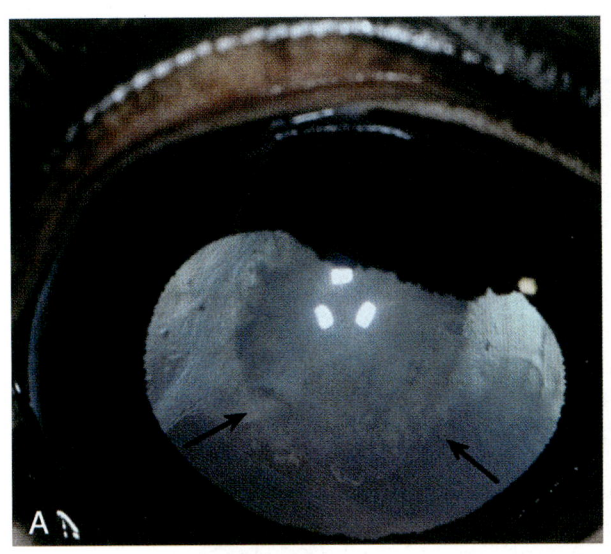

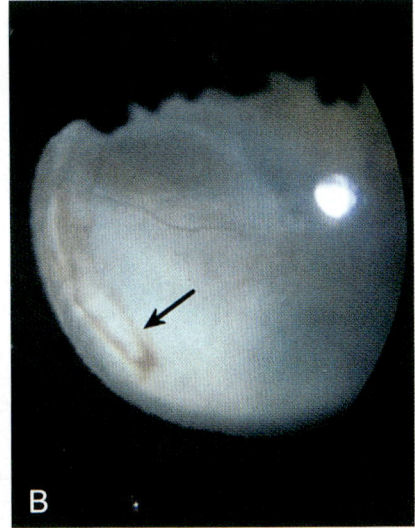

図13.9　A．先天白内障（矢印）が仔馬の水晶体核（中心部）の部分にみられる．このタイプの白内障は進行性ではないことが知られている．
　B．先天白内障が硝子体遺残物の続発症として仔馬にみられる．赤い硝子体血管（矢印）が水晶体後嚢表面にみられる．

　先天白内障と小眼球症は，仔馬において最もよくみられる先天性の眼異常である．遺伝性の白内障はベルジアン種，サラブレッド種，モーガン種，ロッキー・マウンテン種で報告されている．ベルギー種における白内障は無虹彩症（虹彩低形成）と関連があり，優性形質で遺伝する．サラブレッド種における白内障も優性形質で遺伝すると考えられている．モーガン種における遺伝性白内障は，両側性の非進行性の核白内障で，視覚異常を伴わないことが多い．ロッキー・マウンテン種の先天白内障は，巨大角膜，隅角癒着，虹彩，毛様体および周辺部網膜の嚢胞，網膜異形成を伴う．

　仔馬のときに，異常を示さず成長した雌馬や種馬が眼の白濁を伴う視覚異常で動物病院に来院することがある．眼科学的所見では，眼球は正常あるいは少し小さいことが多く，対光反射は正常で，成熟もしくは全白内障が多くみられる．超音波検査，網膜電図は正常なことが多い．

　超音波白内障水晶体乳化吸引術は仔馬の白内障手術で最もよく用いられる術式で，術式は犬と同じである．手術は全身麻酔下で両眼同時に実施する．白内障手術を予定する仔馬は，1～2か月の早い時期から調教する．白内障手術後のぶどう膜炎が起こったとき，調教されていない仔馬の治療は大変困難だからである．手術の成功率は80％以上である．さらなる情報のために，Veterinary Ophthalmology 3rd edition pp1057，Essentials of Veterinary Ophthalmology pp341を参照のこと．

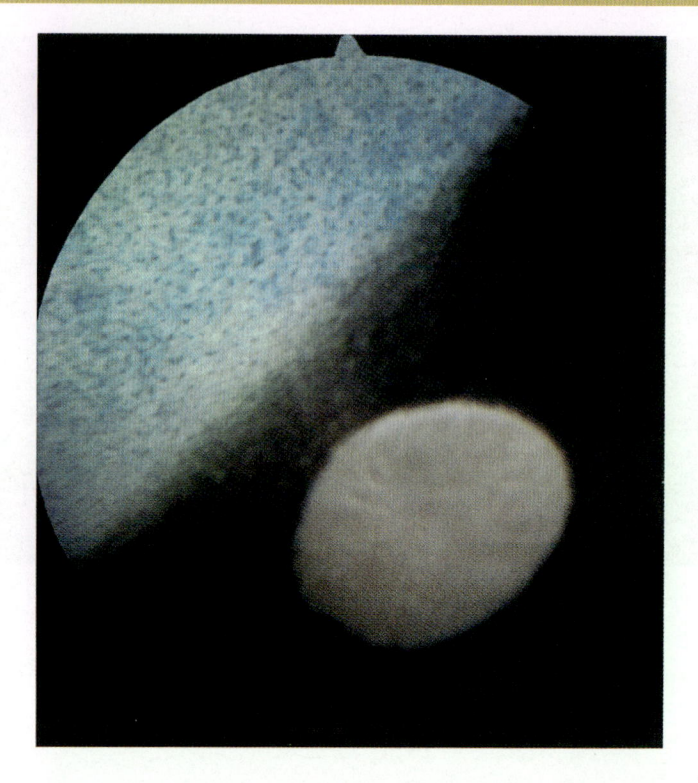

図 13.10　クオーター・ホースにみられた視神経乳頭形成不全．視神経乳頭の大きさは正常より小さく，淡い白色を呈している．

　視神経乳頭形成不全が，仔馬の先天性盲目の原因としてはみられることはまれである．発症は片側性のことも両側性のこともある．診断は検眼鏡を用いた検査によって；視神経乳頭が正常より小さく，色が正常より白色で，観察できる網膜血管がほとんどない等の所見によって診断する．通常治療はしない．

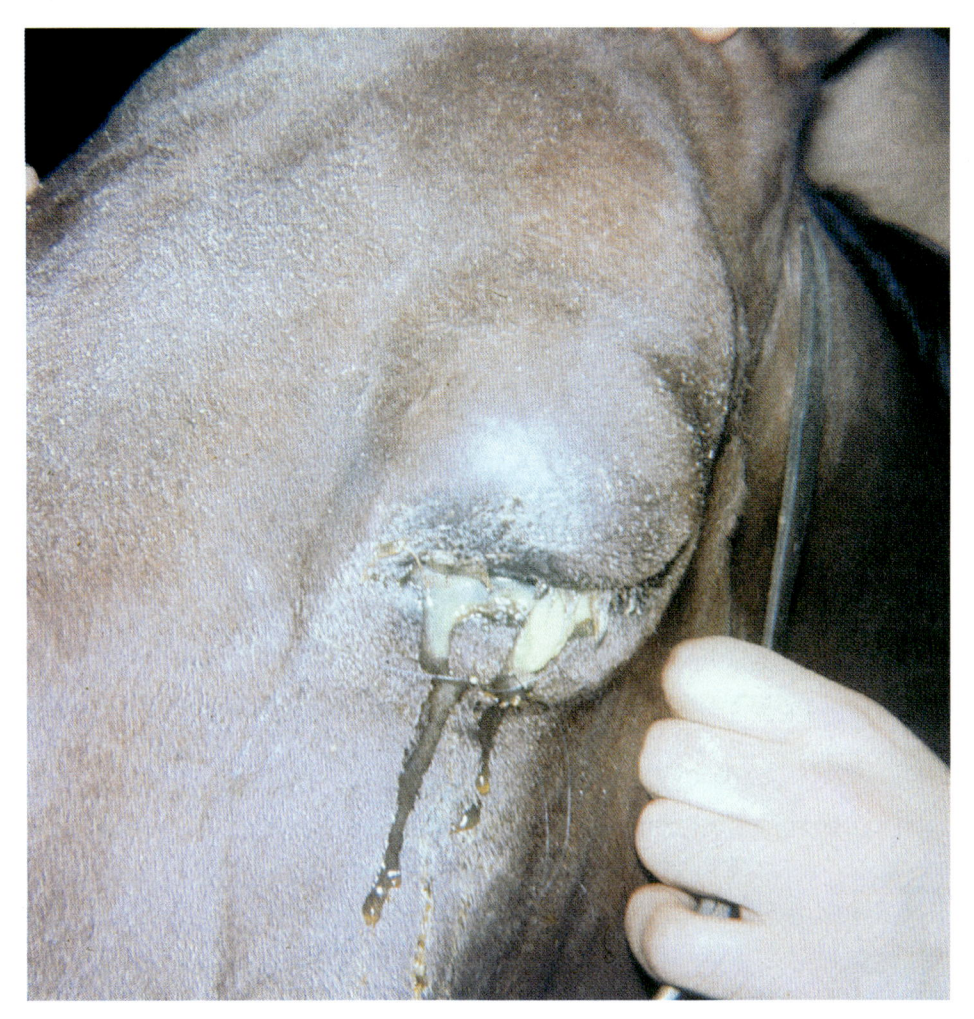

図 13.11　馬の眼窩フレグモーネ．眼瞼や眼窩上孔の顕著な腫脹，痛みによる眼瞼痙攣，おびただしい量の結膜分泌物がみられる．

　成熟馬に眼窩フレグモーネは時おりみられる．原因としては，外傷や異物，鼻や副鼻洞に隣接した部位の感染，歯根部の感染がある．臨床症状は，眼瞼痙攣，眼球突出，眼窩痛，流涙，結膜充血，瞬膜突出を伴った眼瞼や眼窩上窩の急性腫脹である．広域スペクトラムの抗生物質の大量投与で治療をする．

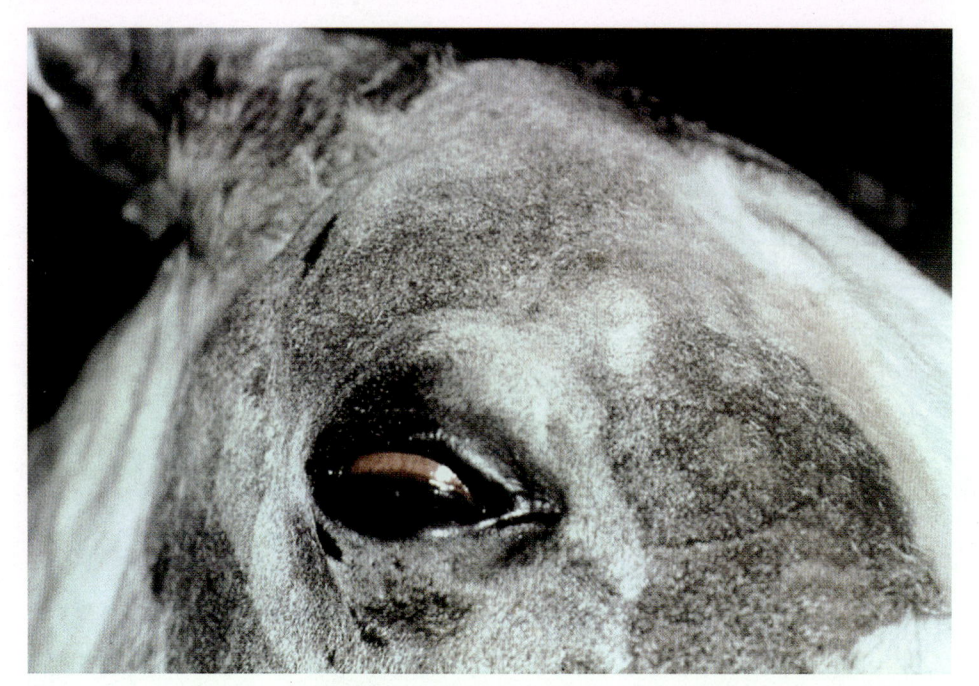

図13.12　眼窩上外側下の頬骨突起の骨折による上眼瞼の腫脹，眼球突出と背側の結膜下出血．

　眼窩の外傷は，集団で飼育されている若い馬によくみられる眼疾病である．鈍的外傷でも鋭いものが突き刺さるような外傷でも同様に発生する．小動物に比べると，馬の眼球突出はあまり顕著ではない．馬の眼球突出の特徴的な症状は，さまざまの程度の眼球脱臼，瞬膜の突出，結膜充血，結膜浮腫，種々の程度の角膜浮腫，縮瞳，眼内出血である．瞬目反射の障害によって角膜露出が起こり，急速に角膜潰瘍が進行する．治療は，完全あるいは部分的な瞼板縫合術を行うことで，角膜を閉瞼下状態に保つことを目的とする．それに加え，抗生物質の点眼および全身投与，散瞳薬投与，非ステロイド性消炎剤の全身投与を行う．

　眼窩の外傷は，眼窩骨の骨折を伴うこともある．臨床症状としては，非対称性の眼窩，うっ滞，眼球突出，結膜および眼瞼の腫脹，捻髪音，眼窩触診における疼痛がみられる．診断には超音波検査，X線検査が必須である．外科的処置としては，骨折部位のプレートを用いた整復，眼窩骨折部位のワイヤーを用いた整復，眼瞼下の角膜洗浄ができるような処置．角膜を保護する目的での完全あるいは部分的な瞼板縫合術の実施である．さらなる情報のために，Veterinary Ophthalmology 3rd edition pp1069-1070，Essentials of Veterinary Ophthalmology pp346-347 を参照のこと．

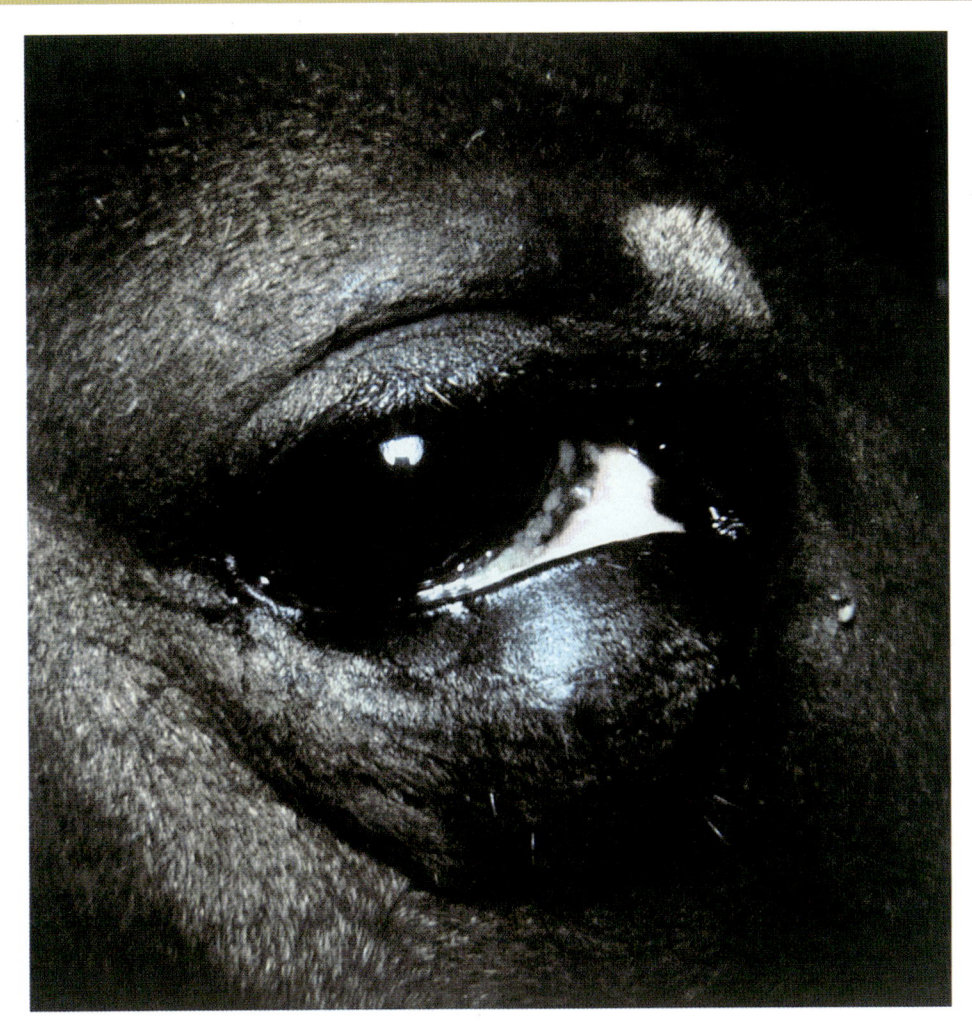

図 13.13 眼窩のリンパ肉腫によって瞬膜の突出と腹側結膜の充血がみられた馬．この腫瘍は，腹側眼窩と下眼瞼に浸潤していた．

　馬において眼窩腫瘍の発症はまれだが，その中で報告が多いのは，瞬膜と結膜組織に由来する扁平上皮癌と両側性に発症するリンパ肉腫である．臨床症状としては，進行性の眼球突出，斜視，眼窩および眼窩上孔の腫脹である．眼窩腫瘍におかされた眼は盲目で，予後不良のことが多い．

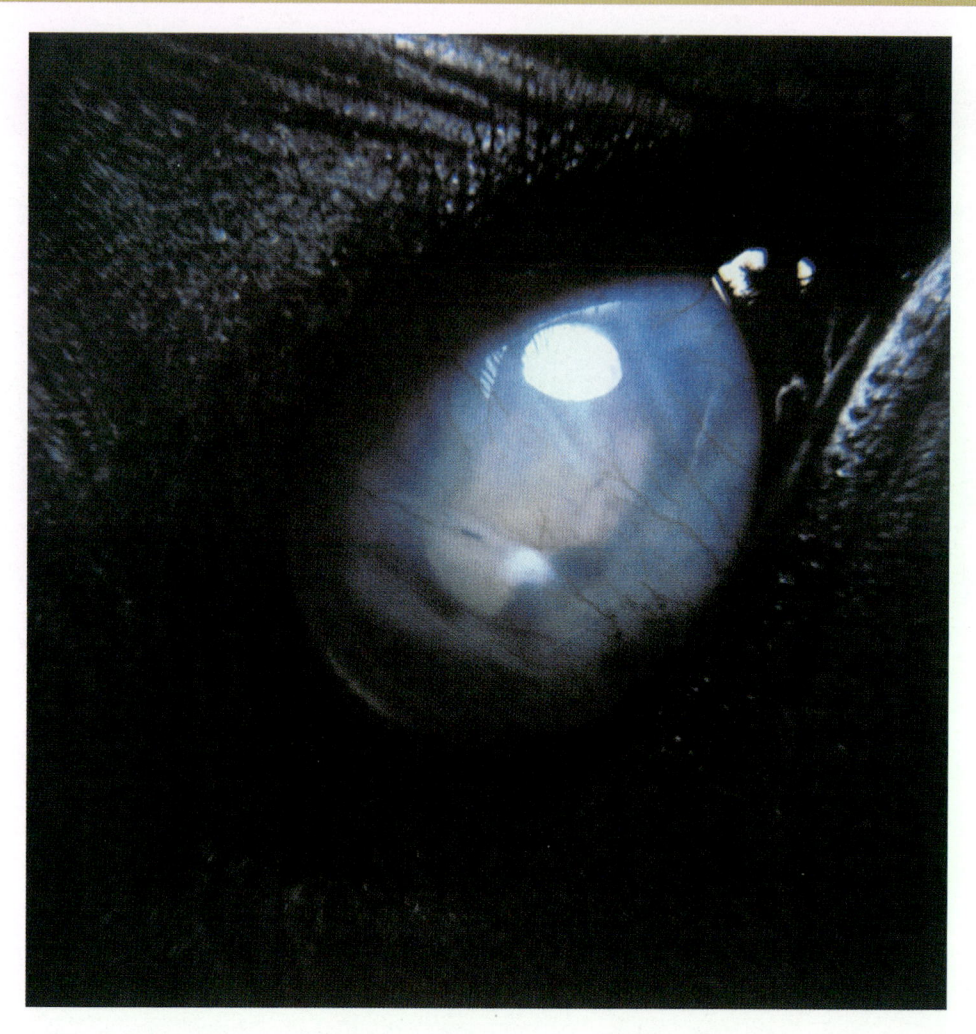

図 13.14　10歳の馬にみられた眼球癆．眼球は小さく，全体的な角膜浮腫，表層性角膜血管新生，成熟白内障がみられる．写真の馬の眼内圧は低く，視覚を失っていた．

　眼球癆や眼球の萎縮は，老齢の馬によくみられる．ひどい外傷や慢性の前部ぶどう膜炎，緑内障の結果として眼房水産生障害が起こり，眼球癆になることがある．眼球癆では眼内圧の低下（5 mm Hg 以下）による角膜の代謝機能障害の結果，角膜浮腫，白内障，網膜剥離が起こる．治療を試みても成功しないことが多い．

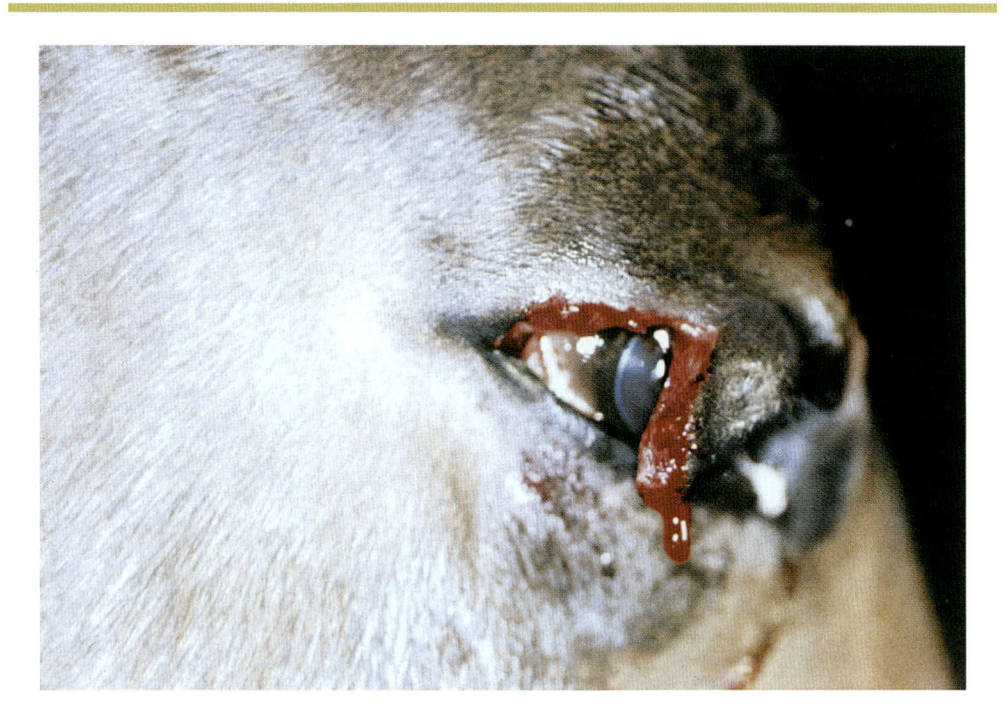

図 13.15　若い馬にみられた眼瞼の裂傷．外眼角から上眼瞼にかけて引き裂かれた眼瞼の一部が上眼瞼の中心部に残っている．壊死組織除去（デブリドマン）をしない方法で外科的に再形成する．

　眼瞼の裂傷は，1歳馬および成熟種馬によくみられる眼疾患である．上眼瞼も下眼瞼も両方とも裂傷を起こすが，裂傷の大きさ，眼瞼の可動性，傷の目立ちといった面から，上眼瞼のほうが裂傷を起こしやすい．裂傷は眼瞼縁に起こるので外科的処置をするが，この際，術後の瘢痕を残さないように注意深く再形成することが重要である．角膜も裂傷を起こしている可能性があるので，注意深く検査する必要がある（特に，眼内出血がある場合は注意を要する）．治療の際，眼瞼縁の縫合は二重縫合で行う．部分的あるいは完全な眼瞼縫合は，瞬目反射異常がある眼瞼の裂傷の際，眼瞼の傷が治るまでの間，角膜を保護するために必要な処置である．

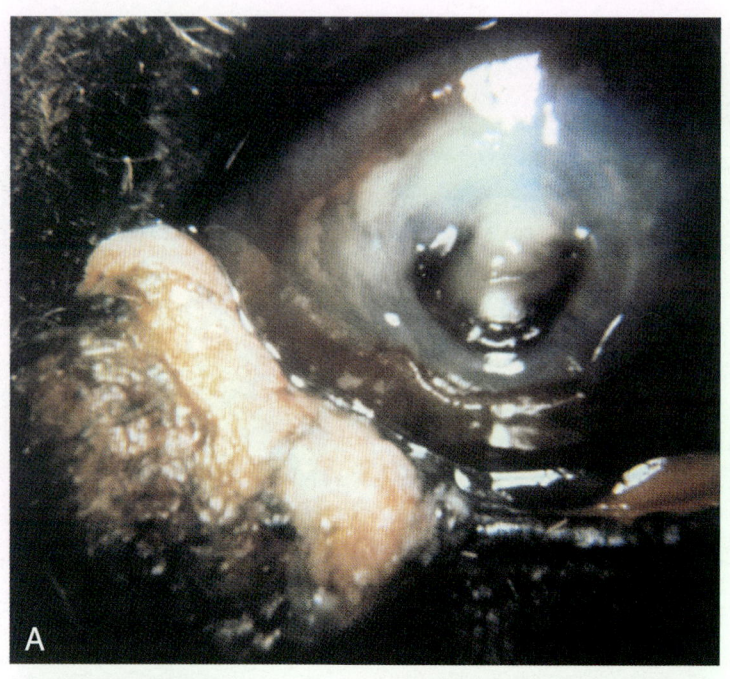

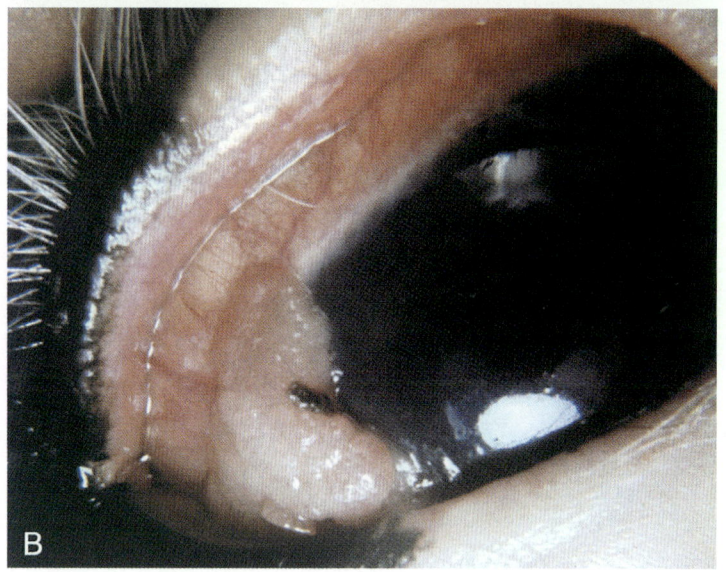

図 13.16 扁平上皮癌は，老齢馬の眼瞼，結膜，瞬膜，輪部や角膜によくみられる腫瘍である．早期発見例では，外科的摘出やその他の治療法の予後は良い．

　A．サラブレッド種の外眼角から下眼瞼にかけてみられた扁平上皮癌．角膜に接する部分の腫瘍が続発性深部角膜潰瘍とデスメ膜瘤の原因となっている．

　B．牽引馬として使役されていた老齢馬の輪部にみられた扁平上皮癌．外眼角よりの球結膜から角膜にかけてピンク色の盛り上がった腫瘤がみられる．

（つづく）

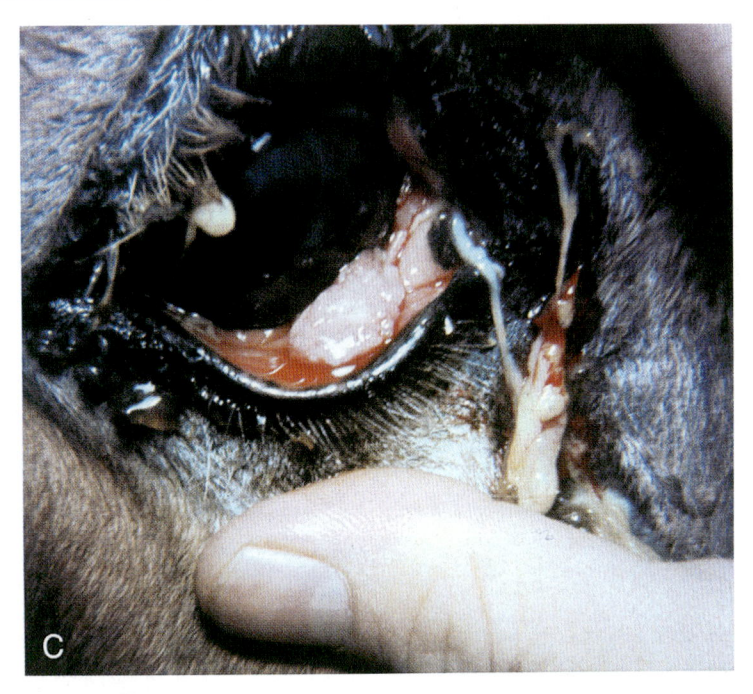

C．牽引馬として使役されていたベルジアン種の馬の瞬膜にみられた大きな扁平上皮癌．深部の眼窩まで浸潤している可能性があるので注意深い検査を要する．

　扁平上皮癌は，眼瞼，輪部，結膜や瞬膜に最も多くみられる腫瘍である．年齢，紫外線への暴露，眼瞼縁や結膜の色素沈着のうすい馬（白色の馬やパロミノ種の馬）が，この病気にかかりやすい．多くは老齢馬（10歳以上）で，ベルジアン種，クリデスダール種やその他の牽引用に使役されていた馬での報告が多い．サラブレッド種，クオーター・ホースやアパローサ種での報告はほとんどない．

　扁平上皮癌は，増殖性もしくは潰瘍性の病変としてみられる．扁平上皮癌は，局所浸潤性であるが，幸いなことに転移は遅い（転移の好発部位は，付属リンパ節，唾液腺，胸部）．輪部腫瘍は上耳側にみられることが多い．治療は，腫瘍の大きさ，位置，馬の年齢やその他の要因によって異なる．多くの場合，腫瘍の外科的切除，放射線療法，低温治療，腫瘍の体積を減らす目的での抗癌剤シスプラチンの局所注射などの治療を組み合わせて行う．腫瘍が小さい場合の予後は良い．さらなる情報のために，Veterinary Ophthalmology 3rd edition pp1070-1073, Essentials of Veterinary Ophthalmology pp348-349 を参照のこと．

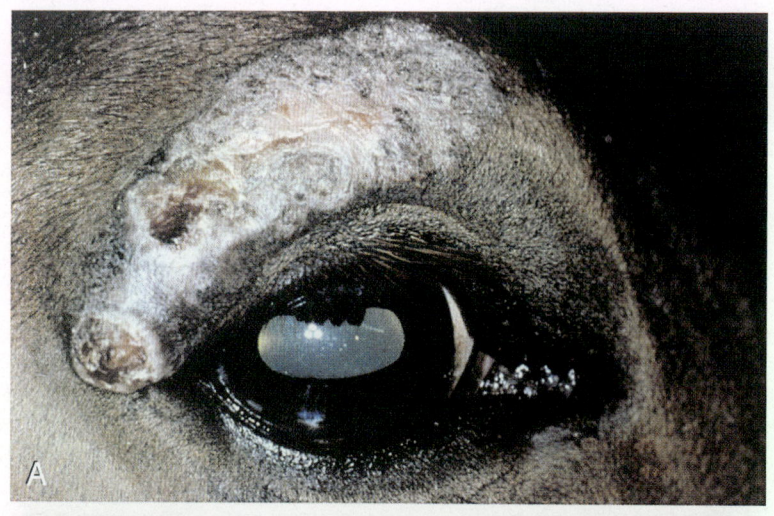

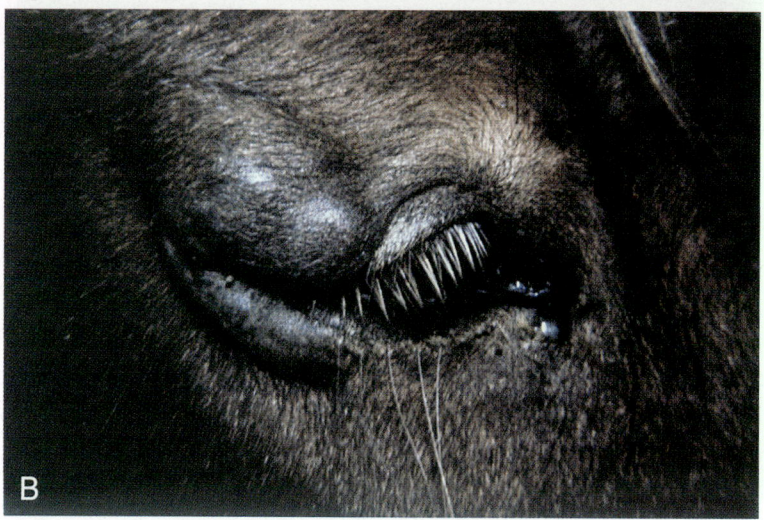

図13.17　原因不明の肉芽腫である類肉腫は，馬の眼瞼にみられる腫瘍の中では扁平上皮癌に次いで2番目に多く，若い馬に多くみられる傾向にある．紫外線への暴露が少ない国では，類肉腫が馬の眼瞼にみられる腫瘍で最も発生の多い腫瘍である．
　A．サラブレッド種の外眼角から上眼瞼の2/3にかけてみられた類肉腫．腫瘍が外眼角から眼瞼にかけて浸潤していることに注目．
　B．2歳の馬の上眼瞼にみられた類肉腫．外眼角の腫瘍が上下の眼瞼に浸潤している．

　類肉腫は，馬の眼瞼にみられる腫瘍の中では扁平上皮癌に次いで2番目に多く報告されている．若い馬に多くみられる傾向にある腫瘍で，色々な形態で発症する．臨床的には，角化亢進を伴う線維乳頭腫，線維肉腫，線維芽細胞性線維乳頭種やそれらの混合腫としてあらわれる．これらの腫瘍は，非常に急激な速さで増殖するもの，局所に浸潤するものなどさまざまであり，外科的切除後の再発もよく起こる．すすめられる治療法としては，腫瘍局所へのBCG（結核菌を弱毒化して作った）注射や放射線療法などがある．さらなる情報のために，Veterinary Ophthalmology 3rd edition pp1073-1074, Essentials of Veterinary Ophthalmology pp350-351を参照のこと．

馬の眼科学　273

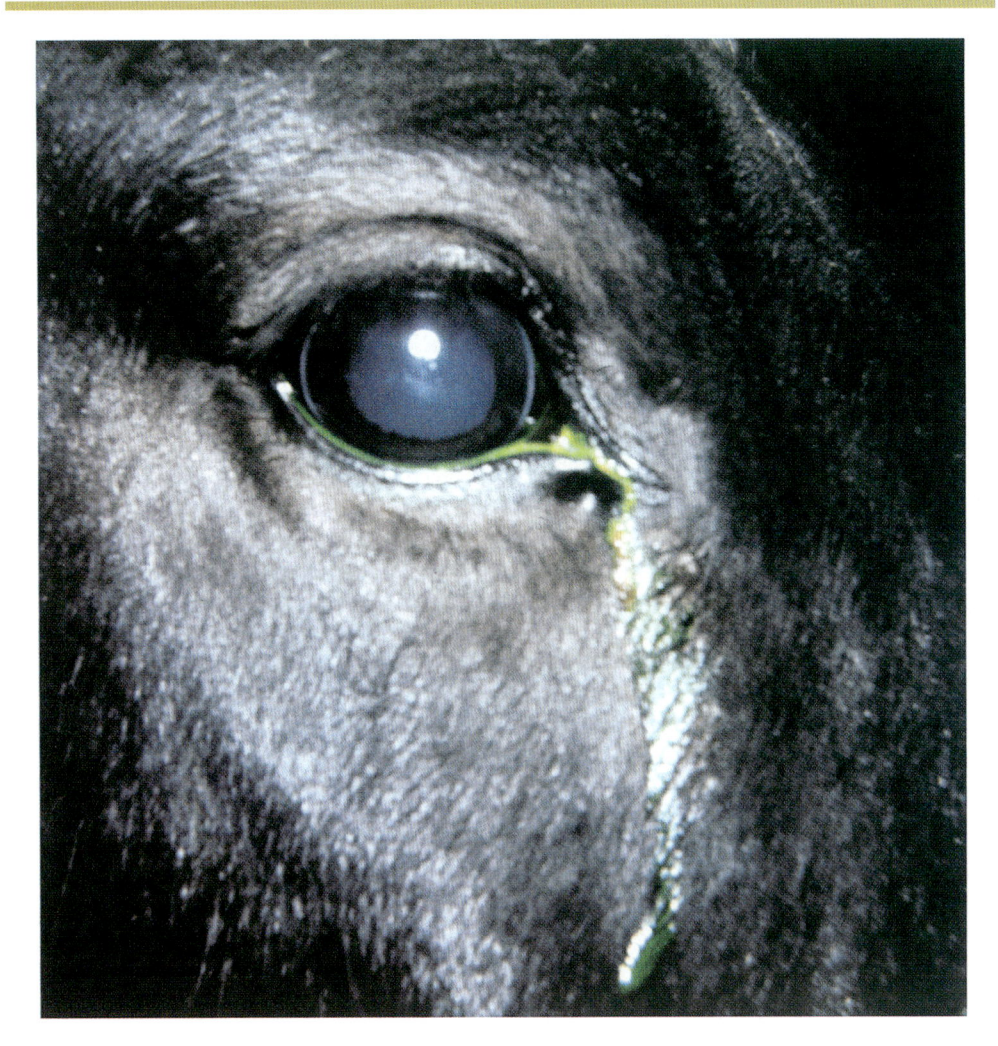

図13.18　鼻涙管閉塞．フルオレセイン染色液を点眼すると，フルオレセイン染色液が内眼角から外へ流れ出す．これは鼻涙管が鼻孔内に開口していないことを意味する．

　涙囊および鼻涙管の閉塞は，成馬によくみられる眼疾病である．病歴は再発性の結膜炎で，この結膜炎は一次的には抗生物質の点眼治療で治るが，流涙症には効かない．眼科検査としては，フルオレセイン染色液を角膜と鼻涙管の検査のために点眼する．染色液が鼻涙管を流れず，内眼角から外へ流れ出したら，鼻涙管の鼻側の開口部の閉塞が強く疑われる．鼻涙管を開口するためには，遠位の鼻涙管に留置したカテーテルから鼻涙管洗浄を（5～10mlの生理食塩水または滅菌蒸留水で）実施する．抗生物質とステロイドの点眼治療を数日間実施する．

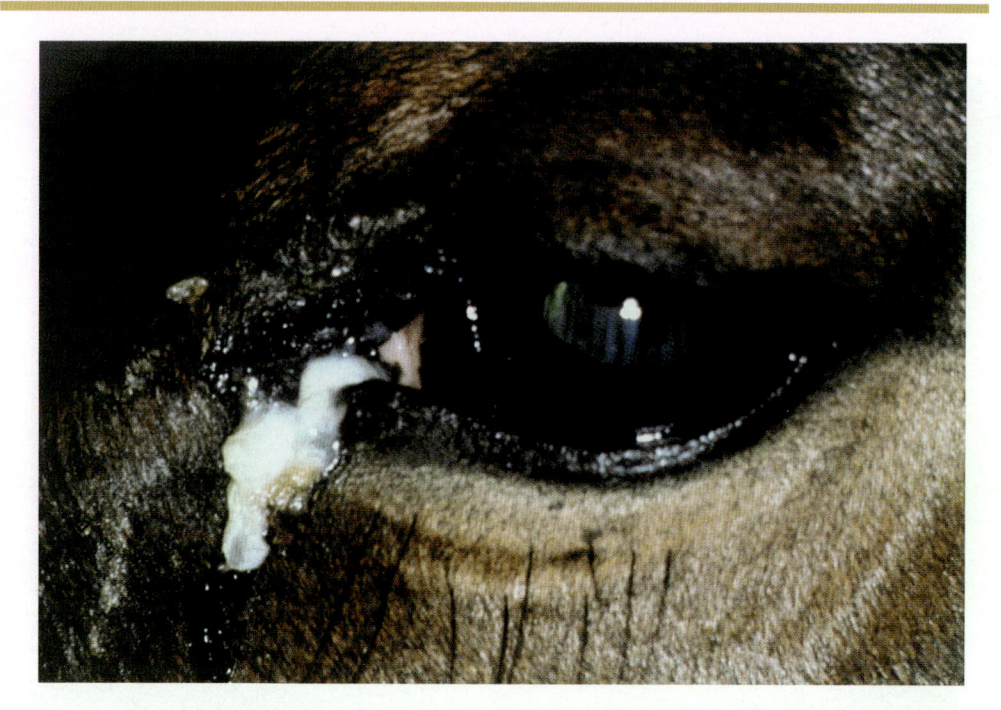

図 13.19 涙嚢炎と続発性結膜炎．結膜炎は，涙の流出路が閉塞して排出できない涙が逆流し，涙嚢に炎症が起った結果発症する．

　成馬における結膜の炎症は，結膜以外の他の眼科疾患または全身性疾患の一症状として発症することがある．全身性疾患としては，馬ヘルペスウイルス 4 型感染，馬ウイルス性動脈炎感染やインフルエンザ感染などがある．眼科的検査，全身の一般検査を実施し，結膜炎の原因疾患を診断する．治療は，原発疾患の治療および結膜炎に対しての抗生物質の点眼である．

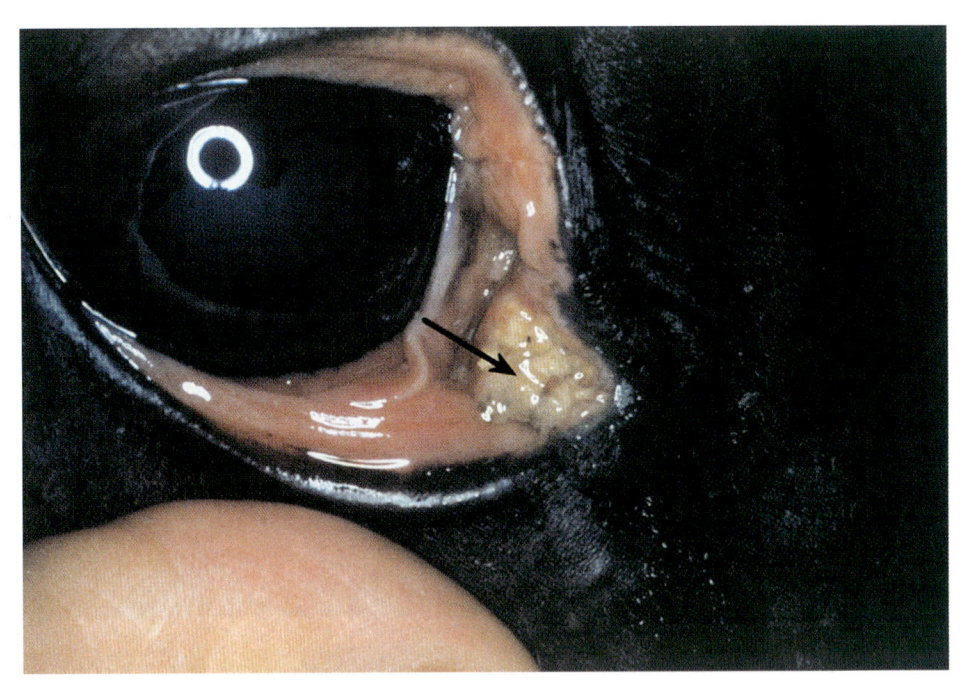

図 13.20　1歳馬におけるハブロネーマ胃虫の幼虫による感染症．瞬膜の基底部に矢印のように黄色い肉芽腫性の隆起がみられる．

　ハブロネーマ胃虫の幼虫による感染症は，眼瞼，瞬膜の基底部（涙丘），涙小管や結膜にみられる肉芽腫の主たる原因である．腫瘤は治療に反応しない，隆起した潰瘍状の病変で，場合によっては瘻管を形成し，黄色いチーズ様の浸出液を排出することもある．肉芽腫は，死滅したミクロフィラリアに反応して起こる．細胞学的には，好酸球，肥満細胞，多形核細胞や形質細胞が集積している．この肉芽腫の治療には，局所的に抗生物質とステロイドの点眼と全身的にミクロフィラリア駆虫のためのイメルベクチン（0.2mg/kg）の投与である．さらなる情報のために，Veterinary Ophthalmology 3rd edition pp1074-1075，Essentials of Veterinary Ophthalmology pp351 を参照のこと．

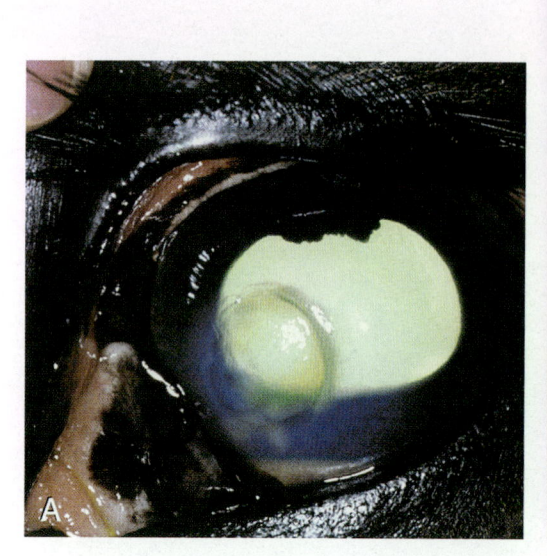

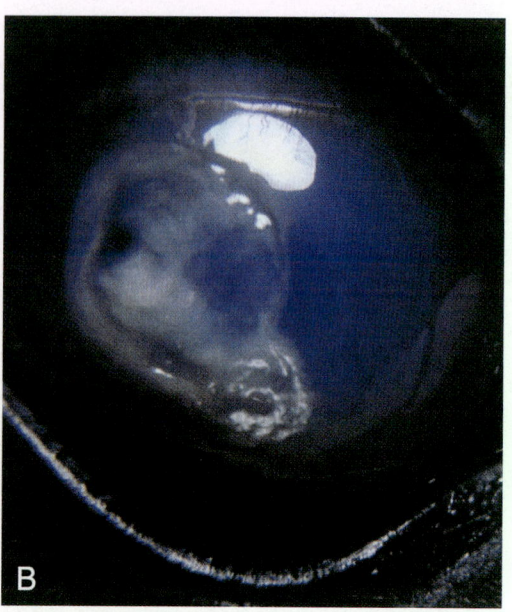

図 13.21　A．若い馬にみられた角膜実質にまで達する角膜潰瘍．
B．馬のシュードモナス属細菌感染に続発した角膜潰瘍．灰色で脆く見える角膜実質が，角膜軟化の症状である．

　角膜潰瘍は馬の眼科疾患としてよくみられる症例で，多くの場合内科的治療や外科的治療に反応する．外傷，細菌の増殖，結膜円蓋の常在真菌が，馬の角膜潰瘍において重要な役割を果たす．いったん角膜上皮のバリアーが壊れると，感染病原体と自身の炎症細胞の作用によって角膜実質が変性する．角膜潰瘍の病変部からは，細菌ではグラム陰性菌の *Pseudomonas* sp., *Enterobactor* sp., グラム陽性菌の *Staphylococcus* sp., *Streptococcus* sp. が分離される．アメリカ南西部では，角膜潰瘍病変部の培養で，細菌と真菌の両方が分離される．

　角膜潰瘍は疼痛を伴い，症状としては，眼瞼痙攣，眼瞼腫脹，結膜充血，結膜浮腫，さまざまな程度の角膜浮腫，縮瞳，前房フレア，前房蓄膿，表層性や深層性角膜血管新生が起こる．フルオレセイン染色液の点眼によって角膜潰瘍（角膜上皮欠損）部は染色されるので，治療過程で治癒の程度を評価するとき，フルオレセイン染色液の点眼検査が実施される．

　角膜潰瘍の診断には，細胞診（綿棒による分泌物採取／病変部の掻爬／生検），病原微生物の培養，抗生物質の感受性試験などがある．内科的治療としては，抗生物質の点眼（病変部から真菌が分離された場合は，抗真菌剤の点眼），自家血清の点眼（抗プロテアーゼ作用と抗コラゲナーゼ作用），1％アトロピンの点眼（全身作用として疝痛が発症しないか観察しながら使用する）がある．

（つづく）

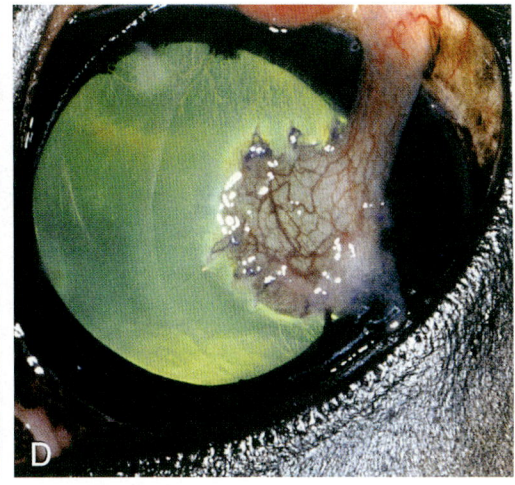

C．虹彩脱出を伴う融解性の角膜潰瘍．脱出虹彩はフィブリンによって覆われ，脱出部には出血がみられる．

D．この深部角膜潰瘍に対して外科的に結膜有茎被弁移植術を実施した．写真は，結膜有茎被弁移植手術後4週間目．

　外科的に結膜組織を移植することによって，角膜の脆弱化した部位を支持し，角膜に直接結膜からの血液を供給することができる．

　真菌性角膜炎や角膜潰瘍は，アメリカ南西部でよくみられる馬の眼疾病である．病変部からよく分離される真菌は，*Fusarium*，*Aspergillus*，そして *Penicillium* sp. である．真菌感染を伴う角膜潰瘍は，臨床症状としては細菌感染を伴う角膜潰瘍に類似しているが，抗生物質による治療に反応しない．点眼薬として使える抗真菌剤の選択には限界があるが，1％ミコナゾールやナタマイシンがよく使われる．抗真菌剤の点眼に加えて，広域スペクトラムの抗生物質の点眼，新鮮自家血清の点眼，1％アトロピン点眼で治療する．積極的な点眼治療にもかかわらず，角膜潰瘍が進行した場合，外科的に結膜移植術を実施することよって，脆弱化した角膜の潰瘍部位に支持と血液供給の両方がなされる．点眼治療は1日に6〜8回実施するので，馬の眼に点眼液を投薬する眼瞼下洗浄チューブを設置することをすすめる．さらなる情報のために，Veterinary Ophthalmology 3rd edition pp1076-1087, Essentials of Veterinary Ophthalmology pp353-359 を参照のこと．

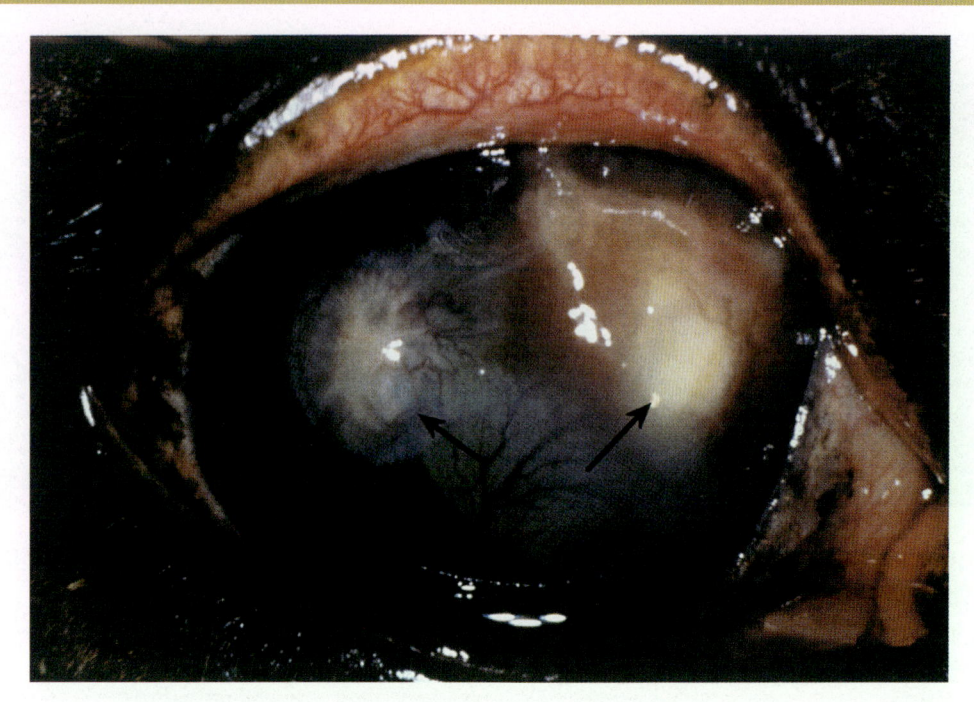

図 13.22 角膜の外眼角側および内眼角側にみられた角膜実質膿瘍の形成（矢印）．隆起した黄色い膿瘍が角膜の炎症と新生血管に取り囲まれている．

　角膜実質への膿瘍形成は，角膜実質下もしくは実質中に菌体を残したまま角膜上皮の再生が進んだ結果として起こる．膿瘍は，細菌や真菌，それら両方が存在している状態，無菌状態でも起こることがある．

　臨床上の病歴としては，新生血管にかこまれた持続性の角膜混濁と続発性の虹彩毛様体炎である．眼科学的検査において角膜実質膿瘍は黄白色の病変の中心点が角膜実質に浸潤し，角膜浮腫やさまざまの程度の角膜への血管新生を伴う病変として観察される．多くの場合，軽度から重度の続発性の虹彩毛様体炎も併発している．角膜実質膿瘍では，角膜の透明感がなくなるので，正確に病変部の深さを判断することは難しい．フルオレセイン染色では実質表面の中心部に限局して染色される．

　治療は内科的治療法と外科的治療法の組合せで実施する．抗生物質の点眼および全身投与，散瞳剤の点眼，抗真菌薬の点眼，非ステロイド性抗炎症剤の全身投与が最もよく使われる内科療法である．外科的治療法は，表層角膜切除術，表層角膜切除術と結膜移植術の組合せ術，角膜弁を用いた後部層板状角膜移植術などがある．さらなる情報のために，Veterinary Ophthalmology 3rd edition pp1088-1093, Essentials of Veterinary Ophthalmology pp360-361 を参照のこと．

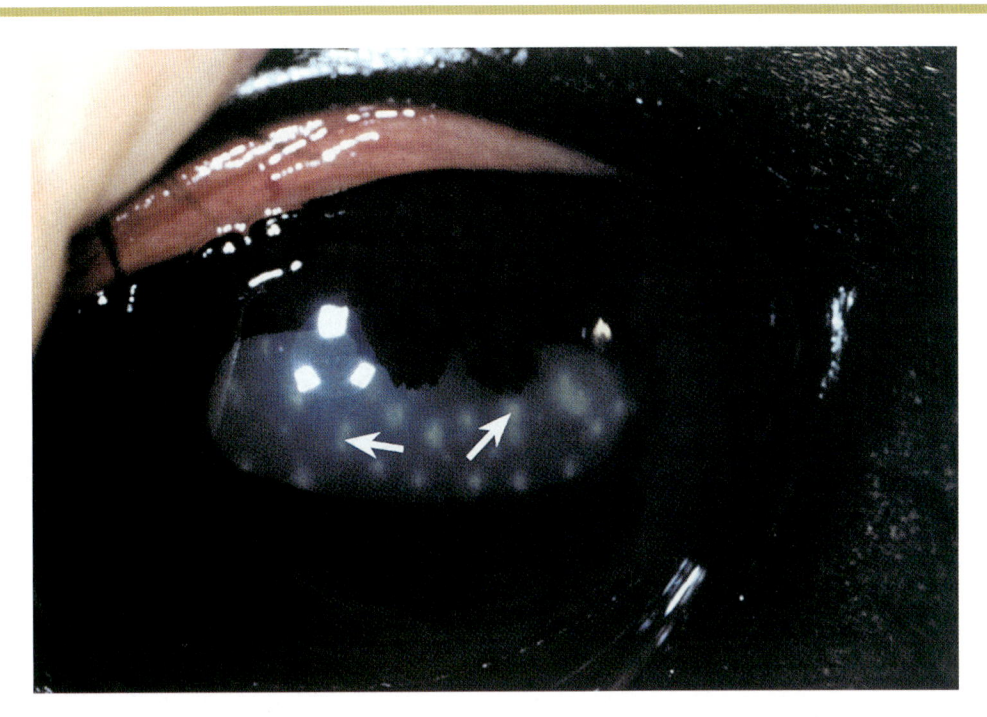

図 13.23 角膜中心部の表層部にみられたヘルペスウイルス感染による角膜炎．矢印のように点状表層角膜炎がみられる．

　ヘルペスウイルス2型感染は，角膜や角膜上皮，角膜実質に病変をつくる．臨床症状としては，さまざまの程度の疼痛（羞明，流涙，眼瞼腫脹），結膜充血，多発性点状角膜炎，角膜浮腫，続発性の虹彩毛様体炎（縮瞳，前房フレア，眼内圧の減少）である．点状の角膜病変部はフルオレセインに染色されることもされないこともあるが，ローズベンガル染色液には通常染色される（ローズベンガル染色液は初期の真菌性角膜炎でも染色される）．慢性例では，表層性の角膜血管新生がみられる．治療は，抗ウイルス薬（イドクスリジン，トリフルオロチミジン）を1日4〜6回点眼する．再発はしばしば起こる．さらなる情報のために，Veterinary Ophthalmology 3rd edition pp1093-1094, Essentials of Veterinary Ophthalmology pp361-362 を参照のこと．

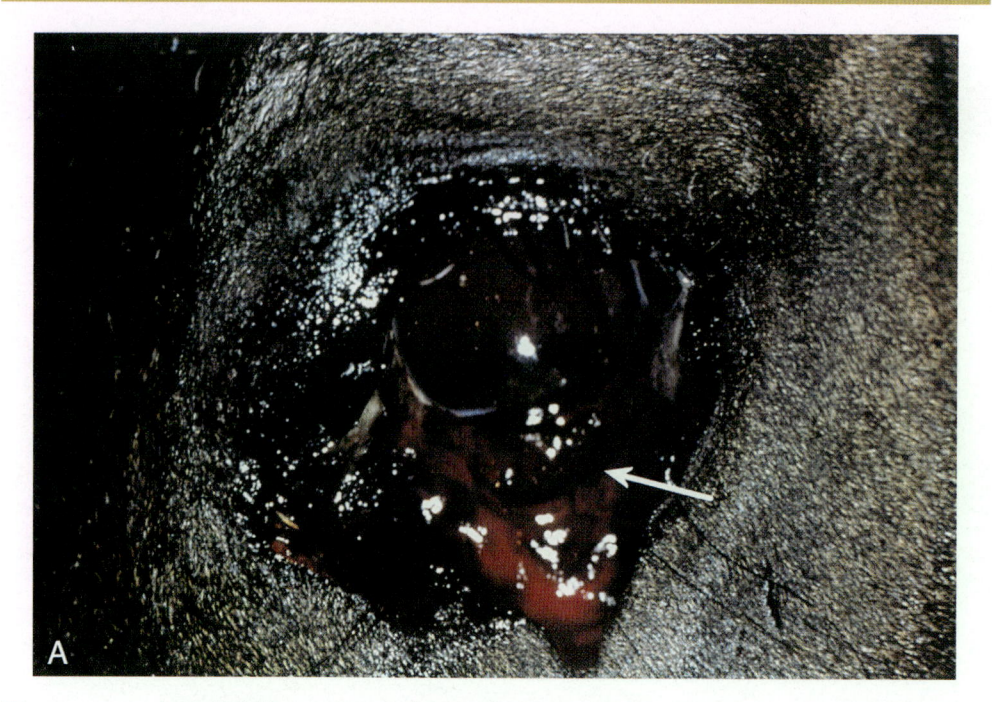

図 13.24　A．頭部外傷後にみられた腹側角膜の大きな裂傷，虹彩脱出，眼内出血を伴っている．角膜の傷より脱出虹彩（矢印）が眼外に飛び出している

　角膜裂傷は角膜全層に及ぶことが多く，この場合虹彩脱出を伴う．若い馬，種馬に多くみられ，発症の多くは片眼性である．角膜の中心部が好発部位（角膜中心部は最も外に暴露され，周辺部に比べると薄いので）だが，眼瞼の裂傷時，周辺部角膜の裂傷も同時に起こる．全層に及ぶ角膜裂傷の場合，大きさや部位によっては，強膜や虹彩，毛様体，水晶体，硝子体などの角膜以外の眼組織の病変も伴う．角膜裂傷部位から脱出した虹彩では，血管の充血，炎症，フィブリンの析出が激しくなる．続発性の虹彩毛様体炎や眼内出血も併発する．角膜全層裂傷の馬は疼痛を伴うので，詳しい眼科検査を非常に嫌がる．

（つづく）

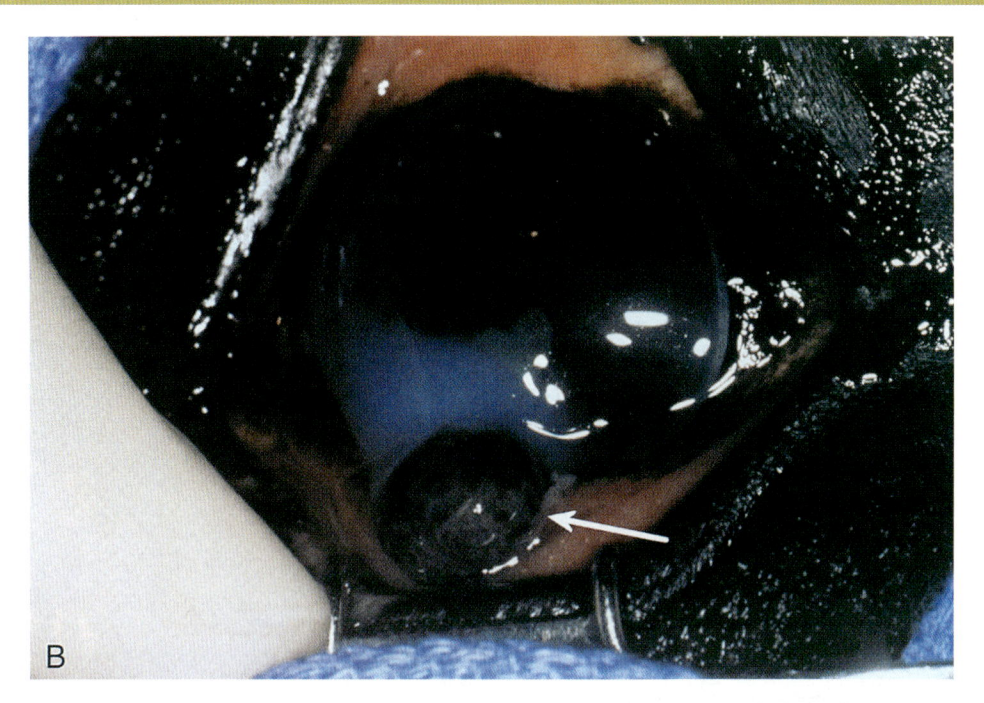

B．外傷の続発症として起こった虹彩脱出（矢印）．虹彩脱出周囲の角膜は浮腫を起こしているが，その他の部位の角膜は透明である．

角膜の傷を外科的に処置する際，全身麻酔の導入後，詳細な眼科検査を実施する．時には超音波検査も必要となることがある（眼内出血がある場合，眼球深部の検査が不可能なので）．予後は，角膜裂傷が起こってから上診するまでの経過時間，傷の具合，その他の眼組織の病変，受傷した馬の気性によって左右される．さらなる情報のために，Veterinary Ophthalmology 3rd edition pp1082-1088, Essentials of Veterinary Ophthalmology pp355 を参照のこと．

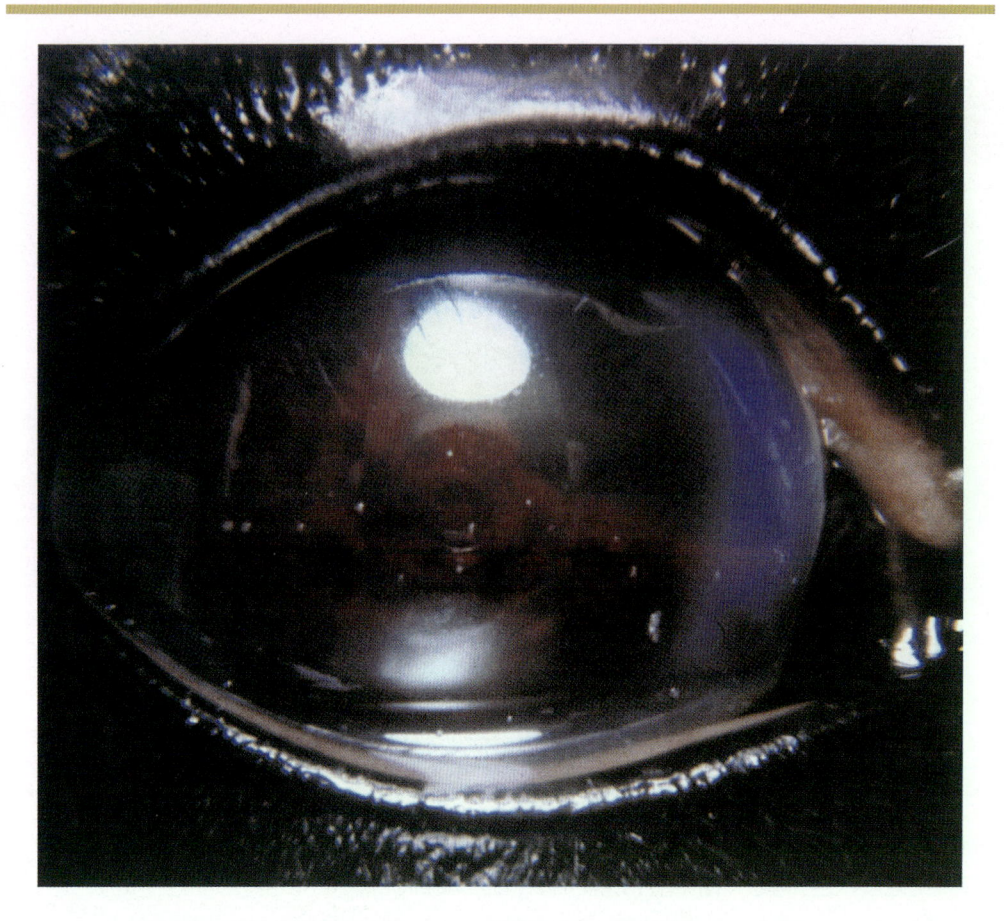

図 13.25 鈍性外傷による外傷性眼内出血．前房内の出血は凝固し，大量のフィブリンが析出していることから，重度の虹彩毛様体炎の発症が示唆される．

　馬は鈍的外傷が原因で，眼内出血と虹彩毛様体炎が起こることがある．鈍的外傷は，棒，板，鞭やその他の道具で馬をたたいたときに起こる．病歴は，眼瞼腫脹（原発の傷が原因のことも，その後に擦ったことが原因のこともある），疼痛，結膜充血，瞬膜突出，眼球内の「出血」である．

　眼科検査において無傷の角膜もしくは最初の鈍的外傷による部分的角膜浮腫が認められる．前房内にはフィブリン析出を伴ったさまざまな量の凝固した血液がみられる．虹彩と瞳孔は眼内出血の量と場所によっては観察可能である．散瞳薬の頻回点眼により散瞳させ，水晶体と網膜を精査することが必要である．

　治療は，虹彩毛様体炎と同様の方法ですすめる（散瞳剤の点眼，ステロイドの局所および全身投与，非ステロイド性消炎剤の全身投与），これらの投薬は局所の血管系に作用するので患眼は毎日注意深く新しい出血が起こっていないか検査をする．眼内出血が起こって 7 日以上経過すると，凝血塊は虹彩や瞳孔の線維膜と角膜の後部，虹彩，前房隅角，水晶体前嚢とを癒着させ，瞳孔の動きがその部分的な牽引により障害される．この眼合併症が進行した場合，全身麻酔下で，前房腔内へ組織プラスミノゲン活性化因子（TPA）50 μg を注射する．これによって線維組織が融解し，赤血球が前房腔内から遊出し，症状は緩和される．

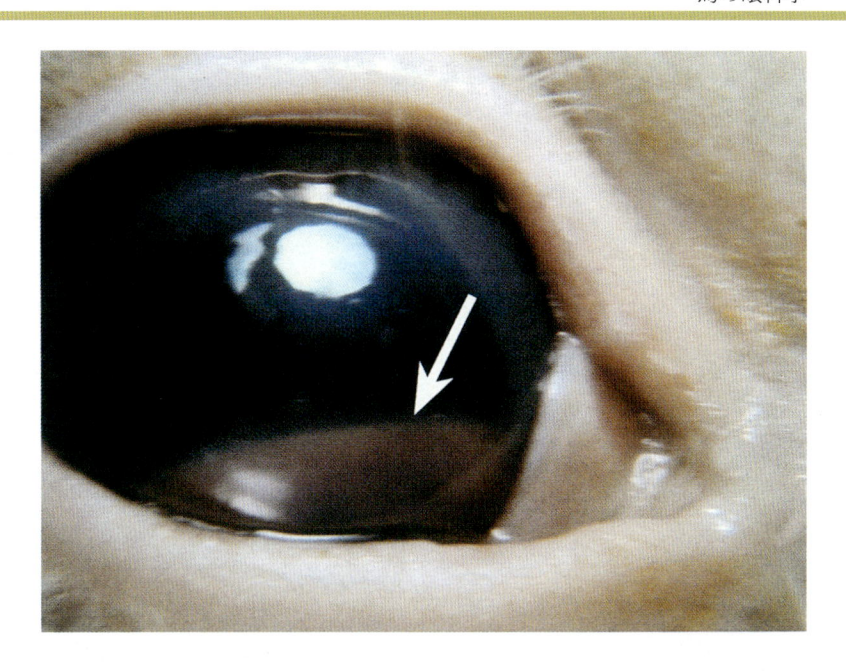

図 13.26　馬再発性ぶどう膜炎（ERU）の急性期は前部および後部ぶどう膜に起こる炎症である．この馬は急性期で，前房蓄膿（矢印），角膜浮腫，角膜背側の血管新生がみられた．

　馬再発性ぶどう膜炎（ERU：equine recurrent uveitis；汎ぶどう膜炎，月盲または周期性眼炎とも呼ばれる）は，世界中で成馬が視覚を失う1番大きな原因である．すべての種，さまざまな年齢（好発は中年齢；8～10歳）で両側性に発症する．ERUの原因についてはさまざまの研究がある．今のところ，レプトスピラの病原体説または免疫介在性ぶどう膜炎（虹彩，毛様体，脈絡膜の炎症）説が最も可能性の高い仮説である．病歴は，さまざまな期間または激しさで繰り返す再発性前部ぶどう膜炎，進行性の白内障，緑内障，網膜剥離，眼球癆や失明である．最終的には両側性の眼疾病であるが，たいていの場合は片眼の症状から始まる．病理組織学的には患眼は，慢性の汎ぶどう膜炎である．患眼を最も上手にコントロールするには，長期にわたる治療が必要である．

　臨床的には，ERUは，さまざまな期間または激しさで繰り返す前部ぶどう膜炎であり，発病期と寛解期については予測ができない．急性期の臨床症状としては，羞明，眼瞼腫脹，流涙，結膜充血，瞬膜突出およびさまざまな程度の角膜浮腫である．その他の眼科的な症状としては前房フレア，前房蓄膿，縮瞳，虹彩後癒着，虹彩色素の水晶体前嚢への沈着，乳頭周囲脈絡膜炎（視神経乳頭の蝶形部位）である．慢性期には患眼は多虹彩後癒着を伴う水晶体皮質の白内障形成，虹彩顆粒の萎縮，続発緑内障，硝子体シネレシスおよび硝子体への浮遊物，進行した乳頭周囲脈絡膜変性，視神経萎縮，網膜剥離，眼球癆が進行する．

　ERUは免疫介在が示唆される進行性の再発性疾病なので，治療に反応しないことが多い．急性期のERUに対しては，散瞳剤，抗生物質，コルチコステロイド剤，非ステロイド系消炎剤の点眼とコルチコステロイドと非ステロイド系消炎剤の全身投与を行う．点眼薬は，炎症の程度によって少しずつ減らして治療する．

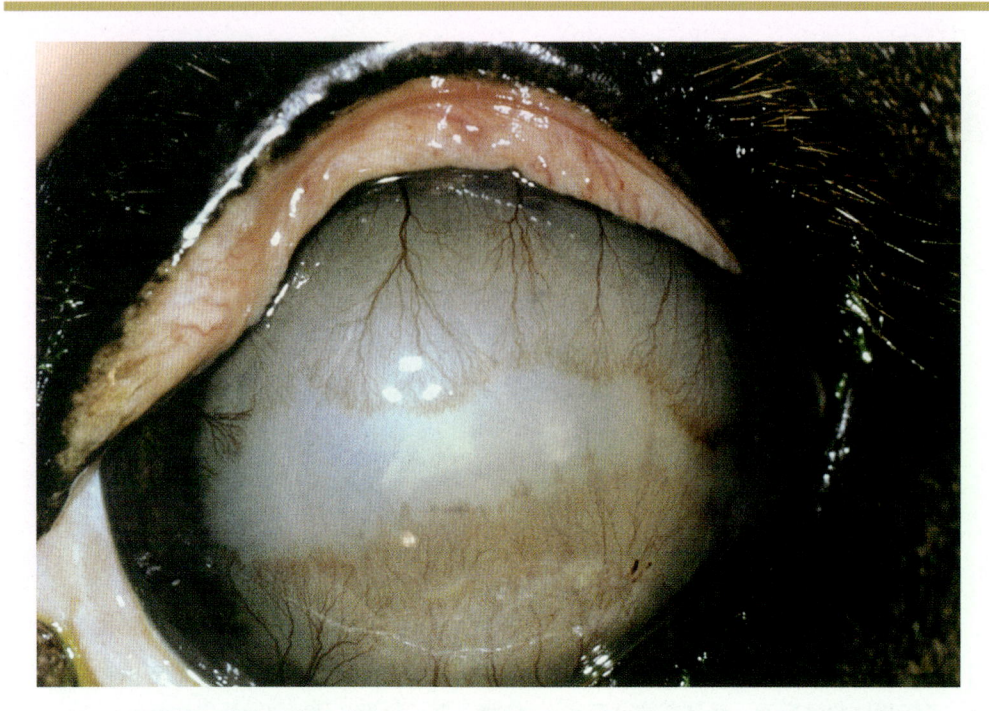

図 13.27　馬再発性ぶどう膜炎（ERU）は，両眼をおかす疾患である．この馬は慢性期で，汎ぶどう膜炎の再発が角膜浮腫，表層性角膜血管新生，白内障形成，散瞳の原因となった（おそらく網膜剥離，視神経乳頭変性も発症している）．

　馬再発性ぶどう膜炎の慢性期の患眼．多虹彩後癒着を伴う水晶体皮質の白内障形成，虹彩顆粒の萎縮，続発緑内障，硝子体シネレシスおよび硝子体への浮遊物，進行した乳頭周囲脈絡膜変性，視神経萎縮，網膜剥離，眼球癆が進行する．慢性期の ERU の治療には，長期にわたり間欠的にコルチコステロイドと非ステロイド性消炎剤を全身的に投与する．近年，部分的硝子体切除術が慢性期の ERU 治療に推奨されている．結果は良い成績をおさめているが，白内障の発症が（40 〜 50％）報告されている．さらなる情報のために，Veterinary Ophthalmology 3rd edition pp1101-1195，Essentials of Veterinary Ophthalmology pp365-368 を参照のこと．

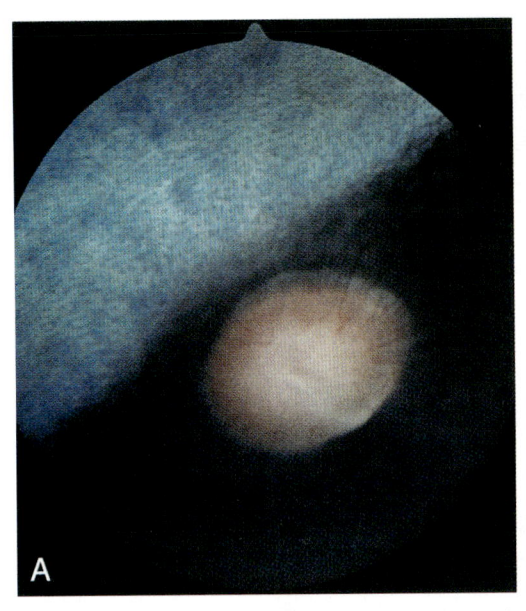

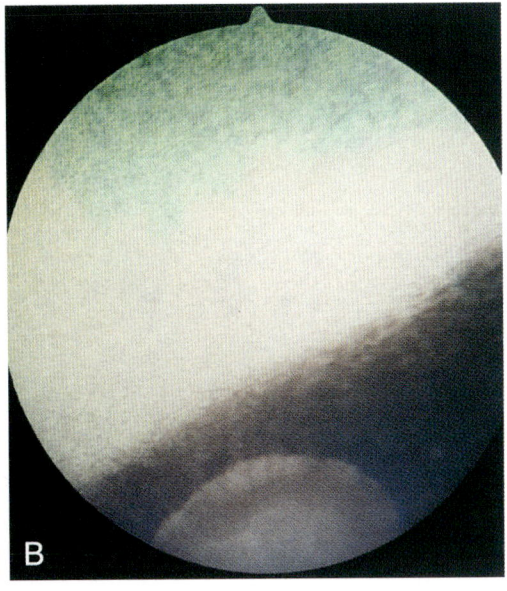

図 13.33 馬の正常眼底像にはいくつかのバリエーションがあり，多くの場合，虹彩の色や体毛の色と関係している．

　A．鹿毛（赤褐色の体毛）のサラブレッド種の正常眼底像．視神経乳頭は，ノンタペタム領域に位置し，50〜80本の網膜血管が視神経乳頭辺縁部より出ていることに注目．網膜動脈と網膜静脈を一般眼検査の眼底像で見分けることはできない．

　B．中心部がアルビノのタペタム領域をもつパロミノ種の眼底像．緑色のタペタム領域に黒い斑点（ウィンスローの星と呼ばれる）が観察できるが，アルビノの部位では，タペタム領域は赤く見える．

　正常な馬の眼底像は，タペタム領域，ノンタペタム領域，網膜血管系，視神経乳頭（視神経円板）よりなる．馬の眼底は，散瞳後，直像眼底検査法（約8倍の拡大像）や倒像眼底検査法（20ジオプターのレンズを用い，約0.8倍の拡大像；視野は広く周辺までの観察ができる）で検査をする．馬の眼は生理的に眼の動きが制約されているため眼底は他の動物種より観察しやすい．検査獣医師は，局所麻酔による眼瞼神経遮断，鎮静，馬の枠場への保定，ハンドラーによる馬の頭部の保定などのような適当な前処置をしてから検査をする．そうしないと検査獣医師は患馬によって前脚で蹴られたり，制御不能な早い動きや咬傷などで，怪我をする可能性が高い．

　眼底像では，タペタム領域は，視神経乳頭のすぐ上の上側領域に三角形に近い形で位置する．タペタム領域の色は馬の体毛色に依存している．多くの馬ではタペタム領域の色は，黄色から緑の中間色である，色々な色の混ざった毛色の馬では一部に黄色の領域をもつ黄緑色である．白色毛の馬では全体が黄色いタペタムである．ウィンスローの星は，タペタム領域に規則的にまき散らかされたように見える黒い斑点で，脈絡毛細血管板がタペタム線維層を貫通する部位である．

　ノンタペタム領域は，タペタム領域より広く，均一で，黒茶色を呈する．アパローサ種では，栗毛色，灰色，鮮やかな色やパロミノ色の馬では，ノンタペタム領域の色が薄く，幅の広い脈絡膜の血管が直接透けて見える．ノンタペタム領域とタペタム領域の境界部は，不規則な境界面である．

（つづく）

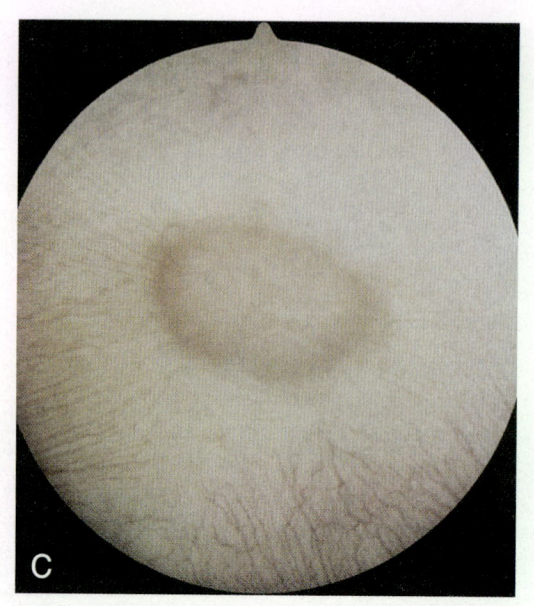

C．白色毛の馬の眼底像．網膜色素上皮および脈絡膜の色素が欠落し，タペタム領域が黄色に見える．

　馬の網膜血管系は広範囲には広がっておらず，50〜80本の短い網膜血管が視神経乳頭辺縁部より出ている．50〜80本の網膜血管は動脈と静脈の両方からなるが，フルオレセイン蛍光眼底撮影による血管造影以外の方法では区別ができない．網膜血管は視神経乳頭の辺縁部から出て，長さは短く，およそ視神経乳頭の直径2〜3倍の距離である．それゆえ，馬の網膜は，（犬，猫，その他の食用動物に比べると）脈絡膜血管からの栄養，酸素補給に依存している．

　成馬の視神経乳頭は，卵形で，ピンク色〜オレンジ色がかっている．ノンタペタム領域とタペタム領域の境界部の直下，耳側のノンタペタム領域内にある．視神経乳頭のすぐ上に位置するタペタム領域は，境界部の色の変化によって色々に変化する．強膜篩板は，馬の年齢によって目立つようになる．さらなる情報のために，Veterinary Ophthalmology 3rd edition pp1105-1106, Essentials of Veterinary Ophthalmology pp368-370 を参照のこと．

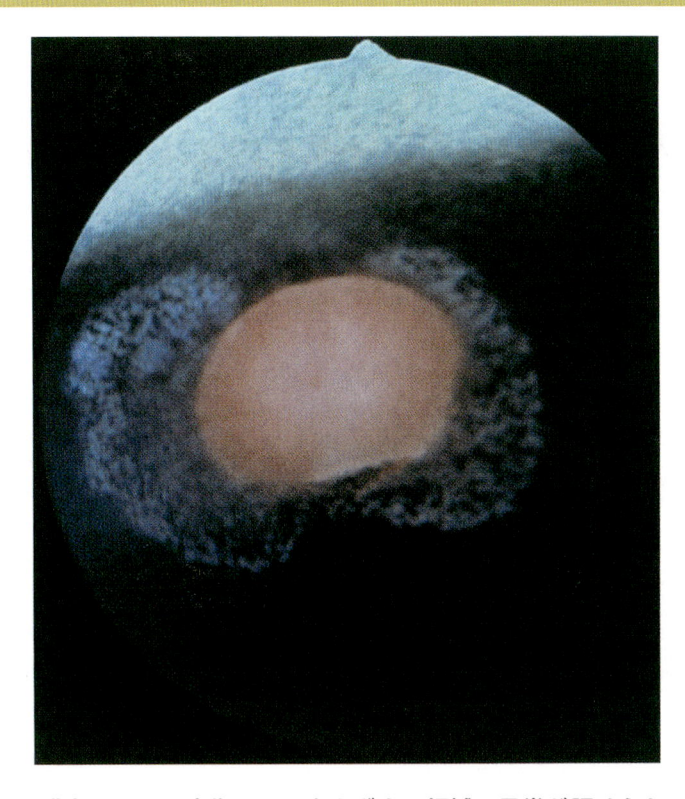

図 13.34　脈絡網膜炎の馬の眼底像では，さまざまの領域で異常が認められるが，最もよく異常が認められる領域は，視神経乳頭およびその周辺領域である．急性脈絡網膜炎は，慢性に移行する．この馬では，再発性ぶどう膜炎による慢性ぶどう膜炎が原因で，特徴的な蝶形の脈絡網膜炎がみられた．

　脈絡網膜炎は，成馬で最もよくみられる眼底像に異常の観察される眼疾病である．脈絡網膜炎の異常病変のほとんどが，視神経乳頭周囲に密集して観察される．その他の領域にみられる病変としては，視神経乳頭の下側（銃弾の穴状の脈絡網膜炎），び漫性脈絡網膜炎，ノンタペタム領域に水平状にみられる脈絡網膜炎がある．脈絡網膜炎の原因としては，1型ヘルペスウイルス感染症，インフルエンザ感染症，血管系の梗塞病変や馬再発性ぶどう膜炎などである．

　視神経乳頭周辺領域の脈絡網膜炎は，馬再発性ぶどう膜炎が関係していることが多いが，病理学的根拠はない．視神経乳頭の変性が起こっていれば，視覚異常も起こり得る．眼底検査では，炎症の激しい部位は，視神経乳頭の近くに多数の部分的網膜の浮腫病変として観察できる．脈絡網膜炎の慢性領域は，急性期に視神経乳頭下または両側にみられた卵形の病変部に脱色素もしくは色素沈着が起こった病変として観察できる．さらなる情報のために，Veterinary Ophthalmology 3rd edition pp1106，Essentials of Veterinary Ophthalmology pp371-372 を参照のこと．

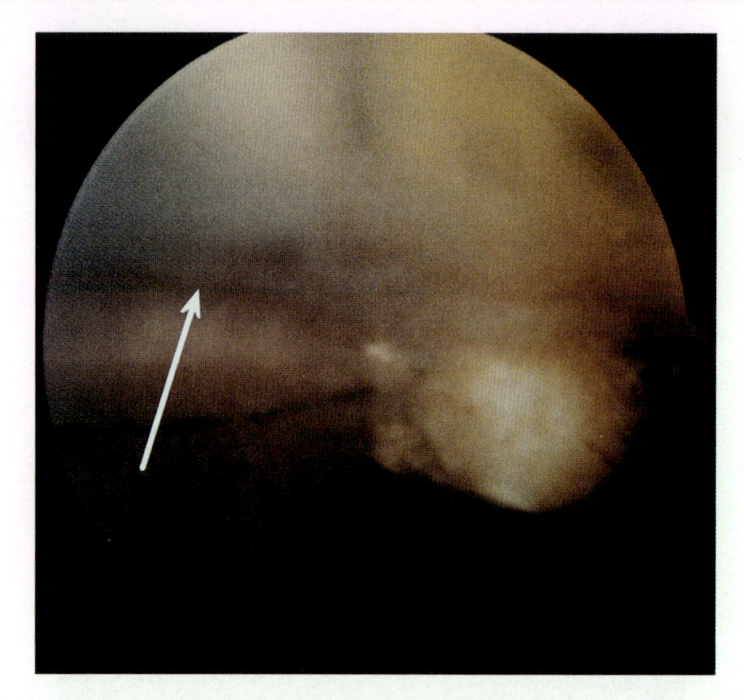

図 13.35 仔馬にみられた頭部外傷後の網膜剥離．視神経乳頭に接した背側に浮腫性の剥離網膜（矢印）が観察できる．

　網膜剥離は，成馬での発生はまれである．原因としては外傷，硝子体変性，緑内障，脈絡網膜炎などがある．患眼は散瞳し（対眼は光に反応して縮瞳する），失明している．眼底検査では，視神経乳頭周辺部以外の部分が完全に剥離している状態でみられることが多い．網膜は血管を欠き，灰色もしくは白色の膜のように見える．馬の網膜剥離において手術は適応しない．

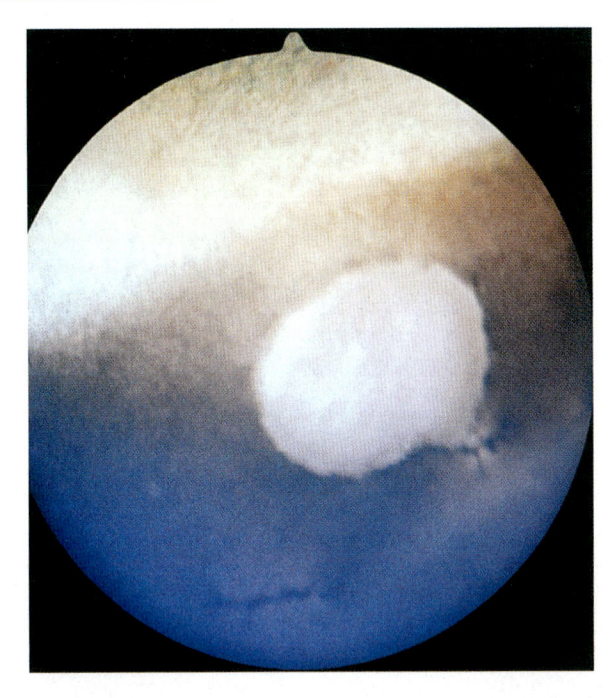

図 13.36　馬の視神経乳頭変性は，外傷，炎症，緑内障やその他の原因で起こる眼疾患である．この写真は，頭部外傷によって起こった視神経乳頭変性で，眼底検査では，視神経乳頭は大きさが小さくなり，色は白色化し，網膜血管は見えなくなり，ノンタペタム領域の色が薄くなっている．

　視神経乳頭萎縮または変性は，脈絡網膜炎，馬再発性ぶどう膜炎，外傷，失血，緑内障が原因で起こる．眼症状は，片眼性のことも両眼性のこともある；片眼性の病変が両眼性になると，臨床症状は，視覚の低下から失明へと移行する．眼底検査では，小さく，中央がくぼんだ白色化した視神経乳頭と網膜血管の見えない眼底像が観察される．

　馬の外傷性視神経障害は，頭部外傷後に起こる．頭部外傷は，蹴られたり，鋭いもので強打後または後脚で立ち上がり後ろ側に引っ繰り返った後に起こることが多い．視神経の障害は，原発性視神経障害または視神経以外の脳の領域が外傷により障害を受けた結果として起こる．外傷による頭蓋内視神経の外傷や圧迫，頭蓋骨骨折による視神経の脱臼が起こり，その結果，視神経の変性が起こり，失明する．眼症状は，片眼性のことも両眼性のこともある．患馬は，対光反射異常，眩惑反射や威嚇反射の消失が起こる．眼底検査において異常の認められる視神経の変性は，外傷後 1〜4 週間後に初めて認められる．異常眼底所見としては，小さく，白色化した視神経乳頭と網膜血管の見えない眼底像である．

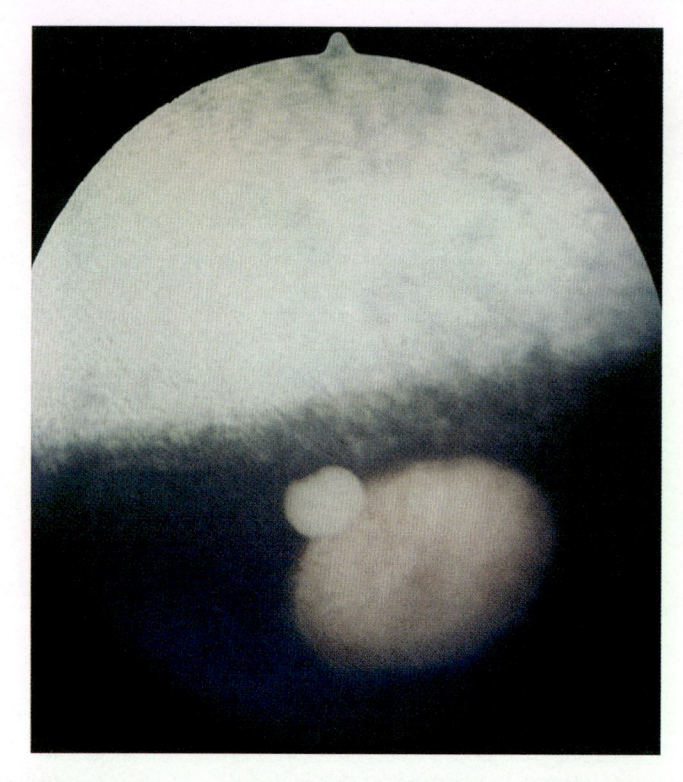

図 13.37　馬の増殖性神経症は，視神経乳頭周辺部にみられる 1 個以上の黄色からオレンジ色の表面滑らかな突出物として認められる．これらの腫瘤は，臨床的に視覚異常を伴わず，たいていは老齢馬で観察される．

　増殖性神経症は，老齢馬にみられる．特徴は，1 個もしくは多数の黄白色腫瘤の視神経乳頭表面からの突出である．臨床的に視覚に異常を及ぼさない．病理組織学的に腫瘤は，神経膠腫，神経鞘腫，類脂質代謝障害による黄色腫である．

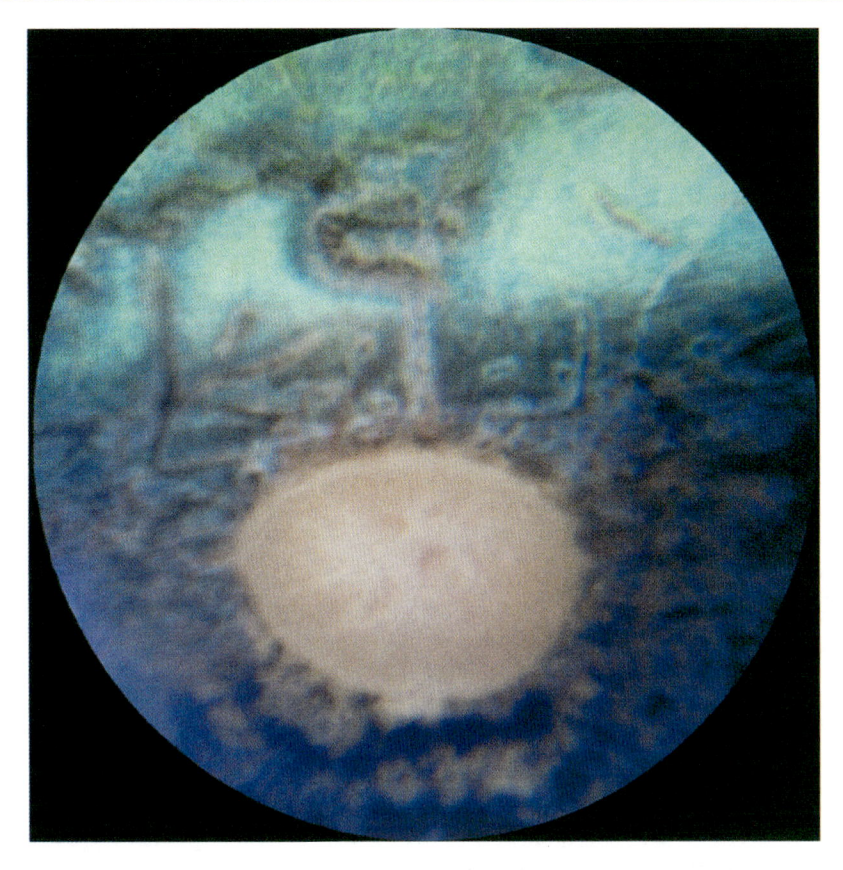

図 13.38　若いクオーター・ホースにおいて去勢手術時の大量の出血による合併症が原因で発症した虚血性視神経網膜症．視神経乳頭周辺部の網膜変性および色素沈着の増加，網膜血管の消失がみられる．

　馬における虚血性視神経網膜症には，少なくとも2つの異なった型がある；1つ目は外傷や手術の合併症として起こる大量出血が原因となる型で，2つ目は外科的な内側もしくは外側頚動脈の結紮，または食道嚢真菌感染症の続発症で起こった膿のうっ滞の治療で行う大口蓋動脈の結紮が原因となる型である．

　大量出血後の型では，患馬は数日間立ち上がることができないほどの状態となる．回復して，立ち上がり，動き始めると，患馬の眼は散瞳していることから患馬が盲目であることに気付く．数週間後，検眼鏡を用いた眼科的検査で，観察できる範囲の眼底所見では多発性の脈絡膜網膜変性と視神経乳頭萎縮がみられる．脈絡膜網膜変性はタペタム領域にもノンタペタム領域にも起こる．眼底像における特徴的所見は，色素脱出もしくは色素沈着の増加，とタペタム領域の反射亢進である．眼底像でみられるこの脈絡膜網膜変性は形と大きさが脈絡膜血管系に似ている．虚血性視神経網膜症が原因で起こる盲目は，視神経の変性が原因である．

　外科的な内側もしくは外側頚動脈の結紮，または大口蓋動脈の結紮後に起こる神経乳頭の変化は，検眼鏡を用いた眼科的検査での眼底所見において，大量出血が原因で起こる虚血性視神経網膜症の所見とは異なっている．部分的出血を伴う視神経乳頭の腫脹，硝子体中へ多発性の滲出白色物の（ミエリン/神経軸索内にある軸漿など）である．片側盲目も起こる．

　さらなる情報のために，Veterinary Ophthalmology 3rd edition pp1107-1108 と pp1392-1393，Essentials of Veterinary Ophthalmology pp373-374 を参照のこと．

14 食用動物の眼科学

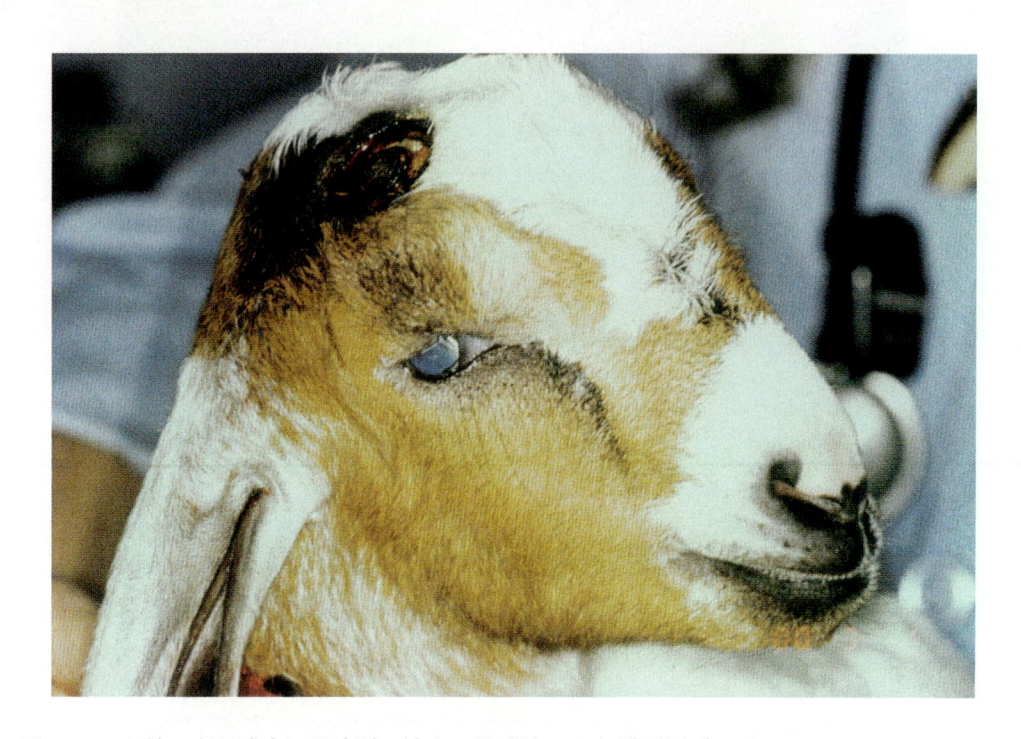

図 14.1 山羊の小眼球症．眼瞼裂の縮小，眼球陥入と角膜浮腫がみられる．

　先天性小眼球症は，食用動物にはよくみられる眼奇形である．先天性の眼奇形は，統計では仔羊の3.5％，豚の5.5％，仔牛の18.7％にみられる．特に，仔牛において小眼球症は最もよくみられる眼異常である．小眼球症の原因は，遺伝性，ウイルス（牛ウイルス性下痢症ウイルス，羊のブルー・タンウイルス）感染，栄養（豚のビタミンA欠乏症）性と考えられており，その他にも眼奇形や全身性奇形の一症状としてみられることがある．

　臨床的に小眼球症は片眼性にも両眼性にも発症する．特徴としては，正常より小さい眼瞼裂，瞬膜突出および小眼球である．瞳孔異常，先天白内障，網膜異形成や網膜剥離を伴って発症することがある．

図14.2 ホルスタイン種の牛にみられた遺伝性の斜視．外側球結膜の露出と内斜視（内よせ斜視）．

　斜視とは眼の正常位からの逸脱で，牛には比較的多くみられる．ジャージー種，ジャーマン・ブラウン・スイス種，ホルスタイン種，アイルシャー種，短角種における内斜視（内よせ斜視）は遺伝性である．ジャージー種，短角種では劣性，ジャーマン・ブラウン・スイス種では優性の形質で遺伝すると考えられている．患眼は眼球突出しているようにも見える．後天性の斜視の多くは内斜視で，脳皮質の灰白質脳軟化（PEM）やリステリア感染症の一症状としてみられることが多い．

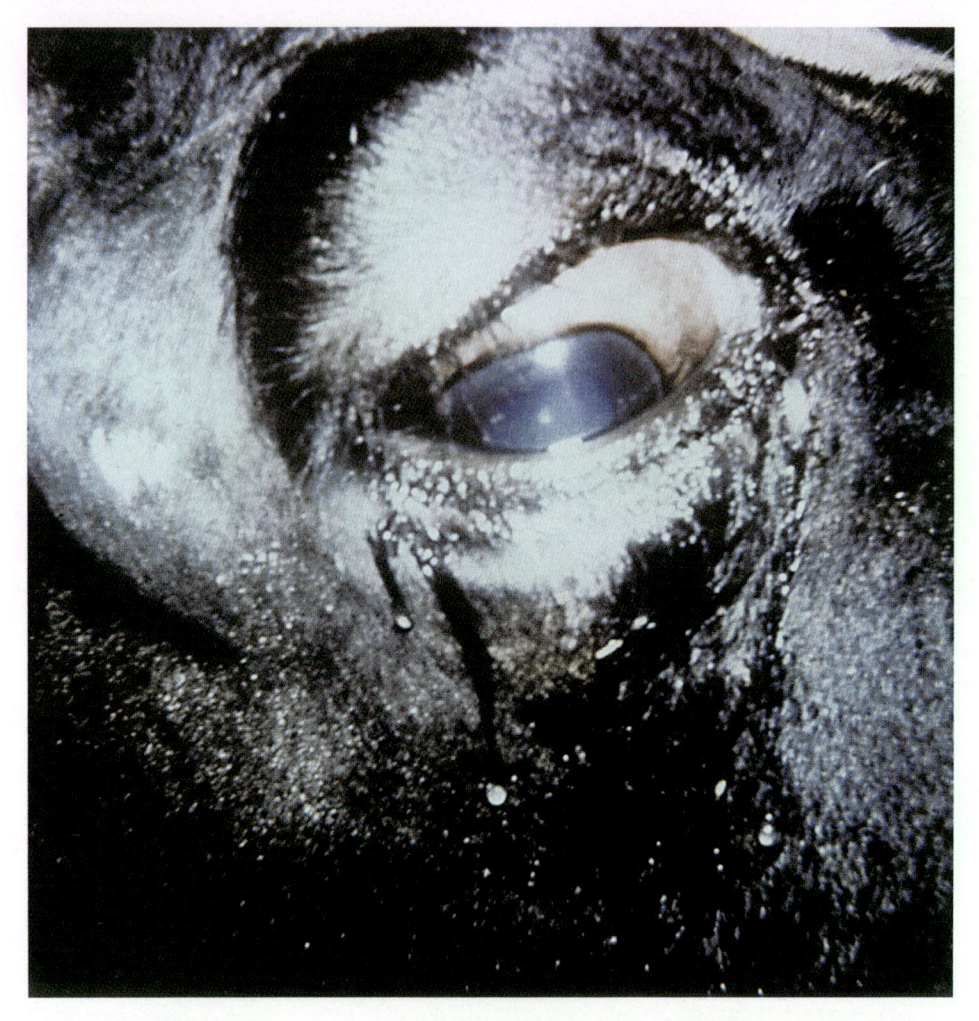

図 14.3 牛の眼窩の腫瘍は，多くの場合眼付属器由来のリンパ腫か扁平上皮癌である．このホルスタイン種の牛は，全身性のリンパ腫が眼窩内に浸潤していた症例である．

　眼窩の腫瘍はゆっくりした速度で進行性し，それに伴い眼球突出が起こる．患眼には同時に，斜視，結膜充血，瞬膜突出がみられる．眼球突出が進行すると，瞬目障害，兎眼性角膜炎，視覚障害，そしてさらに失明といった症状もみられる．牛の眼窩腫瘍の場合，扁平上皮癌は片側性に，リンパ肉腫は両側性に発症することが多い．

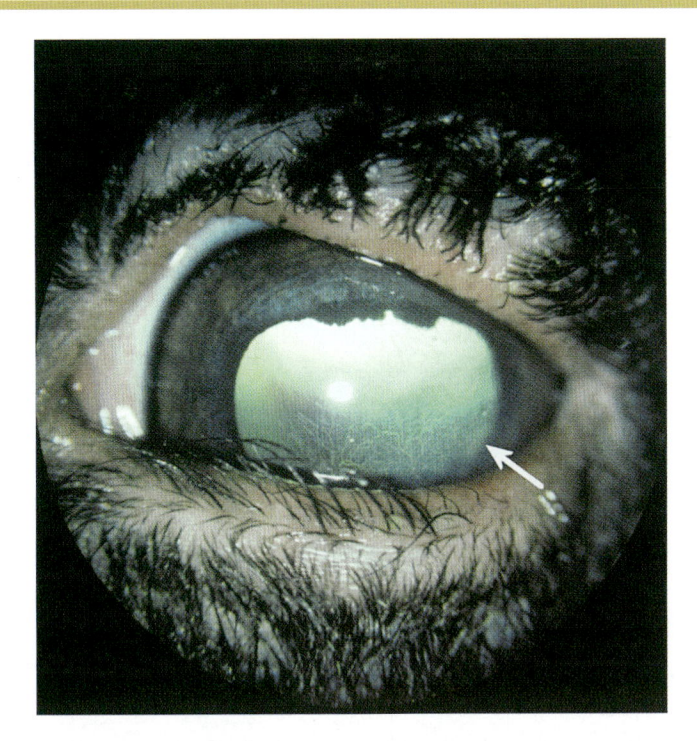

図14.4 羊に最も多くみられる眼科疾患は，眼瞼内反症である．この仔羊では，下眼瞼全体の内反が原因で，角膜の腹側に潰瘍（矢印）が発症している．

　食用動物における眼瞼内反症は仔羊で最もよく報告されている．集団飼育されている羊の約1〜80％では眼瞼内反症を発症している．眼瞼内反症は片側性または両側性の，上眼瞼，下眼瞼もしくは上下眼瞼ともに発症する可能性がある．臨床症状としては，眼瞼痙攣，流涙，瞬膜突出などが起こる．下眼瞼に限局性の眼瞼内反症がみられた場合，漿液性の滲出液を伴う結膜炎が起こる程度であるが，上下の眼瞼に重篤な眼瞼内反症が起こった場合，粘液膿性の滲出液を伴う結膜炎と角膜潰瘍が発症する．持続的な眼瞼内反症により角膜穿孔とそこからの虹彩脱出が起こる．

　眼瞼内反症の治療は，小動物に用いられるような垂直マットレス縫合，皮膚のステープル，あるいはHotz-Celsus法を用いて，外科的に眼瞼縁を正常位に整復する（そして角膜から離す）ことである．仔羊の眼は治癒能力が高い．治療後の角膜は不透明ではあるが，穿孔は起こらないことが多い．外科的治療の数週間後，たいていの角膜は透明性を回復する．さらなる情報のために，Veterinary Ophthalmology 3rd edition pp1122-1124，Essentials of Veterinary Ophthalmology pp381-382を参照のこと．

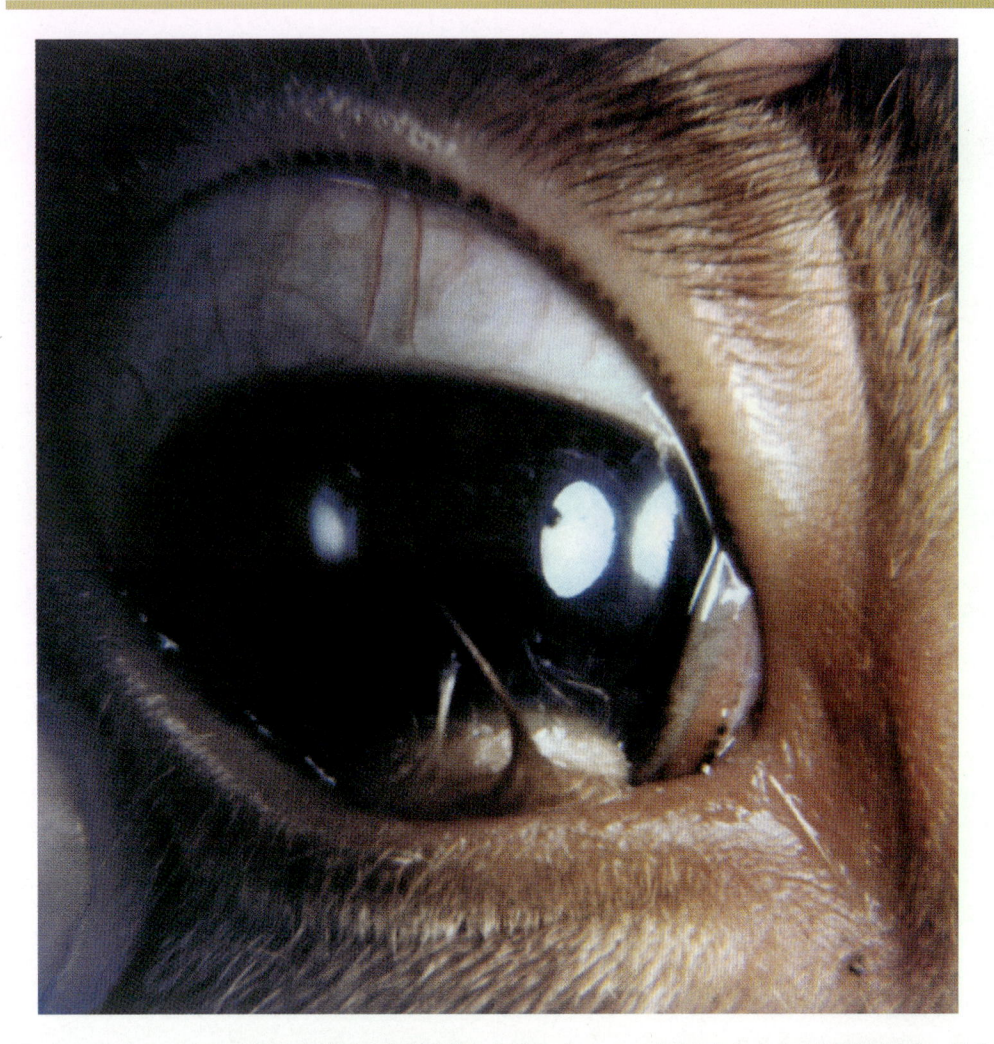

図 14.5 ジャージー種仔牛の腹内側球結膜と角膜にわたって観察された角結膜類皮腫．茶色の腫瘤の表面から長い剛毛が突出している．

　類皮腫は眼瞼，結膜，瞬膜や角膜に観察される．食用動物の中では，仔牛での発生率が高い．ヘレフォード種の類皮腫は，遺伝性である．類皮腫は，片眼性もしくは両眼性で発症する．臨床症状は，表面から長い剛毛の生えた白色，黒色またはさまざまの色の腫瘤が眼瞼，結膜，瞬膜や角膜に観察されることである．疼痛や顔面の外観の悪さが著しい場合，角膜表層切除術による外科的処置がすすめられる．術後は，限局された瘢痕が残るのみで回復することが多い．

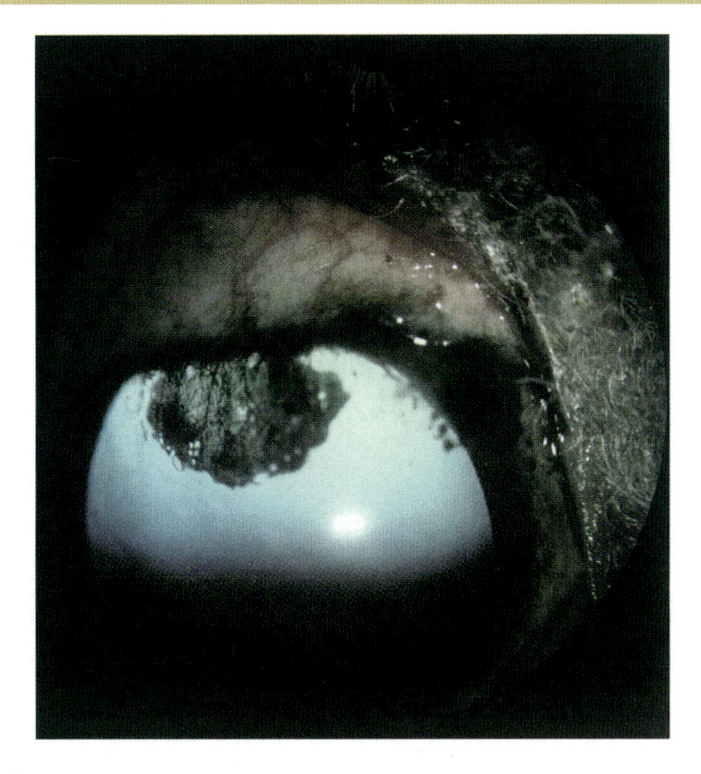

図 14.6　雄羊にみられたクラミジア感染による角結膜炎．写真は，急性期の感染が治まった後の結膜にリンパ濾胞と角膜への色素沈着が残っているところ．

　羊と山羊には，共通の2つの異なった型の感染性角結膜炎がある．原因菌としては主として *Chlamydia Psittaci*, *Mycoplasma conjunctivae*, *M. mycoides var Capri*, *M. conjunctivae var ovis* があるが，その他に病巣からは *Branhamella ovis*, *Escherichia coli*, *Staphylococcuss aureus* などが分離されている．クラミジアによる角結膜炎は仔羊間で最も広く流行する感染症で，仔羊のとき，クラミジアに感染すると，成羊になっても体内の免疫機構が十分に成立するまでの数年間は再発を繰り返す．クラミジアによる感染は，角結膜炎と同時に多発性関節炎を併発することもある．主症状は，結膜炎（流涙，結膜浮腫，結膜充血），漿液性から膿性の結膜滲出液である．結膜にみられるリンパ濾胞は，臨床症状が消退する感染第3週目頃から目立つようになる．角膜の病変は感染したすべての羊でみられる症状ではないが，その病態は，角膜実質炎（深部），角膜血管新生，角膜色素沈着である．診断は，結膜病変部の掻爬による細胞診である．疾病は日和見感染的であるが，テトラサイクリンの全身投与により症状は緩和される．

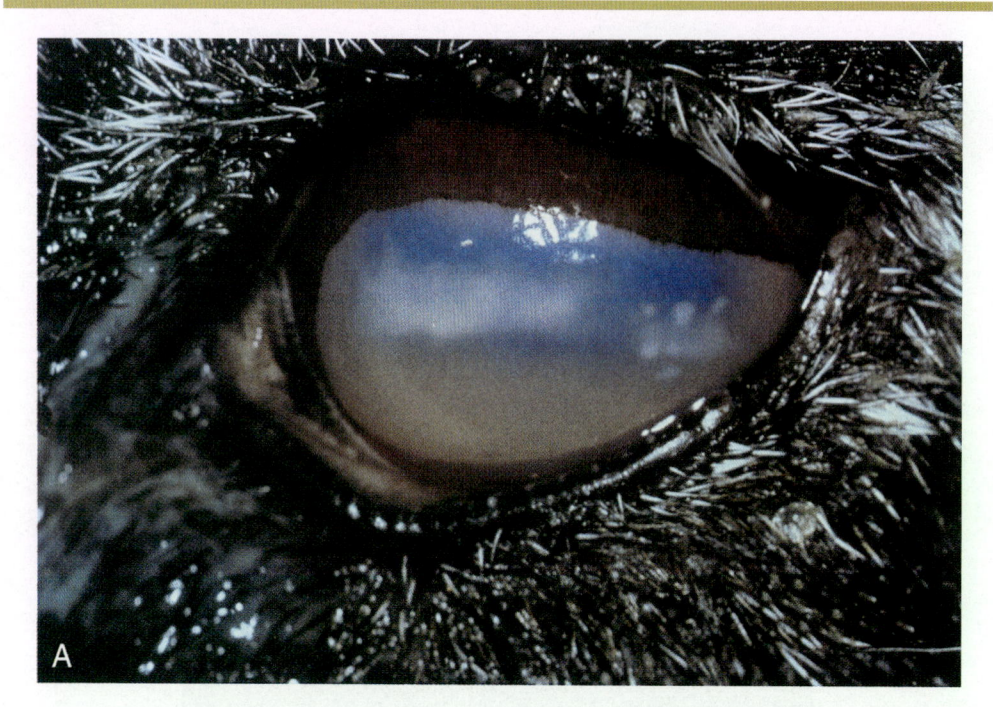

図 14.7 A．山羊のマイコプラズマ感染による角結膜炎．結膜滲出液，顕著な角膜血管新生，角膜浮腫と背側血管の直下に角膜微細膿瘍がみられる．続発性虹彩毛様体炎も観察できる．

　山羊も羊もマイコプラズマ感染による角結膜炎が発症する．マイコプラズマ感染はクラミジア感染より症状は重篤となる．原因菌は，*Mycoplasma conjunctivae, M. mycoides var Capri, M. conjunctivae var ovis* である．疾病は結膜炎から始まり，それが周辺部角膜の微細膿瘍形成へと進行する．症状は，眼瞼腫脹，結膜充血，流涙，眼瞼痙攣から始まり，続いて表層性および深層性角膜血管新生が起こり，微細膿瘍形成へと進行する．結膜滲出液は，初期は漿液性であるが徐々に粘液膿性へと変化する．重篤な感染例では，角膜潰瘍，前房蓄膿を伴う虹彩毛様体炎から全眼球炎へと進行する．

（つづく）

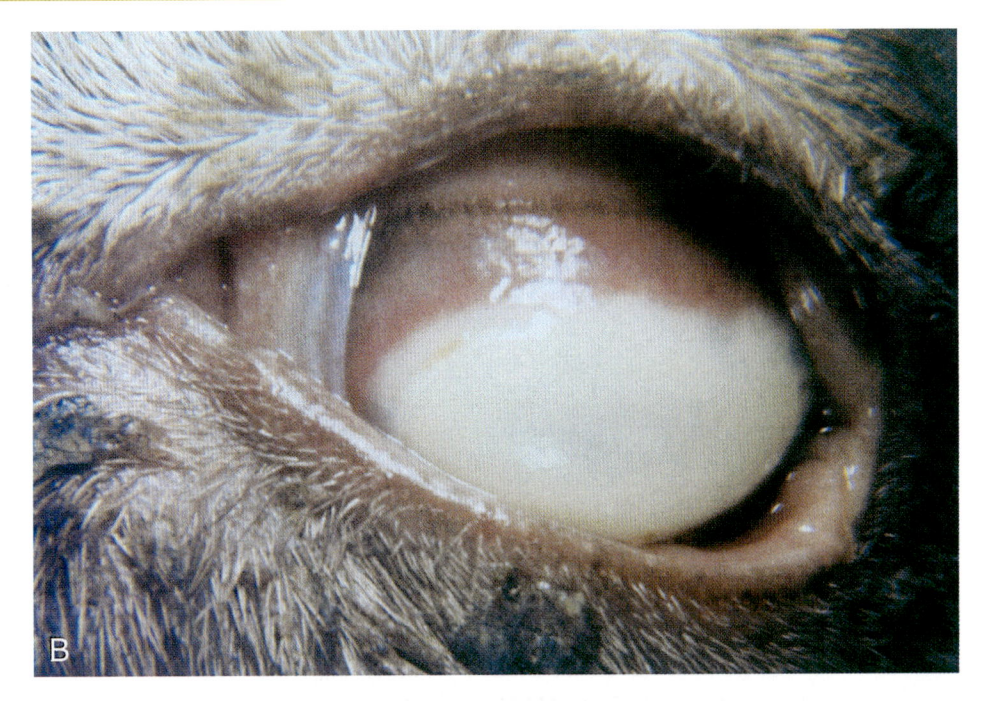

B．進行したマイコプラズマ性角結膜炎． 角膜全体が混濁し，角膜周辺部には血管新生がみられる．マイコプラズマ性角結膜炎は，全眼球炎へと進行する．

　診断は，臨床症状と細胞診（細胞質内に球桿菌のリング状病原体を検出する）所見である．治療は，テトラサイクリン系の抗生物質の点眼，全身（筋肉注射）投与である．病原性マイコプラズマは，乳房炎，関節炎，胸膜肺炎の原因菌でもある．さらなる情報のために，Veterinary Ophthalmology 3rd edition pp1127-1130，Essentials of Veterinary Ophthalmology pp385-387 を参照のこと．

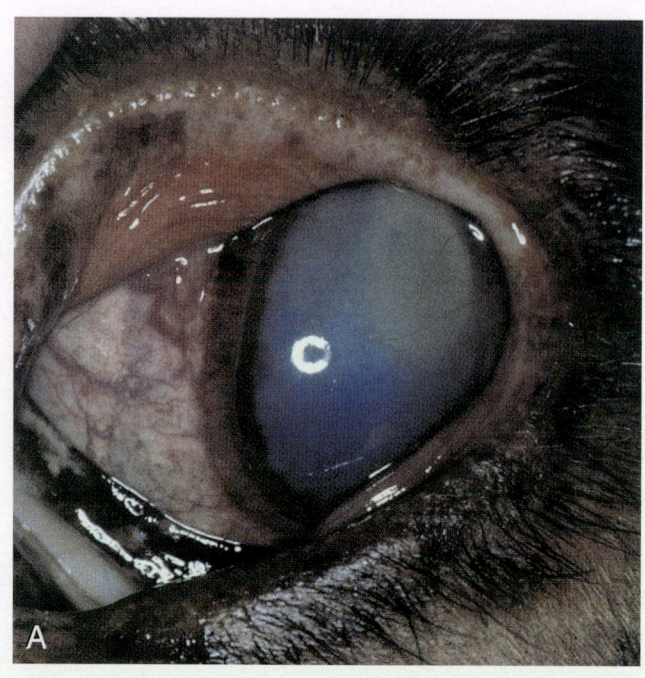

図 14.8　牛伝染性角結膜炎（IBK）の臨床症状は，この疾病の進行状態によってさまざまの病態をとる．
　A．IBK 感染の初期．重篤な結膜炎と角膜中心部の大きな潰瘍，血管新生を伴う角膜浮腫がみられる．
　B．進行した IBK．角膜潰瘍は穿孔し，穿孔創からの虹彩脱出（矢印）がみられる．壊死性の角膜潰瘍の中心部から色素沈着した虹彩が突出している．周辺部角膜には，重度の浮腫と新生血管がみられる．

（つづく）

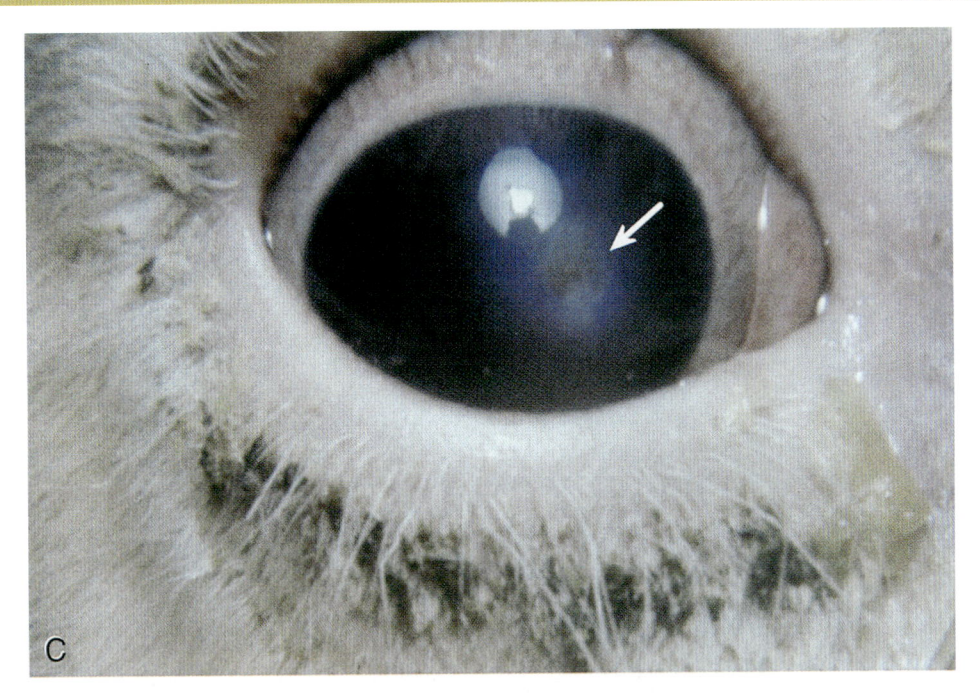

C．IBK 感染数日後の治癒した角膜潰瘍（矢印）．小さな角膜混濁が残っている．

　牛伝染性角結膜炎（IBK：Infectious bovine keratoconjunctivitis）感染は，世界中の牛で報告されている．感染率は季節によって変化するが，乳牛で 63％，仔牛で 75％と高率である．老齢ですでに IBK に感染したことのある牛では，感染しても症状は軽症で，再感染はほとんど起こらない．コブウシの系統は，他の系統に比べて IBK 感染には抵抗力がある．原因菌は，溶血型と鞭毛型の Moraxella bovis で，伝播は，ハエや牛を取り扱う人からや感染牛との直接接触による．初夏の紫外線はこの病気の活性化に重要な役割を果たす．

　臨床症状は，流涙，眼瞼痙攣，羞明，結膜充血，結膜浮腫である．感染後 24〜48 時間以内に，角膜中心部に小さい淡い黄色の角膜膿瘍が形成され，それが急速に進行して角膜潰瘍を形成する．角膜潰瘍が大きく，深くなれば，続発性の虹彩毛様体炎へと進行する．通常，表層性の角膜血管新生が数日以内に始まり，5〜7 日以内に角膜全体に血管新生が起こり角膜潰瘍は治癒傾向に向かう．2 週間以内に角膜潰瘍は治癒し，1〜2 か月後には角膜中心部に小さい瘢痕を残すのみとなる．IBK の合併症は，角膜潰瘍が大きく深い場合，角膜穿孔，虹彩脱出からの全眼球炎や続発緑内障が起こることである．

　M. bovis は多くの場合，抗生物質の点眼治療に感受性が高いので，抗生物質の全身投与の必要性はない（肉や乳への抗生物質の残留問題も考慮する）．IBK に関しては数種類のワクチンが開発され，ワクチン接種牛は多少病状が軽減する．最も効果的なワクチネーション計画としては，「ピンク・アイ」の季節の前に 2 回のワクチン接種を実施することである．さらなる情報のために，Veterinary Ophthalmology 3rd edition pp1131-1138，Essentials of Veterinary Ophthalmology pp388-393 を参照のこと．

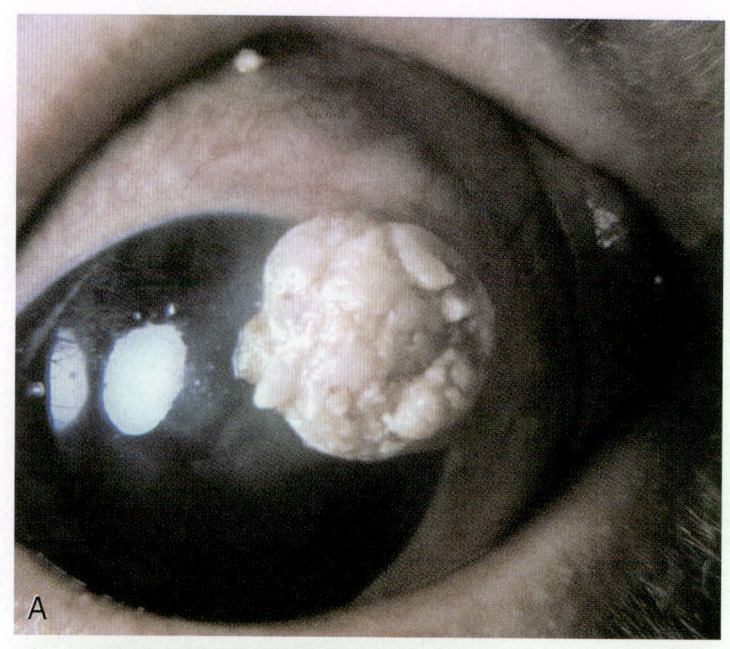

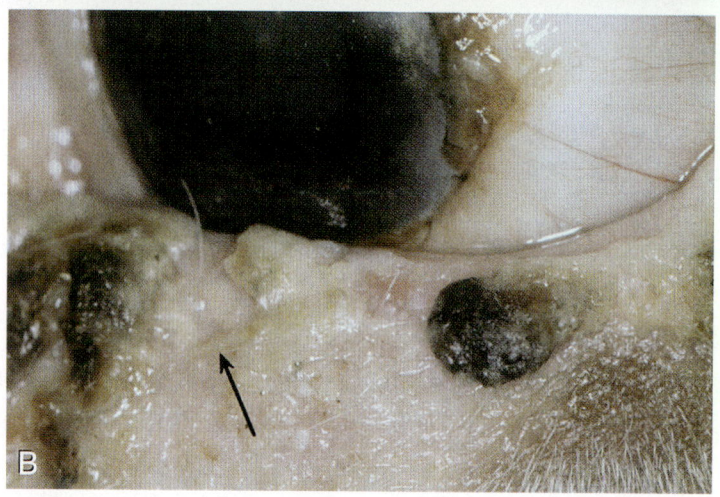

図 14.9　A．8 歳のヘレフォード種雌牛の輪部にみられた扁平上皮癌．腫瘤が背内側の角膜輪部にみられる．
　B．潰瘍性の扁平上皮癌（矢印）がヘレフォード種牛の下眼瞼内眼角の下涙点を巻き込んだ部位にみられる．

　眼扁平上皮癌（OSCC：ophthalmic squamous cell carcinomas）は，牛に最も多くみられる眼科領域の腫瘍であるが，その他の食用動物では比較的まれな腫瘍である．疫学的に眼科領域の扁平上皮癌は，アメリカの牛で 0.8～5.0％，オランダの牛で 0.04％の発症率である．年齢，太陽光線による被爆の程度，眼瞼の色素沈着は，OSCC への好発要因となる．ヘレフォード種が好発品種である．
　約 75％の OSCC は，球結膜と角膜（たいてい背外側の角膜輪部），残りの 25％は瞼結膜，瞬膜前面，眼瞼皮膚に発症する．輪部 OSCC は，4 段階を経て進行する；プラーク病変（上皮の過形成），乳頭腫（結合織が核となる），非浸潤性の癌（角膜上皮の前境界板を貫通しない）から癌病変へと変化する．

（つづく）

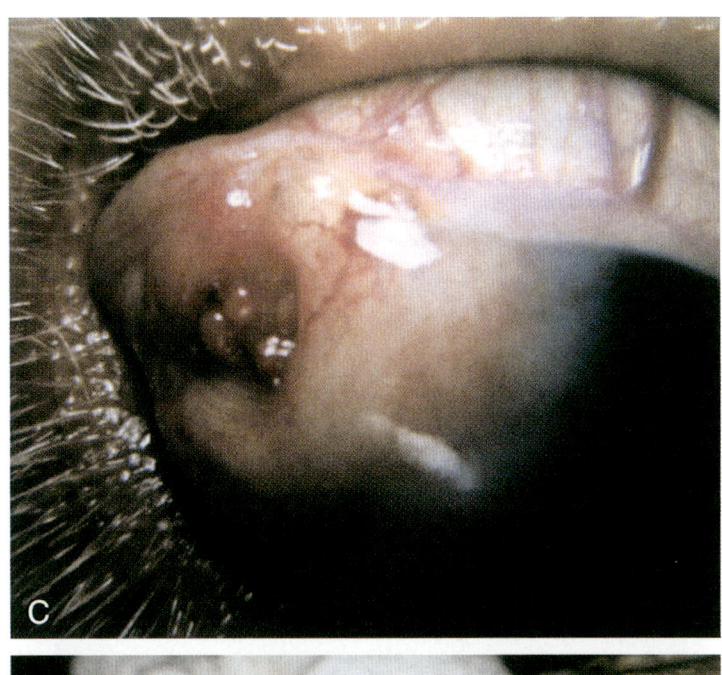

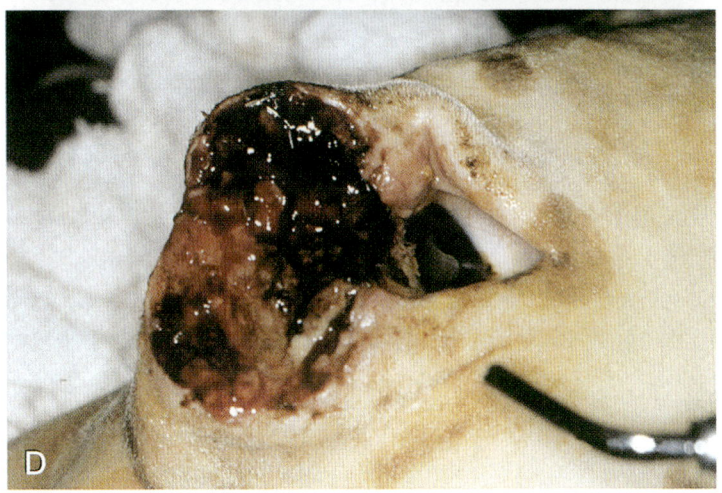

C．ヘレフォード種雌牛の側方球結膜から角膜辺縁部にかけてみられた扁平上皮癌．眼内への腫瘍の浸潤が始まっている．
　D．内眼角全体にかけてみられる進行した扁平上皮癌．腫瘍がこの症例のように発症すると完全に外科的切除をすることは大変難しい．

　続発性の潰瘍，壊死，炎症や出血が起こる．全身への転移速度は遅いが，まず近接した支配リンパ節，眼窩骨（上顎骨，前頭骨），耳下腺，唾液腺に転移する．遠隔転移は肺，心臓，胸膜，肝臓，腎臓や胸部リンパ節に起こる．
　OSCCに対する効果的な治療は，腫瘍が小さく限局しているときに外科的摘出を実施することである．腫瘍が大きくなってからの外科的摘出術は避けるべきである．一般に治療は，外科的摘出術，凍結療法，高温療法，放射線療法の組み合わせで実施する．さらなる情報のために，Veterinary Ophthalmology 3rd edition pp1140-1151，Essentials of Veterinary Ophthalmology pp395-403を参照のこと．

図 14.10　雌牛にみられた瞳孔膜遺残（PPM）と水晶体前嚢の色素沈着を伴う白内障．虹彩から伸びた遺残瞳孔膜が水晶体前嚢表面に付着している．

　食用動物における瞳孔膜遺残（PPM：persistent pupillary membranes）はまれな病態である．多くの場合水晶体や角膜への虹彩由来の付着物は後炎症性のものである．その他の動物種でのPPM同様に，牛のPPMも瞳孔から数ミリ離れた虹彩捲縮輪から始まり，虹彩のその他の部位，水晶体前嚢（巣状白内障の原因となる），角膜内皮（深部角膜混濁の原因となる）に終わる．治療の必要はない．

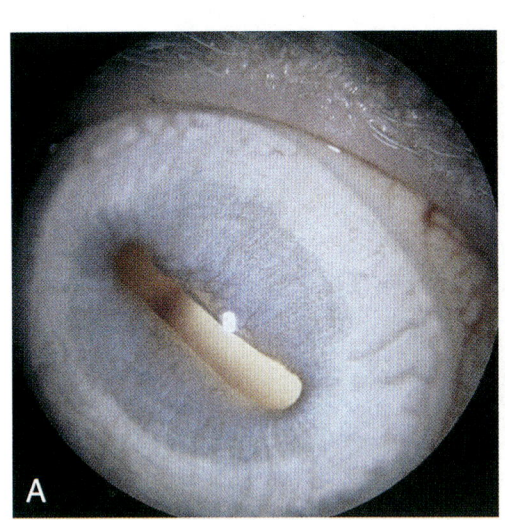

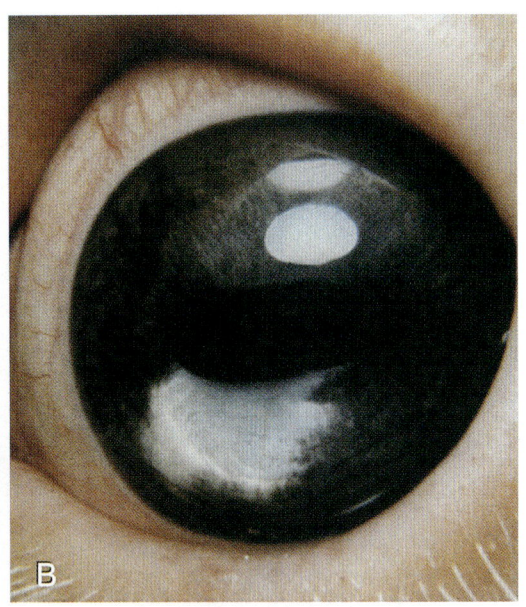

図14.11　A．白子のガンジー種仔牛にみられた虹彩異色．虹彩色素が完全に欠損しているため，虹彩の色が白色とピンク色である．この症例は，臨床症状として眼振と羞明も伴っていた．
　B．ヘレフォード種雌牛にみられた不完全な白子症の虹彩異色．虹彩が部分的に茶色，青色，白色である．

　虹彩異色は，1つの眼球内もしくは反対側の眼球の虹彩の色が異なっている状態をいう．虹彩異色の虹彩の色は，白色，白色と青色，青色，白色と茶色などの組合せで発症する．この時瞳孔縁の上下の縁にある虹彩顆粒は通常は黒色である．虹彩異色は，牛の前部ぶどう膜の病変としても最も多くみられる．牛の先天性眼異常の10％を占めるという報告もある．

　牛の虹彩異色は，多くは遺伝性で，好発品種は，ヘレフォード種，アイルシャー種，ホルスタイン種，アンガス種，ブラウン・スイス種，ガンジー種である．ヘレフォード種の虹彩異色は，網膜のタペタム領域における線維層の低形成と視神経乳頭の欠損を伴っており，常染色体優性遺伝である．その牛の毛色は白色，もしくは白色に色素斑である．ガンジー種の白仔牛の虹彩は白色で，虹彩顆粒が無色素性であるため，羞明（明るさへの感受性の増大）と眼振を伴うことが多い．さらなる情報のために，Veterinary Ophthalmology 3rd edition pp1153-1154, Essentials of Veterinary Ophthalmology pp403-405を参照のこと．

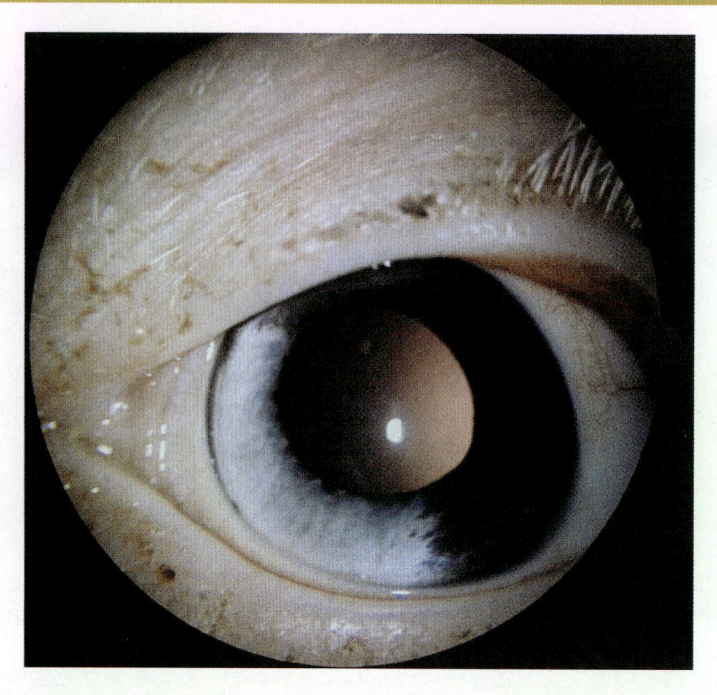

図 14.12 豚の虹彩異色は遺伝性で，毛色と関係がある．写真の豚の虹彩には茶色，青色，白色の部分がある．

　豚においても虹彩異色は発症する．白色毛色（38％）の方が有色素毛色（16％）の豚よりも虹彩異色の発症頻度は高い．虹彩異色の虹彩は，青色もしくは青色と黒色の組合せでみられることが多い．虹彩異色の豚は，眼底色素も減少している．豚の虹彩異色は常染色体劣性遺伝である．

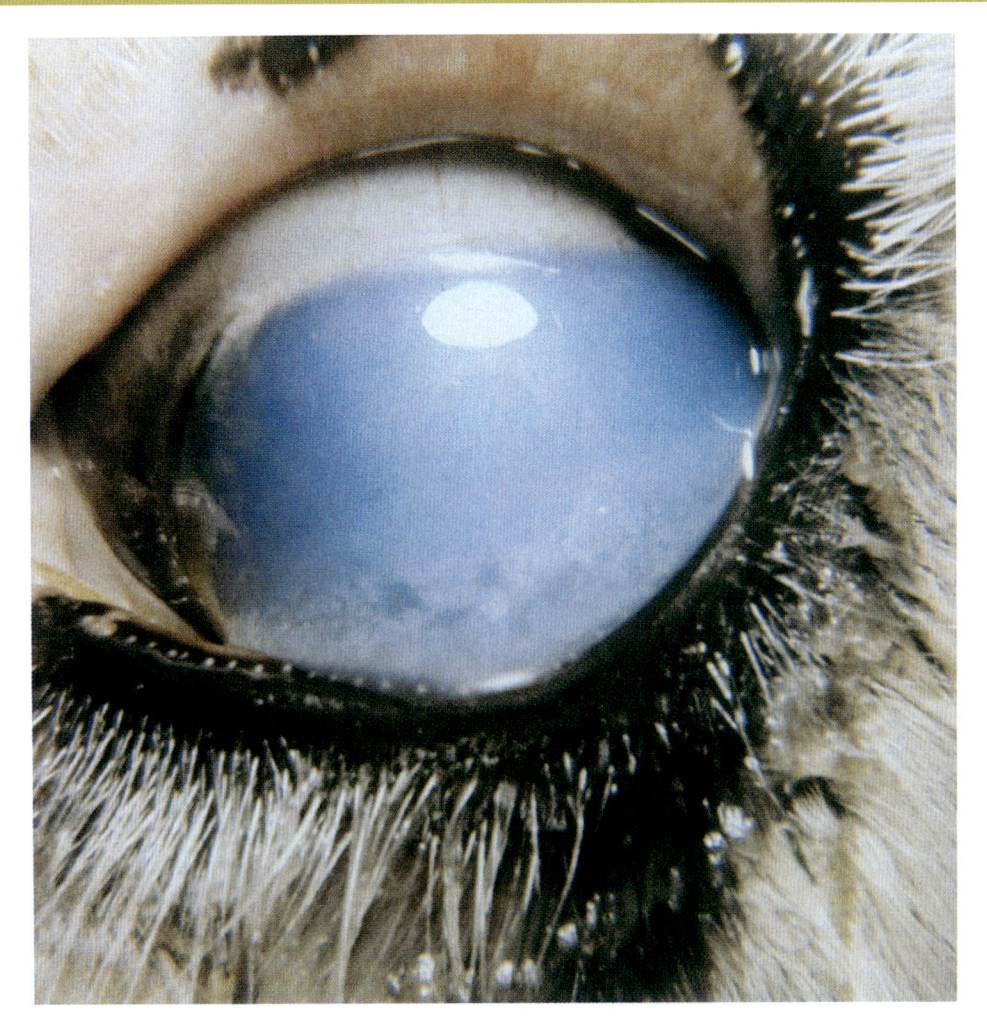

図 14.13 雌牛にみられた牛伝染性鼻気管炎に続発した重篤な虹彩毛様体炎．角膜は重度の浮腫を起こしている．

　食用動物の虹彩毛様体炎は角膜疾患または全身性疾患の続発症として発症する．臨床症状としては，羞明，眼瞼痙攣，流涙，角膜浮腫，深部角膜血管新生，前房フレアおよび前房蓄膿，虹彩浮腫，縮瞳，虹彩後癒着や白内障である．全身性疾患が原発の場合，両眼性に発症する．

　仔牛における虹彩毛様体炎の原因は，新生仔感染症，重篤な乳房炎や子宮筋層炎に関連した細菌性敗血症，外傷性の細網系腹膜炎，悪性カタール熱，結核，牛伝染性角結膜炎，血栓栓塞性髄膜脳炎，レプトスピラ感染症，トキソプラズマ感染症，リステリア感染症，白血病などがある．羊や山羊における虹彩毛様体炎の原因は，さまざまな菌による新生仔子宮内感染性敗血症，リステリア感染症，マイコプラズマ感染症，トキソプラズマ感染症，チアミン欠乏症，トリパノゾーマ感染症，鈍的外傷，レトロウイルス感染症およびさまざまの毒素などがある．治療は原因によって異なるが，抗生物質の点眼および全身投与と散瞳剤の点眼が一般的である．

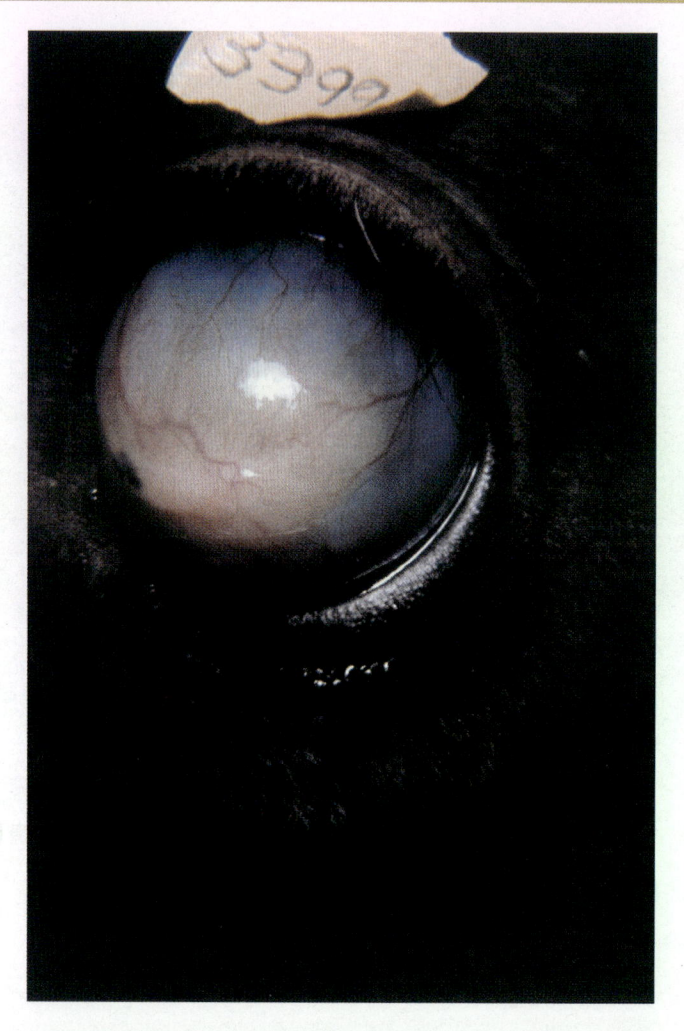

図14.14 ホルスタイン種の仔牛にみられた牛伝染性角結膜炎が原因で発症した続発緑内障．角膜中心部の穿孔性潰瘍が原因で前房隅角の閉塞が起こり，結果として眼内圧が上昇し，眼球拡張が発症している．突出した角膜は炎症性で，角膜への血管新生が観察される．

　食用動物において緑内障の発症はまれである．牛では，重篤な牛伝染性角結膜炎が原因で，前房隅角の閉塞が起こり続発性に発症する型の緑内障が大半を占める．ニュージーランドのホルスタイン種においては，白内障形成，水晶体脱臼を伴った緑内障（眼球拡張，牛眼）の例が報告されている．治療法はあるが，通常は実施しないことが多い．

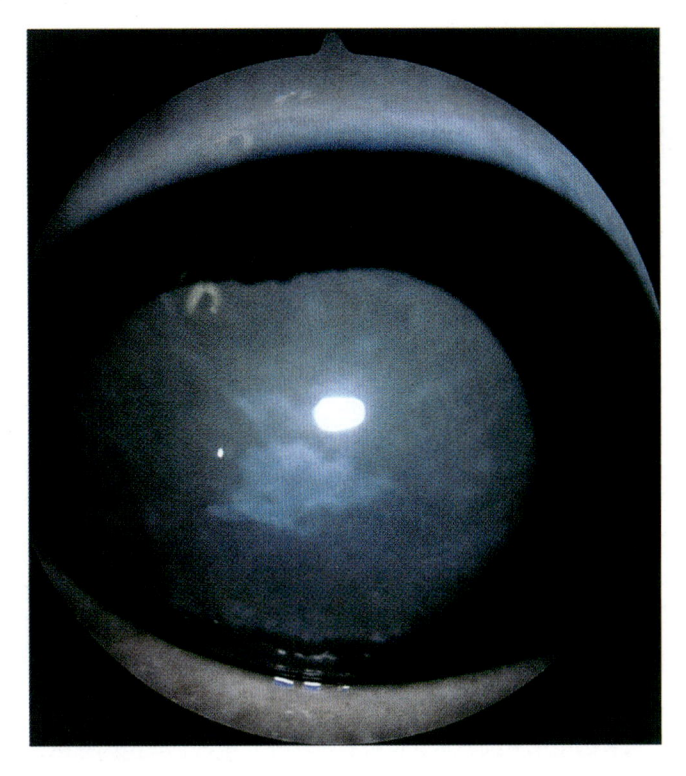

図 14.15　先天白内障は仔牛では珍しいが，遺伝性であると考えられている．このヘレフォード種の仔牛では，白内障は両眼性で，この仔牛の母牛も両眼性の白内障に罹患していた．

　先天白内障は仔牛，仔羊，山羊，仔豚でも報告があるが，これらの中では仔牛での発症報告が最も多い．臨床症状としては盲目にいたる視覚異常で，こういう症例では，両眼性の進行した白内障が認められる．常染色体劣性遺伝する先天白内障はジャージー種、ヘレフォード種，ホルスタイン種，短角種で確認されている，これらの品種における先天白内障は，他の眼異常（小眼球症，瞳孔膜遺残，網膜異形成，網膜剥離）を伴うことも多い．

　仔牛や仔羊における他の眼異常を伴う先天白内障は，妊娠中，子宮内の胎仔がウイルス感染（仔牛－牛ウイルス性下痢症，仔羊のブルー・タンウイルス感染症）することにより続発性に発症することもある．仔牛や仔羊において白内障手術（超音波白内障乳化吸引術）の成功例も報告されている．さらなる情報のために，Veterinary Ophthalmology 3rd edition pp1156-1158, Essentials of Veterinary Ophthalmology pp405-406 を参照のこと

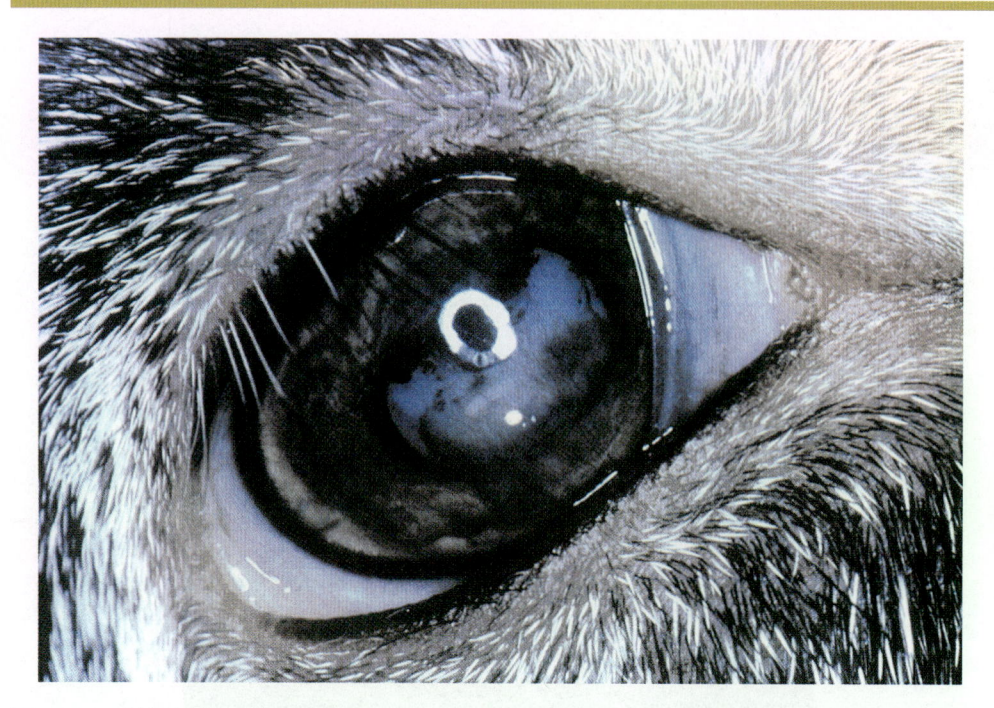

図 14.16　前部ぶどう膜炎が原因で起こる続発白内障は，食用動物においてはよくみられる病態である．この写真の山羊では，多発性虹彩後癒着と進行した白内障形成が観察できる．

　前部ぶどう膜炎が原因で起こる続発白内障は，牛によくみられる．このタイプの白内障は前部ぶどう膜炎に適切な治療がなされなかったことが原因となっていることが多い．虹彩毛様体炎に対して散瞳剤での治療がなされないと，炎症を起こした虹彩は，水晶体前嚢に容易に癒着（虹彩後癒着の形成）するが，これは炎症を起こした虹彩の一部が水晶体前嚢上に癒着している状態である（炎症後の反応）．前部ぶどう膜炎による炎症が消退した後，視覚異常が進行し，最終的に盲目になったという病歴を聞くことが多い．牛は，完全に成熟白内障であっても臨床的に視覚異常が診断しにくい（検眼鏡での眼底像の診断が非常に難しい）．白内障によって視覚が消失した場合，白内障手術のみが視覚を回復させる唯一の方法である．

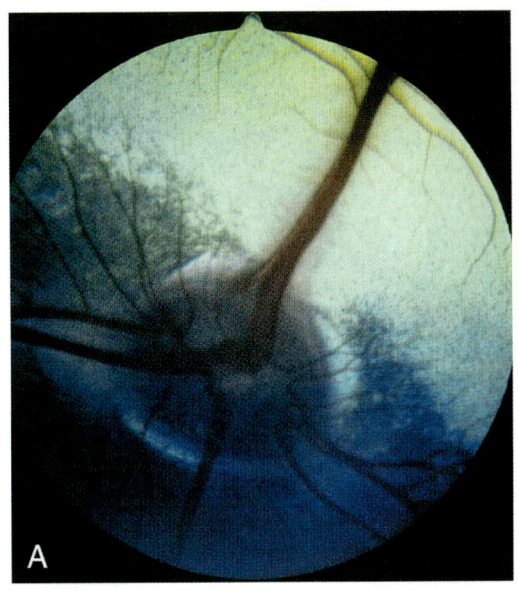

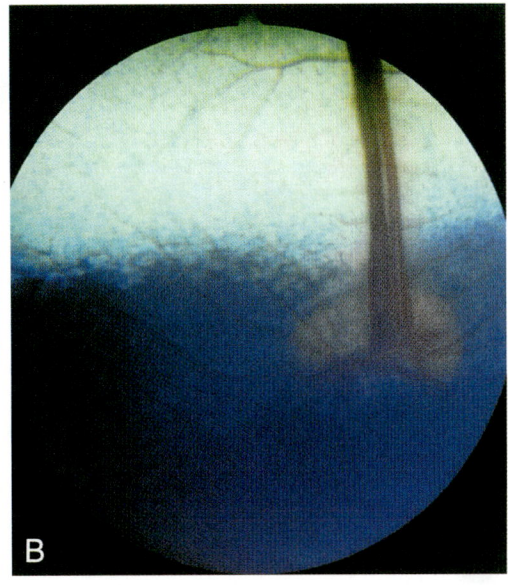

図14.17　A．正常な牛の眼底像．眼底の上側にあるほぼ三角形のタペタム領域の色は，黄-緑色で，ノンタペタム領域は，こげ茶-黒色である．視神経乳頭は，タペタム領域とノンタペタム領域の境界部に位置し，網膜血管は，均一の太さで，硝子体中にやや突出しているように見える．

B．正常な羊の眼底像．羊の眼底像は牛の眼底像に似ているが，視神経乳頭の下側の縁にV字型のくぼみがある（それゆえ羊の視神経乳頭の形をインゲン豆様と呼ぶ）．

正常の牛，羊，山羊，豚の眼底像を見慣れることは，後眼部（後部硝子体，網膜，脈絡膜，後部強膜）の病態を把握し，診断するためには必須条件である．牛の眼底のタペタム領域にはウィンスローの星（タペタム領域の線維層を脈絡毛細血管板が貫通しているところ）がはっきりと見える．ノンタペタム領域は，通常は，茶黒色であるが，色素がほとんどないような毛色の牛では，この領域の色も薄い．視神経乳頭は，タペタム領域とノンタペタム領域の境界部に位置し，網膜動脈と静脈は，視神経乳頭の中心部や辺縁部から出て，網膜表層部を走行する．

（つづく）

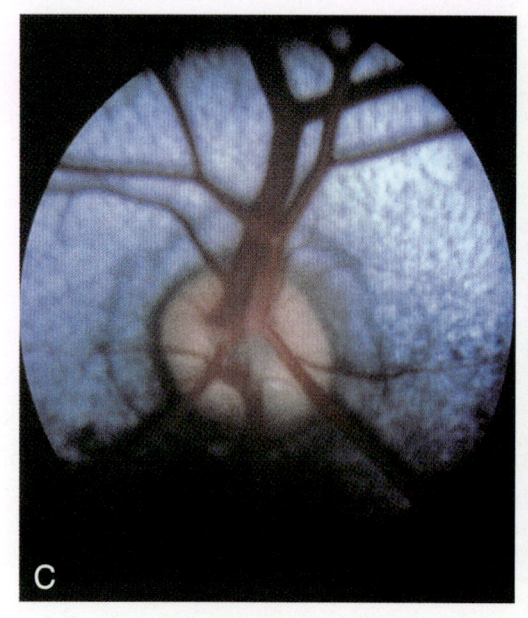

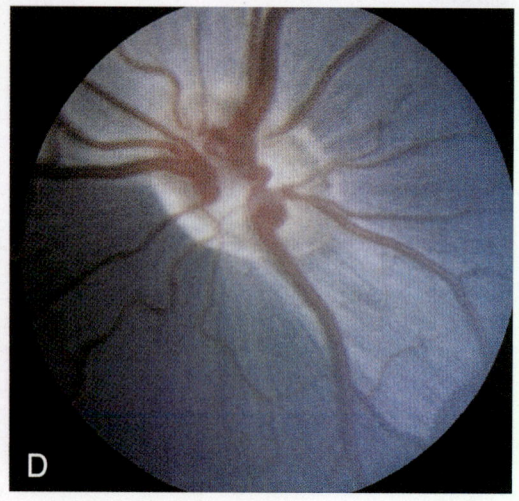

C．山羊の正常眼底像．山羊は羊や牛とは多少異なる．視神経乳頭は，タペタム領域内にあり，視神経乳頭の境界部は，羊や牛に比べると，よりはっきりとミエリン（髄索）が明瞭に見える．網膜血管も顕著に見える．

D．豚の正常眼底像．豚はタペタム領域を欠き，網膜全体に色素沈着がみられる．この色素沈着の割合は，個体の毛色に左右される．視神経乳頭は，卵型で，網膜血管も顕著に見える．

羊の正常眼底は，牛と似ているが，視神経乳頭が典型的なソラマメ型（視神経乳頭の6時の位置にV字型の切れ込みがある）をしているところが異なっている．山羊の視神経乳頭は，円形で，はっきりとした境界をもち，突出したように見える．

豚の正常眼底には，タペタム領域がなく，網膜全体に色素沈着がみられる（この沈着色素の割合は，個体の毛色に左右される）．網膜動脈や静脈は，視神経乳頭の中心部または辺縁部から始まり，網膜全体に走行する．さらなる情報のために，Veterinary Ophthalmology 3rd edition pp1158-1160, Essentials of Veterinary Ophthalmology pp406-408 を参照のこと．

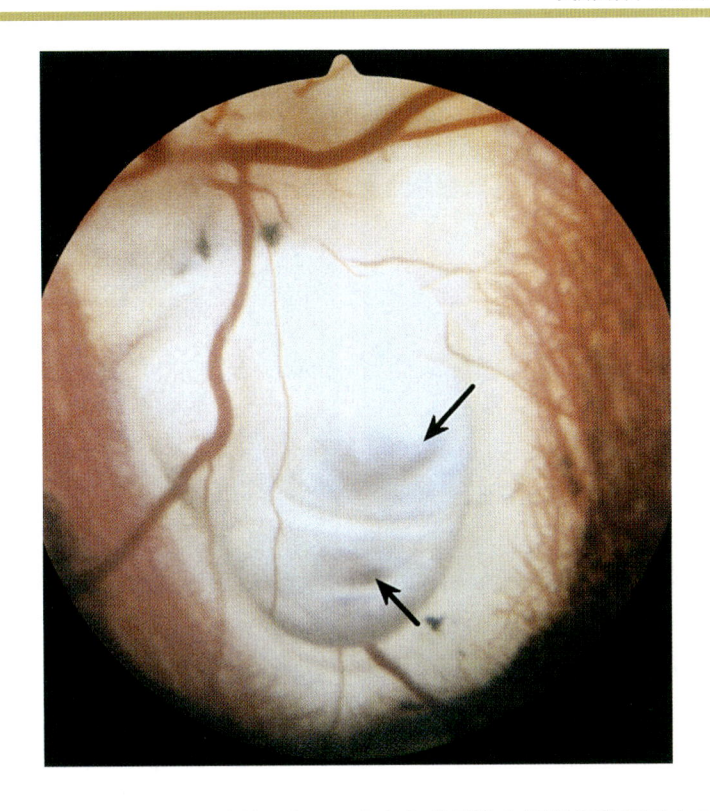

図 14.18 虹彩異色のヘレフォード種の牛にみられた典型的な視神経乳頭下方のコロボーマ．コロボーマ部位には 2 か所の陥凹部（矢印）があり，その上を網膜動脈，静脈が 1 本ずつ横断走行している．

　典型的な視神経コロボーマまたは視神経乳頭下方（6 時の位置）の異常は，牛に多くみられ，ヘレフォード種やキャロライス種においては遺伝性と考えられている．視神経乳頭コロボーマは両眼性に発症するが，病変は左右対称ではない．ヘレフォード種における視神経コロボーマは常染色体優性形質で遺伝し，白色の毛色，虹彩異色，網膜のタペタム領域の線維層の低形成と深く関わっている．キャロライス種における視神経乳頭コロボーマは，優性または多様な形質で遺伝すると考えられている．ヘレフォード種やキャロライス種以外の品種における視神経コロボーマであっても，遺伝する可能性があるため，発症牛の繁殖はすすめられない．

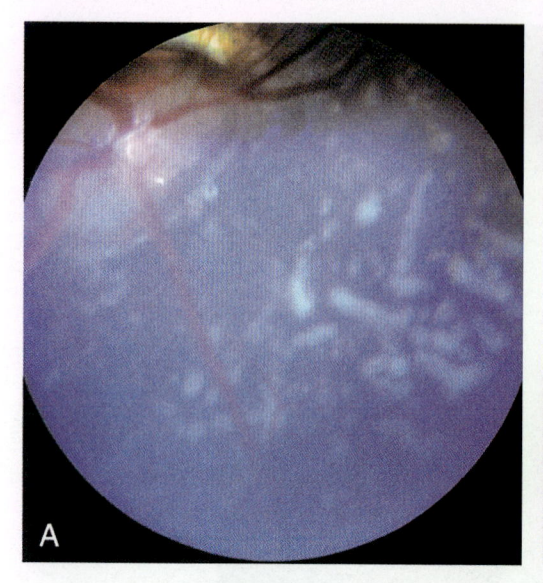

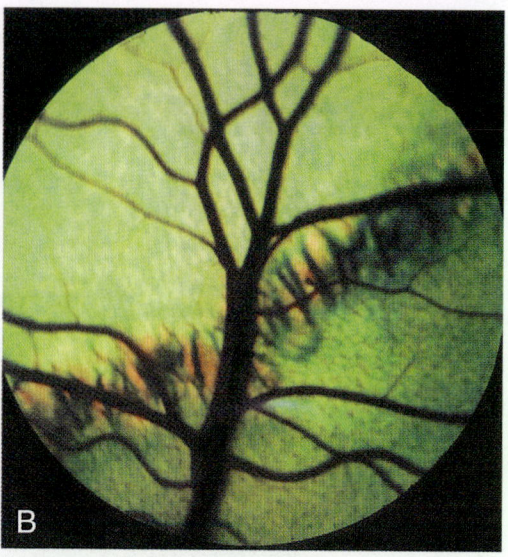

図 14.19 牛の眼底にみられる炎症性病変は，全身性感染症と深く関わっていることが多い．
　A．若い未経産牛のノンタペタム領域にみられた脈絡網膜炎像．炎症性，浮腫性病変領域の辺縁ははっきりとせず，少し隆起したように見える．
　B．ジャージー種成牛の *Streptococcal pyoseptica* 感染後にみられた慢性脈絡網膜炎または脈絡網膜症．タペタム線維層の消失による網膜タペタム領域の色の変化と沈着色素の増加がみられる．

　脈絡網膜炎または網脈絡膜炎はすべての食用動物で発症する．多くの場合，全身性および感染性の病気が原因で，続発性に発症する．後眼部の炎症は，前部ぶどう膜炎の発症があると診断できないことが多いが，通常，同時に発症している．臨床症状は，前部ぶどう膜炎を伴った視覚異常，視覚喪失である．続発症として全脈絡網膜炎，滲出性網膜剥離，視神経炎が起こる．

　牛の脈絡網膜炎の最も多い原因は，新生仔感染症（*Escherichia* や *Pasteurella* sp 感染による），血栓栓塞性髄膜脳炎（*Hemophilus somnus* 感染による），狂犬病，ウイルス性下痢症，トキソプラズマ感染症，結核，リステリア感染症である．羊や山羊の脈絡網膜炎の最も多い原因は，マイコプラズマ感染症，リステリア感染症，糸状虫感染症（elaeophorosis），トリパノゾーマ，トキソプラズマ感染症やその他のウイルス性感染症（スクレピーウイルスやブルー・タンウイルス感染による）である．さらなる情報のために，Veterinary Ophthalmology 3rd edition pp1163, Essentials of Veterinary Ophthalmology pp409-410 を参照のこと．図 16.41 も参照．

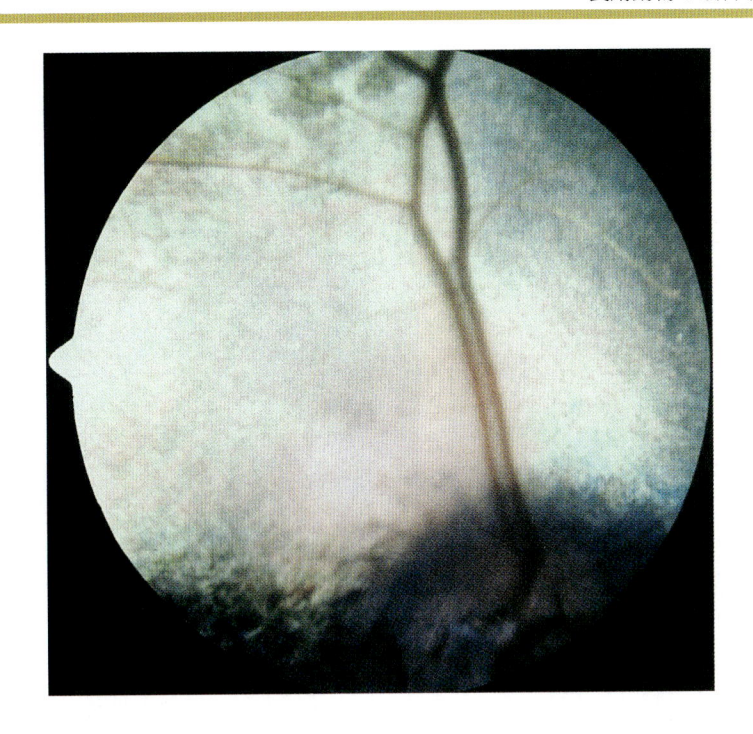

図 14.20　羊の栄養性網膜変性．網膜のタペタム領域の反射亢進と網膜血管の狭細化に注目．写真は Keith C. Barnett のご好意による．

　食用動物における網膜変性は，遺伝性と考えられてはいない．網膜変性は（トーゲンベルグ山羊での症例報告が 1 例あるのみである），さまざまの種類の植物や毒素の摂取が原因で，続発性に発症すると考えられている．イギリスの羊において，シダの一種であるワラビ (*Pteris aquiline*) の摂食によって網膜の外顆粒層の変性が起こり，結果として，瞳孔散大，視覚異常，失明という症状が起こる．検眼鏡を用いた眼底検査では，タペタム領域の反射亢進，網膜血管の消失や狭細化，視神経乳頭萎縮が観察される．

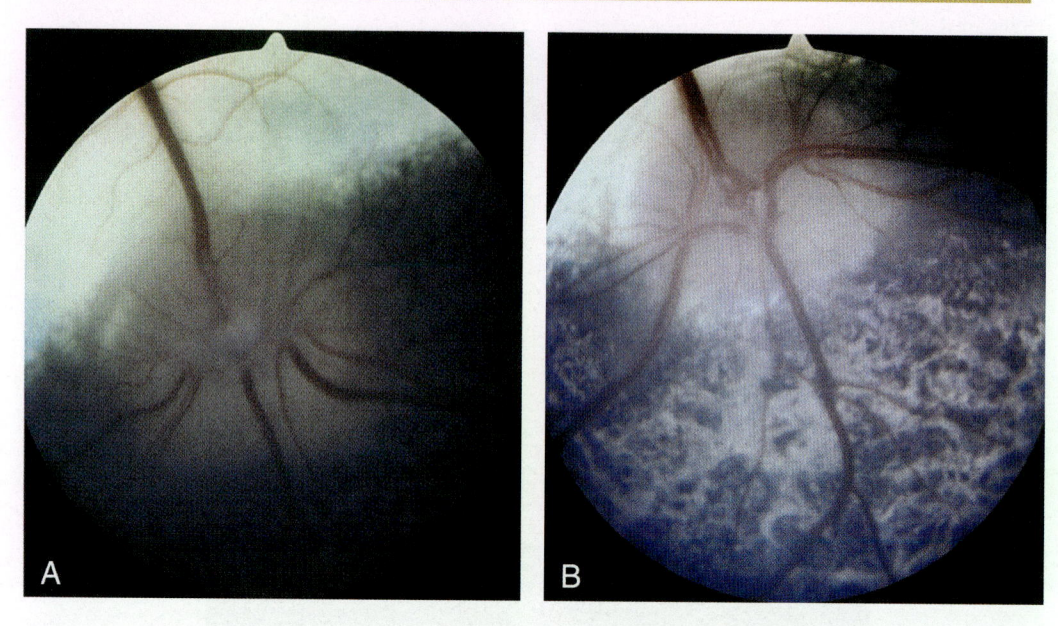

図 14.21　A．ビタミンA欠乏症の未経産牛にみられた視神経乳頭浮腫．視神経乳頭は，正常に比べて大きく，突出して見える．その辺縁部は不規則で，はっきりとは見えない．網膜血管系は正常に見える．
　B．若い去勢牛にみられた慢性ビタミンA欠乏症の眼底像．軽度の視神経乳頭変性を伴った乳頭浮腫と網膜ノンタペタム領域における部分的色素の欠落（網膜変性の特徴である）の両症状がみられる．

　仔牛のビタミンA欠乏症では，両側性の視神経低形成が起こり，成牛では，視神経乳頭浮腫と網膜変性が発症する．仔豚のビタミンA欠乏症では，小眼球やその他の眼異常が発症する．ビタミンAの少ない食事を与え続けると，骨の成長異常，視神経管の直径の減少，視神経低形成や視覚消失の原因となる．成長期の牛や成牛において，ビタミンA欠乏症は，脳脊髄圧の上昇，視神経乳頭浮腫，び漫性網膜変性症の原因となる．検眼鏡を用いた検査では，視神経乳頭は突出し，網膜血管のうっ血を伴う腫脹がみられる．網膜変性によってタペタム領域の反射亢進とノンタペタム領域の色素消失が起こる．血清中のビタミンAレベルが20mg/dL以下の場合，ビタミンA欠乏症と診断する．成牛で網膜変性の進行が重篤でない場合，非経口的なビタミンA（440IU/kg）の投与が，良い治療結果が得られる．さらなる情報のために，Veterinary Ophthalmology 3rd edition pp1163-1165, 1498-1499, Essentials of Veterinary Ophthalmology pp410-411, 503-505 を参照のこと．

エキゾチックペットの眼科学 15

図15.1 蛇にみられた残留(不透明)スペクタクル.角膜,瞳孔,そして視力を障害するほどの不透明さに注目.

　蛇のスペクタクル(眼の前面を覆う被膜)は脱皮の際に落脱する.皮膚の肥厚と,古い皮膚と新しい皮膚の層の間の液体の蓄積とともにスペクタクルは曇っていき,脱皮の直前には透明になる.残留スペクタクルは乾燥した環境,一般的な外皮疾患,スペクタクルの局所的な外傷,全身疾患,ダニの侵襲などに関連している.半透明残留スペクタクルにより蛇は過敏,攻撃的,食欲不振になる.

　最初は保存的治療を行い,蛇に霧を吹きかけ浸漬し,次のサイクルでの自然な脱皮を容易にさせる.アセチルシステインの局所投与によりスペクタクルは柔らかくルーズになり,拇指鉗子での慎重な除去が可能になる.スペクタクルの深部と角膜の障害を避けるべきである.さらなる情報のために,Veterinary Ophthalmology 3rd edition pp1283-1284, Essentials of Veterinary Ophthalmology pp417-418 を参照のこと.

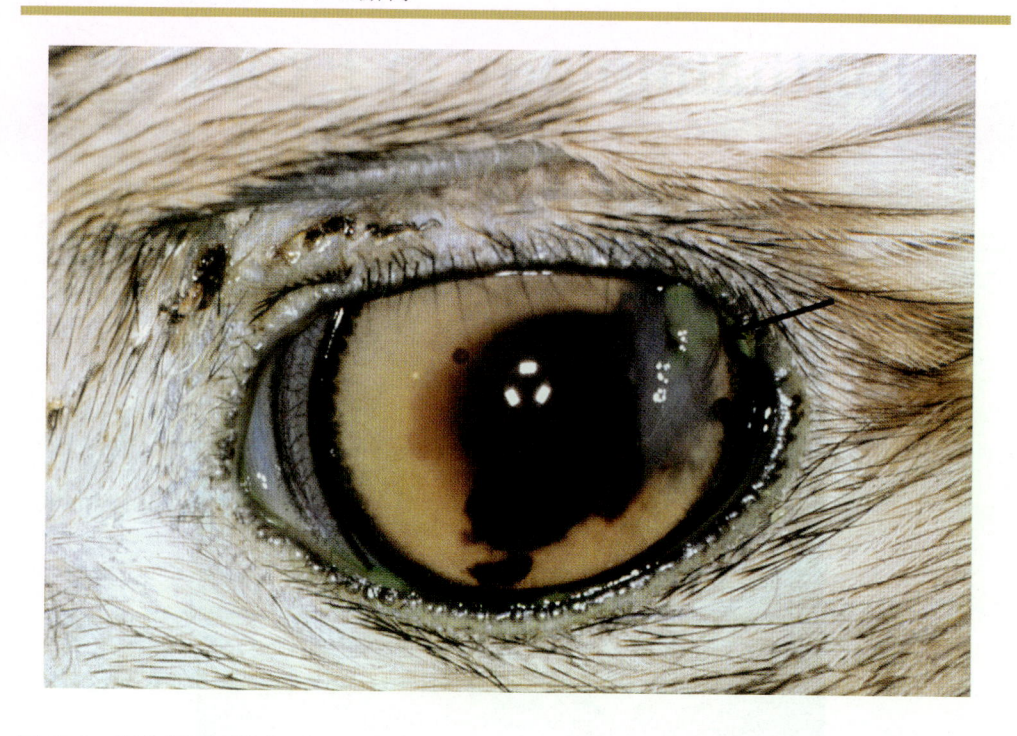

図 15.2 猛禽類は眼外傷（鈍い貫通創）が多い．このレッドテイルホークには線状の角膜裂傷があり，二次的な虹彩毛様体炎に伴うフィブリン（矢印）と前房出血により覆われている．

　猛禽類とその他の鳥類では，外傷は最も一般的な眼疾患の原因である．眼瞼，瞬膜，角膜，水晶体，後眼部への損傷は一般的である．眼内出血，網膜裂孔や剥離もしばしば発生する．予後と治療は眼損傷と二次的炎症の程度により左右される．治療は角膜と眼内の炎症のコントロールと感染の防御に注意する．さらなる情報のために，Veterinary Ophthalmology 3rd edition pp1292-1293, Essentials of Veterinary Ophthalmology pp421-422 を参照のこと．

エキゾチックペットの眼科学　325

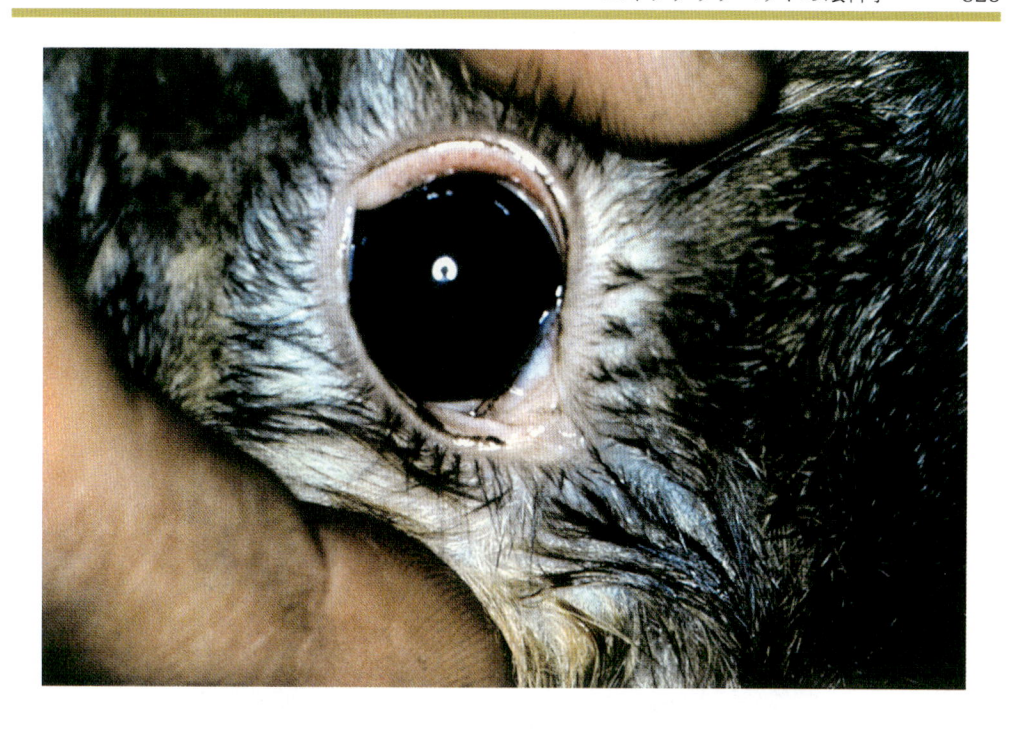

図 15.3　涙嚢炎と鼻涙管の閉塞を起こしている兎．内眼角の腫脹と粘液膿性結膜炎に注目．

　兎の鼻涙器は変わっており，下涙点と小管しかない．それゆえ，鼻涙器全体の鼻涙管洗浄と涙嚢鼻腔造影のためには，下涙点から行わなくてはならない．涙嚢炎の症状は流涙，慢性または持続性の結膜炎，鼻顔面の皮膚炎である．切歯と臼歯の歯列弓，歯根感染，栄養性上皮小体機能亢進症に二次的に発生した上顎骨の変化などは疾患の一因となる．

　鼻涙管洗浄は鼻涙管の貫通性を回復させるためには不可欠であり，局所への抗生物質の投与は二次的な細菌感染を解消する．鼻涙器が再閉塞する場合は，ナイロン糸を数週間留置する．さらなる情報のために，Veterinary Ophthalmology 3rd edition pp1215-1217, Essentials of Veterinary Ophthalmology pp429-430 を参照のこと．

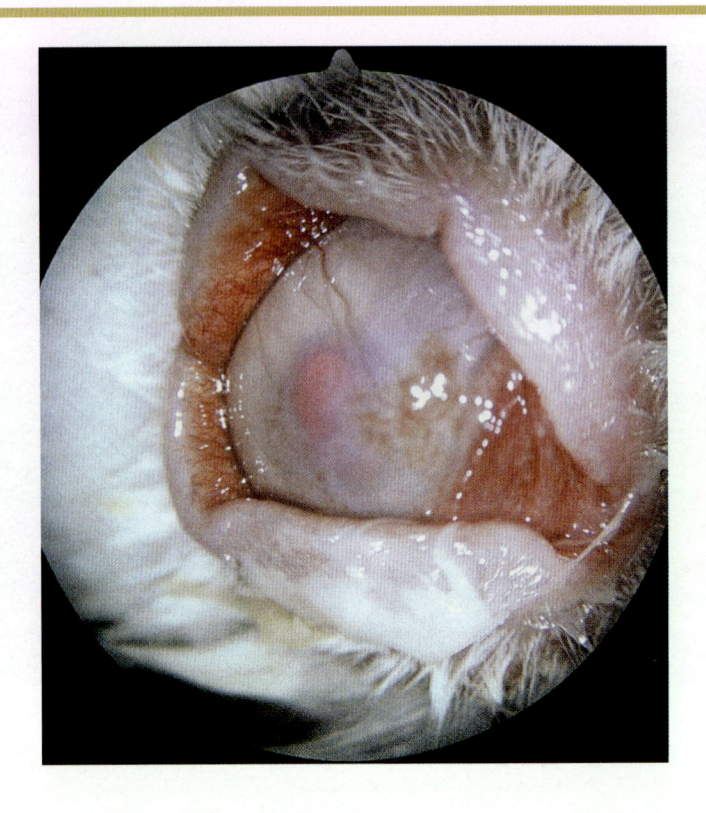

図 15.4　兎にみられた重度の細菌性眼瞼結膜炎．粘液膿性滲出物で覆われた眼瞼の炎症に注目．

　眼瞼炎はしばしば細菌性結膜炎と兎の鼻涙管閉塞に続発する．*Treponema cuniculi*（兎梅毒の原因）にも関連している．抗生物質の局所投与は，注射のような非経口的なタイプのものよりも好ましい（赤痢を避けるため）．

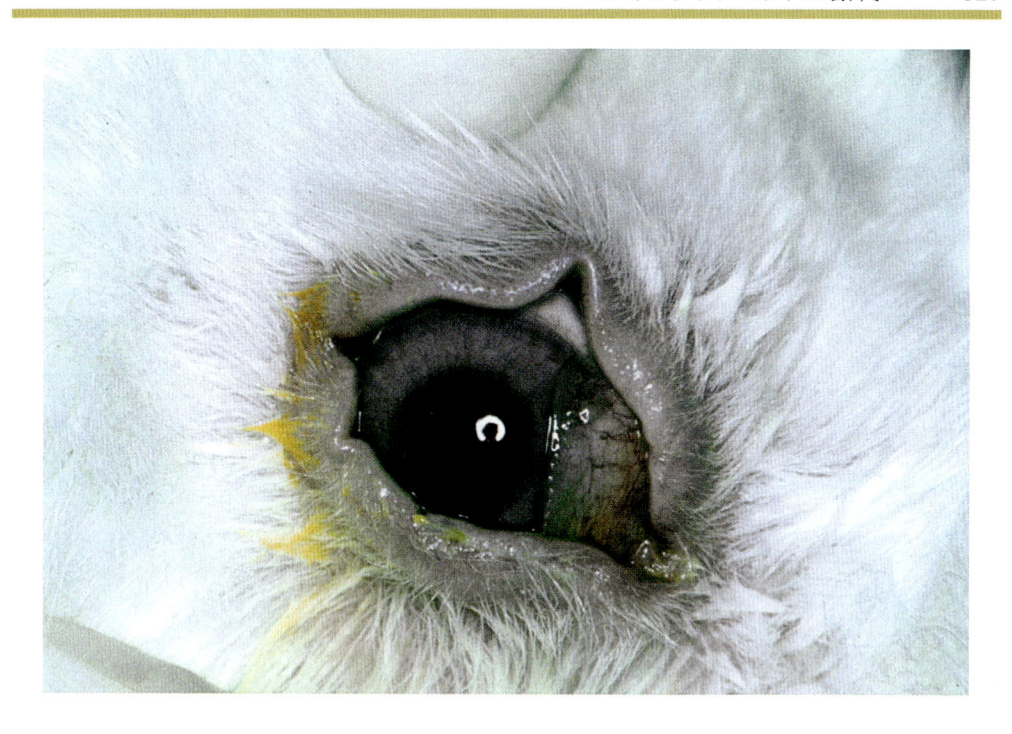

図 15.5　慢性眼瞼炎に関連する兎の眼瞼内反症．瞬膜も炎症を起こして突出している．

　眼瞼内反症は兎に起こり，小動物で用いられる Hotz-Celsus 法にて外科的に治療する．

図 15.6 兎にみられた重度のパスツレラ性結膜炎．角膜は粘液膿性滲出物で覆われている．

　兎の結膜炎は一般的にみられ，しばしば持続性疾患となり，涙嚢炎や眼瞼炎を併発する．分離される細菌は *Stephylococcus* sp（42％），*Pasteurella* sp（12％），*Hemophilus* sp である．粘液膿性の結膜分泌物はかなりの量である．難治性の慢性の症例では細菌培養と感受性試験が推奨される．局所の抗生物質治療も推奨される．さらなる情報のために，Veterinary Ophthalmology 3rd edition pp1212-1214，Essentials of Veterinary Ophthalmology pp429-431 を参照のこと．

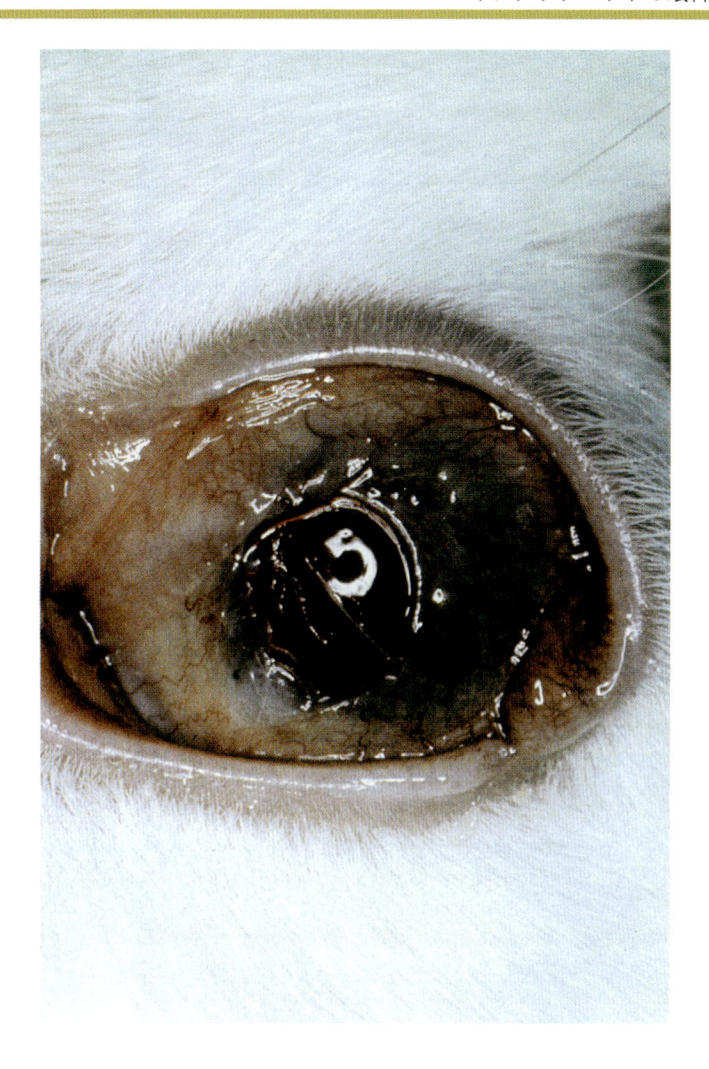

図 15.7　兎にみられた結膜の過伸展．増殖組織は角膜輪部から発生するが，角膜の 360 度に伸展するが角膜には付着しない．

　新しい結膜疾患が兎に発生しており，特にドワーフ種での発生が多い．角膜輪部に付着している結膜のヒダが，角膜の 360 度にわたりゆっくりと伸展する．しかし，人の翼状片とは異なり角膜表面には癒着していない．治療は外科的切除と術後の局所へのシクロスポリン投与である．外科的切除だけでは癒着性結膜の再発はよくみられる．さらなる情報のために，Veterinary Ophthalmology 3rd edition pp1217-1218, Essentials of Veterinary Ophthalmology p431 を参照のこと．

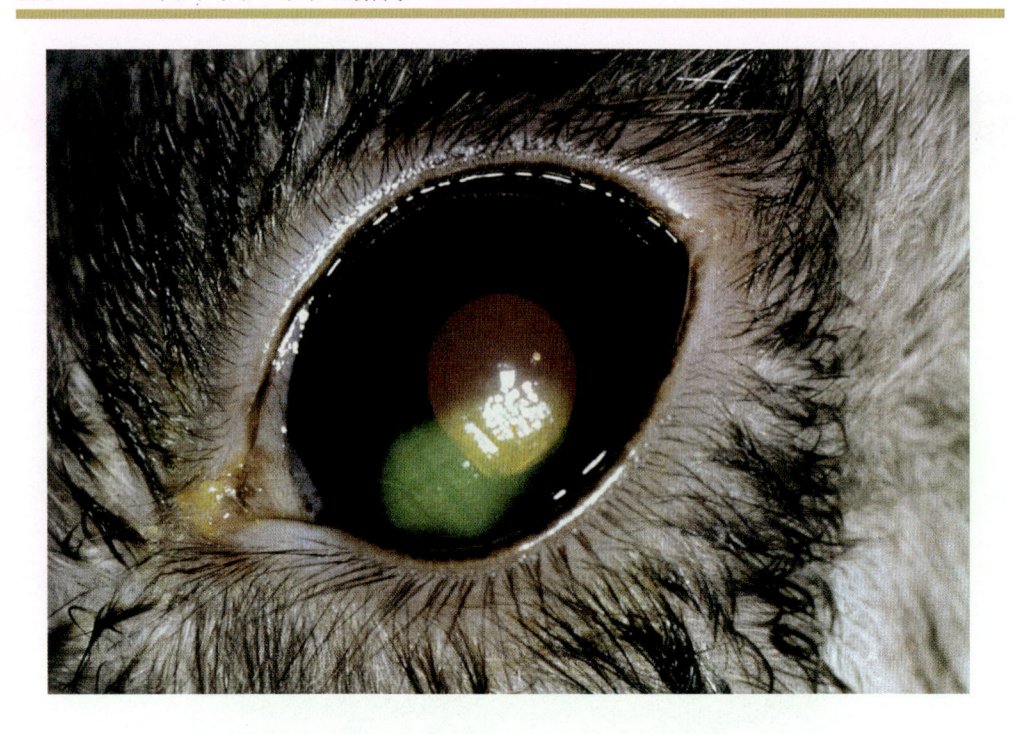

図 15.8　ドワーフ種の兎にみられたフルオレセイン染色された表層性角膜潰瘍.

　兎の異なるタイプの角膜潰瘍は小動物で遭遇するものに類似し，内科的や外科的に治療する．頑固な中央部の表層性角膜潰瘍が主にドワーフ種の兎に発生し，ゆっくりと治癒する．それらの潰瘍の角膜表層切除術は実質の分離片の形成と，角膜上皮と実質の癒合不全を起こすようである．自己外傷もまた潰瘍の形成と持続の一因となり，一時的な眼瞼縫合術とエリザベスカラーの装着を行う．

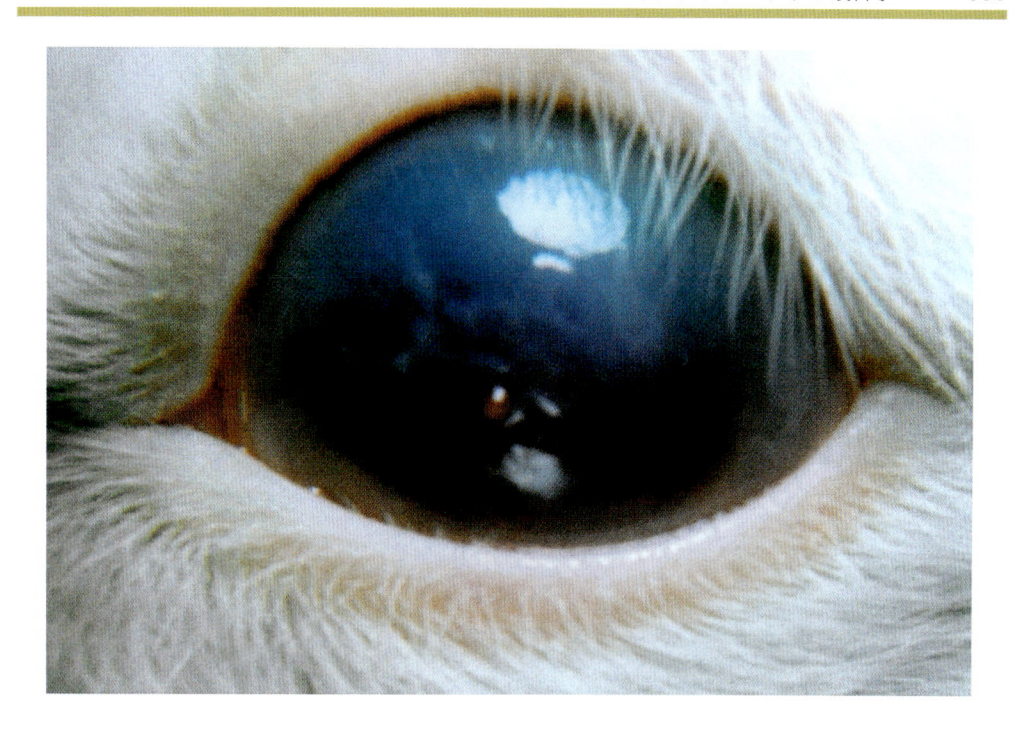

図15.9 ニュージーランドホワイトラビットの遺伝性の先天緑内障．眼内圧は上昇し，牛眼，散瞳，び漫性角膜浮腫を引き起こしている．

　先天緑内障はニュージーランドホワイトと有色種の兎の両者に発生する．これは半致死性因子とともに常染色体劣性形質として遺伝する．兎の正常眼内圧は約20mm Hgで，日内変動は人や犬とは異なり，夕方は高く，午前は低い．兎の眼内圧の上昇は3〜6か月齢で始まり，眼球拡張，角膜浮腫，散瞳，上強膜充血を示す．隅角鏡検査と組織学検査では，櫛状靱帯と線維柱体網は欠損しているか低形成で，毛様体裂は虚脱している．牛眼に続発する水晶体脱臼がしばしば起こる．毛様体の萎縮により眼内圧は正常値に戻るようである．

　内科治療は試みられており，眼内圧の降下に成功している．前房シャントも試みられている．さらなる情報のために，Veterinary Ophthalmology 3rd edition pp1224-1225, Essentials of Veterinary Ophthalmology p 432 を参照のこと．

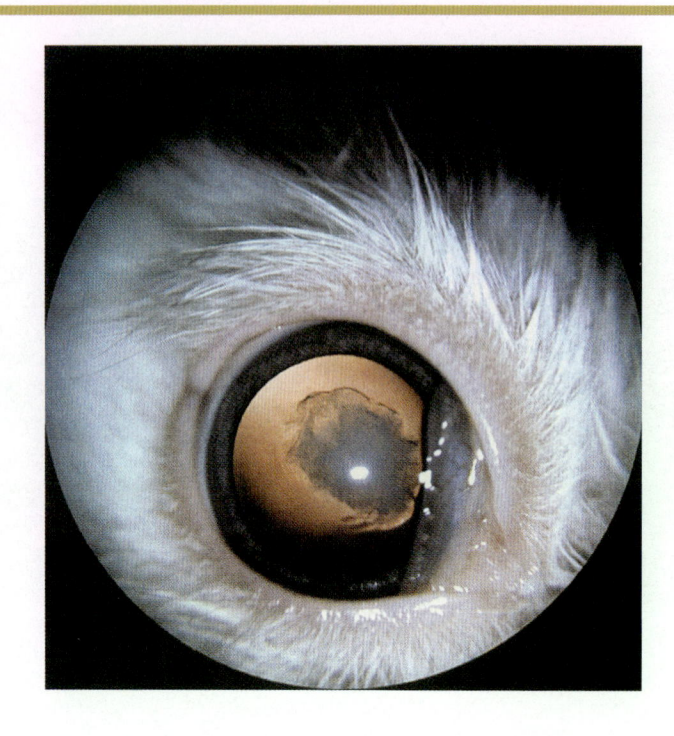

図 15.10 若い兎にみられた先天白内障．水晶体の混濁は核に限局している．白内障の進行あまり起きない．

　兎では白内障はまれであり，ほとんどの報告は他の眼異常を伴っているかあるいは伴わない先天核白内障である．小眼球症と瞳孔膜遺残がしばしば存在する．遺伝性白内障はまれである．超音波白内障乳化吸引を用いた白内障手術は兎で実施されている．兎では術後の水晶体嚢線維が増多することが多く，術後数か月での水晶体の混濁により再度盲目になってしまう．

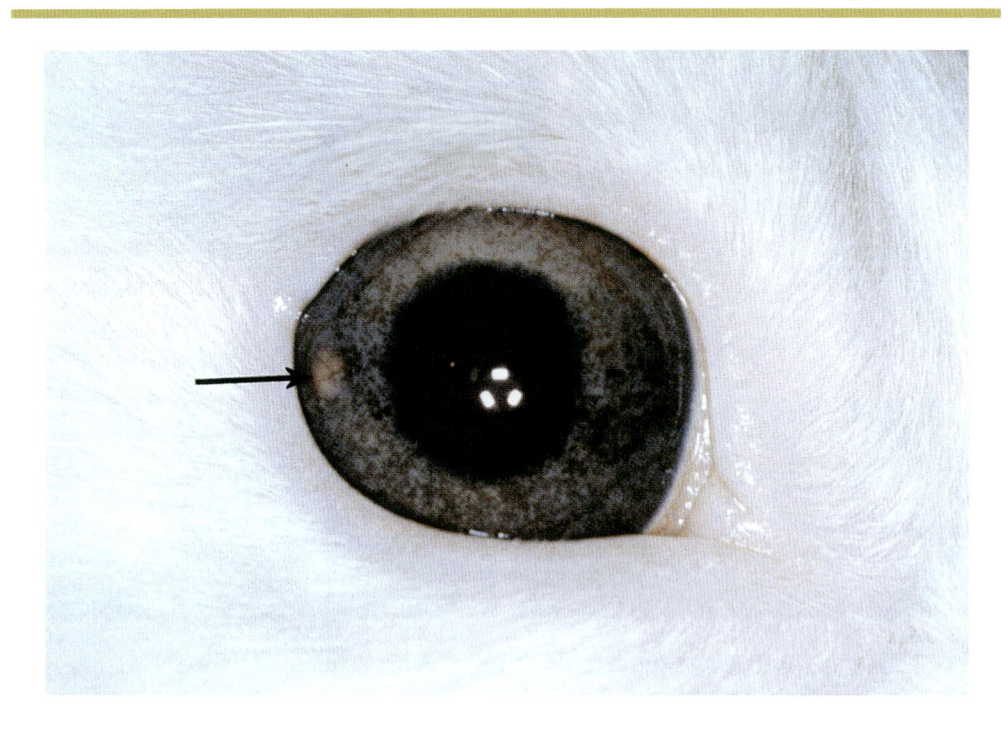

図 15.11　*Encephalitozoan cuniculi* に続発した兎の前部ぶどう膜炎．虹彩の肉芽腫が虹彩の外側方向（矢印）に存在している．白内障の形成がないか水晶体を詳しく検査するべきである．

　兎の虹彩毛様体炎の原因はさまざまである．微胞子虫目の寄生虫の *Encephalitozoan cuniculi* は垂直伝播し，おそらく発生の間に水晶体に侵入する．水晶体内寄生虫は白内障の形成を生じるだけでなく，水晶体物質の眼房水への漏出により多様で激しい水晶体原性ぶどう膜炎を引き起こす．巣状の肉芽腫が水晶体前嚢または虹彩の表面に存在する．さらなる情報のために，Veterinary Ophthalmology 3rd edition pp1221-1222，Essentials of Veterinary Ophthalmology p433 を参照のこと．

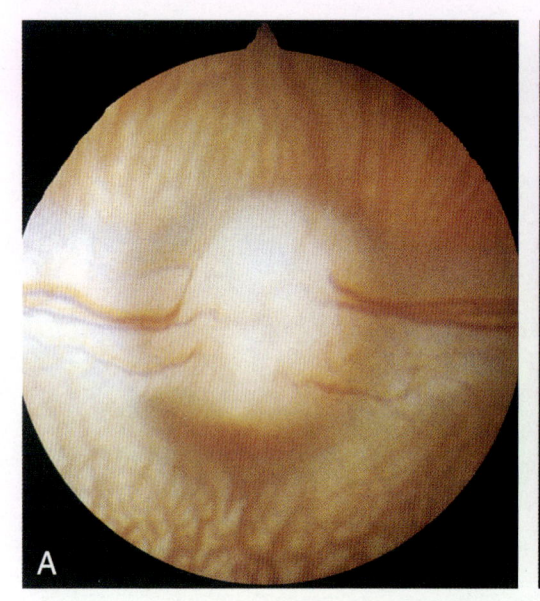

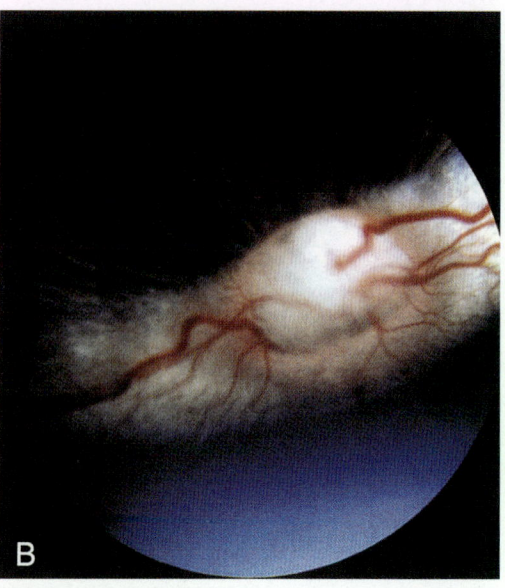

図 15.12 正常な兎の眼底は被毛の色によって変化に富んでいる.

　A．アルビノ種の兎の正常眼底．網膜の血管は主に視神経乳頭の中央と側方向に存在し，有髄視神経線維上にある．網膜と脈絡膜の色素が欠損しているので，眼底では網膜と脈絡膜の血管が観察できる．大きな生理的乳頭陥凹もまた視神経乳頭にみられる．

　B．有色種の兎の正常眼底．有髄視神経線維は眼底の色素を背にして突出している．視神経乳頭内の大きな生理的乳頭陥凹に注目.

　兎の眼底は被毛の色によって異なる．アルビノ種の兎では網膜色素上皮の色素が制限されるため，脈絡膜の血管が直接観察できる．有色種の兎では，タペタム層がないため眼底全体に色素がついている．兎の網膜血管系は顕著な動脈と静脈が網膜を横切っており，視神経乳頭の表面の 9 時と 3 時の位置から現れる．視神経乳頭には大きな生理的乳頭陥凹（コロボーマと混同することがある）があり，有髄神経線維である．

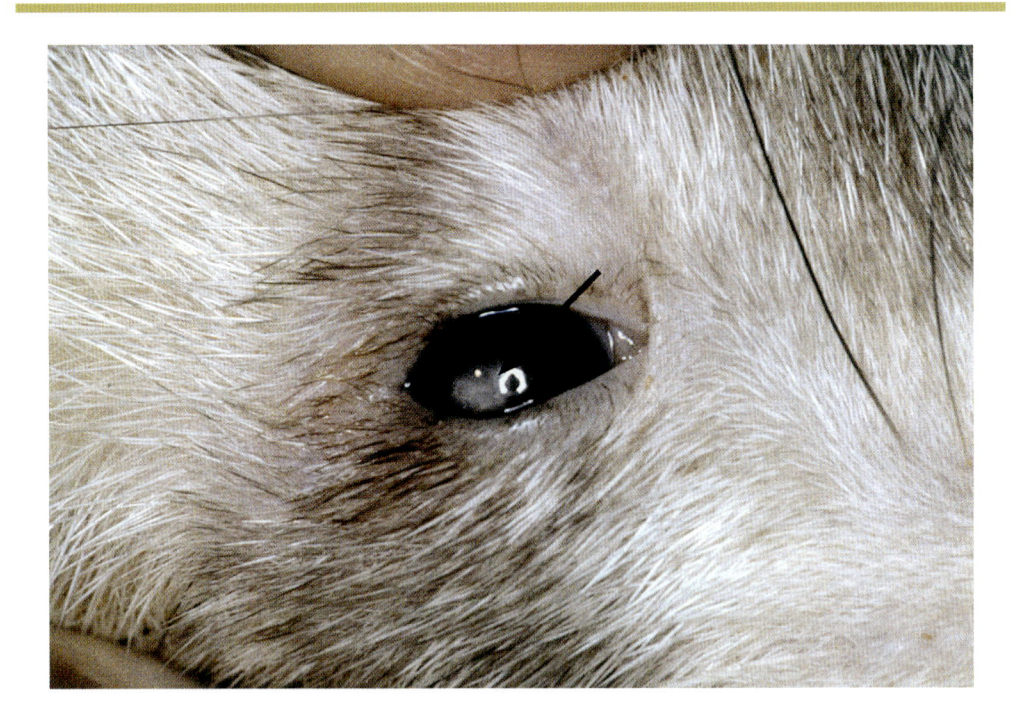

図 15.13　小眼球症はフェレットで頻繁に発生し，白内障の形成も一般的である．白内障の形成は核に限局している（矢印）．

　小眼球症はフェレットの一般的な先天性疾患の1つであり，しばしば白内障も存在する．アルビノ種および有色種のフェレットの両者が罹患する．小眼球症の遺伝については今まで立証されていない．

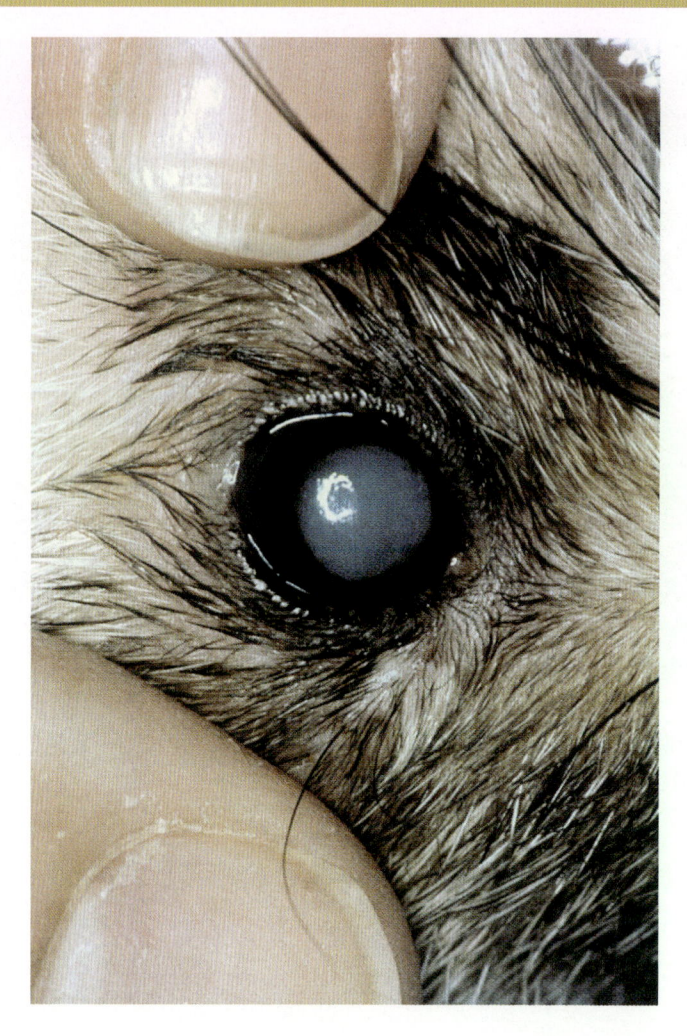

図15.14 小眼球および正常な大きさの眼球のフェレットに白内障が発生する．この白内障は水晶体の全領域をおかし，成熟白内障に分類される．

　フェレットの白内障は網膜剥離を伴い，小眼球および正常な大きさの眼球の両者に報告されている．白内障は多病巣で点状の不透明度のものから成熟や過熟タイプまで分類され，水晶体の核，前および後皮質がおかされる．原因として栄養および遺伝の両者が提唱されている．

16 眼症状を伴う全身疾患

図 16.1 ホモ接合のマール種のオーストラリアン・シェパードでは，小眼球症と多様な眼異常が発生している．この仔犬の左右対称の虹彩異色と非対称な小眼球に注目．

　過度な白色または部分的なアルビノがマールの遺伝子の犬で発生する．ホモ接合の不完全優性のマールの遺伝子をもつ動物（マール同士の両親を交配させた結果）では，被毛は主に白で，多様な眼異常の徴候である虹彩異色や難聴が発生することがある．それらの眼異常についてオーストラリアン・シェパードで研究されており，小眼球症，虹彩異色，白内障の形成，大きく多様な赤道部ぶどう腫，網膜異形成，網膜剥離を含んでいる．眼障害はしばしば非対称で，盲目は珍しい．白内障の進行あるいは網膜剥離によって後に視力障害が起きる．マール種の犬の交配は少なくとも 25％ の仔犬に影響することを愛犬家に忠告するべきである．すなわち，マール種と非マール種（たいてい黒と白（時には赤褐色），赤と白（時には赤褐色））との交配が推奨される．さらなる情報のために，Veterinary Ophthalmology 3rd edition p1401, Essentials of Veterinary Ophthalmology pp459-460 を参照のこと．

338 眼症状を伴う全身疾患

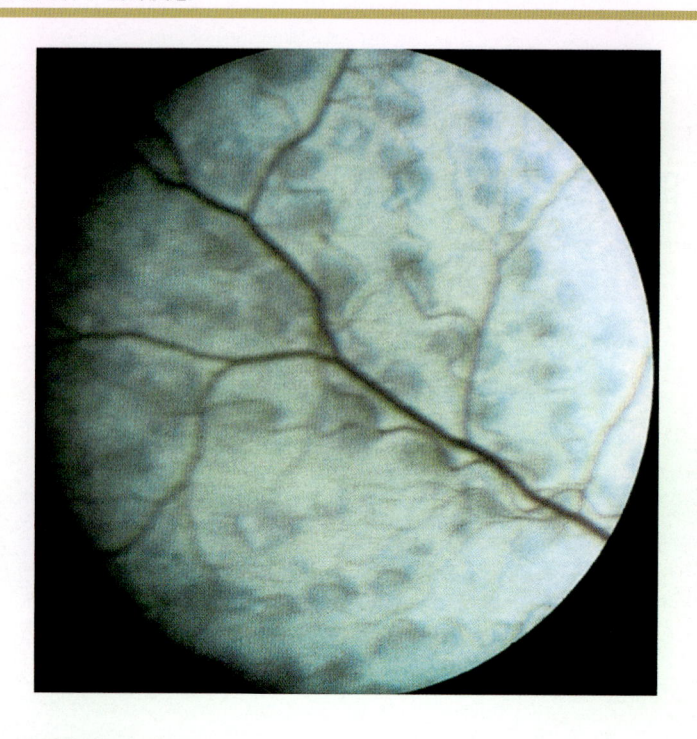

図16.2 矮小症と多発性眼異常はラブラドール・レトリバーで遺伝する．この軽度に罹患した仔犬のタペタム領域に認められる多数の網膜異形成に注目．

　サモエドとラブラドール・レトリバーの両種では矮小症が発生し，それは眼異常と関連している．ラブラドール・レトリバーでは不完全優性形質として眼異常は遺伝し，一方，骨格異常は常染色体劣性形質として伝達する．罹患した動物では，眼異常は視神経乳頭の背側（ホモ接合の動物と考えられている）の巣状または地図状の網膜異形成から，多発性眼異常〔小眼球症，白内障の形成，硝子体動脈遺残物，網膜異形成，完全網膜剥離（ホモ接合動物と考えられている）〕までいたる．

　矮小症のサモエドの眼異常は常染色体劣性形質として遺伝し，重度に罹患したラブラドール・レトリバーに類似している．罹患した動物と，罹患した子孫のいる成犬の交配は推奨されない．さらなる情報のために，Veterinary Ophthalmology 3rd edition pp1402-1403，Essentials of Veterinary Ophthalmology pp460-461を参照のこと．

図 16.3　犬では水頭症により頭蓋冠の拡大を起こすことがある．このチワワは眼球が側方に移動している．

　先天的な水頭症は頭蓋冠の拡大と眼球の変位を起こすことがある．眼球の腹側外側への変位は，動物の顔立ちの変化を引き起こす．乳頭浮腫はまれである．

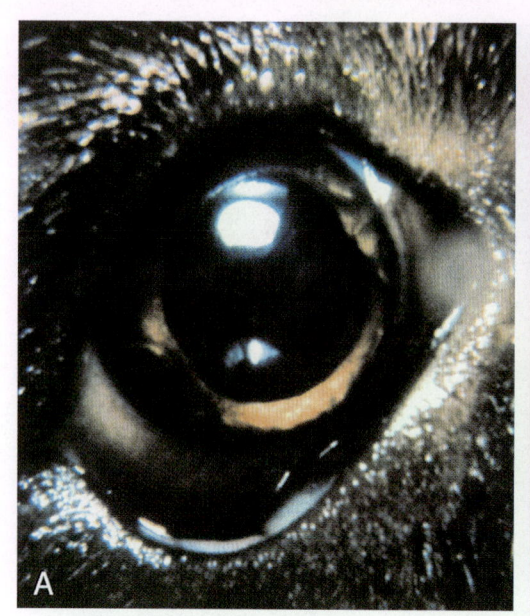

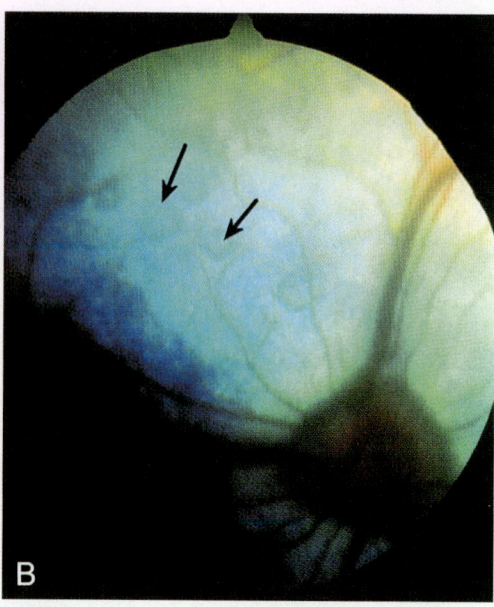

図 16.4　A．犬のジステンパーは粘液膿結膜炎を頻繁に引き起こす．涙液産生の減少を生じることもある．
　B．この犬ではジステンパーによる急性脈絡網膜炎を引き起こしている．タペタム領域の円形〜卵形の半透明の炎症領域に注目．

　犬ジステンパーウイルス（RNA パラミキソウイルス）は眼組織をおかし，粘液膿性結膜炎，急性乾性角結膜炎，軽度の虹彩毛様体炎，網脈絡膜炎，視神経炎，中心（後頭皮質）盲を引き起こす．ジステンパーの他の全身症状（胃腸管，呼吸器疾患）に随伴して結膜炎，乾性角結膜炎，虹彩毛様体炎が発生し，一方，最初のウイルス血症から数日後，ウイルスが神経組織に侵入した時に網膜，視神経，中枢神経系の異常が発生する．
　網脈絡膜炎は多中心の円形〜楕円形領域がタペタムとノンタペタム領域に散在していることで特徴付けられる．それらは急性炎症の巣状病変や網脈絡膜症や網膜の瘢痕として残存する．ある研究では，神経型の41％の症例に眼底の病変があり，慢性白質脳症候群の犬の他の研究では，83％の犬に脈絡網膜の病変があった．すなわち，神経疾患の犬には完全な眼底検査が要求される．
　視神経炎は両側の神経が障害された場合，一時的から完全な失明を引き起こす．散瞳と失明が臨床症状である．炎症を起こした視神経乳頭は持ち上がったように見え，乳頭周囲の出血，網膜血管の充血が認められ，しばしば炎症は乳頭周囲の網膜に広がっている（神経網膜炎）．視神経変性は数週間後に生じ，検眼鏡検査では陥凹し，正常よりも小さく，色素沈着した視神経乳頭が減衰した網膜血管とともに認められる．さらなる情報のために，Veterinary Ophthalmology 3rd edition pp1403-1406，Essentials of Veterinary Ophthalmology pp462-463 を参照のこと．他のジステンパーの眼症状については図 11.6A,B,D，図 11.19 を参照．

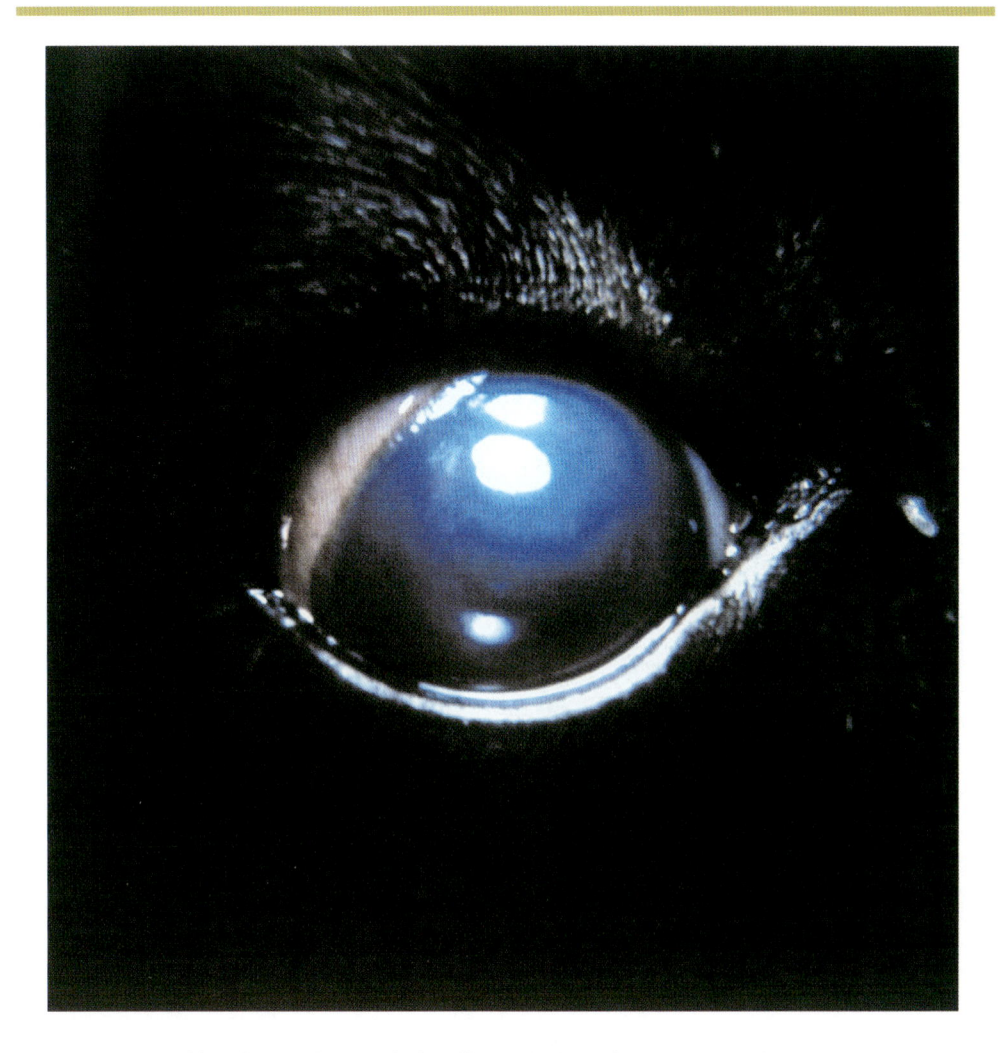

図 16.5 犬伝染性肝炎（ICH）の眼症状は著しい角膜浮腫を伴う虹彩毛様体炎である．結膜充血，縮瞳，中程度の角膜浮腫に注目．

犬伝染性肝炎（ICH：infectious canine hepatitis）〔犬アデノウイルス1型（CAV-1：canine adenovirus-1）〕は1947年の最初の報告のころから眼疾患との関連がある．前部ぶどう膜炎と深部の角膜浮腫が自然感染後（約20%），犬アデノウイルス1型（CAV-1）を用いたワクチン接種後（1%以下）に現れる．眼疾患はワクチン接種後にしばしば発生するので，眼のワクチン反応を削除するために犬アデノウイルス2型（CAV-2）を用いた新しいワクチンが開発された．

眼疾患は遅延型アルザス反応によって引き起こされ，CAV-1との接触後7～21日で，角膜内皮と前部ぶどう膜に留まっているウイルスへの局所免疫反応により発生すると考えられている．前部ぶどう膜炎は患者の12～28%において両側性で，続発症なく解消される．しかしながら，角膜浮腫の持続，続発緑内障，眼球癆が時々生じる．治療はコルチコステロイドと散瞳薬の局所投与である．図 8.8 も参照．

図 16.6 ウイルス性乳頭腫がセントバーナードの仔犬の内眼角をおかしている．

　犬の口内乳頭腫ウイルスは，口，眼瞼，結膜（瞬膜），角膜の粘膜をおかす巣状の乳頭腫となる．若齢犬が最も頻繁に罹患する．ほとんどの口内パピローマは自発的に退縮するが，眼腫瘍は残存する．腫瘍は単独で出現し，わずかに色素のついたカリフラワー状腫瘤に増殖する．推奨される治療はパピローマの広範囲の切除と根部の寒冷療法である．さらなる情報のためには，Veterinary Ophthalmology 3rd edition pp1407-1408, Essentials of Veterinary Ophthalmology p464 を参照のこと．

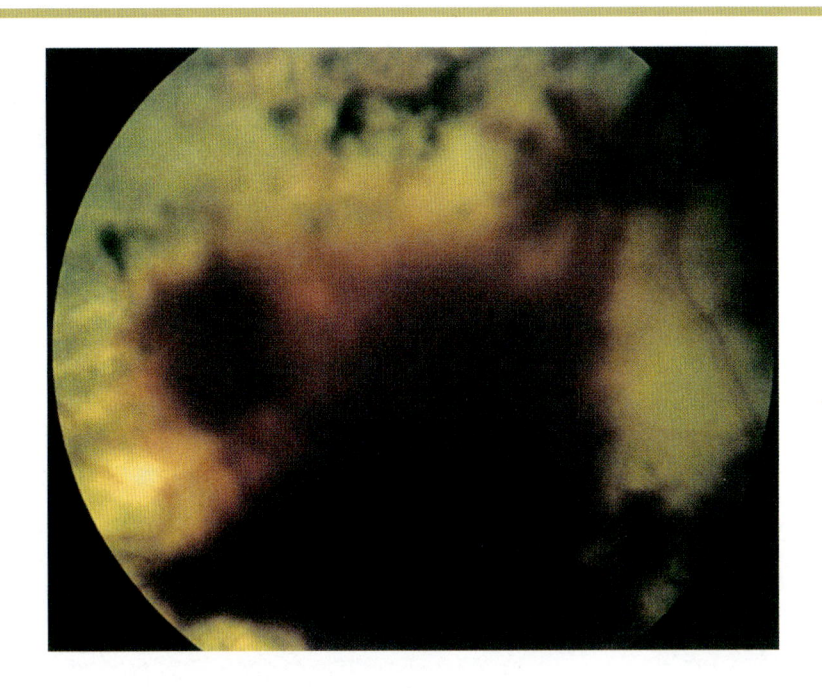

図 16.7　ロッキー山紅斑熱は体内の多数の組織の出血を引き起こし，網膜も例外ではない．この犬のノンタペタム部分の網膜前方の最近と過去の出血に注目．

　リケッチア感染症は犬の眼をおかし，エールリヒア症と周期的血小板減少症（*Ehrlichia canis*, *E. platys*, *E. equii*），ロッキー山紅斑熱（*Rickettsia rikettsii*）を含む．*E. canis* と *R. rikettsii* が引き起こした眼病変は非常に類似しており，結膜炎，結膜浮腫，網膜脈管炎，前部ぶどう膜炎を含む．点状出血が結膜，虹彩，網膜に起きる．

　血清検査が *E. canis* と *R. rikettsii* の両者の診断のために有用であるが，高価である．テトラサイクリンの全身投与が効果的である．眼症状の治療にはコルチコステロイドと散瞳薬を含む．出血や炎症に関連する合併症は，続発緑内障，白内障，網膜剥離である．さらなる情報のために，Veterinary Ophthalmology 3rd edition pp1408-1409, Essentials of Veterinary Ophthalmology pp464-465 を参照のこと．前眼部の症状については図 8.6 を参照．

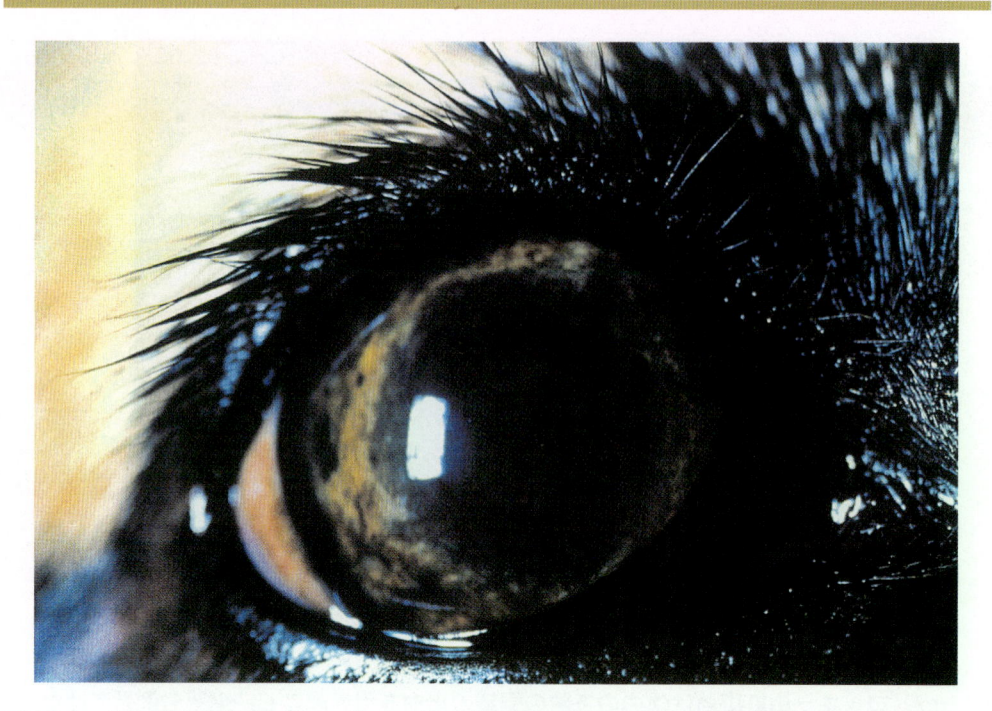

図16.8 犬のブルセラ症（*Brucella canis*）は広域スペクトラムの抗生物質への反応が乏しい前部ぶどう膜炎をミニチュア・ダックスフンドに引き起こしている．房水フレアと腫脹した虹彩に注目．*B. canis*は眼房水を培養して同定された．

　*B.canis*はまれに犬に前部ぶどう膜炎と眼内炎を引き起こす．全身症状は雌犬では流産，不妊症，外陰部からの分泌物，そして雄犬では不妊症，精巣および精巣上体疾患である．眼症状は，持続する軽いぶどう膜炎である．診断は試験管凝集反応（急速スライド凝集反応はあまり確実ではない）または眼房水の培養で行う．

　この疾患は人獣共通感染症と考えられており，罹患した動物の中性化を考えるべきである．罹患動物の治療は，テトラサイクリンとストレプトマイシンの全身投与が効果的であると報告されている．さらなる情報のために，Veterinary Ophthalmology 3rd edition pp1409-14011，Essentials of Veterinary Ophthalmology pp465-466を参照のこと．

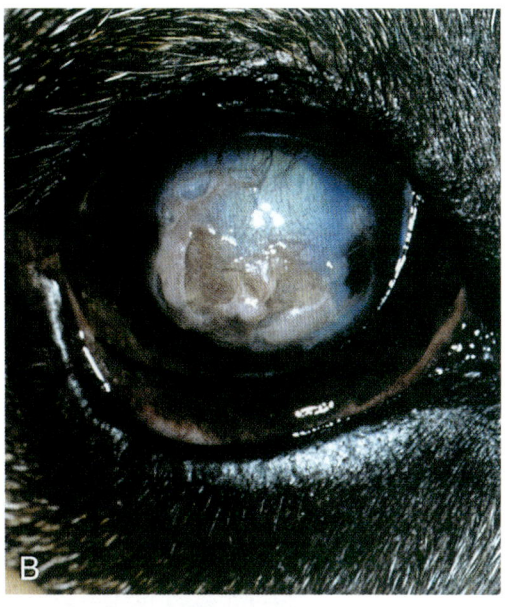

図 16.9　A．眼瞼の真菌感染症または皮膚糸状菌症は仔犬に頻繁に発生し，乾燥した痂皮を伴う脱毛が眼瞼にみられる．
　B．真菌性の角膜潰瘍は犬ではまれで，しばしば異物に関連する．この犬では真菌性角膜炎は珍しく激しく，角膜中央部の角膜の炎症性組織と周辺部角膜の血管進入を示している．

　真菌感染症や皮膚糸状菌症はしばしば犬の眼瞼をおかし，*Microsporum canis*，*M. gypseum*，*Trichophyton metagrophytes* によって引き起こされる．乾燥し痂皮を伴う脱毛が眼瞼や顔面に現れる．診断にはウッド灯検査，培養，掻爬による顕微鏡検査を行う．治療はグリセオフルビンの経口投与と抗真菌シャンプー（眼への接触を避ける）である．

　真菌性角膜潰瘍は犬ではまれであり（馬と比較して），しばしば角膜の異物に関連している．真菌性角膜潰瘍は進行性で抗生物質に耐性の軟化した角膜潰瘍の外観をしている．診断は細胞診，角膜生検，真菌培養で行う．治療は抗真菌薬と抗生物質の局所投与と結膜有茎被弁である．重度の前部ぶどう膜炎には散瞳薬の点眼と抗真菌薬の全身投与を考慮する．

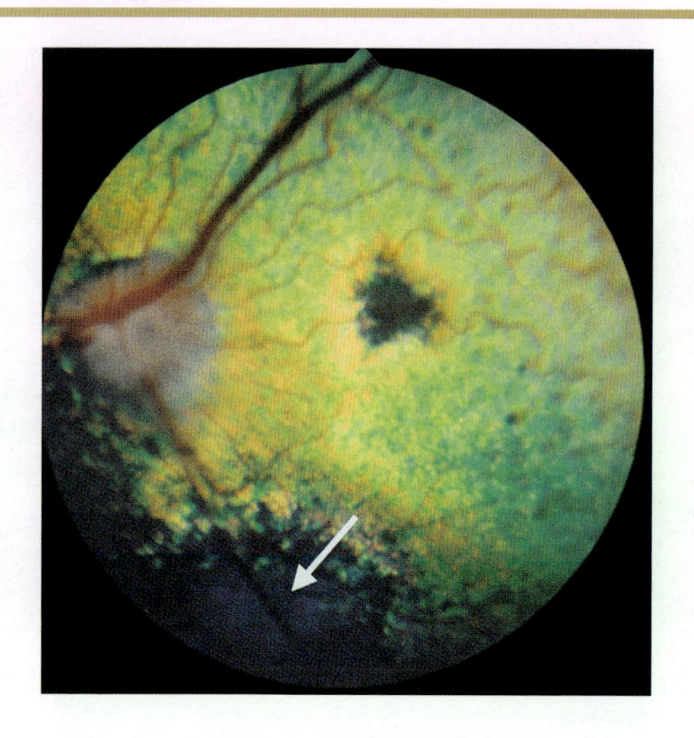

図 16.10　初期のブラストミセス症は犬に脈絡網膜炎を引き起こす．タペタム領域に多数の色素性の病巣があり，ノンタペタム領域にひとつの白い肉芽腫（矢印）が存在することに注目．

　犬のブラストミセス症（*Blastomyces dermatitidis*）はアメリカでは一般的な地方性の全身性真菌感染症であり，しばしば眼組織をおかす（罹患した犬の約40％）．ブラストミセス症は河川流域の風土病で，カナダ，ヨーロッパ，メキシコ，ラテンアメリカ，アフリカでも発生している．頻繁に起きる眼疾患は前部ぶどう膜炎（縮瞳，結膜充血，房水フレア，低眼圧，虹彩腫脹），後部ぶどう膜炎，全眼球炎，網膜剥離である．約50％において両眼が罹患する．眼への浸潤は血行性のようである．すなわち，この疾患は第一に脈絡膜がおかされる．レッドアイや前部ぶどう膜炎の症状が飼い主の注意をひきつけ，診断や治療のために受診することになるが，ほとんどの重度の炎症は後部ぶどう膜を伴っており，硝子体の炎症，滲出性網膜剥離，盲目に帰着する．白内障の形成，続発緑内障，眼球癆は頻発する続発症である．

　診断は硝子体，網膜前部滲出物を含む罹患組織の吸引によって行う．血清検査も有効である．治療は抗真菌薬の長期的な全身投与であるが高価である．滲出性網膜剥離を起こした眼の視覚はたいてい回復しない．さらなる情報のために，Veterinary Ophthalmology 3rd edition pp1412-1413, Essentials of Veterinary Ophthalmology p467 を参照のこと．

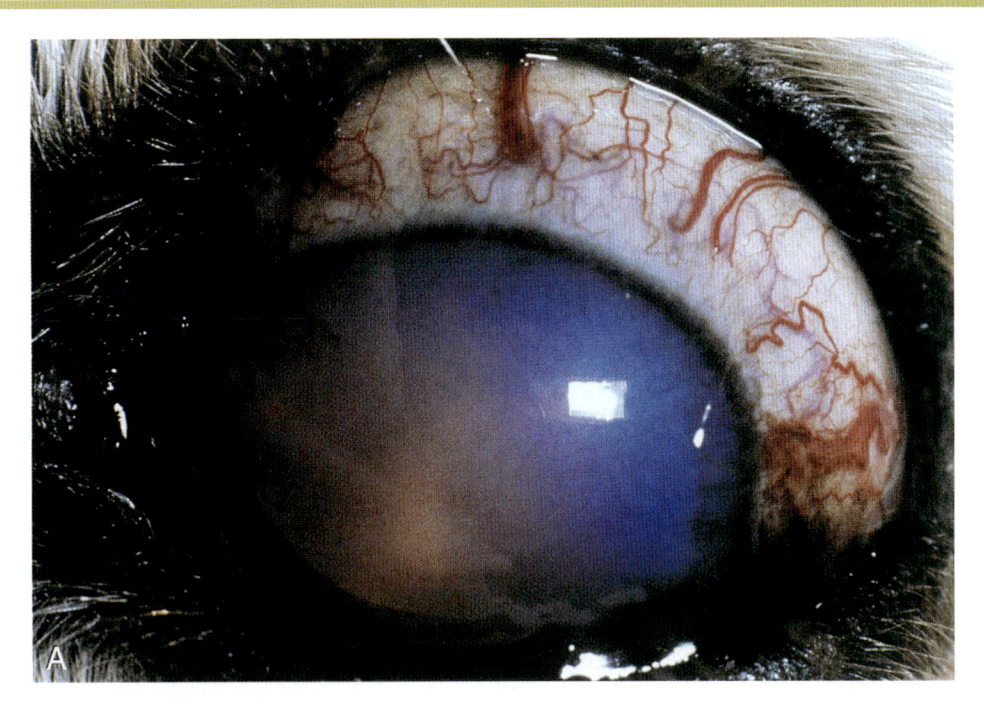

図 16.11　A．犬にみられたコクシジオイデス症に起因した前部ぶどう膜炎と続発緑内障．前房内の炎症性デブリス，角膜浮腫，上強膜充血，わずかに拡大した眼球，角膜周辺部の深部角膜血管侵入に注目．

　コクシジオイデス症（*Coccidioides immitus*）は犬の地方性の真菌感染症でアメリカ南西部，メキシコ，中央アメリカで発生している．分節分生子は呼吸器に侵入し，骨，皮膚，眼，内臓，精巣，中枢神経系，心臓に感染し，広がっていく．ある報告では，眼症状を呈した患者の42%は全身症状を示しておらず，ほとんど（80%）の患者は片眼性の感染である．臨床的な異常は角膜炎（49%），前部ぶどう膜炎（43%），緑内障（31%）である．後部領域の障害は50%の患者に起こり，前部ぶどう膜炎や混濁物によって隠される．

（つづく）

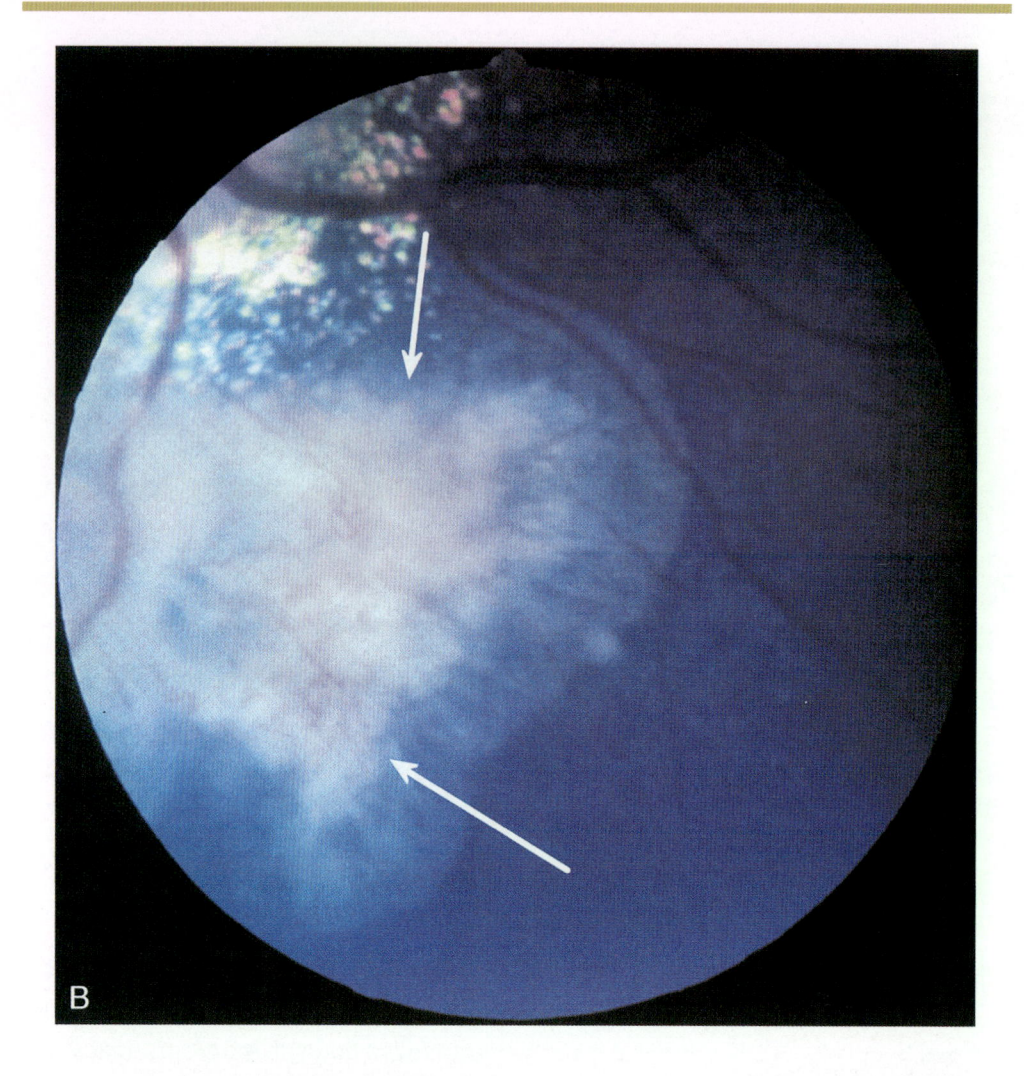

B．コクシジオイデス症は後部領域もおかす．この犬のタペタム領域のび漫性網脈絡膜炎と巣状の肉芽腫（矢印）に注目．写真は Paul Barret, Ronald Sigler, Reuben Merideth のご好意による．

　診断は罹患した組織（硝子体を含む）の吸引と血清検査（沈降素と補体結合）によって行う．治療は抗真菌薬の長期間全身投与を行う．滲出性網膜剥離を起こした眼はたいてい視覚を回復しない．さらなる情報のために，Veterinary Ophthalmology 3rd edition pp1413-1414, Essentials of Veterinary Ophthalmology pp467-468 を参照のこと．

眼症状を伴う全身疾患　　349

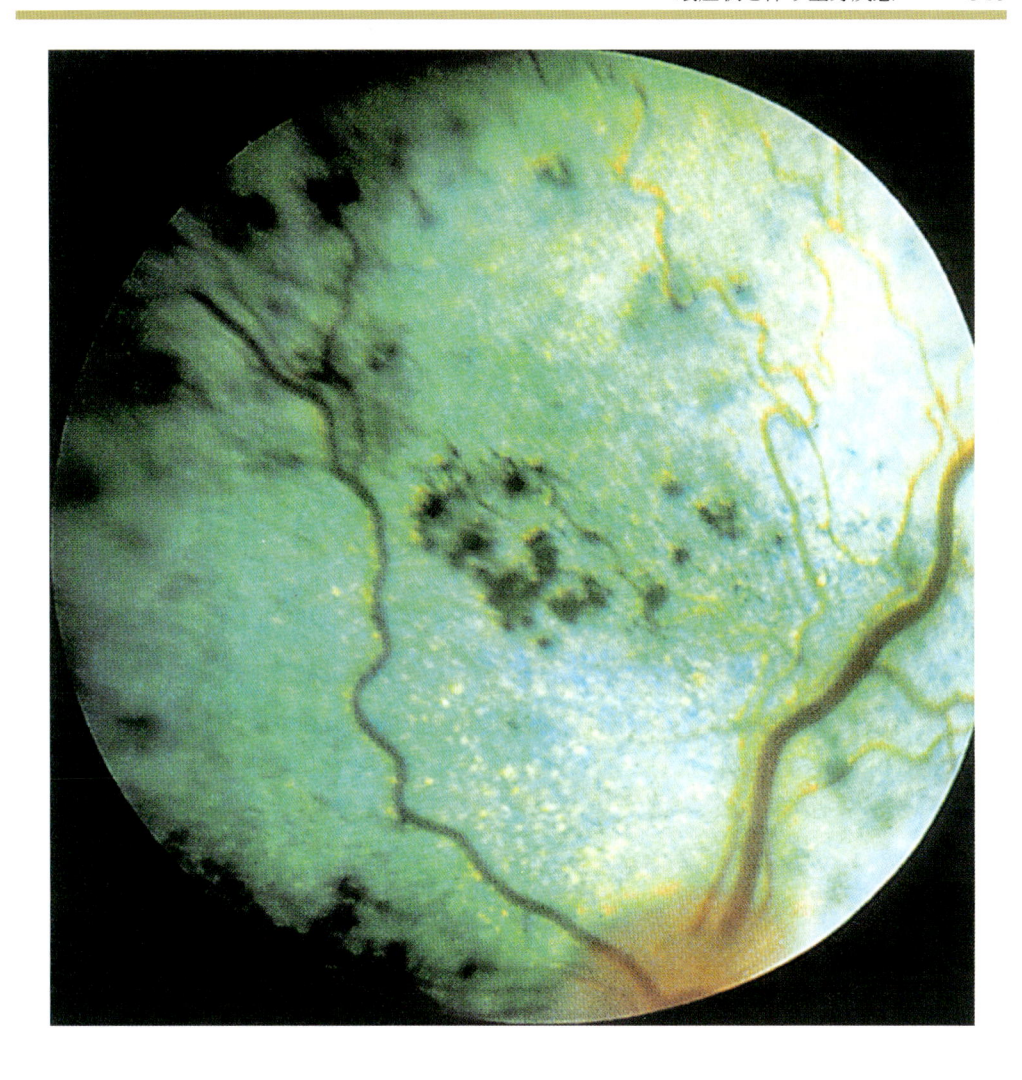

図16.12　ヒストプラズマ症は犬に網脈絡膜炎を起こす．脈絡網膜炎領域内の色素部分に注目．写真はCharles Martinのご好意による．

　ヒストプラズマ症（*Histoplasma capsulatum*）は犬におけるまれな眼疾患で，オハイオ，ミズーリ，ミシシッピ川流域の風土病である．全身症状は呼吸器系や胃腸管系に関連する．眼症状は化膿性肉芽腫性脈絡膜炎が網膜に浸潤し，滲出性網膜剥離を引き起こす．診断は細胞診，生検，寒天ゲル免疫拡散法で行う．眼病変への抗真菌薬での治療は成功しない．さらなる情報のために，Veterinary Ophthalmology 3rd edition pp1414-1415, Essentials of Veterinary Ophthalmology p468を参照のこと．

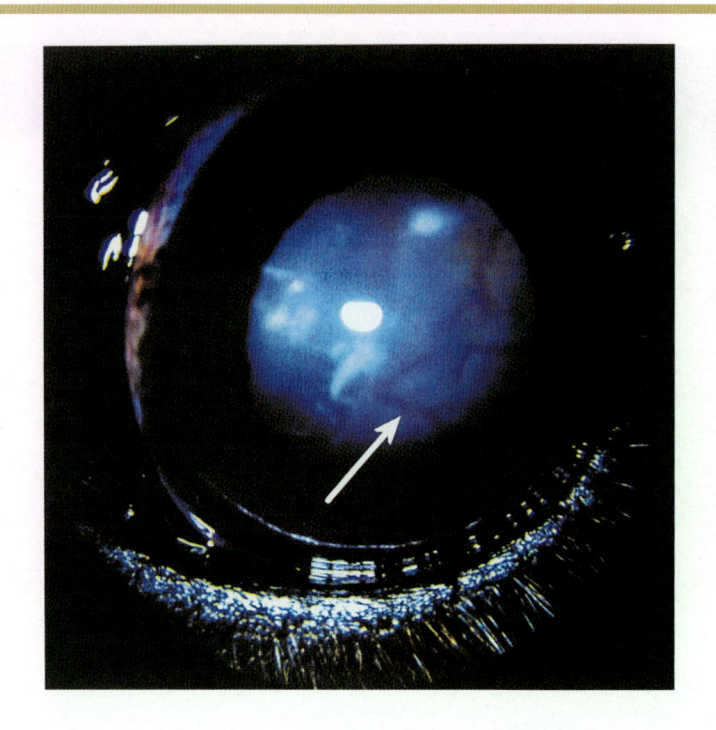

図 16.13 クリプトコッカス症は最初に後眼部をおかし，脈絡網膜炎，視神経炎，滲出性網膜剥離を犬に引き起こす．この犬では，炎症性網膜剥離が硝子体の中に認められる（矢印）．

　クリプトコッカス症（*Cryptococcus neoformans*）は世界中に発生しており，犬も罹患する．中枢神経系と眼症状が認められるが，必ずしも同時ではない．眼症状は急性の散瞳と盲目で，それに関連した肉芽腫性あるいは化膿性肉芽腫性視神経炎と脈絡網膜炎である．視神経炎は脳や脳脊髄液から直接拡大した結果起こると思われる．診断はCNF穿刺または硝子体穿刺によって厚い莢膜を有する球状の酵母の証明あるいはラテックス凝集反応，サブロー寒天培養によって行う．治療を試みるのであれば長期的な抗真菌薬が必要である．さらなる情報のために，Veterinary Ophthalmology 3rd edition p1415，Essentials of Veterinary Ophthalmology p468 を参照のこと．

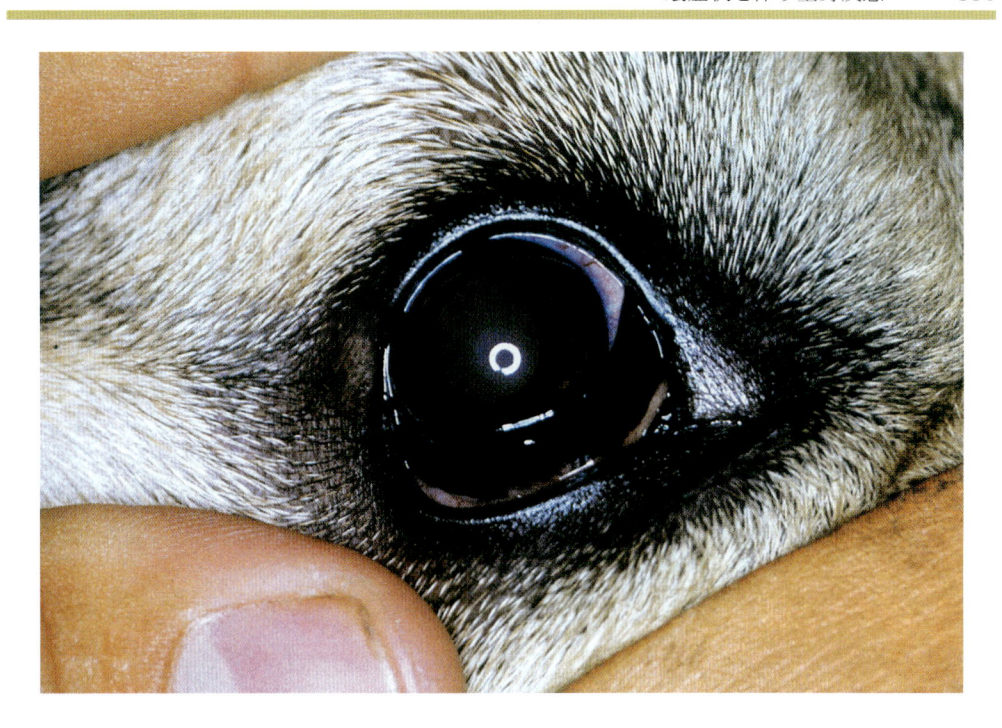

図 16.14 この雌のジャーマン・シェパードでは眼アスペルギルス症により最初に後眼部がおかされ，網膜剥離およびび漫性の硝子体の炎症（硝子体は黄色になる）を起こしている．アスペルギルスは硝子体から吸引された．

アスペルギルス症は犬をおかし，さまざまな変種が関連している（*Aspergillus terreus*, *A. fumigatus*, *A. flavus*, *A. niger*, *A. nidulans*）．まだ定義されていないが，全身性アスペルギルス症は主に雌のジャーマン・シェパードが罹患するようである．全身性の臨床症状はしばしば椎間板脊椎炎（椎骨の疼痛，麻痺，不全麻痺）を含む．眼症状は脈絡網膜炎，前部ぶどう膜炎，眼内炎である．

診断は罹患組織の生検あるいは硝子体穿刺で行う．抗真菌薬での治療が試みられるが，十分な成功は得られていない．さらなる情報のために，Veterinary Ophthalmology 3rd edition pp1415-1416, Essentials of Veterinary Ophthalmology pp468-469 を参照のこと．

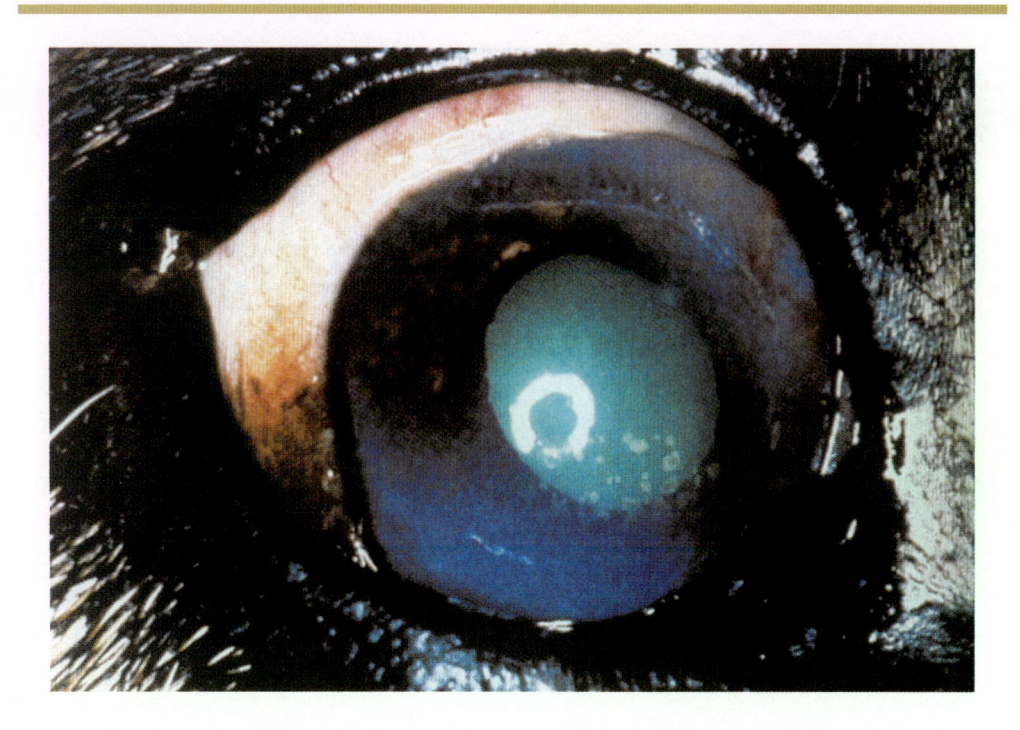

図 16.15 トキソプラズマ症は犬ではまれで，前眼部および後眼部の炎症を引き起こす．この犬では上強膜炎，前部ぶどう膜炎，角膜後面沈着物，虹彩の暗色化が認められる．写真はCharles Martin のご好意による．

　トキソプラズマ症（*Toxoplasma gondi*）はプロトゾアで，世界的に人を含むあらゆる種の動物に疾病を引き起こす．この疾患は臨床的に犬よりも猫でより頻繁に発生している．トキソプラズマ症は犬ジステンパーと同時に発生することがある．トキソプラズマ症に関連する犬の眼疾患は前部ぶどう膜炎，網膜炎，脈絡膜炎，外眼筋炎，強膜炎，視神経炎である．診断は *T. gondi* 特異的 IgM および IgG を ELISA によって検出する．この疾患は自己限定性で，眼疾患には局所的および全身的なクリンダマイシンとコルチコステロイドの投与を行う．さらなる情報のために，Veterinary Ophthalmology 3rd edition pp1416-1417，Essentials of Veterinary Ophthalmology pp469-470 を参照のこと．

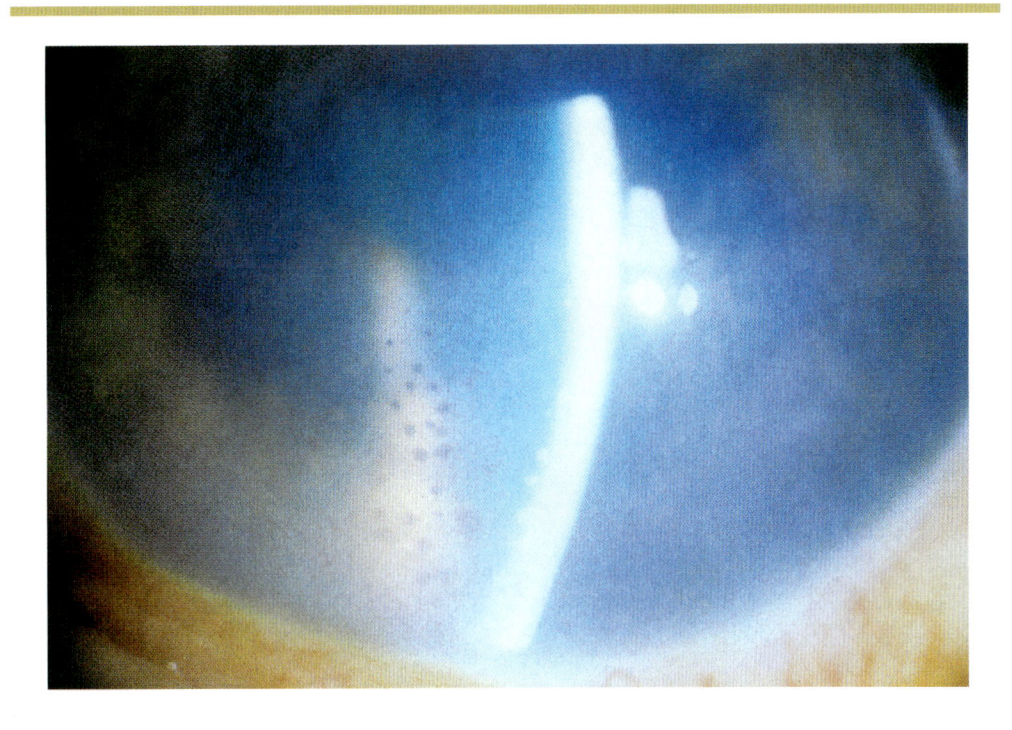

図 16.16　リーシュマニア症は眼のあらゆる部分をおかす．この犬には，角膜後面沈着物を伴う激しい前部ぶどう膜炎，角膜浮腫，虹彩腫脹が認められる．写真は Manuel Villagrasa 氏のご好意による．

　リーシュマニア症は地中海沿岸地域の犬の風土病である．しかしながら，最近のアメリカでは居留犬での発病がいくらか報告されている．全身症状は痩衰，慢性腎不全，慢性皮膚炎などである．*Leishmania donovani infantum*（旧世界リーシュマニア症）と，*L. donovani chagasi*（新世界リーシュマニア症）は眼瞼炎，肉芽腫性眼瞼炎，結膜炎，強膜炎，前部ぶどう膜炎，脈絡網膜炎などのさまざまな眼異常を現す．

　診断は血清検査（ELISA あるいは間接蛍光抗体法）で行う．治療は五価のアンチモン化合物の静脈内投与を行うが，頻繁に再発がみられる．さらなる情報のために，Veterinary Ophthalmology 3rd edition pp1417-1418，Essentials of Veterinary Ophthalmology pp470-471 を参照のこと．

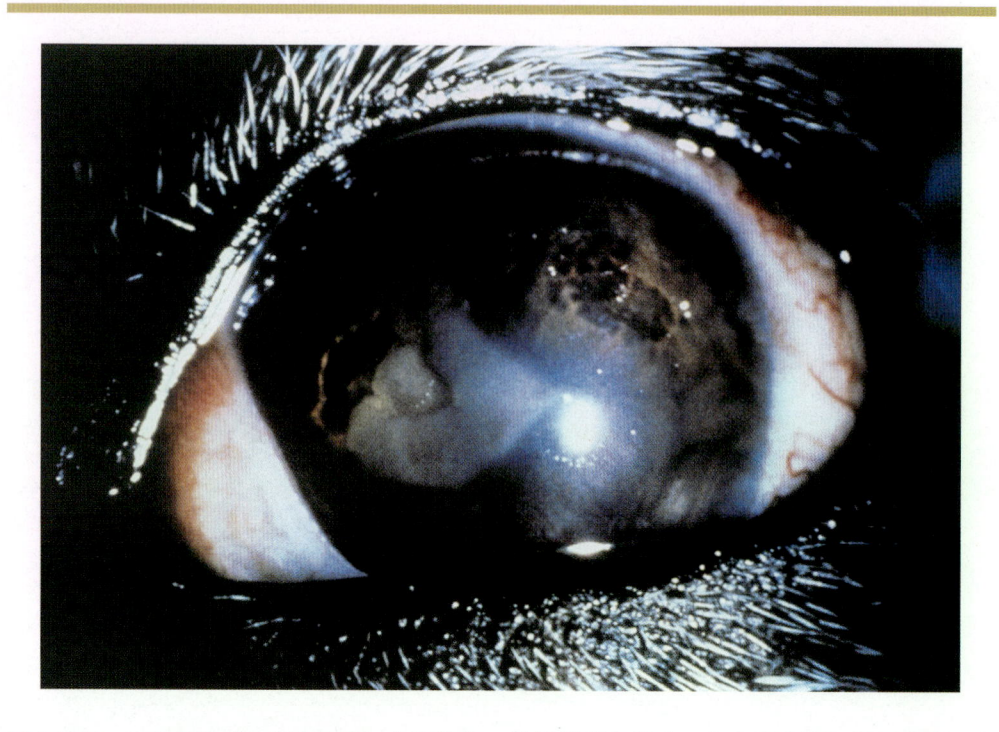

図16.17 この犬はプロトテカ症により急性の前部ぶどう膜炎，炎症性産物による瞳孔の完全な閉鎖，膨隆虹彩を生じている．

　プロトテカ症（*Prototheca wickerhamii* および *P. zophii*）はまれに犬をおかす．臨床症状は呼吸器，消化器管症状であるが，心臓，眼，脳症状も伴う．眼症状は急性の散瞳，盲目，および脈絡網膜炎，前部ぶどう膜炎あるいは眼内炎に関連するレッドアイである．

　硝子体穿刺，罹患組織の生検，尿沈渣は一般的な診断手段である．診断は組織診断あるいはサブローぶどう糖寒天培地による培養で行う．治療は抗真菌薬を用いるが，しばしば患犬の状態が悪い場合は安楽死に値する．さらなる情報のために，Veterinary Ophthalmology 3rd edition pp1419-1420, Essentials of Veterinary Ophthalmology pp471-472 を参照のこと．

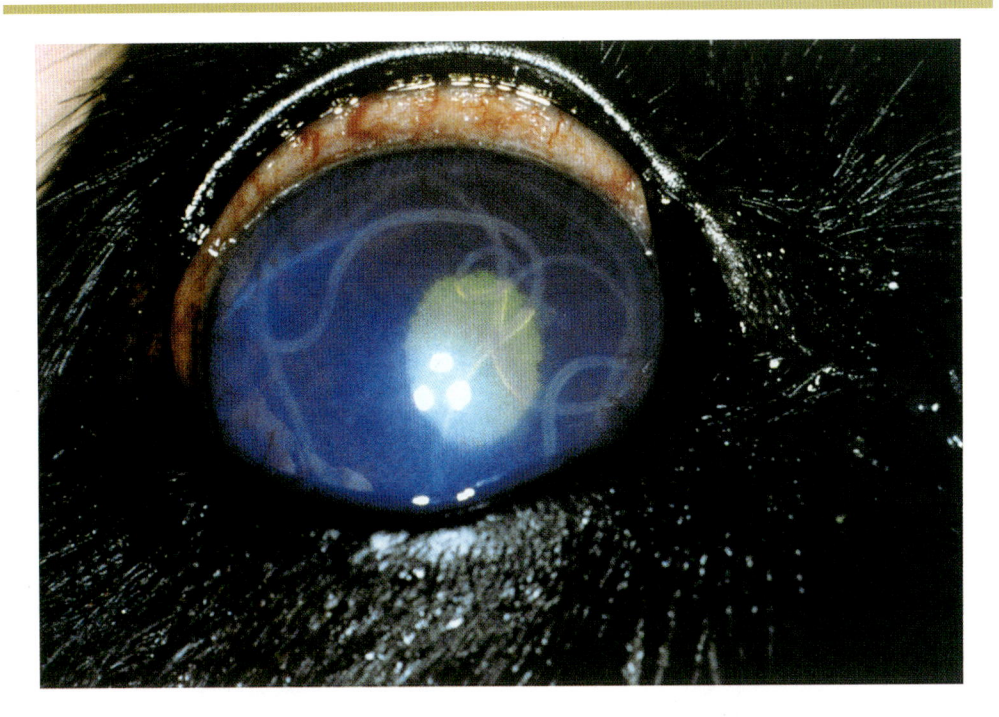

図 16.18　犬糸状虫（*Dirofilaria immitis*）は最も頻繁な犬の眼内寄生虫である．この雑種犬では，糸状虫の子虫が長い動く寄生虫として認められた．二次的な虹彩毛様体炎が存在している．び漫性の角膜浮腫，結膜充血，虹彩腫脹に注目．写真は Andras Komaromy のご好意による．

Toxocara canis, *Angiostrongylus vasorum*, *Ancylostoma* sp, *Onchocerca* sp も報告されているが，*D. immitis* は最も頻繁な犬の眼内寄生虫である．糸状虫は急性前部ぶどう膜炎，重度の角膜浮腫，前房内や硝子体内の動く第 4 子虫の存在といった症状を表す．子虫は照らされた際に動き，前房から瞳孔を通り後房や硝子体に移動する．治療は無傷の子虫を前房内から除去し前部ぶどう膜炎の治療を行う．ある程度の角膜浮腫が残るであろう．さらなる情報のために，Veterinary Ophthalmology 3rd edition p1420，Essentials of Veterinary Ophthalmology pp472-473 を参照のこと．図 8.7 も参照．

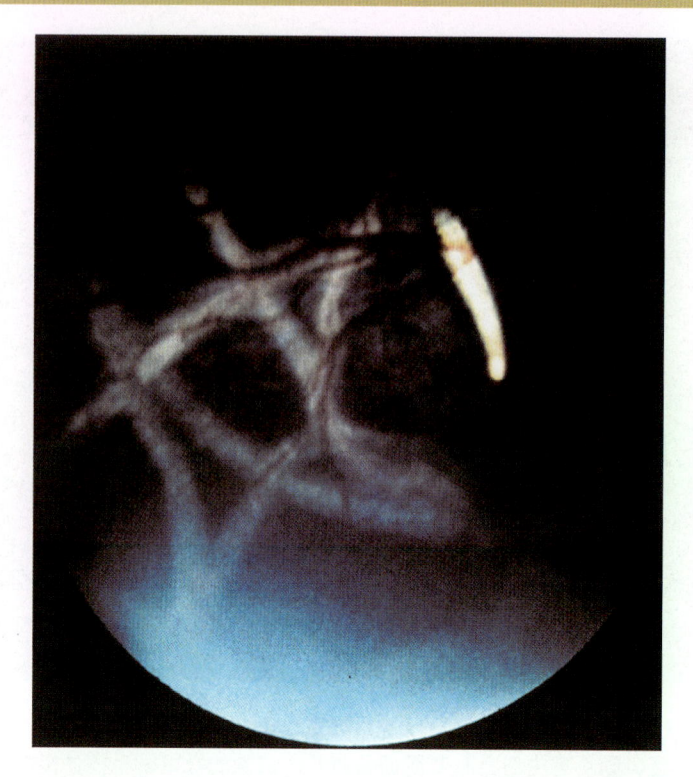

図 16.19 眼ハエウジ症では，ハエの子虫は後眼部のいたるところを移動する．この犬では，子虫によって作られた不規則な管がノンタペタム領域に生じている．子虫の端は硝子体に突き出ている．

　眼ハエウジ症は前眼部および後眼部領域のハエの子虫（Diptera sp）による移動で，臨床症状が現れないため，検眼鏡検査により診断される．眼付属器の皮膚あるいは結膜から侵入するようである．子虫の眼底の移動は，タペタムおよびノンタペタム領域に不規則な曲線の管を生じる．さまよっている子虫が網膜血管に接触した際は，時々網膜出血が引き起こされる．寄生虫は観察できるかもしれない．治療は推奨はされないが，コルチコステロイドの全身投与が網膜の損傷を軽減するかもしれない．さらなる情報のために，Veterinary Ophthalmology 3rd edition p1422, Essentials of Veterinary Ophthalmology p473 を参照のこと．

図 16.20 この若い犬は，ニキビダニ性皮膚炎による乾燥した落屑状の病変が上下眼瞼に認められる．

　ニキビダニ（*Demodex canis*）は若齢の犬に皮膚炎を起こし，特に眼，口唇，四肢が罹患する．限局性の皮膚病変は乾燥し落屑状で脱毛している．診断は皮膚掻爬を行い，顕微鏡的にダニを観察する．進行性の病変に対する治療は，局所の抗寄生虫製剤を用いる．

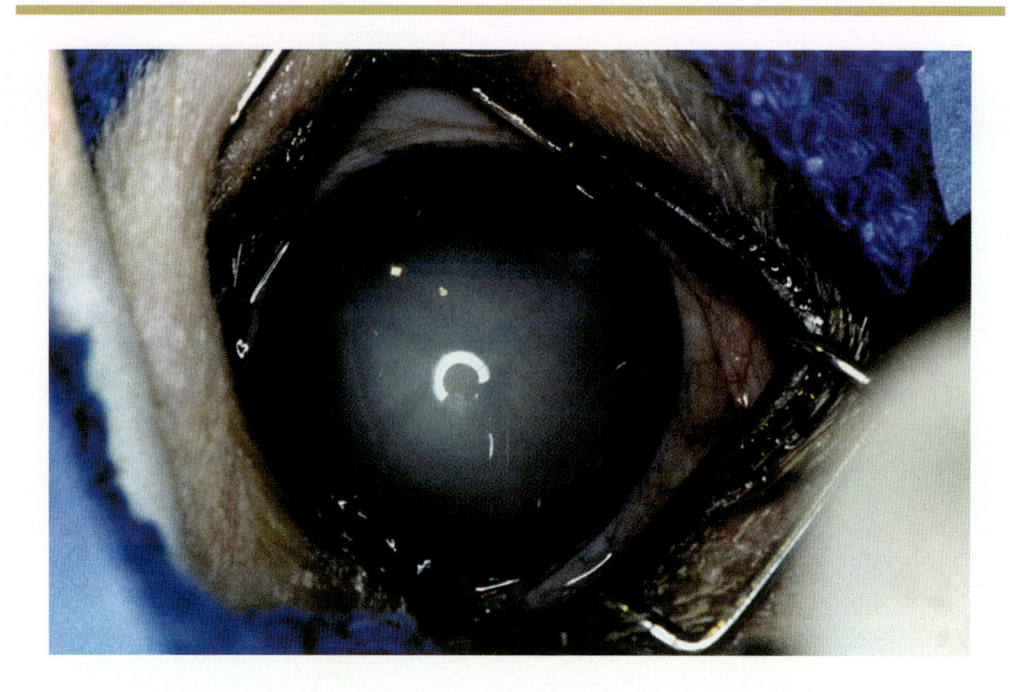

図 16.21 真性糖尿病は白内障の急速な進行を引き起こし，犬に失明をもたらす．

　真性糖尿病は犬と猫の両者をおかすが，ほとんどの臨床報告は犬に集中している．犬の真性糖尿病の眼症状は，急性の白内障の始まり（しばしば失明）と限局的な網膜出血である．真性糖尿病の増殖期（糖尿病性網膜症や血管新生緑内障）は，人では破壊的であるが，犬では報告されていない．糖尿病の犬のおよそ 50 〜 70％は，糖尿病の診断とインスリン投与開始後 6 か月以内に白内障を生じる．犬の糖尿病性白内障の外科的除去は，糖尿病でない犬の場合と同様の結果となる．さらなる情報のために，Veterinary Ophthalmology 3rd edition pp1422-1424，Essentials of Veterinary Ophthalmology p474 を参照のこと．糖尿病性白内障の初期症状は図 9.10 を参照．

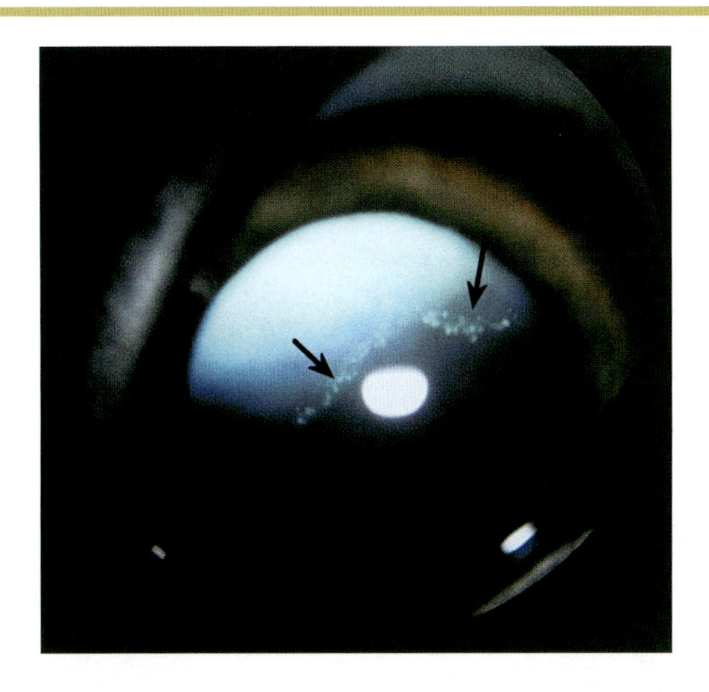

図 16.22 低カルシウム血症性白内障は犬の水晶体後部縫線に巣状の不透明度（矢印）を生じる．

　低カルシウム血症は犬の白内障のまれな原因であり，食事のカルシウムとリンの不均衡，上皮小体機能低下症，産後の低カルシウム血症，慢性腎不全などに関連している．白内障は前および後皮質をおかし，点状や線状の不透明度を引き起こす．診断はカルシウムやリンの血中レベル，放射線学，上皮小体ホルモンの定量，腎機能検査に基づいている．治療は根底にある疾患を管理する．さらなる情報のために，Veterinary Ophthalmology 3rd edition p1424，Essentials of Veterinary Ophthalmology p475 を参照のこと．

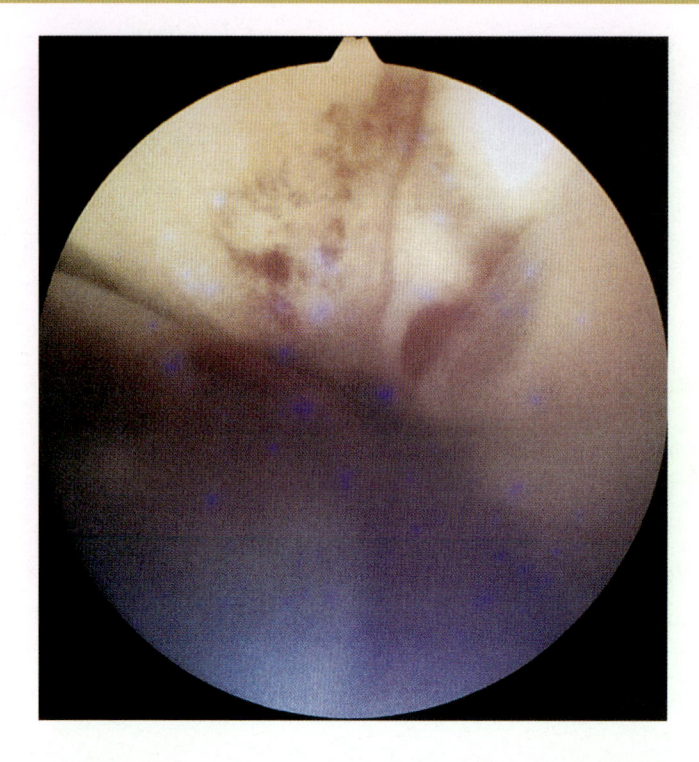

図16.23 犬の全身性高血圧症はタペタム領域の網膜出血と，腹側の網膜剥離を引き起こしている．

　全身性高血圧症は犬での発生はまれであるが，10歳以上の猫では頻繁に発生する．犬では原発性および二次性全身性高血圧症の両方が発生する．甲状腺機能低下症と慢性腎不全は一因であることが確認されている．甲状腺機能低下症は犬の乾性角結膜炎にも頻繁に関連する（約20％）．

　眼底検査での異常は網膜出血（深部，網膜内，視神経線維，網膜前部）と網膜剥離である．高血圧の原因を決定することは治療や予後に影響し，完全な医学的評価を必要とする．検眼鏡を用いた眼底検査により，薬物療法に対する高血圧の反応や，正常血圧レベルの結果を，簡便で非侵襲的に監視することができる．さらなる情報のために，Essentials of Veterinary Ophthalmology pp476-478 および図11.8を参照のこと．

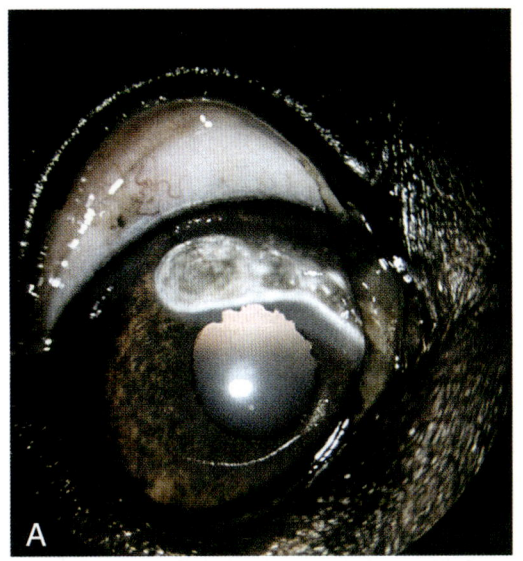

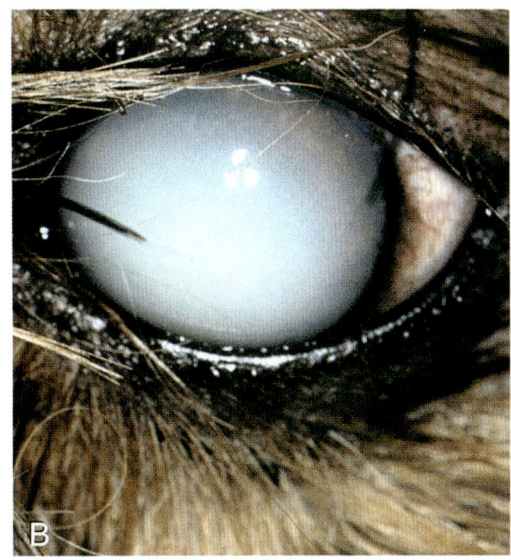

図16.24　A．高脂血症に続発したジャーマン・シェパードの周辺部の巣状の角膜リピドーシス．
　　　　B．前房内の脂質により犬は失明している．

　高脂血症はコレステロール，トリグリセリドあるいは両者の血清レベルの高値を示唆する．血清蛋白を含んで，「高リポ蛋白血症」という．高脂血症の原因は膵炎，甲状腺機能低下症，真性糖尿病，副腎皮質機能亢進症，肝および腎疾患である．高脂血症は網膜血管を調べることで観察され，血管はピンク色で充血している．

　それらの血清脂質は前房内にも進入し，房水フレアあるいは前房蓄膿と混同することがある．血液房水関門は脂質が前房内に侵入するために減弱（前部ぶどう膜炎では）する．

　慢性高脂血症は角膜リピドーシス（あるいはコレステロール沈着）にも関連する．したがって，角膜リピドーシスの臨床評価には，血清トリグリセリド，コレステロール，血清蛋白，甲状腺機能が診断の助けになる．治療と予後は根底の疾患に基づく．さらなる情報のために，Veterinary Ophthalmology 3rd edition pp1428-1429，Essentials of Veterinary Ophthalmology pp478-479を参照のこと．また，図11.9A,Bも参照．

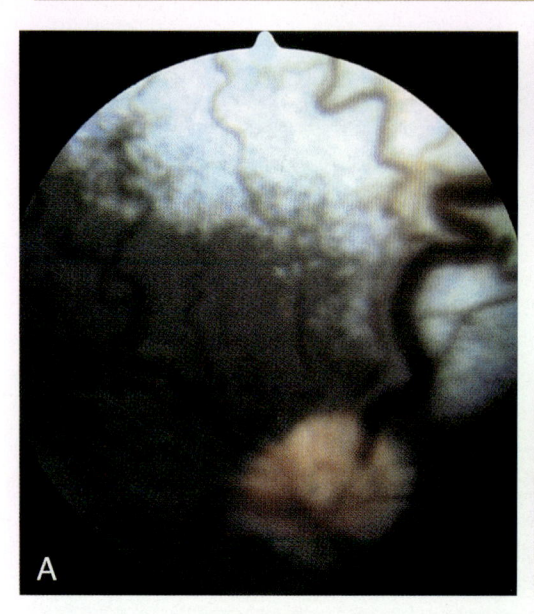

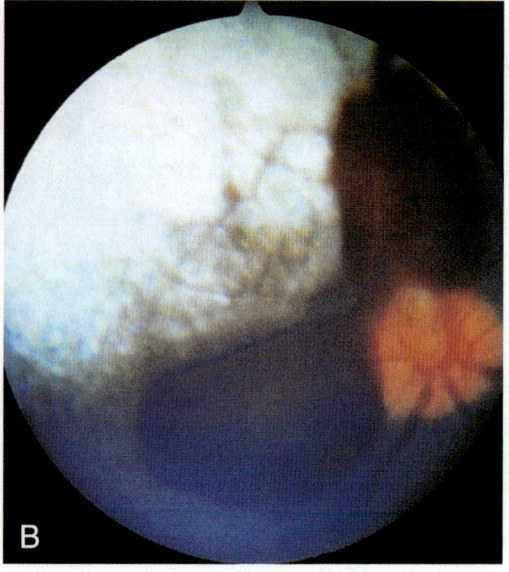

図16.25 A．犬の心奇形に関連する過粘稠度．蛇行し，膨張した暗赤色の静脈がタペタムおよびノンタペタム領域に存在することに注目．
B．ボストン・テリアにみられた過粘稠度とリンパ腫に関連した網膜前部の出血．

　血流と血液組成に影響を与えるいくつかの循環器疾患は，脈管に関連した異常を起こし，前部ぶどう膜（虹彩出血や前房出血）や後眼部領域（網膜および硝子体出血，網膜剥離）をおかす．これらの脈管の状態は赤血球増加症，重度の貧血，リンパ腫，血小板減少症，黄疸，過粘稠度症候群（高分子量体の増加 -IgM あるいは IgA 重合体）を含む．

　赤血球増多症では，結膜や網膜の血管は高度に蛇行し，正常よりも暗色化している．小さな網膜出血は重度の貧血時（ヘマトクリット値 5 〜 7％以下）に生じる．血小板減少症（さまざまな原因の）は結膜出血，前房出血，網膜出血，網膜剥離を引き起こす．過粘稠度症候群（多発性骨髄腫とリンパ腫が多い）では，出血性疾患は延長し再発する傾向にあり，続発緑内障，続発白内障の形成，乳頭浮腫，網膜剥離に帰着する．

　根底の疾患の診断は治療と予後に直接影響する．さらなる情報のために，Veterinary Ophthalmology 3rd edition pp1429-1430, Essentials of Veterinary Ophthalmology pp479-480 を参照のこと．また図 11.10A,B も参照．

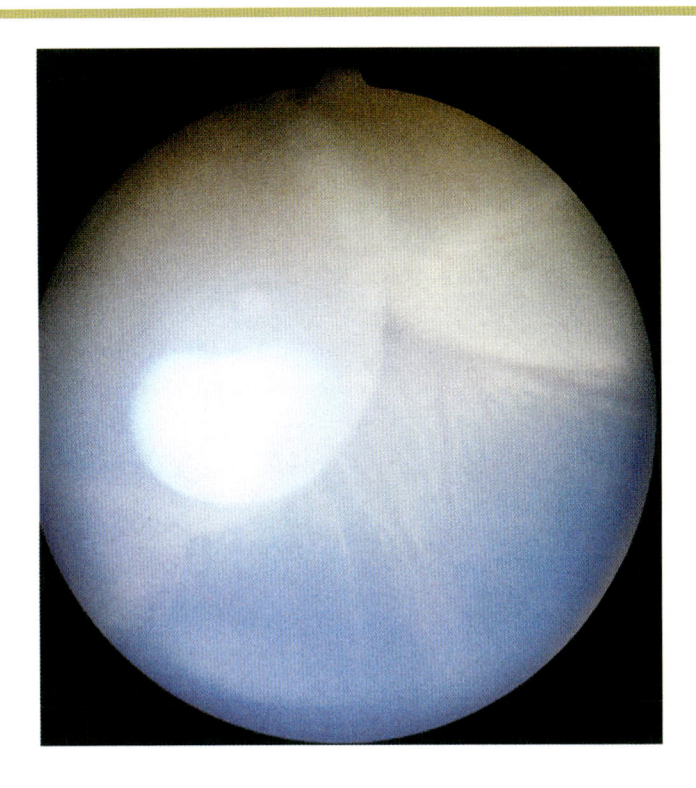

図 16.26 この犬は腎不全のため静脈輸液で積極的に治療を受けた．炎症と出血のない完全網膜剥離に注目．

　腎不全の場合のように，犬に急激な集中的静脈輸液治療を行うことにより，急性の左右対称性の完全網膜剥離を引き起こすことがある．完全網膜剥離の臨床症状は急性の散瞳と失明である．血圧は正常レベルにあり，網膜出血は存在しない．

　急激な輸液治療を弱めるか，あるいは腎機能が調整されると軽減する．さらなる情報のために，Veterinary Ophthalmology 3rd edition pp1430-1431, Essentials of Veterinary Ophthalmology p480を参照のこと．

図 16.27 　A．ぶどう膜皮膚症候群（UDS あるいはフォークト - 小柳 - 原田様症候群）は犬に鼻や口唇の色素脱を引き起こす．眼瞼は色素脱を免れているが，虹彩毛様体炎と脈絡網膜炎が存在している．

　ぶどう膜皮膚症候群（UDS：uveodermatologic syndrome）は主に極寒地方の犬種が主に罹患するが，アイリッシュ・セッター，ゴールデン・レトリバー，シェットランド・シープ・ドッグ，セント・バーナード，オールド・イングリッシュ・シープドッグ，オーストラリアン・シェパードなどでも報告されている．若い犬（3歳齢）がしばしば罹患し，被毛，眼瞼縁，口唇，肉球，陰嚢，鼻の進行性の色素消失を示す．

　眼病変は眼瞼炎，眼瞼縁の色素脱，虹彩毛様体炎，虹彩の色素脱，脈絡網膜炎，視神経炎（ノンタペタム領域の色素脱）などを含む．続発緑内障，白内障の形成，網膜剥離，視神経変性がしばしば発生する．

（つづく）

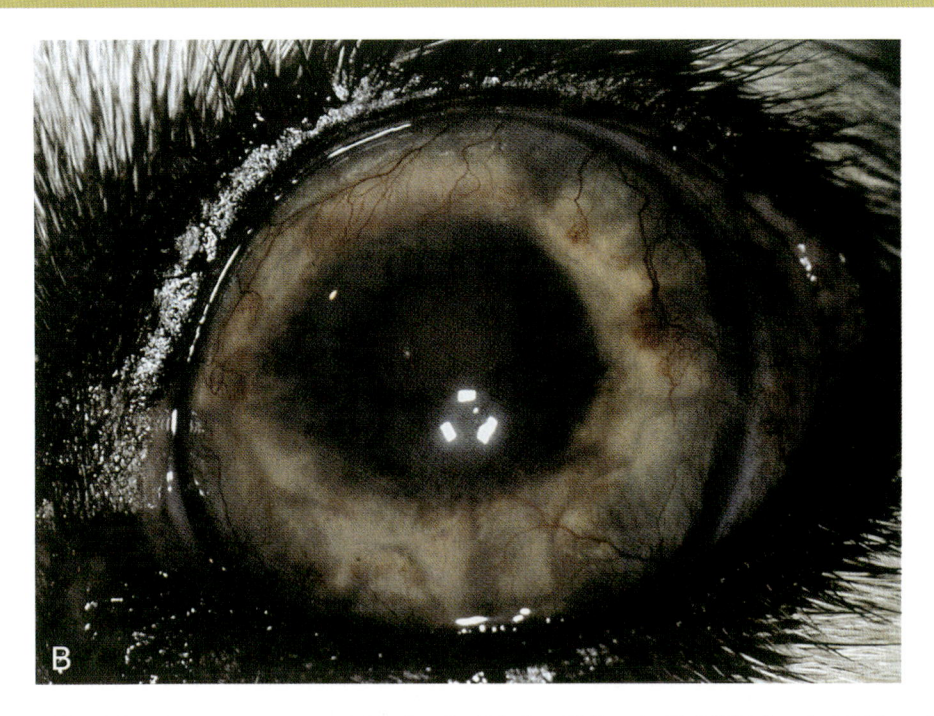

B．数か月経過している UDS の別の犬．虹彩色素の消失，虹彩毛様体炎，虹彩前部の炎症性の膜に注目．

激しい慢性の免疫介在疾患がメラニン色素に起こり，それゆえすべての色素をもつ組織がおかされる．
　診断は皮膚生検で行い，コルチコステロイドの長期投与とアザチオプリンの経口投与も必要である．コルチコステロイドと散瞳剤の局所投与は前部ぶどう膜炎に必要である．さらなる情報のために，Veterinary Ophthalmology 3rd edition pp774-775, 1431-1432, Essentials of Veterinary Ophthalmology pp480-481 を参照のこと．また図 8.12 A,B,C,D も参照．

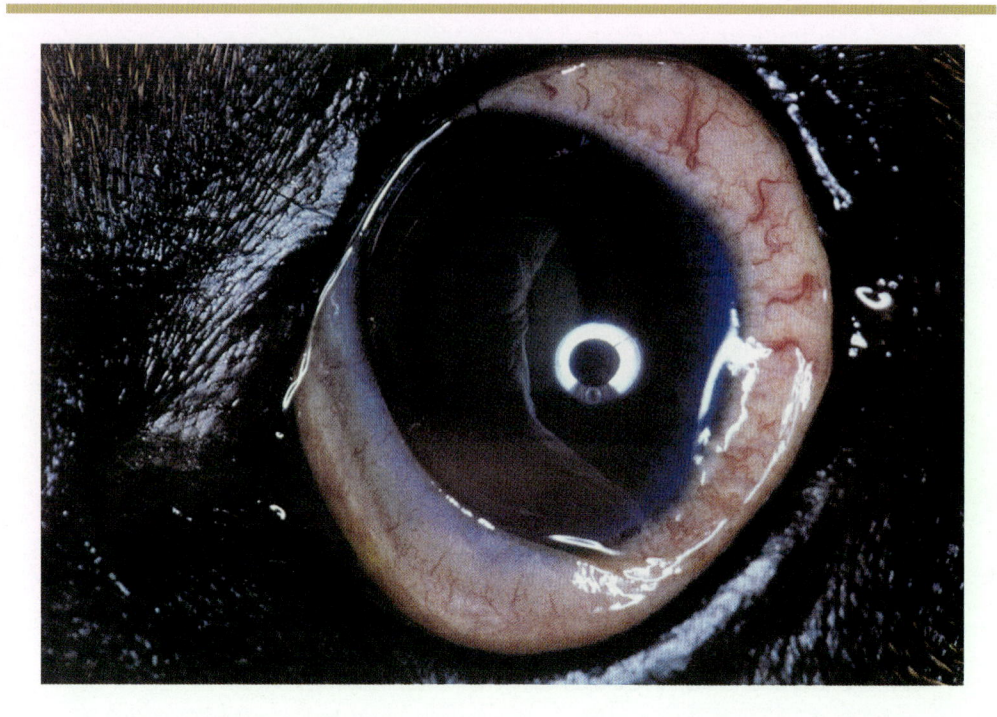

図 16.28 虹彩毛様体炎と前房出血を伴う犬のリンパ肉腫．球結膜と瞬膜の顕著な充血に注目．

　リンパ肉腫は犬の続発性眼内腫瘍では最も一般的である．ある報告ではその37％の犬に眼疾患があり（ほとんどは進行したリンパ肉腫かグレードVであった．），眼疾患は以下のように分布していた：前部ぶどう膜炎49％，後部ぶどう膜炎9％，汎ぶどう膜炎14％，網膜剥離23％，付属器病変6％．眼球突出を引き起こす眼窩腫瘍や，瞬膜や眼瞼の粘膜下組織腫瘍も起こり得る．続発網膜出血，網膜剥離，緑内障，白内障形成も起こり得る合併症である．診断は罹患組織の生検で行う．最近の化学療法については，標準的な医学書を参照することをすすめる．さらなる情報のために，Veterinary Ophthalmology 3rd edition pp1435-1437, Essentials of Veterinary Ophthalmology pp483-484 を参照のこと．また図2.8Bも参照．

眼症状を伴う全身疾患　367

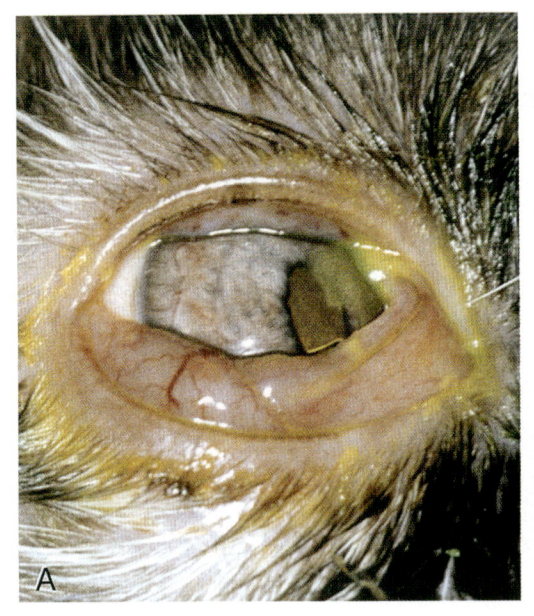

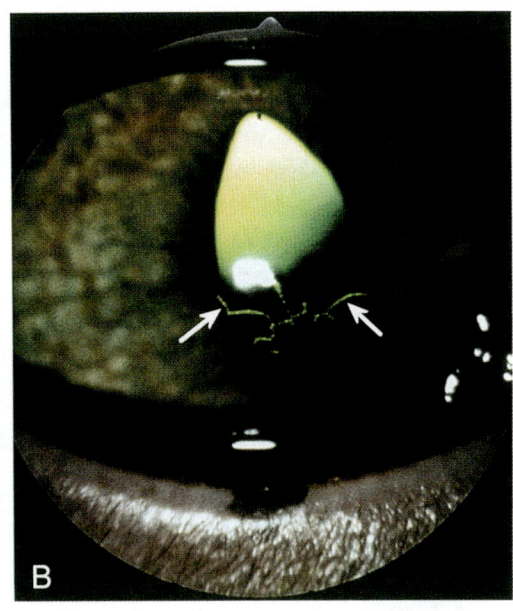

図 16.29　A．若い猫にみられた再発性の猫ヘルペスウイルス（FHV-1）性結膜炎と角膜潰瘍．顕著な結膜の炎症に注目．
　B．FHV-1 の猫にみられた小樹枝状角膜潰瘍（矢印）．

　猫ヘルペスウイルス（FHV-1：feline herpesvirus）は世界中の猫をおかし，ほとんどの猫は若齢時に罹患し，生涯を通して潜在性のウイルスキャリアとなる．FHV-1 はさまざまな眼疾患に関連しており，それらは急性，慢性，再発性の結膜炎，樹枝状の実質性角膜炎，乾性角結膜炎，角膜黒色壊死症，新生仔眼炎，瞼球癒着などである．最初の 2 症状は臨床的に最も頻繁に発生する．

　結膜炎は結膜充血，眼瞼痙攣，結膜浮腫，粘液膿性結膜分泌物などを現す．猫はかなり若い時期に FHV-1 に暴露され，再発性結膜炎はたいてい 2 歳以上の猫に，主にストレス時に認められる．角膜潰瘍は特徴的な樹枝状あるいは地図状で，結膜も罹患している（ローズベンガル染色を行うとよい）．実質性角膜炎は慢性化することが多く，角膜浮腫，実質細胞浸潤，深部角膜血管新生などが認められる．診断は結膜の組織診断と IFA あるいは PCR 検査を行う．

　急性結膜炎の治療は抗生物質の局所投与に限られる．再発性あるいは重度の結膜炎には抗生物質の局所投与とリジン（100mg 1 〜 2 回 / 日）の経口投与を行う．樹枝状や実質性角膜炎には抗生物質の他に抗ウイルス剤（トリフルウリジン，イドクスウリジン，ビダラビン）の局所投与を行う．さらなる情報のために，Veterinary Ophthalmology 3rd edition pp1004-1008, pp1452-1455, Essentials of Veterinary Ophthalmology pp309-311, pp490-491 を参照のこと．図 12.11，図 12.12 A,B および図 12.17 も参照．

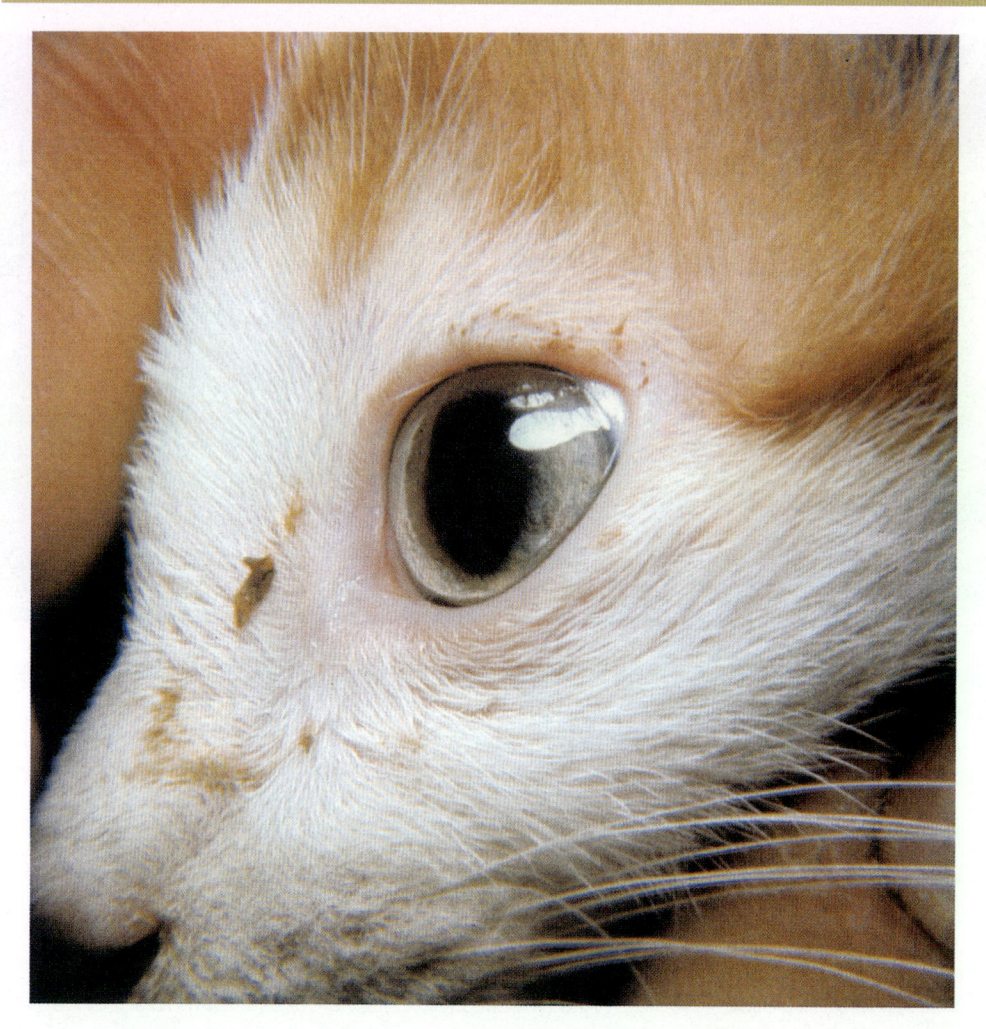

図16.30 若い猫にみられたクラミジア（*Chlamydia psittaci*）性結膜炎．内眼角における限局性の結膜分泌物に注目．

　猫のクラジミア感染症は軽度で，結膜充血，結膜浮腫，漿液性眼分泌物，眼瞼痙攣が認められる．初期は片眼が罹患し，数日後には両眼が罹患する．無症候性のキャリアは疾患を蔓延させる．診断は結膜の細胞診（細胞質内封入体あるいは蛍光抗体検査）を行う．治療はテトラサイクリンあるいはエリスロマイシンの局所投与を行う．

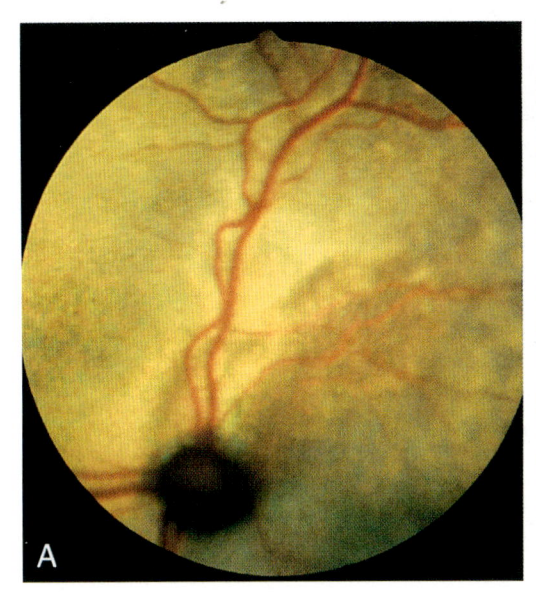

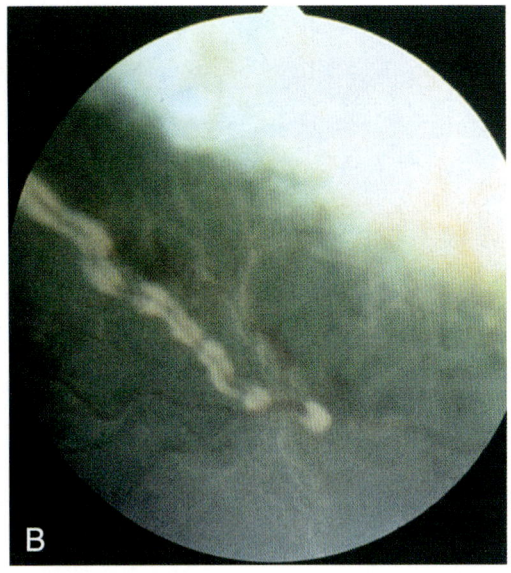

図 16.31　A．猫伝染性腹膜炎（FIP）によって引き起こされた若い猫の脈絡網膜炎．眼底全体に起きている炎症に注目．
　B．FIP の猫にみられた網膜血管周囲の陥凹と脈絡網膜炎．

　猫伝染性腹膜炎（FIP：feline infectious peritonitis）はコロナウイルスによって引き起こされ，猫の致死的な全身疾患である．眼異常は非滲出（ドライ）型では最も多く発生し，両側性の肉芽腫，前部および後部ぶどう膜炎，豚脂様角膜後面沈着物，脈絡網膜炎，網膜出血，網膜剥離，視神経炎などを示す．

　診断は臨床症状と血清蛋白値（特に γ 分画）の上昇に基づいて行う．FIP と猫腸コロナウイルスは交差反応を示すため，血清コロナウイルス抗体価は確実ではない．前部ぶどう膜炎の治療はコルチコステロイドと散瞳剤で行う．さらなる情報のために，Veterinary Ophthalmology 3rd edition pp1020-1023, pp1458-1459, Essentials of Veterinary Ophthalmology pp316-322 を参照のこと．図 12.25 A,B および図 14.46 も参照．

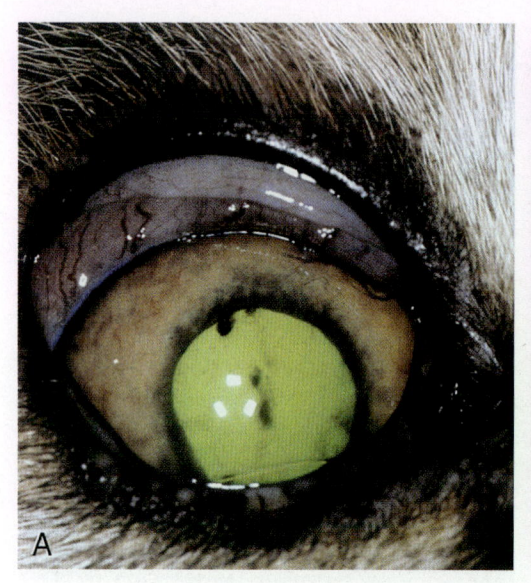

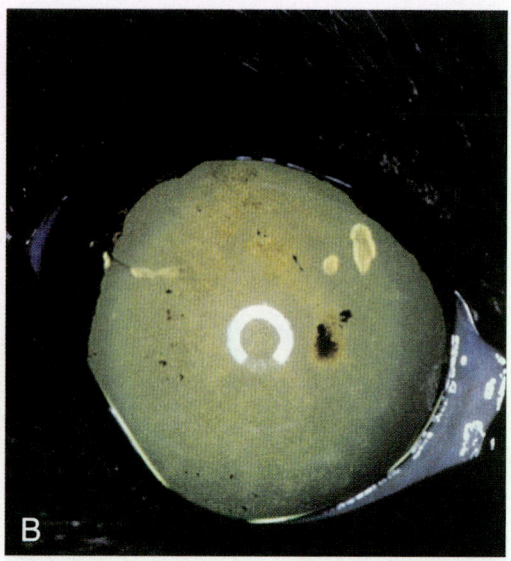

図16.32　A．猫免疫不全ウイルス（FIV）によって引き起こされた猫の前部ぶどう膜炎．結膜充血，虹彩腫脹，虹彩前部の膜，虹彩後癒着に注目．
　B．FIVの猫の前部ぶどう膜炎．水晶体前嚢と後嚢の炎症細胞と水晶体前嚢上の巣状の出血に注目．

　猫免疫不全ウイルス（FIV：feline immune-deficiency virus）もまた猫の眼をおかし，慢性の前部および後部ぶどう膜炎を引き起こす．FIVでは時々，毛様体扁平部が発生し，前部硝子体の細胞浸潤が特徴的である．慢性ぶどう膜炎の結果，続発白内障の形成や緑内障がしばしば起きる．FIVはELISA検査と，罹患猫が感染後2週間以内に検知可能な抗体を産生することから診断を行う．治療はコルチコステロイドと散瞳剤の局所投与を行う．さらなる情報のために，Veterinary Ophthalmology 3rd edition pp1020-1023, p1458, Essentials of Veterinary Ophthalmology pp316-322,492-494を参照のこと．また，図12.27も参照．

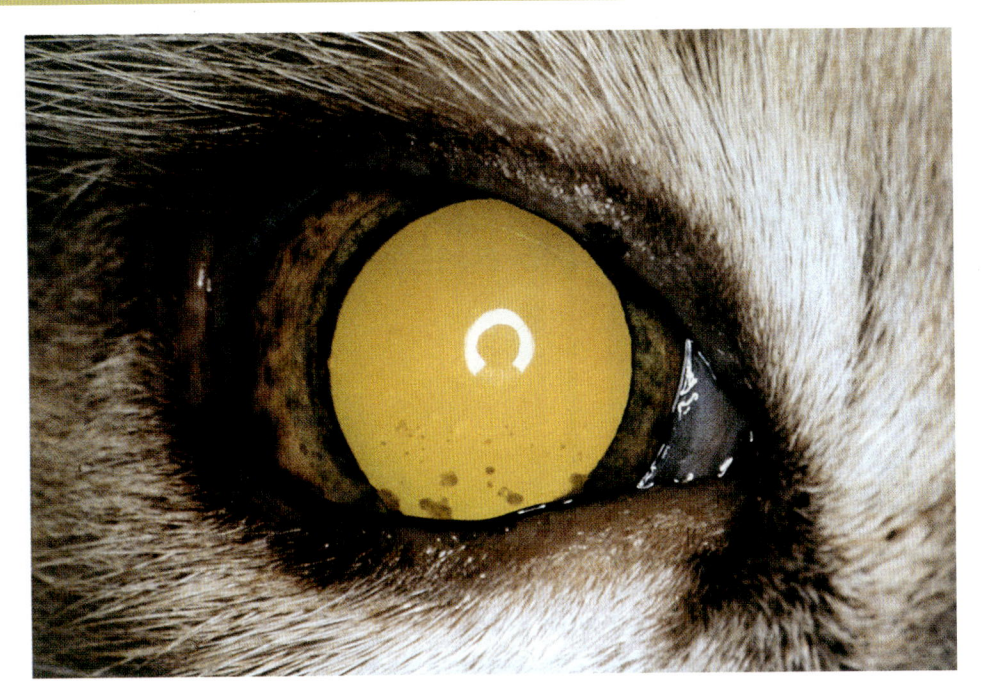

図 16.33 猫にみられたトキソプラズマ症に続発した前部ぶどう膜炎．虹彩腫脹と角膜後面の炎症細胞に注目．

　トキソプラズマ症は猫に頻繁に発生し，偏性細胞内寄生原生動物の *Toxoplasma gondii* によって引き起こされる．猫は *T. gondii* の終宿主であり，感染した肉や水を摂取することにより感染する．前部ぶどう膜炎と滲出性網膜剥離を伴う脈絡網膜炎が起きる．臨床症状は前部ぶどう膜炎に関連するもの（眼瞼痙攣，結膜充血，房水フレア，前房蓄膿，縮瞳，虹彩腫脹）あるいは，脈絡網膜炎や炎症性網膜剥離に関連する症状（盲目）である．

　診断は *T. gondii* の力価を証明し，特異的 *T. gondii* IgM および IgG 検査はより特異的である．治療はクリンダマイシンの経口投与とコルチコステロイドと散瞳剤の局所投与である．さらなる情報のために，Veterinary Ophthalmology 3rd edition pp1020-1023, pp1456-1457, Essentials of Veterinary Ophthalmology pp316-322, pp492-494 を参照のこと．また，図 12.28 A,B も参照．

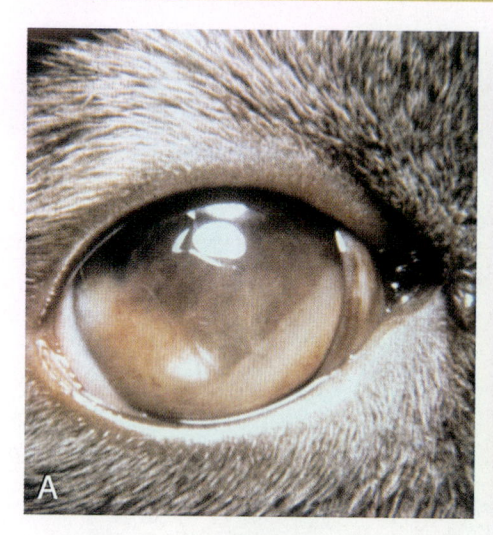

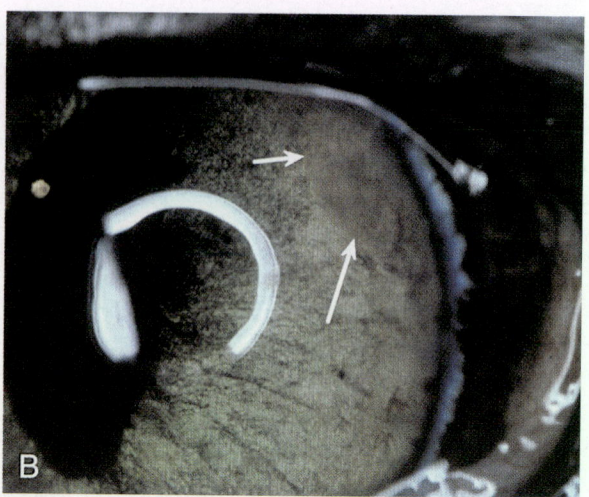

図 16.34 A．猫白血病ウイルス（FeLV）によって引き起こされた猫の前部ぶどう膜炎と前房蓄膿．
B．FeLV 感染猫にみられた虹彩周辺部の腫瘍（矢印）．

　猫白血病ウイルス（FeLV：feline leukemia virus）は猫の眼を頻繁におかし，前部および後部ぶどう膜，網膜および視神経，明白な眼窩のマス，眼瞼，結膜下組織，瞬膜，前房，後眼部の炎症を現す．猫のDあるいは逆D字型の瞳孔はFeLV抗体が陽性であることと関連している．房水フレア，前房蓄膿，虹彩実質の暗色小結節，続発緑内障，後癒着に伴う続発白内障は一般的に認められる．

　臨床症状が一定しないため，FeLV抗体価（ELISAを用いた）は前部および後部ぶどう膜疾患の猫のルーチンな検査である．診断はFeLV抗体価，骨髄，リンパ節，罹患組織の生検によって行う．眼房水の組織診断では正常にみえるリンパ球が主で，腫瘍性リンパ球が明らかになることはまれである．眼疾患に対する治療はコルチコステロイドと散瞳剤の局所および全身投与である．さらなる情報のために，Veterinary Ophthalmology 3rd edition pp1020-1023, pp1027-1028, pp1456-1460, Essentials of Veterinary Ophthalmology pp309-311, pp490-491 を参照のこと．また図 12.26 A,B,C，図 12.33 A,B も参照．

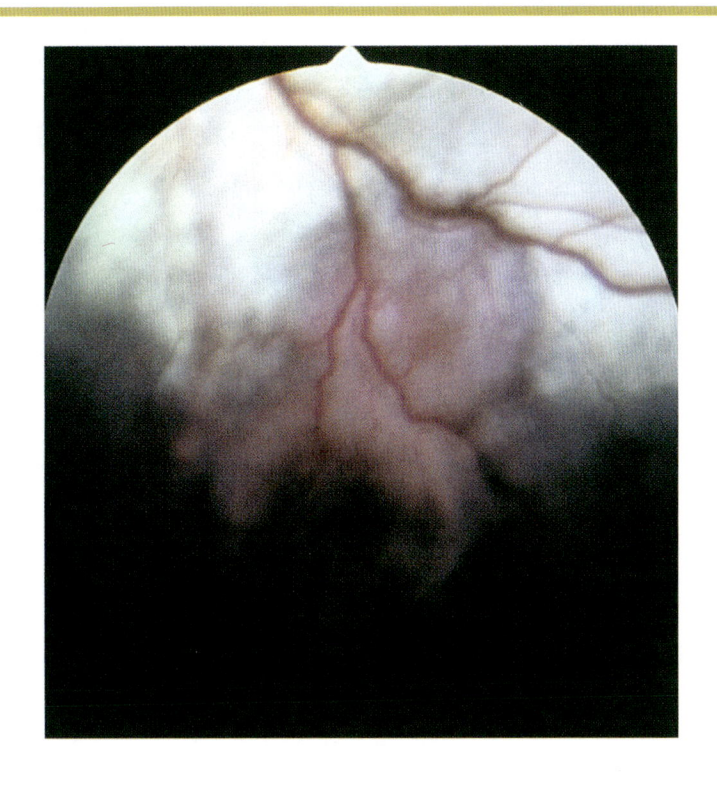

図 16.35 猫にみられたクリプトコッカス性脈絡網膜炎．ノンタペタム領域の網膜静脈の下方の網膜肉芽腫に注目．

クリプトコッカス症(*Cryptococcus neoformans*)は犬と猫の両者をおかすが，猫のほうが頻度は高い．病原体は脳や視神経から髄膜の延長によって直接的に，あるいは血行性に眼内に侵入する．中枢神経系の障害や神経症状は，しばしば眼底の症状に先行して現れる．眼症状は散瞳，視力障害あるいは失明である．前眼部の症状は軽度で眼疾患の後期で起きる．最もよくみられる眼底検査所見は肉芽腫性視神経炎，巣状の網膜剥離を伴う脈絡網膜炎である．診断はCNSあるいは硝子体穿刺による病原体の証明，あるいは培養を行う．抗真菌薬（ケトコナゾール）単独あるいはアンフォテリシンBおよび5-フルオロシトシンを併用した治療を行う．図14.47を参照．

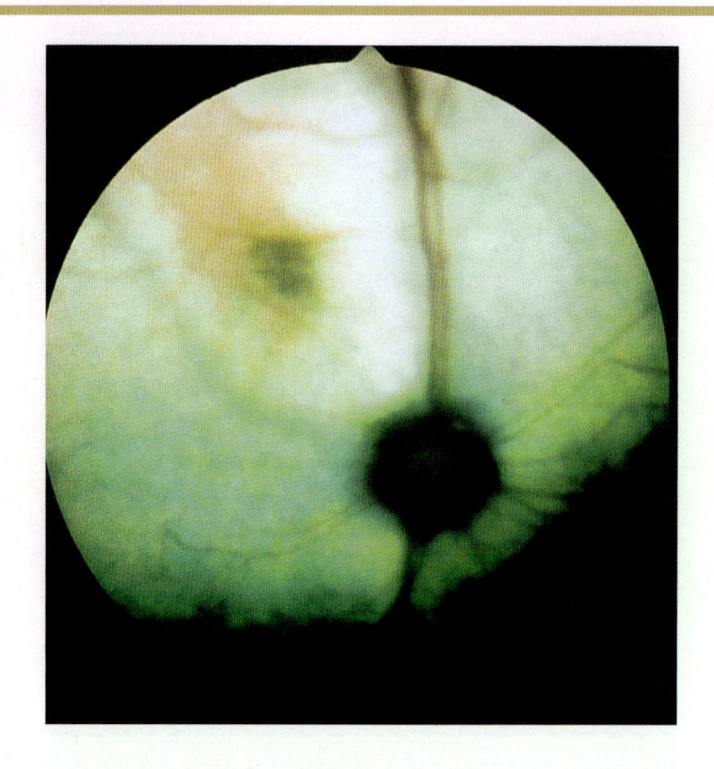

図16.36 猫汎白血球減少症は仔猫に網膜異形成を引き起こし,しばしばタペタム領域が罹患する.巣状の色素を伴った巣状の反射亢進領域に注目.

　猫の胎仔の発生時の猫伝染性腸炎感染は網膜異形成と小脳形成不全を引き起こす.網膜異形成はタペタム領域の視神経乳頭上部に集中し,円形あるいは楕円形の反射亢進し色素沈着した領域を表す.網膜病巣は臨床的な視覚症状を起こさない.図12.42を参照.

眼症状を伴う全身疾患　　375

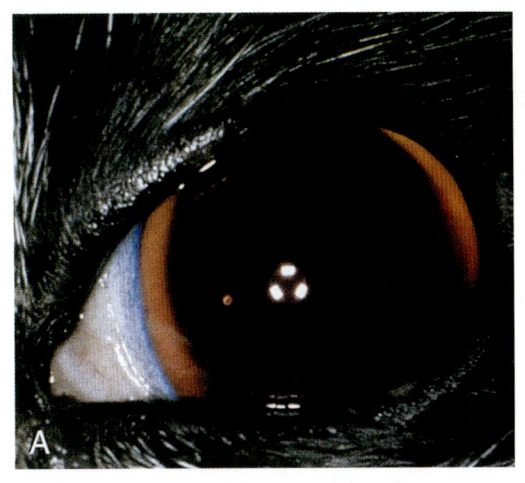

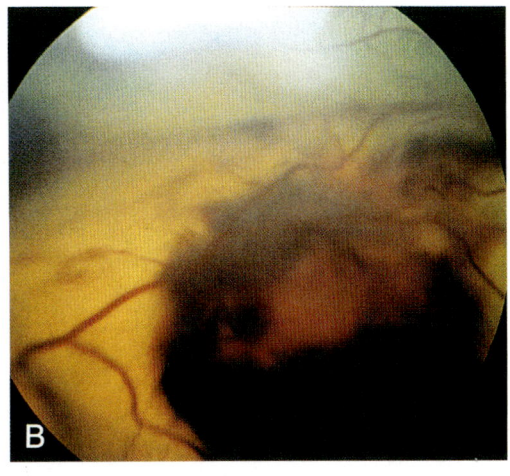

図 16.37　A．前房出血を伴った猫の全身性高血圧症．出血は前房をほぼ満たし，瞳孔は不明瞭である．
B．全身性高血圧症の猫にみられた巣状の網膜出血と剥離．背側付近のタペタム領域の網膜は付着し留まっている．

　猫の全身性高血圧症は老齢猫（10歳以上）では頻繁な疾患である．罹患猫のおよそ80％は，散瞳と盲目の症状で獣医師を受診する．眼症状は前房出血，硝子体内出血，網膜出血（網膜下，深部，表面，網膜前部），小さなものから完全な網膜剥離などである．網膜剥離の始まりは視覚喪失を引き起こす．血圧は正常猫では118/84mm Hg，高血圧の猫では平均動脈血圧は160mm Hgを超える．腎不全や甲状腺機能亢進症などの他の疾患もしばしば存在する．したがって，前房出血，網膜出血，網膜剥離を示す猫は完全な内科的および心臓血管系の検査が必要である．
　最も効果的な治療は血圧を下げるためのカルシウムチャンネルブロッカーとアムロジピン，そしてタイムリーな網膜剥離の復位である．網膜組織と機能をできるだけ多く維持することは，非常にきわどい．さらなる情報のために，Veterinary Ophthalmology 3rd edition pp1039-1040,pp1465-1466, Essentials of Veterinary Ophthalmology pp333-334,pp495-496 を参照のこと．図 14.48 A,B も参照．

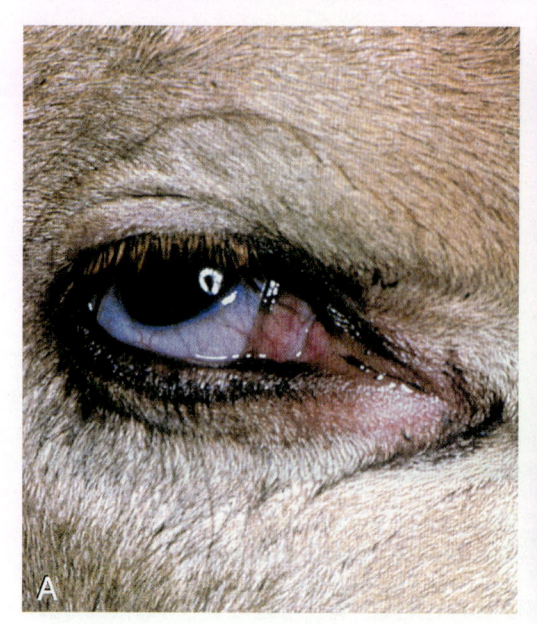

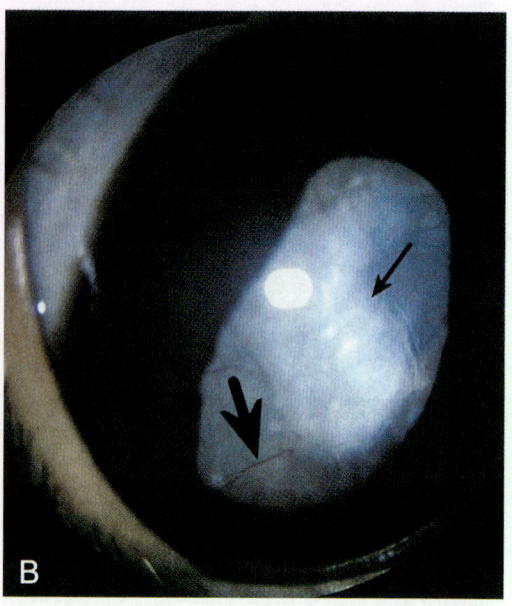

図16.38　A．仔牛の片眼性小眼球症．原因は確認されていない．
B．ショートホーンの仔牛の遺伝性小眼球症．白内障の形成（小矢印）と，水晶体後嚢の後部の網膜剥離（大矢印）に注目．

　仔牛の小眼球症は特発的に発生し，ヘレフォード種やショートホーン種では他の眼異常とともに遺伝し，高齢の母牛から産まれた仔牛でより多く発生する．ショートホーン種では小眼球症，白内障，網膜異形成，網膜剥離は常染色体劣性遺伝をするようである．臨床症状は眼瞼裂の縮小，瞬膜突出，小眼球症である．白内障はしばしば同時に発生する．治療法はなく，産業動物での遺伝の可能性は考慮されるべきである．

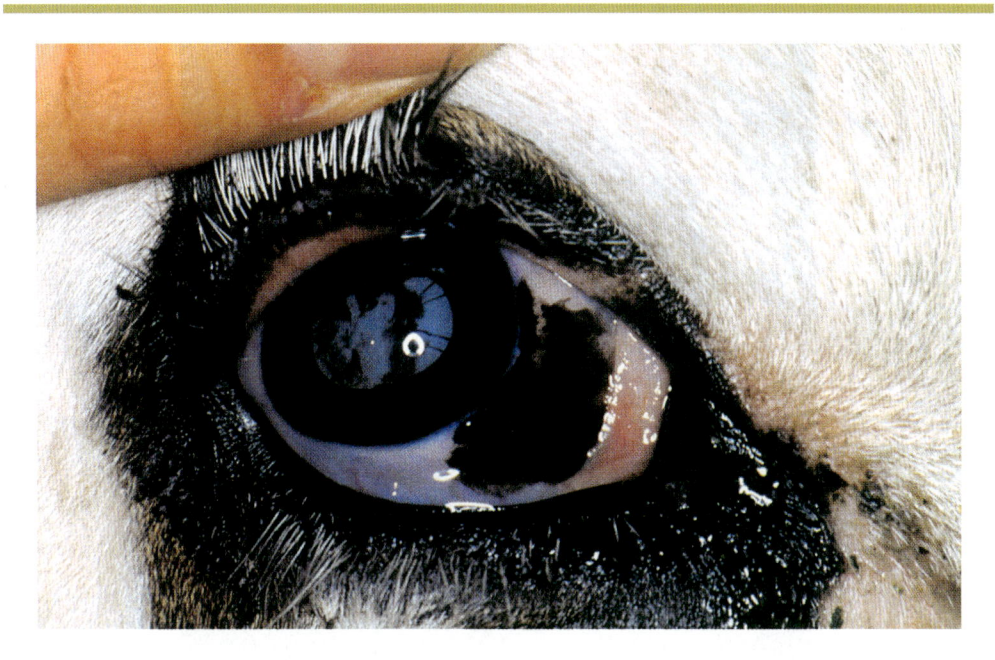

図16.39 発育中の仔牛の牛ウイルス性下痢（BVD）への子宮内での暴露は多数の眼異常を引き起こす．この仔牛の小眼球症，瞳孔膜遺残，白内障に注目．

　牛ウイルス性下痢（BVD：bovine viral diarrhea）は母獣が受胎後75〜150日にウイルスに暴露されると，仔牛に出生前の眼変化を引き起こす．同時に発生する中枢神経系の異常は，小脳症，小脳形成不全，水頭性無脳症，水頭症である．眼異常は小眼球症，白内障，網膜異形成および変性，視神経膠腫，視神経炎である．したがって，多様な眼異常のある仔牛はBVDの徴候（抗体価を含む）を慎重に調べるべきである．さらなる情報のために，Veterinary Ophthalmology 3rd edition pp1492-1493, Essentials of Veterinary Ophthalmology p502 を参照のこと．

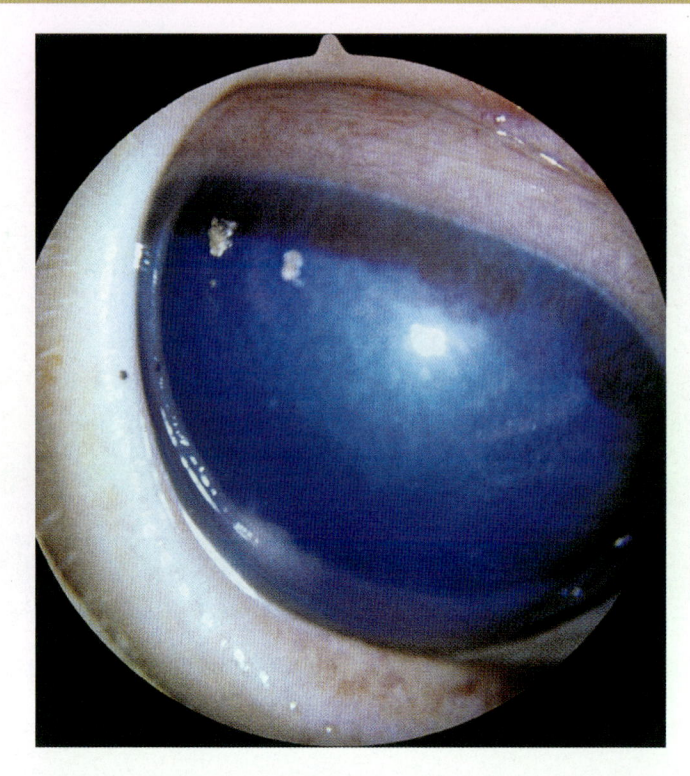

図 16.40 若い雌牛にみられた牛伝染性鼻気管炎（IBR）に続発した前部ぶどう膜炎と角膜浮腫．結膜充血と角膜深部の血管侵入に注目．

　牛伝染性鼻気管炎（IBR：infectious bovine rhinotracheitis）ウイルスは結膜炎，角膜浮腫，前部ぶどう膜炎を含む眼疾患を引き起こす．結膜炎は，赤から白のプラーク状リンパ濾胞，結膜浮腫，急速に粘液膿性になる滲出物などで特徴づけられる．角膜炎は潰瘍を形成せず，主として角膜深部血管侵入を伴った浮腫である．浮腫は濃くなるため盲目をきたす．前部ぶどう膜炎は軽度である．

　臨床経過は約 2〜3 週間である．診断は結膜細胞からのウイルス分離と蛍光抗体検査で行う．治療は抗生物質と散瞳剤の局所投与である．さらなる情報のために，Veterinary Ophthalmology 3rd edition pp1493-1494 を参照のこと．

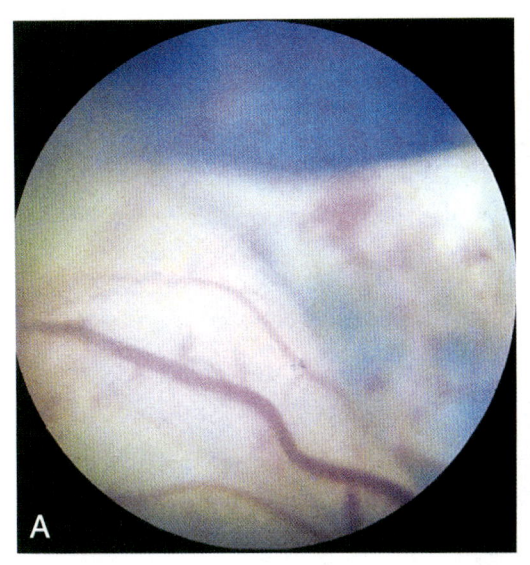

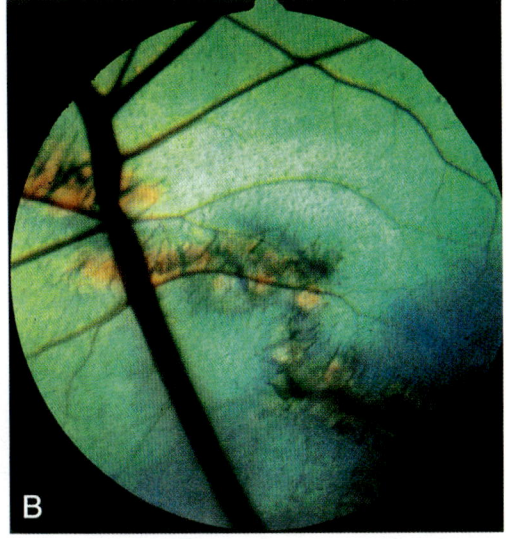

図 16.41　A．フィードロットの雄の仔牛の牛血栓塞栓性髄膜脳炎に続発した重度の脈絡網膜炎，網膜出血，滲出性網膜剥離．
　B．雌牛の菌血症に続発した敗血症性脈絡膜炎．以前の炎症部位のタペタム線維の破壊と限局性の色素沈着に注目．写真 A は Glenn Severin のご好意による．

　牛血栓塞栓性髄膜脳炎は *Hemophilus somnus* によって引き起こされ，主にフィードロットの雄の仔牛に発生する．臨床症状は抑うつ，神経症状，散瞳，レッドアイ，視覚障害から盲目である．眼所見は前部ぶどう膜炎，出血と白色滲出を伴った脈絡網膜炎，滲出性網膜剥離，眼内炎を示す．

　他の重度の敗血性感染が乳房，呼吸器，子宮をおかすと菌血症を引き起こし，前部および後部ぶどう膜炎，脈絡網膜炎，滲出性網膜剥離もまた引き起こす．診断は血液を含む罹患組織の培養で行う．治療は高単位の抗生物質の全身的および局所的投与と，散瞳剤の投与である．

17 神経 - 眼症候群

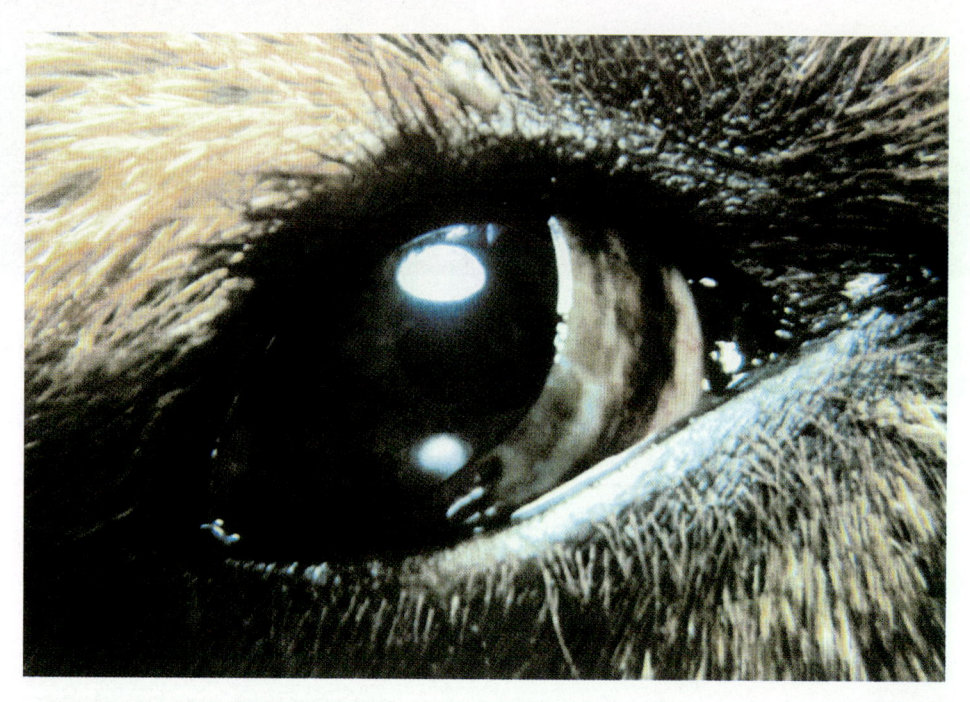

図 17.1 犬のホーナー症候群の特徴は，縮瞳，瞬膜突出，上眼瞼の下垂，相対的な眼球陥没である．

　犬のホーナー症候群は眼球および眼組織の交感神経支配が障害された結果として生じる．縮瞳，眼瞼下垂（上眼瞼の下垂），眼球陥没（眼球の陥凹），瞬膜突出などの症状が認められる．それらの症状に伴い瞳孔不同（左右の瞳孔径の不等），眼瞼裂の狭細化なども生じる．交感神経刺激の欠如は3つの神経経路に依存しており，コカイン，10％フェニレフリン（神経節後性を特定するために最も頻繁に使用される），および1％ヒドロキシアンフェタミンが障害部位を特定するために使用される．

　犬のホーナー症候群の最も多い原因は外傷（車による），上腕神経叢の損傷，中耳/内耳炎，胸部および頭蓋内の腫瘍などである．予後は原因に左右され，中枢性の病変では予後の判定は慎重となる．さらなる情報のために，Veterinary Ophthalmology 3rd edition pp1333-1334, pp1364-1365, Essentials of Veterinary Ophthalmology pp 445-447 を参照のこと．

図 17.2　猫のホーナー症候群の特徴は，縮瞳，瞬膜突出，上眼瞼の下垂，相対的な眼球陥没である．最も一般的な原因は腫瘍と外傷である．

　猫のホーナー症候群の症状は犬の症状と類似している．すなわち，縮瞳，眼瞼下垂，眼球陥没，瞬膜突出である．犬と同様に，10％フェニレフリンまたは0.001％エピネフリンを点眼し，虹彩括約筋がそれらのアドレナリン作動性物質に過敏に反応する部位である末梢性あるいは神経節後性病変を同定する．猫のホーナー症候群の原因も犬のものと類似するが，顔面神経の不全麻痺あるいは完全麻痺，前庭疾患，乾性角結膜炎，外耳炎なども確認されている．予後は先在する疾患に左右される．

図 17.3 馬のホーナー症候群は縮瞳，瞬膜突出，上眼瞼下垂または部分的な下垂，相対的な眼球陥没，眼窩背側領域の局所的な発汗（濡れた被毛）などを示す．馬のホーナー症候群の原因は咽喉嚢の感染や外傷が多い．

　馬のホーナー症候群の症状は縮瞳，眼瞼下垂，眼球陥没，瞬膜突出などである．加えて，患側の顔面や頚部の皮温の上昇や発汗が現れる．馬のホーナー症候群の原因は，咽喉嚢の真菌感染，底蝶形骨領域の外傷，馬の多発性神経炎症候群（馬尾症候群），馬のプロトゾア脳脊髄炎，食道裂傷，キシラジン，ビタミンCおよびフェニルブタゾンの静脈内投与などである．予後は原因や治療により左右される．さらなる情報のために，Veterinary Ophthalmology 3rd edition pp1334-1335，Essentials of Veterinary Ophthalmology pp 447-448 を参照のこと．

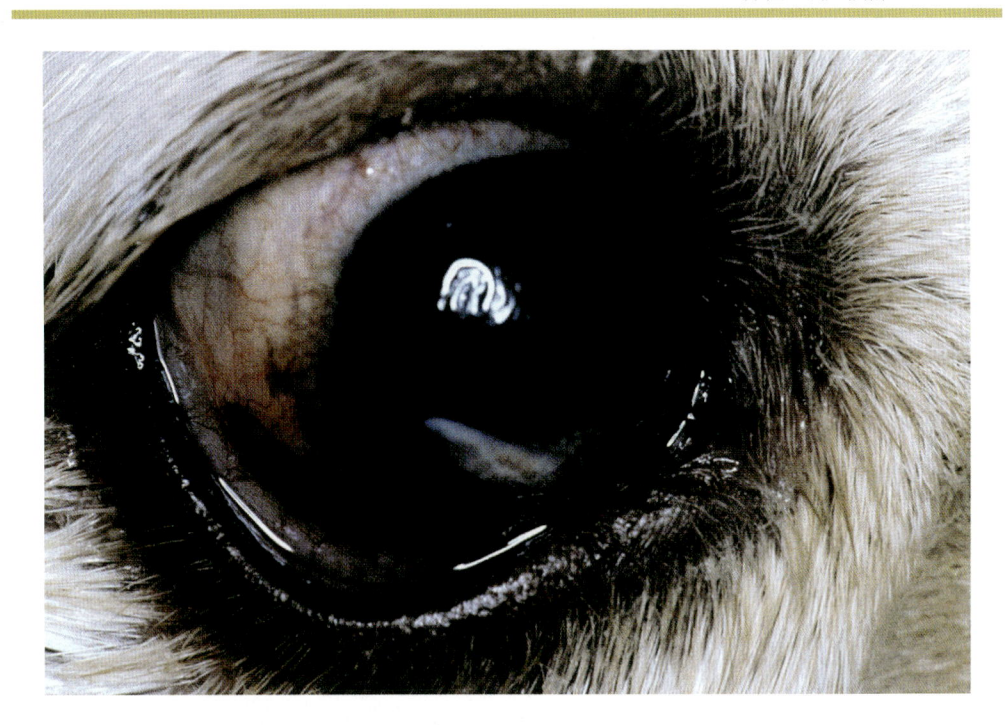

図17.4 顔面神経機能不全の結果として起こる神経麻痺性角膜炎では，瞬目反射は障害され，眼瞼による角膜や結膜の保護効果も減少する．この犬は下眼瞼下垂と結膜炎を生じ，将来角膜炎や角膜潰瘍を起こす可能性がある．

　神経麻痺性角膜炎では，顔面神経機能は障害されるかまたは欠如し，眼瞼は瞬目できなくなり外眼部を十分に保護できなくなる．結果として角結膜炎と角膜潰瘍が生じる．眼瞼裂の拡大，強膜露出の増加，そして眼球突出のように錯覚されることが多い．顔面神経不全麻痺あるいは完全麻痺のその他の臨床症状は，耳の垂れ下がり，上唇および下唇や唇交連の下垂，流涎，頬への食物の蓄積，外鼻孔の運動性の欠如などである．副交感神経節後線維の異常は顔面神経経路に関連することが多いため，乾性角結膜炎の症状は慎重に調べなくてはいけない（シルマー・ティア・テストを用いる）．

　犬や猫の顔面神経機能不全の原因は，外科手術，外傷，腫瘍，中耳/内耳炎などである．犬では約75％，猫では約25％が特発性である．

　短期間の内科的治療は局所的な抗生物質の投与，人工涙液や軟膏の点眼，涙液産生を刺激するためのピロカルピンの経口投与などである．長期的治療は一時的な部分的瞼板縫合，永久的な部分的瞼板縫合，眼球摘出などである．さらなる情報のために，Veterinary Ophthalmology 3rd edition pp1365-1366, Essentials of Veterinary Ophthalmology pp 454-456 を参照のこと．

図 17.5 猫では虹彩括約筋の外側（頬側）または内側（鼻側）のいずれかの副交感神経が障害されると，片側が散大した瞳孔が出現する．この猫は頬側の神経が障害され逆 D 型の瞳孔が形成された．この症状を示す猫は猫白血病ウイルス（FeLV：feline leukemia virus）に感染していることが多い．

　猫の虹彩括約筋の神経支配は副交感神経の 2 本の短毛様神経枝に分かれる．両者は眼窩内の毛様体神経節から発生する；外側枝は頬側の神経，内側枝は鼻側の神経．片側性散大瞳孔は，一方の神経枝が機能障害を生じ D 型あるいは逆 D 型の瞳孔が発現する．罹患した猫のほとんどは FeLV 陽性である．この状態は，虹彩後癒着に関連する瞳孔の形態異常，猫の緊張性瞳孔症候群，猫の自律神経障害とは鑑別すべきである．

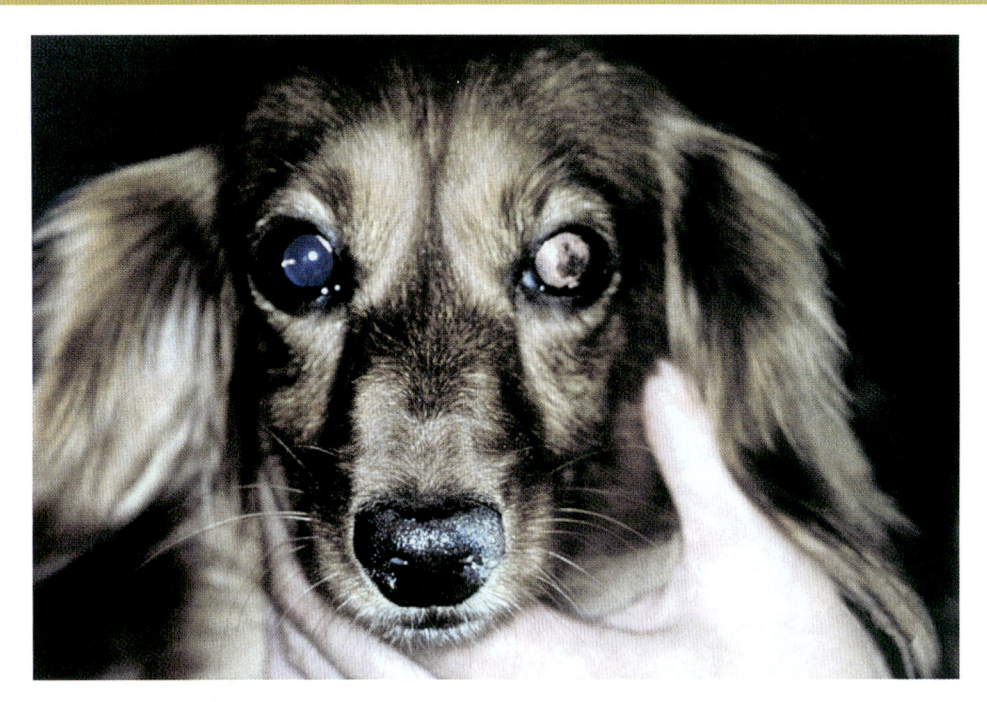

図 17.6 犬の神経性乾性角結膜炎（KCS）は，涙腺の副交感神経支配が阻害されて引き起こされる．罹患した犬は鼻もまた乾燥している．この関係は，シクロスポリンの点眼療法よりもピロカルピンの経口投与（涙腺の直接的な刺激を引き起こす）により良好な反応が得られることを示唆している．

　神経性乾性角結膜炎（KCS：keratoconjunctivitis sicca）では，涙腺（おそらく瞬膜の表層の腺も）の副交感神経支配が障害されてドライアイを引き起こす．顔面神経麻痺やホーナー症候群のような神経疾患もまたこれらの神経経路でもあるので，存在することがある．眼窩周囲筋炎，眼窩膿瘍や異物，上顎歯根膿瘍，歯科処置や眼窩のドレナージ処置による医原性の外傷などが原因となる．
　治療はピロカルピンの経口投与を行い，節前および節後の神経終末部を過敏に刺激することで，涙液産生を顕著に増加させる．この場合，免疫介在性の涙腺炎は存在しないためシクロスポリンの点眼では治療が成功しないことが多い．

386　神経 - 眼症候群

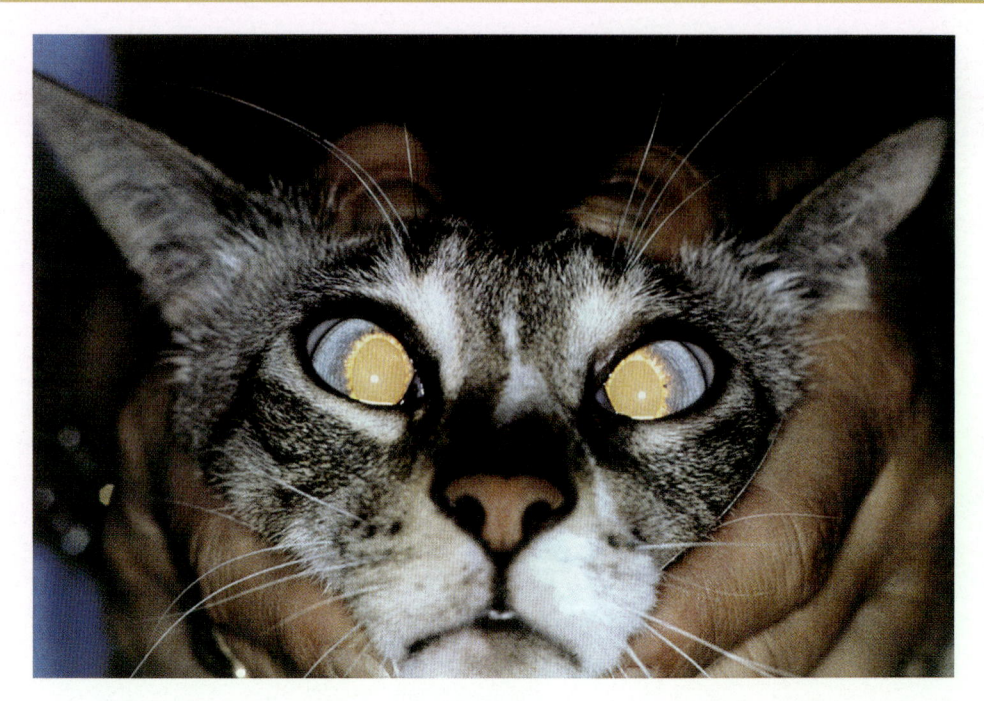

図 17.7　猫の斜視あるいは内斜視（輻輳斜視）は，シャム種，ヒマラヤン種，またそれらに類似した被毛色の猫に多く発生する．斜視を矯正するための外科手術は成功しない．

　猫の斜視は一般的であり，特にシャム種とヒマラヤン種での発生が多い．斜視は内斜視として出現し，眼球振盪が認められることもある．内斜視はすべての主要な網膜進路が異常な経路を通る結果として起こり，ほとんどすべての投射は前視蓋野と小丘を交差する．その結果，双眼視と立体視はできない．

　内斜視は機能的な側頭側の視野をさらに前頭の位置に置き，制限された立体視を増強しようとする代償性の試みである．シャム種の猫は低い確率で Y-X タイプの網膜神経節細胞をもっている．猫の内斜視を矯正する試みは成功していない．

図17.8 シャーペイの線維性斜視は進行性で，内斜視，眼球陥没，視覚障害に陥り，最終的に失明する．この犬は重度の斜視で，角膜全体が下方の結膜に隠れており，視覚は消失している．写真は Ingrid Allgoewer のご好意による．

シャーペイ種では，この症状は片眼または両眼に現れ，一般的に若い犬に発生する．他の犬種ではアイリッシュ・ウルフハウンド，秋田犬，ゴールデン・レトリバー，ダルメシアンが報告されている．さまざまな外眼筋が単独あるいは同時に罹患するが，内側直筋が最も多くおかされて内斜視，眼球陥没，そして視覚障害に陥る．

基本的な障害は外眼筋の線維症による筋炎である．治療法は免疫抑制量のコルチコステロイドの全身投与と外眼筋の外科手術（罹患した筋肉の切除）である．

図17.9　短頭種の外側斜視（外斜視）は調査されていないが，これらの犬種では片側または両側の外斜視（開散外斜視）が生じる．臨床的に視覚は障害されず，症状も進行性ではない．

　外側斜視は，ボストン・テリア，ペキニーズ，イングリッシュ・ブルドッグなどの短頭種に原発性に発生する．症状は片則または両側性で先天的である．また非進行性で視覚異常には関連しないようである．緊張性眼球反射（眼球運動）は正常である．不全麻痺や内側直筋の尾側着点の異常などの可能性がある．治療は推奨されない．

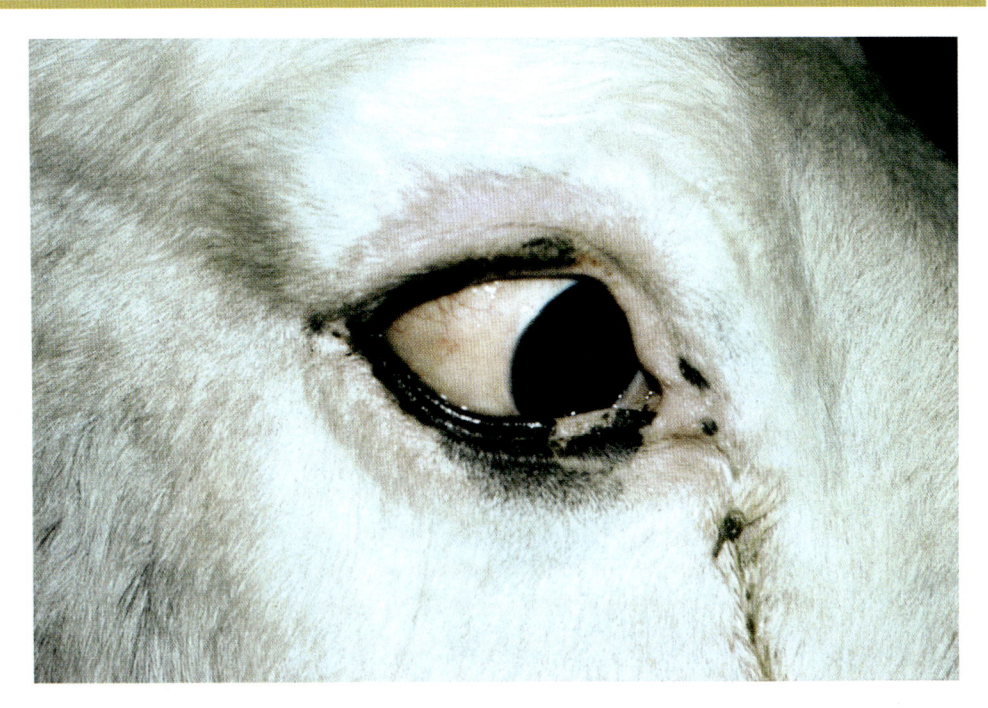

図 17.10 老齢の馬に急性に発生した輻輳斜視または内斜視．露出の多い外側球結膜に注目．

　斜視は馬ではまれであるがラバでは頻発する．斜視（腹内側斜視）は新生仔馬に一時的に発生するが，離乳期には消失する．馬の斜視では過度の強膜の露出と瞳孔の傾きが認められる．罹患した馬はつまずくようになり臆病になる．

　成馬の斜視は外傷や眼窩の腫瘍などが原因となる．予後と治療は原因や根底の疾患により左右される．さらなる情報のために，Veterinary Ophthalmology 3rd edition p1360, Essentials of Veterinary Ophthalmology p453 を参照のこと．

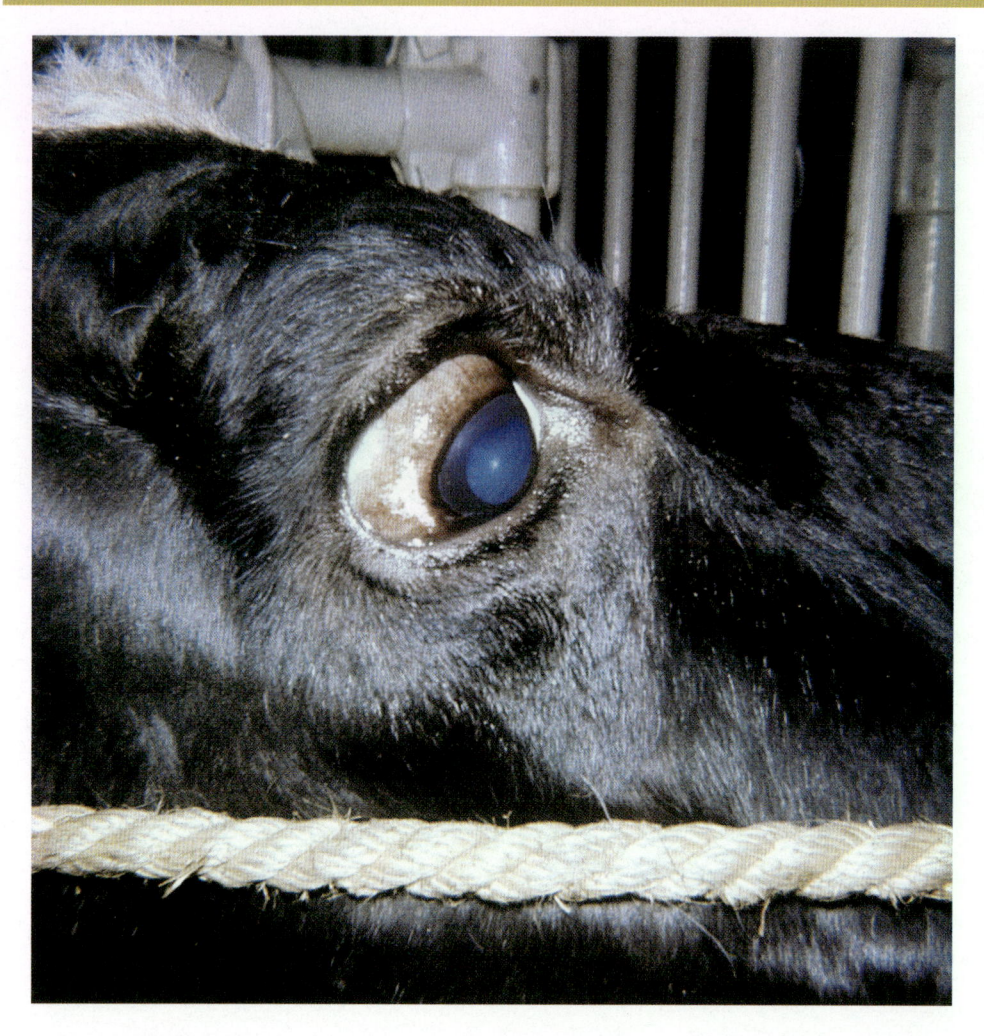

図 17.11 このホルスタイン牛に現れている斜視は内斜視で，しばしば眼球突出に関連する．ほとんどの種で遺伝する．

　牛の視軸偏位は珍しく，ほとんどは一定の種での遺伝が報告されている．両側の内斜視と眼球突出は，ジャージー，ホルスタイン，ブラウンスイス，ショートホーンで遺伝する．視力は障害され，罹患した動物は環境に慣れることが難しい．罹患した動物の交配は推奨されない．

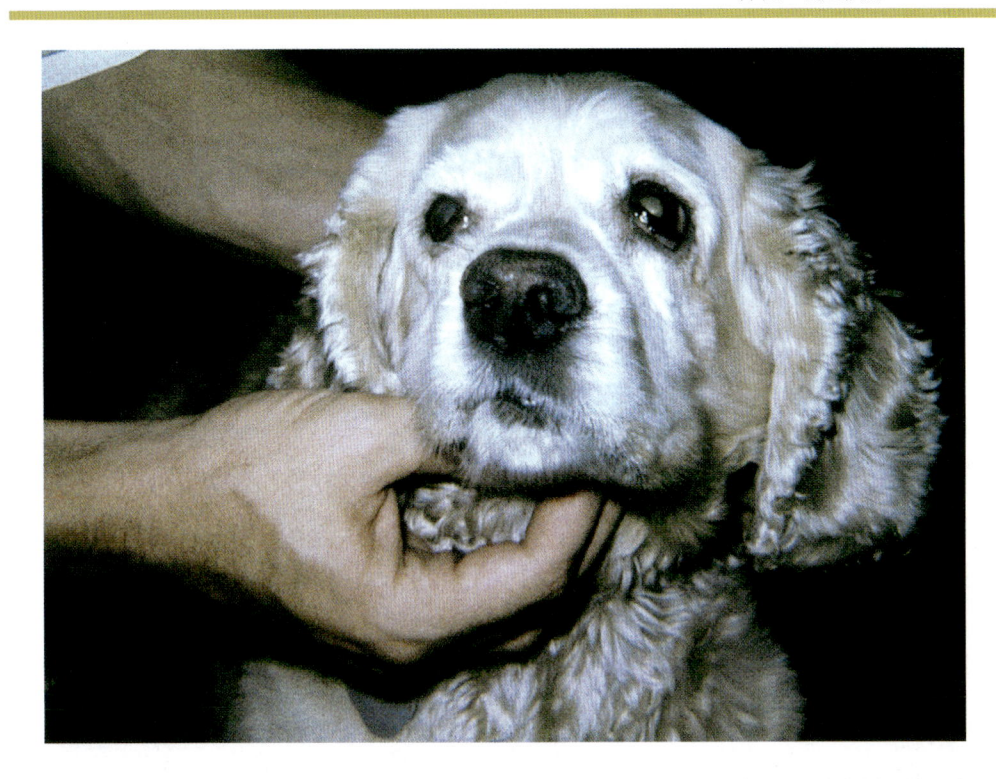

図17.12 この犬は片側顔面の攣縮が起きており，その徴候として右眼の眼瞼裂は狭く顔面はゆがんでいる．

片側顔面の痙攣では眼瞼裂が狭くなり，顔面の筋肉の収縮の結果，二次的に顔が非対称となる．中耳炎に二次的に外片側顔面の攣縮が起き，ホーナー症候群もまた存在する．治療は根底の疾患を治療する．

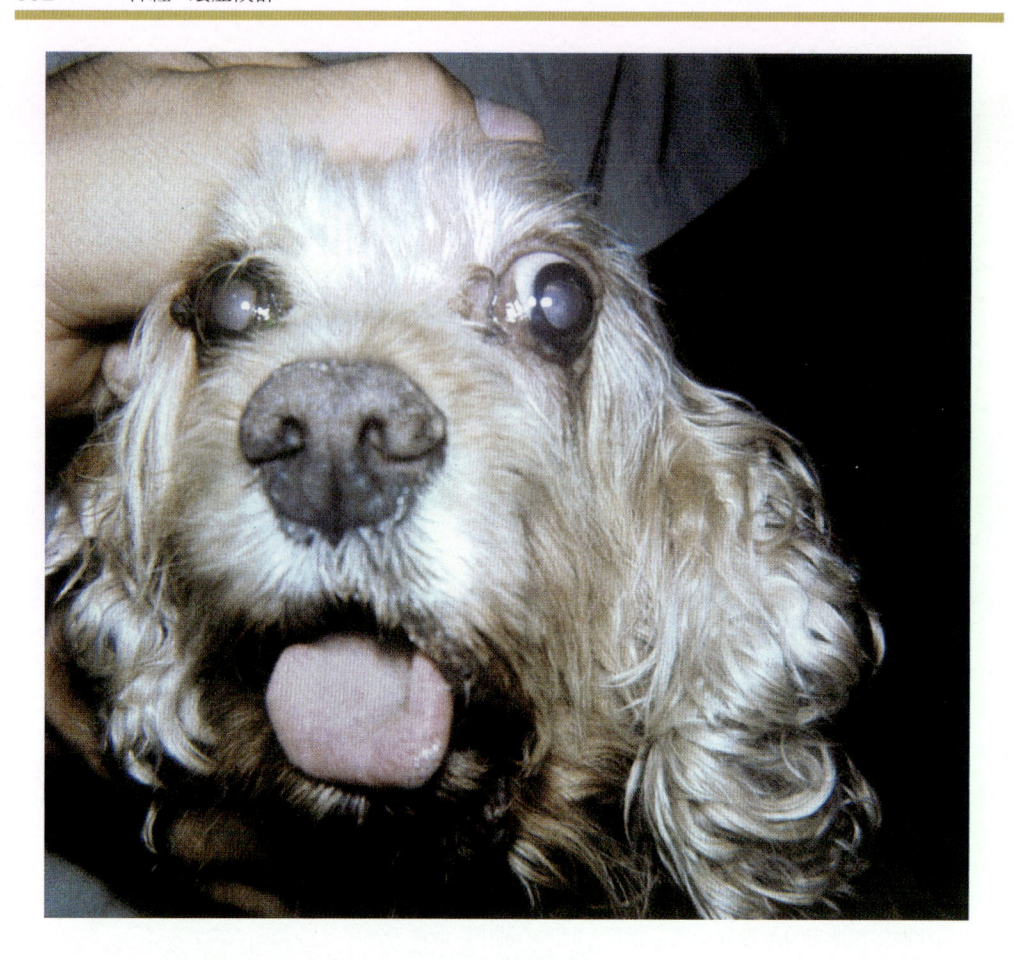

図17.13 犬の顔面神経麻痺では瞬目反射の障害あるいは消失，さまざまな眼瞼下垂，下眼瞼の下垂などの症状が認められる．加えて，顔面神経異常では上唇の下垂も出現する．この犬の左眼の上眼瞼は，瞬目しなかった．

　顔面神経麻痺は犬に頻繁に発生する神経眼疾患の1つである．眼瞼（特に上眼瞼）は瞬目できず，眼を保護することができないため神経麻痺性角膜炎になる．眼瞼に触れても瞬目反射を引き起こすことはできない．眼瞼裂は広がり，強膜の露出は拡大し，突出したように錯覚されることが多い．完全な顔面神経麻痺あるいは不全麻痺のその他の症状は，耳の動きの制限，上唇および下唇や唇交連の下垂，頬への食物の蓄積，外鼻孔の運動性の消失などが認められる．乾性角結膜炎もまた存在するため，シルマー・ティア・テストによる涙液産生度を測定するべきである．

　顔面神経の損傷部位は中枢（腫瘍/炎症）あるいは末梢（外傷/中耳あるいは内耳炎）で，後者の予後は良い．短期間の内科的治療には抗生物質の点眼，人工涙液あるいは軟膏の投与，涙液産生を刺激するためのピロカルピンの経口投与などがある．長期的な治療としては，一時的な眼瞼縫合，部分的な永久的眼瞼縫合などがあり，重度の症例では眼球摘出を行う．さらなる情報のために，Veterinary Ophthalmology 3rd edition pp1365-1366, Essentials of Veterinary Ophthalmology pp 454-456 を参照のこと．

図 17.14 若齢猫のハウ症候群ではさまざまな両側性の瞬膜突出が発生する．突出が重度であれば視覚が障害される．症状は自己限定性である．

　ハウ症候群は若齢の猫に両側性の瞬膜突出を現す．その他の眼科的や全身的異常は認められないが，自己限定性の下痢の病歴がある．瞬膜の突出は角膜の一部を覆うほどに伸展し，明るい照明下（縮瞳時）では視覚の障害が起きる．

　原因は発見されていないが，上頚部交感神経節の一時的な炎症という説が提唱されている．症状は数週間持続し，瞬膜が通常の位置に徐々に戻り回復する．

　視力障害が起きない限り治療は必要ではない．瞬膜の平滑筋を刺激し内眼角側へ収縮させるために，1〜2％エピネフリンあるいは10％フェニレフリンのどちらかを使用するか，散瞳させるために1％アトロピンの軟膏を使用する．

索 引

日本語索引

あ

アイリッシュ・ウルフハウンド　17, 191
アイリッシュ・セッター　36, 176
アイルシャー種　299, 311
秋田犬　17, 123, 132, 175, 176
悪性メラノーマ（犬）　64
悪性緑内障（犬）　162
アザチオプリン　98, 124, 133
アスペルギルス（犬）　80, 128, 277
　　——症（犬）　167, 351
アスペルギルス属　277
アデノウイルス2型　127
アトロピン（1％）　122, 124
アパローサ種　256, 286, 287
アビシニアン種　247
アフガン・ハウンド　156
アムフォテリシン　128
アメリカン・コッカー・スパニエル　36, 39,
　　40, 51, 62, 103, 156, 174, 176
アメリカン・ショートヘアー種　197
アラスカン・マラミュート　176
アレルギー性眼瞼炎（犬）　43
アレルギー性結膜炎（犬）　68
アンガス種　311

い

異常な瞳孔形状　7
異所性睫毛（犬）　39
遺伝性の斜視（食用動物）　299
遺伝性白内障
　　馬　263
　　犬　150, 156
　　猫　239
遺伝性網膜変性（猫）　247
イトラコナゾール　128
イヌアデノウイルス1型　127
犬糸状虫　126, 355
犬ジステンパーウイルス　340
犬伝染性肝炎　127, 341
イングリッシュ・コッカー・スパニエル　36,
　　39, 176, 178
イングリッシュ・スプリンガー・スパニエル
　　36, 65, 174, 178
イングリッシュ・ブル・テリア　33
イングリッシュ・ブルドッグ　51, 36, 62
インフルエンザ感染（馬）　274

う

ウィンスローの星
　　馬　291

食用動物　317
ウエスト・ハイランド・ホワイト・テリア
　　　　　43, 51
牛ウイルス性下痢　377
牛血栓塞栓性髄膜脳炎　379
牛伝染性角結膜炎　306, 314
牛伝染性鼻気管炎　313, 378
馬ウイルス性動脈炎感染　274
馬再発性汎ぶどう膜炎　288
馬再発性ぶどう膜炎　283, 284, 293, 295
馬ヘルペスウイルス4型感染　274

え

栄養性網膜変性症
　食用動物　321
　猫　245
エチレングリコール中毒（猫）　254
炎症性細網症（犬）　188
円錐水晶体（犬）　144, 146

お

黄色腫
　類脂質代謝障害による ―― （馬）　296
黄疸
　強膜の ―― （犬）　96
オーストラリアン・シープドッグ　193
オーストラリアン・シェパード　171

か

外斜視（犬）　18
外傷
　犬　137, 168
　馬　288, 294, 295
　貫通性の ―― （猫）　228
　鈍性の ―― （猫）　228
外傷関連性肉腫（猫）　232
外傷性潰瘍（犬）　76
外傷性眼内出血（馬）　282

外傷性虹彩毛様体炎（猫）　228
外傷性緑内障（犬）　113
疥癬（猫）　203
回旋眼振（犬）　175
外側斜視（犬）　388
角化血管腫（犬）　70
角結膜炎
　牛伝染性 ――　306, 314
　乾性 ――
　　犬　76, 180
　　猫　207
　感染性 ――（食用動物）　303
　クラミジアによる ――（食用動物）　303
　好酸性 ――（猫）　216
　食用動物　303, 304
　増殖性 ――（猫）　216
　マイコプラズマ性 ――（食用動物）　305
核白内障（馬）　263
角膜異物（犬）　88
角膜炎
　犬　9
　色素性 ――（犬）　81
　真菌性 ――（馬）　277
　神経障害性 ――（犬）　85
　神経麻痺性 ――（犬）　84
　兎眼性 ――（食用動物）　300
　ヘルペスウイルスによる ――（猫）　214
　慢性表層性（犬）　43, 82
角膜潰瘍
　犬　36, 39, 41, 76
　馬　257, 262, 276, 277
　樹枝状の ――（猫）　213
　食用動物　301, 304, 306
　真菌性 ――（犬）　80
　融解性の ――（馬）　277
角膜血管新生
　犬　28
　馬　268, 279

食用動物 303, 304
　深層性――（馬） 11, 276
　表層性――（馬） 268, 276, 284
　表層性――（犬） 10, 39
角膜後面沈着物
　犬 352, 353
　猫 222, 224
角膜黒色壊死症（猫） 215
角膜色素沈着
　犬 12, 36
　食用動物 303
角膜ジストロフィー
　犬 14
　脂質性実質性――（犬） 89
角膜実質炎（食用動物） 303
角膜実質膿瘍（馬） 278
角膜石灰化（犬） 14
角膜穿孔 87
　犬 77
　食用動物 301, 307
角膜知覚計試験
　Cochet & Bonnet の――（犬） 85
角膜内皮ジストロフィー（犬） 8, 91
角膜嚢胞（犬） 94
角膜瘢痕 13
角膜微細膿瘍（食用動物） 304
角膜表層切除術（犬） 81, 83
角膜びらん（犬） 74, 75
角膜浮腫
　犬 8, 18
　馬 261, 262, 266, 268, 276, 279, 283, 284, 286
　食用動物 304, 306, 313
　部分的――（馬） 282
角膜変性症（犬） 14, 93
角膜輪部肉芽腫（犬） 98
角膜輪部黒色腫（猫） 219
角膜裂傷（馬） 280

過熟白内障
　犬 153, 154
　猫 237
過剰涙液（犬） 39
過粘稠度症候群
　犬 185, 186
　猫 254
肝炎
　犬伝染性―― 341
眼窩出血（犬） 23
眼窩腫瘍
　犬 18, 26
　馬 267
　食用動物 300
眼窩上窩
　――の急性腫脹（馬） 265
眼窩上孔
　――の腫脹（馬） 267
眼窩損傷（犬） 23
眼窩痛（馬） 265
眼窩膿瘍（犬） 18
眼窩の外傷（馬） 266
眼窩のリンパ肉腫
　犬 25, 194
　馬 267
　猫 200
眼窩フレグモーネ
　犬 18
　馬 265
　猫 199
眼球萎縮（犬） 18, 29
眼球逸脱（犬） 22
眼球運動障害（犬） 18, 20
眼球拡張（馬） 286, 289
眼球陥入（食用動物） 298
眼球陥没（犬） 20, 38
眼球脱臼（馬） 266
眼球脱出（猫） 198

眼球摘出術　27
眼球突出
　　犬　18, 20, 21, 22, 23, 24, 26
　　馬　265, 266, 267
　　食用動物　300
　　猫　198
瞼球癒着
　　猫　212
眼球癆
　　犬　29
　　馬　268
眼瞼炎
　　犬　44, 54, 60
　　猫　203
　　膿皮性肉芽腫性──（犬）　45
眼瞼外反症（犬）　37, 46
眼瞼狭窄（犬）　33
眼瞼形成不全（猫）　201
眼瞼痙攣
　　犬　39, 51, 66
　　馬　257, 262, 265, 276
　　食用動物　301, 313
　　猫　1
眼瞼欠損（犬）　30
眼瞼コロボーマ（猫）　201
眼瞼縮小（犬）　33
眼瞼腫脹
　　犬　68
　　馬　262, 265, 276, 279, 282, 283
眼瞼腫瘍
　　犬　48, 49
　　猫　204
眼瞼内反‐外反合併症（犬）　38
眼瞼内反症
　　犬　33, 35, 36, 46
　　馬　257
　　食用動物　301
　　猫　202

眼瞼肥厚（犬）　39, 51
眼瞼癒着（犬）　31
眼瞼裂過長（犬）　34
眼瞼裂傷
　　犬　42
　　馬　269
眼瞼裂の縮小
　　馬　255
　　食用動物　298
ガンジー種　311
眼　振
　　犬　175, 179
　　食用動物　311
乾性角結膜炎
　　犬　50, 51, 76, 180
　　猫　207
丸石パンヌス（犬）　83
関節炎
　　多発性──（食用動物）　303
感染性角結膜炎（食用動物）　303
杆体/錐体異形成（犬）　176
杆体/錐体変性（犬）　176
眼内のシリコン義眼（犬）　28
眼内出血
　　犬　175, 183
　　馬　266, 280, 282
　　外傷性──（馬）　282
　　──に続発した緑内障（犬）　114
　　猫　228, 250
眼内腫瘍（犬）　189
　　原発性──（犬）　168
　　転移性──（犬）　168
　　猫　254
眼内新生物（犬）　186
眼分枝の病変
　　三叉頭蓋神経の──（犬）　85
　　第5頭蓋神経の──（犬）　85
顔面神経の機能不全（犬）　84

顔面神経麻痺（犬） 392

き

偽視神経乳頭浮腫（犬） 194
キャバリア・キング・チャールズ・スパニエル
　　　　17, 51, 174
キャロライス種 319
牛　眼
　犬 100
　馬 261
球状円錐水晶体（犬） 144, 146
球状水晶体症（犬） 165
急性うっ血性 PCAG（犬） 103
急性虹彩毛様体炎（犬） 121
急性腫脹
　眼窩上窩の──（馬） 265
　眼瞼の──（馬） 265
急性水疱性角膜症（猫） 218
急性涙囊炎（犬） 55
頬骨腺炎（犬） 18, 19
頬骨腺腫瘍（犬） 19
頬骨腺囊腫（犬） 18
頬骨突起の骨折（馬） 266
強膜炎
　結節性肉芽腫性──（犬） 98
強膜コロボーマ（犬） 14
極地犬 132
虚血性視神経網膜症（馬） 297
巨大角膜（馬） 263
巨大眼球症（犬） 100
巨大眼瞼（犬） 34
筋膜炎
　結節性──（犬） 70

く

隅角閉塞症候群（犬） 112
隅角癒着（馬） 263
クラミジア
　──による角結膜炎（食用動物） 303
クラジミア感染症
　食用動物 303
　猫 368
クラミジア性結膜炎（猫） 210
クランバー・スパニエル 34, 38
クリデスダール種 271
クリプトコッカス症
　犬 128, 350
　猫 249, 373
グレート・デン 36, 60

け

ケアン・テリア 115
形質細胞腫（犬） 65, 185
血管炎（犬） 125
血液凝固異常（犬） 168
血管腫（犬） 64, 70
血管新生
　角膜背側の──（馬） 283
　表層性──（犬） 36
血管肉腫（犬） 70
血小板減少症
　犬 125
　猫 252
結節性筋膜炎（犬） 49, 70, 98
結節性肉芽腫性強膜炎（犬） 98
結節性肉芽腫性上強膜炎（犬） 70
血栓栓塞性髄膜脳炎（食用動物） 320
結　膜
　──の炎症（犬） 37
　──の過伸展（兎） 329
結膜炎
　アレルギー性──（犬） 68
　犬 37, 39, 55, 67
　馬 257
　クラミジア感染性──（猫） 210
　結膜の浮腫を伴う──（猫） 209

細菌性――（犬）67
　　再発性の――（馬）273
　　食用動物　301, 306
　　続発性――（馬）274
　　マイコプラズマ感染性――（猫）211
　　濾胞性――（犬）68
結膜下出血（馬）266
結膜充血
　　犬　3, 18, 22, 26, 39, 68
　　馬　262, 265, 266, 267, 276, 279, 282, 283
　　食用動物　300
結膜腫瘍（犬）70
結膜肥厚（犬）68
結膜浮腫
　　犬　3, 18, 22, 69
　　馬　266, 276
　　――を伴う結膜炎（猫）209
結膜弁移植（犬）77, 79
結膜有茎被弁移植手術（馬）277
月　盲（馬）283
ケトコナゾール　128
ケリー・ブルー・テリア　33
ゲンタマイシン注入による毛様体破壊（猫）
　　　232
原発開放隅角緑内障（犬）101
原発性眼内腫瘍（犬）168
原発性前部ぶどう膜黒色腫
　　――に関連した続発緑内障（犬）116
原発性猫ヘルペスウイルス-1型　208
原発性脈絡膜黒色腫（犬）189
原発性毛様体腺癌（猫）231
　　――に関連した続発緑内障（犬）116
原発性毛様体腺腫（猫）231
原発白内障
　　馬　288
　　猫　239
原発閉塞隅角緑内障（犬）103
原発緑内障

　　犬　29, 99, 196
　　猫　235

こ

高血圧症
　　全身性――
　　　犬　168, 183, 360
　　　猫　251, 375
　　猫　254
高血圧性網膜症（猫）250
虹彩萎縮　6
　　犬　134
虹彩異色
　　犬　118
　　馬　260
　　食用動物　311, 312
　　猫　220
虹彩顆粒の萎縮（馬）283
虹彩欠損（犬）17
虹彩黒色腫
　　び漫性――（猫）229, 230
虹彩後癒着
　　犬　147, 159
　　馬　262
　　食用動物　313
虹彩色素脱（犬）17
虹彩色素の水晶体前嚢への沈着（馬）283
虹彩振盪（犬）110, 161
虹彩脱出
　　犬　87
　　馬　277, 280
　　食用動物　301, 307
虹彩低形成（馬）263
虹彩嚢腫（馬）263
虹彩嚢胞（犬）135
虹彩浮腫（食用動物）313
虹彩毛様体炎　6
　　犬　10, 29, 106, 110, 159

馬　262, 282
　外傷性の――（猫）　228
　急性――（犬）　121
　食用動物　313
　真菌性――（犬）　128
　続発性――
　　馬　278, 279
　　食用動物　304
　　猫　1, 222, 224
　慢性――（犬）　123
　　――に続発する白内障（犬）　159
虹彩リンパ腫（猫）　233
好酸球性筋炎（犬）　18, 20
好酸性角結膜炎（猫）　216
高脂血症（犬）　184, 361
格子状角膜切開術（犬）　75
甲状腺機能低下症（犬）　93, 184
高浸透圧液　92
後天性の斜視（食用動物）　299
後天白内障（馬）　288
後部円錐水晶体（犬）　146, 148
後部眼ハエ幼虫症（犬）　181
後部強膜拡張症（犬）　171
後部ぶどう腫（犬）　171
高リポ蛋白血症（犬）　93, 184
ゴードン・セッター　176
コーヌス
　無水晶体――
　　犬　101, 109, 161
　　馬　289
ゴールデン・レトリバー　111, 130, 135, 157, 178
黒色腫
　犬　95, 140
　角膜輪部の――（猫）　219
　脈絡膜の――（犬）　189
コクシジオイデス症（犬）　128, 347
コリー　97, 176

コリー眼異常　14, 168, 171, 186, 193
コリー肉芽腫　98
コロナウイルス　222
コロボーマ　7
　犬　171, 172
　食用動物　319

さ

細菌性結膜炎（犬）　67
再発性猫ヘルペスウイルス-1型結膜炎　209
再発性の結膜炎（馬）　273
再発性びらん（犬）　75
再発性ぶどう膜炎（馬）　293
細胞質内封入体　211
細網症
　炎症性――（犬）　188
　腫瘍性――（犬）　188
　肉芽腫性――（犬）　188
サモエド　175, 338
サラブレッド種　255, 263
三叉頭蓋神経の眼分枝の病変（犬）　85
蚕食性潰瘍（犬）　75
散　瞳　6, 7
　犬　175
　馬　261, 294, 297
　軽度――（馬）　286
霰粒腫（犬）　47
残留スペクタクル（エキゾチックペット）　323

し

シーズー　51
シーリアム・テリア　161, 175
シェットランド・シープドッグ　33, 90, 171, 178, 193
シェパード　161
視覚異常
　前部ぶどう膜炎を伴った――（食用動物）

320
視覚障害（犬）　51, 185, 188, 189
視覚喪失
　犬　175
　食用動物　320
耳下腺管移植（犬）　53
色素性角膜炎（犬）　81
色素性前部ぶどう膜炎（犬）　130
色素性網膜炎（犬）　176
色素性毛様体腺癌（猫）　231
色素沈着
　犬　28, 39, 41, 177
　角膜への――（食用動物）　303
シクロスポリン　52, 53, 81, 83
　　――点眼（犬）　65
脂質性角膜症（犬）　93
脂質性実質性角膜ジストロフィー（犬）　89
脂質性網膜症（犬）　179
視神経萎縮
　犬　18, 177, 194, 196
　馬　283
視神経炎
　犬　167, 188, 195
　食用動物　320
視神経円板（犬）　170, 190
視神経形成不全（犬）　192
視神経コロボーマ
　犬　193
　食用動物　319
視神経低形成（食用動物）　322
視神経乳頭
　犬　170, 190
　食用動物　317
　　――の欠損（食用動物）　311
　　――の突出（犬）　194
　　――の変性
　　　犬　105
　　　馬　261, 284, 295

視神経乳頭萎縮
　犬　196
　馬　295, 297
視神経乳頭炎（犬）　167
視神経乳頭形成不全（馬）　264
視神経乳頭コロボーマ（猫）　244
視神経乳頭周辺部（馬）　296
視神経乳頭浮腫
　犬　194
　食用動物　322
ジステンパー（犬）　50, 181, 195
持続性結膜炎（犬）　63
持続性上皮びらん（犬）　75
櫛状靱帯の異形成（犬）　106
シネレシス（犬）　163
シベリアン・ハスキー　118, 176
斜視
　遺伝性の――（食用動物）　299
　犬　387
　牛　390
　馬　256, 267, 389
　後天性の――（牛）　299
　食用動物　300
　猫　386
ジャック・ラッセル・テリア　161
シャム種　220, 235, 386
ジャージー種　299, 315
シャーペイ種　387
ジャーマン・シェパード　32, 43, 65, 82, 93
ジャーマン・ショートヘアード・ポインター
　　60
ジャーマン・ブラウン・スイス種　299
周期性眼炎（馬）　283
シュードモナス属細菌感染（馬）　276
周辺部ぶどう膜炎（犬）　167
羞明
　馬　262, 279, 283
　食用動物　313

縮瞳 6
　犬 18
　馬 262, 266, 276, 279, 283
　食用動物 313
樹枝状の角膜潰瘍（猫） 213
腫瘍
　眼窩の――（食用動物） 300
腫瘍性細網症（犬） 188
瞬膜
　――の充血（犬） 18
　――の腫瘍（犬） 64
　――の肥厚（犬） 65
瞬膜炎（犬） 62
瞬膜下の異物（犬） 66
瞬膜挙上（犬） 18, 20, 65
瞬膜腺
　――の炎症（犬） 62
　――の腺癌（犬） 64
瞬膜腺突出（犬） 61, 62
瞬膜突出
　犬 22, 26, 63, 175
　馬 255, 265, 266, 267, 282, 283
　食用動物 298, 300, 301
瞬膜軟骨の外反（犬） 60
小角膜症（犬） 72
小眼球症
　犬 14, 17, 33, 63, 72, 165, 175
　牛 376
　馬 255, 263
　食用動物 298, 315, 322
　猫 197
上眼瞼の腫脹（馬） 266
小眼瞼裂（犬） 33, 175
上強膜炎
　結節性肉芽腫性――（犬） 70
上強膜充血（犬） 5
硝子体
　――内の出血（犬） 183
　――への浮遊物（馬） 283
硝子体遺残物
　犬 164
　馬 263
　――の残存（犬） 148
硝子体炎（犬） 128, 167
硝子体血管遺残（犬） 148, 164
硝子体シネレシス（犬） 168
　――への浮遊物（馬） 283
硝子体出血（犬） 42, 168, 175
硝子体内脱臼
　水晶体の――（犬） 163
硝子体変性（馬） 294
小水晶体症（犬） 144, 165
小乳頭症（犬） 191
睫毛重生
　犬 39, 81
　短頭犬種 78
睫毛乱生
　犬 41, 81
　鼻皺壁の――
　　犬 81
　　短頭犬種 78
初発白内障（犬） 153
シリコン義眼
　眼内の――（犬） 28
シルマー・ティア・テスト 2, 50, 51, 52
真菌性角膜炎（馬） 277
真菌性角膜潰瘍（犬） 80
真菌性虹彩毛様体炎（犬） 128
神経膠腫（馬） 296
神経障害性角膜炎（犬） 85
神経鞘腫（馬） 296
神経性乾性角結膜炎（犬） 385
神経麻痺性角膜炎（犬） 84, 383
進行性網膜萎縮（犬） 176
腎疾患（犬） 184
滲出性網膜剥離

犬　181, 188
食用動物　320
猫　249, 254
新生仔眼炎（犬）　31
新生仔感染症（食用動物）　320
真性糖尿病（犬）　184, 358
深層性角膜血管新生（馬）　11, 276
深部角膜潰瘍
　続発性 ——（馬）　270
深部角膜血管新生（食用動物）　313

す

髄液細胞増加症（犬）　188
膵　炎（犬）　184
水晶体
　—— の前方脱臼（犬）　110
　—— の損傷（犬）　160
　—— の摘出（犬）　110
水晶体亜脱臼
　犬　109, 161
　馬　261, 289
水晶体核硬化症
　犬　150
　馬　288
水晶体血管膜過形成遺残（犬）　144, 165
水晶体原性ぶどう膜炎（犬）　129, 154
水晶体後方脱臼（犬）　163
水晶体コロボーマ（犬）　145
水晶体振盪（犬）　110
水晶体前方脱臼（犬）　162
水晶体前房内脱臼
　過熟白内障の ——（猫）　237
水晶体脱臼
　犬　110, 161
　馬　261, 288
水晶体乳化術（犬）　110
水疱性角膜症
　急性 ——（猫）　218

髄膜脳炎
　肉芽腫性 ——（犬）　188
頭蓋骨下顎骨症（犬）　24
頭蓋内腫瘍形成（犬）　194
スコッティシュ・テリア　24
スタッフォードシャー・ブル・テリア　148, 165
スタンダード・シュナウザー　148
スタンダード・プードル　156
スムース・コリー　171, 178, 193
スムースヘアド・フォックス・テリア　161

せ

静止夜盲（犬）　179
成熟白内障
　犬　153, 154
　馬　268
正常眼底像
　馬　291
　猫　241, 242
　豚　318
　山羊　318
成人白内障
　ゴールデン・レトリバー　157
　ラブラドール・レトリバー　157
生理的陥凹（犬）　170, 190
赤道部ぶどう腫（犬）　17
線維芽細胞性線維乳頭種（馬）　272
線維層の低形成
　タペタム領域における ——（食用動物）　311
線維組織球腫（犬）　98
線維肉腫
　馬　272
　猫　205
線維乳頭種
　線維芽細胞性 ——（馬）　272
　角化亢進を伴う ——（馬）　272

腺　癌（犬）　25, 26, 49
全眼球炎
　牛　307
　山羊　304, 305
腺　腫（犬）　26, 49
全身性高血圧症
　犬　137, 168, 183, 360
　猫　251, 375
全身性組織球症（犬）　122
全身性のリンパ腫（猫）　233
全層角膜移植（犬）　92
全体的な網膜異形成（犬）　175
先天性小眼球症（食用動物）　298
先天性盲目（馬）　264
先天白内障
　犬　146
　馬　263
　食用動物　298, 315
　猫　238
先天緑内障
　犬　100
　馬　261
　猫　234
セント・バーナード　32, 34, 36, 38, 60
前部ぶどう膜炎
　犬　10, 111, 127, 180
　馬　288
　色素性――（犬）　130
　食用動物　316
　――に続発する白内障（猫）　240
　猫　222
　――を伴った視覚異常（食用動物）　320
前部ぶどう膜黒色腫
　猫　231
　無色素性の――（猫）　231
前部ぶどう膜嚢胞（犬）　130
前房シャント（犬）　117
前房出血
　犬　42, 137, 175, 185, 189
　馬　262
前房蓄膿
　犬　121
　馬　262, 276, 283
　食用動物　304, 313
　猫　222
前房フレア
　馬　262, 276, 279, 283
　食用動物　313
全脈絡網膜炎（食用動物）　320

そ

巣状脈絡網膜変性（犬）　181
巣状網膜異形成（犬）　174
増殖性角結膜炎
　犬　97, 98
　猫　216
増殖性神経症（馬）　296
側頭筋
　　――の萎縮（犬）　20
　　――の腫脹（犬）　20
続発性結膜炎（馬）　274
続発性虹彩毛様体炎
　馬　278, 279
　食用動物　304
続発性深部角膜潰瘍（馬）　270
続発性無水晶体性緑内障（犬）　112
続発白内障
　犬　148, 159, 176, 179
　馬　285, 288
　食用動物　316
続発緑内障
　犬　29, 99, 110, 161, 185, 196
　馬　283
　原発性前部ぶどう膜黒色腫に関連した――
　　（犬）　116
　原発性毛様体腺癌に関連した――（犬）

　　　　　116
　食用動物　307, 314
　猫　236
　メラニン細胞性──（犬）115
組織球腫（犬）　48, 49, 70, 97
咀嚼筋炎（犬）　18, 20

た

第一次硝子体過形成遺残（犬）　144, 165
第5頭蓋神経の眼分枝の病変（犬）　85
代謝性網膜症（犬）　182
タウリン欠乏性網膜症（猫）　245
唾液腺粘液腫（犬）　19
多虹彩後癒着（馬）　285
多巣性網膜異形成（犬）　174
ダックスフンド　191
多瞳孔　7
多発性関節炎（食用動物）　303
多発性虹彩後癒着（食用動物）　316
多発性骨髄腫（犬）　185
多発性点状角膜炎（馬）　279
タペタム反射亢進（犬）　16, 177, 196
タペタム領域
　犬　169
　猫　242
　──における線維層の低形成（食用動物）
　　　311
　──の過剰反射　16
ダルメシアン　32
短角種　299, 315

ち

チェサピーク・ベイ・レトリバー　178
チェリーアイ（犬）　59, 62
地図状網膜異形成（犬）　174, 175
チベタン・スパニエル　176
チベタン・テリア　161, 176
チャイニーズ・シャー・ペイ　36

チャウ・チャウ　17, 33, 36, 175
中心静脈輪（犬）　190
中心性角膜潰瘍（短頭犬種）　78
中心性進行性網膜萎縮（犬）　178
中毒性網膜症（犬）　182
昼盲（犬）　176
蝶形の脈絡網膜炎（馬）　293
長睫毛症（犬）　40

て

低カルシウム血症（犬）　359
デスメ膜瘤
　犬　9, 77, 78
　馬　270
転移性眼内腫瘍（犬）　168
点状角膜炎（犬）　90

と

トイ・プードル　36, 39, 176, 192
瞳孔異常（食用動物）　298
瞳孔不整（犬）　159
瞳孔ブロック（犬）　110, 112, 161
瞳孔変位　7
瞳孔膜遺残
　犬　73, 120, 144, 147
　食用動物　310, 315
　猫　221
糖尿病
　真性──（犬）　184, 358
糖尿病白内障（犬）　158
ドーベルマン・ピンシャー　65, 148, 165, 175
兎眼
　犬　23
　短頭犬種　78
兎眼性角膜炎（食用動物）　300
トキソプラズマ症
　犬　352

猫 226, 371
トキソプラズマ性慢性汎ぶどう膜炎（猫）
　　　　226
突発性後天性網膜変性（犬）182
鈍性外傷
　犬 186
　馬 282
　猫 228

な

内眼角眼瞼炎（犬）43
内眼角腫脹（犬）55
内眼角の肥厚（犬）66
内斜視
　犬 175
　食用動物 299
　猫 220
内反症（犬）41
涙焼け（犬）39
難治性角膜潰瘍（犬）66, 75

に

ニキビダニ（犬）357
肉芽腫（馬）275
肉芽腫性細網症（犬）188
肉芽腫性髄膜脳炎（犬）188, 196
肉芽腫性の隆起（馬）275
肉芽腫性網脈絡膜炎（猫）227
乳　頭（犬）170, 190
乳頭腫（犬）49, 64, 70
乳頭周囲脈絡膜炎（馬）283
乳頭周囲脈絡膜変性（馬）283
乳頭腫ウイルス 342
乳頭直径の縮小（犬）177
ニューファンドランド 38, 60

ね

猫伝染性腹膜炎 222, 248, 369

猫肉腫ウイルス 205
猫白血病 222, 223, 224
猫白血病ウイルス 372
猫汎白血球減少症 374
猫ヘルペスウイルス 367
猫ヘルペスウイルス-1型
　原発性―― 208
猫ヘルペスウイルス-1型結膜炎
　再発性―― 209
猫ヘルペスウイルス-1型実質性角膜炎 214
猫免疫不全ウイルス 225, 370
猫免疫不全症候群 222

の

膿皮性肉芽腫性眼瞼炎（犬）45
嚢　胞
　虹彩，毛様体および周辺部網膜の――（馬）
　　　　263
ノルウェジアン・エルク・ハウンド 36, 176
ノンタペタム
　犬 169, 170
　猫 242

は

バーニーズ・マウンテン・ドッグ 122
バーミーズ種 215
灰白質脳軟化（食用動物）299
ハウ症候群（猫）393
ハエ蛆症（猫）203
ハエ幼虫症（猫）203
パグ 51
白　癬（猫）203
白内障
　遺伝性――
　　犬 150, 156
　　猫 239
　犬 14, 17, 149
　馬 263

過熟 ── （犬）　153, 154
　　原発 ──
　　　猫　239
　　　馬　288
　　虹彩毛様体炎に続発する ── （犬）　159
　　後天 ── （馬）　288
　　食用動物　313
　　初発 ── （犬）　153
　　成熟 ── （犬）　153, 154
　　先天 ──
　　　犬　146
　　　馬　263
　　　食用動物　298, 315
　　　猫　238
　　前部ぶどう膜炎に続発する ── （猫）　240
　　続発 ──
　　　犬　148, 159, 176, 179
　　　馬　285, 288
　　　食用動物　316
　　糖尿病 ── （犬）　158
　　膨隆 ── （犬）　153
　　未熟 ── （犬）　153
白内障形成
　　犬　175
　　馬　283, 284
破傷風 （犬）　63
バセット・ハウンド　106
パピヨン　176
ハブロネーマ胃虫の幼虫による感染症（馬）
　　275
パンヌス（犬）　43, 82
汎ぶどう膜炎
　　馬　283, 284
　　馬再発性　288
　　トキソプラズマ性慢性 ── （猫）　226
　　猫　222, 225

ひ

ビーグル　17, 101, 174
非進行性の核白内障（馬）　263
鼻皺襞の睫毛乱生
　　犬　81
　　短頭犬種　78
ヒストプラズマ症（犬）　349
ビタミンA欠乏症
　　犬　174
　　食用動物　322
皮膚糸状菌症（猫）　203
ヒマラヤン種　215, 220, 386
肥満細胞癌（犬）　49
肥満細胞腫（犬）　49, 70
び漫性虹彩黒色腫（猫）　229, 230
表層性血管新生（犬）　36
表層性角膜炎
　　慢性 ── （犬）　43, 82
表層性角膜血管新生
　　犬　10, 39
　　馬　276, 279, 284
鼻涙管閉塞
　　犬　57
　　馬　259, 273
　　慢性 ── （猫）　206
非裂孔性網膜剥離（犬）　186
貧血性網膜症（猫）　252

ふ

ブービエ・デ・フランドル　148
フォークト-小柳-原田症候群（犬）　111
フォクトの弓状線（犬）　149
副腎皮質機能亢進症（犬）　184
腹膜炎
　　猫伝染性 ──　222
フサリウム属　277
ぶどう腫（犬）　172

ぶどう膜炎
　犬　10, 189
　馬　286, 287
　馬再発性――　283, 284, 293, 295
　再発性――（馬）　293
　周辺部――（犬）　167
　水晶体起因性――（犬）　88
　水晶体原性――（犬）　129, 154
　前部――
　　犬　127
　　猫　222
　慢性――
　　犬　111
　　馬　293
ぶどう膜嚢胞
　犬　135
　前部――（犬）　130
ぶどう膜嚢胞症候群（犬）　111
ぶどう膜皮膚症候群（犬）　111, 123, 132, 364
部分的角膜浮腫（馬）　282
ブラウン・スイス種　311
ブラストミセス症（犬）　128, 346
ブラッド・ハウンド　34, 38
フラットコーテッド・レトリバー　39
ブラッドハウンド　51
ブリアード　178, 179
ブリタニー・スパニエル　109
ブル・マスティフ　36, 38
ブルセラ症（犬）　344
ブルドッグ　39
プロトテカ症（犬）　354
フロリダ・スポット（猫）　217
フロリダ角膜症（犬）　86
分離腫（犬）　71

へ

ペキニーズ　39, 41

ベドリントン・テリア　17, 175
ペニシリウム属　277
ベルギー種　263
ベルグマイスター乳頭（犬）　190
ベルジアン・シープドッグ　65, 191
ベルジアン・シェパード　176
ベルジアン・ターピュレン　191
ベルジアン種　271, 263
ペルシャ種　197, 215
ヘルペスウイルス　174
　　――による角膜炎（猫）　214
ヘルペスウイルス感染（馬）　279
ヘレフォード種　302, 308, 311, 315, 319
扁平上皮癌
　犬　49, 64, 70
　馬　267, 270
　食用動物　300, 308
　猫　200, 204

ほ

房水異所流出性緑内障（犬）　162
房水フレア
　犬　18, 121
　猫　225
膨隆虹彩（犬）　110, 112
膨隆虹彩症候群（犬）　112
膨隆白内障（犬）　153
ボーダー・コリー　161, 171, 178, 193
ホーナー症候群
　犬　63, 380
　馬　382
　猫　381
ボクサー　74
ボクサー潰瘍（犬）　75
星状硝子体症（犬）　166
ボストン・テリア　62, 91, 156
ホルスタイン種　299, 311, 315
ボルゾイ　65

ポルトガル・ウォーター・ドッグ　176
ホワイト・ウエスト・ハイランド・テリア
　　　24

ま

マール素因（犬）　119
マイコバクテリウム　86
マイコプラズマ　211
　　――感染症（食用動物）　304, 320
　　――性結膜炎
　　　猫　211
　　　山羊　305
マイボーム腺炎（犬）　46, 47
マイボーム腺癌（犬）　48
慢性虹彩毛様体炎（犬）　123
慢性汎ぶどう膜炎
　　トキソプラズマ性――（猫）　226
慢性表層性角膜炎（犬）　43, 82
慢性鼻涙管閉塞（猫）　206
慢性ぶどう膜炎
　　犬　111
　　馬　293
慢性リンパ球性白血病（犬）　185
慢性涙嚢炎（犬）　56

み

ミエリンの消少（犬）　177
未熟白内障（犬）　153
ミッテンドルフ斑（犬）　149
ミニチュア・シュナウザー　62, 144, 146,
　　156, 176, 191
ミニチュア・プードル　36, 39, 176, 192
ミニチュア・ロングヘアド・ダックスフンド
　　176
ミニチュア犬種　54
脈絡膜炎症　16
　　犬　180
脈絡膜形成不全（犬）　171, 172, 193

脈絡膜黒色腫
　　犬　189
　　原発性――（犬）　189
脈絡膜網膜炎（犬）　128
脈絡膜網膜変性（馬）　297
脈絡網膜炎
　　犬　167, 180, 181, 186
　　馬　293, 294, 295
　　視神経乳頭周辺領域の――（馬）　293
　　食用動物　320
　　蝶形の――（馬）　293
脈絡網膜症（犬）　180

む

無眼球症（犬）　63
無虹彩症（馬）　263
無色素性の前部ぶどう膜黒色腫（猫）　231
無水晶体コーヌス（犬）　101, 109, 161
無痛性潰瘍（犬）　75

め

眼ハエウジ症（犬）　356
眼ハエ幼虫症（猫）　253
メラニン細胞性続発緑内障（犬）　115
メラノーマ（犬）　49, 70
免疫介在性眼瞼炎（犬）　43

も

毛包虫症（猫）　203
網　膜
　　――の皺（犬）　172
網膜異形成
　　犬　17, 144, 148, 168, 174, 186
　　馬　263
　　食用動物　315
　　全体的な――（犬）　175
　　猫　243
　　山羊　298

網膜炎　16
　犬　180
網膜形成不全（犬）　14, 17
網膜血管の消退（犬）　177
網膜光受容体異形成（犬）　176
網膜色素上皮（犬）　178
網膜色素上皮ジストロフィー（犬）　178
網膜脂血症（犬）　184
網膜出血
　犬　183
　猫　251, 252
網膜主動静脈（犬）　170
網膜症
　高血圧性──（猫）　250
　タウリン欠乏性──（猫）　245
網膜中心野（犬）　170
網膜剥離
　犬　14, 17, 137, 144, 161, 171, 172, 175, 183, 186, 187, 189
　馬　268, 283, 284
　食用動物　315
　滲出性──
　　犬　181, 188
　　牛　320
　　猫　249, 254
　頭部外傷後の──（馬）　294
　猫　251, 254
　山羊　298
網膜変性
　遺伝性──（猫）　247
　犬　181
　馬　261
　栄養性──
　　食用動物　321
　　猫　245
　食用動物　322
網脈絡膜炎
　犬　167
　肉芽腫性──（猫）　227
　猫　224, 248, 249, 254
盲　目
　犬　185, 188, 195
　馬　297
毛様充血
　犬　4
　馬　262
毛様体炎（犬）　4
毛様体腺癌
　原発性──（猫）　231
　色素性─（猫）　231
毛様体線腫
　原発性──（猫）　231
毛様体破壊
　ゲンタマイシン注入による──（猫）　232
モーガン種　263
「紋理」ノンタペタム眼底（犬）　170

や

夜　盲
　犬　176, 177, 179
　馬　256

ゆ

融解性の角膜潰瘍（馬）　277

よ

ヨークシャー・テリア　17, 174

ら

ラサアプソ　51
ラフ・コリー　171, 178, 193
ラブラドール・レトリバー　17, 36, 157, 174, 175, 176, 178, 338
ランカシャ・テリア　171, 193

り

リーシュマニア症（犬） 353
リケッチア感染症（犬） 343
リステリア感染症（食用動物） 299, 320
竜骨船出血（犬） 183
涙嚢炎（犬） 55
流涙
 犬 36, 60, 66
 馬 257, 262, 265, 279, 283
 食用動物 301, 313
流涙症
 犬 37, 39, 54, 63
 猫 2, 206
緑内障 6
 悪性——（犬） 162
 犬 180, 186, 189
 馬 286, 287, 288, 289, 294, 295
 外傷性——（犬） 113
 眼内出血に続発した——（犬） 114
 原発——
  犬 29, 99, 196
  猫 235
 先天——
  犬 100
  馬 261
  猫 234
 続発——
  犬 29, 99, 110, 161, 196
  馬 283
  食用動物 307, 314
  猫 236
 続発性無水晶体性——（犬） 112
 房水異所流出性——（犬） 162
リンパ球性白血病
 慢性——（犬） 185
リンパ腫
 犬 111, 185
 食用動物 300
 全身性の——（猫） 233
 猫 254
リンパ肉腫
 犬 25, 64, 70, 366
 馬 267
 猫 200, 205, 233
リンパ濾胞（食用動物） 303

る

涙液過剰分泌
 犬 39
 猫 2
涙液障害（犬） 37
類肉腫（馬） 272
涙嚢炎
 犬 56
 馬 274
 エキゾチックペット 325
 急性——（犬） 55
 慢性——（犬） 56
涙嚢ヘルニア（犬） 58
類皮腫
 犬 32, 71
 馬 258
 食用動物 302
ルービレンズ 167

れ

レーザー毛様体光凝固術（犬） 117
裂孔原性網膜剥離（犬） 187
レプトスピラ 283

ろ

ローズベンガル染色 208, 279
露出性角膜炎（犬） 37
ロッキー山紅斑熱（犬） 125
ロッキー・マウンテン種 263

ロットワイラー 174
濾胞性結膜炎（犬） 68
ロングヘアー・ダックスフンド 39

わ

ワイアヘアド・フォックス・テリア 161
ワラビ 321

外国語索引

A

Amblyomma americanum 125
Aspergillus sp. 80, 128, 277

B

Blastomyces dermatitis 128
Brucella canis（犬） 344
BVD 377

C

Cryptococcosis neoformans 373
Candida albicans 80
Chlamydia psittaci 210
Cochet & Bonnet の角膜知覚計試験（犬） 85

D

Dermacentor Andersoni 125
Dermacentor valiabilis 125
Dirofilaria immitis 126, 355

E

Encephalitozoan cuniculi 333
Enterobactor sp. 276
ERU 283, 284, 286

F

FeLV 222, 223, 372
FeSV 205
FHV-1 208, 367
FHV-1 実質性角膜炎 214
FIP 222, 248, 369
FIV 222, 225, 370

G

GME（犬） 188
go normal 171

H

Hemophilus somnus 感染（食用動物） 320

I

IBK 306
IBR 378
ICH 127, 341
IOP（犬） 99

K

KCS
　犬 50, 52, 53
　猫 207
KPs（猫） 222

L

LIU（犬） 154, 129

M

Mycoplasma Felis 211
Mycoplasma gatae 211

N

NGE（犬） 98

P

PCAG（犬） 103
PEM（牛） 299
PHPV（犬） 144, 146, 148, 165

PHTVL（犬） 144, 146, 148, 165
POAG（犬） 101
PPM 310
 犬 73, 120, 147, 148
 猫 221
PRA（犬） 176, 177
Pseudomonas sp. 276

R

Rickettsia rickettsii 125
RMSF（犬） 125
RPE（犬） 178
RPED（犬） 178, 179

S

Salmonella 感染（馬） 262

SARD（犬） 182
Staphylococcus sp. 276
Streptococcus sp. 276

T

Toxoplasma gondii（猫） 227
TPA 114

U

UDS（犬） 132, 364

V

VKH 症候群（犬） 132

獣医眼科アトラス	定価はカバーに表示してあります

2004年 9月1日　第1版第1刷発行　　　　　　　　　　　＜検印省略＞

編集者	Kirk N. Gelatt
監訳者	太 田 充 治
発行者	永 井 富 久
印 刷	中 央 印 刷 株 式 会 社
製 本	株 式 会 社 三 森 製 本 所
発 行	文 永 堂 出 版 株 式 会 社
	〒113-0033　東京都文京区本郷2丁目27番3号
	TEL 03-3814-3321　FAX 03-3814-9407
	URL http://www.buneido-syuppan.com
	振替　00100-8-114601番

ⓒ 2004　太田充治

ISBN　4-8300-3197-2 C3061